Digitale Regelung in kontinuierlicher Zeit

Analyse und Entwurf im Frequenzbereich

Von Professor Dr.-Ing. Yephim N. Rosenwasser
Meerestechnische Universität St. Petersburg
und Professor Dr.-Ing. Bernhard P. Lampe
Universität Rostock

Mit 107 Bildern

B. G. Teubner Stuttgart 1997

Die Deutsche Bibliothek – CIP-Einheitsaufnahme

Rozenvasser, Efim N.:
Digitale Regelung in kontinuierlicher Zeit :
Analyse und Entwurf im Frequenzbereich /
von Yephim N. Rosenwasser und Bernhard P. Lampe.
Stuttgart : Teubner, 1997
ISBN 978-3-322-94033-9   ISBN 978-3-322-94032-2 (eBook)
DOI 10.1007/978-3-322-94032-2

Gesamtherstellung: Zechnersche Buchdruckerei GmbH, Speyer
Einband: Peter Pfitz, Stuttgart

Für Jelena und Bärbel

Vorwort

Traditionell werden beim Entwurf von digitalen Steuer- und Regelalgorithmen für kontinuierliche Prozesse zeitdiskrete Prozeßmodelle benutzt, die das Verhalten in den Abtastmomenten beschreiben. In den letzten Jahren ist offenbar geworden, daß dieser Zugang erhebliche Einschränkungen mit sich bringt, wofür zwei wesentliche Gründe verantwortlich sind. Erstens läßt sich nicht immer ein genaues zeitdiskretes Modell des Objekts aufstellen, etwa in den Fällen, wenn die äußeren Erregungen direkt kontinuierliche Systemelemente beeinflussen, und zweitens, was noch bedeutungsvoller ist, führen in vielen Fällen die auf der Basis der zeitdiskreten Modelle entwickelten Steuer- und Regelalgorithmen zu inakzeptablen Ergebnissen.

Zu den wichtigsten elementaren Problemen der modernen Regelungstechnik, deren Lösung bisher nicht befriedengend gelungen ist, zählt deshalb die Entwicklung von mathematischen Beschreibungsmethoden für die Analyse und den Entwurf von Abtastsystemen, die das Verhalten zwischen den Abtastzeitpunkten berücksichtigen und geeignet sind, externe Störungen, die auf kontinuierliche Glieder wirken, zu behandeln. Probleme dieser Art sind außerordentlich wichtig für Anwendungen, weil Digitalrechner zur Steuerung und Regelung kontinuierlicher Anlagen und Prozesse in großem Maße eingesetzt werden.

Die exakte Lösung dieser Probleme stößt auf theoretische Schwierigkeiten, weil die üblichen Untersuchungsmethoden für stationäre Systeme (sowohl kontinuierlicher als auch zeitdiskreter) in dieser Situation nicht greifen. Das liegt daran, daß man es hier mit einem instationären, genauer mit einem periodischen System zu tun hat.

Wegen dieser Gründe hat man in den letzten Jahren den Abtastsystemen und digitalen Steuerungen und Regelungen große Aufmerksamkeit geschenkt. Nahezu alle Arbeiten verwendeten den Zugang über den Zeitbereich und benutzten Zustandsraummethoden. Eine Zusammenfassung der Ergebnisse auf diesem Gebiet und weitere Literatur findet man in Chen und Francis (1995), Ackermann (1988).

Das vorliegende Buch bringt eine alternative Darstellung der Theorie der Abtastsysteme, indem diese als spezielle Klasse von instationären Systemen mit periodisch veränderlichen Parametern angesehen werden. Dieser Zugang basiert vollständig auf den Frequenzbereichsmethoden und erfordert keine Transformation in den Zeitbereich. Das kommt der Denkweise des Ingenieurs entgegen und eröffnet wesentliche neue Möglichkeiten sowohl für die Theorie als auch für die rechentechnische Umsetzung.

Das Fundament dieses Buches bildet eine allgemeine Theorie der linearen Systeme mit periodisch veränderlichen Parametern, von der wesentliche Bestandteile in den Monographien Rosenwasser (1973), Rosenwasser (1994c) dargelegt worden sind, als auch die Ergebnisse der Untersuchungen auf dem Gebiet der direkten Synthese von Abtastsystemen, die an der Meerestechnischen Universität in Sankt Petersburg und an der Universität Rostock kooperativ durchgeführt wurden.

Der gewählte Zugang basiert auf einer mathematischen Beschreibung linearer periodischer Systeme mit Hilfe der zweiseitigen Laplace-Transformation in kontinuierlicher Zeit und dem Konzept der parametrischen Übertragungsfunktion (PTF). In seiner Anwendung auf Abtastsysteme erweist sich dieser Zugang als außerordentlich konstruktiv und liefert eine universelle Beschreibung von Abtastsystemen auf der ganzen Zeitachse $-\infty < t < \infty$. Diese Beschreibung enthält die gewöhnlichen stationären Modelle (kontinuierliche und zeitdiskrete) als Spezialfälle.

Dieses Werkzeug ermöglicht weitgehend allgemeine Analyse- und Entwurfsverfahren für Abtastsysteme, die im Prinzip auf Systeme mit verteilten Parametern erweiterbar sind, zu denen schon Systeme mit Totzeit gehören, die bereits ausführlich behandelt werden.

Die Theorie wurde konzeptionell durch die Arbeiten von Ya. Z. Tsypkin, der eine allgemeine Frequenzbeschreibung von Abtastsystemen in der komplexen $s-$Ebene vorschlug, als auch durch L. A. Zadeh vorbereitet, der die Bezeichnung PTF (parametric transfer function) in die Regelungstheorie einführte. Weiterhin lassen sich wesentliche Ergebnisse dieses Gebietes auf J. R. Raggazini, J. T. Tou und S. S. L. Chang zurückverfolgen.

Das Buch besteht aus fünf Teilen und zwei Anhängen.

Der erste Teil umfaßt die Kapitel 1–4 und präsentiert die Theorie einiger Funktionaltransformationen, die den Begriff der modifizierten diskreten Laplace-Transformation verallgemeinern. Diese Transformationen erweisen sich als wirkungsvolles Werkzeug zur Beschreibung von Abtastsystemen in kontinuierlicher Zeit.

Der zweite Teil (Kapitel 5–8) beschäftigt sich mit der Operatorbeschreibung von linearen Systemen mit periodisch veränderlichen Parametern. Hier wird der Begriff der parametrischen Übertragungsfunktion eingeführt und der Frequenzgang von linearen periodischen Operatoren und linearen periodischen Systemen erklärt. Damit liegt das erforderliche mathematische Rüstzeug für die Anwendung der Laplace-Transformation und der PTF zur Analyse von periodischen Systemen unter deterministischen und stochastischen Störungen bereit.

Im Teil III (Kapitel 9–12) werden verschiedene Klassen linearer Abtastsysteme als Spezialfälle allgemeiner linearer periodischer Systeme untersucht. Diese Idee ermöglicht es, auf der Grundlage der Ergebnisse von Teil II eine allgemeine Frequenzbereichsbeschreibung für unterschiedliche Arten von Abtastsystemen zu gewinnen. Offene und geschlossene Systeme mit einem oder mehreren Abtastern, einschließlich solcher mit Phasenverschiebung, werden schrittweise in Angriff genommen. Dabei werden zu verschiedenen Arten von Abtastsystemen geschlossene Ausdrücke für die parametrischen Übertragungsfunktionen und für die Bildfunktionen der Ausgangssignale angegeben.

Die Ergebnisse des dritten Teils zeigen bereits die großen Möglichkeiten der neuen Methode. So läßt sich der Begriff der Übertragungsfunktion auf natürliche Weise auf weitgehend beliebige Abtastsysteme ausdehnen, in denen eine klassische Übertragungsfunktion nicht mehr gebildet werden kann, zum Beispiel, wenn in einem Abtastsystem kontinuierliche äußere Erregungen auf kontinuierliche Übertragungsglieder wirken, oder für allgemeine periodische Systeme mit mehreren Abtastern.

In Teil IV (Kapitel 13–15) werden Analysemethoden im Frequenzbereich für Abtastsysteme unter deterministischen und stochastischen Störungen entwickelt. Dabei werden Methoden für Übergangsvorgänge und für quasistationäre Prozesse angegeben. Fragen der Stabilität und Stabilisierbarkeit von periodischen Abtastsystemen werden ausführlich behandelt.

Der Übergang zu kontinuierlicher Zeit erlaubt es, einige Besonderheiten der Bewegungen in Abtastsystemen zu erfassen, die nicht mit diskreten Modellen beschreibbar sind. So muß der Begriff der bleibenden Abweichung neu definiert werden, weil im allgemeinen die Ausgangsgröße periodisch ist. Auch antwortet ein stabiles Abtastsystem auf eine stationäre stochastische Erregung mit einem instationären (periodischen) Zufallsprozeß. Gleichzeitig werden wichtige Begriffe, die aus der Theorie der linearen kontinuierlichen Systeme bekannt sind, zum Beispiel der Begriff des Frequenzgangs, auf Abtastsysteme übertragbar.

Der fünfte und letzte Teil des Buches (Kapitel 16, 17) ist den direkten Entwurfsmethoden für Abtastsysteme im Frequenzbereich gewidmet. Hier wird das quadratische Optimierungsproblem in kontinuierlicher Zeit auf dem Intervall $0 \leq t < \infty$ (LQ–Problem) und auf dem Intervall $-\infty < t < \infty$ ($\mathcal{H}_2$–Problem) betrachtet. Weiterhin werden Ergebnisse zu einigen robusten und $\mathcal{L}_2$–Optimierungsproblemen angegeben, die sich auf ein $\mathcal{H}_\infty$–Problem für ein äquivalentes zeitdiskretes System reduzieren lassen.

An Hand der Ergebnisse des fünften Teils kann geschlußfolgert werden, daß der Übergang zu kontinuierlichen Modellen prinzipiell große Bedeutung für die Lösung von Optimierungsproblemen hat. Das liegt daran, daß die Lösungen von Optimierungsproblemen mit digitalen Steuerungen für kontinuierliche Prozesse beim zeitdiskreten Zugang in vielen Fällen geschlossene Systeme mit geringem Stabilitätsgrad liefern. Zwischen den Abtastzeitpunkten kann der Fehler dann sehr groß werden. Dieser Effekt kann sich bei Verkleinerung der Abtastperiode sogar verstärken.

Im Anhang A werden allgemeine Eigenschaften von rational periodischen Funktionen abgeleitet, die ihrerseits die Basis für die im Buch angegebenen Berechnungsverfahren bilden.

Anhang B widmet sich der numerischen Realisierung der vorgeschlagenen Optimierungsverfahren auf der Basis von Polynomgleichungen. Er wurde von Dr. K. Polyakov erstellt, der mit seiner MATLAB-Toolbox auch die numerischen Beispiele des Teils V berechnete.

Im Prinzip erfordert das Studium des Buches keine Kenntnisse auf dem Gebiet der Abtastsysteme. Allerdings dürfte der mit den Standardmethoden vertraute Leser eher die neuen Möglichkeiten des Frequenzzugangs zu schätzen wissen. Wegen der Einfachheit der Darstellung werden die neuen Ideen und Begriffe vorwiegend am SISO Fall erläutert, obwohl die meisten Ergebnisse auf den MIMO Fall erweiterbar sind. An eingen Stellen wird exemplarisch vorgeführt, wie eine solche Erweiterung vorgenommen werden kann.

Die Ausführungen des Buches werden durch zahlreiche theoretische und numerische Beispiele erläutert, die in den Text eingearbeitet wurden. Die Ergebnisse einiger Beispiele besitzen eigenständige Bedeutung. Die meisten wurden so gewählt, daß deren Lösung mit anderen Methoden große Schwierigkeiten macht.

Das Buch richtet sich an Ingenieure und Wissenschaftler, die sich mit der Untersuchung und Konstruktion von Abtastsystemen und rechnergesteuerten Systemen befassen. Es kann als Lehrbuch für Studenten der Regelungstechnik, der Nachrichtentechnik und anderer einschlägiger Fachrichtungen verwendet werden, die sich mit den Untersuchungsmethoden für Abtastsysteme im Frequenzbereich vertraut machen wollen. Dem praktisch orientierten Mathematiker oder Systemtheoretiker werden sich interessante Einsichten eröffnen.

Die im Buch verwendeten mathematischen Hilfsmittel werden im allgemeinen in den mathematischen Grundkursen für Ingenieure an Technischen Universitäten gelehrt. Darüber hinausgehender Stoff wird direkt im Text behandelt.

Die im Buch angegebene Literatur ist keineswegs vollständig, da sie nur die direkt von den Autoren verwendeten Arbeiten umfaßt.

Die Autoren bedanken sich bei der Deutschen Forschungsgemeinschaft, dem Deutschen Akademischen Austauschdienst und dem Kultusministerium von Mecklenburg-Vorpommern für die Förderung. Den Kollegen in Sankt Petersburg und Rostock, namentlich Dr. U. Richter, gilt unser Dank für die Unterstützung bei der Anfertigung der Druckvorlagen. Schließlich gebührt Herrn Dr. J. Schlembach vom Verlag Teubner unser Dank für die Hinweise zur Gestaltung des Buches und seine Bemühungen um dessen schnelle Herausgabe.

Rostock
Juli 1997

Yephim Rosenwasser
Bernhard Lampe

Inhaltsverzeichnis

Teil I

Transformationen für kontinuierliche und zeitdiskrete Funktionen

Einleitende Bemerkungen. Bekanntlich spielen in der der Theorie der linearen zeitinvarianten kontinuierlichen oder zeitdiskreten Systeme Transformationen eine große Rolle. Im Falle von kontinuierlichen Signalen fußen sie auf der Laplace-Transformation, für zeitdiskrete Systeme auf der z-Transformation, der diskreten Laplace-Transformation oder damit verwandten Transformationen. Für die Lösung der in diesem Buch zu behandelnden Problem erweist sich dieser Zugang allerdings als unzureichend, denn Abtastsysteme besitzen einen hybriden Charakter, weil in ihnen gleichzeitig sowohl kontinuierliche als auch zeitdiskrete Prozesse ablaufen. Deshalb ist es für die Übertragung solcher Umformungen auf Abtastsysteme erforderlich, ihre Verschiedenartigkeit aufzuzeigen und die Möglichkeiten zu ihrer Kombination auszunutzen. Der folgende Teil legt die Theorie solcher Transformationen dar und bildet somit die Grundlage für die in den folgenden Teilen entwickelten Untersuchungsmethoden.

Kapitel 1

Zweiseitige Laplace-Transformation

1.1 Exponentiell begrenzte Funktionen

In diesem Abschnitt wird eine Klasse von Funktionen eingeführt, die eine fundamentale Rolle bei den weiteren Untersuchungen spielen wird.

Definition. Die Funktion $f(t)$ des reellen Arguments t auf $-\infty < t < \infty$ wird *exponentiell begrenzt* im Intervall $[\alpha, \beta]$ genannt, wenn eine reelle Konstante $M > 0$ existiert mit

$$|f(t)| < \begin{cases} M\mathrm{e}^{\alpha t} & t \geq 0 \\ M\mathrm{e}^{\beta t} & t \leq 0 \end{cases}, \tag{1.1}$$

wobei α, β reelle Konstanten mit $\alpha < \beta$ sind. Im folgenden wird die Menge von Funktionen $f(t)$, die (1.1) erfüllen, mit $\mathrm{H}[\alpha, \beta]$ bezeichnet.
Wenn speziell

$$f(t) = 0 \quad \text{für} \quad t \leq 0 \tag{1.2}$$

gilt, dann kann $\beta = \infty$ gewählt werden und anstelle von (1.1) erhält man

$$|f(t)| < M\mathrm{e}^{\alpha t}, \quad t \geq 0. \tag{1.3}$$

Die Gesamtheit der Funktionen $f(t)$, die (1.2) und (1.3) erfüllen, wird durch $\mathrm{H}_+[\alpha, \infty]$ bezeichnet. Entsprechend wird bei

$$\begin{aligned} f(t) &= 0 \quad \text{für} \quad t \geq 0 \\ |f(t)| &< M\mathrm{e}^{\beta t}, \quad t \leq 0 \end{aligned} \tag{1.4}$$

$f(t) \in \mathrm{H}_-[-\infty, \beta]$ geschrieben.

Es werden jetzt einige allgemeine Eigenschaften gebracht, die sich aus der Zugehörigkeit einer Funktion $f(t)$ zu $\mathrm{H}[\alpha,\beta]$ ergeben.

Satz 1.1 *Für die Funktion $f(t)$ ist genau dann $f(t) \in \mathrm{H}[\alpha,\beta]$ richtig, wenn*

$$\left| f(t)\mathrm{e}^{-st} \right| < M, \quad -\infty < t < \infty \tag{1.5}$$

für alle komplexen s aus dem Streifen $\alpha \leq \mathrm{Re}s \leq \beta$ gilt.

Beweis: *Hinlänglichkeit:* Angenommen für alle $\alpha < \mathrm{Re}s < \beta$ gelte (1.5), dann erhält man speziell für $s = \alpha, \; t \geq 0$

$$\left| f(t)\mathrm{e}^{-\alpha t} \right| < M, \quad t \geq 0$$

d.h., $|f(t)| < M\mathrm{e}^{\alpha t}$ für $t \geq 0$. Analog gewinnt man $|f(t)| < M\mathrm{e}^{\beta t}$ für $t \leq 0$, womit Bedingung (1.1) erfüllt ist und somit $f(t) \in \mathrm{H}[\alpha,\beta]$ gilt.

Notwendigkeit: Sei q irgendeine reelle Zahl. Wenn dann (1.1) gilt, so ist auch

$$\left| f(t)\mathrm{e}^{-qt} \right| < \left\{ \begin{array}{ll} M\mathrm{e}^{(\alpha-q)t} & t \geq 0 \\ M\mathrm{e}^{(\beta-q)t} & t \leq 0 \end{array} \right. \tag{1.6}$$

erfüllt, woraus für alle $\alpha \leq q \leq \beta$

$$\left| f(t)\mathrm{e}^{-qt} \right| < M, \quad -\infty < t < \infty \tag{1.7}$$

folgt. Wenn man beachtet, daß für beliebige komplexe s stets $|\mathrm{e}^{-st}| = \mathrm{e}^{-\mathrm{Re}\{st\}}$ ist, dann erhält man aus (1.7) schließlich (1.5).   ∎

Folgerung. Aus Satz 1.1 folgt, daß mit $f(t) \in \mathrm{H}[\alpha,\beta]$ auch $f(t) \in \mathrm{H}[\alpha',\beta']$ für beliebige $\alpha < \alpha' < \beta' < \beta$ richtig ist.

Im folgenden wird $f(t) \in \mathrm{H}(\alpha,\beta)$ geschrieben, wenn $f(t) \in \mathrm{H}[\alpha',\beta']$ für beliebige $\alpha' > \alpha, \; \beta' < \beta, \; \alpha' < \beta'$ gilt. Analog werden die Mengen $\mathrm{H}_+(\alpha,\infty)$ und $\mathrm{H}_-(-\infty,\beta)$ erklärt.

Satz 1.2 *Mögen $f(t) \in \mathrm{H}(\alpha,\beta)$ und $\alpha < \mathrm{Re}\, s < \beta$ sein. Dann existieren Konstanten $\gamma > 0, \; M > 0$, so daß*

$$\left| f(t)\mathrm{e}^{-st} \right| < M\mathrm{e}^{-\gamma|t|}, \quad -\infty < t < \infty \tag{1.8}$$

erfüllt ist.

Beweis: Angenommen man habe $f(t) \in H(\alpha, \beta)$ und $\alpha < \mathrm{Re}\ s < \beta$, dann existiert eine positive Konstante $\gamma > 0$, so daß

$$\alpha < \mathrm{Re}\ s \pm \gamma < \beta \tag{1.9}$$

ist, und aus (1.5) folgt dann

$$\left| f(t)\mathrm{e}^{(-s\pm\gamma)t} \right| < M, \quad -\infty < t < \infty, \tag{1.10}$$

woraus

$$\left| f(t)\mathrm{e}^{-st} \right| < \left\{ \begin{array}{ll} M\mathrm{e}^{-\gamma t} & t \geq 0 \\ M\mathrm{e}^{\gamma t} & t \leq 0 \end{array} \right. \tag{1.11}$$

abgeleitet werden kann, was gleichwertig zu (1.8) ist. ∎

Folgerung 1. Für $f(t) \in H_+(\alpha, \infty)$ und $\alpha < \alpha'$ erhält man

$$\left| f(t)\mathrm{e}^{-st} \right| < M\mathrm{e}^{-\gamma t}, \quad t \geq 0, \quad \mathrm{Re}\ s \geq \alpha'. \tag{1.12}$$

Folgerung 2. Für $f(t) \in H(-\lambda, \lambda)$ mit einer positiven Zahl λ gilt

$$|f(t)| < M\mathrm{e}^{-(\lambda-\epsilon)|t|}, \quad -\infty < t < \infty, \tag{1.13}$$

wobei ϵ eine hinreichend kleine positive Zahl ist.

1.2 Zweiseitige Laplace-Transformation

Für die Funktion $f(t) \in H(\alpha, \beta)$ ist das Integral

$$F(s) = \int_{-\infty}^{\infty} f(t)\mathrm{e}^{-st}\,\mathrm{d}t \tag{1.14}$$

absolut konvergent für jedes s aus dem Streifen $\alpha < \mathrm{Re}\ s < \beta$. In der Tat erhält man mit $\alpha < \mathrm{Re}\ s < \beta$, wegen (1.8) die Abschätzung

$$|F(s)| \leq \int_{-\infty}^{\infty} \left| f(t)\mathrm{e}^{-st} \right|\,\mathrm{d}t < M \int_{-\infty}^{\infty} \mathrm{e}^{-\gamma|t|}\,\mathrm{d}t = \frac{2M}{\gamma}. \tag{1.15}$$

Die Funktion $F(s)$ wird *zweiseitige Laplace-Transformation* der Funktion $f(t)$ genannt. Wenn insbesondere $f(t) \in H_+(\alpha, \infty)$ ist, dann tritt anstelle von (1.14) das Integral

$$F(s) = \int_{0}^{\infty} f(t)\mathrm{e}^{-st}\,\mathrm{d}t \tag{1.16}$$

und im Sonderfall $f(t) \in H_-(-\infty, \beta)$ vereinfacht sich (1.14) zu

$$F(s) = \int_{-\infty}^{0} f(t)\mathrm{e}^{-st}\,\mathrm{d}t. \tag{1.17}$$

Zukünftig wird der Kürze halber die zweiseitige Laplace-Transformation einfach nur Laplace-Transformation genannt. Weiterhin wird meist die Funktion $f(t)$ als Original und die Funktion $F(s)$ als ihr Bild bezeichnet. Anstelle der Formeln (1.14), (1.16), (1.17) wird mitunter die jeweilige Schreibweise

$$
\begin{aligned}
f(t) &\longrightarrow F(s) \\
f(t) &\stackrel{\cdot}{\longrightarrow} F(s) \\
f(t) &\stackrel{\cdot}{\longrightarrow} F(s)
\end{aligned}
\tag{1.18}
$$

benutzt werden.

1.3   Umkehrformeln

In vielen Fällen sucht man zu bekanntem Bild $F(s)$ das Original $f(t)$. Um einen entsprechenden Satz formulieren zu können, wird eine neue Klasse von Funktionen eingeführt. Im weiteren wird $f(t) \in \Lambda(\alpha, \beta)$ geschrieben, wenn $f(t) \in \mathrm{H}(\alpha, \beta)$ und $f(t)$ von beschränkter Variation auf jedem endlichen Teilintervall des Definitionsbereichs ist. Entsprechend werden die Mengen $\Lambda_+(\alpha, \infty)$ und $\Lambda_-(-\infty, \beta)$ erklärt. Eigenschaften von Funktionen beschränkter Variation werden zum Beispiel in Titchmarsh (1932) betrachtet. Der mit diesen Begriffen nicht vertraute Leser mag sich mit der Vorstellung begnügen, daß die Funktion $f(t)$ in jedem endlichen Intervall stückweise glatt ist. Von Funktionen beschränkter Variation ist bekannt, daß für beliebiges festes $t = \tilde{t}$ die einseitigen Grenzwerte

$$
f(\tilde{t}+0) = \lim_{\epsilon \to +0} f(\tilde{t}+\epsilon), \quad f(\tilde{t}-0) = \lim_{\epsilon \to -0} f(\tilde{t}+\epsilon)
\tag{1.19}
$$

existieren. Darüber hinaus ist in jedem Stetigkeitspunkt

$$
f(\tilde{t}+0) = f(\tilde{t}-0) = f(\tilde{t})\,.
\tag{1.20}
$$

Satz 1.3 (van der Pol und Bremmer (1959)) *Es sei $f(t) \in \Lambda(\alpha, \beta)$ und $F(s)$ ihr Bild. Dann existiert für alle $-\infty < t < \infty$ der Grenzwert*

$$
\hat{f}(t) = \frac{1}{2\pi \mathrm{j}} \lim_{a \to \infty} \int_{c-\mathrm{j}a}^{c+\mathrm{j}a} F(s)\mathrm{e}^{st}\,\mathrm{d}s, \quad \alpha < c < \beta\,,
\tag{1.21}
$$

der überdies nicht von c abhängt. Damit erhält man für jedes t

$$
\hat{f}(t) = \frac{f(t+0) + f(t-0)}{2}
\tag{1.22}
$$

und insbesondere an den Stetigkeitsstellen

$$
\hat{f}(t) = f(t)\,.
\tag{1.23}
$$

■

Die Beziehung (1.21) heißt Formel für die *Inverse Laplace-Transformation*. Im Hinblick auf (1.21)–(1.23) wird sie gewöhnlich in der Gestalt

$$f(t) = \frac{1}{2\pi\mathrm{j}} \int_{c-\mathrm{j}\infty}^{c+\mathrm{j}\infty} F(s)\mathrm{e}^{st}\,\mathrm{d}s, \quad \alpha < c < \beta \tag{1.24}$$

geschrieben. Die wahre Bedeutung dieser Formel geben jedoch die Gleichungen (1.21) und (1.22) wieder. Wenn das Integral (1.24) absolut konvergent ist, das heißt, wenn das Integral

$$f_a(t) = \frac{1}{2\pi\mathrm{j}} \int_{c-\mathrm{j}\infty}^{c+\mathrm{j}\infty} |F(s)|\,\mathrm{d}s \tag{1.25}$$

einem endlichen Wert zustrebt, dann konvergiert das Integral (1.24) in gewöhnlichem Sinne. Es kann dann weiterhin gezeigt werden, daß das entsprechende Original $f(t)$ stetig ist.

1.4   Diskretisierung des Umkehrintegrals

Es sei $\omega > 0$ eine reelle Zahl und $T = \frac{2\pi}{\omega}$, dann wird das Integral (1.24) zerlegt in

$$f(t) = \frac{1}{2\pi\mathrm{j}} \sum_{k=-\infty}^{\infty} \int_{c+k\mathrm{j}\omega}^{c+(k+1)\mathrm{j}\omega} F(s)\mathrm{e}^{st}\,\mathrm{d}s\,. \tag{1.26}$$

Vermöge

$$\int_{c+k\mathrm{j}\omega}^{c+(k+1)\mathrm{j}\omega} F(s)\mathrm{e}^{st}\,\mathrm{d}s = \int_{c}^{c+\mathrm{j}\omega} F(q + k\mathrm{j}\omega)\mathrm{e}^{(q+k\mathrm{j}\omega)t}\,\mathrm{d}q \tag{1.27}$$

erhält (1.24) die Form

$$f(t) = \frac{1}{2\pi\mathrm{j}} \sum_{k=-\infty}^{\infty} \int_{c}^{c+\mathrm{j}\omega} F(q + k\mathrm{j}\omega)\mathrm{e}^{(q+k\mathrm{j}\omega)t}\,\mathrm{d}q. \tag{1.28}$$

Wenn darin die Reihenfolge von Summation und Integration vertauscht und wieder zur Integrationsvariablen s anstelle von q zurückgekehrt wird, gewinnt man

$$f(t) = \frac{T}{2\pi\mathrm{j}} \int_{c}^{c+\mathrm{j}\omega} \mathcal{D}_F(T, s, t)\,\mathrm{d}s \tag{1.29}$$

mit

$$\mathcal{D}_F(T, s, t) \overset{\mathrm{def}}{=} \frac{1}{T} \sum_{k=-\infty}^{\infty} F(s + k\mathrm{j}\omega)\mathrm{e}^{(s+k\mathrm{j}\omega)t}. \tag{1.30}$$

Selbstverständlich muß die Zulässigkeit des Übergangs von (1.24) nach (1.29) in jedem konkreten Fall überprüft werden. Dieser Übergang ist statthaft, wenn das

Integral (1.25) konvergent ist.

Weiter unten wird klar werden, warum es zweckmäßig ist, die Funktion $\mathcal{D}_F(T, s, t)$ einzuführen und sie als *diskrete Laplace-Transformation* der Bildfunktion $F(s)$ zu bezeichnen. Aus (1.30) folgt unmittelbar

$$\mathcal{D}_F(T, s, t) = \mathcal{D}_F(T, s + j\omega, t) \,. \tag{1.31}$$

Damit läßt sich Formel (1.29) in die Form eines Integrals mit symmetrischen Integrationsgrenzen bringen

$$f(t) = \frac{T}{2\pi j} \int_{c-j\omega/2}^{c+j\omega/2} \mathcal{D}_F(T, s, t)\, ds \,. \tag{1.32}$$

Fernerhin soll der Übergang vom Integral (1.24) zum Integral (1.32) als *Diskretisierung des Umkehrintegrals* mit der Schrittweite $j\omega$ (der Periode T) bezeichnet werden.

1.5 Sätze über Bildfunktionen

In vielen Fällen muß geklärt werden, ob eine bestimmte Funktion $F(s)$ der komplexen Variablen s als Laplace-Transformation einer gewissen Funktion $f(t)$ interpretierbar ist. Die folgenden Feststellungen liefern leicht nachprüfbare Bedingungen dafür.

Satz 1.4 (Jevgrafov (1965)) *Angenommen die Funktion $F(s)$ sei analytisch im Streifen $\alpha \leq \operatorname{Re} s \leq \beta$. Darüber hinaus gelte für $|s| \to \infty$, $\alpha \leq \operatorname{Re} s \leq \beta$ die Abschätzung*

$$|F(s)| < A|s|^{-1-\lambda} \tag{1.33}$$

mit Konstanten $A > 0$, $\lambda > 0$. Dann ist das Integral

$$f(t) = \frac{1}{2\pi j} \int_{c-j\infty}^{c+j\infty} F(s)e^{st}\, ds, \quad \alpha \leq c \leq \beta \tag{1.34}$$

absolut konvergent, die Funktion $f(t)$ hängt nicht von c ab und ist stetig in t. Damit ist $f(t) \in \Lambda(\alpha, \beta)$ und $f(t) \longrightarrow F(s)$, $\alpha < \operatorname{Re} s < \beta$. Wenn speziell $\beta = \infty$ ist, dann folgt $f(t) = 0$ für $t < 0$ und $f(t) \in \Lambda_+(\alpha, \infty)$. ∎

Es wird darauf hingewiesen, daß die Bedingungen von Satz 1.4 beileibe nicht notwendig sind. Insbesondere kann die Originalfunktion auch dann stetig sein, wenn die genannten Bedingungen nicht zutreffen. Trotzdem erweist sich Satz 1.4 in vielen Anwendungen als überaus nützlich. In komplizierteren Fällen führen möglicherweise die folgenden Bedingungen zum Ziel.

Satz 1.5 *Möge die Funktion $F(s)$ analytisch im Streifen $\alpha \leq \operatorname{Re} s \leq \beta$ sein und für $|s| \to \infty$, $\alpha \leq \operatorname{Re} s \leq \beta$ die Abschätzung*

$$|F(s)| < A|s|^{-1} \tag{1.35}$$

gelten. Sei weiterhin γ eine Konstante, so daß die Funktion

$$F_\gamma(s) \overset{\text{def}}{=} \frac{F(s)}{s - \gamma} \tag{1.36}$$

analytisch in $\alpha \leq \operatorname{Re} s \leq \beta$ ist und zu der wegen Satz 1.4 die Originalfunktion

$$f_\gamma(t) = \frac{1}{2\pi \mathrm{j}} \int_{c-\mathrm{j}\infty}^{c+\mathrm{j}\infty} F_\gamma(s)\mathrm{e}^{st}\, \mathrm{d}s, \quad \alpha \leq c \leq \beta \tag{1.37}$$

existiert. Setzt man voraus, daß die Ableitung $\frac{\mathrm{d}f_\gamma}{\mathrm{d}t} \overset{\text{def}}{=} \dot{f}_\gamma$ existiert und außerdem $\dot{f}_\gamma \in \Lambda(\alpha, \beta)$ ist, dann ist das Integral (1.34) im Sinne von (1.21) konvergent, für die entsprechende Originalfunktion gilt $f(t) \in \Lambda(\alpha, \beta)$ und die Gleichung

$$f(t) = \frac{\mathrm{d}f_\gamma}{\mathrm{d}t} - \gamma f_\gamma(t) \tag{1.38}$$

ist richtig. Damit hat man $f(t) \longrightarrow F(s)$. Wenn unter den Bedingungen des Satzes $\beta = \infty$ gewählt werden kann, dann gilt $f(t) \in \Lambda_+(\alpha, \infty)$. ∎

Beispiel 1.1 Es wird

$$F(s) = \frac{1}{s}, \quad \operatorname{Re} s \geq \alpha > 0 \tag{1.39}$$

gewählt. Satz 1.4 ist in diesem Fall nicht anwendbar. Es wird nun die Funktion

$$F_\gamma(s) = \frac{1}{s(s - \gamma)}, \quad \gamma < 0 \tag{1.40}$$

betrachtet. Aus Doetsch (1967) ist bekannt, daß zur Bildfunktion (1.40) für $\operatorname{Re} s > 0$ die Originalfunktion

$$f_\gamma(t) = \frac{1}{\gamma} \left(\mathrm{e}^{\gamma t} - 1 \right) \mathbf{1}(t) \tag{1.41}$$

gehört mit der Sprungfunktion

$$\mathbf{1}(t) \overset{\text{def}}{=} \begin{cases} 1 & \text{für } t > 0 \\ 0 & \text{für } t < 0. \end{cases} \tag{1.42}$$

Die Funktion $f_\gamma(t)$ ist stetig an der Stelle $t = 0$ und besitzt die Ableitung

$$\frac{\mathrm{d}f_\gamma}{\mathrm{d}t} = \begin{cases} \mathrm{e}^{\gamma t} & t > 0 \\ 0 & t < 0, \end{cases} \tag{1.43}$$

weshalb $\frac{\mathrm{d}f_\gamma}{\mathrm{d}t} \in \Lambda_+(\alpha, \infty)$ gilt, solange $\gamma < 0$ richtig ist. Dank (1.38) findet man

$$f(t) = \frac{\mathrm{d}f_\gamma(t)}{\mathrm{d}t} - \gamma f_\gamma(t) = \mathbf{1}(t) \tag{1.44}$$

als Originalfunktion zu (1.39). □

1.6   Allgemeine Eigenschaft der Bildfunktionen

Für $f(t) \in \Lambda(\alpha, \beta)$ ist nach (1.14) das Bild $F(s)$ eine analytische Funktion von s im Streifen $\alpha < \operatorname{Re} s < \beta$. In Bochner (1959) wird gezeigt, daß unter diesen Voraussetzungen in einem beliebigen inneren Teilstreifen $\alpha < \alpha' \leq \operatorname{Re} s \leq \beta' < \beta$ für $|s| \to \infty$ das Bild von $f(t)$ einer Abschätzung der Form

$$|F(s)| < A|s|^{-1}, \quad A = \text{const.} \tag{1.45}$$

genügt. Deshalb muß im allgemeinen Fall $F(s)$ die analytische Fortsetzung über die Grenzen des genannten Streifens zulassen, wodurch eine einzige analytische Funktion im gesamten Definitionsbereich eindeutig festgelegt ist.

1.7   Addition von Bildfunktionen

Sei

$$f_i(t) \longrightarrow F_i(s), \quad \alpha_i < \operatorname{Re} s < \beta_i, \quad i = 1, 2. \tag{1.46}$$

Dann gilt im gemeinsamen Durchschnitt der Konvergenzstreifen der Funktionen $F_i(s)$

$$f_1(t) + f_2(t) \longrightarrow F_1(s) + F_2(s), \quad \max\{\alpha_1, \alpha_2\} < \operatorname{Re} s < \min\{\beta_1, \beta_2\}. \tag{1.47}$$

Wenn für $F_1(s)$ und $F_2(s)$ kein gemeinsamer Konvergenzstreifen existiert, dann hat die Formel (1.47) keinen Sinn.

Für die gewöhnliche Laplace-Transformation ist die Addition von Bildfunktionen immer möglich, was aus den Beziehungen

$$f_i(t) \quad \overset{\cdot}{\longrightarrow} \quad F_i(s), \qquad \operatorname{Re} s > \alpha_i, \quad i = 1, 2 \tag{1.48}$$

$$f_1(t) + f_2(t) \quad \overset{\cdot}{\longrightarrow} \quad F_1(s) + F_2(s), \quad \operatorname{Re} s > \max\{\alpha_1, \alpha_2\} \tag{1.49}$$

ablesbar ist.

1.8   Zeitverschiebung der Originalfunktion

Es sei eine Funktion $f(t) \in \Lambda(\alpha, \beta)$ mit $f(t) \longrightarrow F(s)$ gegeben. Dann wird die Funktion

$$f_\tau(t) \overset{\text{def}}{=} f(t + \tau), \tag{1.50}$$

wobei τ eine Konstante ist, als *Verschiebung* der Funktion $f(t)$ um die Zeit τ bezeichnet, nach rechts, wenn $\tau < 0$ und nach links, wenn $\tau > 0$ ist. Es wird gezeigt, daß $f_\tau(t) \in \Lambda(\alpha, \beta)$ ist. Tatsächlich folgt aus $f(t) \in \Lambda(\alpha, \beta)$

$$\left| f(t + \tau)\mathrm{e}^{-s(t+\tau)} \right| < M = \text{const.}, \quad \alpha < \operatorname{Re} s < \beta, \tag{1.51}$$

also

$$\left|f(t+\tau)e^{-st}\right| < Me^{\mathrm{Re}\ s\tau}\,, \quad \alpha < \mathrm{Re}\ s < \beta\,, \tag{1.52}$$

so daß die Laplace-Transformation für $\alpha < \mathrm{Re}\ s < \beta$ existiert und sich zu

$$F_\tau(s) = \int_{-\infty}^{\infty} f(t+\tau)e^{-st}\,\mathrm{d}t = e^{s\tau}F(s)\,, \quad \alpha < \mathrm{Re}\ s < \beta \tag{1.53}$$

ergibt.

Bemerkenswert ist, daß die entsprechende Formel für die gewöhnliche Laplace-Transformation anders aussieht, van der Pol und Bremmer (1959). Wenn

$$f(t) \;\overset{\cdot}{\longrightarrow}\; F(s)\,, \quad \mathrm{Re}\ s > \alpha \tag{1.54}$$

ist, dann ergibt sich für $\tau < 0$ die zu (1.53) analoge Formel

$$f_\tau(t) \;\overset{\cdot}{\longrightarrow}\; e^{s\tau}F(s)\,, \quad \mathrm{Re}\ s > \alpha \quad \tau < 0\,, \tag{1.55}$$

aber für $\tau > 0$ erhält man

$$f_\tau(t) \;\overset{\cdot}{\longrightarrow}\; e^{s\tau}\left[F(s) - \int_0^\tau f(t)e^{-st}\,\mathrm{d}t\right]\,, \quad \mathrm{Re}\ s > \alpha\,, \quad \tau > 0\,. \tag{1.56}$$

Der Unterschied zwischen (1.55) und (1.56) wird dadurch hervorgerufen, daß man in der Theorie der gewöhnlichen Laplace-Transformation nur Originalfunktionen betrachtet, die für $t < 0$ verschwinden.

1.9 Verschiebung im Bildbereich

Es sei $f(t) \in \Lambda(\alpha,\beta)$ mit $f(t) \longrightarrow F(s)$ gegeben. Dann gilt für beliebiges komplexes λ

$$e^{-\lambda t}f(t) \longrightarrow F(s+\lambda)\,, \quad \alpha - \mathrm{Re}\ \lambda < \mathrm{Re}\ s < \beta - \mathrm{Re}\ \lambda\,. \tag{1.57}$$

Fürwahr folgt aus den obigen Bedingungen

$$\left|f(t)e^{-\lambda t}e^{-st}\right| < M\,, \quad \alpha < \mathrm{Re}\ \lambda + \mathrm{Re}\ s < \beta\,, \tag{1.58}$$

das heißt, $e^{-\lambda t}f(t) \in \Lambda(\alpha_1,\beta_1)$ mit $\alpha_1 = \alpha - \mathrm{Re}\ \lambda$, $\beta_1 = \beta - \mathrm{Re}\ \lambda$. Darum erhält man im Streifen $\alpha_1 < \mathrm{Re}\ s < \beta_1$

$$e^{-\lambda t}f(t) \longrightarrow \int_{-\infty}^{\infty} f(t)e^{-(\lambda+s)t}\,\mathrm{d}t = F(s+\lambda)\,. \tag{1.59}$$

Für die gewöhnliche Laplace-Transformation ist eine analoge Formel gültig:

$$e^{-\lambda t}f(t) \;\overset{\cdot}{\longrightarrow}\; F(s+\lambda)\,, \quad \mathrm{Re}\ s > \alpha - \mathrm{Re}\ \lambda\,. \tag{1.60}$$

1.10   Faltung im Originalbereich

Ausgehend von den Funktionen $f_i(t) \in \Lambda(\alpha, \beta)$ $(i = 1, 2)$, versteht man unter der *Faltung* von $f_1(t)$ und $f_2(t)$ den Ausdruck

$$f_1 * f_2(t) \stackrel{\text{def}}{=} \int_{-\infty}^{\infty} f_1(t - \tau) f_2(\tau) \, d\tau \,. \tag{1.61}$$

Bekanntlich ist

$$f_1 * f_2(t) = f_2 * f_1(t) = \int_{-\infty}^{\infty} f_2(t - \tau) f_1(\tau) \, d\tau \,. \tag{1.62}$$

Satz 1.6 *Unter der Voraussetzung $f_i(t) \in \Lambda(\alpha, \beta)$ und $f_i(t) \longrightarrow F_i(s)$ gilt*

$$f_1 * f_2(t) \longrightarrow F_1(s) F_2(s) \,, \quad \alpha < \operatorname{Re} s < \beta \tag{1.63}$$

und damit $f_1 * f_2(t) \in \Lambda(\alpha, \beta)$. Außerdem ist $f_1 * f_2(t)$ stetig.

Beweis: Die Richtigkeit von (1.63) erwächst aus der Bedingung $f_i(t) \in \Lambda(\alpha, \beta)$, van der Pol und Bremmer (1959). Danach ist für jedes $F_i(s)$ eine Abschätzung der Form (1.45) gültig, und deshalb verhält sich $F(s) = F_1(s) F_2(s)$ für $|s| \to \infty$ im Konvergenzstreifen wie $|s|^{-2}$. Nun liefert Satz 1.4, daß $f_1 * f_2(t) \in \Lambda(\alpha, \beta)$ und stetig ist.   ∎

Es sei noch bemerkt, daß im Falle von $f_i(t) \in \Lambda_+(\alpha, \infty)$ aus (1.63) und Satz 1.4 folgt, daß $f_1 * f_2(t) \in \Lambda(\alpha, \infty)$ ist und die Faltung entsprechend durch

$$f_1 * f_2(t) = \begin{cases} \int\limits_0^t f_1(t - \tau) f_2(\tau) \, d\tau = \int\limits_0^t f_2(t - \tau) f_1(\tau) \, d\tau & t \geq 0 \\ \qquad\qquad\qquad 0 & t \leq 0 \end{cases} \tag{1.64}$$

ersetzt wird.

1.11   Parsevalsche Gleichung

Die komplexwertigen Funktionen $f(t)$ und $g(t)$ mögen zu $\Lambda(\alpha, \beta)$ gehören, wobei jetzt $\alpha < 0$, $\beta > 0$ angenommen wird, so daß der Konvergenzstreifen die imaginäre Achse enthält. In diesem Falle gilt die Parsevalsche Gleichung

$$\frac{1}{2\pi j} \int_{-j\infty}^{j\infty} F(s) \overline{G(s)} \, ds = \int_{-\infty}^{\infty} f(t) \overline{g(t)} \, dt \,, \tag{1.65}$$

wobei $f(t) \longrightarrow F(s)$, $g(t) \longrightarrow G(s)$ und der Querstrich konjugiert komplex bedeutet. Wenn $f(t)$ und $g(t)$ reellwertig sind, dann schreibt man die Parsevalsche

Gleichung gewöhnlich in anderer Fassung. Da dann $\overline{G(s)} = G(\bar{s})$ ist und auf der imaginären Achse $s = j\nu$, $\bar{s} = -j\nu = -s$ gilt, wird also $\overline{G(s)} = G(-s)$ und man kann

$$\frac{1}{2\pi j} \int_{-j\infty}^{j\infty} F(s)G(-s)\,\mathrm{d}s = \int_{-\infty}^{\infty} f(t)g(t)\,\mathrm{d}t \tag{1.66}$$

schreiben. Wählt man in (1.66) speziell $f(t) = g(t)$, so findet man

$$\frac{1}{2\pi j} \int_{-j\infty}^{j\infty} F(s)F(-s)\,\mathrm{d}s = \int_{-\infty}^{\infty} f^2(t)\,\mathrm{d}t\,. \tag{1.67}$$

Ist weiterhin $f(t) = 0$ für $t < 0$, so gewinnt man aus (1.67)

$$\frac{1}{2\pi j} \int_{-j\infty}^{j\infty} F(s)F(-s)\,\mathrm{d}s = \int_{0}^{\infty} f^2(t)\,\mathrm{d}t\,. \tag{1.68}$$

1.12 Differentiation im Originalbereich

Es werde wieder $f(t) \in \Lambda(\alpha, \beta)$ und $f(t) \longrightarrow F(s)$ angenommen, und außerdem möge die Funktion $f(t)$ eine Ableitung $\frac{\mathrm{d}f}{\mathrm{d}t} \in \Lambda(\alpha, \beta)$ besitzen. Dann gilt die Beziehung

$$\frac{\mathrm{d}f}{\mathrm{d}t} \longrightarrow sF(s)\,, \quad \alpha < \operatorname{Re} s < \beta\,. \tag{1.69}$$

Man beachte, daß in der Theorie der gewöhnlichen Laplace-Transformation die Formel für das Bild der Ableitung anders aussieht. Bekanntlich gilt für $f(t) \in \Lambda_+(\alpha, \infty)$ und $\frac{\mathrm{d}f}{\mathrm{d}t} \in \Lambda_+(\alpha, \infty)$ die Formel

$$\frac{\mathrm{d}f}{\mathrm{d}t} \longrightarrow sF(s) - f(+0), \quad \operatorname{Re} s > \alpha\,. \tag{1.70}$$

Die Beziehung (1.70) unterscheidet sich von (1.69) und geht in diese nur für $f(+0) = 0$ über. Dieses ist damit erklärbar, daß die Funktion

$$\hat{f}(t) = \begin{cases} f(t) & t > 0 \\ 0 & t < 0 \end{cases} \tag{1.71}$$

für $f(+0) \neq 0$ gewiß nicht differenzierbar ist und somit nicht die Voraussetzungen in (1.69) erfüllt. Durch mehrfache Anwendung von (1.69) erhält man für beliebige natürliche Zahlen n

$$\frac{\mathrm{d}^n f(t)}{\mathrm{d}t^n} \longrightarrow s^n F(s)\,, \quad \alpha < \operatorname{Re} s < \beta\,, \tag{1.72}$$

was gültig ist, wenn alle Ableitungen bis zur Ordnung n existieren und zu $\Lambda(\alpha, \beta)$ gehören. Im Falle der einseitigen Laplace-Transformation gilt anstelle von (1.72) die Formel

$$\frac{\mathrm{d}^n f}{\mathrm{d}t^n} \longrightarrow s^n F(s) - f(+0)s^{n-1} - f'(+0)s^{n-2} - \ldots - f^{(n-1)}(+0) \tag{1.73}$$

für $\operatorname{Re} s > \alpha$.

1.13 Differentiation im Bildbereich

Unter der Annahme, daß $f(t) \in \Lambda(\alpha, \beta)$ und

$$F(s) = \int_{-\infty}^{\infty} f(t) e^{-st}\, dt, \quad \alpha < \operatorname{Re} s < \beta \tag{1.74}$$

erfüllt ist, ist die Funktion $F(s)$ analytisch im Konvergenzstreifen $\alpha < \operatorname{Re} s < \beta$ und besitzt dort Ableitungen beliebiger Ordnung nach s. Diese Ableitungen kann man bilden, wenn man die Differentiation in (1.74) unter dem Integralzeichen ausführt. Auf diese Weise erhält man

$$\frac{d^n F(s)}{ds^n} = (-1)^n \int_{-\infty}^{\infty} f(t) t^n e^{-st}\, dt, \quad \alpha < \operatorname{Re} s < \beta. \tag{1.75}$$

Außerdem ist die Konvergenz des Integrals auf der rechten Seite von (1.75) durch $f(t) \in \Lambda(\alpha, \beta)$ gesichert. Die Beziehung (1.75) kann gleichwertig durch

$$(-1)^n t^n f(t) \longrightarrow \frac{d^n F(s)}{ds^n} \tag{1.76}$$

ausgedrückt werden.

1.14 Umkehrformeln für rationale Bildfunktionen

In diesem Abschnitt werden rationale Bildfunktionen der Form

$$F(s) = \frac{m(s)}{d(s)} \tag{1.77}$$

betrachtet, wobei $m(s)$ und $d(s)$ Polynome in s sind. Wenn $\deg m(s) \leq \deg d(s)$ richtig ist, wobei "deg" den Grad des Polynoms bezeichnet, dann heißt $F(s)$ *proper*. Wenn sogar $\deg m(s) < \deg d(s)$ gilt, dann nennt man $F(s)$ *streng proper*. In diesem Abschnitt werden allgemeine Umkehrformeln für zweiseitige Laplace-Transformierte angegeben, die rational und streng proper sind. In diesem Falle wird die Darstellung

$$\begin{aligned}
m(s) &= m_1 s^{p-1} + m_2 s^{p-2} + \ldots + m_p \\
d(s) &= s^p + d_1 s^{p-1} + \ldots + d_p
\end{aligned} \tag{1.78}$$

benutzt.

Die Grundlage für Formeln zur Rückwandlung allgemeiner gebrochen rationaler Bildfunktionen wird durch zwei einfache Beziehungen gelegt.

1. Wenn

$$f(t) = f_+(t, a) \stackrel{\text{def}}{=} \left\{ \begin{array}{ll} e^{at} & t > 0 \\ 0 & t < 0 \end{array} \right. \tag{1.79}$$

ist, worin a eine komplexe Konstante ist, dann gilt für die entsprechende Bildfunktion

$$F_+(s,a) = \int_0^\infty f_+(t,a)\mathrm{e}^{-st}\,\mathrm{d}t = \frac{1}{s-a}\,, \quad \mathrm{Re}\,s > \mathrm{Re}\,a\,. \tag{1.80}$$

2. Wenn aber

$$f(t) = f_-(t,a) \stackrel{\mathrm{def}}{=} \begin{cases} 0 & t > 0 \\ -\mathrm{e}^{at} & t < 0 \end{cases} \tag{1.81}$$

ist, dann erhält man für die Laplace-Transformierte

$$F_-(s,a) = \int_{-\infty}^0 f_-(t,a)\mathrm{e}^{-st}\,\mathrm{d}t = \frac{1}{s-a}\,, \quad \mathrm{Re}\,s < \mathrm{Re}\,a\,. \tag{1.82}$$

Offensichtlich gilt $f_-(t,a) \in \Lambda_-(-\infty, \mathrm{Re}\,a)$ und $f_+(t) \in \Lambda_+(\mathrm{Re}\,a, \infty)$, weshalb die Umkehrformel (1.21) zutrifft. Die vereinfachte Schreibweise (1.24) nutzend, erzielt man aus (1.80) und (1.82)

$$\frac{1}{2\pi\mathrm{j}} \int_{c-\mathrm{j}\infty}^{c+\mathrm{j}\infty} \frac{1}{s-a}\mathrm{e}^{st}\,\mathrm{d}s = \begin{cases} \mathrm{e}^{at} & t > 0 \\ 0 & t < 0 \end{cases}, \quad c > \mathrm{Re}\,a \tag{1.83}$$

$$\frac{1}{2\pi\mathrm{j}} \int_{c-\mathrm{j}\infty}^{c+\mathrm{j}\infty} \frac{1}{s-a}\mathrm{e}^{st}\,\mathrm{d}s = \begin{cases} 0 & t > 0 \\ -\mathrm{e}^{at} & t < 0 \end{cases} \quad c < \mathrm{Re}\,a\,. \tag{1.84}$$

Aus (1.83) und (1.84) gewinnt man unter Beachtung von (1.76) für beliebige natürliche Zahlen n

$$\frac{1}{2\pi\mathrm{j}} \int_{c-\mathrm{j}\infty}^{c+\mathrm{j}\infty} \frac{1}{(s-a)^n}\mathrm{e}^{st}\,\mathrm{d}s = \begin{cases} \frac{1}{(n-1)!}t^{n-1}\mathrm{e}^{at} & t > 0 \\ 0 & t < 0 \end{cases}, \quad c > \mathrm{Re}\,a \tag{1.85}$$

$$\frac{1}{2\pi\mathrm{j}} \int_{c-\mathrm{j}\infty}^{c+\mathrm{j}\infty} \frac{1}{(s-a)^n}\mathrm{e}^{st}\,\mathrm{d}s = \begin{cases} 0 & t > 0 \\ -\frac{1}{(n-1)!}t^{n-1}\mathrm{e}^{at} & t < 0 \end{cases}, \quad c < \mathrm{Re}\,a\,. \tag{1.86}$$

Indem man (1.83)–(1.86) ausnutzt, gelingt es, allgemeine Umkehrformeln für gebrochen rationale Bildfunktionen der Form (1.77) aufzustellen, wobei $F(s)$ nicht kürzbar und streng proper vorauszusetzen ist.
Die Pole der Funktion $F(s)$ sind die Wurzeln der Gleichung

$$d(s) = s^p + d_1 s^{p-1} + d_2^{p-2} + \ldots + d_p = 0\,. \tag{1.87}$$

Angenommen die Zahlen s_i $(i = 1, \ldots, \ell)$ seien die Wurzeln der charakteristischen Gleichung (1.87) mit der entsprechenden Vielfachheit ν_i, so daß $\nu_1 + \nu_2 + \ldots + \nu_\ell = p$ ist, dann läßt sich die Funktion $F(s)$ in ihre Partialbrüche gemäß

$$F(s) = \sum_{i=1}^{\ell} \sum_{k=1}^{\nu_i} \frac{f_{ik}}{(s-s_i)^k} \tag{1.88}$$

zerlegen, wobei die f_{ik} Konstanten sind, die in bekannter Weise zu berechnen sind. Weiterhin soll vorausgesetzt werden, daß die Wurzeln s_i in der Weise geordnet sind, daß Re $s_i \leq$ Re s_{i+1} erfüllt ist. Durch $\mu_1, ..., \mu_r$ sollen die verschiedenen Realteile der Wurzeln s_i bezeichnet werden, so daß $\mu_i < \mu_{i+1}$ gilt. Außerdem werden $\mu_0 = -\infty$, $\mu_{r+1} = \infty$ dazugenommen. Auf der reellen Achse werden die

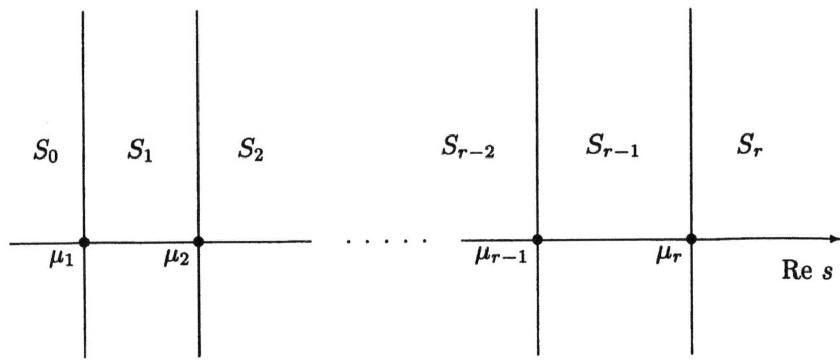

Abbildung 1.1: Zerlegung der komplexen Ebene durch $F(s)$

offenen Intervalle entsprechend Abbildung 1.1

$$S_- \stackrel{\text{def}}{=} S_0 : (-\infty, \mu_1), \ S_1 : (\mu_1, \mu_2), \ ... \ S_{r-1} : (\mu_{r-1}, \mu_r), \ S_+ \stackrel{\text{def}}{=} S_r : (\mu_r, \infty)$$

eingeführt, die als *Regularitätsintervalle* der Bildfunktion $F(s)$ bezeichnet werden. Hierbei sollen die Intervalle S_- und S_+ äußere, die übrigen innere Regularitätsintervalle genannt werden, Rosenwasser (1977). Betrachtet man das Integral

$$f_m(t) = \frac{1}{2\pi j} \int_{c-j\infty}^{c+j\infty} F(s) e^{st} \, ds, \quad c \in S_m, \tag{1.89}$$

dann lassen sich zu gegebenem m alle Wurzeln s_i auf zwei Gruppen aufteilen, indem in der ersten Gruppe die Wurzeln mit Re $s_i \leq \mu_m$ und in der zweiten Gruppe die mit Re $s_i \geq \mu_{m+1}$ zusammengefaßt werden. Unter der Annahme, daß die Wurzeln $s_1, ..., s_\rho$ zur ersten Gruppe und $s_{\rho+1}, ..., s_\ell$ zur zweiten Gruppe gehören, kann die Partialbruchzerlegung (1.88) in der Form

$$F(s) = F_{m+}(s) + F_{m-}(s) \tag{1.90}$$

dargestellt werden, wobei

$$F_{m+}(s) = \sum_{i=1}^{\rho} \sum_{k=1}^{\nu_i} \frac{f_{ik}}{(s - s_i)^k} \tag{1.91}$$

$$F_{m-}(s) = \sum_{i=\rho+1}^{\ell} \sum_{k=1}^{\nu_i} \frac{f_{ik}}{(s - s_i)^k} \tag{1.92}$$

gilt. Indem man (1.90) in (1.89) einsetzt, erhält man

$$f_m(t) = f_{m+}(t) + f_{m-}(t) \tag{1.93}$$

mit

$$f_{m+}(t) = \frac{1}{2\pi j} \int_{c-j\infty}^{c+j\infty} F_{m+}(s)e^{st}\,ds\,, \quad \mu_m < c < \mu_{m+1} \tag{1.94}$$

$$f_{m-}(t) = \frac{1}{2\pi j} \int_{c-j\infty}^{c+j\infty} F_{m-}(s)e^{st}\,ds\,, \quad \mu_m < c < \mu_{m+1}\,. \tag{1.95}$$

Da im Integral (1.94) Re $s_i < c$ gilt, sind die Bedingungen in (1.85) erfüllt, so daß man

$$f_{m+}(t) = \begin{cases} \sum\limits_{i=1}^{\rho} \sum\limits_{k=1}^{\nu_i} \dfrac{f_{ik}}{(k-1)!}\, t^{k-1}e^{s_i t} & t > 0 \\[2ex] 0 & t < 0 \end{cases} \tag{1.96}$$

erhält. Analog findet man aus (1.95) und (1.86)

$$f_{m-}(t) = \begin{cases} 0 & t > 0 \\[2ex] -\sum\limits_{i=\rho+1}^{\ell} \sum\limits_{k=1}^{\nu_i} \dfrac{f_{ik}}{(k-1)!}\, t^{k-1}e^{s_i t} & t < 0\,. \end{cases} \tag{1.97}$$

Das komplette Ergebnis bekommt man schließlich, indem (1.96) und (1.97) in (1.93) eingesetzt werden zu

$$f_m(t) = \begin{cases} \sum\limits_{i=1}^{\rho} \sum\limits_{k=1}^{\nu_i} \dfrac{f_{ik}}{(k-1)!}\, t^{k-1}e^{s_i t} & t > 0 \\[2ex] -\sum\limits_{i=\rho+1}^{\ell} \sum\limits_{k=1}^{\nu_i} \dfrac{f_{ik}}{(k-1)!}\, t^{k-1}e^{s_i t} & t < 0\,. \end{cases} \tag{1.98}$$

Speziell für das Intervall S_+, das heißt für $c > \mu_r$, ergibt sich aus (1.98)

$$f_r(t) \stackrel{\text{def}}{=} f_+(t) = \begin{cases} \sum\limits_{i=1}^{\ell} \sum\limits_{k=1}^{\nu_i} \dfrac{f_{ik}}{(k-1)!}\, t^{k-1}e^{s_i t} & t > 0 \\[2ex] 0 & t < 0\,. \end{cases} \tag{1.99}$$

Entsprechend gewinnt man für das Intervall S_-, d.h. $c < \mu_1$ den Ausdruck

$$f_0(t) \stackrel{\text{def}}{=} f_-(t) = \begin{cases} 0 & t > 0 \\[2ex] -\sum\limits_{i=1}^{\ell} \sum\limits_{k=1}^{\nu_i} \dfrac{f_{ik}}{(k-1)!}\, t^{k-1}e^{s_i t} & t < 0\,. \end{cases} \tag{1.100}$$

Nachfolgend werden einige allgemeine Ergebnisse formuliert, die sich aus den obigen Beziehungen ableiten.

1. Die Bildfunktion (1.88) besitzt im allgemeinen Fall $r+1$ verschiedene Originalfunktionen, ihre Anzahl ist gleich der Anzahl ihrer verschiedenen Regularitätsintervalle S_m. Fortan wird von der Funktion $f_m(t)$ als dem *Original* der Bildfunktion $F(s)$ *im Regularitätsintervall* S_m gesprochen. Die Gesamtheit der Originalfunktionen $f_m(t)$ nach (1.98) wird die *Familie der Originale* zur Bildfunktion $F(s)$ genannt und mit $\{f_m(t)\}$ bezeichnet.

2. Angenommen $[\mu'_m, \mu'_{m+1}]$ sei ein beliebiges abgeschlossenens Intervall, das ganz im Innern von S_m liegt. Vermöge (1.98) sieht man leicht, daß

$$\left| f_m(t)\mathrm{e}^{-st} \right| < M_m = \text{const.}, \quad \mu'_m \le \operatorname{Re} s \le \mu'_{m+1}$$

ist, woraus man unter Beachtung von Satz 1.1

$$f_m(t) \in \Lambda(\mu_m, \mu_{m+1}) \tag{1.101}$$

findet.

3. Es ist festzustellen, daß irgendeine der Funktionen $f_m(t)$ bereits alle Funktonen der Familie $\{f_m(t)\}$ eindeutig festlegt. In der Tat kann zu bekanntem $f_k(t)$ die entsprechende Bildfunktion im Streifen $\mu_k < \operatorname{Re} s < \mu_{k+1}$ gefunden werden, der als k-ter Regularitätsstreifen bezeichnet werden soll. Danach wird $F(s)$ auf die ganze komplexe Ebene analytisch fortgesetzt und durch (1.89) kann die ganze Familie $\{f_m(t)\}$ konstruiert werden.

4. Unmittelbar aus (1.98) geht

$$f_m(+0) = \sum_{i=1}^{\rho} f_{i1}, \qquad f_m(-0) = - \sum_{i=\rho+1}^{\ell} f_{i1} \tag{1.102}$$

hervor, was

$$\Delta f_m(0) \stackrel{\text{def}}{=} f_m(+0) - f_m(-0) = \sum_{i=1}^{\ell} f_{i1} \tag{1.103}$$

zur Folge hat. Auf der linken Seite von (1.103) steht die Sprunghöhe der Funktion $f_m(t)$ im Punkt $t = 0$. Aus (1.88) überlegt man sich unmittelbar die Beziehung

$$\sum_{i=1}^{\ell} f_{i1} = m_1, \tag{1.104}$$

worin m_1 der entsprechende Koeffizient des Zählerpolynoms aus (1.78) ist, so daß sich (1.104) und (1.103) zusammenfassen läßt zu

$$\Delta f_m(0) = m_1. \tag{1.105}$$

5. Aus (1.105) folgt, daß für $m_1 \ne 0$ alle Funktionen der Familie $\{f_m(t)\}$ bei $t = 0$ Sprungstellen besitzen und zwar alle von der gleichen Höhe m_1. Es ist leicht einzusehen, daß die Funktionen $f_m(t)$ für $m_1 = 0, m_2 \ne 0$ stetig sind und stückweise stetige Ableitungen besitzen. Für $m_1 = m_2 = 0, m_3 \ne 0$ haben die Funktionen $f_m(t)$ stetige erste Ableitungen und stückweise stetige zweite Ableitungen u.s.w.

Kapitel 2

Transformationen für zeitdiskrete Funktionen

2.1 Potenzreihen

Bekanntlich bezeichnet man als Potenzreihe (Taylor-Reihe) eine Reihe der Form

$$A(\zeta) \simeq a_0 + a_1\zeta + a_2\zeta^2 + \ldots, \tag{2.1}$$

wobei $\{a_i\}$, $(i = 0, 1, 2, \ldots)$ eine Folge von komplexen Zahlen ist.

Für eine beliebige Reihe der Form (2.1) existiert eine Zahl $R \geq 0$, so daß die Reihe für $|\zeta| < R$ konvergiert und für alle $|\zeta| > R$ divergiert. Diese Zahl R wird der *Konvergenzradius* der Potenzreihe (2.1) genannt und kann mit Hilfe der Cauchy-Hadamard-Formel

$$R^{-1} = \limsup_{n \to \infty} \sqrt[n]{|a_n|} \tag{2.2}$$

bestimmt werden. Für gewisse Reihen kann $R = 0$ herauskommen, das heißt, die Reihe (2.1) konvergiert nur für $\zeta = 0$. Für andere Reihen kann sich $R = \infty$ ergeben. Funktionen, die durch solche Reihen definiert werden, nennt man *ganze Funktionen*. Der offene Kreis $|\zeta| < R$ wird als *Konvergenzkreis* der Reihe (2.1) bezeichnet. Im Innern des Konvergenzkreises existiert die Summe der Reihe (2.1), die sich als analytische Funktion des Arguments ζ erweist. Deshalb kann man für $R \neq 0$ anstelle von (2.1)

$$A(\zeta) = a_0 + a_1\zeta + a_2\zeta^2 + \ldots, \qquad |\zeta| < R \tag{2.3}$$

schreiben. Umgekehrt ist eine Funktion $A(\zeta)$, die analytisch im Innern eines gewissen Kreises mit dem Radius R ist, eindeutig als Summe einer Potenzreihe der Form (2.3) darstellbar. Die Koeffizienten dieser Reihe können durch Differentiation entsprechend

$$a_n = \frac{1}{n!} \left. \frac{\mathrm{d}^n A(\zeta)}{\mathrm{d}\zeta^n} \right|_{\zeta=0} \tag{2.4}$$

oder alternativ durch Integration mittels

$$a_n = \frac{1}{2\pi j} \oint \frac{A(\zeta)}{\zeta^{n+1}} \, d\zeta \qquad (2.5)$$

gewonnen werden, wobei das Kurvenintegral entgegen der Uhrzeigerrichtung über einen beliebigen Kreis $|\zeta| = \rho$ im Innern des Konvergenzkreises, d.h. mit $\rho < R$, zu nehmen ist. Hierbei gilt die Cauchysche Ungleichung

$$|a_n| < \frac{M_\rho}{\rho^n} \qquad (2.6)$$

mit

$$M_\rho \overset{\text{def}}{=} \max_{|\zeta|=\rho} |A(\zeta)| \, . \qquad (2.7)$$

2.2 Potenzreihe als Transformation

Es sei irgendeine Zahlenfolge $\{a_i\}$, $(i = 0, 1, 2, \ldots)$ gegeben. Der Folge $\{a_i\}$ kann dann eine Reihe der Form (2.1) zugeordnet werden, und diese Reihe kann wiederum als Bild der ursprünglichen Folge betrachtet werden. Wenn die so erzeugte Reihe einen von null verschiedenen Konvergenzradius besitzt, dann definiert sie im Innern des Konvergenzkreises eine analytische Funktion $A(\zeta)$ entsprechend (2.3), die auf diese Weise als eine gewisse Transformation der Folge $\{a_i\}$ angesehen werden kann. Im Prinzip ist es zulässig, die Funktion $A(\zeta)$ über den Rand des Konvergenzkreises hinaus analytisch fortzusetzen.

Beispiel 2.1 Möge die Folge $\{a_i\}$ durch $a_i = 1$, $(i = 0, 1, 2, \ldots)$ gegeben sein. Als formale Reihe entsprechend (2.1) bildet man

$$A(\zeta) \overset{\text{def}}{=} a_+(\zeta) = 1 + \zeta + \zeta^2 + \ldots \, . \qquad (2.8)$$

Der Konvergenzradius dieser Reihe beträgt $R = 1$, und als Summe dieser Reihe berechnet man

$$A_+(\zeta) = \frac{1}{1-\zeta}, \qquad |\zeta| < 1 \, . \qquad (2.9)$$

Die Funktion (2.9) kann als Transformation der ursprünglichen Folge betrachtet werden. Man beachte, daß sich die Funktion (2.9) auf die ganze komplexe Ebene mit Ausnahme des Punktes $\zeta = 1$ analytisch fortsetzen läßt. $\qquad \square$

Es muß bemerkt werden, daß der Zusammenhang zwischen der Folge $\{a_i\}$ und ihrem Bild $A(\zeta)$ eineindeutig ist, d.h., auf der einen Seite definiert die Folge $\{a_i\}$ eindeutig die Reihensumme (2.3) und auf der anderen Seite bestimmt die Funktion $A(\zeta)$ eindeutig die Folge $\{a_i\}$ mit Hilfe der Formeln (2.4) und (2.5).

2.3 Laurent-Reihe als Transformation

Als Laurent-Reihe (mit dem Zentrum im Punkt $\zeta = 0$) bezeichnet man eine Reihe
der Form

$$A(\zeta) \simeq \sum_{n=-\infty}^{\infty} a_n \zeta^n \, , \tag{2.10}$$

die sowohl positive als auch negative Potenzen von ζ enthält. Der Ausdruck (2.10)
kann in die Form

$$A(\zeta) = A_-(\zeta) + A_+(\zeta) \tag{2.11}$$

gebracht werden mit

$$A_-(\zeta) \stackrel{\text{def}}{=} \sum_{n=-\infty}^{-1} a_n \zeta^n \, , \qquad A_+(\zeta) \stackrel{\text{def}}{=} \sum_{n=0}^{\infty} a_n \zeta^n \, . \tag{2.12}$$

Die Reihe $A_+(\zeta)$ wird als regulärer Anteil der Laurent-Reihe und die Reihe $A_-(\zeta)$
als ihr Hauptteil bezeichnet. Der reguläre Teil ist eine Potenzreihe, die in einem
gewissen Kreis $|\zeta| < R_+$ konvergiert. Die Reihe $A_-(\zeta)$ ist eine Potenzreihe der un-
abhängigen Variablen $z = \zeta^{-1}$ und konvergiert in einem gewissen Gebiet $|\zeta| > R_-$.
Wenn $R_+ > R_-$ ist, dann konvergieren beide Reihen (2.12) gleichzeitig in einem
Kreisring $R_- < |\zeta| < R_+$, der *Konvergenzring* genannt wird. Somit konvergiert
dort auch die Laurent-Reihe (2.10), wobei man

$$A(\zeta) = \sum_{n=-\infty}^{\infty} a_n \zeta^n \, , \quad R_- < |\zeta| < R_+ \, . \tag{2.13}$$

schreibt. Wenn allerdings $R_+ < R_-$ ist, dann konvergiert die Reihe (2.10) nirgends.
Bei Existenz eines Konvergenzringes lassen sich die Koeffizienten a_n eindeutig mittels

$$a_n = \frac{1}{2\pi j} \oint \frac{A(\zeta)}{\zeta^{n+1}} \, d\zeta \tag{2.14}$$

bestimmen, wobei das Kurvenintegral in positiver Richtung längs eines beliebigen
Kreises $|\zeta| = \rho$ im Innern des Konvergenzringes, d.h. $R_- < \rho < R_+$, zu berechnen
ist. Mit der Bezeichnung

$$M_\rho \stackrel{\text{def}}{=} \max_{|\zeta|=\rho} |A(\zeta)| \tag{2.15}$$

gilt hier wieder die Ungleichung von Cauchy

$$|a_n| < \frac{M_\rho}{\rho^n} \, . \tag{2.16}$$

Wenn eine nach beiden Seiten hin unbegrenzte Folge $\{a_n\}$, $(n = 0, \pm 1, \pm 2, \dots)$
gegeben ist, dann kann die Summe der Laurent-Reihe (2.10) im Falle der Konvergenz als Bild dieser Folge angesehen werden. Wie im Falle der Taylor-Reihe ist der

Zusammenhang zwischen der Folge $\{a_n\}$, für die die Reihe (2.10) konvergiert, und der Funktion, die in einem gewissen Kreisring analytisch ist, wechselseitig eindeutig.

Im weiteren wird die Transformation der Folge $\{a_n\}$, $(n = 0, \pm 1, \pm 2, \ldots)$ mit Hilfe der erzeugenden Laurent-Reihe (2.13) *zweiseitige Transformation* genannt. Unter diesem Aspekt kann die Transformation mittels der Konstruktion über die Taylor-Reihe als Sonderfall der zweiseitigen Transformation gesehen werden, wobei die einseitige Folge $\{a_i\}$, $(i = 0, 1, 2, \ldots)$ als zweiseitige mit $a_n = 0$, $(n = -1, -2, \ldots)$ aufgefaßt wird.

Eine bemerkenswerte Besonderheit der zweiseitigen Transformation ist in dem Umstand zu sehen, daß sich ein und dieselbe Funktion einer komplexen Variablen in verschiedenen Konvergenzringen als Bild verschiedener Zahlenfolgen erweist. Diese Situation ist analog zu derjenigen, die zwischen der zweiseitigen Laplace-Transformation und ihren Originalen besteht.

Beispiel 2.2 Wie aus Beispiel 2.1 folgt, besitzt die zweiseitige Folge $\{a_n\}_+$, mit $a_n = 1$ für $n \geq 0$ und $a_n = 0$ für $n < 0$ eine zweiseitige Bildfunktion im Gebiet $|\zeta| < 1$ von der Gestalt (2.9). Auf der anderen Seite erhält man zur Folge $\{a_n\}_-$: $a_n = 0$ für $n \geq 0$ und $a_n = -1$ für $n < 0$ mit $|\zeta| > 1$, $z = \zeta^{-1}$ das Ergebnis

$$A(\zeta) \stackrel{\text{def}}{=} A_-(\zeta) = - \sum_{n=-\infty}^{-1} \zeta^n = - \sum_{n=1}^{\infty} z^n = - \frac{z}{1-z} = \frac{1}{1-\zeta} \; . \qquad (2.17)$$

Auf diese Weise werden der Bildfunktion $A(\zeta) = (1 - \zeta)^{-1}$ in den Gebieten $|\zeta| > 1$ und $|\zeta| < 1$ verschiedene zweiseitige Folgen zugeordnet. $\qquad \square$

2.4 Diskrete Laplace-Transformation

Wenn man in der Entwicklung (2.13)

$$\zeta = e^{-sT} \qquad (2.18)$$

einsetzt, wobei s eine komplexe Variable und $T > 0$ eine reelle Konstante sind, so erhält man die Reihe

$$A^*(s) \stackrel{\text{def}}{=} A(\zeta)\big|_{\zeta=e^{-sT}} = \sum_{n=-\infty}^{\infty} a_n e^{-nsT} \; . \qquad (2.19)$$

Die Funktion $A^*(s)$ wird *diskrete Laplace-Transformation* der Folge $\{a_n\}$ genannt. Indem man (2.13) und (2.18) hernimmt, stellt man fest, daß das Konvergenzgebiet der Transformation (2.19) in der komplexen s-Ebene der vertikale Streifen

$$\alpha < \text{Re}\, s < \beta \qquad (2.20)$$

ist, wobei die Konstanten α, β der Bedingung

$$e^{-\beta T} = R_-, \qquad e^{-\alpha T} = R_+ \tag{2.21}$$

genügen. Weiterhin wird der Streifen (2.20) Konvergenzstreifen der diskreten Laplace-Transformierten genannt. Es ist anzumerken, daß man im Falle einer einseitigen Folge $\{a_n\}$ anstelle von (2.19)

$$A^*(s) = \sum_{n=0}^{\infty} a_n e^{-nsT} \tag{2.22}$$

erhält. Dann ergibt sich als Konvergenzgebiet die Halbebene Re $s > \alpha$.
Zu bekannter diskreter Laplace-Transformation können die Glieder der Folge $\{a_n\}$ mittels

$$a_n = \frac{T}{2\pi j} \int_{c-j\omega/2}^{c+j\omega/2} A^*(s) e^{nsT} \, ds \tag{2.23}$$

berechnet werden, wobei $\omega = \frac{2\pi}{T}$ und $\alpha < c < \beta$ sind. Formel (2.23) läßt sich aus (2.14) mit der Substitution (2.18) gewinnen.

Beispiel 2.3 Aus den Ergebnissen der Beispiele 2.1 und 2.2 schließt man, daß die diskrete Laplace-Transformierte der Folgen $\{a_n\}_+$ und $\{a_n\}_-$ das Aussehen

$$A_+^*(s) = \frac{1}{1 - e^{-sT}}, \quad \text{Re } s > 0, \qquad A_-^*(s) = \frac{1}{1 - e^{-sT}}, \quad \text{Re } s < 0 \tag{2.24}$$

besitzen. Wie man sieht, liefert die komplexe Funktion $A^*(s) = 1/(1 - e^{-sT})$ in den Halbebenen Re $s > 0$ und Re $s < 0$ als diskrete Laplace-Transformation unterschiedliche Zahlenfolgen im Originalbereich. $\qquad\square$

Es werden jetzt einige Bedingungen für die Konvergenz der diskreten Laplace-Transformation formuliert, die später meist erfüllt sein werden. Die zweiseitige Folge $\{a_n\}$ wird *exponentiell begrenzt* im Intervall (α, β) genannt, wenn eine Konstante $M_d > 0$ exisiert, so daß

$$\left| a_n e^{-nsT} \right| < M_d, \qquad \alpha < \text{Re } s < \beta, \quad (n = 0, \pm 1, \pm 2, \dots) \tag{2.25}$$

ist. Die Menge dieser Folgen wird zukünftig mit $\Lambda_d(\alpha, \beta)$ bezeichnet. Wenn die Folge $\{a_n\}$ rechtsseitig ist, dann muß in (2.25) $\beta = \infty$ genommen werden. Die Menge der einseitigen exponentiell begrenzten Folgen wird dann mit $\Lambda_{d+}(\alpha, \infty)$ bezeichnet.

Satz 2.1 *Notwendig und hinreichend für die Konvergenz der diskreten Laplace-Transformation (2.19) der zweiseitigen Folge $\{a_n\}$ im Streifen (2.20) ist $\{a_n\} \in \Lambda_d(\alpha, \beta)$.*

Beweis: *Notwendigkeit:* Mögen R'_-, R'_+ Konstanten mit $R_- < R'_- < R'_+ < R_+$ sein. Aus der Cauchyschen Ungleichung (2.16) folgt, daß für $R'_- \leq |\zeta| = \rho \leq R'_+$

$$|a_n \rho^n| < M_d \tag{2.26}$$

gilt, wobei M_d eine positive Konstante ist. Die Beziehung (2.26) ist äquivalent zu

$$\left| a_n e^{-nsT} \right| < M_d, \quad \alpha < \alpha' \leq \operatorname{Re} s \leq \beta' < \beta . \tag{2.27}$$

Durch gemeinsame Betrachtung von (2.25) und (2.27) erkennt man die Notwendigkeit der Bedingungen des Satzes.

Hinlänglichkeit: Möge (2.25) gelten und $[\alpha', \beta']$ ein ausgewähltes abgeschlossenes Teilintervall aus (α, β) sein. Für beliebige $\operatorname{Re} s$ aus dem Intervall $[\alpha', \beta']$ existiert dann eine Konstante $\gamma > 0$ mit $\alpha < \operatorname{Re} s \pm \gamma < \beta$. Somit folgt aus (2.25)

$$\left| a_n e^{-(s \pm \gamma)nT} \right| < M_d, \quad (n = 0, \pm 1, \pm 2, \ldots) . \tag{2.28}$$

Aus (2.23) erhält man

$$\left| a_n e^{-snT} \right| < M_d e^{-\gamma nT}, \quad n \geq 0, \qquad \left| a_n e^{-snT} \right| < M_d e^{\gamma nT}, \quad n < 0 \tag{2.29}$$

oder gleichwertig

$$\left| a_n e^{-snT} \right| < M_d e^{-\gamma |n| T}, \quad \alpha' \leq \operatorname{Re} s \leq \beta' . \tag{2.30}$$

Indem (2.30) in (2.19) eingesetzt wird, gelangt man für $\alpha' \leq \operatorname{Re} s \leq \beta'$ zu

$$|A^*(s)| \leq \sum_{n=-\infty}^{\infty} \left| a_n e^{-nsT} \right| < M_d \sum_{n=-\infty}^{\infty} e^{-\gamma |n| T} = M_d \frac{1 + e^{-\gamma T}}{1 - e^{-\gamma T}} , \tag{2.31}$$

das heißt, die Reihe (2.13) konvergiert absolut und gleichmäßig in jedem abgeschlossenen Streifen $\alpha < \alpha' \leq \operatorname{Re} s \leq \beta' < \beta$. ∎

2.5 Diskrete Laplace-Transformation zeitlich diskretisierter Funktionen

Es sei eine stetige Funktion $f(t)$ der kontinuierlichen Zeit t auf der ganzen Achse $-\infty < t < \infty$ gegeben. Zu vorgegebener reeller Zahl $T > 0$ wird die Folge der äquidistanten Zeitpunkte $t_k = kT$, $(k = 0, \pm 1, \pm 2, \ldots)$ betrachtet. Der Folge der Zeitpunkte t_k wird die Folge der Funktionswerte von $f(t)$

$$\{f_k\} \overset{\text{def}}{=} \{f(kT)\} \tag{2.32}$$

zugeordnet, die als *abgetastete* Funktion von $f(t)$ zu den Abtastzeitpunkten $t_k = kT$ oder als *(zeitlich) diskretisierte* Funktion bezeichnet wird. Die ursprüngliche Funktion $f(t)$ wird dementsprechend die *Vorlage* der abgetasteten Funktion $\{f_k\}$ genannt. Jeder abgetasteten Funktion (2.32) kann ihre diskrete Laplace-Transformation

$$F^*(s) \stackrel{\text{def}}{=} \sum_{k=-\infty}^{\infty} f(kT)\mathrm{e}^{-ksT} \qquad (2.33)$$

zugeordnet werden. Eine hinreichende Bedingung für die Konvergenz der Transformation (2.33) liefert der folgende Satz.

Satz 2.2 *Sei $f(t) \in \Lambda(\alpha,\beta)$ und stetig, dann konvergiert die diskrete Laplace-Transformation (2.33) absolut für beliebige s aus dem Streifen $\alpha < \alpha' \leq \operatorname{Re} s \leq \beta' < \beta$.*

Beweis: Aus der Voraussetzung $f(t) \in \Lambda(\alpha,\beta)$ folgt

$$\left| f(t)\mathrm{e}^{-st} \right| < M \,, \quad \alpha' \leq \operatorname{Re} s \leq \beta' \,. \qquad (2.34)$$

Für $t = kT$ erhält man daraus

$$\left| f(kT)\mathrm{e}^{-ksT} \right| < M \,, \quad \alpha' \leq \operatorname{Re} s \leq \beta' \,, \qquad (2.35)$$

womit die Folge $\{f(kT)\}$ die Voraussetzungen von Satz 2.1 erfüllt und Satz 2.2 bewiesen ist. ∎

In technische Anwendungen trifft man häufig den Fall an, daß die abzutastende Funktion $f(t)$ in einigen Punkten Sprünge endlicher Höhe aufweist. Im weiteren wird immer vorausgesetzt, daß $f(t)$ zu jedem Zeitpunkt $\tilde{t} = t$ endliche Grenzwerte von links und von rechts

$$f(\tilde{t} + 0) = \lim_{\epsilon \to +0} f(\tilde{t} + \epsilon) \,, \quad f(\tilde{t} - 0) = \lim_{\epsilon \to -0} f(\tilde{t} + \epsilon) \qquad (2.36)$$

besitzt.

Wenn die Grenzwerte (2.36) übereinstimmen, dann ist die Funktion $f(t)$ im gegebenen Punkt $\tilde{t}$ stetig. Wenn sich aber die beiden Werte voneinander unterscheiden, dann hat die Funktion $f(t)$ im Punkt $\tilde{t}$ eine Sprungstelle mit der endlichen Höhe

$$\Delta f(\tilde{t}) \stackrel{\text{def}}{=} f(\tilde{t} + 0) - f(\tilde{t} - 0) \,. \qquad (2.37)$$

Im weiteren wird der Wert $f(\tilde{t} + 0)$, $(f(\tilde{t} - 0))$ als der *rechte (linke) Wert* der Funktion $f(t)$ im Punkt $\tilde{t}$ bezeichnet. Wenn vorausgesetzt wird, daß die abzutastende Funktion Sprünge bei $t = kT$ besitzt, dann soll entsprechend den obigen Verabredungen

$$\{f_k^-\} \stackrel{\text{def}}{=} \{f(kT - 0)\} \,, \quad \{f_k^+\} \stackrel{\text{def}}{=} \{f(kT + 0)\} \qquad (2.38)$$

die rechte beziehungsweise linke abgetastete Funktionen erklären. Jeder der Folgen $\{f_k^-\}$ und $\{f_k^+\}$ wird ihre diskrete Laplace-Transformation zugeordnet, die mit $F_-^*(s)$ beziehungsweise $F_+^*(s)$ bezeichnet werden. Satz 2.2 behält dabei seine Gültigkeit.

Unstetige Funktionen $f(t)$ tauchen oft im Zusammenhang mit der Transformation von einseitigen Funktionen auf, weil dort $f(t) = 0$ für $t < 0$ angenommen wird und deshalb stets $f(-0) = 0$ ist. Wenn also $f(+0) \neq 0$ ist, hat $f(t)$ eine Sprungstelle bei $t = 0$.

Beispiel 2.4 Es wird die Funktion

$$f(t) = \begin{cases} \mathrm{e}^{\alpha t} & t > 0 \\ 0 & t < 0 \end{cases} \tag{2.39}$$

betrachtet. Im gegebenen Fall ist $f(-0) = 0$, $f(+0) = 1$ und deshalb die Funktion $f(t)$ im Nullpunkt unstetig. Die Folge $\{f_k^-\}$ hat die Werte $f_k^- = 0$ $(k \leq 0)$, $f_k^- = \mathrm{e}^{k\alpha T}$, $(k > 0)$, woraus

$$F_-^*(s) = \sum_{k=1}^{\infty} \mathrm{e}^{k\alpha T} \mathrm{e}^{-ksT} = \frac{\mathrm{e}^{(\alpha-s)T}}{1 - \mathrm{e}^{(\alpha-s)T}}, \quad \mathrm{Re}\, s > \mathrm{Re}\, \alpha \tag{2.40}$$

gewonnen wird. Analog gelangt man zur Folge $\{f_k^+\}$ mit $f_k^+ = 0$ $(k < 0)$ und $f_k^+ = \mathrm{e}^{k\alpha T}$, $(k \geq 0)$ mit der Transformierten

$$F_+^*(s) = \sum_{k=0}^{\infty} \mathrm{e}^{k\alpha T} \mathrm{e}^{-ksT} = \frac{1}{1 - \mathrm{e}^{(\alpha-s)T}}, \quad \mathrm{Re}\, s > \mathrm{Re}\, \alpha. \tag{2.41}$$

$\square$

2.6 Modifizierte diskrete Laplace-Transformation

Zu gegebenem Wert T kann die Funktion eines kontinuierlichen Arguments als Menge von diskretisierten Funktionen dargestellt werden, die von einem Parameter abhängen. Zu diesem Zweck wird der Scharparameter ε, $(0 \leq \varepsilon < T)$ eingeführt und die Zahlenfolge

$$\{f_k^{\pm}(\varepsilon)\} \stackrel{\mathrm{def}}{=} \{f(kT + \varepsilon \pm 0)\} \tag{2.42}$$

betrachtet. Selbstverständlich ist $\{f_k^{\pm}(\varepsilon)\}$ die Folge der Funktionswerte von $f(t)$ zu den Zeitpunkten $t_k = kT + \varepsilon \pm 0$. Zu jedem festgehaltenen ε wird durch (2.42) eine diskretisierte Funktion bestimmt, der ihre zweiseitige Laplace-Transformation

$$F_{\pm}^*(s, \varepsilon) \stackrel{\mathrm{def}}{=} \sum_{k=-\infty}^{\infty} f(kT + \varepsilon \pm 0)\mathrm{e}^{-ksT} \tag{2.43}$$

zugeordnet werden kann. Wenn die Funktion $f(t)$ stetig ist, dann liefert (2.43) eine einzige Funktion

$$F^*(s,\varepsilon) \stackrel{\text{def}}{=} \sum_{k=-\infty}^{\infty} f(kT+\varepsilon)e^{-ksT}, \tag{2.44}$$

die *modifizierte diskrete Laplace-Transformation* der Funktion $f(t)$ genannt wird. Im weiteren wird unter der modifizierten Laplace-Transformation stets die allgemeinere Beziehung (2.43) verstanden. Im allgemeinen hängt die Konvergenz der Reihe (2.43) von dem gewählten ε ab. Für ein ε kann die Reihe (2.43) konvergieren, für einen anderes divergieren. Wenn allerdings $f(t) \in \Lambda(\alpha,\beta)$ gilt, so kann das nicht eintreten.

Satz 2.3 *Wenn* $f(t) \in \Lambda(\alpha,\beta)$ *ist, dann konvergiert die Reihe (2.43) absolut für beliebige* $0 \leq \varepsilon < T$, $\alpha < \alpha' \leq \mathrm{Re}\, s \leq \beta' < \beta$.

Beweis: Indem in der Abschätzung (1.1) t durch $t+\varepsilon$ ersetzt wird, gelangt man zu

$$|f(t+\varepsilon)| < \begin{cases} Me^{\alpha'\varepsilon}e^{\alpha't} & t \geq 0 \\ Me^{\beta'\varepsilon}e^{\beta't} & t \leq 0, \end{cases} \tag{2.45}$$

woraus für $0 \leq \varepsilon < T$

$$|f(t+\varepsilon)| < \begin{cases} M_1 e^{\alpha't} & t \geq 0 \\ M_1 e^{\beta't} & t \leq 0 \end{cases} \tag{2.46}$$

mit einer neuen positiven Konstanten M_1 folgt. Aus (2.46) ist ersichtlich, daß für jedes feste ε die Zugehörigkeit $f(t+\varepsilon) \in \Lambda(\alpha,\beta)$ richtig ist. Deshalb folgt die zu beweisende Behauptung aus Satz 2.2. ∎

Beispiel 2.5 Es soll die modifizierte diskrete Laplace-Transformation der unstetigen Funktion (2.39) gefunden werden. Mit $0 < \varepsilon < T$ erhält man

$$f(kT+\varepsilon) = \begin{cases} e^{\alpha\varepsilon}e^{\alpha kT} & k \geq 0 \\ 0 & k < 0, \end{cases} \tag{2.47}$$

woraus man für $0 < \varepsilon < T$ und $\mathrm{Re}\, s > \mathrm{Re}\, \alpha$

$$F^*(s,\varepsilon) = e^{\alpha\varepsilon} \sum_{k=0}^{\infty} e^{(\alpha-s)kT} = \frac{e^{\alpha\varepsilon}}{1 - e^{(\alpha-s)T}} \tag{2.48}$$

gewinnt. Der Sonderfall $\varepsilon = 0$ ist hierin nicht enthalten. Man bekommt für $\varepsilon = \pm 0$ die Folgen $\{f_k^-\}$ und $\{f_k^+\}$, die in Beispiel 2.4 berechnet wurden und deren diskrete Laplace-Transformationen durch die Formeln (2.40) und (2.41) gegeben sind. Insgesamt wird die Transformation $F_+^*(s,\varepsilon)$ also durch (2.48), (2.41) bestimmt, während $F_-^*(s,\varepsilon)$ durch (2.48) und (2.40) gegeben ist. □

Kapitel 3

Verschobener Puls-Frequenzgang

3.1 Begriffsbestimmung

Definition. Sei $f(t) \in \Lambda(\alpha, \beta)$ eine stetige Funktion, dann wird die Reihe

$$\varphi_f(T, s, t) \stackrel{\text{def}}{=} \sum_{k=-\infty}^{\infty} f(t + kT)e^{-s(t+kT)}, \quad \alpha < \operatorname{Re} s < \beta, \tag{3.1}$$

konstruiert, wobei $T > 0$ eine reelle Konstante und s eine komplexe Variable ist. Die Summe der Reihe (3.1) wird als *verschobener Puls-Frequenzgang* (DPFR) der Funktion $f(t)$ bezeichnet.

Die physikalischen Gründe für die Wahl dieses Namens werden in Rosenwasser (1973) erklärt und auch in den späteren Abschnitten deutlich werden. Eine hinreichende Bedingung für die Konvergenz der Reihe (3.1) gibt der folgende Satz.

Satz 3.1 *Es sei $f(t) \in \Lambda(\alpha, \beta)$, dann konvergiert die Reihe (3.1) absolut und gleichmäßig bezüglich s aus einem beliebigen Streifen $\alpha < \alpha' \le \operatorname{Re} s \le \beta' < \beta$ und bezüglich t in jedem beliebigen endlichen Intervall.*

Beweis: Formel (1.8) ausnutzend, ermittelt man für beliebiges k

$$\left| f(t + kT)e^{-s(t+kT)} \right| < Me^{-\gamma|t+kT|}, \quad \alpha' \le \operatorname{Re} s \le \beta' \tag{3.2}$$

mit $\gamma > 0$. Hieraus gewinnt man speziell

$$\left| f(t + kT)e^{-s(t+kT)} \right| < M \quad \alpha' \le \operatorname{Re} s \le \beta', \quad -\infty < t < \infty. \tag{3.3}$$

Sei $-qT < t < qT$, wobei q eine beliebig ausgewählte natürliche Zahl ist, dann läßt sich die Reihe (3.1) in der Form

$$\varphi_f(T, s, t) = \sigma_+ + \sigma_- + \sigma_0 \tag{3.4}$$

mit

$$\sigma_+ \stackrel{\text{def}}{=} \sum_{k=q}^{\infty} f(t + kT)\mathrm{e}^{-s(t+kT)}$$

$$\sigma_- \stackrel{\text{def}}{=} \sum_{k=-\infty}^{-q} f(t + kT)\mathrm{e}^{-s(t+kT)} \tag{3.5}$$

$$\sigma_0 \stackrel{\text{def}}{=} \sum_{k=-q+1}^{q-1} f(t + kT)\mathrm{e}^{-s(t+kT)}$$

schreiben. Zuerst wird die Reihe σ_- betrachtet. Da nach Voraussetzung $t - qT < 0$ ist, wird auch $t + kT < 0$ für $k \leq -q$, so daß für jedes Glied der Reihe σ_- der Betrag $|t + kT| = -t - kT$ ist und somit für $k \leq q$ aus (3.2) die Abschätzung

$$\left| f(t + kT)\mathrm{e}^{-s(t+kT)} \right| < M\mathrm{e}^{-\gamma|t+kT|} \leq M\mathrm{e}^{\gamma qT}\mathrm{e}^{\gamma kT} \tag{3.6}$$

folgt. Für die Reihe gilt deshalb

$$|\sigma_-| \leq \left| \sum_{k=-\infty}^{-q} f(t + kT)\mathrm{e}^{-s(t+kT)} \right| \leq M\mathrm{e}^{\gamma qT} \sum_{k=-\infty}^{-q} \mathrm{e}^{\gamma kT} . \tag{3.7}$$

Da offenbar

$$\sum_{k=-\infty}^{-q} \mathrm{e}^{\gamma kT} = \sum_{q}^{\infty} \mathrm{e}^{-\gamma kT} = \frac{\mathrm{e}^{-\gamma qT}}{1 - \mathrm{e}^{-\gamma T}} \tag{3.8}$$

ist, erhält man schließlich

$$|\sigma_-| < \frac{M}{1 - \mathrm{e}^{-\gamma T}} . \tag{3.9}$$

Deshalb werden die Glieder der Reihe σ_- für $\alpha' \leq \mathrm{Re}\, s \leq \beta'$ und $-qT < t < qT$ durch eine geometrisch abklingende Folge majorisiert, so daß die Reihe σ_- absolut und gleichmäßig bezüglich s und t im gesamten Definitionsbereich konvergiert.
Auf gleiche Weise läßt sich die absolute und gleichmäßige Konvergenz der Reihe σ_+ nachweisen. Da die Reihe σ_0 nur endlich viele Glieder hat, die wegen (3.3) alle begrenzt sind, gilt $|\sigma_0| < M(2q - 1)$. Die Reihe (3.1) wird also mit Ausnahme von endlich vielen Summanden durch eine absolut konvergente Reihe majorisiert. Wie in Titchmarsh (1932) gezeigt wird, folgt daraus die absolute und gleichmäßige Konvergenz der Reihe (3.1) im gesamten Definitionsbereich der Argumente s und t. ∎

Folgerung 1. Aus der Definitionsgleichung (3.1) folgt unmittelbar

$$\varphi_f(T,s,t) = \varphi_f(T,s,t+T). \tag{3.10}$$

Deshalb ist es ausreichend, wenn die Eigenschaften des DPFR $\varphi_f(T,s,t)$ für $0 \leq t \leq T$ betrachtet werden. Da die Summe der Reihe σ_+ eine zu (3.9) entsprechende Abschätzung erfüllt, kann man unter Beachtung von (3.10) die gleichmäßige Begrenztheit der DPFR $\varphi_f(T,s,t)$ in einem beliebigen Streifen $\alpha' \leq \text{Re } s \leq \beta'$, das heißt

$$|\varphi_f(T,s,t)| < d = \text{const.}, \quad \alpha' \leq \text{Re } s \leq \beta' \tag{3.11}$$

behaupten.

Folgerung 2. Jeder der Summanden der Reihe (3.1) ist eine analytische Funktion von s im Streifen $\alpha' \leq \text{Re } s \leq \beta'$. Deshalb ist auch $\varphi_f(T,s,t)$ als Summe einer Reihe von gleichmäßig konvergenten Funktionen selbst eine analytische Funktion von s im Streifen $\alpha' \leq \text{Re } s \leq \beta'$.

Folgerung 3. Aus der Stetigkeit von $f(t)$ und der gleichmäßigen Konvergenz der Reihe (3.1) folgt, daß $\varphi_f(T,s,t)$ stetig von t abhängt.

Es soll noch angemerkt werden, daß sich für einseitige rechte Funktionen $f(t)$, das heißt $f(t) = 0$ für $t < 0$, die Definitionsgleichung (3.1) zu

$$\varphi_f(T,s,t) = \sum_{k=0}^{\infty} f(t+kT)e^{-s(t+kT)}, \quad 0 \leq t < T, \quad \text{Re } s > \alpha \tag{3.12}$$

vereinfacht.

3.2 Eigenschaften des DPFR für Funktionen mit Sprungstellen

Die oben gezeigten Eigenschaften der Funktionen (3.1) und (3.12) hängen maßgeblich von der Stetigkeit der Funktion $f(t)$ ab. Die Stetigkeit ist aber in vielen Anwendungen nicht erfüllt, weil sich zum Beispiel $f(t)$ an einigen Stellen sprunghaft ändert. Diese Situation spielt in Anwendungen eine besondere Rolle. In diesem Abschnitt sollen die Eigenschaften des DPFR für diesen Fall untersucht werden. Weiter oben, so zum Beispiel in Abschnitt 2.5, wurde von der Funktion $f(t)$ verlangt, daß zu jedem Zeitpunkt $t = \tilde{t}$ die halbseitigen Grenzwerte

$$f(\tilde{t}+0) = \lim_{\epsilon \to +0} f(\tilde{t}+\epsilon), \qquad f(\tilde{t}-0) = \lim_{\epsilon \to -0} f(\tilde{t}+\epsilon) \tag{3.13}$$

existieren sollen. Es ist klar, daß die Grenzwerte (3.13) existieren, wenn die Funktion $f(t)$ endliche Variation besitzt. Diese Eigenschaft war weiter oben bereits

gefordert worden. Auf der Grundlage der Existenz der beiden Grenzwerte können
die folgenden beiden Transformationen definiert werden:

$$\varphi_f(T, s, t \pm 0) \overset{\text{def}}{=} \sum_{k=-\infty}^{\infty} f(t + kT \pm 0)e^{-s(t+kT)}, \quad \alpha < \operatorname{Re} s < \beta. \tag{3.14}$$

Für stetige $f(t)$ stimmen (3.14) und (3.1) überein.

Der Beweismethode von Satz 3.1 folgend, kann die folgende Aussage formuliert
werden.

Satz 3.2 *Es sei $f(t) \in \Lambda(\alpha, \beta)$, dann ist die Reihe (3.14) definiert und konvergiert
absolut und gleichmäßig für beliebige $\alpha < \alpha' \leq \operatorname{Re} s \leq \beta' < \beta$ und t aus einem
beliebigen endlichen Teil des Definitionsintervalls.*   ■

Die Folgerungen 1 und 2 aus Satz 3.1 lassen sich ebenso ziehen, während die Folgerung 3 nicht gültig bleibt.

Für die genauere Untersuchung der Eigenschaften der DPFR $\varphi_f(T, s, t)$ an den
Sprungstellen der Funktion $f(t)$ sollen zunächst einige Begriffe eingeführt werden.

Definition. Die Stelle $t = \tilde{t}$ wird *regulär* genannt, wenn die Funktion $f(t)$ für
$t = \tilde{t} + kT$ stetig ist, wobei k eine beliebige ganze Zahl ist. Wenn aber die Funktion
$f(t)$ für irgendeinen der Argumentwerte $t = \tilde{t} + kT$ springt, dann wird der Wert $\tilde{t}$
singulär genannt.

Aus (3.14) sieht man, daß für jede reguläre Stelle $\tilde{t}$ die Funktionen $\varphi_f(T, s, \tilde{t} + 0)$
und $\varphi_f(T, s, \tilde{t} - 0)$ übereinstimmen, weshalb für beliebige reguläre t

$$\varphi_f(T, s, t) = \varphi_f(T, s, t + 0) = \varphi_f(T, s, t - 0) \tag{3.15}$$

geschrieben werden kann.

Aus (3.15) folgt außerdem, daß auch unstetige Funktionen in ihren regulären
Punkten eine einzige DPFR $\varphi_f(T, s, t)$ besitzen, die durch (3.15) oder (3.14)
bestimmt ist. Deshalb unterscheiden sich die Transformationen $\varphi_f(T, s, t + 0)$
und $\varphi_f(T, s, t - 0)$ nur an den singulären Stellen t. Bezüglich des Verhaltens
von $\varphi_f(T, s, t)$ für singuläre Werte des Arguments t wird auf das Theorem in
Titchmarsh (1932) verwiesen:

Satz: *Der Grenzwert der Summe einer gleichmäßig konvergenten Reihe von
Funktionen, von denen jede irgendeinem Grenzwert zustrebt, ist die Summe der
Grenzwerte der einzelnen Funktionen.*

Der Satz soll angewendet werden, um das Verhalten der Reihe (3.14) in dem singulären Punkt $t = t_0$ zu studieren. Es wird vorausgesetzt, daß eine hinreichend kleine Zahl $\epsilon > 0$ existiert, so daß die Funktion $f(t)$ in den abgeschlossenen Intervallen $\mathcal{P}_{k-} = [t_0 + kT - \epsilon, t_0 + kT - 0]$ und $\mathcal{P}_{k+} = [t_0 + kT + 0, t_0 + kT + \epsilon]$ für jedes k stetig ist. Dann wird die Menge von Funktionen

$$u_k(t) \overset{\text{def}}{=} f(t + kT)e^{-s(t+kT)}, \quad \alpha < \alpha' \le \operatorname{Re} s \le \beta' < \beta \qquad (3.16)$$

betrachtet. Auf jedem der Intervalle $\mathcal{P}_{k-}$, $\mathcal{P}_{k+}$ konvergiert die Reihe für $\varphi_f(T, s, t)$ gleichmäßig. Deshalb, und weil $f(t) \in \Lambda(\alpha, \beta)$ ist, existieren die Grenzwerte

$$u_{k0}^{+} \overset{\text{def}}{=} \lim_{\tau \to +0} f(t_0 + kT + \tau)e^{-s(t_0+kT)} = f(t_0 + kT + 0)e^{-s(t_0+kT)}$$
$$u_{k0}^{-} \overset{\text{def}}{=} \lim_{\tau \to -0} f(t_0 + kT + \tau)e^{-s(t_0+kT)} = f(t_0 + kT - 0)e^{-s(t_0+kT)} \qquad (3.17)$$

und man kann

$$\sum_{k=-\infty}^{\infty} f(t_0 + kT + 0)e^{-s(t_0+kT)} = \lim_{\tau \to +0} \varphi_f(T, s, t_0 + \tau) = \varphi_f(T, s, t_0 + 0)$$

$$\sum_{k=-\infty}^{\infty} f(t_0 + kT - 0)e^{-s(t_0+kT)} = \lim_{\tau \to -0} \varphi_f(T, s, t_0 + \tau) = \varphi_f(T, s, t_0 - 0) \qquad (3.18)$$

bestätigen. Wenn also die DPFR $\varphi_f(T, s, t)$ für die regulären Argumente konstruiert worden ist, so legen deren Grenzwerte (3.18) die Werte der entsprechenden Transformation (3.14) an allen singulären Stellen fest. Es soll noch angemerkt werden, daß es wegen (3.10) ausreicht, sich auf das Grundintervall $0 \le t_0 < T$ zu beschränken.

Beispiel 3.1 Es wird wieder die unstetige Funktion

$$f(t) = \begin{cases} e^{at} & t > 0 \\ 0 & t < 0 \end{cases} \qquad (3.19)$$

betrachtet. Die singulären Stellen treten bei $t_{0k} = kT$, $(k = 0, \pm 1, \pm 2, \dots)$ auf, alle anderen Punkte sind regulär. Offensichtlich gilt $f(t) \in \Lambda_+(a, \infty)$, deshalb gewinnt man für $\operatorname{Re} s > \operatorname{Re} a$ und $0 < t < T$

$$\varphi_f(T, s, t) = \sum_{k=0}^{\infty} e^{a(t+kT)}e^{-s(t+kT)} = \frac{e^{(a-s)t}}{1 - e^{(a-s)T}}. \qquad (3.20)$$

Im gegebenen Fall bekommt man aus (3.20)

$$\begin{aligned}
\varphi_f(T, s, +0) &= \lim_{t \to +0} \varphi_f(T, s, t) &= \frac{1}{1 - e^{(a-s)T}} \\
\varphi_f(T, s, -0) &= \lim_{t \to -0} \varphi_f(T, s, t) &= \frac{e^{(a-s)T}}{1 - e^{(a-s)T}},
\end{aligned} \qquad (3.21)$$

was mit den Ergebnissen (2.40), (2.41) aus Beispiel 2.4 übereinstimmt. $\qquad\square$

3.3   Entwicklung des DPFR in eine Fourier-Reihe

Es soll weiterhin vorausgesetzt werden, daß die DPFR $\varphi_f(T, s, t)$ eine Funktion von beschränkter Variation ist, was in den technischen Anwendungen, die in diesem Buch betrachtet werden, immer zutrifft. Die Periodizität (3.10) ausnutzend, kann $\varphi_f(T, s, t)$ in eine Fourier-Reihe nach dem Argument t entwickelt werden. Diese Reihe habe die Form

$$\varphi_F(T, s, t) \stackrel{\text{def}}{=} \sum_{m=-\infty}^{\infty} \varphi_m(s) e^{mj\omega t}, \quad \omega = \frac{2\pi}{T}, \tag{3.22}$$

wo $\varphi_m(s)$ die Fourier-Koeffizienten sind, die nach der bekannten Vorschrift

$$\varphi_m(s) = \frac{1}{T} \int_0^T \varphi_f(T, s, t) e^{-mj\omega t} \, dt \tag{3.23}$$

gewonnen werden. Es wird nun $f(t) \in \Lambda(\alpha, \beta)$ vorausgesetzt, und für die Berechnung der Fourier-Koeffizienten wird die Entwicklung (3.1) in (3.23) eingesetzt. Dann hat die Anwesenheit von Unstetigkeiten keinen Einfluß auf den Wert des Integrals und man gelangt zu

$$\varphi_m(s) = \frac{1}{T} \int_0^T \left[\sum_{k=-\infty}^{\infty} f(t + kT) e^{-s(t+kT)} \right] e^{-mj\omega t} \, dt. \tag{3.24}$$

Wegen der gleichmäßigen Konvergenz der Reihe (3.1) kann die Reihenfolge der Integration und der Summation in (3.24) vertauscht werden, so daß man

$$\varphi_m(s) = \frac{1}{T} \sum_{k=-\infty}^{\infty} \int_0^T f(t + kT) e^{-s(t+kT)} e^{-mj\omega t} \, dt \tag{3.25}$$

gewinnt. Nun ist leicht einzusehen, daß

$$\int_0^T f(t + kT) e^{-s(t+kT)} e^{-mj\omega t} \, dt = \int_{kT}^{(k+1)T} f(t) e^{-(s+mj\omega)t} \, dt \tag{3.26}$$

ist. Formel (3.26) in (3.25) eingesetzt ergibt

$$\varphi_m(s) = \frac{1}{T} \sum_{k=-\infty}^{\infty} \int_{kT}^{(k+1)T} f(t) e^{-(s+mj\omega)t} \, dt = \frac{1}{T} \int_{-\infty}^{\infty} f(t) e^{-(s+mj\omega)t} \, dt. \tag{3.27}$$

Unter Berücksichtigung von (1.14) läßt sich der letzte Ausdruck als

$$\varphi_m(s) = \frac{1}{T} F(s + mj\omega) \tag{3.28}$$

schreiben, wobei $F(s)$ die Laplace-Transformation der Funktion $f(t)$ ist, die wegen der Voraussetzung $f(t) \in \Lambda(\alpha, \beta)$ existiert. Aus (3.22) und (3.28) erhält man schließlich

$$\varphi_F(T, s, t) = \frac{1}{T} \sum_{k=-\infty}^{\infty} F(s + kj\omega)e^{kj\omega t}, \quad \omega = \frac{2\pi}{T}. \tag{3.29}$$

Die Reihe (3.29) ist eindeutig durch die Laplace-Transformierte bestimmt, deshalb wird sie der *verschobene Puls-Frequenzgang (DPFR) des Bildes $F(s)$* genannt.

Aus der Voraussetzung über die beschränkte Variation von $\varphi_f(T, s, t)$ folgt, daß in Stetigkeitspunkten von $\varphi_f(T, s, t)$

$$\varphi_F(T, s, t) = \varphi_f(T, s, t) \tag{3.30}$$

ist, während an Sprungstellen $t = \tilde{t}$ die Beziehung

$$\varphi_F(T, s, \tilde{t}) = \frac{1}{2} \left[\varphi_f(T, s, \tilde{t} + 0) + \varphi_f(T, s, \tilde{t} - 0) \right] \tag{3.31}$$

gilt. Für den Vergleich der Eigenschaften von $\varphi_f(T, s, t)$ und $\varphi_F(T, s, t)$ ist es deshalb notwendig, die vollständige Information auszunutzen, die in den Eigenschaften von $F(s)$, $f(t)$ und $\varphi_f(T, s, t)$ steckt. In den weiteren Darlegungen werden die folgenden Beziehungen ausgenutzt.

Satz 3.3 *Angenommen, die Funktion $F(s)$ erfülle die Voraussetzungen von Satz 1.4, d. h., sie sei analytisch im Streifen $\alpha \leq \mathrm{Re}\ s \leq \beta$ und genüge dort der Abschätzng $|F(s)| < A|s|^{-1-\lambda}$, dann sind die folgenden Behauptungen richtig.*

1. *Die Reihe (3.29) konvergiert im Streifen $\alpha \leq \mathrm{Re}\ s \leq \beta$ absolut und gleichmäßig bezüglich s und t.*

2. *Für alle t und $\alpha < \mathrm{Re}\ s < \beta$ gilt die Gleichung*

$$\varphi_F(T, s, t) = \varphi_f(T, s, t) = \sum_{k=-\infty}^{\infty} f(t + kT)e^{-s(t+kT)}, \tag{3.32}$$

worin

$$f(t) = \frac{1}{2\pi j} \int_{c-j\infty}^{c+j\infty} F(s)e^{st}\, ds \tag{3.33}$$

das entsprechende Original zum Bild $F(s)$ bedeutet.

3. *Wenn $\beta = \infty$ gewählt werden kann, d. h., wenn die Abschätzung (1.33) für alle $\mathrm{Re}\ s > \alpha$ richtig ist, dann wird $f(t) = 0$ für $t < 0$ und*

$$\varphi_F(T, s, t) = \varphi_f(T, s, t) = \sum_{k=0}^{\infty} f(t + kT)e^{-s(t+kT)}, \quad 0 \leq t < T. \tag{3.34}$$

Beweis: 1. Aus der Abschätzung (1.33) folgt, daß für $\alpha \leq \mathrm{Re}\ s \leq \beta$

$$|F(s + kj\omega)| \leq B|k|^{-1-\lambda} \tag{3.35}$$

mit gewissen positiven Konstanten B, λ ist. Da die Zahlenreihe

$$I_\lambda \stackrel{\mathrm{def}}{=} \sum_{k=-\infty}^{\infty} |k|^{-1-\lambda} \tag{3.36}$$

für $\lambda > 0$ konvergiert, folgt aus (3.35), daß alle Glieder der Reihe (3.29) durch positive Zahlen majorisiert werden, die zu einer konvergenten Reihe gehören. Darum konvergiert auch (3.29) auf dem Streifen $\alpha \leq \mathrm{Re}\ s \leq \beta$ gleichmäßig bezüglich s und t. Also stellt die trigonometrische Reihe (3.29) die Fourier-Reihe ihrer Summe dar, die überdies stetig ist. Darüber hinaus folgt aus der gleichmäßigen Konvergenz der Reihe (3.29), daß $\varphi_f(T, s, t)$ analytisch in s ist.

2. Sei $f(t)$ das Original zu $F(s)$ gemäß (3.33). Wegen des Satzes 1.4 gehört die Funktion dann zu $\Lambda(\alpha, \beta)$ und ist stetig. Satz 3.1 liefert nun die absolute und gleichmäßige Konvergenz der Reihe für $\varphi_f(T, s, t)$ und ihre Summe ist stetig von t abhängig. Damit ist die gleichmäßige Konvergenz der Reihe (3.29) nachgewiesen, was (3.32) zur Folge hat.

3. Wenn $\beta = \infty$ ist, dann ist in Satz 1.4 $f(t) = 0$ für $t < 0$ und aus (3.32) für $0 \leq t < T$ gewinnt man (3.34).   ∎

Wenn für $F(s)$ die Abschätzung (1.34) nicht zutrifft, dann hängt der DPFR $\varphi_f(T, s, t)$, allgemein gesprochen, unstetig von t ab. Es soll der Zusammenhang zwischen den Funktionen $\varphi_f(T, s, t)$ und $\varphi_F(T, s, t)$ an den singulären Stellen der Funktion $f(t)$ genauer untersucht werden. Möge der Argumentwert $t = t_0$ singulär sein. Ohne Verlust an Allgemeinheit kann angenommen werden, daß $0 \leq t_0 < T$ ist. Analog zu Beziehung (2.42) kann mit den Bezeichnungen

$$f_k^+(t_0) \stackrel{\mathrm{def}}{=} f(kT + t_0 + 0)\,, \quad f_k^-(t_0) \stackrel{\mathrm{def}}{=} f(kT + t_0 - 0) \tag{3.37}$$

die Sprunghöhe der Funktion $f(t)$ an der singulären Stelle $t = t_0 + kT$ durch

$$\Delta f_k(t_0) \stackrel{\mathrm{def}}{=} f_k^+(t_0) - f_k^-(t_0) \tag{3.38}$$

ausgedrückt werden. Indem man (3.14) und (3.18) ausnutzt, gelangt man zu

$$\begin{aligned}
\varphi_f(T, s, t_0 + 0) &= \sum_{k=-\infty}^{\infty} f_k^+(t_0)\mathrm{e}^{-s(t_0 + kT)} \\
\varphi_f(T, s, t_0 - 0) &= \sum_{k=-\infty}^{\infty} f_k^-(t_0)\mathrm{e}^{-s(t_0 + kT)}\,.
\end{aligned} \tag{3.39}$$

Durch $\Delta\varphi(t_0)$ soll die Sprunghöhe von $\varphi_f(T,s,t)$ an der Stelle t_0

$$\Delta\varphi(t_0) \stackrel{\text{def}}{=} \varphi_f(T,s,t_0+0) - \varphi_f(T,s,t_0-0) \tag{3.40}$$

bezeichnet werden. Wenn hierin (3.39) eingesetzt und (3.38) ausgenutzt wird, erhält man

$$\Delta\varphi(t_0) = \mathrm{e}^{-st_0}\Delta_f^*(s,t_0) \tag{3.41}$$

mit der diskreten Laplace-Transformation der Sprungfolge $\Delta f_k(t_0)$

$$\Delta_f^*(s,t_0) \stackrel{\text{def}}{=} \sum_{k=-\infty}^{\infty} \Delta f_k(t_0)\mathrm{e}^{-ksT}. \tag{3.42}$$

Für singuläre Werte t_0 des Arguments bekommt man demnach

$$\varphi_f(T,s,t_0+0) - \varphi_f(T,s,t_0-0) = \mathrm{e}^{-st_0}\Delta_f^*(s,t_0). \tag{3.43}$$

Aus der gleichzeitigen Betrachtung der Beziehungen (3.43) und (3.31) entnimmt man

$$\varphi_f(T,s,t_0+0) = \varphi_F(T,s,t_0) + \frac{1}{2}\mathrm{e}^{-st_0}\Delta_f^*(s,t_0). \tag{3.44}$$

Wenn man nun berücksichtigt, daß

$$\varphi_F(T,s,t_0) = \frac{1}{T} \sum_{k=-\infty}^{\infty} F(s+kj\omega)\mathrm{e}^{kj\omega t_0} \tag{3.45}$$

ist, dann bekommt (3.44) die Gestalt

$$\varphi_f(T,s,t_0+0) = \frac{1}{T} \sum_{k=-\infty}^{\infty} F(s+kj\omega)\mathrm{e}^{kj\omega t_0} + \frac{1}{2}\mathrm{e}^{-st_0}\Delta_f^*(s,t_0). \tag{3.46}$$

Speziell für $t_0 = 0$ gewinnt man daraus

$$\varphi_f(T,s,+0) = \frac{1}{T} \sum_{k=-\infty}^{\infty} F(s+kj\omega) + \frac{1}{2}\Delta_f^*(s,0). \tag{3.47}$$

Wenn sich von den Punkten $t_{0k} = t_0+kT$ lediglich eine endliche Anzahl als singuläre Punkte der Funktion $f(t)$ erweisen, dann wird aus der Reihe (3.42) eine endliche Summe. Die Funktion $f(t)$ habe zum Beispiel nur eine Sprungstelle bei $t = 0$ aber sei in den übrigen Punkten $t = kT$, $k \neq 0$ stetig. Wenn dann $f(-0) = 0$ ist, womit sich $\Delta_f^*(s,+0) = f(+0)$ ergibt, dann nimmt (3.47) die Gestalt

$$\varphi_f(T,s,+0) = \frac{1}{T} \sum_{k=-\infty}^{\infty} F(s+kj\omega) + \frac{1}{2}f(+0) \tag{3.48}$$

an. Falls die genannten Einschränkungen nicht gelten, ist (3.48) nicht anwendbar und es müssen die allgemeineren Formeln (3.46) und (3.47) herangezogen werden.

Beispiel 3.2 Es wird wie in Beispiel 3.1 die Funktion

$$f(t) = \begin{cases} e^{at} & t > 0 \\ 0 & t < 0 \end{cases} \tag{3.49}$$

betrachtet. Die Funktion $f(t)$ ist stetig für alle $t \neq 0$ und besitzt nur eine einzige Sprungstelle bei $t_0 = 0$. Damit wird $f(-0) = 0$ und die Bedingungen für die Anwendbarkeit von (3.48) sind erfüllt. Es soll geprüft werden, ob (3.48) im gegebenen Fall das richtige Ergebnis liefert. Zunächst erhält man aus (3.20) und (3.21) für $\mathrm{Re}\, s > \mathrm{Re}\, a$

$$\varphi_f(T, s, t) = \frac{e^{(a-s)t}}{1 - e^{(a-s)T}}, \quad 0 < t < T. \tag{3.50}$$

Wegen der Periodizität ist $\varphi_f(T, s, -0) = \varphi_f(T, s, T-0)$, so daß sich die einseitigen Grenzwerte

$$\varphi_f(T, s, +0) = \frac{1}{1 - e^{(a-s)T}}, \quad \varphi_f(T, s, -0) = \frac{e^{(a-s)T}}{1 - e^{(a-s)T}} \tag{3.51}$$

ergeben. Die Laplace-Transformation der Funktion $f(t)$ ist bekanntlich

$$F(s) = \frac{1}{s - a}, \quad \mathrm{Re}\, s > a, \tag{3.52}$$

so daß die Fourier-Reihe (3.45) der Funktion (3.49) das Aussehen

$$\varphi_F(T, s, t) = \frac{1}{T} \sum_{k=-\infty}^{\infty} \frac{1}{s + kj\omega - a}\, e^{kj\omega t} \tag{3.53}$$

erhält. Formel (3.31) ergibt gemeinsam mit (3.51) für dieses Beispiel

$$\varphi_F(T, s, 0) = \frac{1}{T} \sum_{k=-\infty}^{\infty} \frac{1}{s + kj\omega - a} = \frac{1}{2}\frac{1 + e^{(a-s)T}}{1 - e^{(a-s)T}}. \tag{3.54}$$

Schließlich gewinnt man unter Berücksichtigung von $f(+0) = 1$

$$\varphi_F(T, s, 0) + \frac{1}{2}\, f(+0) = \frac{1}{1 - e^{(a-s)T}} = \varphi_f(T, s, +0), \tag{3.55}$$

womit Formel (3.48) bestätigt worden ist. $\qquad\qquad\square$

Beispiel 3.3 Es wird die Funktion nach Abbildung 3.1

$$f(t) = \begin{cases} 0 & t < 0 \\ 1 & 0 < t < T \\ -1 & T < t < 2T \\ 0 & t > 2T \end{cases} \tag{3.56}$$

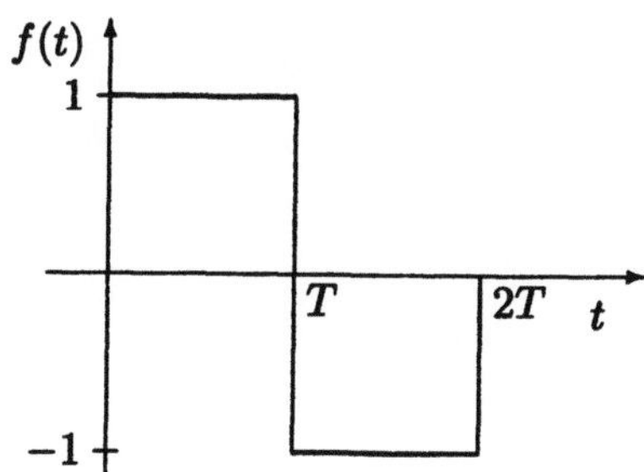

Abbildung 3.1: Funktion von Beispiel 3.3

betrachtet. Die Laplace-Transformation der Funktion (3.56) lautet

$$F(s) = \frac{\left(1 - \mathrm{e}^{-sT}\right)^2}{s} , \tag{3.57}$$

so daß im gegebenen Falle

$$\varphi_F(T, s, t) = \left(1 - \mathrm{e}^{-sT}\right)^2 \frac{1}{T} \sum_{k=-\infty}^{\infty} \frac{1}{s + kj\omega}\, \mathrm{e}^{kj\omega t} \tag{3.58}$$

wird. Unmittelbar läßt sich

$$\frac{1}{T} \sum_{k=-\infty}^{\infty} \frac{1}{s + kj\omega}\, \mathrm{e}^{kj\omega t} = \frac{\mathrm{e}^{-st}}{1 - \mathrm{e}^{-sT}} , \quad 0 < t < T \tag{3.59}$$

einsehen, worauf unter Verwendung von (3.58)

$$\varphi_f(T, s, t) = \left(1 - \mathrm{e}^{-sT}\right) \mathrm{e}^{-st} , \quad 0 < t < T \tag{3.60}$$

folgt. Man sieht unschwer, daß die Reihe (3.58) wirklich die Fourier-Reihe der durch den Ausdruck (3.60) gegebenen Funktion im Intervall $0 < t < T$ ist. Aus (3.60) entnimmt man

$$\varphi_f(T, s, +0) = 1 - \mathrm{e}^{-sT} , \quad \varphi_f(T, s, -0) = \mathrm{e}^{-sT} \left(1 - \mathrm{e}^{-sT}\right) . \tag{3.61}$$

Aus (3.58) wird mittels (3.31) für $t = 0$

$$\varphi_F(T, s, 0) = \frac{1}{2} \left[\varphi_f(T, s, +0) + \varphi_f(T, s, -0)\right] = \frac{1 - \mathrm{e}^{-2sT}}{2} \tag{3.62}$$

gewonnen.

Gleichzeitig erkennt man aus Abbildung 3.1, daß die Funktion $f(t)$ an den Stellen $t = 0$, $t = T$, $t = 2T$ springt, wobei die jeweiligen Höhen 1, -2, 1 sind. Deshalb findet man für die Funktion $\Delta^*\varphi(s, 0)$ wegen (3.41) und $t = 0$

$$\Delta^*\varphi(s, 0) = 1 - 2\mathrm{e}^{-sT} + \mathrm{e}^{-2sT} = \left(1 - \mathrm{e}^{-sT}\right)^2 . \tag{3.63}$$

Schließlich gewinnt man aus (3.62) und (3.63)

$$\varphi_F(T,s,0) + \tfrac{1}{2}\Delta^*\varphi(s,0) = \tfrac{1}{2}(1 - e^{-2sT}) + \tfrac{1}{2}(1 - 2e^{-sT} + e^{-2sT}) =$$

$$= 1 - e^{-sT} = \varphi_f(T,s,+0)\,, \tag{3.64}$$

womit Formel (3.44) befriedigt wird. $\qquad\qquad\qquad\qquad\qquad\qquad\square$

3.4　Umkehrformeln

Die Reihen (3.1) und (3.29) können als gewisse Transformationen der Funktionen $f(t)$ und $F(s)$ aufgefaßt werden. Es soll gezeigt werden, daß auch umgekehrt bei Kenntnis der DPFR $\varphi_f(T,s,t)$ und $\varphi_F(T,s,t)$ mit gewissen Einschränkungen Funktionen $f(t)$ und $F(s)$ bestimmt werden können.

Satz 3.4 *Sei* $f(t) \in \Lambda(\alpha,\beta)$, *dann gelten die Formeln*

$$f(t) = \frac{T}{2\pi\mathrm{j}} \int_{c-\mathrm{j}\omega/2}^{c+\mathrm{j}\omega/2} \varphi_f(T,s,t)e^{st}\,\mathrm{d}s\,, \quad \alpha < c < \beta\,, \tag{3.65}$$

$$F(s) = \int_0^T \varphi_f(T,s,t)\,\mathrm{d}t\,, \quad \alpha < \mathrm{Re}\,s < \beta\,. \tag{3.66}$$

Beweis:　Wegen (3.1) gilt

$$\varphi_f(T,s,t)e^{st} = \sum_{k=-\infty}^{\infty} f(t+kT)e^{-ksT}\,. \tag{3.67}$$

Die Funktion e^{st} ist für $\alpha < \alpha' \leq \mathrm{Re}\,s \leq \beta' < \beta$ gleichmäßig beschränkt auf jedem beliebigen endlichen Intervall der Variablen t. Die Reihe auf der rechten Seite von (3.67) konvergiert gleichmäßig bezüglich $\alpha < \alpha' \leq \mathrm{Re}\,s \leq \beta' < \beta$, weil sie das Produkt aus einer gleichmäßig konvergenten Reihe mit einer beschränkten Funktion ist, Titchmarsh (1932). Deshalb gilt für $\alpha' \leq c \leq \beta'$

$$\frac{T}{2\pi\mathrm{j}} \int_{c-\mathrm{j}\omega/2}^{c+\mathrm{j}\omega/2} \varphi_f(T,s,t)e^{st}\,\mathrm{d}s = \frac{T}{2\pi\mathrm{j}} \sum_{k=-\infty}^{\infty} f(t+kT) \int_{c-\mathrm{j}\omega/2}^{c+\mathrm{j}\omega/2} e^{-ksT}\,\mathrm{d}s\,. \tag{3.68}$$

Indem man

$$\frac{T}{2\pi\mathrm{j}} \int_{c-\mathrm{j}\omega/2}^{c+\mathrm{j}\omega/2} e^{-ksT}\,\mathrm{d}s = \left\{ \begin{array}{ll} 1 & k = 0 \\ 0 & k \neq 0 \end{array} \right. \tag{3.69}$$

ausnutzt, gewinnt man aus (3.68) schließlich (3.65). Für den Beweis von (3.66) kann man die Beziehungen (3.23) und (3.28) hernehmen, aus denen

$$\int_0^T \varphi_f(T,s,t)\,\mathrm{d}t = T\varphi_0(s) = F(s) \tag{3.70}$$

folgt. $\qquad\qquad\qquad\qquad\qquad\qquad\qquad\qquad\qquad\qquad\qquad\qquad\qquad\qquad\qquad\blacksquare$

Satz 3.5 *Sei wiederum $f(t) \in \Lambda(\alpha,\beta)$, dann gilt*

$$F(s) = \int_0^T \varphi_F(T,s,t)\,dt\,. \tag{3.71}$$

Wenn darüber hinaus die Reihe (3.29) für $\varphi_F(T,s,t)$ absolut und gleichmäßig bezüglich $\alpha < \alpha' \leq \operatorname{Re} s \leq \beta' < \beta$ konvergiert, dann ist $f(t)$ stetig und es gilt

$$f(t) = \frac{T}{2\pi j} \int_{c-j\omega/2}^{c+j\omega/2} \varphi_F(T,s,t) e^{st}\,ds\,, \quad \alpha < c < \beta\,. \tag{3.72}$$

Beweis: Für $f(t) \in \Lambda(\alpha,\beta)$ ist die Reihe $\varphi_f(T,s,t)$ konvergent und die integrierte Summe ist gleich der Summe der integrierten Summanden. Deshalb kann die Reihe (3.29) gliedweise integriert werden als Fourier-Reihe der integrierten Funktionen, Titchmarsh (1932). Dadurch erhält man

$$\int_0^T \varphi_F(T,s,t)\,dt = \frac{1}{T} \sum_{k=-\infty}^{\infty} F(s+kj\omega) \int_0^T e^{kj\omega t}\,dt\,. \tag{3.73}$$

Wenn man ausnutzt, daß

$$\int_0^T e^{kj\omega t} = \begin{cases} T & k=0 \\ 0 & k \neq 0 \end{cases} \tag{3.74}$$

ist, so erhält man aus (3.73) die Behauptung (3.71). Für den Beweis von (3.72) wird verwendet, daß unter den gegebenen Bedingungen für $\alpha < \operatorname{Re} s < \beta$ die Reihe

$$I = \sum_{k=-\infty}^{\infty} |F(s+kj\omega)| \tag{3.75}$$

konvergiert, woraus wiederum die absolute Konvergenz des Integrals

$$f(t) = \frac{T}{2\pi j} \int_{c-j\infty}^{c+j\infty} F(s) e^{st}\,ds \tag{3.76}$$

und die Stetigkeit der Funktion $f(t)$ folgt. Aus der Konvergenz des Integrals (3.76) wird die Richtigkeit der Gleichungen (1.29), (1.32) abgeleitet, die gleichwertig zu (3.72) sind. $\blacksquare$

3.5 Eigenschaften des DPFR für gebrochen rationale Bildfunktionen

Wenn die Laplace-Transformation der Funktion $f(t)$ die Form (1.77) besitzt, dann lassen sich die Eigenschaften der DPFR $\varphi_f(T,s,t)$ und $\varphi_F(T,s,t)$ genauer studieren. Im betrachteten Fall wird

$$\varphi_F(T,s,t) = \frac{1}{T} \sum_{k=-\infty}^{\infty} \frac{m(s+kj\omega)}{d(s+kj\omega)} e^{kj\omega}\,, \tag{3.77}$$

wobei $m(s)$ und $d(s)$ die Polynome aus (1.78) sind.

Satz 3.6 *Angenommen man habe die Partialbruchzerlegung*

$$F(s) = \sum_{i=1}^{\ell} \sum_{k=1}^{\nu_i} \frac{f_{ik}}{(s - s_i)^k}, \tag{3.78}$$

dann ist die Reihe (3.77) die Fourier-Reihe der Funktion

$$\begin{aligned}
\tilde{\varphi}_F(T, s, t) &= \hat{\varphi}_F(T, s, t), & 0 < t < T \\
\tilde{\varphi}_F(T, s, t) &= \tilde{\varphi}_F(T, s, t + T)
\end{aligned} \tag{3.79}$$

mit

$$\hat{\varphi}_F(T, s, t) \stackrel{\text{def}}{=} \sum_{i=1}^{\ell} \sum_{k=1}^{\nu_i} \frac{f_{ik}}{(k-1)!} \frac{\partial^{k-1}}{\partial s_i^{k-1}} \frac{\mathrm{e}^{(s_i - s)t}}{1 - \mathrm{e}^{(s_i - s)T}}. \tag{3.80}$$

Beweis: Möge die Fourier-Reihe der Funktion (3.79) das Aussehen

$$\tilde{\varphi}_F(T, s, t) = \sum_{\mu=-\infty}^{\infty} \varphi_\mu(s) \mathrm{e}^{\mu \mathrm{j} \omega t} \tag{3.81}$$

mit

$$\varphi_\mu(s) = \frac{1}{T} \int_0^T \hat{\varphi}_F(T, s, t) \mathrm{e}^{-\mu \mathrm{j} \omega t}\, \mathrm{d}t \tag{3.82}$$

haben. Dann gewinnt man durch Einsetzen von (3.80)

$$\varphi_\mu(s) = \frac{1}{T} \sum_{i=1}^{\ell} \sum_{k=1}^{\nu_i} \frac{f_{ik}}{(k-1)!} \frac{\partial^{k-1}}{\partial s_i^{k-1}} \int_0^T \frac{\mathrm{e}^{(s_i - s)t} \mathrm{e}^{-\mu \mathrm{j} \omega t}}{1 - \mathrm{e}^{(s_i - s)T}}\, \mathrm{d}t. \tag{3.83}$$

Die Berechnung des Integrals auf der rechten Seite liefert

$$\int_0^T \frac{\mathrm{e}^{(s_i - s)t} \mathrm{e}^{-\mu \mathrm{j} \omega t}}{1 - \mathrm{e}^{(s_i - s)T}}\, \mathrm{d}t = \frac{1}{s - s_i + \mu \mathrm{j} \omega}. \tag{3.84}$$

Deshalb kann aus der bekannten Gleichheit

$$\frac{1}{(s - s_i + \mu \mathrm{j} \omega)^k} = \frac{1}{(k-1)!} \frac{\partial^{k-1}}{\partial s_i^{k-1}} \frac{1}{s - s_i + \mu \mathrm{j} \omega} \tag{3.85}$$

die Beziehung

$$\frac{1}{(k-1)!} \frac{\partial^{k-1}}{\partial s_i^{k-1}} \int_0^T \frac{\mathrm{e}^{(s_i - s)t} \mathrm{e}^{-\mu \mathrm{j} \omega t}}{1 - \mathrm{e}^{(s_i - s)T}}\, \mathrm{d}t = \frac{1}{(s - s_i + \mu \mathrm{j} \omega)^k} \tag{3.86}$$

abgeleitet werden. Aus (3.83) und (3.86) weist man schließlich

$$\varphi_\mu(s) = \frac{1}{T} \sum_{i=1}^{\ell} \sum_{k=1}^{\nu_i} \frac{f_{ik}}{(s - s_i + \mu j\omega)^k} \tag{3.87}$$

nach, woraus mit (3.78) entnommen werden kann, daß die gesuchte Fourier-Reihe die Gestalt (3.77) hat.   ■

Mögen $S_m : (\mu_m, \mu_{m+1})$ die Regularitätsintervalle der Funktion $F(s)$ sein. Jedem der Intervalle S_m wird vermöge (1.89) eine Originalfunktion $f_m(t)$ zugeordnet. Die Gesamtheit der Originale $f_m(t)$ bildet die Menge $\{f_m(t)\}$. Da wegen (1.98) $f_m(t) \in \Lambda(\mu_m, \mu_{m+1})$ ist, wird in den Streifen $\mu_m < \text{Re } s < \mu_{m+1}$ der DPFR

$$\varphi_{f_m}(T, s, t) = \sum_{k=-\infty}^{\infty} f_m(t + kT) e^{-s(t+kT)} \tag{3.88}$$

festgelegt.

Satz 3.7 *Für $\mu_m < \text{Re } s < \mu_{m+1}$ und $t \neq kT$ gilt die Gleichung*

$$\varphi_{f_m}(T, s, t) = \tilde{\varphi}_F(T, s, t), \tag{3.89}$$

wobei $\tilde{\varphi}_F(T, s, t)$ die durch die Gleichungen (3.79) und (3.80) bestimmte Funktion ist.

Beweis: Es ist hinreichend zu zeigen, daß die Summe jeder der Reihen (3.88) im Intervall $0 < t < T$ durch den von m unabhängigen Ausdruck

$$\varphi_{f_m}(T, s, t) = \sum_{i=1}^{\ell} \sum_{k=1}^{\nu_i} \frac{f_{ik}}{(k-1)!} \frac{\partial^{k-1}}{\partial s_i^{k-1}} \frac{e^{(s_i - s)t}}{1 - e^{(s_i - s)T}} \tag{3.90}$$

definiert wird.

Für die weiteren Betrachtungen werden die Funktionen

$$f_+(t, a) \overset{\text{def}}{=} \begin{cases} e^{at} & t > 0 \\ 0 & t < 0 \end{cases}, \quad f_-(t, a) \overset{\text{def}}{=} \begin{cases} 0 & t > 0 \\ -e^{at} & t < 0 \end{cases} \tag{3.91}$$

eingeführt, wobei a eine komplexe Zahl ist. Dann erhält man für $\text{Re } s > \text{Re } a$, $0 < t < T$

$$\varphi_{f_+}(T, s, t) = \sum_{k=0}^{\infty} e^{a(t+kT)} e^{-s(t+kT)} = \frac{e^{(a-s)t}}{1 - e^{(a-s)T}} . \tag{3.92}$$

Auf analoge Weise gewinnt man für $\text{Re } s < \text{Re } a$, $0 < t < T$

$$\varphi_{f_-}(T, s, t) = -\sum_{k=-\infty}^{-1} e^{a(t+kT)} e^{-s(t+kT)} = \frac{e^{(a-s)t}}{1 - e^{(a-s)T}} . \tag{3.93}$$

Weiterhin werden die Funktionen

$$f_{n+}(t,a) \overset{\text{def}}{=} t^n f_+(t,a)\,, \quad f_{n-}(t,a) \overset{\text{def}}{=} t^n f_-(t,a) \tag{3.94}$$

definiert. Die Glieder der Reihen (3.92) und (3.93) werden wie analytische Funktionen der komplexen Variablen a behandelt. Beide Reihen konvergieren in Bezug auf diese Variable gleichmäßig, weshalb sie im entsprechenden Konvergenzbereich nach a differenziert werden dürfen, Titchmarsh (1932). Nach ausgeführter Differentiation gewinnt man aus (3.92) und (3.93) für $0 < t < T$

$$\sum_{k=0}^{\infty} (t+kT)^n e^{a(t+kT)} e^{-s(t+kT)} = \frac{\partial^n}{\partial a^n} \frac{e^{(a-s)t}}{1-e^{(a-s)T}}\,, \quad \text{Re } s > \text{Re } a, \tag{3.95}$$

$$-\sum_{k=-\infty}^{-1} (t+kT)^n e^{a(t+kT)} e^{-s(t+kT)} = \frac{\partial^n}{\partial a^n} \frac{e^{(a-s)t}}{1-e^{(a-s)T}}\,, \quad \text{Re } s < \text{Re } a. \tag{3.96}$$

Mit Hilfe der eingeführten Funktionen (3.94) können die letzten Gleichungen in der Gestalt

$$\varphi_{f_{n+}}(T,s,t) = \frac{\partial^n}{\partial a^n} \frac{e^{(a-s)t}}{1-e^{(a-s)T}}\,, \quad \text{Re } s > \text{Re } a, \tag{3.97}$$

$$\varphi_{f_{n-}}(T,s,t) = \frac{\partial^n}{\partial a^n} \frac{e^{(a-s)t}}{1-e^{(a-s)T}}\,, \quad \text{Re } s < \text{Re } a. \tag{3.98}$$

geschrieben werden. Betrachtet wird jetzt ein ausgewähltes Regularitätsintervall $S_m : (\mu_m, \mu_{m+1})$ und die zugehörige Originalfunktion $f_m(t)$, die durch (1.98) festgelegt ist. Unter Verwendung der Bezeichnung (3.94) kann die Beziehung (1.98) in der Form

$$f_m(t) = \begin{cases} \displaystyle\sum_{i=1}^{\rho} \sum_{k=1}^{\nu_i} \frac{f_{ik}}{(k-1)!} f_{(k-1)+}(t,s_i) & t > 0 \\[2ex] \displaystyle\sum_{i=\rho+1}^{\ell} \sum_{k=1}^{\nu_i} \frac{f_{ik}}{(k-1)!} f_{(k-1)-}(t,s_i) & t < 0 \end{cases} \tag{3.99}$$

dargestellt werden. Wenn $\mu_m < \text{Re } s < \mu_{m+1}$ ist, dann gelangt man durch Berechnung der DPFR nach (3.88) mittels (3.97) und (3.98) zu dem gesuchten Ausdruck (3.90).   ■

Indem man (3.89) benutzt, kann man geschlossene Ausdrücke für die Funktionen $\check{\varphi}_F(T,s,t)$, $\varphi_{f_m}(T,s,t)$ für beliebige t erzeugen. Sei $\lambda T < t < (\lambda+1)T$ mit einer ganzen Zahl λ, dann läßt sich $t = \varepsilon + \lambda T$ zerlegen, wobei $0 \le \varepsilon = t - \lambda T < T$ ist. Daraus erhält man wegen der Periodizität in t

$$\check{\varphi}_F(T,s,t) = \check{\varphi}_F(T,s,t-\lambda T) = \hat{\varphi}_F(T,s,t-\lambda T) = \hat{\varphi}_F(T,s,\varepsilon). \tag{3.100}$$

Aus (3.100) und (3.79) gewinnt man

$$\check{\varphi}_F(T,s,t) = \sum_{i=1}^{\ell} \sum_{k=1}^{\nu_i} \frac{f_{ik}}{(k-1)!} \frac{\partial^{k-1}}{\partial s_i^{k-1}} \frac{e^{(s_i-s)(t-\lambda T)}}{1-e^{(s_i-s)T}} \quad \lambda T < t < (\lambda+1)T. \tag{3.101}$$

Die abgeleiteten Beziehungen werden wesentlich übersichtlicher, wenn alle Pole der Übertragungsfunktion $F(s)$ einfach sind. In diesem Falle vereinfacht sich (3.78) zu

$$F(s) = \sum_{i=1}^{p} \frac{f_i}{s - s_i} \tag{3.102}$$

und aus (3.101), (3.79) erzeugt man

$$\tilde{\varphi}_F(T, s, t) = \sum_{i=1}^{p} \frac{f_i \, e^{(s_i - s)t}}{1 - e^{(s_i - s)T}}, \quad 0 < t < T, \tag{3.103}$$

$$\tilde{\varphi}_F(T, s, t) = \sum_{i=1}^{p} \frac{f_i \, e^{(s_i - s)(t - \lambda T)}}{1 - e^{(s_i - s)T}}, \quad \lambda T < t < (\lambda + 1)T. \tag{3.104}$$

Es werden jetzt eine Reihe von allgemeinen Eigenschaften des DPFR zusammengestellt.

1. Wie man aus Formel (3.101) ersieht, ist die Funktion $\tilde{\varphi}_F(T, s, t)$ für $t \neq \lambda T$ stetig differenzierbar nach t. Deshalb konvergiert die Fourier-Reihe (3.77) für jedes beliebige t im Innern des Intervalls $\lambda T < t < (\lambda + 1)T$. Folglich gilt

$$\varphi_F(T, s, t) = \tilde{\varphi}_F(T, s, t), \quad \lambda T < t < (\lambda + 1)T. \tag{3.105}$$

2. Das Verhalten von $\tilde{\varphi}_F(T, s, t)$ im Punkt $t = \lambda T$ hängt von den Eigenschaften der Bildfunktion $F(s)$ ab.

Satz 3.8 *Sei*

$$F(s) = \frac{m(s)}{d(s)} = \frac{m_1 s^{p-1} + m_2 s^{p-2} + \ldots + m_p}{s^p + d_1 s^{p-1} + \ldots + d_p} \tag{3.106}$$

und es sei die Partialbruchzerlegung gemäß (3.78) vorgenommen worden. Wenn nun $m_1 \neq 0$ ist, dann besitzt die Funktion $\tilde{\varphi}_F(T, s, t)$ Sprungstellen bei $t = \lambda T$. Wenn allerdings $m_1 = m_2 = \ldots = m_{\kappa-1} = 0$ und $m_\kappa \neq 0$ sind, dann besitzt die Funktion $\tilde{\varphi}_F(T, s, t)$ Ableitungen bis einschließlich $(\kappa - 1)$-ter Ordnung, wobei die $(\kappa - 1)$-te Ableitung stückweise stetig und die übrigen stetig sind.

Beweis: Aus (3.80) folgt

$$
\begin{aligned}
\tilde{\varphi}_F(T, s, +0) &= \sum_{i=1}^{\ell} \sum_{k=1}^{\nu_i} \frac{f_{ik}}{(k-1)!} \frac{\partial^{k-1}}{\partial s_i^{k-1}} \frac{1}{1 - e^{(s_i - s)T}} \\
\tilde{\varphi}_F(T, s, -0) &= \tilde{\varphi}_F(T, s, T - 0) \\
&= \sum_{i=1}^{\ell} \sum_{k=1}^{\nu_i} \frac{f_{ik}}{(k-1)!} \frac{\partial^{k-1}}{\partial s_i^{k-1}} \frac{e^{(s_i - s)T}}{1 - e^{(s_i - s)T}} .
\end{aligned}
\tag{3.107}
$$

Indem man

$$\frac{e^{(s_i-s)T}}{1-e^{(s_i-s)T}} = -1 + \frac{1}{1-e^{(s_i-s)T}}$$

verwendet, findet man aus (3.107) die Sprunghöhe von $\tilde{\varphi}_F(T,s,t)$ im Punkt $t=0$ zu

$$\Delta\tilde{\varphi}_F(0) \stackrel{\text{def}}{=} \tilde{\varphi}_F(T,s,+0) - \tilde{\varphi}_F(T,s,-0) = \sum_{i=1}^{\ell} f_{i1} = m_1 \,. \tag{3.108}$$

Auf diese Weise hat die Funktion $\tilde{\varphi}_F(T,s,t)$ eine Sprungstelle bei $t = \lambda T$, wenn $m_1 \neq 0$ ist. Die Höhe dieses Sprungs hängt nicht von s ab und ist gleich m_1. Für $m_1 = 0$ ist $\tilde{\varphi}_F(T,s,t)$ eine stetige Funktion von t. Wenn $m_1 = 0$, $m_2 \neq 0$ ist, dann schließt man aus (3.101), daß $\tilde{\varphi}_F(T,s,t)$ eine stückweise stetige Ableitung besitzt. Sei jetzt $m_1 = m_2 = 0$, $m_3 \neq 0$, dann gilt

$$\frac{d\tilde{\varphi}_F(T,s,t)}{dt} = \frac{d\varphi_F(T,s,t)}{dt} = \frac{1}{T}\sum_{k=-\infty}^{\infty} kj\omega F(s+kj\omega)e^{kj\omega t} \,. \tag{3.109}$$

Die Reihe auf der rechten Seite von (3.109) konvergiert gleichmäßig, so daß ihre Elemente wie $|k|^{-2}$ gegen Null streben, weshalb die in (3.109) dargestellte Ableitung stetig ist. Bezeichnet man mit

$$F_1(s) = sF(s) \,,$$

dann erhält man offenbar

$$\varphi_{F_1}(T,s,t) = \tilde{\varphi}_{F_1}(T,s,t) = \frac{1}{T}\sum_{k=-\infty}^{\infty} (s+kj\omega)F(s+kj\omega)e^{kj\omega t} \,. \tag{3.110}$$

Wie gezeigt werden kann, besitzt die Funktion $\tilde{\varphi}_{F_1}(T,s,t)$ eine stückweise stetige Ableitung nach t, so daß der Polüberschuß von $F_1(s)$ gleich zwei ist. Aus (3.109) und (3.110) bekommt man

$$\frac{d\tilde{\varphi}_F(T,s,t)}{dt} = \tilde{\varphi}_{F_1}(T,s,t) - s\tilde{\varphi}_F(T,s,t) \,.$$

Der rechte Teil dieses Ausdrucks besitzt eine stückweise stetige Ableitung, wodurch auch die linke Seite diese Eigenschaft besitzt. Auf diese Weise hat $\tilde{\varphi}_F(T,s,t)$ im Falle $m_1 = m_2 = 0$, $m_3 \neq 0$ eine stetige erste Ableitung und eine stückweise stetige zweite Ableitung. Wenn man dieses Verfahren fortsetzt, erhält man die Behauptung des Satzes.   ■

3. Betrachtet wird das Verhalten der Reihe (3.77) in den Punkten $t = \lambda T$, wobei λ ganzzahlig ist. Solange $\tilde{\varphi}_F(T,s,t)$ bezüglich t von beschränkter Variation ist, kann man (3.31) ausnutzen und

$$\varphi_F(T,s,\lambda T) = \varphi_F(T,s,0) = \frac{\tilde{\varphi}_F(T,s,+0) + \tilde{\varphi}_F(T,s,-0)}{2} \tag{3.111}$$

erhalten. Nimmt man das zusammen mit (3.107) her, dann findet man

$$\varphi_F(T,s,0) = \frac{1}{2}\sum_{i=1}^{\ell}\sum_{k=1}^{\nu_i} \frac{f_{ik}}{(k-1)!} \frac{\partial^{k-1}}{\partial s_i^{k-1}} \frac{1+\mathrm{e}^{(s_i-s)T}}{1-\mathrm{e}^{(s_i-s)T}} \cdot \tag{3.112}$$

Berücksichtigt man hierin, daß

$$\frac{1+\mathrm{e}^{(q-s)T}}{1-\mathrm{e}^{(q-s)T}} = \coth\frac{(s-q)T}{2}$$

ist, dann läßt sich (3.112) in der Gestalt

$$\varphi_F(T,s,0) = \frac{1}{2}\sum_{i=1}^{\ell}\sum_{k=1}^{\nu_i} \frac{f_{ik}}{(k-1)!} \frac{\partial^{k-1}}{\partial s_i^{k-1}} \coth\frac{(s-s_i)T}{2} \tag{3.113}$$

darstellen. Es wird darauf hingewiesen, daß die Beziehungen (3.112) und (3.113) nicht von m_1 abhängen.

Beispiel 3.4 Sei

$$F(s) = \frac{1}{s-a} \tag{3.114}$$

mit einer Konstanten a. Die Menge der Originale zum Bild (3.114) besteht dann aus den beiden Funktionen

$$f_+(t,a) = \begin{cases} \mathrm{e}^{at} & t>0 \\ 0 & t<0 \end{cases}, \qquad f_-(t,a) = \begin{cases} 0 & t>0 \\ -\mathrm{e}^{at} & t<0 \end{cases}. \tag{3.115}$$

Die Funktion $\tilde{\varphi}_F(T,s,t)$ erhält entsprechend (3.101) das Aussehen

$$\tilde{\varphi}_F(T,s,t) = \frac{\mathrm{e}^{(a-s)(t-\lambda T)}}{1-\mathrm{e}^{(a-s)T}}, \quad \lambda T < t < (\lambda+1)T. \tag{3.116}$$

Für Re s > Re a stimmt die Funktion (3.116) mit der DPFR $\varphi_{f_+}(T,s,t)$ überein und für Re s < Re a mit der DPFR $\varphi_{f_-}(T,s,t)$. Die periodische Funktion (3.116) ist unstetig, weil

$$\tilde{\varphi}_F(T,s,+0) = \frac{1}{1-\mathrm{e}^{(a-s)T}}, \quad \tilde{\varphi}_F(T,s,-0) = \frac{\mathrm{e}^{(a-s)T}}{1-\mathrm{e}^{(a-s)T}}$$

ist und sich folglich die Sprunghöhe

$$\Delta\tilde{\varphi}_F(0) = \tilde{\varphi}_F(T,s,+0) - \tilde{\varphi}_F(T,s,-0) = 1$$

ergibt, was mit (3.108) übereinstimmt. $\qquad\qquad\square$

Beispiel 3.5 Es sei jetzt

$$F(s) = \frac{1}{(s-a)^2}\,.$$ (3.117)

Die Menge der Originale $\{f_m\}$ zum Bild (3.117) besteht dann aus den beiden Funktionen

$$f_{1+}(t,a) = \begin{cases} te^{at} & t > 0 \\ 0 & t < 0 \end{cases}, \qquad f_{1-}(t,a) = \begin{cases} 0 & t > 0 \\ -te^{at} & t < 0 \end{cases}\,.$$

Die Funktionen $f_{1+}(t)$ und $f_{1-}(t)$ sind stetig. Die Funktion $\hat{\varphi}_F(T,s,t)$ erhält durch Verwendung von (3.80) und (3.115) das Aussehen

$$\hat{\varphi}_F(T,s,t) = \frac{\partial}{\partial a}\frac{e^{(a-s)t}}{1 - e^{(a-s)T}}\,, \quad 0 \le t \le T$$ (3.118)

oder ausgerechnet

$$\hat{\varphi}_F(T,s,t) = e^{(a-s)t}\frac{t\left[1 - e^{(a-s)T}\right] + Te^{(a-s)T}}{\left[1 - e^{(a-s)T}\right]^2}\,, \quad 0 \le t \le T\,.$$ (3.119)

Man erkennt unschwer, daß $\hat{\varphi}_F(T,s,+0) = \hat{\varphi}_F(T,s,-0)$ ist, was mit der allgemeinen Theorie übereinstimmt. Die entsprechende Funktion $\breve{\varphi}_F(T,s,t)$ kann man durch periodische Fortsetzung von (3.119) in Bezug auf das Argument t gewinnen. Für $a = 0$, also $F(s) = s^{-2}$, ergibt sich aus (3.119)

$$\hat{\varphi}_F(T,s,t) = e^{-st}\frac{(1 - e^{-sT})t + Te^{-sT}}{(1 - e^{-sT})^2}\,, \quad 0 \le t \le T\,.$$ (3.120)

Für $\operatorname{Re} s > \operatorname{Re} a$ und $0 \le t \le T$ stimmt die Funktion (3.119) mit $\varphi_{f_{1+}}(T,s,t)$ und für $\operatorname{Re} s < \operatorname{Re} a$ mit $\varphi_{f_{1-}}(T,s,t)$ überein. $\qquad\Box$

3.6 Änderung der Periode

Sei $F(s)$ irgendeine Laplace-Transformierte, der bei festem T ihre DPFR

$$\varphi_F(T,s,t) = \frac{1}{T}\sum_{k=-\infty}^{\infty} F(s + kj\omega)e^{kj\omega t}\,, \quad \omega = \frac{2\pi}{T}$$ (3.121)

zugeordnet werden kann. In der Beziehung (3.121) kann die Größe T als Parameter aufgefaßt werden. Das Ziel dieses Abschnitts besteht in der Klärung der Abhängigkeit der DPFR von verschiedenen Werten der Periode T.
Sei $N > 1$ eine ganze Zahl, dann ist per Definition

$$\breve{\varphi}_F(NT,s,t) \overset{\text{def}}{=} \frac{1}{NT}\sum_{k=-\infty}^{\infty} F(s + \frac{k}{N}j\omega)e^{\frac{k}{N}j\omega t}\,.$$ (3.122)

Satz 3.9 *Für alle $-\infty < t < \infty$ gilt die Gleichung*

$$\varphi_F(T,s,t) = \sum_{m=0}^{N-1} \check{\varphi}_F(NT,s,t-mT)\,. \tag{3.123}$$

Beweis: Aus (3.122) ergibt sich

$$\check{\varphi}_F(NT,s,t-mT) = \frac{1}{NT} \sum_{k=-\infty}^{\infty} F\left(s + \frac{k}{N}\mathrm{j}\omega\right) \mathrm{e}^{\frac{k}{N}\mathrm{j}\omega t}\mathrm{e}^{-\frac{k}{N}m2\pi\mathrm{j}}\,, \tag{3.124}$$

weshalb man

$$\sum_{m=0}^{N-1} \check{\varphi}_F(NT,s,t-mT) = \frac{1}{NT} \sum_{k=-\infty}^{\infty} F\left(s + \frac{k}{N}\mathrm{j}\omega\right) \mathrm{e}^{\frac{k}{N}\mathrm{j}\omega t}\sigma_{-kN} \tag{3.125}$$

mit

$$\sigma_{\lambda N} \stackrel{\text{def}}{=} \sum_{m=0}^{N-1} \mathrm{e}^{\frac{\lambda}{N}2\pi m\mathrm{j}} \tag{3.126}$$

schreiben kann. Hierbei gilt die Gleichung

$$\sigma_{\lambda N} = \begin{cases} N & \lambda = rN \quad (r - \text{ganze Zahl}) \\ 0 & \lambda \neq rN \end{cases} \tag{3.127}$$

In der Tat, wenn $\lambda = rN$ mit einer beliebigen ganzen Zahl r ist, dann sind alle Summanden in (3.126) gleich eins, wodurch die obere Beziehung entsteht. Wenn dagegen $\lambda \neq rN$ ist, dann liefert die Summenformel für die geometrische Reihe aus (3.126)

$$\sigma_{\lambda N} = \frac{1 - \mathrm{e}^{-2\pi\mathrm{j}\lambda}}{1 - \mathrm{e}^{-2\pi\mathrm{j}\frac{\lambda}{N}}} = 0\,. \tag{3.128}$$

Indem man (3.127) in (3.125) einsetzt, findet man

$$\sum_{m=0}^{N-1} \check{\varphi}_F(NT,s,t-mT) = \frac{1}{T} \sum_{r=-\infty}^{\infty} F(s + r\mathrm{j}\omega)\mathrm{e}^{r\mathrm{j}\omega t} = \varphi_F(T,s,t)\,.$$

$\blacksquare$

Formel (3.123) bestimmt die DPFR $\varphi_F(T,s,t)$ durch die DPFR mit der vielfachen Periode NT. Die Umkehrung liefert der folgende Satz.

Satz 3.10 *Es gilt die Formel*

$$\check{\varphi}_F(NT,s,t) = \frac{1}{N} \sum_{m=0}^{N-1} \varphi_F\left(T,s + \frac{m\mathrm{j}\omega}{N},t\right) \mathrm{e}^{\frac{m\mathrm{j}\omega}{N}t}\,. \tag{3.129}$$

Beweis: Jede beliebige ganze Zahl k kann eindeutig dargestellt werden in der Form

$$k = m + qN \,, \tag{3.130}$$

wobei m und q ganze Zahlen sind und $0 \leq m < N$ ist. Indem man diese Beziehung in (3.122) gebraucht, gelangt man zu

$$\breve{\varphi}_F(NT,s,t) = \frac{1}{NT} \sum_{m=0}^{N-1} \sum_{q=-\infty}^{\infty} F\left(s + qj\omega + \frac{mj\omega}{N}\right) e^{qj\omega t} e^{\frac{mj\omega}{N}t} \,. \tag{3.131}$$

Nun erhält man aber aus (3.121)

$$\frac{1}{T} \sum_{q=-\infty}^{\infty} F\left(s + qj\omega + \frac{mj\omega}{N}\right) e^{mj\omega t} = \varphi_F\left(T, s + \frac{mj\omega}{N}, t\right) \,, \tag{3.132}$$

wonach die Behauptung (3.129) durch Einsetzen von (3.132) in (3.131) bewiesen wird. ∎

Bemerkung. Die zu (3.123) und (3.129) analogen Formeln können auch für die Funktion $\varphi_f(T,s,t)$ nach (3.1) aufgestellt werden. Das Resultat ist dann

$$\varphi_f(T,s,t) = \sum_{m=0}^{N-1} \breve{\varphi}_f(NT,s,t-mT) \,, \tag{3.133}$$

$$\breve{\varphi}_f(NT,s,t) = \frac{1}{N} \sum_{m=0}^{N-1} \varphi_f\left(T, s + \frac{mj\omega}{N}, t\right) e^{\frac{mj\omega}{N}t} \,. \tag{3.134}$$

Kapitel 4

Diskrete Laplace-Transformation kontinuierlicher Funktionen

4.1 Ausgangspunkt

Als diskrete Laplace-Transformation ($\mathcal{D}$-Transformation) der kontinuierlichen stetigen Funktion $f(t)$ wird die Summe der Reihe

$$\mathcal{D}_f(T,s,t) \stackrel{\text{def}}{=} \sum_{k=-\infty}^{\infty} f(t+kT)\mathrm{e}^{-ksT} \qquad -\infty < t < \infty \tag{4.1}$$

bezeichnet. Durch Vergleich von (4.1) mit (3.1) findet man

$$\mathcal{D}_f(T,s,t) = \varphi_f(T,s,t)\mathrm{e}^{st}. \tag{4.2}$$

Die Gültigkeit der Beziehung (4.2) für die Reihe (4.1) erlaubt es, alle Ergebnisse aus dem vorangegangenen Kapitel zu übernehmen. Deshalb werden die folgenden Sätze für die diskrete Laplace-Transformation ohne Beweise angegeben.

Satz 4.1 *Sei $f(t) \in \Lambda(\alpha,\beta)$, dann konvergiert die Reihe (4.1) absolut und gleichmäßig in einem beliebigen Streifen $\alpha < \alpha' \leq \mathrm{Re}\, s \leq \beta' < \beta$ und auf einem beliebigen endlichen Intervall von t.* ∎

Aus (4.1) folgt sofort

$$\mathcal{D}_f(T,s,t) = \mathcal{D}_f(T,s+\mathrm{j}\omega,t), \quad \omega = 2\pi/T. \tag{4.3}$$

Darüber hinaus gilt

$$\mathcal{D}_f(T,s,t+T) = \mathcal{D}_f(T,s,t)\mathrm{e}^{sT}, \tag{4.4}$$

was aus der Gleichung

$$\mathcal{D}_f(T,s,t+T) = \varphi_f(T,s,t+T)\mathrm{e}^{s(t+T)} = \mathcal{D}_f(T,s,t)\mathrm{e}^{sT} \tag{4.5}$$

direkt ersichtlich ist.

4.2 Modifizierte diskrete Laplace-Transformation der abgetasteten Funktion

Wenn man in (4.1) den Bereich des Arguments t auf das Intervall $0 < t < T$ eingrenzt und t in ε umbenennt, dann gelangt man zu

$$\mathcal{D}_f(T,s,\varepsilon) = \sum_{k=-\infty}^{\infty} f(\varepsilon + kT)\mathrm{e}^{-ksT}, \quad 0 < \varepsilon < T. \tag{4.6}$$

Vergleicht man (4.6) mit (2.44) findet man

$$\mathcal{D}_f(T,s,\varepsilon) = F^*(s,\varepsilon), \quad 0 < \varepsilon < T, \tag{4.7}$$

das heißt, für $0 < t < T$ stimmt die Reihe (4.1) mit der modifizierten diskreten Laplace-Transformation der Funktion $f(t)$ überein.

Der prinzipielle Unterschied zwischen den Transformationen $F^*(s,\varepsilon)$ und $\mathcal{D}_f(T,s,t)$ besteht darin, daß die Funktion $\mathcal{D}_f(T,s,t)$ auf der ganzen Achse $-\infty < t < \infty$ definiert ist, während die Funktion $F^*(s,\varepsilon)$ nur auf dem Intervall $0 < \varepsilon < T$ erklärt ist. Aus dem gesagten kann geschlossen werden, daß die Transformation $\mathcal{D}_f(T,s,t)$ als gewisse Fortsetzung von $F^*(s,\varepsilon)$ bezüglich der Zeit verstanden werden kann. Diese Fortsetzung kann mit Hilfe der Formel (4.4) vorgenommen werden. Die $\mathcal{D}$-Transformation $\mathcal{D}_f(T,s,t)$ kann aber auch aus $F^*(s,\varepsilon)$ wie folgt konstruiert werden. Zu bekanntem $F^*(s,\varepsilon)$ findet man die DPFR durch

$$\varphi_f(T,s,\varepsilon) = F^*(s,\varepsilon)\mathrm{e}^{-s\varepsilon}, \quad 0 < \varepsilon < T. \tag{4.8}$$

Die periodische Fortsetzung der Beziehung (4.8) in der Zeit ergibt die DPFR $\varphi_f(T,s,t)$, aus der die diskrete Laplace-Transformation mit Formel (4.2) gefunden wird. Damit lautet die Gleichung, die $\mathcal{D}_f(T,s,t)$ auf der ganzen t-Achse definiert

$$\mathcal{D}_f(T,s,t) = F^*(s,t-\lambda T)\mathrm{e}^{\lambda sT}, \quad \lambda T < t < (\lambda+1)T. \tag{4.9}$$

Beispiel 4.1 Ausgehend von den Ergebnissen des Beispiels 3.2 ist die DPFR der Funktion

$$f(t) = \begin{cases} \mathrm{e}^{at} & t > 0 \\ 0 & t < 0 \end{cases} \tag{4.10}$$

durch Formel (3.50) gegeben. Unter Beachtung der Formeln (3.50) und (4.2) findet man die diskrete Laplace-Transformation der Funktion (4.10) als

$$\mathcal{D}_f(T,s,t) = \frac{\mathrm{e}^{at}\mathrm{e}^{-\lambda(a-s)T}}{1 - \mathrm{e}^{(a-s)T}}, \quad \lambda T < t < (\lambda+1)T, \quad \mathrm{Re}\, s > \mathrm{Re}\, a. \tag{4.11}$$

$\square$

4.3 Diskrete Laplace-Transformation unstetiger Funktionen

Wenn man die Ergebnisse des Abschnitts 3.2 ausnutzt, kann man entsprechende Resultate für die $\mathcal{D}$-Transformation von unstetigen Funktionen gewinnen. Möge die Funktion $f(t)$ eine abzählbare Menge von Sprungstellen t_d besitzen und eine Zahl $\epsilon > 0$ existieren, so daß auf jedem Abschnitt der Länge ϵ die Funktion $f(t)$ stetig mit Ausnahme höchstens einer einzigen Sprungstelle ist. Deshalb ist für jeden Wert von t die Existenz der Grenzwerte (3.13) gesichert und man kann den folgenden Satz formulieren.

Satz 4.2 *Wenn die Bedingungen von Satz 4.1 erfüllt sind, dann ist für jeden regulären Punkt der Funktion $f(t)$ die $\mathcal{D}$-Transformation $\mathcal{D}_f(T,s,t)$ stetig abhängig von t. Sei t_0 ein singulärer Wert des Arguments und $f_k^{\pm} = f(t_0 + kT \pm 0)$ die entsprechenden abgetasteten Werte zu den Zeitpunkten $t_{0k} = t_0 + kT$, dann erweisen sich die Punkte t_{0k} als Sprungstellen von $\mathcal{D}_f(T,s,t)$. Dabei existieren die Grenzwerte*

$$\begin{aligned}
\mathcal{D}_f(T,s,t_0+0) &= \lim_{\tau \to +0} \mathcal{D}_f(T,s,t_0+\tau) = \sum_{k=-\infty}^{\infty} f_k^+ e^{-ksT} \\
\mathcal{D}_f(T,s,t_0-0) &= \lim_{\tau \to -0} \mathcal{D}_f(T,s,t_0+\tau) = \sum_{k=-\infty}^{\infty} f_k^- e^{-ksT}.
\end{aligned} \tag{4.12}$$

Auf der rechten Seite von (4.12) erscheint die diskrete Laplace-Transformation nach beziehungsweise vor der Sprungstelle. ∎

Folgerung. Es sei $f(t) \in \Lambda_+(\alpha,\infty)$ und stetig für $t \geq 0$, aber $f(+0) \neq 0$, und man betrachte die Abtastfolge $\{f_k\}$:

$$f_0 = f(+0) \; ; f_k = f(kT), \quad (k>0). \tag{4.13}$$

Dann ist die diskrete Laplace-Transformation der Folge $\{f_k\}$ durch die Beziehung

$$F^*(s) = \sum_{k=0}^{\infty} f_k e^{-ksT} = \mathcal{D}_f(T,s,+0) \tag{4.14}$$

bestimmt.

Beispiel 4.2 Es wird die Funktion (4.10) untersucht. Für $\lambda = 0$ erhält man aus (4.11) für Re $s >$ Re a

$$\mathcal{D}_f(T,s,t) = \frac{e^{at}}{1 - e^{(a-s)T}}, \quad 0 < t < T \tag{4.15}$$

und folglich

$$\mathcal{D}_f(T,s,+0) = \frac{1}{1 - e^{(a-s)T}}, \quad \text{Re } s > \text{Re } a. \tag{4.16}$$

Die aus der Funktion (4.10) durch Abtastung gemäß (4.13) entstandene Folge besteht aus den Werten $f_k = e^{kaT}$, $(k \geq 0)$. Ihre diskrete Laplace-Transformation hat die Gestalt

$$F^*(s) = \sum_{k=0}^{\infty} e^{(a-s)kT} = \frac{1}{1 - e^{(a-s)T}}, \quad \text{Re } s > \text{Re } a. \qquad (4.17)$$

$\square$

In den weiteren Ausführungen wird für die $\mathcal{D}$-Transformation willkürlicher Funktionen $f(t) \in \Lambda(\alpha, \beta)$ die Reihe (4.1) verwendet. Im Falle unstetiger $f(t)$ sind deshalb die Darlegungen dieses Abschnitts entsprechend zu berücksichtigen.

4.4 $\mathcal{D}$-Transformation finiter Funktionen

Eine Funktion $f(t)$ wird *finit* genannt, wenn sie nur auf einem gewissen endlichen Intervall $a \leq t \leq b$ von Null verschieden ist. Das kleinste dieser Intervalle wird *Träger* der Funktion $f(t)$ genannt. Wird einmal konkret das Intervall $0 \leq t \leq mT$ mit der ganzen Zahl $m > 0$ als Träger der Funktion $f(t)$ angenommen, dann folgt aus (4.1) für $0 < t < T$ die endliche Summe

$$\mathcal{D}_f(T, s, t) = \sum_{k=0}^{m-1} f(t + kT) e^{-ksT}. \qquad (4.18)$$

Man kann zeigen, daß auch umgekehrt, wenn die $\mathcal{D}$-Transformation der Funktion $f(t)$ im Intervall $0 \leq t \leq T$ das Aussehen (4.18) besitzt, daß dann $f(t) = 0$ für $t < 0$ und $f(t) = 0$ für $t > mT$ ist. Deshalb kann aus dem Erhalt des Ergebnisses

$$\mathcal{D}_f(T, s, \varepsilon) = \sum_{k=0}^{m-1} f_k(\varepsilon) e^{-ksT} \qquad (4.19)$$

mit $0 < t = \varepsilon < T$ auf die entsprechende Originalfunktion

$$f(t) = \begin{cases} 0 & t > mT \\ f_k(t - kT) & kT < t < (k+1)T, \quad (k = 0, 1, \ldots, m-1) \\ 0 & t < 0 \end{cases} \qquad (4.20)$$

geschlossen werden.

Beispiel 4.3 Für die Funktion (3.56) wird unter Verwendung von (4.18) die Beziehung

$$\mathcal{D}_f(T, s, t) = 1 - e^{-sT}, \quad 0 < t < T \qquad (4.21)$$

gewonnen, was mit (3.60) übereinstimmt. Die Fortsetzung dieses Ausdrucks auf die ganze t-Achse mittels (4.9) liefert

$$\mathcal{D}_f(T, s, t) = \left(1 - e^{-sT}\right) e^{ksT}, \quad kT < t < (k+1)T. \qquad (4.22)$$

$\square$

Beispiel 4.4 Betrachtet wird die in Abbildung 4.1 dargestellt Funktion, die durch

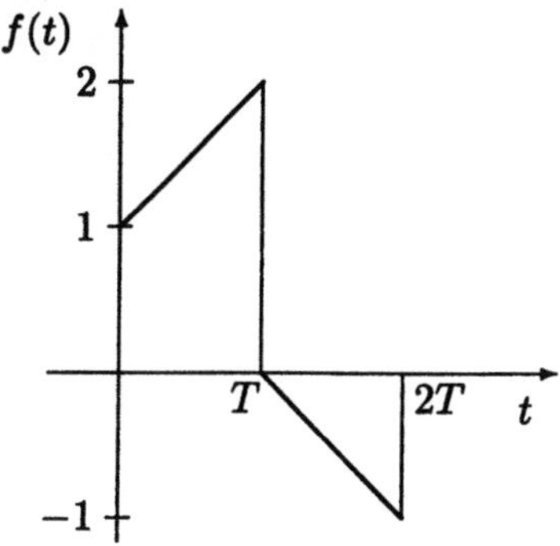

Abbildung 4.1: Originalfunktion für Beispiel 4.4

$$f(t) = \begin{cases} 0 & t < 0 \\ 1 + \frac{t}{T} & 0 < t < T \\ 1 - \frac{t}{T} & T < t < 2T \\ 0 & t > 2T \end{cases} \tag{4.23}$$

gegeben ist. Indem die $\mathcal{D}$-Transformation auf die Funktion (4.23) unter Berücksichtigung von (4.18) angewendet wird, findet man

$$\mathcal{D}_f(T, s, t) = 1 + \frac{t}{T} - \frac{t}{T}\, e^{-sT}, \quad 0 < t < T. \tag{4.24}$$

Wenn man diese Beziehung mittels (4.9) auf die ganze t-Achse ausdehnt, erhält man

$$\mathcal{D}_f(T, s, t) = \left[1 + \left(1 - e^{-sT}\right)\frac{t - kT}{T}\right] e^{ksT}, \quad kT < t < (k+1)T. \tag{4.25}$$

$\square$

4.5   Konstruktion mittels des Laplace-Bildes

Es wird die Bezeichnung

$$\mathcal{D}_F(T, s, t) \stackrel{\text{def}}{=} \varphi_F(T, s, t)e^{st}, \quad -\infty < t < \infty \tag{4.26}$$

eingeführt, wobei $\varphi_F(T, s, t)$ die DPFR (3.29) ist. Damit erhält man aus (4.18) und (3.29)

$$\mathcal{D}_F(T, s, t) = \frac{1}{T}\sum_{k=-\infty}^{\infty} F(s + kj\omega)e^{(s+kj\omega)t}, \quad \omega = 2\pi/T. \tag{4.27}$$

Die Reihe (4.27) wird im weiteren *diskrete Laplace-Transformation (D-Transformation) der Funktion F(s)* genannt. Man kann leicht zeigen, daß im Falle der Konvergenz der Reihe (4.27) die Beziehungen

$$\mathcal{D}_F(T, s, t) = \mathcal{D}_F(T, s + j\omega, t) \tag{4.28}$$

und darüber hinaus

$$\mathcal{D}_F(T, s, t + T) = \mathcal{D}_F(T, s, t)e^{sT} \tag{4.29}$$

gelten. Aus diesem Grunde bestehen zwischen den Transformationen $\mathcal{D}_f(T, s, t)$ und $\mathcal{D}_F(T, s, t)$ analoge Beziehungen wie zwischen $\varphi_f(T, s, t)$ und $\varphi_F(T, s, t)$. So erhält man in den Stetigkeitspunkten die Gleichheit

$$\mathcal{D}_f(T, s, t) = \mathcal{D}_F(T, s, t)\,. \tag{4.30}$$

Wenn jedoch t_0 eine Sprungstelle von $\mathcal{D}_f(T, s, t)$ ist, so gilt

$$\mathcal{D}_F(T, s, t_0) = \frac{1}{2}\left[\mathcal{D}_f(T, s, t_0 + 0) + \mathcal{D}_f(T, s, t_0 - 0)\right]\,. \tag{4.31}$$

Die Gleichung (4.30) ist gewiß für alle t richtig, solange die Bedingungen von Satz 3.3 erfüllt sind, weshalb dieser auf folgende Weise umformuliert wird.

Satz 4.3 *Möge die Funktion F(s) in einem beliebigen Streifen $\alpha < \alpha' \leq \mathrm{Re}\ s \leq \beta' < \beta$ analytisch sein und der Abschätzung (1.33) genügen, dann gelten die folgenden Behauptungen.*

1. *Die Reihe (4.1) konvergiert im Streifen $\alpha < \alpha' \leq \mathrm{Re}\ s \leq \beta' < \beta$ absolut und gleichmäßig bezüglich s und t. Ihre Summe $\mathcal{D}_f(T, s, t)$ ist analytisch in s und stetig in t.*

2. *Für alle $-\infty < t < \infty$ gilt*

$$\mathcal{D}_F(T, s, t) = \sum_{k=-\infty}^{\infty} f(t + kT)e^{-ksT} = \mathcal{D}_f(T, s, t)\,, \tag{4.32}$$

wenn $f(t)$ das Original zum Bild $F(s)$ im Streifen $\alpha < \mathrm{Re}\ s < \beta$ ist.

3. *Wenn das Bild $F(s)$ analytisch in der Halbebene $\mathrm{Re}\ s > \alpha$ ist, dann ist $f(t) = 0$ für $t < 0$ und man erhält*

$$\mathcal{D}_F(T, s, t) = \sum_{k=0}^{\infty} f(t + kT)e^{-ksT} = \mathcal{D}_f(T, s, t)\,, \quad 0 \leq t < T\,. \tag{4.33}$$

■

4.6 Umkehrformeln

Umkehrformeln für die Transformationen $\mathcal{D}_f(T,s,t)$ und $\mathcal{D}_F(T,s,t)$ und die Voraussetzungen für ihre Anwendbarkeit gewinnt man durch Umformulierung der Sätze 3.4 und 3.5 unter Beachtung der Gleichungen (4.2) und (4.18).

Satz 4.4 *Sei $f(t) \in \Lambda(\alpha,\beta)$, dann gilt für $\alpha < \mathrm{Re}\, s < \beta$ die Formel*

$$f(t) = \frac{T}{2\pi\mathrm{j}} \int_{c-\mathrm{j}\omega/2}^{c+\mathrm{j}\omega/2} \mathcal{D}_f(T,s,t)\,\mathrm{d}s\,, \quad \alpha < c < \beta \tag{4.34}$$

und das Bild $F(s)$ ist durch die Formel

$$F(s) = \int_0^T \mathcal{D}_f(T,s,t)\mathrm{e}^{-st}\,\mathrm{d}s \tag{4.35}$$

bestimmt. ∎

Satz 4.5 *Wenn $f(t) \in \Lambda(\alpha,\beta)$ ist, dann gilt*

$$F(s) = \int_0^T \mathcal{D}_F(T,s,t)\mathrm{e}^{-st}\,\mathrm{d}s\,. \tag{4.36}$$

Wenn zusätzlich die Reihe (3.27) absolut und gleichmäßig bezüglich s konvergiert, dann ist die Funktion $f(t)$ stetig und

$$f(t) = \frac{T}{2\pi\mathrm{j}} \int_{c-\mathrm{j}\omega/2}^{c+\mathrm{j}\omega/2} \mathcal{D}_F(T,s,t)\,\mathrm{d}s\,, \quad \alpha < c < \beta \tag{4.37}$$

ist richtig. ∎

Es ist zu bemerken, daß die Formel (4.37) mit der diskretisierten Form des Laplace-Umkehrintegrals übereinstimmt. Dieses weist darauf hin, daß zwischen der Laplace-Transformation und der diskreten Laplace-Transformation eines stetigen Arguments ein enger Zusammenhang besteht. Gleichzeitig liefert Satz 4.5 eine hinreichende Bedingung für die Gültigkeit der Formel (1.32).

4.7 $\mathcal{D}$-Transformation gebrochen rationaler Bilder

Wenn das durch die Laplace-Transformation ermittelte Bild $F(s)$ die Gestalt (1.77), (1.88) hat, dann lassen sich geschlossene Ausdrücke für die Funktionen $\mathcal{D}_f(T,s,t)$ und $\mathcal{D}_F(T,s,t)$ finden, und deren Eigenschaften können genauer studiert werden. Die entsprechenden Beziehungen kann man aus den Formeln des Abschnitts 3.5 gewinnen. Unter der Annahme (3.77) erhält man

$$\mathcal{D}_F(T,s,t) = \frac{1}{T} \sum_{k=-\infty}^{\infty} \frac{m(s+k\mathrm{j}\omega)}{d(s+k\mathrm{j}\omega)}\, \mathrm{e}^{(s+k\mathrm{j}\omega)t}\,. \tag{4.38}$$

In jedem Regularitätsintervall $S_i : (\mu_i, \mu_{i+1})$ entspricht dem Bild $F(s)$ eine Originalfunktion $f_i(t)$. Allerdings haben, wie im Falle der DPFR, alle $f_i(t)$ dasselbe, nicht von i abhängige Bild

$$\tilde{\mathcal{D}}_F(T, s, t) \overset{\text{def}}{=} \tilde{\varphi}_F(T, s, t) e^{st} \tag{4.39}$$

wobei $\tilde{\varphi}_F(T, s, t)$ durch die Ausdrücke (3.79), (3.80) bestimmt ist. In jedem der Intervalle S_i legt der Ausdruck (4.38) die Summe der Reihe

$$\mathcal{D}_{f_i}(T, s, t) = \sum_{k=-\infty}^{\infty} f_i(t + kT) e^{-ksT} = \varphi_{f_i}(T, s, t) e^{st} \tag{4.40}$$

fest. Geschlossene Ausdrücke für die Funktion $\tilde{\mathcal{D}}_F(T, s, t)$ für $0 < t < T$ kann man durch Multiplikation der Gleichung (3.80) mit e^{st} bekommen, was zu dem Ausdruck

$$\tilde{\mathcal{D}}_F(T, s, t) = \sum_{i=1}^{\ell} \sum_{k=1}^{\nu_i} \frac{f_{ik}}{(k-1)!} \frac{\partial^{k-1}}{\partial s_i^{k-1}} \frac{e^{s_i t}}{1 - e^{(s_i - s)T}}, \quad 0 < t < T \tag{4.41}$$

führt. Die periodische Fortsetzung von (4.41) auf die ganze t-Achse liefert nach Multiplikation von (3.101) mit e^{st}

$$\tilde{\mathcal{D}}_F(T, s, t) = \sum_{i=1}^{\ell} \sum_{k=1}^{\nu_i} \frac{f_{ik}}{(k-1)!} \frac{\partial^{k-1}}{\partial s_i^{k-1}} \frac{e^{s_i t} e^{\lambda(s - s_i)T}}{1 - e^{(s_i - s)T}}, \quad \lambda T < t < (\lambda + 1)T. \tag{4.42}$$

Speziell erhält man für $\lambda = -1$, das heißt $-T < t < 0$ aus (4.42)

$$\tilde{\mathcal{D}}_F(T, s, t) = \sum_{i=1}^{\ell} \sum_{k=1}^{\nu_i} \frac{f_{ik}}{(k-1)!} \frac{\partial^{k-1}}{\partial s_i^{k-1}} \frac{e^{s_i t}}{e^{(s - s_i)T} - 1}. \tag{4.43}$$

Das Aussehen der Formeln vereinfacht sich wesentlich, wenn alle Pole der Bildfunktion $F(s)$ einfach sind. In diesem Falle können die Formeln (3.103) und (3.104) verwendet werden, wodurch man die Formeln

$$\tilde{\mathcal{D}}_F(T, s, t) = \sum_{i=1}^{p} \frac{f_i e^{s_i t}}{1 - e^{(s_i - s)T}}, \quad 0 < t < T, \tag{4.44}$$

$$\tilde{\mathcal{D}}_F(T, s, t) = \sum_{i=1}^{p} \frac{f_i e^{s_i t}}{e^{(s - s_i)T} - 1}, \quad -T < t < 0 \tag{4.45}$$

gewinnt.

Beispiel 4.5 Möge wie in Beispiel 3.4

$$F(s) = \frac{1}{s - a} \tag{4.46}$$

sein, dann erhält man durch Verwendung der Beziehung (4.42)

$$\tilde{\mathcal{D}}_F(T,s,t) = \frac{e^{at}e^{\lambda(s-a)T}}{1 - e^{(a-s)T}}, \quad \lambda T < t < (\lambda + 1)T. \tag{4.47}$$

Die Funktion (4.47) ist unstetig in t, denn für $\lambda = 0$ und $\lambda = -1$ hat man

$$\tilde{\mathcal{D}}_F(T,s,t) = \frac{e^{at}}{1-e^{(a-s)T}}, \qquad 0 < t < T,$$

$$\tilde{\mathcal{D}}_F(T,s,t) = \frac{e^{at}e^{(a-s)T}}{1-e^{(a-s)T}}, \qquad -T < t < 0, \tag{4.48}$$

woraus

$$\tilde{\mathcal{D}}_F(T,s,+0) = \frac{1}{1 - e^{(a-s)T}}, \quad \tilde{\mathcal{D}}_F(T,s,-0) = \frac{e^{(a-s)T}}{1 - e^{(a-s)T}} \tag{4.49}$$

folgt. Demnach ergibt sich die Sprunghöhe im Punkt $t = 0$ zu

$$\Delta\tilde{\mathcal{D}}_F(0) \stackrel{\text{def}}{=} \tilde{\mathcal{D}}_F(T,s,+0) - \tilde{\mathcal{D}}_F(T,s,-0) = 1. \tag{4.50}$$

$\square$

Beispiel 4.6 Im Falle von (3.117) mit der doppelten Polstelle erhält man unter Ausnutzung von (3.118) und (4.42)

$$\tilde{\mathcal{D}}_F(T,s,t) = e^{\lambda sT} \frac{\partial}{\partial a} \frac{e^{a(t-\lambda T)}}{1 - e^{(a-s)T}}, \quad \lambda T \le t \le (\lambda + 1)T. \tag{4.51}$$

Im Unterschied zu (4.41) und (4.42) wird in (4.51) das Symbol '$\le$' benutzt, was zulässig ist, weil die Funktion (4.51) stetig von t abhängt. Wenn insbesondere $a \to 0$ strebt, das heißt, $F(s) = s^{-2}$ gewählt wird, dann gewinnt man

$$\tilde{\mathcal{D}}_F(T,s,t) = e^{\lambda sT} \frac{\left(1 - e^{-sT}\right)(t - \lambda T) + Te^{-sT}}{\left(1 - e^{-sT}\right)^2}, \quad \lambda T \le t \le (\lambda + 1)T. \tag{4.52}$$

Für $\lambda = 0$ erhält man aus (4.52)

$$\tilde{\mathcal{D}}_F(T,s,t) = \frac{\left(1 - e^{-sT}\right)t + Te^{-sT}}{\left(1 - e^{-sT}\right)^2}, \quad 0 \le t \le T. \tag{4.53}$$

Wenn man in (4.53) $t = \varepsilon$ setzt, bekommt man

$$\tilde{\mathcal{D}}_F(T,s,\varepsilon) = F^*(s,\varepsilon), \tag{4.54}$$

wo die Funktion $F^*(s,\varepsilon)$ für Re $s > 0$ die modifizierte diskrete Laplace-Transformation der Funktion

$$f_{1+}(t) = \begin{cases} t & t \ge 0 \\ 0 & t \le 0 \end{cases} \tag{4.55}$$

und für Re $s < 0$ der Funktion

$$f_{1-}(t) = \begin{cases} 0 & t \geq 0 \\ -t & t \leq 0 \end{cases} \tag{4.56}$$

darstellt.

Für $t = 0$ ermittelt man aus (4.53)

$$\tilde{\mathcal{D}}_F(T, s, 0) = \frac{T e^{-sT}}{(1 - e^{-sT})^2}. \tag{4.57}$$

In Übereinstimmung mit dem oben gesagten stellt die Funktion (4.57) für Re $s > 0$ die diskrete Laplace-Transformation der Folge $\{f_k^+\}$ mit $f_k^+ = 0$, $(k < 0)$; $f_k^+ = k$, $(k \geq 0)$ dar, und für Re $s < 0$ ist sie die diskrete Laplace-Transformation der Folge $\{f_k^-\}$ mit $f_k^- = -k$, $(k \leq 0)$; $f_k^- = 0$, $(k > 0)$. $\qquad\square$

4.8 Grenzwertsätze in der komplexen Ebene

Im Prinzip definieren die Reihen (4.1) und (4.19) für $f(t) \in \Lambda(\alpha, \beta)$ die entsprechende $\mathcal{D}$-Transformation im Konvergenzstreifen $\alpha < \mathrm{Re}\ s < \beta$. Allerdings gestatten die Funktionen $\mathcal{D}_f(T, s, t)$ und $\mathcal{D}_F(T, s, t)$ die analytische Fortsetzung über die Grenzen dieses Streifens hinaus. Insbesondere ist diese Fortsetzung immer dann möglich, wenn das Bild $F(s)$ die Gestalt (1.77), (1.88) hat. Tatsächlich besitzt in diesem Falle jedes der Originale $f_m(t)$, das dem Bild $F(s)$ im Regularitätsintervall S_m entspricht, eine $\mathcal{D}$-Transformation, die nicht von m abhängt und durch die Formel (4.42) festgelegt ist. Diese Funktion erlaubt die analytische Fortsetzung auf die gesamte komplexe Ebene mit Ausnahme der Polstellen. Im weiteren soll unter $\tilde{\mathcal{D}}_f(T, s, t)$ und $\tilde{\mathcal{D}}_F(T, s, t)$ jene analytische Fortsetzung verstanden werden. In den folgenden Darlegungen werden die Grenzwerte von $\tilde{\mathcal{D}}_F(T, s, t)$ für Re $s \to \pm\infty$ eine fundamentale Rolle spielen. Hierbei werden die Grenzwerte durch die Betrachtungen des Abschnitts 4.7 leicht zu berechnen sein. In den weiteren Untersuchungen werden für eine beliebige Funktion $G(s)$ eines komplexen Arguments die folgenden Bezeichnungen eingeführt

$$\ell^+[G(s)] \overset{\mathrm{def}}{=} \lim_{\mathrm{Re}\ s\to\infty} G(s), \quad \ell^-[G(s)] \overset{\mathrm{def}}{=} \lim_{\mathrm{Re}\ s\to-\infty} G(s). \tag{4.58}$$

Es sollen die Grenzwerte $\ell^{\pm}[\tilde{\mathcal{D}}_F(T, s, t)]$ der Funktion (4.42) in den verschiedenen Intervallen der Veränderlichen t berechnet werden. Ausgehend von (4.41) ergibt der Grenzübergang für Re $s \to \infty$

$$\ell^+\left[\tilde{\mathcal{D}}_f(T, s, t)\right] = \sum_{i=1}^{\ell}\sum_{k=1}^{\nu_i} \frac{f_{ik}}{(k-1)!} \frac{\partial^{k-1}}{\partial s_i^{k-1}} e^{s_i t}, \quad 0 < t < T. \tag{4.59}$$

Vergleicht man (4.59) mit (1.99), findet man

$$\ell^+\left[\tilde{\mathcal{D}}_f(T, s, t)\right] = f_+(t), \quad +0 \leq t < T, \tag{4.60}$$

wobei $f_+(t)$ das Original ist, das dem Bild $F(s)$ für Re $s > \mu_r$ entspricht. Darüber hinaus ergibt (4.41) für Re $s \to -\infty$

$$\ell^- \left[\tilde{\mathcal{D}}_f(T,s,t) \right] = 0, \quad +0 \leq t < T. \tag{4.61}$$

Auf analoge Weise kann aus (4.43) durch Grenzübergang

$$\ell^+ \left[\tilde{\mathcal{D}}_F(T,s,t) \right] = 0 \tag{4.62}$$

$$\ell^- \left[\tilde{\mathcal{D}}_F(T,s,t) \right] = f_-(t) \tag{4.63}$$

für $-T < t \leq -0$ gefunden werden, wobei $f_-(t)$ durch (1.100) definiert wurde. Weiterhin wird t für $t < 0$ in der Form $t = -\nu T + \varepsilon$ mit der ganzen Zahl $\nu > 0$ und $0 \leq \varepsilon < T$ notiert. Folglich hat man für $t < 0$

$$\tilde{\mathcal{D}}_F(T,s,t) = \tilde{\mathcal{D}}_F(T,s,\varepsilon)\mathrm{e}^{-\nu sT}. \tag{4.64}$$

Aus (4.62)–(4.64) gewinnt man

$$\ell^+ \left[\tilde{\mathcal{D}}_F(T,s,t) \right] = 0, \quad t \leq -0 \tag{4.65}$$

und analog erhält man für $t > 0$ mit $t = \mu T + \varepsilon$ und der ganzen Zahl $\mu \geq 0$

$$\tilde{\mathcal{D}}_F(T,s,t) = \tilde{\mathcal{D}}_F(T,s,\varepsilon)\mathrm{e}^{\mu sT}. \tag{4.66}$$

Aus (4.66) und (4.61) folgt dann

$$\ell^- \left[\tilde{\mathcal{D}}_F(T,s,t) \right] = 0, \quad t \geq +0. \tag{4.67}$$

Beispiel 4.7 Aus (4.48) ermittelt man für die Werte aus Beispiel 4.5

$$\begin{aligned} \ell^+ \left[\tilde{\mathcal{D}}_F(T,s,t) \right] &= \mathrm{e}^{at}, \quad \ell^- \left[\tilde{\mathcal{D}}_F(T,s,t) \right] = 0, \quad &+0 \leq t < T \\ \ell^+ \left[\tilde{\mathcal{D}}_F(T,s,t) \right] &= 0, \quad \ell^- \left[\tilde{\mathcal{D}}_F(T,s,t) \right] = -\mathrm{e}^{at}, \quad &-T < t \leq -0. \end{aligned} \tag{4.68}$$

Die Gültigkeit der angegebenen Grenzbeziehungen kann elementar überprüft werden. $\qquad\square$

Bemerkung. Es wird ohne Beweis darauf hingewiesen, daß in allen Beziehungen dieses Abschnitts das Streben zur Grenze gleichmäßig bezüglich Im s für $-\omega/2 \leq \mathrm{Im}\, s \leq \omega/2$ erfolgt.

4.9 Darstellung des Produkts von Originalen

Mögen zwei Funktionen $f_i(t) \in \Lambda(\alpha,\beta)$ mit $\alpha < 0$, $\beta > 0$ gegeben sein. Dann läßt sich leicht zeigen, daß das Produkt $f_1(t)f_2(t) \in \Lambda(2\alpha,2\beta)$ ist und folglich für $2\alpha < \text{Re } s < 2\beta$ die $\mathcal{D}$-Transformation

$$\mathcal{D}_{f_1 f_2}(T,s,t) = \sum_{k=-\infty}^{\infty} f_1(t+kT)f_2(t+kT)e^{-ksT} \tag{4.69}$$

existiert. Aus (4.34) ergibt sich

$$f_1(t) = \frac{T}{2\pi\mathrm{j}} \int_{c-\mathrm{j}\omega/2}^{c+\mathrm{j}\omega/2} \mathcal{D}_{f_1}(T,q,t)\,\mathrm{d}q, \quad \alpha < c = \text{Re } q < \beta. \tag{4.70}$$

Indem man hier t durch $t+kT$ ersetzt und (4.4) verwendet, gelangt man zu

$$f_1(t+kT) = \frac{T}{2\pi\mathrm{j}} \int_{c-\mathrm{j}\omega/2}^{c+\mathrm{j}\omega/2} \mathcal{D}_{f_1}(T,q,t)\,e^{qkT}\mathrm{d}q, \quad \alpha < c = \text{Re } q < \beta. \tag{4.71}$$

Die Formeln (4.71) und (4.69) ausnutzend ergibt sich

$$\mathcal{D}_{f_1 f_2}(T,s,t) = \frac{T}{2\pi\mathrm{j}} \sum_{k=-\infty}^{\infty} \int_{c-\mathrm{j}\omega/2}^{c+\mathrm{j}\omega/2} \mathcal{D}_{f_1}(T,q,t)f_2(t+kT)e^{-k(s-q)T}\mathrm{d}q. \tag{4.72}$$

Solange die Variable s aus dem Streifen $\alpha < \text{Re } s - \text{Re } q < \beta$ gewählt wird, konvergiert die Reihe

$$\sum_{k=-\infty}^{\infty} f_2(t+kT)e^{-k(s-q)T} = \mathcal{D}_{f_2}(T,s-q,t) \tag{4.73}$$

gleichmäßig und in (4.72) darf die Reihenfolge von Summation und Integration vertauscht werden, wodurch man

$$\mathcal{D}_{f_1 f_2}(T,s,t) = \frac{T}{2\pi\mathrm{j}} \int_{c-\mathrm{j}\omega/2}^{c+\mathrm{j}\omega/2} \mathcal{D}_{f_1}(T,q,t)\left[\sum_{k=-\infty}^{\infty} f_2(t+kT)e^{-k(s-q)T}\right]\mathrm{d}q \tag{4.74}$$

oder gleichwertig

$$\mathcal{D}_{f_1 f_2}(T,s,t) = \frac{T}{2\pi\mathrm{j}} \int_{c-\mathrm{j}\omega/2}^{c+\mathrm{j}\omega/2} \mathcal{D}_{f_1}(T,q,t)\mathcal{D}_{f_2}(T,s-q,t)\,\mathrm{d}q \tag{4.75}$$

erhält. Dank der Symmetrie kann man auch schreiben

$$\mathcal{D}_{f_1 f_2}(T,s,t) = \frac{T}{2\pi\mathrm{j}} \int_{c-\mathrm{j}\omega/2}^{c+\mathrm{j}\omega/2} \mathcal{D}_{f_1}(T,s-q,t)\mathcal{D}_{f_2}(T,q,t)\,\mathrm{d}q. \tag{4.76}$$

4.10 Quadratsumme im Originalbereich

Sei $f(t) \in \Lambda(\alpha, \beta)$ mit $\alpha < 0$, $\beta > 0$, dann liegt die imaginäre Achse im Konvergenzstreifen $\alpha < \mathrm{Re}\, s < \beta$ und die Funktion $\mathcal{D}_f(T, s, t)$ ist für $s = 0$ definiert. Dabei erhält man aus (4.1) für jeden regulären Punkt t

$$\sum_{k=-\infty}^{\infty} f(t + kT) = \mathcal{D}_f(T, 0, t) = \varphi_f(T, 0, t). \tag{4.77}$$

Wenn jedoch t_0 ein singulärer Argumentwert ist, dann bekommt man anstelle von (4.77) unter Ausnutzung von (4.12)

$$\sum_{k=-\infty}^{\infty} f(t_0 + kT \pm 0) = \mathcal{D}_f(T, 0, t_0 \pm 0) = \varphi_f(T, 0, t_0 \pm 0). \tag{4.78}$$

Falls in (4.78) $f(t) \in \Lambda_+(\alpha, \infty)$, $\alpha < 0$ und $0 < t_0 < T$ erfüllt sind, dann verändert sich (4.78) zu

$$\sum_{k=0}^{\infty} f(t_0 + kT \pm 0) = \mathcal{D}_f(T, 0, t_0 \pm 0) = \varphi_f(T, 0, t_0 \pm 0). \tag{4.79}$$

Beispiel 4.8 Sei

$$f(t) = \left\{ \begin{array}{ll} e^{at} & t > 0 \\ 0 & t < 0 \end{array} \right. \tag{4.80}$$

mit $\mathrm{Re}\, a < 0$. Aus (4.11) holt man

$$\mathcal{D}_f(T, s, t) = \frac{e^{at}}{1 - e^{(a-s)T}}, \quad 0 < t < T, \tag{4.81}$$

und diese Funktion nimmt für $s = 0$ das Aussehen

$$\mathcal{D}_f(T, 0, t) = \frac{e^{at}}{1 - e^{aT}}, \quad 0 < t < T \tag{4.82}$$

an, wodurch

$$\sum_{k=0}^{\infty} e^{a(t+kT)} = \frac{e^{at}}{1 - e^{aT}}, \quad 0 < t < T \tag{4.83}$$

bestätigt wird. Für $t \to +0$ folgt aus (4.83)

$$\sum_{k=0}^{\infty} e^{akT} = \frac{1}{1 - e^{aT}}. \tag{4.84}$$

Die linke Seite der Gleichung stellt die Summe der Abtastwerte $f(kT + 0)$ dar. $\quad\square$

Es wird noch einmal die Beziehung (4.75) betrachtet. Ihre Darstellung gestattet die Anwendung der Formel (4.78). So erhält man bei $s = 0$ für reguläre Werte von t

$$\sum_{k=-\infty}^{\infty} f_1(t + kT)f_2(t + kT) = \frac{T}{2\pi \mathrm{j}} \int_{c-\mathrm{j}\omega/2}^{c+\mathrm{j}\omega/2} \mathcal{D}_{f_1}(T, q, t)\mathcal{D}_{f_2}(T, -q, t)\,\mathrm{d}q \qquad (4.85)$$

$$\alpha < |\mathrm{Re}\ q| < \beta\,.$$

Für singuläre Werte von t kann man anstelle von (4.85) die Formeln (4.78) und (4.75) verwenden. In dem wichtigen Spezialfall, wenn $f_1(t) = f_2(t) = f(t)$ ist, nimmt die Formel (4.85) die Gestalt

$$\sum_{k=-\infty}^{\infty} f^2(t + kT) = \frac{T}{2\pi \mathrm{j}} \int_{c-\mathrm{j}\omega/2}^{c+\mathrm{j}\omega/2} \mathcal{D}_f(T, q, t)\mathcal{D}_f(T, -q, t)\,\mathrm{d}q \qquad (4.86)$$

an. Wenn die Funktion Sprungstellen bei $t = kT$ besitzt, dann erhält man statt (4.86)

$$\sum_{k=-\infty}^{\infty} f^2(kT \pm 0) = \frac{T}{2\pi \mathrm{j}} \int_{c-\mathrm{j}\omega/2}^{c+\mathrm{j}\omega/2} \mathcal{D}_f(T, q, \pm 0)\mathcal{D}_f(T, -q, \pm 0)\,\mathrm{d}q \qquad (4.87)$$

$$\alpha < |\mathrm{Re}\ q| < \beta\,.$$

Wegen der Voraussetzungen über den Konvergenzstreifen in den Formeln (4.85)–(4.87) kann $c = \mathrm{Re}\ q = 0$ gewählt werden. Wenn man nun ausnutzt, daß

$$\mathcal{D}_f(T, s, t) = \varphi_f(T, s, t)\mathrm{e}^{st}\,, \quad \mathcal{D}_f(T, -s, t) = \varphi_f(T, -s, t)\mathrm{e}^{-st} \qquad (4.88)$$

ist, dann erhält man schließlich

$$\sum_{k=-\infty}^{\infty} f_1(t + kT \pm 0)f_2(t + kT \pm 0) = \frac{T}{2\pi \mathrm{j}} \int_{-\mathrm{j}\omega/2}^{\mathrm{j}\omega/2} \varphi_{f_1}(T, q, t \pm 0)\varphi_{f_2}(T, -q, t \pm 0)\,\mathrm{d}q$$

$$(4.89)$$

$$\sum_{k=-\infty}^{\infty} f^2(t + kT \pm 0) = \frac{T}{2\pi \mathrm{j}} \int_{-\mathrm{j}\omega/2}^{\mathrm{j}\omega/2} \varphi_f(T, q, t \pm 0)\varphi_f(T, -q, t \pm 0)\,\mathrm{d}q \qquad (4.90)$$

$$\sum_{k=-\infty}^{\infty} f^2(kT \pm 0) = \frac{T}{2\pi \mathrm{j}} \int_{-\mathrm{j}\omega/2}^{\mathrm{j}\omega/2} \varphi_f(T, q, \pm 0)\varphi_f(T, -q, \pm 0)\,\mathrm{d}q\,. \qquad (4.91)$$

4.11 Integrale kontinuierlicher Funktionen und deren Quadrate

Möge $f(t) \in \Lambda(\alpha, \beta)$ mit $\alpha < 0$, $\beta > 0$ sein, dann konvergiert das Integral

$$I_1 \overset{\text{def}}{=} \int_{-\infty}^{\infty} f(t)\,\mathrm{d}t = F(0) \qquad (4.92)$$

absolut. Das Integral (4.92) kann durch die diskrete Laplace-Transformation und den DPFR der Funktion $f(t)$ ausgedrückt werden. In der Tat, wenn man

$$I_1 = \sum_{k=-\infty}^{\infty} \int_{kT}^{(k+1)T} f(t)\,dt \tag{4.93}$$

schreibt und

$$\int_{kT}^{(k+1)T} f(t)\,dt = \int_0^T f(u+kT)\,du \tag{4.94}$$

berücksichtigt, gelangt man zu

$$I_1 = \sum_{k=-\infty}^{\infty} \int_0^T f(u+kT)\,du. \tag{4.95}$$

Dank Satz 4.1 konvergiert die Reihe

$$\mathcal{D}_f(T,0,t) = \sum_{k=-\infty}^{\infty} f(t+kT) \tag{4.96}$$

gleichmäßig auf jedem endlichen Intervall von t. Deshalb kann in (4.95) die Reihenfolge von Summation und Integration vertauscht werden und man erhält

$$I_1 = \int_{-\infty}^{\infty} f(t)\,dt = \int_0^T \mathcal{D}_f(T,0,t)\,dt. \tag{4.97}$$

Die angegebenen Beziehungen sind insbesondere auch für $f(t) \in \Lambda_+(\alpha,\infty)$, $\alpha < 0$ richtig. In diesem Falle ist $f(t) = 0$ für $t < 0$ und somit

$$\int_0^{\infty} f(t)\,dt = \int_0^T \mathcal{D}_f(T,0,t)\,dt. \tag{4.98}$$

Das gewonnene Resultat (4.98) kann für die Berechnung des interessierenden Integrals

$$I_2 \overset{\text{def}}{=} \int_{-\infty}^{\infty} f^2(t)\,dt \tag{4.99}$$

verwendet werden. Die Formel (4.97) ergibt in diesem Fall

$$I_2 = \int_0^T \mathcal{D}_{f^2}(T,0,t)\,dt. \tag{4.100}$$

Indem $c = 0$ gewählt wird, was wegen der Voraussetzungen an α, β möglich ist, gewinnt man aus (4.75) für $0 < t < T$, die Beziehung

$$\mathcal{D}_{f^2}(T,0,t) = \frac{T}{2\pi j} \int_{-j\omega/2}^{j\omega/2} \mathcal{D}_f(T,q,t)\mathcal{D}_f(T,-q,t)\,dq. \tag{4.101}$$

Die Formeln (4.100) und (4.101) ausnutzend, findet man

$$I_2 = \frac{T}{2\pi \mathrm{j}} \int_{-\mathrm{j}\omega/2}^{+\mathrm{j}\omega/2} \left[\int_0^T \mathcal{D}_f(T,q,t)\mathcal{D}_f(T,-q,t)\,\mathrm{d}t \right] \mathrm{d}q. \qquad (4.102)$$

Betrachtet man das innere Integral in (4.102) und wendet dort (4.88) an, so kann man es in der Form

$$\int_0^T \mathcal{D}_f(T,q,t)\mathcal{D}_f(T,-q,t)\,\mathrm{d}t = \int_0^T \varphi_f(T,q,t)\varphi_f(T,-q,t)\,\mathrm{d}t \qquad (4.103)$$

schreiben. Für $f(t) \in \Lambda(\alpha,\beta)$, $\alpha < 0$, $\beta > 0$ kann dank der Parsevalschen Gleichung für die Fourier-Reihe auf der rechten Seite von (4.103) die Funktion $\varphi_f(T,s,t)$ durch ihre Fourier-Reihe $\varphi_F(T,s,t)$ (3.29) ersetzt werden, wodurch man

$$\int_0^T \mathcal{D}_f(T,q,t)\mathcal{D}_f(T,-q,t)\,\mathrm{d}t = \int_0^T \varphi_F(T,q,t)\varphi_F(T,-q,t)\,\mathrm{d}t \qquad (4.104)$$

erhält. Weiterhin folgt aus (3.29)

$$\varphi_F(T,q,t) = \frac{1}{T} \sum_{k=-\infty}^{\infty} F(q + k\mathrm{j}\omega)\mathrm{e}^{k\mathrm{j}\omega t}, \qquad (4.105)$$

$$\varphi_F(T,-q,t) = \frac{1}{T} \sum_{k=-\infty}^{\infty} F(-q + k\mathrm{j}\omega)\mathrm{e}^{k\mathrm{j}\omega t}.$$

Indem (4.105) in (4.104) eingesetzt und bei der Integration beachtet wird, daß die Parsevalsche Gleichung für die Fourier-Reihe gilt, erhält man

$$\int_0^T \mathcal{D}_f(T,q,t)\mathcal{D}_f(T,-q,t)\,\mathrm{d}t = \frac{1}{T} \sum_{k=-\infty}^{\infty} F(q + k\mathrm{j}\omega)F(-q - k\mathrm{j}\omega). \qquad (4.106)$$

Wenn man nun die früher eingeführte Bezeichnung in (4.106) anwendet, kann man

$$\int_0^T \mathcal{D}_f(T,q,t)\mathcal{D}_f(T,-q,t)\,\mathrm{d}t = \mathcal{D}_{F\underline{F}}(T,q,0) \qquad (4.107)$$

schreiben, wobei die Unterstreichung das Ersetzen von q durch $-q$ markiert. Schließlich liefert (4.107) in (4.102) eingesetzt

$$I_2 = \frac{T}{2\pi \mathrm{j}} \int_{-\mathrm{j}\omega/2}^{\mathrm{j}\omega/2} \mathcal{D}_{F\underline{F}}(T,q,0)\,\mathrm{d}q. \qquad (4.108)$$

Es wird angemerkt, daß die Formel (4.108) auch auf dem Wege der Diskretisierung des Integrals auf der linken Seite von (1.67) zu erhalten wäre.

4.12 Änderung der Periode

Wie im Abschnitt 3.6 soll die Abhängigkeit der $\mathcal{D}$-Transformation der Funktion $f(t)$ von Vielfachen oder Bruchteilen des Wertes von T festgestellt werden. Im passenden Konvergenzstreifen hat man

$$\mathcal{D}_F(T,s,t) = \frac{1}{T} \sum_{k=-\infty}^{\infty} F(s+kj\omega)e^{(s+kj\omega)t}, \quad \omega = 2\pi/T \tag{4.109}$$

$$\check{\mathcal{D}}_F(NT,s,t) \stackrel{\text{def}}{=} \frac{1}{NT} \sum_{k=-\infty}^{\infty} F(s+\frac{kj\omega}{N})e^{(s+\frac{kj\omega}{N})t}, \tag{4.110}$$

und es ist die folgende Beauptung richtig.

Satz 4.6 *Es gelten die Beziehungen*

$$\mathcal{D}_F(T,s,t) = \sum_{m=0}^{N-1} \check{\mathcal{D}}_F(NT,s,t-mT)e^{msT}, \tag{4.111}$$

$$\check{\mathcal{D}}_F(NT,s,t) = \frac{1}{N} \sum_{m=0}^{N-1} \mathcal{D}_F(T,s+\frac{mj\omega}{N},t). \tag{4.112}$$

Beweis: Wenn man berücksichtigt, daß

$$\check{\varphi}_F(NT,s,t) = \check{\mathcal{D}}_F(NT,s,t)e^{-st} \tag{4.113}$$

ist, dann erhält man

$$\check{\varphi}_F(NT,s,t-mT) = \check{\mathcal{D}}_F(NT,s,t-mT)e^{-s(t-mT)}. \tag{4.114}$$

Zieht man (4.114) in Formel (3.123) heran, dann gewinnt man

$$\varphi_F(T,s,t) = \sum_{m=0}^{N-1} \check{\mathcal{D}}_F(NT,s,t-mT)e^{-s(t-mT)}, \tag{4.115}$$

woraus nach Berücksichtigung von (4.26) die Formel (4.111) bewiesen ist. Für den Beweis von (4.112) ist anzumerken, daß

$$\varphi_F(T,s+\frac{mj\omega}{N},t) = \mathcal{D}_F(T,s+\frac{mj\omega}{N},t)e^{-(s+\frac{mj\omega}{N})t} \tag{4.116}$$

ist. Wird das in die Beziehung (3.129) eingesetzt, ergibt sich

$$\check{\varphi}_F(NT,s,t) = \frac{1}{N} \sum_{m=0}^{N-1} \mathcal{D}_F(T,s+\frac{mj\omega}{N},t)e^{-st}, \tag{4.117}$$

das gleichwertig zu (4.112) ist. $\blacksquare$

Bemerkung 1. Für die praktische Berechnung kann sich eine andere Form der Beziehung (4.111) als geeigneter erweisen. Indem man in (4.111) t durch $t + NT$ ersetzt, gelangt man zu

$$\mathcal{D}_F(T,s,t+NT) = \mathcal{D}_F(T,s,t)\mathrm{e}^{NsT} = \sum_{m=0}^{N-1} \breve{\mathcal{D}}_F(NT,s,t+NT-mT)\mathrm{e}^{msT}\,. \quad (4.118)$$

Wenn jetzt $N - m$ in q umbenannt wird, dann kann (4.118) in der Form

$$\mathcal{D}_F(T,s,t) = \sum_{q=1}^{N} \breve{\mathcal{D}}_F(NT,s,t+qT)\mathrm{e}^{-qsT} \quad (4.119)$$

dargestellt werden. Der zum Index $q = N$ gehörende Summand in (4.119) kann durch

$$\breve{\mathcal{D}}_F(NT,s,t+NT)\mathrm{e}^{-NsT} = \breve{\mathcal{D}}_F(NT,s,t) \quad (4.120)$$

ausgedrückt werden, wodurch man die interessante Formel

$$\mathcal{D}_F(T,s,t) = \sum_{q=0}^{N-1} \breve{\mathcal{D}}_F(NT,s,t+qT)\mathrm{e}^{-qsT} \quad (4.121)$$

erhält.

Bemerkung 2. Alle Ausführungen dieses Abschnitts gelten entsprechend auch für die Transformation $\mathcal{D}_f(T,s,t)$.

Beispiel 4.9 Im Falle der Funktion (4.80) erhält man für Re $s > a$ unter Berücksichtigung von (4.81)

$$\breve{\mathcal{D}}_f(2T,s,t) = \frac{\mathrm{e}^{at}}{1 - \mathrm{e}^{2(a-s)T}}\,, \quad 0 < t < 2T\,. \quad (4.122)$$

Analog nimmt Formel (4.121) dann das Aussehen

$$\mathcal{D}_f(T,s,t) = \breve{\mathcal{D}}_f(2T,s,t) + \breve{\mathcal{D}}_f(2T,s,t+T)\mathrm{e}^{-sT} \quad (4.123)$$

an, und für $0 < t < T$ ergibt sich aus (4.122)

$$\breve{\mathcal{D}}_f(2T,s,t) = \frac{\mathrm{e}^{at}}{1 - \mathrm{e}^{2(a-s)T}}\,, \quad \breve{\mathcal{D}}_f(2T,s,t+T) = \frac{\mathrm{e}^{a(t+T)}}{1 - \mathrm{e}^{2(a-s)T}}\,. \quad (4.124)$$

Indem man (4.124) in (4.123) einfügt, gelangt man für $0 < t < T$ zu dem bekannten Resultat (4.81). $\qquad\square$

Beispiel 4.10 Es soll die Richtigkeit der Dekompositionsformel (4.112) an Hand der Funktion (4.80) überprüft werden. Für $0 < t < T$ hat man

$$\mathcal{D}_f(T,s,t) = \frac{e^{at}}{1 - e^{(a-s)T}}, \quad \mathcal{D}_f\left(T, s + \frac{j\omega}{2}, t\right) = \frac{e^{at}}{1 + e^{(a-s)T}}. \tag{4.125}$$

Indem beide Beziehungen zusammengefaßt werden, findet man

$$\frac{1}{2}\left[\mathcal{D}_f(T,s,t) + \mathcal{D}_f\left(T, s + \frac{j\omega}{2}, t\right)\right] = \frac{e^{at}}{1 - e^{2(a-s)T}} = \check{\mathcal{D}}_f(2T,s,t). \tag{4.126}$$

Um $\check{\mathcal{D}}_f(2T,s,t)$ im Intervall $T < t < 2T$ zu bestimmen, beachte man, daß übereinstimmend mit (4.47)

$$\mathcal{D}_f(T,s,t) = \frac{e^{at}e^{(s-a)T}}{1 - e^{(a-s)T}}, \quad T < t < 2T \tag{4.127}$$

ist. Aus (4.127) gewinnt man ebenso

$$\mathcal{D}_f\left(T, s + \frac{j\omega}{2}, t\right) = \frac{-e^{at}e^{(s-a)T}}{1 + e^{(a-s)T}}, \quad T < t < 2T. \tag{4.128}$$

Die Zusammenfassung von (4.127) und (4.128) bestätigt, daß die Formel (4.126) auch für $T < t < 2T$ gültig ist. $\qquad\square$

Teil II

Lineare Periodische Operatoren und Systeme

Einführende Bemerkungen. Gegenwärtig werden Operatorenmethoden zur Untersuchung linearer Regelungssysteme in großem Umfang benutzt. Die Idee dieses Zugangs besteht in folgendem. Dem zu untersuchenden System mit dem Eingang $x(t)$ und dem Ausgang $y(t)$ werden gewisse lineare Operatoren $y(t) = \mathsf{U}[x(t)]$ zugeordnet, deren Eigenschaften von weiteren Charakteristika des projizierten Systems festgelegt werden. Als solche Charakteristika können zum Beispiel die Begrenzung oder die Größe der Norm des Operators U in irgendeinem Funktionenraum verwendet werden. In diesem Kapitel werden einige Eigenschaften linearer periodischer Operatoren untersucht, die wie mathematische Modelle der weiten Klasse der linearen periodisch nichtstationären Systeme betrachtet werden können, zu denen insbesondere auch die periodischen Abtastsysteme gehören. Im Hinblick auf das Anliegen des Buches wird zwei Arten von periodischen Abtastsystemen eine besondere Aufmerksamkeit geschenkt, den Integraloperatoren und den Pulsoperatoren, die eine fundamentale Rolle in der Theorie der periodischen Abtastsysteme spielen.

Kapitel 5

Lineare stationäre Operatoren und Systeme

5.1 Lineare Operatoren

In der Regelungstheorie ist es üblich, Regelungssysteme durch Signalflußbilder darzustellen, deren Elemente Glieder mit gerichteter Wirkung sind. Deshalb versteht man unter einem System ein Element mit gerichteter Wirkung, das den Eingang $x(t)$ und den Ausgang $y(t)$ besitzt, wobei vorausgesetzt wird, daß der Ausgang $y(t)$ den Eingang $x(t)$ nicht beeinflußt.

Als mathematische Beschreibung der Glieder mit gerichteter Wirkung werden normalerweise Gleichungen verwendet, zum Beispiel Differentialgleichungen, Integralgleichungen, Differenzengleichungen oder ähnliche. In den Fällen, wenn zwischen dem Eingang des Gliedes und seinem Ausgang ein eindeutiger Zusammenhang besteht, dann verwendet man zu seiner mathematischen Beschreibung gewisse Operatoren, das heißt, mathematische Vorschriften, die es erlauben, $y(t)$ auszurechnen, wenn der Eingang $x(t)$ bekannt ist. Symbolisch wird das durch

$$y(t) = \mathsf{U}[x(t)] \tag{5.1}$$

ausgedrückt, wobei U der Operator des Gliedes und t die unabhängige Variable ist, die im weiteren Zeit genannt wird. Unter dem Operator U wird im vorliegenden Buch die Gesamtheit der Operationen verstanden, die ausgeführt werden müssen, damit zu bekannter Funktion $x(t)$ eine Funktion $y(t)$ gefunden wird. Vom Standpunkt der Analysis aus ist es für die Untersuchung der Eigenschaften des Operators notwendig, außerdem die Mengen der Funktionen genau festzulegen, für die die Beziehung (5.1) betrachtet werden soll.

Ein die Gleichung (5.1) erfüllendes Glied heißt *linear*, wenn der Operator U linear ist, das heißt, wenn für beliebige zugelassenen Eingangssignale und beliebige komplexe Konstanten α_1, α_2

$$\mathsf{U}[\alpha_1 x_1(t) + \alpha_2 x_2(t)] = \alpha_1 \mathsf{U}[x_1(t)] + \alpha_2 \mathsf{U}[x_2(t)] \tag{5.2}$$

gilt. In der Regelungstheorie verwendet man zur Beschreibung linearer Operatoren gern Systemfunktionen, die als Reaktionen des Operators auf typische Eingangssignale erklärt sind. Eine der wichtigsten Systemfunktionen eines Operators ist seine *Greensche Funktion*. Als Greensche Funktion $h(t, \tau)$ eines linearen Operators wird seine Reaktion auf ein Eingangssignal der Form $x(t) = \delta(t - \tau)$ bezeichnet, worin $\delta(t)$ die Dirac'sche Deltafunktion und τ eine Konstante bezeichnen. Man kann also

$$h(t, \tau) \stackrel{\text{def}}{=} \mathsf{U}[\delta(t - \tau)] \tag{5.3}$$

schreiben.

Als eine weitere wichtige Charakteristik wird sich die Funktion $W(s, t)$ erweisen, die durch die Beziehung

$$W(s, t) \stackrel{\text{def}}{=} \mathsf{U}\left[e^{st}\right] e^{-st} \tag{5.4}$$

definiert ist, wobei s eine komplexe Variable ist. Es wird vorausgesetzt, daß der Operator so geartet ist, daß die Formeln (5.3) und (5.4) einen Sinn haben. Die Funktion $W(s, t)$ soll *parametrische Übertragungsfunktion* (PTF) des Operators U genannt werden. Im allgemeinen ist die parametrische Übertragungsfunktion eine Funktion der beiden Argumente s und t. Aus der Definition (5.4) folgt, wenn der lineare Operator U eine PTF in einem gewissen Gebiet $\mathcal{P}$ der komplexen Ebene besitzt, daß dann für $s \in \mathcal{P}$

$$\mathsf{U}\left[e^{st}\right] = W(s, t)e^{st} \tag{5.5}$$

ist. Im weiteren wird für einen linearen Operator anstelle von (5.1) auch

$$y(t) = W(s, t)x(t) \tag{5.6}$$

geschrieben mit oder ohne Hinweis auf die Menge $\mathcal{P}$. Die Beziehung (5.6) wird die *Operatorgleichung* des Übertragungsgliedes (5.1) genannt. Gleichzeitig besagt Formel (5.6), daß die Reaktion des Übertragungsglieds auf das Eingangssignal $x(t) = e^{st}$, $s \in \mathcal{P}$ das Aussehen (5.5) hat. Der Beziehung (5.1) kann das einfache Strukturbild nach Abbildung 5.1 zugeordnet werden.

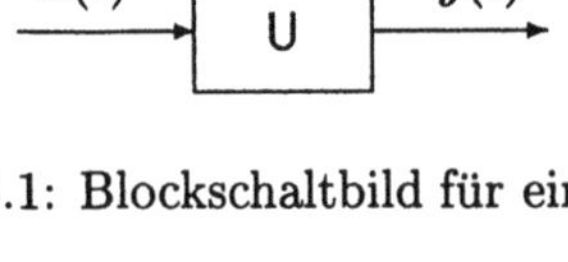

$x(t) \longrightarrow \boxed{\ \mathsf{U}\ } \longrightarrow y(t)$

Abbildung 5.1: Blockschaltbild für einen Operator

In der Menge der linearen Operatoren können die Operationen Addition und Multiplikation eingeführt werden. Wenn

$$y_1(t) = \mathsf{U}_1\left[x(t)\right], \quad y_2(t) = \mathsf{U}_2\left[x(t)\right] \tag{5.7}$$

ist, dann erhält man mit $y(t) = y_1(t) + y_2(t)$ den neuen Operator

$$y(t) = \mathsf{U}_\sigma\,[x(t)]\,, \tag{5.8}$$

der die Summe der Operatoren U_1 und U_2 genannt und durch

$$\mathsf{U}_\sigma = \mathsf{U}_1 + \mathsf{U}_2 \tag{5.9}$$

bezeichnet wird. Offensichtlich gilt $\mathsf{U}_2 + \mathsf{U}_1 = \mathsf{U}_1 + \mathsf{U}_2$. Die Struktur der Summe der Operatoren entspricht einer Parallelschaltung der entsprechenden Glieder nach Abbildung 5.2.

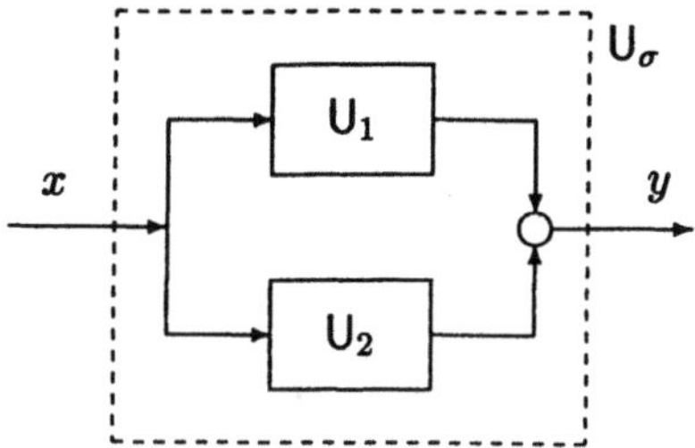

Abbildung 5.2: Summe von Operatoren

Wenn die Beziehungen

$$y(t) = \mathsf{U}_2\,[z(t)]\,,\quad z(t) = \mathsf{U}_1\,[x(t)] \tag{5.10}$$

bestehen, wird der Operatur U, der $y(t)$ mit $x(t)$ verknüpft, das Produkt der Operatoren U_1 und U_2 genannt und durch

$$\mathsf{U}_\pi = \mathsf{U}_2\mathsf{U}_1 \tag{5.11}$$

bezeichnet. Strukturell entspricht die Relation (5.10) einer Reihenschaltung der Glieder nach Abbildung 5.3.

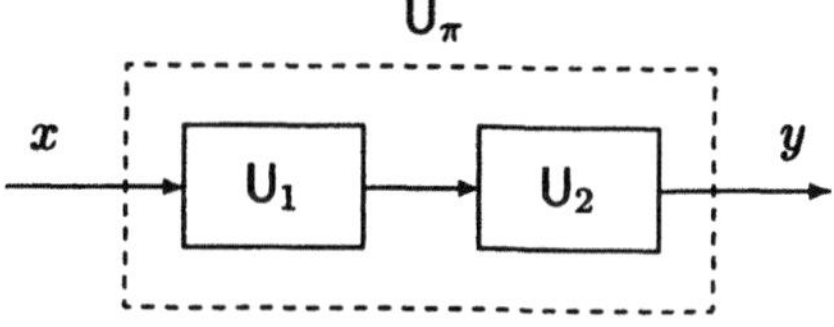

Abbildung 5.3: Produkt von Operatoren

Wenn es möglich ist, die Operatoren U_1 und U_2 in der umgekehrten Reihenfolge

$$y(t) = \mathsf{U}_1\,[v(t)]\,,\quad v(t) = \mathsf{U}_2\,[x(t)] \tag{5.12}$$

zu verbinden, dann wird entsprechend das Produkt

$$\tilde{\mathsf{U}}_\pi = \mathsf{U}_1\mathsf{U}_2 \tag{5.13}$$

zugeordnet. Im allgemeinen stimmen die Operatoren (5.11) und (5.13) nicht über-
ein, mehr noch, zu einem existierenden Operator U_π muß der Operator $\tilde{\mathsf{U}}_\pi$ nicht
einmal einen Sinn haben und auch umgekehrt. Falls die Operatoren U_π und $\tilde{\mathsf{U}}_\pi$
beide existieren und $\mathsf{U}_\pi = \tilde{\mathsf{U}}_\pi$ gilt, dann nennt man die Operatoren U_1 und U_2
kommutativ oder *vertauschbar*.

Beispiel 5.1 Es sei $\mathsf{U}_1 = \mathrm{d}/\,\mathrm{d}t$ der Differentiationsoperator und U_2 derjenige Operator, der eine Multiplikation mit $\sin \omega t$ bewirkt, wobei ω eine Konstante ist. Sei
nun $x(t) = 1$, dann wird

$$\mathsf{U}_2\mathsf{U}_1[x(t)] = 0\,, \quad \mathsf{U}_1\mathsf{U}_2[x(t)] = \omega \cos \omega t\,,$$

womit die Operatoren U_1 und U_2 nicht kommutativ sind. $\square$

5.2   Mehrdimensionale lineare Operatoren

Das oben gesagte kann auf mehrdimensionale lineare Operatoren mit einer endlichen
Anzahl von Eingängen und Ausgängen verallgemeinert werden. In den Darlegungen
dieses Buches sind mit Vektoren immer Spaltenvektoren gemeint, Vektoren und
Matrizen werden fett gedruckt. Es sei

$$\boldsymbol{x}(t) = \begin{bmatrix} x_1(t) \\ \vdots \\ x_m(t) \end{bmatrix}, \tag{5.14}$$

ein Vektor, worin jede der Komponenten $x_i(t)$ für $-\infty < t < \infty$ erklärt ist. Die
Zahl m wird Dimension des Vektors $\boldsymbol{x}(t)$ genannt. Wenn

$$\boldsymbol{x}_1(t) = \begin{bmatrix} x_{11}(t) \\ \vdots \\ x_{m1}(t) \end{bmatrix}, \quad \boldsymbol{x}_2(t) = \begin{bmatrix} x_{12}(t) \\ \vdots \\ x_{m2}(t) \end{bmatrix} \tag{5.15}$$

ist, dann wird per Definition

$$\boldsymbol{x}_1(t) + \boldsymbol{x}_2(t) = \begin{bmatrix} x_{11}(t) + x_{12}(t) \\ \vdots \\ x_{m1}(t) + x_{m2}(t) \end{bmatrix} \tag{5.16}$$

gesetzt, und für eine beliebige Konstante α wird

$$\alpha\boldsymbol{x}(t) = \begin{bmatrix} \alpha x_1(t) \\ \vdots \\ \alpha x_m(t) \end{bmatrix} \tag{5.17}$$

definiert. Wenn eine Vorschrift gegeben ist, die jedem Vektor $x(t)$ der Dimension m aus einer Menge $\mathcal{M}_x$ eindeutig einen Vektor $y(t)$ der Dimension n aus der Menge $\mathcal{M}_y$ zuordnet, dann wird gesagt, daß der Operator

$$y(t) = \mathsf{U}[x(t)] \tag{5.18}$$

gegeben ist, der aus der Menge $\mathcal{M}_x$ in die Menge $\mathcal{M}_y$ wirkt. Weiterhin sollen die Operatoren der Gestalt (5.18) *mehrdimensionale Operatoren* genannt werden. Der Operator (5.18) heißt *linear*, wenn $\mathcal{M}_x$ und $\mathcal{M}_y$ lineare Räume sind und für beliebige Zahlen α_1 , α_2

$$\mathsf{U}\left[\alpha_1 x_1(t) + \alpha_2 x_2(t)\right] = \alpha_1 \mathsf{U}\left[x_1(t)\right] + \alpha_2 \mathsf{U}\left[x_2(t)\right] \tag{5.19}$$

gültig ist. Wie schon im skalaren Fall, können mehrdimensionale lineare Operatoren durch charakteristische Funktionen in einfacher Weise beschrieben werden, die durch die Reaktion des Operators auf typische Eingangssignale definiert sind. Große Bedeutung hat dabei die Untersuchung der *parametrischen Übertragungsmatrix* (PTM), die wie folgt erklärt wird. Betrachtet wird die Gesamtheit der Eingangsvektoren der Gestalt

$$x_1(t) = \begin{bmatrix} e^{st} \\ 0 \\ \vdots \\ 0 \end{bmatrix} , \quad x_2(t) = \begin{bmatrix} 0 \\ e^{st} \\ \vdots \\ 0 \end{bmatrix} , \dots , x_m(t) = \begin{bmatrix} 0 \\ 0 \\ \vdots \\ e^{st} \end{bmatrix} , \tag{5.20}$$

wobei s als komplexer Parameter aus einem gewissen Gebiet $\mathcal{P}$ zu nehmen ist. Mit $y_i(s,t)$ werde die Reaktion des Operators (5.18) auf den Eingangsvektor $x_i(t)$ bezeichnet, also

$$y_i(s,t) \stackrel{\text{def}}{=} \mathsf{U}\left[x_i(t)\right] = \begin{bmatrix} y_{1i}(s,t) \\ y_{2i}(s,t) \\ \vdots \\ y_{ni}(s,t) \end{bmatrix} . \tag{5.21}$$

Direkt aus den Komponenten der Vektoren $y_i(s,t)$ kann die Matrix $H(s,t)$ der Dimension $n \times m$

$$H(s,t) = \begin{bmatrix} y_{11}(s,t) & y_{12}(s,t) & \dots & y_{1m}(s,t) \\ y_{21}(s,t) & y_{22}(s,t) & \dots & y_{2m}(s,t) \\ \vdots & \vdots & \ddots & \vdots \\ y_{n1}(s,t) & y_{n2}(s,t) & \dots & y_{nm}(s,t) \end{bmatrix} \tag{5.22}$$

gebildet werden. Benennt man

$$W_{ik}(s,t) \stackrel{\text{def}}{=} y_{ik}(s,t)e^{-st} , \tag{5.23}$$

dann wird die Matrix

$$W(s,t) = \begin{bmatrix} W_{11}(s,t) & W_{12}(s,t) & \ldots & W_{1m}(s,t) \\ W_{21}(s,t) & W_{22}(s,t) & \ldots & W_{2m}(s,t) \\ \vdots & \vdots & \ddots & \vdots \\ W_{n1}(s,t) & W_{n2}(s,t) & \ldots & W_{nm}(s,t) \end{bmatrix} = H(s,t)\mathrm{e}^{-st} \qquad (5.24)$$

die parametrische Übertragungsmatrix (PTM) des Operators U genannt.
Die Konstruktion der PTM kann auf verschiedene Weise erfolgen. Es sei etwa

$$X(t) = \begin{bmatrix} x_1(t) & x_2(t) & \ldots & x_m(t) \end{bmatrix} \qquad (5.25)$$

eine Matrix der Dimension $m \times m$, die aus Vektoren der Dimension $m \times 1$ aufgebaut ist. Der Eingang des Operators sei nun diese Matrix (5.25), dann kann die Ausgangsmatrix $Y(t)$ der Dimension $n \times m$ von der Form

$$Y(t) = \begin{bmatrix} U\,[x_1(t)] & U\,[x_2(t)] & \ldots & U\,[x_m(t)] \end{bmatrix} \qquad (5.26)$$

berechnet werden. Bei dieser Herangehensweise kann die PTM durch die Formel

$$W(s,t) = U\left[I_m \mathrm{e}^{st}\right] \mathrm{e}^{-st} \qquad (5.27)$$

dargestellt werden, wobei I_m die Einheitsmatrix vom Typ $m \times m$ ist. Zukünftig wird anstelle von (5.18) auch die äquivalente Schreibweise

$$y(t) = W(s,t)x(t) \qquad (5.28)$$

oder ausführlicher in der Form

$$y_i(t) = \sum_{k=1}^{m} W_{ik}(s,t)x_k(t), \quad i = 1,\ldots,n. \qquad (5.29)$$

verwendet werden. Der Beziehung (5.29) entspricht ein mehrdimensionales System mit m skalaren Eingängen $x_k(t)$, $(k = 1,\ldots,m)$ und n skalaren Ausgängen $y_i(t)$, $(i = 1,\ldots,n)$. Deshalb sind lineare Operatoren zwischen den Eingangsgrößen $x_k(t)$ und den Ausgangsgrößen $y_i(t)$

$$y_i(t) = U_{ik}\,[x_k(t)] \qquad (5.30)$$

festgelegt. Damit kann die Beziehung

$$W_{ik}(s,t) = U_{ik}\left[\mathrm{e}^{st}\right] \mathrm{e}^{-st} \qquad (5.31)$$

für die Konstruktion der PTM benutzt werden, wobei ihre Komponenten $W_{ik}(s,t)$ durch die skalaren PTF der Operatoren (5.30) berechnet werden. Es ist leicht einzusehen, daß umgekehrt die Beziehung (5.29) mehrere mehrdimensionale lineare Operatoren aus der Menge $\mathcal{M}_x$ in die Menge $\mathcal{M}_y$ definiert, deren parametrische Übertragungsmatrix die Matrix (5.24) ist, die sich aus den parametrischen Übertragungsfunktionen (5.31) zusammensetzen läßt.

5.3 Lineare stationäre Operatoren

Im folgenden wird, wenn nicht extra verabredet, angenommen, daß die Ein- und Ausgangssignale für $-\infty < t < \infty$ erklärt sind. Für eine beliebige solche Funktion wird der Verschiebeoperator U_τ durch

$$\mathsf{U}_\tau\,[x(t)] \stackrel{\text{def}}{=} x(t-\tau) \tag{5.32}$$

definiert, wobei τ eine reelle Konstante ist.

Definition Der lineare Operator U heißt *stationär*, wenn er mit dem Verschiebeoperator U_τ für beliebiges τ vertauschbar ist, das heißt, wenn für beliebiges τ

$$\mathsf{U}\mathsf{U}_\tau = \mathsf{U}_\tau\mathsf{U} \tag{5.33}$$

gilt. Mit anderen Worten ist ein stationärer Operator invariant gegenüber einer zeitlichen Verschiebung des Eingangssignals.

Es ist unschwer zu verstehen, daß (5.33) dann und nur dann zutrifft, wenn für alle τ und alle $x(t)$

$$\mathsf{U}\,[x(t-\tau)] = y(t-\tau) \tag{5.34}$$

gilt.
Es wird gezeigt, daß die PTF eines stationären Operators nicht von t abhängt, also

$$W(s,t) = W(s) \tag{5.35}$$

richtig ist. In der Tat kann bei Gültigkeit von (5.33) in Gleichung (5.4) t durch $t-\tau$ ersetzt werden, wodurch man

$$\mathsf{U}\left[e^{s(t-\tau)}\right] = e^{s(t-\tau)}W(s,t-\tau)$$

erhält. Andererseits ist

$$\mathsf{U}\left[e^{s(t-\tau)}\right] = e^{-s\tau}\mathsf{U}\left[e^{st}\right] = e^{s(t-\tau)}W(s,\tau)\,.$$

Zusammenfassend kann festgestellt werden, daß $W(s,t) = W(s,t-\tau)$ für alle τ und damit (5.35) erfüllt ist.
Für stationäre Operatoren erhält man vermöge (5.5)

$$\mathsf{U}\left[e^{st}\right] = W(s)e^{st} \tag{5.36}$$

und die Operatorgleichung (5.6) kann durch

$$y(t) = W(s)x(t) \tag{5.37}$$

ersetzt werden.

Beispiel 5.2 Die Zuordnung

$$y(t) = \frac{\mathrm{d}x(t)}{\mathrm{d}t} \tag{5.38}$$

soll als Operator (5.1) aufgefaßt werden. Indem man $x(t) = \mathrm{e}^{st}$ einsetzt, findet man $y(t) = s\mathrm{e}^{st}$ und Formel (5.4) liefert $W(s,t) = s$. Offensichtlich ist der Operator stationär, weil für beliebige $\tau = \mathrm{const.}$

$$y(t - \tau) = \frac{\mathrm{d}x(t - \tau)}{\mathrm{d}t}$$

richtig ist und damit (5.34) erfüllt wird. Die entsprechende PTF ist für alle s definiert. $\qquad\square$

Beispiel 5.3 Analog zeigt man, daß der durch die Beziehung

$$y(t) = a_0\frac{\mathrm{d}^n x(t)}{\mathrm{d}t^n} + a_1\frac{\mathrm{d}^{n-1} x(t)}{\mathrm{d}t^{n-1}} + \ldots + a_n x(t) \tag{5.39}$$

definierte Operator stationär ist, wenn die a_i Konstanten sind. Seine Übertragungsfunktion ergibt sich zu

$$W(s) = a_0 s^n + a_1 s^{n-1} + \ldots + a_n \tag{5.40}$$

und ist in der gesamten komplexen Ebene erklärt. $\qquad\square$

Beispiel 5.4 Es werde der durch das Integral definierte Operator

$$y(t) = \int_{-\infty}^{\infty} g(t - u)x(u)\,\mathrm{d}u = \mathsf{U}\,[x(t)] \tag{5.41}$$

betrachtet, wobei $g(t)$ eine gegebene Funktion ist. Für $x(t) = \delta(t-\tau)$ ermittelt man $y(t) = g(t - \tau)$, also die Greensche Funktion des Operators (5.41). Der Operator (5.41) ist stationär, weil

$$\int_{-\infty}^{\infty} g(t - u)x(u - \tau)\,\mathrm{d}u = \int_{-\infty}^{\infty} g(t - \tau - \mu)x(\mu)\,\mathrm{d}\mu = y(t - \tau) \tag{5.42}$$

ist. Die PTF des Operators (5.41) findet man, wenn $g(t) \in \Lambda(\alpha,\beta)$ vorausgesetzt wird. Dann erhält man mit $x(t) = \mathrm{e}^{st}$, $\alpha < \mathrm{Re}\,s < \beta$ unter Verwendung von (5.4)

$$W(s,t) = \int_{-\infty}^{\infty} g(t - u)\mathrm{e}^{-s(t-u)}\,\mathrm{d}u = \int_{-\infty}^{\infty} g(t)\mathrm{e}^{-st}\,\mathrm{d}t = G(s)\,, \tag{5.43}$$

wobei $G(s)$ die Laplace-Transformation der Funktion $g(t)$ ist. Damit wird die PTF in diesem Beispiel durch (5.43) bestimmt und ist im Streifen $\alpha < \mathrm{Re}\,s < \beta$ definiert. $\qquad\square$

In den weiteren Darlegungen wird die PTF linearer stationärer Operatoren abkürzend einfach nur Übertragungsfunktion genannt. Darüber hinaus wird dort, wo es nicht anders vereinbart ist, der Operator U so angenommen, daß die Übertragungsfunktion $W(s)$ für reelle s nur reelle Werte annimmt.

5.4 Übertragungsfunktionen zusammengesetzter linearer stationärer Operatoren

Die Übertragungsfunktionen zusammengesetzter linearer Operatoren können mit Hilfe der Erkenntnisse aus Abschnitt 5.1 konstruiert werden. Betrachtet wird erst einmal die Reihenschaltung (5.10). Unter der Annahme $x(t) = e^{st}$ und bei Gültigkeit von (5.35) erhält man $z(t) = W_1(s)e^{st}$ in einem gewissen Gebiet $\mathcal{P}$. Wenn in diesem Gebiet auch die PTF des Operators U_2 existiert, dann gewinnt man $y(t) = W_2(s)W_1(s)e^{st}$ so daß man für die Reihenschaltung

$$W(s,t) = W_2(s)W_1(s) = W(s) \tag{5.44}$$

gewinnt. Analog läßt sich zeigen, daß im Falle der Parallelschaltung (5.7) die Übertragungsfunktion gleich

$$W(s) = W_1(s) + W_2(s) \tag{5.45}$$

ist in einem Gebiet, wo $W_1(s)$ und $W_2(s)$ gemeinsam existieren.
Für eine Verbindung mit Rückführung

$$y(t) = W_0(s)z(t), \quad z(t) = x(t) - y(t) \tag{5.46}$$

ergibt eine formale Berechnung der Übertragungsfunktion das Ergebnis

$$W(s) = \frac{W_0(s)}{1 + W_0(s)}. \tag{5.47}$$

5.5 Frequenzgang linearer stationärer Operatoren

Es sei $W(s)$ die Übertragungsfunktion eines linearen stationären Operators. Wenn $W(s)$ auf der imaginären Achse definiert ist, dann wird der Ausdruck

$$\Phi(j\nu) \overset{\text{def}}{=} W(s)|_{s=j\nu}, \tag{5.48}$$

wobei ν eine reele Variable ist, der *komplexe Frequenzgang* des Operators genannt. Indem man (5.37) und (5.48) verwendet, gewinnt man

$$\mathsf{U}\left[e^{j\nu t}\right] = \Phi(j\nu)e^{j\nu t}. \tag{5.49}$$

Wenn (5.48) in Real- und Imaginärteil getrennt wird, erhält man

$$\Phi(j\nu) = P(\nu) + jQ(\nu), \tag{5.50}$$

wobei die Funktionen $P(\nu)$, $Q(\nu)$ Realteil und Imaginärteil des komplexen Frequenzgangs heißen. Unter Ausnutzung der Identität $e^{j\nu t} = \cos\nu t + j\sin\nu t$ liefern die getrennten Zuordnungen für den Real- und den Imaginärteil die Beziehungen

$$\mathsf{U}\left[\cos\nu t\right] = P(\nu)\cos\nu t - Q(\nu)\sin\nu t$$
$$\mathsf{U}\left[\sin\nu t\right] = P(\nu)\sin\nu t + Q(\nu)\cos\nu t. \tag{5.51}$$

Die Funktionen

$$A(\nu) \overset{\text{def}}{=} \sqrt{P^2(\nu) + Q^2(\nu)}\,, \quad \psi(\nu) \overset{\text{def}}{=} \arctan \frac{Q(\nu)}{P(\nu)} \qquad (5.52)$$

werden entsprechend Amplituden- und Phasenfrequenzgang des Operators genannt. Aus (5.50) folgt

$$\Phi(j\nu) = A(\nu)e^{j\psi(\nu)}\,. \qquad (5.53)$$

5.6 Lineare stationäre Systeme

Mit dem Begriff des Operators wird der eindeutige Zusamenhang zwischen Eingang und Ausgang belegt. Für die Mehrheit der realen Übertragungsglieder ist dieser Zusammenhang allerdings nicht eindeutig. Durch ein und dieselbe äußere Anregung werden reale Übertragungsglieder zu verschiedenartigen Bewegungen veranlaßt, die von irgendwelchen weiteren Bedingungen abhängen, zum Beispiel vom Anfangszustand der Glieder. Deshalb beschreibt man reale Übertragungsglieder nicht durch einzelne Operatoren (5.1) sondern durch Operatorengleichungen (Systeme).

Im folgenden wird unter einem stationären System ein beliebiges System verstanden, in dem der Zusammenhang zwischen dem Eingang $x(t)$ und dem Ausgang $y(t)$ durch eine Operatorengleichung der Form

$$\mathsf{U}_1\left[y(t)\right] = \mathsf{U}_2\left[x(t)\right] \qquad (5.54)$$

gegeben ist, wobei U_1, U_2 irgendwelche linearen stationären Operatoren sind. Wenn die Operatoren U_i ($i = 1, 2$) Übertragungsfunktionen $W_i(s)$ ($i = 1, 2$) besitzen in irgendeinem gemeinsamen Definitionsbereich $\mathcal{P}$, dann kann die Gleichung (5.54) wegen (5.37) in der Form

$$W_1(s)y(t) = W_2(s)x(t) \qquad (5.55)$$

dargestellt werden.

Beispiel 5.5 Betrachtet wird die Differentialgleichung

$$\frac{\mathrm{d}y}{\mathrm{d}t} = x\,, \qquad (5.56)$$

die wegen (5.55) gleichwertig zu

$$sy = x$$

ist. Die allgemeine Lösung der Gleichung (5.56) lautet

$$y(t) = \int_0^t x(\tau)\,\mathrm{d}\tau + c[x(t)] \qquad (5.57)$$

wobei c eine Konstante ist, die im allgemeinen Fall von $x(t)$ abhängig gedacht werden kann. Der Zusammenhang zwischen $y(t)$ und $x(t)$ ist nicht eindeutig und hängt von der Auswahl des Funktionals $c[x(t)]$ ab. Dabei wird der Operator (5.57) nichtlinear, wenn das Funktional $c[x(t)]$ nichtlinear ist. $\qquad \square$

Wie aus Beispiel 5.5 ersichtlich ist, definieren im allgemeinen Fall die linearen Funktionalgleichungen (Operatorengleichungen) (5.54) irgendeine Menge von Operatoren $\mathcal{U}$, die in der Regel nichtlinear sind. Trotzdem kann die Menge $\mathcal{U}$ der Operatoren auch lineare stationäre Operatoren enthalten. Sie alle besitzen nur eine einzige Übertragungsfunktion, die leicht bestimmt werden kann.

Es wird gesagt, daß der Operator $y(t) = \mathsf{U}\,[x(t)]$ von dem System (5.54) *erzeugt* wurde, wenn für beliebigen zulässigen Eingang $x(t)$ der Ausdruck $\mathsf{U}\,[x(t)]$ eine spezielle Lösung der Gleichung (5.54) bestimmt. Damit ist für alle zulässigen $x(t)$ die Identität

$$\mathsf{U}_1\mathsf{U}\,[x(t)] = \mathsf{U}_2\,[x(t)] \tag{5.58}$$

richtig. Setzt man voraus, daß ein linearer stationärer Operator U existiert, der die Identität (5.58) erfüllt und die Übertragungsfunktion $W(s)$ besitzt mit dem Definitionsbereich $\mathcal{P}$, in dem auch die Übertragungsfunktionen $W_1(s)$, $W_2(s)$ der Operatoren U_1, U_2 erklärt sein mögen, dann erhält man für $x(t) = \mathrm{e}^{st}$, $s \in \mathcal{P}$

$$\begin{aligned}
\mathsf{U}_2\,[x(t)] &= \mathrm{e}^{st}W_2(s), & \mathsf{U}\,[x(t)] &= \mathrm{e}^{st}W(s), \\
\mathsf{U}_1\mathsf{U}_2\,[x(t)] &= \mathrm{e}^{st}W_1(s)W_2(s).
\end{aligned} \tag{5.59}$$

Indem in (5.58) $x(t) = \mathrm{e}^{st}$, $s \in \mathcal{P}$ eingesetzt wird, findet man unter Berücksichtigung von (5.59)

$$W(s) = \frac{W_2(s)}{W_1(s)}. \tag{5.60}$$

Damit ist die Übertragungsfunktion $W(s)$ eindeutig definiert. Im weiteren wird diese Funktion die Übertragungsfunktion des Systems (5.54) genannt.

Es wird darauf hingewiesen, daß die Übertragungsfunktion $W(s)$ eines Systems unabhängig von den Eigenschaften der Operatoren, die vom System (5.54) erzeugt werden, definiert werden kann. Wenn man etwa in der Gleichung (5.54)

$$x = \mathrm{e}^{st}, \quad y = W(s)\mathrm{e}^{st} \tag{5.61}$$

annimmt, wobei $W(s)$ irgendeine unbekannte von t unabhängige Funktion ist, dann kann unverzüglich zur Beziehung (5.60) übergegangen werden. Deshalb wird im weiteren unter der Übertragungsfunktion eines linearen stationären Systems (5.58) die Funktion $W(s)$ verstanden, die man aus der Beziehung (5.60) gewinnt.

5.7 Anwendung auf Systeme endlicher Ordnung

Die oben gewonnenen Einsichten sollen auf die Untersuchung von Differentialgleichungen der Form

$$\frac{\mathrm{d}^p y}{\mathrm{d}t^p} + d_1\frac{\mathrm{d}^{p-1}y}{\mathrm{d}t^{p-1}} + \ldots + d_p y = m_1\frac{\mathrm{d}^{p-1}x}{\mathrm{d}t^{p-1}} + m_2\frac{\mathrm{d}^{p-2}x}{\mathrm{d}t^{p-2}} + \ldots + m_p x \tag{5.62}$$

angewendet werden. Systeme, die sich durch solche Gleichungen beschreiben lassen, werden *Systeme endlicher Ordnung* genannt. Die Gleichung (5.62) kann in der Gestalt (5.55)

$$d(s)y = m(s)x \tag{5.63}$$

geschrieben werden, worin

$$\begin{aligned} m(s) &= m_1 s^{p-1} + m_2 s^{p-2} + \ldots + m_p \\ d(s) &= s^p + d_1 s^{p-1} + \ldots + d_p \end{aligned} \tag{5.64}$$

bedeuten. In Übereinstimmung mit (5.60) wird die Übertragungsfunktion des Systems (5.62) die echt gebrochen rationale Funktion

$$W(s) = \frac{m(s)}{d(s)} \, . \tag{5.65}$$

Mögen s_i, $(i = 1, 2, \ldots \ell)$ die verschiedene Wurzeln der Gleichung

$$d(s) = s^p + d_1 s^{p-1} + \ldots + d_p = 0 \tag{5.66}$$

sein mit der entsprechenden Vielfachheit ν_i, $(i = 1, 2, \ldots \ell)$ und sei die Partialbruchzerlegung (3.78) richtig, dann ergibt sich

$$W(s) = \sum_{i=1}^{\ell} \sum_{k=1}^{\nu_i} \frac{w_{ik}}{(s - s_i)^k} \, . \tag{5.67}$$

Die Menge der linearen stationären Operatoren, die vom System (5.62) erzeugt werden, wird durch den folgenden Satz charakterisiert.

Satz 5.1 *Möge S_m : (μ_m, μ_{m+1}) die Menge der Regularitätsintervalle der Funktion (5.65) sein und $g_m(t)$ seien die zugehörigen Originale*

$$g_m(t) = \frac{1}{2\pi j} \int_{c-j\infty}^{c+j\infty} W(s) e^{st} \, ds \, , \quad \mu_m < c < \mu_{m+1} \, . \tag{5.68}$$

Dann ist die Menge der linearen stationären Operatoren U_m, *die vom System (5.62) erzeugt werden, durch die Beziehung*

$$\mathsf{U}_m \left[x(t) \right] = \int_{-\infty}^{\infty} g_m(t - \tau) x(\tau) \, d\tau \tag{5.69}$$

für alle $x(t)$ bestimmt, für die das Integral (5.69) konvergiert.

Der Beweis dieses Satzes wird in Rosenwasser (1977) gegeben.   ∎

Im weiteren wird die Funktion $g_m(t)$ aus (5.68) die *Impulsantwort* des Systems und die Funktion $h_m(t, \tau) \stackrel{\text{def}}{=} g_m(t - \tau)$ seine *Greensche Funktion* genannt. Satz 5.1 hat große Bedeutung für die weiteren Untersuchungen. Die folgenden Schlußfolgerungen können aus diesem Satz gezogen werden.

Folgerung 1. Es mögen μ_m $(m = 1, \ldots, r)$ die verschiedenen Realteile der Polstellen der Übertragungsfunktion (5.67) sein und $S_m : (\mu_m, \mu_{m+1})$ die zugehörigen Regularitätsintervalle. Die Zahlen μ_m sollen im weiteren *charakteristische Indizes* des Systems (5.62) heißen. Die Menge $\{U_m\}$ der Operatoren (5.69) soll die *Familie der linearen stationären Operatoren*, die vom System (5.62) erzeugt werden, genannt werden. Die ganze Familie $\{U_m\}$ kann durch eine einzige analytische Funktion $W(s)$ (5.65) mit Hilfe der Formeln (5.68) und (5.69) bestimmt werden.

Folgerung 2. Die nachgewiesenen Eigenschaften der Übertragungsfunktionen (5.65) ausnutzend, kann ein allgemeiner Weg angegeben werden zur Bestimmung der Menge aller linearen stationären Operatoren, die von einem linearen stationären System erzeugt werden, das aus Gliedern mit gebrochen rationalen Übertragungsfunktionen besteht. Für das Auffinden der Übertragungsfunktion $W_0(s)$ zu beliebigen Eingangssignalen $x(t)$ und Ausgangssignalen $y(t)$ lassen sich bekannte Methoden verwenden. Wenn die damit gefundene Funktion $W_0(s)$ streng proper ist, dann kann dadurch auch die Menge der charakteristischen Indizes $\{\mu_i\}$ und die Menge der dazugehörigen Operatoren (5.69) bestimmt werden.

Folgerung 3. Wie schon gezeigt wurde, gilt für die Impulsantwort $g_m(t) \in \Lambda(\mu_m, \mu_{m+1})$. Diesen Umstand ausnutzend, kann speziell gezeigt werden, Rosenwasser (1977), daß unter den Bedingungen

$$x(t) = e^{\lambda t} x_1(t), \quad |x_1(t)| < M = \text{const.}, \quad -\infty < t < \infty \qquad (5.70)$$

und Re $\lambda \in S_m$ das Integral (5.69) konvergiert. Deshalb kann die zugehörige spezielle Lösung $y(t)$ der Gleichung (5.62) in der Form

$$y(t) = e^{\lambda t} y_1(t), \quad |y_1(t)| < M_1 = \text{const.}, \quad -\infty < t < \infty \qquad (5.71)$$

dargestellt werden. Die so gewonnene Lösung von (5.62) ist eindeutig bestimmt.

Folgerung 4. Wenn die Menge der charakteristischen Indizes μ_m, $(m = 1, \ldots, r)$ nicht die Null enthält, nennt man das System (5.62) *exponentiell dichotomisch, (e-dichotomisch)*. Für e-dichotomische Systeme (5.62) existiert ein Regularitätsintervall $S_q : (\mu_q, \mu_{q+1})$, so daß $\mu_q < 0$ und $\mu_{q+1} > 0$ ist. Die Impulsantwort $g_q(t)$, die zum Intervall S_q gehört, soll *Haupt-Impulsantwort* heißen. Die Haupt-Impulsantwort befriedigt die Abschätzung

$$|g_q(t)| < N e^{-\chi|t|} \qquad (5.72)$$

mit Konstanten $\chi > 0$, $N > 0$. Die Funktion $g_q(t - \tau)$ wird in diesem Falle als *Greensche Hauptfunktion* bezeichnet. Wenn also das System (5.62) e-dichotomisch ist und $|x(t)| < M =$ const., $-\infty < t < \infty$ gilt, dann bestimmt die Gleichung

$$y(t) = \int_{-\infty}^{\infty} g_q(t - \tau) x(\tau) \, d\tau \qquad (5.73)$$

eindeutig die auf der ganzen Zeitachse begrenzte Lösung der Gleichung (5.62), das heißt, die einzige Lösung, die

$$|y(t)| < M_1 = \text{const.}, \quad -\infty < t < \infty \qquad (5.74)$$

erfüllt. Wenn insbesondere $x(t) = \mathrm{e}^{\mathrm{j}\nu t}$ mit der reellen Zahl ν gewählt wird, dann liefert (5.73)

$$y(t) = \int_{-\infty}^{\infty} g_q(t - \tau)\mathrm{e}^{\mathrm{j}\nu\tau}\,\mathrm{d}\tau = \Phi(\mathrm{j}\nu)\mathrm{e}^{\mathrm{j}\nu t}\,, \tag{5.75}$$

wobei $\Phi(\mathrm{j}\nu)$ der komplexe Frequenzgang (5.48) ist. Die Impulsantwort $g_r(t)$, die zum Regularitätsintervall $S_r = S_+ : (\mu_r, \infty)$ gehört, wird durch $g_+(t)$ bezeichnet. In Übereistimmung mit (1.99) erhält man

$$g_+(t) = \begin{cases} \displaystyle\sum_{i=1}^{\ell}\sum_{k=1}^{\nu_i} \frac{w_{ik}}{(k-1)!}t^{k-1}\mathrm{e}^{s_i t} & t > 0 \\ 0 & t < 0 \end{cases}. \tag{5.76}$$

Der Operator U_r, den man aus (5.69) für $m = r$ bekommt, hat vermöge (5.76) die Gestalt

$$y(t) = \int_{-\infty}^{t} g_+(t - \tau)x(\tau)\,\mathrm{d}\tau \tag{5.77}$$

und ist kausal, d.h. physikalisch realisierbar. Die Funktion $g_+(t - \tau)$ soll als *Gewichtsfunktion* des Systems bezeichnet werden. Die übrigen Operatoren (5.69) besitzen nicht die Eigenschaft der physikalischen Realisierbarkeit. Es soll noch bemerkt werden, daß die Gewichtsfunktion $g_+(t - \tau)$ dann und nur dann gleichzeitig auch die Greensche Hauptfunktion ist, wenn $\mu_r < 0$ ist, das heißt, wenn alle Pole der Übertragungsfunktion (5.65) in der linken Halbebene liegen.

Beispiel 5.6 Betrachtet wird das lineare stationäre System

$$\frac{\mathrm{d}y}{\mathrm{d}t} + 5y = x \tag{5.78}$$

oder in Operatorschreibweise

$$(s + 5)y = x\,. \tag{5.79}$$

Im gegebenen Fall ist $W_1(s) = d(s) = s + 5$, $W_2(s) = m(s) = 1$ und Formel (5.65) liefert die Übertragungsfunktion des Systems

$$W(s) = \frac{1}{s + 5}\,. \tag{5.80}$$

Es sollen die linearen stationären Operatoren zum System (5.78) (zur Übertragungsfunktion (5.80)) gefunden werden. Im vorliegenden Fall gibt es zwei Regularitätsintervalle $S_- = S_0 : (-\infty, -5)$ und $S_+ = S_1 : (-5, \infty)$. Die zugehörigen Impulsantworten ergeben sich nach (1.99) und (1.100) zu

$$g_1(t) = \frac{1}{2\pi\mathrm{j}}\int_{c-\mathrm{j}\infty}^{c+\mathrm{j}\infty} W(s)\mathrm{e}^{st}\,\mathrm{d}s = \begin{cases} \mathrm{e}^{-5t} & t > 0 \\ 0 & t < 0 \end{cases} \quad c > -5 \tag{5.81}$$

$$g_0(t) = \frac{1}{2\pi j} \int_{c-j\infty}^{c+j\infty} W(s) e^{st}\, ds = \begin{cases} 0 & t > 0 \\ -e^{-5t} & t < 0 \end{cases} \quad c < -5. \tag{5.82}$$

Die Funktion $g_1(t-\tau)$ ist die Gewichtsfunktion des Systems (5.78) und gleichzeitig dessen Greensche Hauptfunktion. Die zugehörigen Operatoren (5.69) haben die Form

$$y(t) = \mathsf{U}_+\,[x(t)] \quad = \quad \int_{-\infty}^{t} e^{-5(t-\tau)} x(\tau)\, d\tau \tag{5.83}$$

$$y(t) = \mathsf{U}_-\,[x(t)] \quad = \quad -\int_{t}^{\infty} e^{-5(t-\tau)} x(\tau)\, d\tau \tag{5.84}$$

für alle $x(t)$, die zu konvergenten Integralen (5.83) und (5.84) führen. Diese Integrale bestimmen gewisse spezielle Lösungen der Gleichung (5.78). Weiterhin können die Beziehungen (5.83) und (5.84) in die Gestalt

$$y(t) = \mathsf{U}_+\,[x(t)] = \int_0^t e^{-5(t-\tau)} x(\tau)\, d\tau + e^{-5t} c_+[x(t)]$$

$$y(t) = \mathsf{U}_-\,[x(t)] = \int_0^t e^{-5(t-\tau)} x(\tau)\, d\tau + e^{-5t} c_-[x(t)] \tag{5.85}$$

gebracht werden, worin $c_+[x(t)]$ und $c_-[x(t)]$ Konstanten sind, die vom Eingangssignal abhängen, mit den Werten

$$c_+[x(t)] = \int_{-\infty}^{0} e^{5\tau} x(\tau)\, d\tau\,, \quad c_-[x(t)] = -\int_0^{\infty} e^{5\tau} x(\tau)\, d\tau\,. \tag{5.86}$$

Der Operator (5.83) ist physikalisch realisierbar, was sich im Einklang mit den oben angestellten theoretischen Überlegungen befindet. $\qquad\square$

5.8 Verallgemeinerung auf Mehrgrößensysteme

Alles gesagte kann ohne wesentliche Änderungen auf Systeme der Gestalt

$$D(s)y = M(s)x \tag{5.87}$$

übertragen werden, worin y und x Vektoren der Dimension n beziehungsweise m sowie $D(s)$, $M(s)$ Polynommatrizen der Größen $n \times n$ bzw. $n \times m$ sind und das Aussehen

$$D(s) = I_n s^p + D_1 s^{p-1} + D_2 s^{p-2} + \ldots + D_p$$

$$M(s) = M_1 s^{p-1} + M_2 s^{p-2} + \ldots + M_p \tag{5.88}$$

haben, wobei D_i, M_i konstante Matrizen der Größe $n \times n$ und $n \times m$ sind. Möge

$$d(s) \stackrel{\text{def}}{=} \det D(s) \tag{5.89}$$

sein und die Darstellung

$$W(s) = D^{-1}(s)M(s) = \frac{N(s)}{d(s)} \tag{5.90}$$

gelten. Wenn $s_1, s_2, \ldots, s_\ell$ die Wurzeln der Gleichung

$$d(s) = 0 \tag{5.91}$$

sind, dann heißt der Bruch (5.90) *nicht kürzbar*, wenn $N(s_i) \neq 0$ für alle s_i richtig ist und 0 die Nullmatrix passenden Typs ist. Im weiteren wird vorausgesetzt, daß die Übertragungsmatrix (5.90) streng proper und nicht kürzbar ist. Wenn die Wurzeln s_i die jeweiligen Vielfachheiten ν_i haben, dann kann, wie im skalaren Fall, die Funktion (5.90) in Partialbrüche

$$W(s) = \sum_{i=1}^{\ell} \sum_{k=1}^{\nu_i} \frac{W_{ik}}{(s - s_i)^k} \tag{5.92}$$

mit konstanten Matrizen W_{ik} des Typs $n \times m$ entwickelt werden. Darum kann, analog zum skalaren Fall, die Menge der charakteristischen Indizes μ_m, $(m = 1, \ldots, r)$ und die Menge der zugehörigen Regularitätsintervalle S_m, $(m = 0, 1, \ldots, r)$ eingeführt und für die Betrachtungen verwendet werden. Danach werden die Integrale

$$G_m(t) = \frac{1}{2\pi \mathrm{j}} \int_{c-\mathrm{j}\infty}^{c+\mathrm{j}\infty} W(s)\mathrm{e}^{st}\mathrm{d}s, \quad \mu_m < c < \mu_{m+1} \tag{5.93}$$

als Impulsantworten des Systems (5.87) definiert, und die Integrale

$$y_m(t) = \mathsf{U}_m\left[x(t)\right] \stackrel{\text{def}}{=} \int_{-\infty}^{\infty} G_m(t - \tau)x(\tau)\mathrm{d}\tau \tag{5.94}$$

bestimmen die Menge der vom System (5.87) erzeugten linearen stationären Operatoren.

Kapitel 6

Lineare periodische Operatoren und Systeme

6.1 Lineare periodische Operatoren

Lineare Operatoren, die nicht stationär sind, das heißt, nicht die Bedingung (5.34) erfüllen, möglicherweise nur für ein τ oder irgendein $x(t)$ werden *instationär* genannt. Instationäre Operatoren sind nicht mehr invariant gegenüber zeitlichen Verschiebungen des Eingangssignals. Vereinfacht gesagt wird die Reaktion auf ein zeitlich versetztes Signal nicht mit der verschobenen Reaktion übereinstimmen. Für instationäre Operatoren hängt die PTF wirklich von beiden Argumenten s, t ab.

Beispiel 6.1 Es wird der Operator

$$y(t) = \int_0^t x(\tau)\,\mathrm{d}\tau \stackrel{\text{def}}{=} \mathsf{U}[x(t)] \tag{6.1}$$

betrachtet. Wird darauf die Formel (5.4) angewendet, so findet man die PTF

$$W(s,t) = \mathrm{e}^{-st}\int_0^t \mathrm{e}^{s\tau}\,\mathrm{d}\tau = \frac{1-\mathrm{e}^{-st}}{s}. \tag{6.2}$$

Da $W(s,t)$ wirklich von s und t abhängt, ist der Operator (6.1) instationär. Es ist leicht zu sehen, daß die PTF (6.2) für alle s und t definiert ist. $\qquad\square$

Beispiel 6.2 Der Differentialoperator

$$y(t) = a_0(t)\frac{\mathrm{d}^p x(t)}{\mathrm{d}t^p} + a_1(t)\frac{\mathrm{d}^{p-1}x(t)}{\mathrm{d}t^{p-1}} + \ldots + a_p(t)x(t) \tag{6.3}$$

mit den gegebenen Zeitfunktionen $a_i(t)$ besitzt die PTF

$$W(s,t) = a_0(t)s^p + a_1(t)s^{p-1} + \ldots + a_p(t), \tag{6.4}$$

die in der gesamten komplexen s–Ebene definiert ist.   □

In diesem Buch wird eine spezielle Klasse von instationären Operatoren, nämlich die der periodischen Operatoren, eine herausragende Rolle spielen.

Definition: Der lineare instationäre Operator U nach (5.1) wird *periodisch* (*T–periodisch*) genannt, wenn eine positive Zahl T existiert mit

$$\mathsf{U}_T\mathsf{U} = \mathsf{U}\mathsf{U}_T\,, \tag{6.5}$$

wobei U_T der Verschiebeoperator um die Zeit T ist.

Der Gleichung (6.5) ist die Bedingung gleichwertig, daß aus

$$y(t) = \mathsf{U}\,[x(t)] \tag{6.6}$$

stets

$$y(t - T) = \mathsf{U}\,[x(t - T)] \tag{6.7}$$

folgt, das heißt, die Reaktion des Operators auf das um die Zeit T verschobene Eingangssignals stimmt mit der um T verschobenen Reaktion auf das ursprüngliche Eingangssignal überein. Mit anderen Worten verhält sich der periodische Operator in Bezug auf Verschiebungen um die Zeit T wie ein stationärer Operator. Die in (6.5) vorkommende Zahl T wird *Periode* des Operators U genannt. Man überzeugt sich leicht davon, daß mit T auch $T_k = kT$ für beliebige positive ganze Zahlen k eine Periode des Operators ist. Im weiteren wird, falls nicht anders vereinbart, unter der Periode des Operators immer das kleinste positive T verstanden, das (6.5) erfüllt.

Beispiel 6.3 Der Operator

$$y(t) = \mathsf{U}\,[x(t)] = \sum_{i=1}^{\ell} a_i(t)\mathsf{U}_i\,[x(t)] \tag{6.8}$$

mit gegebenen Funktionen $a_i(t) = a_i(t + T)$ und stationären Operatoren U_i ist T–periodisch. In der Tat erhält man nach Substitution von t gegen $t - T$ auf der rechten Seite von (6.8)

$$\mathsf{U}\,[x(t - T)] = \sum_{i=1}^{\ell} a_i(t - T)\mathsf{U}_i\,[x(t - T)] = y(t - T)\,. \tag{6.9}$$

□

Unter normalerweise erfüllten Bedingungen schlägt die Eigenschaft der Periodizität des Operators auf seine PTF durch.

Satz 6.1 *Wenn der T–periodische Operator U eine PTF $W(s,t)$ im Gebiet $s \in \mathcal{P}$ besitzt, dann gilt*

$$W(s,t) = W(s,t + T)\,, \quad s \in \mathcal{P}\,. \tag{6.10}$$

Beweis: Möge in (6.6) $x(t) = e^{st}$, $s \in \mathcal{P}$ sein. Dann wird mittels (5.5)

$$y(t) = \mathsf{U}\left[e^{st}\right] = e^{st}W(s,t)\,. \tag{6.11}$$

Wenn hierin t gegen $t - T$ ausgetauscht und (6.7) ausgenutzt wird, gewinnt man

$$\mathsf{U}\left[e^{s(t-T)}\right] = e^{s(t-T)}W(s,t-T)\,. \tag{6.12}$$

Auf der anderen Seite ist

$$\mathsf{U}\left[e^{s(t-T)}\right] = e^{-sT}\mathsf{U}\left[e^{st}\right] = e^{s(t-T)}W(s,t) \tag{6.13}$$

und durch Vergleich beider Ausdrücke gelangt man zu (6.10). ∎

Aus den folgenden Darlegungen wird klar werden, daß meist auch umgekehrt der Operator periodisch ist, wenn die Bedingung (6.10) erfüllt ist.

6.2 Lineare periodische Systeme

Als lineares *periodisches (T−periodisches) System* wird ein System bezeichnet, das durch eine Operatorengleichung

$$\mathsf{U}_1\left[y(t)\right] = \mathsf{U}_2\left[x(t)\right] \tag{6.14}$$

beschreibbar ist, wobei U_1, U_2 bekannte T−periodische Operatoren sind. Wenn die Operatoren U_1, U_2 die PTF $W_i(s,t)$, $(i = 1, 2)$ in einem gemeinsamen Gebiet $\mathcal{P}$ besitzen, dann kann die folgende Schreibweise

$$W_1(s,t)y = W_2(s,t)x \tag{6.15}$$

für das System (6.14) benutzt werden. Wie schon im stationären Fall, kann die Gleichung (6.15) eine Menge von Operatoren $y(t) = \mathsf{U}\left[x(t)\right]$ erzeugen, unter denen sich auch nichtlineare befinden. Allerdings ist man in der Mehrheit der praktischen Fälle an der *Familie der linearen T−periodischen Operatoren* interessiert. Die PTF dieser Operatoren müssen gewisse Operatorengleichungen erfüllen, deren Aussehen weiter unten abgeleitet wird.

Angenommen der T−periodische Operator U sei von der Systemgleichung (6.14) erzeugt worden, so daß für alle zulässigen $x(t)$ die Identität

$$\mathsf{U}_1\mathsf{U}\left[x(t)\right] = \mathsf{U}_2\left[x(t)\right] \tag{6.16}$$

richtig ist. Nmmt man $x(t) = e^{\lambda t}$, $\lambda \in \mathcal{P}$ an und setzt voraus, daß der Operator U ebenfalls eine PTF für $\lambda \in \mathcal{P}$ besitzt, dann gilt

$$\mathsf{U}_2\left[x(t)\right] = e^{\lambda t}W_2(\lambda,t)\,, \quad \mathsf{U}\left[x(t)\right] = e^{\lambda t}W(\lambda,t)\,, \tag{6.17}$$

worin $W_2(\lambda, t) = W_2(\lambda, t + T)$ die PTF des Operators U_2 und $W(\lambda, t)$ die gesuchte PTF des periodischen Operators U ist. Unter Berücksichtigung von (6.17) und (6.16) erhält man

$$\mathsf{U}_1\left[e^{\lambda t}W(\lambda, t)\right] = e^{\lambda t}W_2(\lambda, t) . \tag{6.18}$$

Die Gleichung (6.18) soll im weiteren *Zadeh-Gleichung* genannt werden. Jetzt besteht die Aufgabe darin, eine Lösung der Zadeh-Gleichung zu finden, die bezüglich t periodisch mit T ist. In den folgenden Darlegungen wird die Zadeh-Gleichung (6.18) unabhängig von den Eigenschaften der Operatoren, die von dem System erzeugt werden, betrachtet. Deshalb wird die periodische Lösung $W(\lambda, t)$ der Zadeh-Gleichung, die von der Zeit t und dem Parameter λ abhängt, die parametrische Übertragungsfunktion (PTF) des Systems (6.14) genannt. Deshalb wird jeder beliebige lineare periodische Operator, der vom System (6.14) erzeugt wird, in dem entsprechenden Definitionsgebiet eine PTF besitzen, die mit der PTF $W(\lambda, t)$ des Systems übereinstimmt.

Aus dem gesagten entspringt der Gedanke für eine allgemeine Methode zur Berechnung der PTF eines linearen periodischen Systems. Für Systeme, die durch eine Gleichung der Form (6.14) gegeben sind, oder für Systeme solcher Gleichungen, oder irgendwelche Blockschaltbilder mit ausgewähltem Eingang $x(t)$ und Ausgang $y(t)$ setzt man

$$x = e^{\lambda t}, \quad y = e^{\lambda t}W(\lambda, t), \quad W(\lambda, t) = W(\lambda, t + T) \tag{6.19}$$

an, worin $W(\lambda, t)$ eine unbekannte Funktion ist, die von dem komplexen Parameter λ und periodisch von t abhängt. Wenn eine solche Lösung existiert und eindeutig ist, dann erweist sich $W(\lambda, t)$ für $\lambda = s$ als die PTF des entsprechenden Systems mit dem Eingang $x(t)$ und dem Ausgang $y(t)$. Es muß betont werden, daß der Definitionsbereich der PTF des periodischen Systems, die auf Basis der Beziehungen (6.19) bestimmt wird, nicht von den Eigenschaften der Operatoren abhängt, die vom System erzeugt werden, sondern ausschließlich durch die Gleichungen (6.14) festgelegt ist.

Beispiel 6.4 Es wird die lineare Differentialgleichung mit $T-$periodischen Koeffizienten

$$y^{(p)} + d_1(t)y^{(p-1)} + \ldots + d_p(t)y = m_1(t)x^{(p-1)} + \ldots + d_p(t)x, \tag{6.20}$$

untersucht, wobei $d_i(t) = d_i(t + T)$, $m_i(t) = m_i(t + T)$ bekannte Funktionen sind. Indem man (6.3) und (6.4) ausnutzt, kann (6.20) in der Operatorform (6.15) dargestellt werden, wobei

$$
\begin{aligned}
W_1(s, t) &\overset{\text{def}}{=} d(s, t) = s^n + d_1(t)s^{p-1} + \ldots + d_p(t) \\
W_2(s, t) &\overset{\text{def}}{=} m(s, t) = m_1(t)s^{p-1} + m_2(t)s^{p-2} + \ldots + m_p(t)
\end{aligned}
\tag{6.21}
$$

Polynome in s sind. Eine unmittelbare Berechnung liefert

$$d(s, t)\left[e^{\lambda t}W(\lambda, t)\right] = e^{\lambda t}d(s + \lambda, t)\left[W(\lambda, t)\right] . \tag{6.22}$$

Aus (6.18) und (6.22) ergibt sich die Zadeh-Gleichung für die parametrische Übertragungsfunktion

$$d(s + \lambda, t)[W(\lambda, t)] = m(\lambda, t)\,. \tag{6.23}$$

Im gegebenen Fall ist die Zadeh-Gleichung (6.23) eine lineare Differentialgleichung mit periodischen Koeffizienten, die vom Parameter λ abhängt. Die Suche nach der PTF des Systems (6.20) führt auf die Bestimmung einer $T-$periodischen Lösung der Gleichung (6.23). Unter normalerweise erfüllten Voraussetzungen existiert diese Lösung und ist eindeutig. In besonderen Fällen gelingt es, die Gleichung (6.23) in geschlossener Form zu lösen. $\square$

Beispiel 6.5 Als Spezialfall des Systems (6.20) wird

$$\frac{dy}{dt} - \frac{\sin t}{2 + \cos t}\, y = x \tag{6.24}$$

betrachtet. Im gegebenen Fall ist

$$d(s, t) = s - \frac{\sin t}{2 + \cos t}\,, \quad m(s, t) = 1\,, \tag{6.25}$$

womit sich

$$d(s + \lambda, t) = s + \lambda - \frac{\sin t}{2 + \cos t} \tag{6.26}$$

ergibt, so daß die Zadeh-Gleichung (6.23) das Aussehen

$$\frac{dW}{dt} + \lambda W - \frac{\sin t}{2 + \cos t}\, W = 1 \tag{6.27}$$

erhält. Mit Ausnahme einiger singulärer Werte von λ existiert eine periodische Lösung dieser Gleichung, die zumal eindeutig ist und die Gestalt

$$W(\lambda, t) = \frac{1}{2 + \cos t} \left(\frac{2}{\lambda} + \frac{\lambda \cos t + \sin t}{1 + \lambda^2} \right) \tag{6.28}$$

besitzt. Die Relation (6.28) präsentiert nach dem Austausch von λ gegen s die PTF $W(s, t)$ des Systems (6.24), die auf der ganzen komplexen Ebene mit Ausnahme der Punkte $s = 0$ und $s = \pm j$ definiert ist. $\square$

6.3   PTF zusammengesetzter Operatoren

Aus einfachen periodischen Operatoren lassen sich komplexe Systeme durch Reihen-, Parallel- und Rückführschaltung aufbauen. Es soll untersucht werden, ob die PTF des Gesamtsystems durch einfache Verknüpfung der PTF der Teilsysteme konstruiert werden kann.

1. Für die Parallelschaltung (5.7), (5.9) ergibt sich die PTF des Gesamtsystems durch

$$W(s,t) = W_1(s,t) + W_2(s,t)\,, \tag{6.29}$$

wobei vorauszusetzen ist, daß beide $W_i(s,t)$, $(i = 1,2)$ in einem gemeinsamen Gebiet $\mathcal{P}$ definiert sind. Tatsächlich erhält man

$$\mathsf{U}\left[\mathrm{e}^{st}\right] = \mathsf{U}_1\left[\mathrm{e}^{st}\right] + \mathsf{U}_2\left[\mathrm{e}^{st}\right]\,, \tag{6.30}$$

wenn in (5.7) $x = \mathrm{e}^{st}$, $s \in \mathcal{P}$ eingesetzt wird. Indem (5.5) ausgenutzt und gekürzt wird, gewinnt man (6.29).

Anzumerken ist, daß die Formel (6.29) keinen Sinn hat, wenn der gemeinsame Definitionsbereich $\mathcal{P}$ leer ist. Formel (6.29) behält ihre Bedeutung, wenn einer der beiden Operatoren U_i, zum Beispiel U_1 stationär ist. In diesem Falle hat man

$$W(s,t) = W_1(s) + W_2(s,t) \tag{6.31}$$

im gemeinsamen Definitionsbereich.

2. Es soll nun die Reihenschaltung (5.10) betrachtet werden, in der die Operatoren U_1 und U_2 T−periodisch vorausgesetzt werden. Durch $W_\pi(s,t) = W_\pi(s,t+T)$ werde die PTF der Schaltung bezeichnet. In Übereinstimmung mit dem allgemeinen Ansatz (6.19) wird

$$x = \mathrm{e}^{st}\,, \quad y = W_\pi(s,t)\mathrm{e}^{st}\,, \quad W_\pi(s,t) = W_\pi(s,t+T) \tag{6.32}$$

angenommen. Weiterhin wird vorausgesetzt, daß alle PTF $W_1(s,t)$, $W_2(s,t)$, $W_\pi(s,t)$ für $s \in \mathcal{P}$ definiert sind. Zunächst ergibt sich

$$z(t) = W_1(s,t)\mathrm{e}^{st}\,. \tag{6.33}$$

Wegen der Periodizität $W_1(s,t) = W_1(s,t+T)$ ist es berechtigt, die Fourier-Entwicklung

$$W_1(s,t) = \sum_{k=-\infty}^{\infty} w_{1k}(s)\mathrm{e}^{kj\omega t}\,, \quad \omega = \frac{2\pi}{T} \tag{6.34}$$

mit

$$w_{1k}(s) = \frac{1}{T}\int_0^T W_1(s,t)\mathrm{e}^{-kj\omega t}\,\mathrm{d}t \tag{6.35}$$

anzusetzen. Aus (6.34) und (6.33) folgt

$$z(t) = \sum_{k=-\infty}^{\infty} w_{1k}(s)\mathrm{e}^{(s+kj\omega)t}\,. \tag{6.36}$$

Vorausgesetzt, daß aus der Bedingung $s \in \mathcal{P}$ auch $s + kj\omega \in \mathcal{P}$ für beliebige ganze Zahlen k folgt, erhält man aus (6.11)

$$\mathsf{U}_2\left[\mathrm{e}^{(s+kj\omega)t}\right] = \mathrm{e}^{(s+kj\omega)t}\,W_2(s+kj\omega,t) \tag{6.37}$$

und die Reaktion des Operators U_2 auf den Eingang (6.36) bekommt die Gestalt

$$y(t) = \sum_{k=-\infty}^{\infty} W_2(s + kj\omega, t)w_{1k}(s)e^{(s+kj\omega)t} \,. \tag{6.38}$$

Durch Vergleich der beiden Ausdrücke für $y(t)$ (6.32) und (6.38) findet man die gesuchte PTF

$$W_\pi(s,t) = \sum_{k=-\infty}^{\infty} W_2(s + kj\omega, t)w_{1k}(s)e^{kj\omega t} \,. \tag{6.39}$$

Aus (6.39) läßt sich ein wichtiger Sonderfall ableiten. Sei in der Reihenschaltung (5.10) der Operator U_1 stationär und besitze die Übertragungsfunktion $W_1(s)$, dann wird in der Darstellung (6.38)

$$w_{10}(s) = W_1(s)\,, \quad w_{1k}(s) = 0\,, \ (k \neq 0) \tag{6.40}$$

und aus (6.39) erhält man

$$W_\pi(s,t) = W_2(s,t)W_1(s)\,, \tag{6.41}$$

das zum stationären Fall analoge Ergebnis.
Die Formel (6.39) kann auch in integraler Form dargestellt werden. Um eine entsprechende Beziehung abzuleiten, wird in (6.39) der Ausdruck (6.35) für die Fourier-Koeffizienten eingesetzt, womit man zu

$$W_\pi(s,t) = \frac{1}{T} \sum_{k=-\infty}^{\infty} W_2(s + kj\omega, t) \int_0^T W_1(s,\tau)e^{-kj\omega\tau}\, d\tau\, e^{kj\omega t} \tag{6.42}$$

gelangt. Wenn hierin die Reihenfolge der Summation und der Integration vertauscht wird, findet man

$$W_\pi(s,t) = \int_0^T \mathcal{D}_2(T,s,t,\tau)W_1(s,\tau)\, d\tau \tag{6.43}$$

mit

$$\mathcal{D}_2(T,s,t,\tau) \stackrel{\text{def}}{=} \frac{1}{T} \sum_{k=-\infty}^{\infty} W_2(s + kj\omega, t)e^{kj\omega(t-\tau)} \,. \tag{6.44}$$

Es soll noch angemerkt werden, daß im allgemeinen die Reihenschaltung linearer periodischer Operatoren nicht kommutativ ist, was schon in Beispiel 5.1 gezeigt worden ist.

Beispiel 6.6 Unter den Bedingungen von Beispiel 5.1 gilt für die PTF $W_{21}(s,t)$ des Operators $U_{21} = U_2 U_1$ die Beziehung $W_{21}(s,t) = s \sin\omega t$. Die PTF $W_{12}(s,t)$ des Operators $U_{12} = U_1 U_2$ ist dagegen gleich $W_{12} = s \sin\omega t + \omega \cos\omega t$. $\quad\Box$

Es wird noch ein wichtiger Sonderfall angegeben, in dem die PTF der Schaltungen (5.10) und (5.12) übereinstimmen.

Lemma 6.1 *Der Operator* U_2 *sei* $T-$*periodisch und der Operator* U_1 *stationär und seine Übertragungsfunktion* $W_1(s)$ *erfülle die Bedingung*

$$W_1(s) = W_1(s + \mathrm{j}\omega)\,, \quad \omega = \frac{2\pi}{T}\,, \tag{6.45}$$

dann stimmen die PTF (5.10) und (5.12) überein.

Beweis: Für die PTF $W_{21}(s,t)$ des Operators (5.10) gilt $W_{21}(s,t) = W_2(s,t)W_1(s)$. Zur Bestimmung der PTF $W_{12}(s,t)$ des Operators (5.12) wird Formel (6.39) herangezogen mit dem Ergebnis

$$W_{12}(s,t) = \sum_{k=-\infty}^{\infty} W_1(s + k\mathrm{j}\omega)w_{2k}(s)\mathrm{e}^{kj\omega t} \tag{6.46}$$

und

$$w_{2k}(s) = \frac{1}{T}\int_0^T W_2(s,\tau)\mathrm{e}^{-kj\omega\tau}\,\mathrm{d}\tau\,. \tag{6.47}$$

Bei Beachtung von (6.45) liefert (6.46) schließlich

$$W_{12}(s,t) = W_1(s)\sum_{k=-\infty}^{\infty} w_{2k}(s)\mathrm{e}^{kj\omega t} = W_1(s)W_2(s,t)\,. \tag{6.48}$$

                                                                      ∎

3.   Der Operator $y(t) = \mathsf{U}_0\,[x(t)]$, der sich nach Abbildung 6.1 durch Rückführung gemäß

$$y(t) = \mathsf{U}_\rho\,[v(t)]\,, \quad v(t) = x(t) - \mu y(t)\,, \tag{6.49}$$

ergibt, wobei μ eine reelle Konstante ist, wird *Operator der Rückführschaltung* genannt. Der $T-$periodische Operator U_ρ, der nach (6.49) konfiguriert ist, heißt

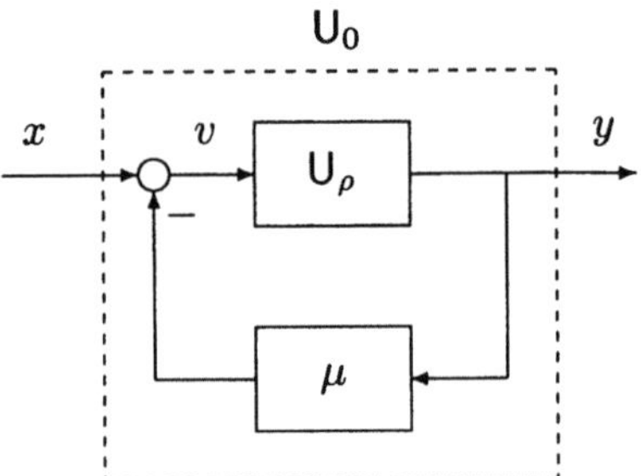

Abbildung 6.1: Operator der Rückführschaltung

Operator der offenen Kette. Für die Bestimmung der PTF des geschlossenen Kreises (6.49) wird der allgemeine Ansatz (6.19) mit

$$x = \mathrm{e}^{st}\,, \quad y = W_0(s,t)\mathrm{e}^{st} \quad W_0(s,t) = W_0(s,t+T) \tag{6.50}$$

verwendet, worin $W_0(s,t)$ die gesuchte PTF des geschlossenen Kreises ist. Es sei

$$W_0(s,t) = \sum_{k=-\infty}^{\infty} w_{0k}(s)e^{kj\omega t} \tag{6.51}$$

mit

$$w_{0k}(s) = \frac{1}{T}\int_0^T W_0(s,\tau)e^{-kj\omega\tau}\,\mathrm{d}\tau\,. \tag{6.52}$$

Aus (6.49), (6.50) und (6.51) folgt

$$v(t) = e^{st} - \mu \sum_{k=-\infty}^{\infty} w_{0k}(s)e^{(s+kj\omega)t}\,, \tag{6.53}$$

was zusammmen mit Abbildung 6.1 das Ergebnis

$$y(t) = W_\rho(s,t)e^{st} - \mu \sum_{k=-\infty}^{\infty} W_\rho(s+kj\omega,t)w_{0k}(s)e^{(s+kj\omega)t} \tag{6.54}$$

liefert, worin $W_\rho(s,t)$ die PTF des Operators U_ρ ist. Der Vergleich von $y(t)$ nach (6.50) und (6.54) führt auf die Funktionalgleichung

$$W_0(s,t) = W_\rho(s,t) - \mu \sum_{k=-\infty}^{\infty} W_\rho(s+kj\omega,t)w_{0k}(s)e^{kj\omega t}\,. \tag{6.55}$$

Wird hierauf (6.43) und (6.44) angewendet, kann die letzte Beziehung auch in impliziter Form als Integralgleichung für die PTF $W_0(s,t)$

$$W_0(s,t) + \mu \int_0^T \mathcal{D}_\rho(T,s,t,\tau)W_0(s,\tau)\,\mathrm{d}\tau = W_\rho(s,t) \tag{6.56}$$

geschrieben werden, worin die Funktion $\mathcal{D}_\rho(T,s,t,\tau)$ durch Formel (6.44) erklärt ist.

Detailierte Untersuchungen von Integralgleichungen der Form (6.56) für kontinuierliche lineare Systeme mit periodischen Parametern werden in Rosenwasser (1969, 1973) angestellt.

6.4 Parametrischer Frequenzgang

Wenn die PTF $W(s,t)$ des Operators U auf der imaginären Achse definiert ist, dann soll die Funktion

$$\Phi(j\nu,t) \stackrel{\text{def}}{=} W(s,t)|_{s=j\nu} \tag{6.57}$$

mit dem reellen Argument ν in Analogie zum stationären Fall, der *(komplexe) parametrischen Frequenzgang* des Operators U genannt werden. Der Frequenzgang (6.57) kann in Real- und Imaginärteil getrennt dargestellt werden

$$\Phi(j\nu, t) = P(\nu, t) + jQ(\nu, t). \tag{6.58}$$

Die Funktionen $P(\nu, t)$ und $Q(\nu, t)$ werden Realteil beziehungsweise Imaginärteil des komplexen parametrischen Frequenzgangs genannt. Entsprechend werden die Funktionen

$$A(\nu, t) \stackrel{\text{def}}{=} \sqrt{P^2(\nu, t) + Q^2(\nu, t)}, \quad \psi(\nu, t) \stackrel{\text{def}}{=} \arctan \frac{Q(\nu, t)}{P(\nu, t)} \tag{6.59}$$

als parametrischer Amplituden-Frequenzgang bzw. parametrischer Phasen-Frequenzgang bezeichnet. Aus (6.58) und (6.59) folgt

$$\Phi(j\nu, t) = A(\nu, t)e^{j\psi(\nu, t)}. \tag{6.60}$$

Wenn der Operator U periodisch ist, dann hängen alle Frequenzgänge periodisch von t mit der Periode T ab. Die Anwendung der parametrischen Frequenzgänge eröffnet die Möglichkeit, die Reaktion eines linearen periodischen Systems auf harmonische Eingangssignale zu bestimmen. Sei die PTF vom Eingang $x(t)$ zum Ausgang $y(t)$ gleich $W(s, t)$, die auf der imaginären Achse definiert sein möge, dann gilt

$$U\left[e^{j\nu t}\right] = \Phi(j\nu, t)e^{j\nu t} \tag{6.61}$$

wobei U der zugeordnete periodische Operator ist. Beachtet man, daß $e^{j\nu t} = \cos\nu t + j\sin\nu t$ ist und zieht (6.58) heran, dann folgt nach Aufspaltung in Real- und Imaginärteil

$$\begin{aligned}
U[\cos\nu t] &= P(\nu, t)\cos\nu t - Q(\nu, t)\sin\nu t, \\
U[\sin\nu t] &= P(\nu, t)\sin\nu t + Q(\nu, t)\cos\nu t.
\end{aligned} \tag{6.62}$$

Wenn das Eingangssignal die Form $x(t) = x_0 e^{j\nu t}$ mit einer Konstanten x_0 hat, dann erfüllt die Ausgangsgröße wegen (6.61)

$$y(t) = \Phi(j\nu, t)e^{j\nu t}x_0. \tag{6.63}$$

In diesem Falle definiert die Größe

$$\overline{E} \stackrel{\text{def}}{=} \lim_{a\to\infty} \frac{1}{2a} \int_{-a}^{a} |y(t)|^2 \, dt \tag{6.64}$$

die mittlere Leistung des Ausgangssignals, Perry et al. (1991). Wenn (6.63) in (6.64) eingesetzt wird, findet man

$$\overline{E} = |x_0|^2 B(\nu) \tag{6.65}$$

mit

$$B(\nu) \stackrel{\text{def}}{=} \lim_{a \to \infty} \frac{1}{2a} \int_{-a}^{a} |\Phi(j\nu, t)|^2 \, dt \, . \tag{6.66}$$

Indem man ausnutzt, daß $\Phi(j\nu, t) = \Phi(j\nu, t+T)$ ist, kann man die Beziehung (6.66) in der einfacheren Form

$$B(\nu) = \frac{1}{T} \int_{0}^{T} |\Phi(j\nu, t)|^2 \, dt \tag{6.67}$$

schreiben. Bemerkenswert ist, daß in dem Falle, wo der untersuchte Operator stationär ist, $\Phi(j\nu, t) = \Phi(j\nu)$ gilt. In diesem Falle erhält man aus (6.67)

$$B(\nu) = |\Phi(j\nu)|^2 = A^2(\nu) \tag{6.68}$$

mit dem Amplituden-Frequenzgang $A(\nu)$.

Der Begriff des parametrischen Frequenzgangs kann auf ein System der Art (6.14) verallgemeinert werden. Wenn $W(s, t)$ die PTF dieses Systems ist, die die Bedingung (6.19) befriedigt, dann wird als parametrischer Frequenzgang wie bisher die Funktion $\Phi(j\nu, t)$ bezeichnet, die durch (6.57) bestimmt ist. In diesem Falle kann die Funktion $\Phi(j\nu, t)$ singuläre Punkte für gewisse Werte von ν besitzen.

6.5 Periodische Integraloperatoren

Eine wichtige Klasse von linearen Operatoren mit großer praktischer Bedeutung sind die Integraloperatoren der Form

$$y(t) = \mathsf{U}[x(t)] = \int_{-\infty}^{\infty} h(t, \tau) x(\tau) \, d\tau \, , \tag{6.69}$$

wobei $h(t, \tau)$ eine bekannte Funktion ist, die *Greensche Funktion des Integraloperators* genannt werden soll. Wenn

$$h(t, \tau) = 0 \quad \text{für} \quad t < \tau \tag{6.70}$$

ist, dann hat der Operator (6.69) das Aussehen

$$y(t) = \int_{-\infty}^{t} h(t, \tau) x(\tau) \, d\tau \tag{6.71}$$

und ist damit *kausal*. Wenn $u = t - \tau$ substituiert wird, kann der Operator in der Form

$$y(t) = \int_{-\infty}^{\infty} g(t, u) x(t - u) \, du \, , \tag{6.72}$$

mit

$$g(t, u) \stackrel{\text{def}}{=} h(t, \tau) \, |_{\tau = t - u} \tag{6.73}$$

geschrieben werden. Mitunter wird auch die umgekehrte Beziehung

$$h(t, \tau) = g(t, u)\,|_{u=t-\tau} \tag{6.74}$$

nützlich sein. Die Funktion $g(t, u)$ wird im folgenden *Impulsantwort* des Operators (6.69) genannt. Die Kausalitätsbedingung (6.70) ist erfüllt, wenn für die Impulsantwort $g(t, u)$

$$g(t, u) = 0 \quad \text{für} \quad u < 0 \tag{6.75}$$

gilt. Unter der Voraussetzung (6.75) nimmt der Operator (6.72) die Gestalt

$$y(t) = \int_0^\infty g(t, u) x(t - u)\,\mathrm{d}u \tag{6.76}$$

an.

Aus (6.69) folgt formal

$$\mathsf{U}[\mathrm{e}^{st}] = \int_{-\infty}^\infty h(t, \tau) \mathrm{e}^{s\tau}\,\mathrm{d}\tau\,, \tag{6.77}$$

woraus durch Anwendung von (5.4) ein Ausdruck für die PTF des Integraloperators

$$W(s, t) = \int_{-\infty}^\infty h(t, \tau) \mathrm{e}^{-s(t-\tau)}\,\mathrm{d}\tau \tag{6.78}$$

gewonnen wird. Nach Substitution von $u = t - \tau$ in (6.78) findet man

$$W(s, t) = \int_{-\infty}^\infty g(t, u) \mathrm{e}^{-su}\,\mathrm{d}u\,, \tag{6.79}$$

woraus ersichtlich ist, daß im allgemeinen Fall die PTF $W(s, t)$ die Laplace-Transformation der Impulsantwort $g(t, u)$ hinsichtlich der Variablen u ist. Im Falle eines kausalen Operators erhält man aus (6.79) die einseitige Laplace-Transformation

$$W(s, t) = \int_0^\infty g(t, u) \mathrm{e}^{-su}\,\mathrm{d}u\,. \tag{6.80}$$

Bevor einige Bedingungen formuliert werden können, unter denen die Beziehungen (6.78)–(6.80) korrekt sind, sollen einige Begriffe eingeführt werden.

Man sagt, daß die Funktion $f(t, u)$ der beiden unabhängigen Variablen *vollständig stetig* im Quadrat $a \leq t,\ u \leq b$ mit Konstanten $a < b$ ist, wenn zu gegebenem $\epsilon > 0$ ein $\delta > 0$ gefunden werden kann, so daß aus $|t_1 - t_2| < \delta$ und $a \leq t_1, t_2 \leq b$ stets

$$\int_a^b |f(t_1, u) - f(t_2, u)|\,\mathrm{d}u < \epsilon \tag{6.81}$$

richtig ist.

Wie in Michlin (1953) gezeigt wurde, sind die folgenden Bedingungen A und B für die vollständige Stetigkeit der Funktion $f(t, u)$ hinreichend.

A)   Es gilt

$$\int_a^b |f(t,u)|^2 \, du < K = \text{const.} \quad a \le t \le b. \tag{6.82}$$

B)   Die Funktion $f(t,u)$ hat im Quadrat $a \le t, u \le b$ höchstens endlich viele Bruchstellen (t,u) in dem Sinne, daß ihre Gesamtheit durch endlich viele Gleichungen $u = g_k(t)$ mit stetigen Funktionen $g_k(t)$ gebildet wird.

Satz 6.2 *Es seien die folgenden Bedingungen erfüllt.*

i) *Die Funktion $g(t,u)$ sei vollständig stetig in jedem beliebigen Quadrat $a \le t$, $u \le b$, wobei $a < b$ endliche Zahlen sind.*

ii) *Für jedes feste $\tilde{t}(a \le \tilde{t} \le b)$ besitze die Funktion $g(\tilde{t},u)$ im Intervall $a \le u \le b$ endliche Variation.*

iii) *Die Funktion $g(t,u)$ genüge für beliebiges festes s mit $\alpha < \text{Re } s < \beta$ der Abschätzung*

$$\left| g(t,u)e^{-su} \right| < Me^{-\gamma|u|}, \tag{6.83}$$

wobei M, γ positive Konstanten sind.

Dann sind die folgenden Behauptungen richtig.

1. *Das die PTF definierende Integral (6.79) konvergiert absolut und gleichmäßig bezüglich s und t.*

2. *Für $\alpha < \text{Re } s < \beta$ ist die Funktion $W(s,t)$ analytisch in s und stetig in t.*

3. *In einem beliebigen Streifen $\alpha < \alpha' \le \text{Re } s \le \beta' < \beta$ gilt für $|s| \to \infty$ bei jedem festen t die Abschätzung*

$$|W(s,t)| < L|s|^{-1} \tag{6.84}$$

mit einer Konstanten $L > 0$.

4. *Für jedes t gilt die Umkehrformel*

$$g(t,u) = \frac{1}{2\pi j} \int_{c-j\infty}^{c+j\infty} W(s,t)e^{su} \, ds, \quad \alpha < \text{Re } s < \beta, \tag{6.85}$$

wobei das Integral mindestens im Sinne des Hauptwerts konvergiert.

5. *Die Greensche Funktion $h(t,\tau)$ wird durch das Integral*

$$h(t,\tau) = \frac{1}{2\pi j} \int_{c-j\infty}^{c+j\infty} W(s,t)e^{s(t-\tau)} \, ds, \quad \alpha < \text{Re } s < \beta \tag{6.86}$$

bestimmt.

Beweis: 1.   Die Behauptung in Bezug auf die Konvergenz folgt aus der Abschätzung (6.83) und Abschnitt 1.2.

2. Die analytische Abhängigkeit von s folgt aus Abschnitt 1.6. Es wird die Stetigkeit von $W(s,t)$ bezüglich t für $\alpha < \alpha' \leq \mathrm{Re}\, s \leq \beta' < \beta$ gezeigt. Indem man (6.80) anwendet, findet man

$$|W(s,t_1) - W(s,t_2)| \leq \int_{-\infty}^{\infty} |g(t_1,u) - g(t_2,u)|\, e^{-\mathrm{Re}\, su}\, du\,. \qquad (6.87)$$

Dank der Abschätzung (6.83) existiert ein $a > 0$, so daß für ein beliebiges $\epsilon > 0$

$$\int_{a}^{\infty} |g(t,u)|\, e^{-\mathrm{Re}\, su}\, du < \frac{\epsilon}{6}\,, \qquad \int_{-\infty}^{-a} |g(t,u)|\, e^{-\mathrm{Re}\, su}\, du < \frac{\epsilon}{6}\,, \qquad (6.88)$$

richtig ist, woraus man mit Hilfe von (6.87)

$$|W(s,t_1) - W(s,t_2)| \leq \int_{-a}^{a} |g(t_1,u) - g(t_2,u)|\, e^{-\mathrm{Re}\, su}\, du + \frac{4\epsilon}{6} \qquad (6.89)$$

gewinnt. Das Integral auf der rechten Seite von (6.89) ist eine stetige Funktion von t_1, t_2, was aus der Voraussetzung i) folgt. Zu gegebenem $\epsilon/3$ kann deshalb ein $\delta > 0$ gefunden werden, so daß für $|t_1 - t_2| < \delta$

$$\int_{-a}^{a} |g(t_1,u) - g(t_2,u)|\, e^{-\mathrm{Re}\, su}\, du < \frac{\epsilon}{3} \qquad (6.90)$$

wird. Insgesamt kann zu beliebigem $\epsilon > 0$ ein $\delta > 0$ gefunden werden, so daß aus $|t_1 - t_2| < \delta$ stets $|W(s,t_1) - W(s,t_2)| < \epsilon$ folgt, das heißt, die PTF $W(s,t)$ ist stetig bezüglich t.

3. Die Abschätzung (6.84) ist ein Folge der Abschätzung (1.45).

4. Für festes t liefert (1.24) die Formel (6.85).

5. Die Behauptung (6.86) erhält man aus (6.85) und (6.74), indem man u durch $t - \tau$ ersetzt. ∎

Es gelten auch die im gewissen Sinne umgekehrten Behauptungen zu Satz 6.2.

Satz 6.3 *Möge die Funktion $W(s,t)$ stetig in t und analytisch in s für $\alpha < \mathrm{Re}\, s < \beta$ sein. Möge weiterhin für jedes t die Funktion $W(s,t)$ die Bedingungen der Sätze 1.4 oder 1.5 erfüllen und $g(t,u)$ durch Formel (6.85) bestimmt worden sein. Darüber hinaus befriedige $g(t,u)$ die Bedingungen i) – iii) von Satz 6.2. Dann ist $W(s,t)$ die PTF des Integraloperators (6.69), dessen Greensche Funktion $h(t,\tau)$ durch (6.74) bestimmt ist. Wenn unter diesen Bedingungen $\beta = \infty$ wählbar ist, dann ist Bedingung (6.75) erfüllt und der entsprechende Operator hat die Gestalt (6.71).* ∎

In den folgenden Darlegungen wird die Menge der linearen periodischen Operatoren, die die Bedingungen von Satz 6.2 befriedigen, *regulär im Intervall* (α, β) genannt und durch $\mathcal{U}(\alpha, \beta)$ bezeichnet. Es folgt sofort, daß für stationäre Integraloperatoren (5.41) die Beziehung $\mathsf{U} \in \mathcal{U}(\alpha, \beta)$ gilt, wenn $g(t) \in \Lambda(\alpha, \beta)$ ist. Integraloperatoren $\mathsf{U} \in \mathcal{U}(-\lambda, \lambda)$ mit einer positiven Zahl λ heißen *exponentiell dichotomisch (e-dichotomisch)*. Aus (6.83) folgt, daß die Impulsantwort eines e-dichotomischen Operators der Abschätzung

$$|g(t, u)| < M\, \mathrm{e}^{-\gamma |u|} \tag{6.91}$$

mit positiven Konstanten M, γ genügt.

Es sei bemerkt, daß die Ergebnisse dieses Abschnitts in Rosenwasser (1997) auf Mehrgrößensysteme verallgemeinert wurden.

Eine Bedingung für die Periodizität des Integraloperators (6.69) liefert der folgende Satz.

Satz 6.4 *Für die Periodizität des Operators (6.69) ist die Bedingung*

$$h(t, \tau) = h(t + T, \tau + T) \tag{6.92}$$

hinreichend, was gleichwertig zu

$$g(t + T, u) = g(t, u) \tag{6.93}$$

ist.

Beweis: Möge (6.69) gelten, dann ist

$$y(t - T) = \int_{-\infty}^{\infty} h(t - T, \tau) x(\tau)\, \mathrm{d}\tau . \tag{6.94}$$

Andererseits gilt

$$\mathsf{U}\,[x(t - T)] = \int_{-\infty}^{\infty} h(t, \tau) x(\tau - T)\, \mathrm{d}\tau = \int_{-\infty}^{\infty} h(t, \tau + T) x(\tau)\, \mathrm{d}\tau . \tag{6.95}$$

Dafür, daß der Operator (6.69) $T-$periodisch ist, ist hinreichend, daß die rechten Seiten von (6.94) und (6.95) für beliebige Eingangssignale $x(t)$ übereinstimmen. Dieses führt auf die Bedingung $h(t - T, \tau) = h(t, \tau + T)$, die gleichwertig zu (6.92) ist. Die Beziehung (6.93) folgt aus (6.92) mittels (6.73). ∎

6.6 Lineare periodische Puls-Operatoren (LPPO)

Im vorliegenden Abschnitt wird eine allgemeine Klasse linearer periodischer Operatoren betrachtet, die nicht auf Integraloperatoren hinauslaufen. Diese Operatoren haben eine große Bedeutung für die Beschreibung von Prozessen, die in Abtastsystemen in kontinuierlicher Zeit ablaufen.

1. Möge $x(t)$ eine Funktion von beschränkter Variation sein, die für $-\infty < t < \infty$ erklärt sei. Zu gegebener Konstante $T > 0$ und beliebiger ganzer Zahl k wird die Bezeichnung $x_k = x(kT + 0)$ eingeführt, womit eine Folge $\{x_k\}$ definiert wird. Man spricht von einem *linearen periodischen Pulsoperator* (LPPO)

$$y(t) = \mathsf{U}_d\,[x(t)]\,, \tag{6.96}$$

wenn die Formel

$$y(t) = \sum_{k=-\infty}^{\infty} q(t - kT)x_k \tag{6.97}$$

mit bekannter Funktion $q(t)$ gilt, die ihrerseits *Impulsantwort* des LPPO heißt. Die Funktion $q(t)$ wird im weiteren als reell und von beschränkter Variation vorausgesetzt. Formel (6.97) spiegelt den Charakter des Prozesses wider, der in einem realen Abtastsystem abläuft, wenn es durch ein äußeres Signal angeregt wird, das auf das Abtastelement wirkt. In diesen Systemen beeinflussen nur die Werte zu den diskreten Abtastzeitpunkten $t_k = kT$ den Verlauf des Ausgangssignals, obwohl sich der Ausgang kontinuierlich ändert.

2. Der LPPO (6.97) heißt *kausal (oder physikalisch realisierbar)*, wenn

$$q(t) = 0 \quad \text{für } t < 0 \tag{6.98}$$

erfüllt ist. Für kausale LPPO nimmt (6.97) die Gestalt

$$y(t) = \sum_{k=-\infty}^{m} q(t - kT)x_k\,, \quad mT < t < (m+1)T \tag{6.99}$$

an.

3. Der LPPO (6.97) wird *regulär* im Intervall (α, β) genannt, wenn $q(t) \in \Lambda(\alpha, \beta)$ gilt. Die Menge der im Intervall (α, β) regulären Operatoren wird im weiteren durch $\mathcal{U}_d(\alpha, \beta)$ gekennzeichnet. Für $\mathsf{U}_d \in \mathcal{U}_d(\alpha, \beta)$ existiert die Transformation

$$Q(s) = \int_{-\infty}^{\infty} q(t)\mathrm{e}^{-st}\,\mathrm{d}t\,, \quad \alpha < \operatorname{Re} s < \beta\,, \tag{6.100}$$

die *äquivalente Übertragungsfunktion* (ETF) des LPPO (6.97) genannt werden soll. Unter passenden Voraussetzungen folgt aus (6.100)

$$q(t) = \frac{1}{2\pi\mathrm{j}} \int_{c-\mathrm{j}\infty}^{c+\mathrm{j}\infty} Q(s)\mathrm{e}^{st}\,\mathrm{d}s\,, \alpha < c < \beta\,. \tag{6.101}$$

Wenn $q(t) \in \Lambda_+(\alpha, \infty)$ richtig ist, also Bedingung (6.98) erfüllt wird, dann hat man

$$Q(s) = \int_{0}^{\infty} q(t)\mathrm{e}^{-st}\,\mathrm{d}t\,, \quad \operatorname{Re} s > \alpha\,. \tag{6.102}$$

4. Es soll die PTF $W_d(s,t)$ des Operators $\mathsf{U}_d \in \mathcal{U}_d(\alpha,\beta)$ berechnet werden. Durch Ausnutzung der allgemeinen Definitionsgleichung der PTF (5.4) findet man

$$W_d(s,t) = \mathsf{U}_d \left[e^{st} \right] e^{-st} \tag{6.103}$$

und hieraus durch Anwendung von (6.97) und (6.103)

$$W_d(s,t) = \sum_{k=-\infty}^{\infty} q(t+kT)e^{-s(t+kT)} . \tag{6.104}$$

Unter Verwendung der Bezeichnung (3.1) erhält man

$$W_d(s,t) = \varphi_q(T,s,t) , \tag{6.105}$$

das bedeutet, die PTF $W_d(s,t)$ stimmt mit dem verschobenen Pulsfrequenzgang (DPFR) von $q(t)$ überein. Für die weiteren Betrachtungen soll die rechte Seite von (6.105) von beschränkter Variation bezüglich t vorausgesetzt werden. Indem man die rechte Seite von (6.104) in eine Fourier-Reihe entwickelt, gewinnt man in den Stetigkeitspunkten

$$W_d(s,t) = \varphi_Q(T,s,t) \tag{6.106}$$

mit

$$\varphi_Q(T,s,t) = \frac{1}{T} \sum_{k=-\infty}^{\infty} Q(s+kj\omega)e^{kj\omega t} . \tag{6.107}$$

Es wird bemerkt, daß im Prinzip unter passenden Voraussetzungen der DPFR der Form (6.107) eine gewisse Menge von regulären LPPO (6.97) zugeordnet werden kann. Möge etwa für das Bild $Q(s)$ im Streifen $\alpha < \mathrm{Re}\, s < \beta$ das Original (6.101) existieren mit $q(t) \in \Lambda(\alpha,\beta)$, dann kann der Reihe (6.107) eindeutig der LPPO (6.97) zugeordnet werden. Gewöhnlich erlaubt das Bild $Q(s)$ eine analytische Fortsetzung über die Grenzen des Streifens $\alpha < \mathrm{Re}\, s < \beta$ hinaus, wobei zu verschiedenen Streifen $\alpha_i < \mathrm{Re}\, s < \beta_i$ unterschiedliche Funktionen $q_i(t) \in \Lambda(\alpha_i,\beta_i)$ gehören. Jeder dieser Funktionen entspricht ein LPPO U_{di}. Die Gesamtheit dieser LPPO $\{\mathsf{U}_{di}\}$ wird *Familie der LPPO* zur erzeugenden Funktion $Q(s)$ genannt.

5. Außer der PTF $W_d(T,s,t)$ wird für die Beschreibung der LPPO (6.97) die Funktion

$$D_d(s,t) \stackrel{\text{def}}{=} W_d(s,t)e^{st} \tag{6.108}$$

benutzt, die *diskrete Übertragungsfunktion* (DTF) des Operators U_d heißen soll. Aus (6.108) und (6.103) sieht man, daß

$$D_d(s,t) = \mathsf{U}_d \left[e^{st} \right] \tag{6.109}$$

ist. Die Formeln (6.108) und (6.104) ausnutzend gewinnt man

$$D_d(s,t) = \sum_{k=-\infty}^{\infty} q(t+kT)e^{-skT} = \mathcal{D}_q(T,s,t) , \tag{6.110}$$

das heißt, die diskrete Übertragungsfunktion (DTF) $D_d(s,t)$ ist gleich der diskreten Laplace-Transformation der Impulsantwort $q(t)$. Mittels der Laplace-Transformation $Q(s)$ kann die DTF $D_d(s,t)$ durch

$$D_d(s,t) = \frac{1}{T} \sum_{k=-\infty}^{\infty} Q(s + kj\omega)e^{(s+kj\omega)t} = \mathcal{D}_Q(T,s,t) \qquad (6.111)$$

ausgedrückt werden. Alle Beziehungen dieses Abschnitts lassen sich ohne Änderungen auf den Fall von mehrdimensionale LPPO übertragen, wobei in (6.97) $x(t)$, $y(t)$ Vektoren der Dimension $m \times 1$, $n \times 1$ und $q(t)$ eine Matrix des Typs $n \times m$ werden, Rosenwasser (1996c).

6.7   LPPO mit Phasenverschiebung

Man sagt, daß die Beziehung

$$y(t) = \sum_{k=-\infty}^{\infty} q(t - kT - \phi)x(kT + \phi + 0) \stackrel{\text{def}}{=} \mathsf{U}_d^{\phi}[x(t)] \qquad (6.112)$$

mit einer gewissen Konstanten ϕ, einen *LPPO mit Phasenverschiebung* um ϕ gegenüber dem LPPO (6.97) definiert. Für $\phi = 0$ geht der LPPO mit Phasenverschiebung in den LPPO (6.97) über. Es wird gezeigt, daß ohne Verlust an Allgemeinheit in (6.112) $0 \leq \phi < T$ angenommen werden darf. In der Tat kann ein beliebiges ϕ eindeutig in $\phi = \tilde{\phi} + mT$ mit einer ganzen Zahl m und $0 \leq \tilde{\phi} < T$ zerlegt werden. Damit kann (6.112) als

$$y(t) = \sum_{k=-\infty}^{\infty} q(t - kT - mT - \tilde{\phi})x(kT + mT + \tilde{\phi} + 0)$$

geschrieben werden. Wird hierin $k + m = n$ gesetzt, erhält man

$$y(t) = \sum_{n=-\infty}^{\infty} q(t - nT - \tilde{\phi})x(nT + \tilde{\phi} + 0).$$

Im weiteren wird deshalb stets $0 \leq \phi < T$ in (6.112) vorausgesetzt.
Die PTF $W_d^{\phi}(s,t)$ des Operators (6.112) soll durch Anwendung der allgemeinen Formel (5.4) gefunden werden, wodurch man zunächst

$$\mathsf{U}_d^{\phi}[e^{st}] = \sum_{k=-\infty}^{\infty} q(t - kT - \phi)e^{s(kT+\phi)}$$

und daraus

$$W_d^{\phi}(s,t) = \mathsf{U}_d^{\phi}[e^{st}]\, e^{-st} = \sum_{k=-\infty}^{\infty} q(t - kT - \phi)e^{-s(t-kT-\phi)} \qquad (6.113)$$

gewinnt. Indem (3.1) in (6.113) verwendet wird, bekommt man

$$W_d^\phi(s,t) = \varphi_q(T,s,t-\phi)\,. \tag{6.114}$$

In Entsprechung zu (6.107) kann der PTF (6.114) die Reihe

$$W_d^\phi(s,t) = \frac{1}{T} \sum_{k=-\infty}^{\infty} Q(s+kj\omega)e^{kj\omega(t-\phi)} \tag{6.115}$$

zugeordnet werden.

6.8 Verknüpfung von LPPO mit stationären Operatoren

Bei der Untersuchung von Abtastsystemen müssen häufig Verknüpfungen von LPPO (6.97) mit stationären Integraloperatoren (5.41) betrachtet werden. In diesem Abschnitt werden einige wichtige solche Verknüpfungen untersucht.

1. Es wird die Reihenschaltung eines LPPO mit einem stationären Operator U nach Abbildung 6.2 behandelt. Die zugehörigen Gleichungen lauten

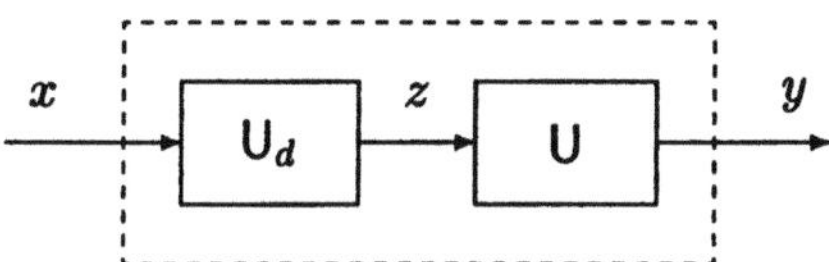

Abbildung 6.2: Reihenschaltung von LPPO mit Operator U

$$z(t) = \mathsf{U}_d[x(t)]\,, \quad y(t) = \mathsf{U}[z(t)] = \int_{-\infty}^{\infty} g(t-\tau)z(\tau)\,\mathrm{d}\tau\,. \tag{6.116}$$

Es wird $g(t) \in \Lambda(\alpha,\beta)$ und $\mathsf{U}_d \in \mathcal{U}_d(\alpha,\beta)$ vorausgesetzt, dann definiert (6.116) insgesamt einen linearen periodischen Operator $y(t) = \mathsf{U}_1[x(t)]$. Um seine PTF zu finden, wird die allgemeine Beziehung (5.4) benutzt. Dafür wird $x = e^{st}$, $\alpha <$ Re $s < \beta$ angesetzt. Dann läßt sich $z(t)$ durch die ETF (6.100) in der Form

$$z(t) = \frac{1}{T} \sum_{k=-\infty}^{\infty} Q(s+kj\omega)e^{(s+kj\omega)t} \tag{6.117}$$

darstellen. Weiterhin erhält man offenbar

$$\mathsf{U}\left[e^{(s+kj\omega)t}\right] = G(s+kj\omega)e^{(s+kj\omega)t} \tag{6.118}$$

mit der Übertragungsfunktion des Operators U

$$G(s) = \int_{-\infty}^{\infty} g(t)e^{-st}\,dt\,, \quad \alpha < \operatorname{Re} s < \beta\,. \tag{6.119}$$

Wenn man nun die Reaktion des kontinuierlichen Elements auf jedes Glied der Reihe (6.117) bestimmt, findet man

$$y(t) = e^{st}\frac{1}{T}\sum_{k=-\infty}^{\infty} Q_1(s + kj\omega)e^{kj\omega t} \tag{6.120}$$

mit

$$Q_1(s) = Q(s)G(s)\,. \tag{6.121}$$

Nach Multiplikation von (6.120) mit e^{-st} gelangt man zur gesuchten PTF

$$W_1(s,t) = \frac{1}{T}\sum_{k=-\infty}^{\infty} Q_1(s + kj\omega)e^{kj\omega t}\,, \tag{6.122}$$

woraus folgt, daß der Operator U_1 ein LPPO mit der ETF (6.121) ist. Weiterhin sieht man, daß die Impulsantwort $q_1(t)$ des LPPO

$$U_1 \stackrel{\text{def}}{=} U_{d1}$$

durch

$$q_1(t) = \int_{-\infty}^{\infty} g(t - \tau)q(\tau)\,d\tau \tag{6.123}$$

bestimmt wird. Aus den oben getroffenen Voraussetzungen und den abgeleiteten Eigenschaften ergibt sich $q_1(t) \in \Lambda(\alpha,\beta)$ und deshalb $U_{d1} \in \mathcal{U}_d(\alpha,\beta)$.

2. Es soll nun die Reihenschaltung eines Integraloperators mit einem LPPO nach Abbildung 6.3 betrachtet werden. Es werden die gleichen Voraussetzungen wie

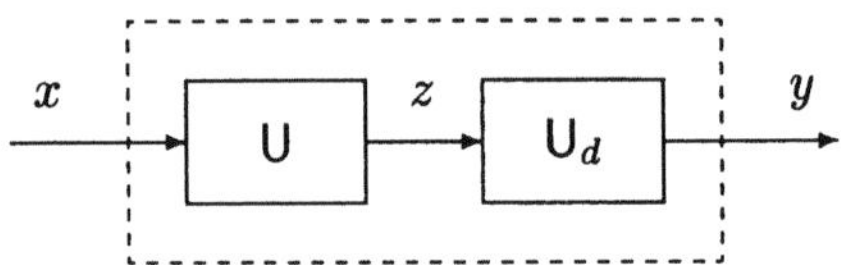

Abbildung 6.3: Reihenschaltung von Operator U mit LPPO

unter 1. gemacht. Der Operator $y(t) = U_2[x(t)]$ gemäß Abbildung 6.3 wird als *kontinuierlich-diskret* bezeichnet. Durch Anwendung der Formeln (6.41) und (6.105) findet man die PTF $W_2(s,t)$ des Operators U_2 als

$$W_2(s,t) = G(s)\varphi_q(T,s,t)\,. \tag{6.124}$$

Es wird gezeigt, daß sich unter hinreichend allgemeinen Voraussetzungen der Operator als Integraloperator erweist. So ermittelt man im gegebenen Fall

$$z(t) = \int_{-\infty}^{\infty} g(t-\tau)x(\tau)\,d\tau\,. \tag{6.125}$$

Für $x(t) \in \Lambda(\alpha,\beta)$ hat man $z(t) \in \Lambda(\alpha,\beta)$ und die Funktion $z(t)$ ist stetig, was sich aus den Eigenschaften der Faltung ergibt. Darum gilt für beliebige ganze Zahlen k

$$z_k \stackrel{\mathrm{def}}{=} z(kT) = \int_{-\infty}^{\infty} g(kT-\tau)x(\tau)\,d\tau\,. \tag{6.126}$$

Wenn in (6.126) die Darstellung (6.97) verwendet wird, findet man

$$y(t) = \sum_{k=-\infty}^{\infty} q(t-kT)\int_{-\infty}^{\infty} g(kT-\tau)x(\tau)\,d\tau\,. \tag{6.127}$$

Indem man in (6.127) die Reihenfolge der Summation und der Integration vertauscht, gelangt man zu dem Integraloperator

$$y(t) = \int_{-\infty}^{\infty} h_2(t,\tau)x(\tau)\,d\tau \tag{6.128}$$

mit der Greenschen Funktion

$$h_2(t,\tau) = \sum_{k=-\infty}^{\infty} q(t-kT)g(kT-\tau)\,. \tag{6.129}$$

Durch die Substitution $\tau = t - u$ findet man die entsprechende Impulsantwort

$$g_2(t,u) = \sum_{k=-\infty}^{\infty} q(t-kT)g(kT-t+u)\,. \tag{6.130}$$

Man erkennt unschwer, daß

$$g_2(t+T,u) = g_2(t,u) \tag{6.131}$$

gilt, das heißt, der Operator (6.128) ist periodisch.

Satz 6.5 *Wenn $q(t) \in \Lambda(\alpha,\beta)$ und $g(t) \in \Lambda(\alpha,\beta)$ richtig sind, dann gilt für jedes s aus dem Streifen $\alpha < \mathrm{Re}\, s < \beta$ die Abschätzung*

$$\left| g_2(t,u)e^{-su} \right| < M \tag{6.132}$$

mit einer von t unabhängigen Konstanten M.

Beweis: Aus (6.130) gewinnt man

$$g_2(t,u)\mathrm{e}^{-su} = \sum_{k=-\infty}^{\infty} \left[q(t+kT)\mathrm{e}^{-s(t-kT)}\right]\left[g(kT-t+u)\mathrm{e}^{-s(kT-t+u)}\right], \quad (6.133)$$

und aus Satz 1.2 hat man die Abschätzungen

$$\left|q(t+kT)\mathrm{e}^{-s(t-kT)}\right| \quad < \quad M_1\mathrm{e}^{-\delta|t-kT|}$$

$$\left|g(kT-t+u)\mathrm{e}^{-s(kT-t+u)}\right| \quad < \quad N_1\mathrm{e}^{-\gamma|kT-t+u|} \le N_1 \qquad (6.134)$$

mit gewissen Konstanten M_1, N_1, δ, γ zur Verfügung. Gemeinsam liefern (6.133) und (6.134) die Abschätzung

$$\left|g_2(t,u)\mathrm{e}^{-su}\right| < M_1 N_1 \sum_{k=-\infty}^{\infty} \mathrm{e}^{-\delta|t-kT|}. \qquad (6.135)$$

Schaut man sich die Funktion

$$\chi(t) \stackrel{\mathrm{def}}{=} \sum_{k=-\infty}^{\infty} \mathrm{e}^{-\delta|t-kT|}. \qquad (6.136)$$

näher an, dann stellt man fest, daß $\chi(t)$ stetig und außerdem $\chi(t) = \chi(t+T)$ ist, weshalb es ausreicht, $\chi(t)$ im Intervall $0 \le t < T$ zu betrachten. Nun gilt für $0 \le t < T$

$$|t-kT| = -t+kT \quad \text{für} \quad k > 0$$
$$|t-kT| = t-kT \quad \text{für} \quad k \le 0,$$

woraus man

$$\chi(t) = \sum_{k=-\infty}^{0} \mathrm{e}^{-\delta(t-kT)} + \sum_{k=1}^{\infty} \mathrm{e}^{-\delta(-t+kT)}$$

mit der Abschätzung

$$|\chi(t)| < \frac{2}{1-\mathrm{e}^{-\delta T}} \qquad (6.137)$$

gewinnt. Aus (6.135) und (6.137) folgt die Behauptung (6.132). ∎

Aus Satz 6.5 ergibt sich, daß die Impulsantwort $g_2(t,u)$ die Abschätzung (6.83) erfüllt. In den Anwendungen, die in diesem Buch betrachtet werden, wird die Impulsantwort (6.130) zusätzlich die in Satz 6.2 stehenden Bedingungen befriedigen und demzufolge der Operator (6.128) die in diesem Satz bewiesenen Eigenschaften besitzen. Es kann bewiesen werden, daß in diesem Falle für $x(t) \in \Lambda(\alpha, \beta)$ die Summation und die Integration in (6.127) vertauscht werden dürfen. Für alle in diesem Buch zu behandelnde Anwendungen läßt sich beweisen, daß die genannten Umformungen erlaubt sind.

Kapitel 7

Analyse linearer periodischer Operatoren und Systeme

7.1 Analyse mit Laplace-transformierten Eingangssignalen

Möge der lineare Operator

$$y(t) = \mathsf{U}[x(t)] \tag{7.1}$$

mit der PTF

$$W(s,t) = \mathsf{U}\left[e^{st}\right] e^{-st} \tag{7.2}$$

im Streifen $\alpha < \operatorname{Re} s < \beta$ oder in der Halbebene $\operatorname{Re} s > \alpha$ gegeben sein. In letzterem Falle wird $\beta = \infty$ angenommen. Es wird vorausgesetzt, daß das Eingangssignal $x(t) \in \Lambda(\alpha, \beta)$ und

$$X(s) = \int_{-\infty}^{\infty} x(t)e^{-st}\,\mathrm{d}t\,, \quad \alpha < \operatorname{Re} s < \beta \tag{7.3}$$

ist. Damit gilt die Umkehrformel (1.24)

$$x(t) = \frac{1}{2\pi\mathrm{j}} \int_{c-\mathrm{j}\infty}^{c+\mathrm{j}\infty} X(s)e^{st}\,\mathrm{d}s\,, \quad \alpha < c < \beta\,. \tag{7.4}$$

Wird (7.4) in (7.1) eingesetzt, gewinnt man

$$y(t) = \mathsf{U}\left[\frac{1}{2\pi\mathrm{j}} \int_{c-\mathrm{j}\infty}^{c+\mathrm{j}\infty} X(s)e^{st}\,\mathrm{d}s\,,\right]. \tag{7.5}$$

Wenn angenommen wird, daß der Operator U und die Integration in (7.5) vertauscht
werden dürfen, dann gewinnt man aus (7.5)

$$y(t) = \frac{1}{2\pi \mathrm{j}} \int_{c-\mathrm{j}\infty}^{c+\mathrm{j}\infty} \mathsf{U}\left[e^{st}\right] X(s)\,\mathrm{d}s\,. \tag{7.6}$$

Benutzt man (7.2) in der letzten Gleichung, so findet man

$$y(t) = \frac{1}{2\pi \mathrm{j}} \int_{c-\mathrm{j}\infty}^{c+\mathrm{j}\infty} W(s,t)X(s)e^{st}\,\mathrm{d}s\,, \quad \alpha < c < \beta\,. \tag{7.7}$$

Das Integral (7.7) erinnert an das Umkehrintegral (1.24) und unterscheidet sich von
ihm vor allem durch die Abhängigkeit des Integranden vom Parameter t. Wenn der
Operator U stationär ist, dann hat man $W(s,t) = W(s)$ und die Formel (7.7)
erscheint in der allseits bekannten Form

$$y(t) = \frac{1}{2\pi \mathrm{j}} \int_{c-\mathrm{j}\infty}^{c+\mathrm{j}\infty} W(s)X(s)e^{st}\,\mathrm{d}s\,, \quad \alpha < c < \beta\,. \tag{7.8}$$

Bemerkung. Es soll gezeigt werden, daß im Falle der Gültigkeit von Formel
(7.7) die Unabhängigkeit der PTF $W(s,t)$ von t die Stationarität des Operators U
zur Folge hat und aus der Bedingung $W(s,t) = W(s,t+T)$ die Periodizität des
Operators U folgt.

1. Möge (7.8) erfüllt sein, dann ist die Reaktion $y_\tau(t)$ des Operators U auf das
Eingangssignal $x_\tau(t) = x(t-\tau)$ unter Berücksichtigung des Verschiebungssatzes
(1.53)

$$y_\tau(t) = \frac{1}{2\pi \mathrm{j}} \int_{c-\mathrm{j}\infty}^{c+\mathrm{j}\infty} W(s)X(s)e^{s(t-\tau)}\,\mathrm{d}s = y(t-\tau)\,, \tag{7.9}$$

womit die Zuordnung (7.8) einen stationären Operator liefert.

2. Es sei nun $W(s,t) = W(s,t+T)$, dann ist die Reaktion $y_T(t)$ des Operators U
auf das Eingangssignal $x_T(t) = x(t-T)$ wegen des Verschiebungssatzes gleich

$$\begin{aligned} y_T(t) &= \frac{1}{2\pi \mathrm{j}} \int_{c-\mathrm{j}\infty}^{c+\mathrm{j}\infty} W(s,t)X(s)e^{s(t-T)}\,\mathrm{d}s = \\ &= \frac{1}{2\pi \mathrm{j}} \int_{c-\mathrm{j}\infty}^{c+\mathrm{j}\infty} W(s,t-T)X(s)e^{s(t-T)}\,\mathrm{d}s = y(t-T)\,, \end{aligned} \tag{7.10}$$

woraus die Periodizität des durch (7.7) definierten Operators folgt.   ∎

In der Mehrheit der Anwendungen reicht es aus, wenn man sich auf Berechnungsmethoden für die Reaktion eines linearen Operators auf äußere Anregungen beschränkt, deren Bilder die Form

$$X(s) = \frac{1}{(s-b)^\ell} = \frac{1}{(\ell-1)!} \frac{\partial^{\ell-1}}{\partial b^{\ell-1}} \frac{1}{s-b}, \quad \mathrm{Re}\, s > b \tag{7.11}$$

haben mit einer Konstanten b und einer ganzen Zahl ℓ. Wie aus (1.99) entnommen werden kann, gehört zum Bild (7.11) das Original

$$x(t) = \begin{cases} \frac{1}{(\ell-1)!}\, t^{\ell-1}\, e^{bt} & t > 0 \\ 0 & t < 0. \end{cases} \tag{7.12}$$

Im Falle von (7.11) findet man aus (7.7)

$$y(t) = \frac{1}{2\pi j} \int_{c-j\infty}^{c+j\infty} W(s,t) \left[\frac{1}{(\ell-1)!} \frac{\partial^{\ell-1}}{\partial b^{\ell-1}} \frac{1}{s-b} \right] e^{st}\, ds. \tag{7.13}$$

Formel (7.13) wird gewöhnlich in der Form

$$y(t) = \frac{1}{(\ell-1)!} \frac{\partial^{\ell-1}}{\partial b^{\ell-1}}\, y_1(t,b) \tag{7.14}$$

mit

$$y_1(t,b) \stackrel{\text{def}}{=} \frac{1}{2\pi j} \int_{c-j\infty}^{c+j\infty} \frac{W(s,t)}{s-b}\, e^{st}\, ds \tag{7.15}$$

dargestellt. In den weiter unten zu betrachtenden Aufgaben wird die PTF $W(s,t)$ eine meromorphe Funktion des Arguments s, das heißt, ihre singulären Punkte s_i sind Pole. Die Menge der Pole s_i wird sich als unabhängig von t erweisen. Darüber hinaus wird in vielen Fällen für die Berechnung des Integrals (7.15) der Residuensatz anwendbar sein. Wenn die Zahl b keine Polstelle von $W(s,t)$ ist, dann sind die Pole des Integranden in (7.15) die Zahlen s_i und die Zahl b, weshalb das Residuum an der Stelle b durch

$$\operatorname*{Res}_{b} \left[\frac{W(s,t)}{s-b}\, e^{st} \right] = W(b,t) e^{bt} \tag{7.16}$$

gegeben ist. Die Anwendung des Residuensatzes auf (7.15) liefert

$$y_1(t,b) = \sum_i \operatorname*{Res}_{s_i} \left[\frac{W(s,t)}{s-b}\, e^{st} \right] + W(b,t) e^{bt}. \tag{7.17}$$

Die ersten Summanden auf der rechten Seite von (7.17) bestimmen den Übergangsvorgang $y_a(t)$ während der letzte Summand den *quasistationären Prozeß* $y_\infty(t)$ angibt. Die Gleichungen (7.17) und (7.14) ausnutzend, findet man für den quasistationären Prozeß im allgemeinen Fall (7.11)

$$y_\infty(t) = \frac{1}{(\ell-1)!} \frac{\partial^{\ell-1}}{\partial b^{\ell-1}} \left[W(b,t)\, e^{bt} \right]. \tag{7.18}$$

Genauere Untersuchungen zeigen, daß in Formel (7.18) der Operator $\frac{\partial}{\partial b}$ als

$$\frac{\partial}{\partial b} = \lim_{s \to b} \frac{\partial}{\partial s} \tag{7.19}$$

zu verstehen ist. Insbesondere hat man für $b = 0$ dann

$$x(t) = \begin{cases} \frac{1}{(\ell-1)!} t^{\ell-1} & t > 0 \\ 0 & t < 0. \end{cases} \tag{7.20}$$

Damit ergibt sich der Gleichanteil des Prozesses zu

$$y_\infty(t) = \frac{1}{(\ell-1)!} \lim_{s \to 0} \frac{\partial^{\ell-1}}{\partial s^{\ell-1}} \left[W(s,t)\, e^{st} \right] . \tag{7.21}$$

Die Formeln (7.7), (7.17) und (7.18) zeigen, daß die parametrische Übertragungs-funktion ähnliche Eigenschaften besitzt wie die Übertragungsfunktion eines stationären Operators, die man in der klassischen Regelungstheorie benutzt. Insbesondere kann man bei Kenntnis der PTF $W(s,t)$ im Prinzip die Übergangsprozesse und die quasistationären Prozesse am Ausgang eines linearen instationären Operators bei deterministischer Anregung untersuchen. Es muß betont werden, daß in jedem konkreten Fall die Formeln dieses Abschnitts einer strengen mathematischen Begründung bedürfen, so wie es weiter unten für verschiedene Klassen von Operatoren und Systemen geschehen wird.

7.2 Analyse mittels der $\mathcal{D}$-Transformation des Eingangssignals

Wenn der Operator (7.1) T–periodisch ist, das heißt

$$y(t - T) = \mathsf{U}[x(t - T)] \tag{7.22}$$

richtig ist, dann stellt die $\mathcal{D}$-Transformation des Eingangssignals eine passende Methode zur Berechnung der Reaktion am Ausgangs dar. Möge der Operator (7.1) T–periodisch sein, dann gilt für beliebige ganze k

$$y(t + kT) = \mathsf{U}[x(t + kT)] . \tag{7.23}$$

Nach Multiplikation mit e^{-skT} und Summation über alle ganzen k gewinnt man

$$\sum_{k=-\infty}^{\infty} y(t + kT)e^{-skT} = \sum_{k=-\infty}^{\infty} \mathsf{U}\left[x(t + kT)e^{-skT} \right] . \tag{7.24}$$

Wenn im letzten Ausdruck die Operationen $\sum$ und U vertauscht werden, dann gelangt man zu

$$\sum_{k=-\infty}^{\infty} y(t + kT)e^{-skT} = \mathsf{U}\left[\sum_{k=-\infty}^{\infty} x(t + kT)e^{-skT} \right] . \tag{7.25}$$

Indem die Bezeichnung (4.1) angewendet wird, kann die letzte Beziehung in der Form

$$\mathcal{D}_y(T,s,t) = \mathsf{U}\left[\mathcal{D}_x(T,s,t)\right] \tag{7.26}$$

geschrieben werden. Die Formel (7.26) soll fortan *diskretes Modell* des linearen periodischen Operators genannt werden. Sie wird in den folgenden Darlegungen eine wichtige Rolle spielen.

In den Fällen, wo die Formel (7.26) anwendbar ist, eröffnet sie einen neuen Weg zur Konstruktion einer Ein-/Ausgangs-Darstellung eines linearen periodischen Operators (oder Systems), die auf folgendes hinausläuft:
Auf den Eingang des Systems wird anstelle des wirklichen Signal $x(t)$ das fiktive Signal

$$\tilde{x}(t) = \mathcal{D}_x(T,s,t) = e^{st}\varphi_x(T,s,t) \tag{7.27}$$

mit der DPFR des Eingangssignals

$$\varphi_x(T,s,t) = \sum_{k=-\infty}^{\infty} x(t+kT)e^{-s(t+kT)} \tag{7.28}$$

gegeben, für die bekanntlich

$$\varphi_x(T,s,t) = \varphi_x(T,s,t+T) \tag{7.29}$$

richtig ist.
Es wird unterstellt, daß der Ausgang des Systems die Gestalt

$$\tilde{y}(t) = e^{st}y_0(s,t)\,, \quad y_0(s,t) = y_0(s,t+T) \tag{7.30}$$

hat. Für eine breite Klasse von Systemen existieren solche Lösungen und sind eindeutig. Deshalb zeigt der Vergleich von (7.26), (7.27) und (7.30), daß

$$\tilde{y}(t) = \mathcal{D}_y(T,s,t)\,, \quad y_0(s,t) = \varphi_y(T,s,t) \tag{7.31}$$

ist. Die Verwendung von Formel (4.34) ergibt

$$y(t) = \frac{T}{2\pi\mathrm{j}} \int_{c-\mathrm{j}\omega/2}^{c+\mathrm{j}\omega/2} \mathsf{U}\left[\mathcal{D}_x(T,s,t)\right]\,\mathrm{d}s \tag{7.32}$$

bei passender Wahl der Konstanten c. Die Formel (7.26) kann auch durch die PTF des Operators U und die Laplace-Transformation des Eingangssignals $X(s)$ ausgedrückt werden. Dazu wird vorausgesetzt, daß zugleich mit (7.26) die Beziehung

$$\mathcal{D}_Y(T,s,t) = \mathsf{U}\left[\mathcal{D}_X(T,s,t)\right] \tag{7.33}$$

oder ausgeschrieben

$$\mathcal{D}_Y(T,s,t) = \mathsf{U}\left[\frac{1}{T}\sum_{k=-\infty}^{\infty} X(s+k\mathrm{j}\omega)e^{(s+k\mathrm{j}\omega)t}\right] \tag{7.34}$$

richtig ist. Wenn die Vertauschbarkeit der Operatoren U und $\sum$ vorausgesetzt wird, gewinnt man

$$\mathcal{D}_Y(T, s, t) = \frac{1}{T} \sum_{k=-\infty}^{\infty} X(s + kj\omega)\, U\left[e^{(s+kj\omega)t} \right]. \tag{7.35}$$

Nun folgt aber aus (7.2), daß

$$U\left[e^{(s+kj\omega)t} \right] = W(s + kj\omega, t) e^{(s+kj\omega)t} \tag{7.36}$$

ist, wodurch (7.33) die Gestalt

$$\mathcal{D}_Y(T, s, t) = \frac{1}{T} \sum_{k=-\infty}^{\infty} W(s + kj\omega, t) X(s + kj\omega)\, e^{(s+kj\omega)t} \tag{7.37}$$

erhält. Nach Anwendung der Umkehrformel (4.37) gewinnt man schließlich die den Ausgang bestimmende Formel

$$y(t) = \frac{1}{2\pi j} \int_{c-j\omega/2}^{c+j\omega/2} \left[\sum_{k=-\infty}^{\infty} W(s + kj\omega, t) X(s + kj\omega)\, e^{(s+kj\omega)t} \right] ds. \tag{7.38}$$

Die Ableitung der grundlegenden Beziehungen dieses Abschnitts genügen keinen strengen Maßstäben und müssen in jedem konkreten Fall ausreichend begründet werden.

7.3 Analyse linearer Integraloperatoren

In diesem Abschnitt werden lineare Integraloperatoren der Form (6.69) betrachtet.

Satz 7.1 *Für den Operator* U *mögen die Bedingungen des Satzes 6.2, d.h.* U $\in$ $\mathcal{U}(\alpha, \beta)$ *gelten. Weiterhin sei* $x(t) \in \Lambda(\alpha, \beta)$ *und folglich für* $|s| \to \infty$, $\alpha < \mathrm{Re}\, s < \beta$ *die Abschätzung (1.45)*

$$|X(s)| < A|s|^{-1} \tag{7.39}$$

erfüllt. Dann sind die folgenden Aussagen wahr:

1. Es gilt die Formel (7.7)

$$y(t) = \frac{1}{2\pi j} \int_{c-j\infty}^{c+j\infty} W(s, t) X(s) e^{st}\, ds, \quad \alpha < \mathrm{Re}\, c < \beta. \tag{7.40}$$

2. Die Formeln (7.37) und (7.38) sind richtig.

Beweis: 1. Es wird das Integral der Form

$$\tilde{y}(t,\mu) \stackrel{\text{def}}{=} \int_{-\infty}^{\infty} g(\mu,u)x(t-u)\,\mathrm{d}u \tag{7.41}$$

betrachtet, wobei μ ein von t unabhängiger Parameter ist. Für festgehaltenes μ präsentiert sich die rechte Seite von (7.41) als Faltung, die bei den Voraussetzungen an $x(t)$ wegen der Ergebnisse aus Abschnitt 1.10 existiert. Nach Anwendung von Formel (1.63) findet man

$$\tilde{y}(t,\mu) = \frac{1}{2\pi\mathrm{j}} \int_{c-\mathrm{j}\infty}^{c+\mathrm{j}\infty} W(s,\mu)X(s)\mathrm{e}^{st}\,\mathrm{d}s\,, \quad \alpha < \operatorname{Re} s < \beta. \tag{7.42}$$

Aus den Abschätzungen (7.39) und (6.84) folgt, daß für $|s| \to \infty$, $\alpha < \operatorname{Re} s < \beta$ in beliebigen endlichen Intervallen von t

$$|W(s,\mu)X(s)| < K_1|s|^{-2} \tag{7.43}$$

gilt, weshalb das Integral

$$\int_{c-\mathrm{j}\infty}^{c+\mathrm{j}\infty} |s|^{-2}\,\mathrm{d}s \tag{7.44}$$

für $c \neq 0$ konvergiert und deshalb das Integral (7.42) gleichmäßig bezüglich μ und t konvergiert. Da der Integrand auf der rechten Seite von (7.42) stetig in μ und t ist, überträgt sich diese Eigenschaft auch auf die linke Seite. Deshalb kann man in (7.42) zu $\mu = t$ übergehen und gelangt zu der Formel

$$\tilde{y}(t,\mu)\,|_{\mu=t} = \frac{1}{2\pi\mathrm{j}} \int_{c-\mathrm{j}\infty}^{c+\mathrm{j}\infty} W(s,t)X(s)\mathrm{e}^{st}\,\mathrm{d}s\,, \quad \alpha < \operatorname{Re} s < \beta. \tag{7.45}$$

Gleichzeitig ergibt Formel (7.41) für $t = \mu$ die Funktion (6.69), womit (7.45) und (7.40) gleichwertig sind.

2. Wegen der Abschätzung (7.43) konvergiert das Integral (7.40) absolut und kann deshalb der Diskretisierung unterzogen werden. Als Ergebnis gewinnt man

$$y(t) = \frac{T}{2\pi\mathrm{j}} \int_{c-\mathrm{j}\omega/2}^{c+\mathrm{j}\omega/2} \left[\frac{1}{T} \sum_{k=-\infty}^{\infty} W(s+k\mathrm{j}\omega,t)X(s+k\mathrm{j}\omega)\,\mathrm{e}^{(s+k\mathrm{j}\omega)t} \right] \mathrm{d}s\,, \tag{7.46}$$

womit (7.38) bewiesen ist. Es verbleibt, Formel (7.37) zu beweisen. Für einen festen Wert μ präsentiert sich das Produkt $W(s,\mu)X(s)$ als Bild der Funktion $\tilde{y}(t,\mu)$ (7.41) bezüglich des Arguments t. Aus der Abschätzung (7.43) und Satz 4.3 entnimmt man

$$\sum_{k=-\infty}^{\infty} \tilde{y}(t+kT,\mu)\mathrm{e}^{-skT} = \frac{1}{T} \sum_{k=-\infty}^{\infty} W(s+k\mathrm{j}\omega,\mu)X(s+k\mathrm{j}\omega)\,\mathrm{e}^{(s+k\mathrm{j}\omega)t} \tag{7.47}$$

Indem man $\tilde{y}(t,\mu) = \tilde{y}(t,\mu + T)$ verwendet, kann man die letzte Beziehung in der Form

$$\sum_{k=-\infty}^{\infty} \tilde{y}(t + kT, \mu + kT)e^{-skT} = \frac{1}{T} \sum_{k=-\infty}^{\infty} W(s + kj\omega, \mu)X(s + kj\omega)\,e^{(s+kj\omega)t} \quad (7.48)$$

schreiben. Die linke und die rechte Seite von (7.48) hängen stetig von t, μ ab, weshalb auf beiden Seiten von (7.48) $\mu = t$ gesetzt werden darf. Insgesamt ergibt sich

$$\sum_{k=-\infty}^{\infty} \tilde{y}(t + kT, t + kT)e^{-skT} = \sum_{k=-\infty}^{\infty} y(t + kT)e^{-skT} = \quad (7.49)$$

$$= \mathcal{D}_y(T, s, t) = \mathcal{D}_Y(T, s, t)\,,$$

was gemeinsam mit (7.48) auf die Formel (7.37) führt.   ∎

Satz 7.1 liefert die Grundlage für die Anwendung der Laplace-Transformation zur Untersuchung von Operatoren bei äußeren Anregungen, wenn diese Anregungen Laplace-Transformierte in entsprechenden Konvergenzstreifen besitzen. Allerdings sind diese Operatoren tatsächlich auf einer bedeutend breiteren Klasse von Funktionen definiert. Das läßt sich am Beispiel der e-dichotomischen Operatoren (6.69) demonstrieren, deren Impulsantwort einer Abschätzung (6.91) genügen. In die Betrachtungen wird eine neue Klasse von Funktionen eingeführt. Durch R_β wird die Menge von Funktionen $f(t)$ bezeichnet, die auf einem beliebigen endlichen Intervall integrierbar sind und der Abschätzung

$$|f(t)| < Ke^{\beta|t|}\,, \quad -\infty < t < \infty\,, \quad K = \text{const.} \quad (7.50)$$

genügen. Bei $\beta > 0$ enthält die Menge R_β auch für $|s| \to \infty$ exponentiell wachsende Funktionen.

Satz 7.2 *Möge die Impulsantwort $g(t,u)$ des Operators (6.69)*

$$y(t) = \int_{-\infty}^{\infty} h(t,\tau)x(\tau)\,d\tau \quad (7.51)$$

der Abschätzung

$$|g(t,u)| < Me^{-\gamma|u|} \quad (7.52)$$

genügen mit $\gamma > 0$, dann konvergiert das Integral in (7.51) für beliebige $x(t) \in R_\beta$ mit $0 \leq \beta < \gamma$, weshalb $y(t) \in R_\beta$ gilt.

Beweis: Aus der Abschätzung (7.50) bekommt man

$$|x(t)| < K\left(e^{\beta t} + e^{-\beta t}\right)\,, \quad -\infty < t < \infty\,. \quad (7.53)$$

Darüber hinaus folgt aus (7.52) und (6.74)

$$|h(t,\tau)| < M\mathrm{e}^{-\gamma|t-\tau|}. \tag{7.54}$$

Aus (7.51) läßt sich mittels (7.53)

$$|y(t)| \le \int_{-\infty}^{\infty} |h(t,\tau)| \cdot |x(\tau)|\,\mathrm{d}\tau < KM\psi(t) \tag{7.55}$$

abschätzen, wobei die Bezeichnung

$$\psi(t) \stackrel{\text{def}}{=} \int_{-\infty}^{\infty} \mathrm{e}^{-\gamma|t-\tau|} \left(\mathrm{e}^{\beta\tau} + \mathrm{e}^{-\beta\tau}\right)\,\mathrm{d}\tau \tag{7.56}$$

verwendet wird. Es wird gezeigt, daß das Integral (7.56) konvergiert und $\psi(t) \in R_\beta$ ist. Dazu zerlegt man

$$\psi(t) = \psi_+(t) + \psi_-(t)$$

mit

$$\psi_-(t) \stackrel{\text{def}}{=} \int_{-\infty}^{t} \mathrm{e}^{-\gamma|t-\tau|} \left(\mathrm{e}^{\beta\tau} + \mathrm{e}^{-\beta\tau}\right)\,\mathrm{d}\tau$$

$$\psi_+(t) \stackrel{\text{def}}{=} \int_{t}^{\infty} \mathrm{e}^{-\gamma|t-\tau|} \left(\mathrm{e}^{\beta\tau} + \mathrm{e}^{-\beta\tau}\right)\,\mathrm{d}\tau.$$

Es wird zunächst das Integral $\psi_-(t)$ betrachtet. Da hierin $\tau \le t$ gilt, kann man

$$\psi_-(t) = \int_{-\infty}^{t} \mathrm{e}^{-\gamma(t-\tau)} \left(\mathrm{e}^{\beta\tau} + \mathrm{e}^{-\beta\tau}\right)\,\mathrm{d}\tau =$$

$$= \mathrm{e}^{-\gamma t} \int_{-\infty}^{t} \mathrm{e}^{(\gamma-\beta)\tau}\,\mathrm{d}\tau + \mathrm{e}^{-\gamma t} \int_{-\infty}^{t} \mathrm{e}^{(\gamma+\beta)\tau}\,\mathrm{d}\tau$$

schreiben. Wegen $|\beta| < \gamma$ konvergieren die Integrale auf der rechten Seite und man erhält

$$|\psi_-(t)| \le \frac{1}{\gamma-\beta} \left(\mathrm{e}^{\beta t} + \mathrm{e}^{-\beta t}\right) < \frac{2}{\gamma-\beta}\,\mathrm{e}^{\beta|t|}$$

das heißt $\psi_-(t) \in R_\beta$. Analog zeigt man, daß $\psi_+(t) \in R_\beta$ liegt, woraus insgesamt $\psi(t) \in R_\beta$ und dank (7.55) $y(t) \in R_\beta$ ersichtlich ist. ∎

7.4 Analyse linearer periodischer Pulsoperatoren

In diesem Abschnitt wird der Frage nachgegangen, ob die allgemeinen Beziehungen der Abschnitte 7.1 und 7.2 für die Analyse von LPPO

$$y(t) = \mathsf{U}_d[x(t)] = \sum_{k=-\infty}^{\infty} q(t - kT)x_k \tag{7.57}$$

anwendbar sind.

Satz 7.3 *Möge* $U \in \mathcal{U}_d(\alpha, \beta)$ *und die Folge* $x_k \in \Lambda_d(\alpha, \beta)$ *sein, dann gelten die folgenden Behauptungen:*

1.

$$y(t) \in H(\alpha, \beta), \tag{7.58}$$

wobei $H(\alpha, \beta)$ *die in Abschnitt 1.1 erklärte Menge von Funktionen ist.*

2. Die diskrete Laplace-Transformation des Ausgangs

$$\mathcal{D}_y(T, s, t) = \sum_{k=-\infty}^{\infty} y(t + kT) e^{-skT} \tag{7.59}$$

ist durch

$$\mathcal{D}_y(T, s, t) = D_d(s, t) X^*(s), \quad \alpha < \mathrm{Re}\ s < \beta \tag{7.60}$$

definiert, wobei

$$D_d(s, t) = \sum_{k=-\infty}^{\infty} q(t + kT) e^{-skT} = \mathcal{D}_q(T, s, t) \tag{7.61}$$

die diskrete Übertragungsfunktion (6.110) und

$$X^*(s) = \sum_{k=-\infty}^{\infty} x_k e^{-ksT} \tag{7.62}$$

die diskrete Laplace-Transformation der Eingangsfolge $\{x_k\}$ *bedeuten.*

3. Die Laplace-Transformation des Ausgangssignals

$$Y(s) = \int_{-\infty}^{\infty} y(t) e^{-st}\, \mathrm{d}t, \quad \alpha < \mathrm{Re}\ s < \beta$$

ist durch die Formel

$$Y(s) = Q(s) X^*(s), \quad \alpha < \mathrm{Re}\ s < \beta \tag{7.63}$$

bestimmt.

Beweis: 1. Für den Nachweis von (7.58) bemerkt man, daß

$$y(t) e^{-st} = \sum_{k=-\infty}^{\infty} q(t - kT) x_k\, e^{-st} \tag{7.64}$$

in der Form

$$y(t) e^{-st} = \sum_{k=-\infty}^{\infty} \left[q(t - kT) e^{-s(t-kT)} \right] \left(x_k\, e^{-ksT} \right) \tag{7.65}$$

dargestellt werden kann. Wegen der getroffenen Voraussetzungen gelten im Streifen $\alpha < \alpha' \le \mathrm{Re}\, s \le \beta' < \beta$ die Abschätzungen

$$\begin{aligned} \left| q(t - kT)\mathrm{e}^{-s(t-kT)} \right| &< M\mathrm{e}^{-\gamma|t-kT|} \\ \left| x_k \mathrm{e}^{-ksT} \right| &< N\mathrm{e}^{-\delta|k|T} \le N \end{aligned} \tag{7.66}$$

mit positiven Konstanten M, N, γ, δ. Aus (7.65) und (7.66) erzeugt man zunächst

$$\left| y(t)\mathrm{e}^{-st} \right| < NM\mathrm{e}^{-\gamma|t-kT|}, \tag{7.67}$$

und daraus wird unter Ausnutzung von (6.136) und (6.137)

$$\left| y(t)\mathrm{e}^{-st} \right| < N_1 = \text{const.}, \quad \alpha < \alpha' \le \mathrm{Re}\, s \le \beta' < \beta \tag{7.68}$$

gewonnen, woraus sich mit Hilfe von Satz 1.1 die Behauptung ergibt.

2. Aus (7.58) folgt die Existenz der diskreten Laplace-Transformation

$$\mathcal{D}_y(T, s, t) = \sum_{m=-\infty}^{\infty} y(t + mT)\mathrm{e}^{-msT}, \quad \alpha < \mathrm{Re}\, s < \beta. \tag{7.69}$$

Für die Berechnung von $\mathcal{D}_y(T, s, t)$ sei bemerkt, daß aus (7.57)

$$y(t + mT) = \sum_{k=-\infty}^{\infty} q(t + mT - kT)x_k \tag{7.70}$$

folgt, was in (7.69) eingesetzt

$$\mathcal{D}_y(T, s, t) = \sum_{m=-\infty}^{\infty} \sum_{k=-\infty}^{\infty} q(t + mT - kT)x_k \mathrm{e}^{-msT} \tag{7.71}$$

ergibt. Substituiert man hierin $m - k = r$, dann gelangt man zu

$$\mathcal{D}_y(T, s, t) = \left[\sum_{r=-\infty}^{\infty} q(t + rT)\mathrm{e}^{-rsT} \right] \left[\sum_{k=-\infty}^{\infty} x_k \mathrm{e}^{-ksT} \right], \tag{7.72}$$

das gleichwertig zu (7.60) ist. Der Übergang von (7.71) auf (7.72) ist wegen der absoluten Konvergenz der Reihen auf der rechten Seite von (7.72) erlaubt.

3. Die Integration von (7.64) bezüglich t liefert

$$\int_{-\infty}^{\infty} y(t)\mathrm{e}^{-st}\,\mathrm{d}t = \int_{-\infty}^{\infty} \left[\sum_{k=-\infty}^{\infty} q(t - kT)x_k \right] \mathrm{e}^{-st}\,\mathrm{d}t. \tag{7.73}$$

Durch Vertauschen der Reihenfolge von Integration und Summation gelangt man formal zu

$$Y(s) = \sum_{k=-\infty}^{\infty} x_k \int_{-\infty}^{\infty} q(t - kT)\mathrm{e}^{-st}\,\mathrm{d}t = Q(s) \sum_{k=-\infty}^{\infty} x_k \mathrm{e}^{-ksT}, \tag{7.74}$$

das zu (7.63) gleichwertig ist. Für die Begründung des Übergangs von (7.73) nach (7.74) wird

$$Y_a(s) \overset{\text{def}}{=} \int_{-\infty}^{\infty} |y(t)| e^{-st} \, dt \,, \quad \alpha < \operatorname{Re} s < \beta \tag{7.75}$$

bezeichnet. Die Konvergenz des Integrals (7.75) ergibt sich aus (7.58). Es wird nun die Reihe der Beträge

$$I_a(t) \overset{\text{def}}{=} \sum_{k=-\infty}^{\infty} \left| h(t - kT) e^{-st} \right| |x_k| \tag{7.76}$$

betrachtet. Indem (7.76) nach t integriert und $\operatorname{Re} s = \lambda$ angenommen wird, erhält man

$$\int_{-\infty}^{\infty} I_a(t) \mathrm{d}t = Y_a(\lambda) \sum_{k=-\infty}^{\infty} |x_k| e^{-k\lambda T} < N = \text{const.} \tag{7.77}$$

Aus der Konvergenz der Reihe (7.77) folgt die Rechtmäßigkeit des Übergangs von (7.73) nach (7.74) und schließlich die Korrektheit der Formel (7.63). ■

Folgerung 1. Aus (7.60) ergibt sich

$$D_d(s,t) = \frac{\mathcal{D}_y(T,s,t)}{X^*(s)} \,, \tag{7.78}$$

was bedeutet, daß die diskrete Übertragungsfunktion des LPPO $D_d(s,t)$ gleich dem Verhältnis aus der diskreten Laplace-Transformation des Ausgangssignals zur diskreten Laplace-Transformation der Eingangsfolge ist.

Folgerung 2. Aus (7.63) ersieht man

$$Q(s) = \frac{Y(s)}{X^*(s)} \,, \tag{7.79}$$

das heißt, die äquivalente Übertragungsfunktion $Q(s)$ ist gleich dem Verhältnis von der Laplace-Transformation des Ausgangssignals in kontinuierlicher Zeit zur diskreten Laplace-Transformation der Eingangssignalfolge.

Es wird angenommen, daß auf den Eingang des LPPO ein Signal $x(t) \in \Lambda(\alpha,\beta)$ einwirke. Im weiteren soll vorausgesetzt werden, daß die Eingangsfolge $\{x_k\}$ durch $x_k = x(kT)$ gebildet werde, wenn $t_k = kT$ ein Stetigkeitspunkt ist und durch $x_k = x(kT + 0)$, wenn das Eingangssignal für $t_k = kT$ eine Sprungstelle hat. Wegen der Beziehungen aus Abschnitt 4.3 erhält man dann

$$X^*(s) = \mathcal{D}_x(T, s, +0) \,, \tag{7.80}$$

wobei $\mathcal{D}_x(T, s, t)$ die diskrete Laplace-Transformation des Eingangssignals $x(t)$ ist. Darum nehmen die Beziehungen (7.60) und (7.63) die Gestalt

$$\mathcal{D}_y(T, s, t) = D_d(s, t)\mathcal{D}_x(T, s, +0) = \mathcal{D}_q(T, s, t)\mathcal{D}_x(T, s, +0) \tag{7.81}$$

an, was auch durch

$$Y(s) = Q(s)\mathcal{D}_x(T, s, +0) \tag{7.82}$$

ausgedrückt werden kann.

Es soll nun eine für die späteren Betrachtungen notwendige wichtige Eigenschaft des LPPO (7.57) festgestellt werden. Möge auf den Eingang des LPPO (7.75) ein Eingangssignal der Form

$$x(t) = f(t)g(t), \quad g(t) = g(t + T) \tag{7.83}$$

einwirken, dann ändert sich die Eingangsfolge $\{x_k\} = \{x(kT + 0)\}$ nicht, wenn anstelle von (7.83) das Eingangssignal

$$\hat{x}(t) = f(t)g(+0) \tag{7.84}$$

verwendet wird. Folglich hat der Ersatz des Eingangssignals (7.83) gegen (7.84) keine Auswirkungen auf den Verlauf des Ausgangssignals $y(t)$ des LPPO. Die Möglichkeit des Austauschs des Eingangs (7.83) durch (7.84) wird *stroboskopischer Effekt* des LPPO genannt. Indem (7.83), (7.84) ausgenutzt wird, läßt sich zeigen, daß die Formel (7.81) als Bestätigung der allgemeinen Formel (7.26) für den LPPO angesehen werden kann. Möge etwa $x(t) \in \Lambda(\alpha, \beta)$ sein und auf den Eingang des LPPO das fiktive Signal

$$\tilde{x}(t) \stackrel{\text{def}}{=} \mathcal{D}_x(T, s, t) = e^{st}\varphi_x(T, s, t). \tag{7.85}$$

einwirken. Der Eingang (7.85) hat die Form (7.83) mit $f(t) = e^{st}$ und $g(t) = \varphi_x(T, s, t)$. Den stroboskopischen Effekt ausnutzend, kann das Eingangssignal (7.85) unter Berücksichtigung von (7.84) äquivalent durch

$$\hat{x}(t) = e^{st}\varphi_x(T, s, +0) = e^{st}\mathcal{D}_x(T, s, +0) \tag{7.86}$$

ersetzt werden. Damit folgt offensichtlich mittels (6.109) und (6.110)

$$\mathsf{U}_d[\tilde{x}(t)] = \mathsf{U}_d[\hat{x}(t)] = \mathsf{U}_d\left[e^{st}\right]\mathcal{D}_x(T, s, +0) = \mathcal{D}_q(T, s, t)\mathcal{D}_x(T, s, +0).$$

Auf diese Art und Weise ist unter den vormals getroffenen Voraussetzungen die Formel (7.26) auch für den LPPO (7.57) gültig.

Durch Ausnutzung der Umkehrformeln für die Funktionaltransformationen aus den Kapiteln 1 und 4 lassen sich allgemeingültige Formeln auf der Basis der bekannten Relationen (7.81), (7.82) im Bildbereich angeben.

1. Durch Anwendung der Umkehrformel für die diskrete Laplace-Transformation (4.34) erhält man aus (7.81)

$$y(t) = \frac{T}{2\pi \mathrm{j}} \int_{c-\mathrm{j}\omega/2}^{c+\mathrm{j}\omega/2} \mathcal{D}_q(T,s,t)\mathcal{D}_x(T,s,+0)\,\mathrm{d}s\,, \quad \alpha < c < \beta\,. \tag{7.87}$$

2. Möge entsprechend der früheren Absprache der Ausgang des LPPO $y(t)$ auf jedem beliebigen endlichen Teilintervall von beschränkter Variation sein, dann gewinnt man aus (7.82)

$$y(t) = \frac{1}{2\pi \mathrm{j}} \int_{c-\infty}^{c+\infty} Q(s)\mathcal{D}_x(T,s,+0)\mathrm{e}^{st}\,\mathrm{d}s\,, \quad \alpha < c < \beta\,. \tag{7.88}$$

Wenn man formal auf das Integral (7.88) die Diskretisierung (1.32) mit der Schrittweite $\mathrm{j}\omega$ anwendet und

$$\mathcal{D}_x(T,s,+0) = \mathcal{D}_x(T,s+\mathrm{j}\omega,+0) \tag{7.89}$$

beachtet, dann findet man mit Hilfe von (1.32)

$$y(t) = \frac{T}{2\pi \mathrm{j}} \int_{c-\mathrm{j}\omega/2}^{c+\mathrm{j}\omega/2} \mathcal{D}_Q(T,s,t)\mathcal{D}_x(T,s,+0)\,\mathrm{d}s\,, \quad \alpha < c < \beta\,. \tag{7.90}$$

Für alle t, für die $\mathcal{D}_q(T,s,t) = \mathcal{D}_Q(T,s,t)$ erfüllt ist, liefern die Formeln (7.87) und (7.90) ein eindeutiges Ergebnis.

3. Es wird eine hinreichende Bedingung angegeben, die die Äquivalenz der Formeln (7.87), (7.88) und (7.90) für alle t gewährleistet.

Satz 7.4 *Möge für $\alpha < \alpha' \leq \mathrm{Re}\, s \leq \beta' < \beta$, $|s| \to \infty$ die Abschätzung*

$$|Q(s)| < K|s|^{-1-\lambda} \tag{7.91}$$

mit positiven Konstanten K, λ gelten, dann sind die folgenden Behauptungen wahr:

1. Die Formeln (7.87), (7.88) und (7.90) liefern ein eindeutiges Ergebnis.

2. Für den entsprechenden Ausgang gilt $y(t) \in \Lambda(\alpha,\beta)$ und $y(t)$ ist stetig.

Beweis: 1. Vermöge $x(t) \in \Lambda(\alpha,\beta)$ gewinnt man aus Satz 3.1 $|\mathcal{D}_x(T,s,+0)| = |\varphi_x(T,s,+0)| < L = \mathrm{const.}$, $\alpha' \leq \mathrm{Re}\, s \leq \beta'$. Deshalb genügt die Funktion $Q(s)\mathcal{D}_x(T,s,+0)$ in diesem Streifen einer zu (1.33) analogen Abschätzung. Sodann folgt aus Satz 1.4 $y(t) \in \Lambda(\alpha,\beta)$ und die Stetigkeit.

2. Bei den getroffenen Voraussetzungen ist die Diskretisierung des Integrals (7.88) zulässig, die zu (7.90) geführt hatte. Die gemachte Voraussetzung

$\mathcal{D}_q(T, s, t) = \mathcal{D}_Q(T, s, t)$ für alle t zieht auch die Übereinstimmung der Integrale (7.87) und (7.90) nach sich, womit alle Behauptungen bewiesen sind. ∎

Für den LPPO (7.57) kann man auch das Umkehrintegral der Form (7.7) bekommen, indem man die PTF $W_d(s, t)$ verwendet. Dazu wird das Eingangssignal $x(t) \in \Lambda(\alpha, \beta)$ und stetig vorausgesetzt und die Gleichung des LPPO in der Form

$$y(t) = \sum_{k=-\infty}^{\infty} q(t - kT)x(kT) \tag{7.92}$$

geschrieben. Unter den getroffenen Voraussetzungen gilt die Umkehrformel

$$x(t) = \frac{1}{2\pi j} \int_{c-j\infty}^{c+j\infty} X(s)e^{st}\,\mathrm{d}s, \quad \alpha < c < \beta, \tag{7.93}$$

so daß für alle k

$$x(kT) = \frac{1}{2\pi j} \int_{c-j\infty}^{c+j\infty} X(s)e^{ksT}\,\mathrm{d}s, \quad \alpha < c < \beta \tag{7.94}$$

richtig ist. Indem (7.94) in (7.92) eingesetzt wird gelangt man zu

$$y(t) = \frac{1}{2\pi j} \sum_{k=-\infty}^{\infty} q(t - kT) \int_{c-j\infty}^{c+j\infty} X(s)e^{ksT}\,\mathrm{d}s, \quad \alpha < c < \beta. \tag{7.95}$$

Wenn hierin die Reihenfolge der Summation und der Integration vertauscht wird, gewinnt man die Formel

$$y(t) = \frac{1}{2\pi j} \int_{c-j\infty}^{c+j\infty} X(s) \left[\sum_{k=-\infty}^{\infty} q(t - kT)e^{ksT} \right] \mathrm{d}s, \quad \alpha < c < \beta. \tag{7.96}$$

Ersetzt man nun auf der rechten Seite von (7.96) k durch $-k$, und nutzt die Beziehungen (6.104), (6.110), dann entsteht

$$y(t) = \frac{1}{2\pi j} \int_{c-j\infty}^{c+j\infty} W_d(s, t)X(s)e^{st}\,\mathrm{d}s = \frac{1}{2\pi j} \int_{c-j\infty}^{c+j\infty} D_d(s, t)X(s)\,\mathrm{d}s. \tag{7.97}$$

Für die Überprüfung der vorgenommenen Berechnungen kann die folgende Aussage verwendet werden.

Satz 7.5 *Es sei* $q(t) \in \Lambda(\alpha, \beta)$ *und für* $\alpha < \alpha' \leq \mathrm{Re}\,s \leq \beta' < \beta$, $|s| \to \infty$ *gelte die Abschätzung*

$$|X(s)| < L|s|^{-1-\lambda} \tag{7.98}$$

mit positiven Konstanten L, λ, *dann bestimmen die Integrale (7.97) sowie auch die Formel (7.87) die Funktion* $y(t)$.

Beweis:　　Im vorliegenden Fall gilt wegen Folgerung 1 nach Satz 3.1

$$|W_d(s,t)| = |\varphi_q(T,s,t)| < M, \quad \alpha < \alpha' \leq \text{Re } s \leq \beta' < \beta. \tag{7.99}$$

Demzufolge befriedigt die Funktion $X(s)W_d(s,t)$ eine Abschätzung analog zu (1.33), weshalb man im Integral (7.97) die Diskretisierung mit der Schrittweite $j\omega$ vornehmen darf. Danach wird berücksichtigt, daß

$$D_d(s,t) = D_d(s + j\omega, t) \tag{7.100}$$

ist, wodurch man

$$y(t) = \frac{T}{2\pi j} \int_{c-j\omega/2}^{c+j\omega/2} D_d(s,t)\mathcal{D}_X(T,s,0)\,ds \tag{7.101}$$

mit

$$\mathcal{D}_X(T,s,0) = \frac{1}{T} \sum_{k=-\infty}^{\infty} X(s + kj\omega) \tag{7.102}$$

findet. Wegen der Gültigkeit von (7.98) ist die Funktion $x(t) \in \Lambda(\alpha,\beta)$ und stetig, so daß man

$$\mathcal{D}_x(T,s,+0) = \mathcal{D}_x(T,s,0) = \mathcal{D}_X(T,s,0) \tag{7.103}$$

gewinnt. Damit stimmt das Integral (7.101) unter den angenommenen Voraussetzungen mit dem Integral (7.87) überein.　　　　　　　　　　　　　■

Bemerkung.　　Die Bedingung (7.98) ist zu scharf für viele Anwendungen, weil sie die Klasse der Eingangssignale auf die stetigen Funktionen beschränkt. Die Bedingung (7.98) wird beispielsweise nicht vom Einheitssprung (1.42) erfüllt, für den $X(s) = s^{-1}$ gilt. Jedoch werden alle Schwierigkeiten überwunden, wenn im Integral (7.101), das aus (7.97) durch Diskretisierung gewonnen wurde, anstatt der Funktion (7.102) die Funktion

$$\mathcal{D}_x(T,s,+0) = \lim_{t \to +0} \mathcal{D}_X(T,s,t) \tag{7.104}$$

benutzt wird.

Dieser Zugang wird im weiteren bei der Betrachtung der allgemeinen Klasse von Integralen der Gestalt

$$y(t) = \frac{1}{2\pi j} \int_{c-j\infty}^{c+j\infty} \mathcal{D}_Q(T,s,t)X(s)\,ds \tag{7.105}$$

gewählt, wobei

$$\mathcal{D}_Q(T,s,t) = \frac{1}{T} \sum_{k=-\infty}^{\infty} Q(s + kj\omega)e^{(s+kj\omega)t} \tag{7.106}$$

bedeutet und $Q(s), X(s)$ im Streifen $\alpha < \mathrm{Re}\, s < \beta$ die Bilder der Funktionen $q(t) \in \Lambda(\alpha, \beta)$, $x(t) \in \Lambda(\alpha, \beta)$ sind. Wenn die Reihe (7.106) als diskrete Übertragungsfunktion eines gewissen LPPO U_d angesehen wird, dann kann das Integral (7.105) als Vorschrift zur Umwandlung des Signals $x(t)$ durch den Operator U_d behandelt werden. Wird vorausgesetzt, daß im Falle eines sprungfähigen Eingangssignals der Operator den Wert $x_k = x(kT + 0)$ erhält, dann kann man vom Integral (7.105) zum Integral

$$y(t) = \frac{T}{2\pi \mathrm{j}} \int_{c-\mathrm{j}\omega/2}^{c+\mathrm{j}\omega/2} \mathcal{D}_q(T, s, t)\mathcal{D}_x(T, s, +0)\, \mathrm{d}s \qquad (7.107)$$

wechseln.

Es sei bemerkt, daß die Ergebnisse dieses Abschnitts ohne wesentliche Änderungen auf LPPO mit Phasenverschiebung U_d^ϕ übertragbar sind, die durch (6.112) definiert wurden. Wenn das Eingangssignal des Operators U_d^ϕ das Aussehen (7.83) hat, dann kann es in Anbetracht von (6.112) durch das äquivalente Signal

$$\hat{x}_\phi(t) = f(t)g(\phi + 0) \qquad (7.108)$$

ersetzt werden. Die Beziehung (7.108) definiert den stroboskopischen Effekt des LPPO mit Phasenverschiebung. Indem man (7.108) verwendet, läßt sich leicht nachweisen, daß die Formel (7.81) im Falle eines LPPO mit Phasenverschiebung durch

$$\mathcal{D}_y(T, s, t) = \mathcal{D}_q(T, s, t - \phi)\mathcal{D}_x(T, s, \phi + 0) \qquad (7.109)$$

zu ersetzen ist. Bei Berücksichtigung von (4.35) erhält man die Laplace-Transformation des Ausgangs zu

$$Y(s) = \int_0^T \mathcal{D}_q(T, s, t - \phi)\mathrm{e}^{-st}\, \mathrm{d}t\, \mathcal{D}_x(T, s, \phi + 0) \qquad (7.110)$$

und außerdem wegen

$$\mathcal{D}_q(T, s, t - \phi)\mathrm{e}^{-st} = \varphi_q(T, s, t - \phi)\mathrm{e}^{-s\phi} \qquad (7.111)$$

das Ergebnis

$$Y(s) = \int_0^T \varphi_q(T, s, t - \phi)\, \mathrm{d}t\, \mathrm{e}^{-s\phi}\, \mathcal{D}_x(T, s, \phi + 0)\,. \qquad (7.112)$$

Hierauf läßt sich (6.115) anwenden, wodurch

$$\int_0^T \varphi_q(T, s, t - \phi)\, \mathrm{d}t = \int_0^T \varphi_Q(T, s, t - \phi)\, \mathrm{d}t = Q(s) \qquad (7.113)$$

entsteht. Berücksichtigt man noch

$$\mathrm{e}^{-s\phi}\mathcal{D}_x(T, s, \phi + 0) = \varphi_x(T, s, \phi + 0)\,, \qquad (7.114)$$

so findet man schließlich

$$Y(s) = Q(s)\varphi_x(T, s, \phi + 0)\,. \qquad (7.115)$$

Kapitel 8

Statistische Analyse und $\mathcal{H}_2$–Norm linearer periodischer Operatoren

8.1 Zufällige Funktionen mit kontinuierlichen und diskreten Argumenten

In diesem Kapitel wird die Aufgabe gestellt, die Reaktion eines linearen periodischen Operators auf ein Eingangssignal $x(t)$ zu untersuchen, das ein zentralisierter im weiteren Sinne stationärer stochastischer Prozeß ist, Lange (1971); Åström (1970); Karlin (1966). Weiterhin wird vereinbart, daß

$$\mathsf{E}[x(t)] = 0 \tag{8.1}$$

$$\mathsf{E}\left[x(t_1)x(t_2)\right] = K_x(t_2 - t_1) \tag{8.2}$$

sind, worin E der Operator für die mathematische Erwartung und $K_x(t)$ die Autokorrelationsfunktion des Signals $x(t)$ sind. Wenn man $t_1 = t$ und $t_2 = t + \tau$ setzt, dann bekommt man

$$\mathsf{E}\left[x(t)x(t + \tau)\right] = K_x(\tau)\,, \tag{8.3}$$

und bekanntlich ist

$$K_x(t) = K_x(-t)\,. \tag{8.4}$$

Wenn eine Abschätzung

$$|K_x(t)| < N\mathrm{e}^{-\lambda|t|} \tag{8.5}$$

mit positiven Konstanten N, λ gilt, dann existiert für $|\operatorname{Re} s| < \lambda$ die zweiseitige Laplace-Transformation

$$R_x(s) \stackrel{\text{def}}{=} \int_{-\infty}^{\infty} K_x(t)\mathrm{e}^{-st}\,\mathrm{d}t\,, \tag{8.6}$$

die *spektrale Leistungsdichte* des Signals $x(t)$ genannt wird. Im folgenden wird stets vorausgesetzt, daß $K_x(t)$ eine Funktion von beschränkter Variation ist. Dadurch gilt die Umkehrformel zu (8.6)

$$K_x(t) = \frac{1}{2\pi \mathrm{j}} \int_{c-\mathrm{j}\infty}^{c+\mathrm{j}\infty} R_x(s)e^{st}\, \mathrm{d}s, \quad -\lambda < c < \lambda. \tag{8.7}$$

Wegen der Symmetrie (8.4) ist die Korrelationsfunktion $K_x(t)$ stetig bei $t = 0$, so daß die Größe

$$d_x \stackrel{\mathrm{def}}{=} K_x(0) \tag{8.8}$$

eindeutig festgelegt ist, sie heißt *Varianz* des Signals $x(t)$. Vermöge der Stetigkeit von $K_x(t)$ in $t = 0$ kann man in (8.7) $t = 0$ einsetzen, wodurch man mit der Bezeichnung (8.8)

$$d_x = \frac{1}{2\pi \mathrm{j}} \int_{c-\mathrm{j}\infty}^{c+\mathrm{j}\infty} R_x(s)\, \mathrm{d}s \tag{8.9}$$

gewinnt. Man beachte, daß wegen der Symmetrieeigenschaften (8.4) und (8.6) auch

$$R_x(s) = R_x(-s) \tag{8.10}$$

gilt und damit auch $R_x(s)$ symmetrisch ist. Unmittelbar läßt sich schließen, daß auf der imaginären Achse $s = \mathrm{j}\nu$ die Funktion $R_x(\mathrm{j}\nu)$ reellwertig ist. In technischen Anwendungen hat man es häufig mit dem Fall zu tun, daß die Spektraldichte eine echt gebrochen rationale Funktion

$$R_x(s) = \frac{p(s)}{q(s)} \tag{8.11}$$

mit Polynomen $p(s), q(s)$ ist. Darüber hinaus soll vorausgesetzt werden, daß alle Pole von $R_x(s)$ einfach sind. Da die Funktion $R_x(s)$ echt gebrochen rational and symmetrisch ist, kann sie in der Form

$$R_x(s) = \sum_{i=1}^{m} \beta_i \left(\frac{1}{s - s_i} - \frac{1}{s + s_i} \right) \tag{8.12}$$

geschrieben werden, wobei die s_i die Polstellen und die β_i passende Konstanten sind. Aus (8.12) folgt, daß die Polynome $p(s), q(s)$ in (8.11) die Gestalt

$$\begin{aligned} p(s) &= p_1 s^{2m-2} + p_2 s^{2m-4} + \ldots + p_m \\ q(s) &= s^{2m} + q_1 s^{2m-2} + \ldots + q_m \end{aligned} \tag{8.13}$$

mit Konstanten p_i, q_i haben. Aus (8.13) entnimmt man, daß für $|s| \to \infty$ die Abschätzung

$$|R_x(s)| < L|s|^{-2} \tag{8.14}$$

mit einer Konstanten L erfüllt ist.

Analog zum vorhergehenden können die Eigenschaften zufälliger Funktionen mit diskreten Argumenten betrachtet werden, das heißt zufälliger Folgen. Möge eine zentralisierte zufällige Folge $\{x_k\}$ gegeben sein, die stationär im weiteren Sinne sei. Hierbei wird wieder

$$\mathsf{E}\,[x_k] = 0 \tag{8.15}$$

$$\mathsf{E}\,[x_{k_1} x_{k_2}] = K_x^*(k_2 - k_1) \tag{8.16}$$

mit der Autokorrelationsfunktion $K_x^*(k)$, $(k = 0, \pm 1, \pm 2, \dots)$ der Folge $\{x_k\}$ vorausgesetzt. Wenn man $k_1 = k$, $k_2 = k + n$ setzt, dann folgt aus (8.16)

$$\mathsf{E}\,[x_k x_{k+n}] = K_x^*(n)\,, \tag{8.17}$$

das bedeutet, die Autokorrelationsfunktion einer stationären Folge ist faktisch durch eine einzige Folge $\{K_x^*(n)\}$ bestimmt. Die Funktion $K_x^*(n)$ ist ebenfalls symmetrisch, d.h. es gilt

$$K_x^*(n) = K_x^*(-n)\,. \tag{8.18}$$

Nimmt man an, daß die Abschätzung (2.25)

$$\left| K_x^*(n) \mathrm{e}^{-nsT} \right| < M_d\,, \quad (n = 0, \pm 1, \pm 2, \dots)\,, \quad -\lambda < \mathrm{Re}\ s < \lambda \tag{8.19}$$

mit positiven Konstanten M_d, T, λ gilt, dann existiert für $|s| < \lambda$ die zweiseitige diskrete Laplace-Transformation

$$R_x^*(s) = \sum_{n=-\infty}^{\infty} K_x^*(n) \mathrm{e}^{-nsT}\,. \tag{8.20}$$

Die Funktion (8.20) wird *diskrete spektrale Leistungsdichte* der Folge $\{x_k\}$ genannt. Es soll angenommen werden, daß die zufällige Folge $\{x_k\}$ durch die Vorschrift $x_k = x(kT)$ gegeben ist, wobei $x(t)$ einen gewissen zentralisierten stationären zufälligen Prozeß darstellt, dessen sämtliche Realisierungen stetig sind. Weiterhin wird vorausgesetzt, daß der Zufallsprozeß eine stetige Autokorrelationsfunktion $K_x(t)$ und Spektraldichte $R_x(s)$ besitzen möge. In dem Falle bestehen zwischen den Autokorrelationsfunktionen $K_x(t)$ und $K_x^*(n)$ sowie den Spektraldichten $R_x(s)$ und $R_x^*(s)$ einfache Zusammenhänge. So sieht man sofort ein, daß für ganze Zahlen n

$$K_x^*(n) = K_x(nT) \tag{8.21}$$

ist, woraus mittels (8.20)

$$R_x^*(s) = \sum_{n=-\infty}^{\infty} K_x(nT) \mathrm{e}^{-nsT} = \mathcal{D}_{K_x}(T, s, 0) \tag{8.22}$$

folgt. Wird zusätzlich vorausgesetzt, daß die Funktion $R_x(s)$ für $|s| \to \infty$ und $|\mathrm{Re}\, s| < \lambda$ mindestens wie $|s|^{-2}$ abklingt, dann sind für $|\mathrm{Re}\, s| < \lambda$ die Bedingungen des Satzes 4.3 erfüllt, weshalb man

$$\mathcal{D}_{R_x}(T, s, t) = \mathcal{D}_{K_x}(T, s, t) \tag{8.23}$$

mit

$$\mathcal{D}_{R_x}(T, s, t) = \frac{1}{T} \sum_{n=-\infty}^{\infty} R_x(s + nj\omega)e^{(s+nj\omega)t} \tag{8.24}$$

$$\mathcal{D}_{K_x}(T, s, t) = \sum_{n=-\infty}^{\infty} K_x(t + nT)e^{-nsT} \tag{8.25}$$

schließen kann, wobei die Summen der Reihen (8.24) und (8.25) stetig von t abhängen. Für $t = 0$ findet man aus (8.23)–(8.25) unter Berücksichtigung von (8.22)

$$R_x^*(s) = \frac{1}{T} \sum_{n=-\infty}^{\infty} R_x(s + nj\omega) = \mathcal{D}_{R_x}(T, s, 0)\,. \tag{8.26}$$

Die Formel (8.26) stellt den Zusammenhang zwischen der diskreten Spektraldichte $R_x^*(s)$ der Abtastfolge $\{x(kT)\}$ und der Spektraldichte $R_x(s)$ des ursprünglichen Prozesses $x(t)$ her.

Im Falle (8.12) erhält man für die diskrete Spektraldichte (8.26) geschlossene Ausdrücke. So ergeben (4.41) und (8.12) für $0 \leq t < T$

$$\mathcal{D}_{R_x}(T, s, t) = \sum_{i=1}^{m} \beta_i \left(\frac{e^{s_i t}}{1 - e^{(s_i - s)T}} - \frac{e^{-s_i t}}{1 - e^{-(s_i + s)T}} \right),$$

was für $t = 0$ bei Beachtung von (8.26)

$$R_x^*(s) = \sum_{i=1}^{m} \beta_i \frac{2e^{-sT} \sinh(s_i T)}{1 - 2e^{-sT} \cosh(s_i T) + e^{-2sT}} \tag{8.27}$$

liefert.

8.2 Korrelationsfunktion und Varianz der Reaktion von Integraloperatoren

Möge der e-dichotomische Integraloperator

$$y(t) = \int_{-\infty}^{\infty} h(t, \tau)x(\tau)\,\mathrm{d}\tau = \mathsf{U}[x(t)] \tag{8.28}$$

gegeben sein, dessen Greensche Funktion der Ungleichung

$$|h(t, \tau)| < Le^{-\lambda|t-\tau|} \tag{8.29}$$

mit positiven Konstanten L, λ genügen soll. Weiterhin werde angenommen, daß die Greensche Funktion die Bedingungen von Satz 6.2 erfüllt.

Bezüglich des Eingangssignals werde angenommen, daß dieses ein zentralisierter im weiteren Sinne stationärer stochastischer Prozeß ist, für dessen Realisierungen das Integral in (8.28) konvergiert. Damit ist auch der stochastische Prozeß $y(t)$ zentralisiert, das heißt

$$\mathsf{E}\left[y(t)\right] = \int_{-\infty}^{\infty} h(t,\tau)\mathsf{E}\left[x(\tau)\right]\,\mathrm{d}\tau = 0\,. \tag{8.30}$$

Für beliebige Zeitpunkte $t = t_1$ und $t = t_2$ gilt

$$y(t_1) = \int_{-\infty}^{\infty} h(t_1,u)x(u)\,\mathrm{d}u$$

$$y(t_2) = \int_{-\infty}^{\infty} h(t_2,v)x(v)\,\mathrm{d}v\,, \tag{8.31}$$

womit man

$$y(t_1)y(t_2) = \int_{-\infty}^{\infty}\int_{-\infty}^{\infty} h(t_1,u)h(t_2,v)x(u)x(v)\,\mathrm{d}u\,\mathrm{d}v \tag{8.32}$$

gewinnt, wobei vorauszusetzen ist, daß die rechte Seite nicht von der Reihenfolge der Integration nach u oder v abhängt. Wird auf beiden Seiten der Gleichung (8.32) der Erwartungswert genommen, so findet man

$$\mathsf{E}\left[y(t_1)y(t_2)\right] = \mathsf{E}\left[\int_{-\infty}^{\infty}\int_{-\infty}^{\infty} h(t_1,u)h(t_2,v)x(u)x(v)\,\mathrm{d}u\,\mathrm{d}v\right]\,. \tag{8.33}$$

Wird vorausgesetzt, daß in (8.33) die Bildung des Erwartungswertes mit der Integration vertauschbar ist, so erhält man

$$\mathsf{E}\left[y(t_1)y(t_2)\right] = \int_{-\infty}^{\infty}\int_{-\infty}^{\infty} h(t_1,u)h(t_2,v)\mathsf{E}\left[x(u)x(v)\right]\,\mathrm{d}u\,\mathrm{d}v\,. \tag{8.34}$$

Mit

$$\mathsf{E}\left[y(t_1)y(t_2)\right] \stackrel{\mathrm{def}}{=} K_y(t_1,t_2) \tag{8.35}$$

werde die Autokorrelationsfunktion des Ausgangssignals bezeichnet. Darüber hinaus erhält man aus (8.2)

$$\mathsf{E}\left[x(u)x(v)\right] = K_x(v-u) = K_x(u-v)\,, \tag{8.36}$$

das man unter Beachtung von (8.7) für $c = 0$ in der Form

$$\mathsf{E}\left[x(u)x(v)\right] = \frac{1}{2\pi\mathrm{j}}\int_{-\mathrm{j}\infty}^{\mathrm{j}\infty} R_x(s)\mathrm{e}^{s(v-u)}\,\mathrm{d}s \tag{8.37}$$

darstellen kann. Setzt man (8.37) in (8.34) ein und benutzt (8.35), dann gelangt
man zu

$$K_y(t_1,t_2) = \frac{1}{2\pi \mathrm{j}} \int\limits_{-\infty}^{\infty} \int\limits_{-\infty}^{\infty} \int\limits_{-\mathrm{j}\infty}^{\mathrm{j}\infty} h(t_1,u)h(t_2,v)R_x(s)\mathrm{e}^{s(v-u)}\,\mathrm{d}s\,\mathrm{d}v\,\mathrm{d}u\,. \qquad (8.38)$$

Wird auch hier die Vertauschbarkeit der Integrationen nach den verschiedenen Variablen angenommen, so gewinnt man

$$K_y(t_1,t_2) = \frac{1}{2\pi \mathrm{j}} \int\limits_{-\mathrm{j}\infty}^{\mathrm{j}\infty} R_x(s) \left[\int\limits_{-\infty}^{\infty} h(t_1,u)\mathrm{e}^{-su}\,\mathrm{d}u\right] \left[\int\limits_{-\infty}^{\infty} h(t_2,v)\mathrm{e}^{sv}\,\mathrm{d}v\right]\mathrm{d}s\,. \qquad (8.39)$$

Berücksichtigt man nun, daß wegen (6.78)

$$\int\limits_{-\infty}^{\infty} h(t_1,u)\mathrm{e}^{-su}\,\mathrm{d}u = \mathrm{e}^{-st_1}W(-s,t_1)\,, \qquad \int\limits_{-\infty}^{\infty} h(t_2,v)\mathrm{e}^{sv}\,\mathrm{d}v = \mathrm{e}^{st_2}W(s,t_2)\,, \qquad (8.40)$$

gilt, so läßt sich (8.39) in der Gestalt

$$K_y(t_1,t_2) = \frac{1}{2\pi \mathrm{j}} \int\limits_{-\mathrm{j}\infty}^{\mathrm{j}\infty} R_x(s)W(-s,t_1)W(s,t_2)\mathrm{e}^{s(t_2-t_1)}\mathrm{d}s \qquad (8.41)$$

schreiben. Aus (8.41) liest man ab, daß die Autokorrelationsfunktion des Ausgangssignals im allgemeinen von t_1 und t_2 und nicht nur von ihrer Differenz abhängt.
Deshalb ist die Reaktion des linearen Integraloperators auf ein stationäres Eingangssignal im allgemeinen Fall kein stationärer stochastischer Prozeß. Unter den
Voraussetzungen von Satz 6.1 ist die PTF $W(s,t)$ stetig in t und verhält sich für
$|s| \to \infty$ wie $|s|^{-1}$. Wenn die Spektraldichte $R_x(s)$ dann auf der imaginären Achse
beschränkt bleibt, so verhält sich der Integrand in (8.41) für $|s| \to \infty$ wie $|s|^{-2}$, woraus man schließen kann, daß die Funktion $K_y(t_1,t_2)$ stetig von t_1 und t_2 abhängt.
Eine unmittelbare Schlußfolgerung daraus ist, daß in (8.41) $t_1 = t_2 = t$ gesetzt
werden darf. Bekanntlich ist die Größe

$$d_y(t) \stackrel{\mathrm{def}}{=} K_y(t_1,t_2)\big|_{t_1=t_2=t} = \mathsf{E}\left[y^2(t)\right] \qquad (8.42)$$

als Varianz der Ausgangsgröße definiert, die offensichtlich von der Zeit abhängt.
Indem in (8.41) $t_1 = t_2 = t$ angenommen und (8.42) beachtet wird, findet man
schließlich

$$d_y(t) = \frac{1}{2\pi \mathrm{j}} \int_{-\mathrm{j}\infty}^{\mathrm{j}\infty} R_x(s)W(-s,t)W(s,t)\,\mathrm{d}s\,. \qquad (8.43)$$

Formel (8.43) legt den Wert der Varianz für jeden Wert des Parameters t fest. In vielen praktischen Aufgaben ist nur die *mittlere Varianz* $\overline{d}_y$ von Interesse, die durch

$$\overline{d}_y \stackrel{\text{def}}{=} \lim_{t \to \infty} \frac{1}{2t} \int_{-t}^{t} d_y(\tau)\,\mathrm{d}\tau \tag{8.44}$$

definiert wird. Bei Benutzung von (8.43) und (8.44) gewinnt man

$$\overline{d}_y = \frac{1}{2\pi \mathrm{j}} \int_{-\mathrm{j}\infty}^{\mathrm{j}\infty} R_x(s)B_0(s)\mathrm{d}s\,, \tag{8.45}$$

wobei $B_0(s)$ durch

$$B_0(s) \stackrel{\text{def}}{=} \lim_{t \to \infty} \frac{1}{2t} \int_{-t}^{t} W(s,\tau)W(-s,\tau)\,\mathrm{d}\tau \tag{8.46}$$

festgelegt ist.

Die abgeleiteten Formeln gelten für einen beliebigen Integraloperator U. Wenn dieser Operator periodisch ist, das heißt die Bedingung (6.92) erfüllt, dann kann eine Reihe von weiteren wichtigen Eigenschaften gezeigt werden. Sei etwa U periodisch mit der Periode T, dann gilt

$$W(s,t) = W(s,t+T) \tag{8.47}$$

und man leitet sofort

$$K_y(t_1,t_2) = K_y(t_1 + T, t_2 + T) \tag{8.48}$$

ab, indem (8.47) in (8.41) ausgenutzt wird. Darüber hinaus bekommt man aus (8.43) bei Beachtung von (8.47)

$$d_y(t) = d_y(t+T)\,, \tag{8.49}$$

weshalb auch die Varianz des Ausgangssignals periodisch von t abhängt mit derselben Periode T wie der Operator.

Stochastische Signale, die der Beziehung (8.48) genügen, sollen im weiteren *periodisch instationär* genannt werden. Damit drückt die Beziehung (8.49) aus, daß die Reaktion eines periodischen Operators (8.28) auf ein stationäres stochstisches Signal periodisch instationär ist.

Weiterhin bemerkt man, daß im Falle eines periodischen Operators (8.44) zu

$$\overline{d}_y = \frac{1}{T} \int_{0}^{T} d_y(t)\,\mathrm{d}t \tag{8.50}$$

reduziert werden kann. In Formel (8.45) kann deshalb die Berechnung von $B_0(s)$ mit der gegenüber (8.46) einfacheren Beziehung

$$B_0(s) = \frac{1}{T} \int_{0}^{T} W(s,t)W(-s,t)\,\mathrm{d}t \tag{8.51}$$

erfolgen.

Es wird jetzt der wichtige Sonderfall untersucht, wo in (8.43) $R_x(s) = 1$ ist. Bekanntlich entspricht das einem weißen Rauschen mit Einheitsintensität als Eingangssignal. In dieser Situation wird für die Varianz des Ausgangssignals die spezielle Bezeichnung

$$r_y(t) \stackrel{\text{def}}{=} d_y(t)\,\big|_{R_x(s)=1} \tag{8.52}$$

eingeführt. Dadurch nimmt (8.43) die Gestalt

$$r_y(t) = \frac{1}{2\pi\mathrm{j}} \int_{-\mathrm{j}\infty}^{\mathrm{j}\infty} W(-s,t)W(s,t)\,\mathrm{d}s\,. \tag{8.53}$$

an. Die Funktion $r_y(t)$ hängt nicht vom Eingangssignal ab und ist ausschließlich durch die Eigenschaften des Operators (8.28), also letztlich durch die Greensche Funktion $h(t,\tau)$, bestimmt. Wenn man für festes t

$$W(s,t) = \int_{-\infty}^{\infty} g(t,u)\mathrm{e}^{-su}\,\mathrm{d}u$$

mit der Impulsantwort $g(t,u)$ des Operators (8.28) benutzt, dann läßt sich nach Anwendung der Parsevalschen Gleichung (1.67)

$$r_y(t) = \int_{-\infty}^{\infty} [g(t,u)]^2\,\mathrm{d}u \tag{8.54}$$

schreiben, was unter Verwendung von (6.73) in der Form

$$r_y(t) = \int_{-\infty}^{\infty} [h(t,t-v)]^2\,\mathrm{d}v \tag{8.55}$$

dargestellt werden kann. Der Übergang zur Variablen $t - v = \tau$ liefert

$$r_y(t) = \int_{-\infty}^{\infty} [h(t,\tau)]^2\,\mathrm{d}\tau\,, \tag{8.56}$$

wobei jetzt $r_y(t)$ durch die Greensche Funktion ausgedrückt wird. Im Falle eines kausalen Operators, für den die Bedingungen (6.70) erfüllt ist, gewinnt man aus (8.56)

$$r_y(t) = \int_{-\infty}^{t} [h(t,\tau)]^2\,\mathrm{d}\tau\,. \tag{8.57}$$

Wenn durch $\bar{r}_y$ der Mittelwert der Funktion $r_y(t)$

$$\bar{r}_y \stackrel{\text{def}}{=} \frac{1}{T} \int_{0}^{T} r_y(t)\,\mathrm{d}t \tag{8.58}$$

bezeichnet wird, dann erhält man aus (8.56)

$$\bar{r}_y = \frac{1}{T} \int_0^T \int_{-\infty}^{\infty} [h(t,\tau)]^2 \, d\tau \, dt, \qquad (8.59)$$

was im Falle eines kausalen Operators in der Form

$$\bar{r}_y = \frac{1}{T} \int_0^T \int_{-\infty}^{t} [h(t,\tau)]^2 \, d\tau \, dt \qquad (8.60)$$

erscheint. Der Wert

$$\|U\|_2 \stackrel{\text{def}}{=} +\sqrt{\bar{r}_y} \qquad (8.61)$$

wird als $\mathcal{H}^2$-*Norm* des untersuchten Operators bezeichnet. Die $\mathcal{H}^2$-Norm des Operators läßt sich durch die Funktion $B_0(s)$ aus (8.51) ausdrücken. Durch Mittlung von (8.53) über eine Periode erhält man zunächst

$$\bar{r}_y = \frac{1}{T} \int_0^T \left[\frac{1}{2\pi j} \int_{-j\infty}^{j\infty} W(s,t) W(-s,t) \, ds \right] dt,$$

woraus man durch Vertauschen der Reihenfolge der Integrationen nach s und t und Verwendung von (8.51) zu der Beziehung

$$\bar{r}_y = \frac{1}{2\pi j} \int_{-j\infty}^{j\infty} B_0(s) \, ds \qquad (8.62)$$

gelangt. Die Definition der $\mathcal{H}^2$-Norm nach (8.61) liefert schließlich

$$\|U\|_2^2 = \frac{1}{2\pi j} \int_{-j\infty}^{j\infty} B_0(s) \, ds. \qquad (8.63)$$

Unter der Annahme, daß der Operator $U \in \mathcal{U}(-\lambda, \lambda)$ erfüllt, verhalten sich die Integranden in (8.62) und (8.63) für $|s| \to \infty$ wie $|s|^{-2}$. Darum kann in diesen Integralen die Diskretisierung mit der Periode T (Schrittweite $j\omega$) vorgenommen werden. Speziell für (8.63) ergibt sich

$$\|U\|_2^2 = \frac{T}{2\pi j} \int_{-j\omega/2}^{j\omega/2} \mathcal{D}_{B_0}(T,s,0) \, ds \qquad (8.64)$$

mit

$$\mathcal{D}_{B_0}(T,s,0) = \frac{1}{T} \sum_{k=-\infty}^{\infty} B_0(s + kj\omega), \quad \omega = 2\pi/T. \qquad (8.65)$$

8.3   Statistische Analyse und $\mathcal{H}_2-$Norm mehrdimensionaler Integraloperatoren

Mit geringfügigen Änderungen lassen sich die Beziehungen der Abschnitte 8.1 und
8.2 auf den mehrdimensionalen Fall übertragen, Rosenwasser (1977). Es sei der
mehrdimensionale Integraloperator

$$y(t) = \int_{-\infty}^{\infty} h(t,\tau)x(\tau)\,d\tau = \mathsf{U}[x(t)] \tag{8.66}$$

mit den Vektoren y, x der Dimension $n \times 1$ und $m \times 1$ sowie der $n \times m-$Matrix
$h(t,\tau)$ gegeben, wobei $h(t,\tau)$ die *Greensche Matrix* des Operators (8.66) genannt
werden soll. Es wird angenommen, daß alle Komponenten des Operators U in der
Menge $\mathcal{U}(-\lambda,\lambda)$ mit positivem λ liegen. In diesem Falle heißt der Operator (8.66)
e-dichotomisch.
Weiterhin soll vorausgesetzt werden, daß der Eingang $x(t)$ als zentralisierter stationärer *Zufallsvektor* darstellbar ist, was bedeutet, daß die Komponenten $x_i(t)$
des Vektors $x(t)$ zentralisierte stationäre und stationär verbundene skalare stochastische Prozesse sind. Die mathematische Erwartung des Vektors $x(t)$ ergibt sich
als

$$\mathsf{E}\left[x(t)\right] = \begin{bmatrix} \mathsf{E}\left[x_1(t)\right] \\ \mathsf{E}\left[x_2(t)\right] \\ \vdots \\ \mathsf{E}\left[x_m(t)\right] \end{bmatrix}. \tag{8.67}$$

Wegen der vorausgesetzten Zentralisiertheit hat man

$$\mathsf{E}\left[x(t)\right] = \mathbf{0}_{m1}\,, \tag{8.68}$$

worin $\mathbf{0}_{nm}$ die *Nullmatrix* der Dimension $n \times m$ bedeutet, in der bekanntlich alle
Elemente gleich Null sind. Der Erwartungswert des zentralisierten Zufallsvektors
ist gleich dem Nullvektor.
Die Matrix

$$K_{xx}(t_1,t_2) \stackrel{\text{def}}{=} \mathsf{E}\left[x(t_1)x'(t_2)\right] \tag{8.69}$$

wird *Autokorrelationsmatrix* des Vektors $x(t)$ genannt. In (8.69) bedeutet der
Strich die Operation des Transponierens. Wenn außer dem Vektor $x(t)$ ein weiterer
zentralisierter Zufallsvektor $z(t)$ derselben Dimension gegeben ist, dann wird die
Matrix

$$K_{xz}(t_1,t_2) \stackrel{\text{def}}{=} \mathsf{E}\left[x(t_1)z'(t_2)\right] \tag{8.70}$$

die *Kreuzkorrelationsmatrix* der Vektoren $x(t)$ und $z(t)$ genannt. Aus den Defini-
tionsgleichungen (8.69) und (8.70) liest man sofort

$$K_{xx}(t_1,t_2) = K_{xx}'(t_2,t_1)\,, \quad K_{xz}(t_1,t_2) = K_{zx}'(t_2,t_1) \tag{8.71}$$

ab.
Wenn der Vektor $x(t)$ stationär ist, dann gilt

$$K_{xx}(t_1, t_2) = K_{xx}(t_2 - t_1) \, . \tag{8.72}$$

Zwei stationäre Vektorprozesse heißen *wechselseitig stationär*, wenn

$$K_{xz}(t_1, t_2) = K_{xz}(t_2 - t_1) \tag{8.73}$$

wahr ist. Wenn in den Beziehungen (8.72), (8.73) $t_1 = t$, $t_2 = t + \tau$ gesetzt wird, gewinnt man unter Berücksichtigung von (8.69) und (8.70)

$$K_{xx}(t, t + \tau) = \mathsf{E}\left[x(t)x'(t + \tau)\right] = K_{xx}(\tau)$$

$$K_{xz}(t, t + \tau) = \mathsf{E}\left[x(t)z'(t + \tau)\right] = K_{xz}(\tau) \, , \tag{8.74}$$

womit aus (8.71) auch

$$K_{xx}(\tau) = K_{xx}{}'(-\tau), \quad K_{xz}(\tau) = K_{zx}{}'(-\tau) \, , \tag{8.75}$$

folgt. Neben den Korrelationsfunktionen (-matrizen) von stochastischen Vektorprozessen haben die Spektralfunktionen eine große Bedeutung. Möge die Abschätzung

$$\|K_{xx}(\tau)\| < N \mathrm{e}^{-\lambda|\tau|} \tag{8.76}$$

mit positiven Konstanten N, λ gelten, wobei das Symbol $\|\cdot\|$ irgendeine Norm einer Matrix oder eines Vektors endlicher Dimension bedeutet. In dem Falle existiert die Laplace-Transformation

$$R_{xx}(s) = \int_{-\infty}^{\infty} K_{xx}(\tau)\mathrm{e}^{-s\tau}\,\mathrm{d}\tau \, , \tag{8.77}$$

die *spektrale Autoleistungsdichtematrix* des Vektors $x(t)$ genannt wird. Die Matrix

$$R_{xz}(s) = \int_{-\infty}^{\infty} K_{xz}(\tau)\mathrm{e}^{-s\tau}\,\mathrm{d}\tau \, , \tag{8.78}$$

wird bei entsprechenden Voraussetzungen über die Konvergenz als *spektrale Kreuzleistungsdichtematrix* der Vektoren $x(t)$ und $z(t)$ bezeichnet. Wenn man voraussetzt, daß $K_{xx} \in \Lambda(-\lambda, \lambda)$ gilt, dann erhält man aus (8.77) durch Anwendung der Umkehrformel (1.24)

$$K_{xx}(\tau) = \frac{1}{2\pi\mathrm{j}} \int_{-\mathrm{j}\infty}^{\mathrm{j}\infty} R_{xx}(s)\mathrm{e}^{s\tau}\,\mathrm{d}s \, . \tag{8.79}$$

Die Umstellung der Formel (8.78) ergibt bei entsprechenden Voraussetzungen

$$K_{xz}(\tau) = \frac{1}{2\pi\mathrm{j}} \int_{-\mathrm{j}\infty}^{\mathrm{j}\infty} R_{xz}(s)\mathrm{e}^{s\tau}\,\mathrm{d}s \, . \tag{8.80}$$

Aus (8.77) und (8.78) folgt mit Hilfe von (8.75)

$$R_{xx}(s) = R_{xx}{}'(-s), \quad R_{xz}(s) = R_{xz}{}'(-s) \,. \tag{8.81}$$

Die eingeführten Beziehungen sollen nun zur Bestimmung statistischer Kenngrößen vom Ausgangssignal des Operators (8.66) benutzt werden, der als e-dichotomisch angenommen wird. Der Eingangsvektor $x(t)$ soll stationär und zentriert sein. In dem Falle wird auch der Ausgang $y(t)$ ein zentralisierter Zufallsvektor. Wird zusätzlich vorausgesetzt, daß das Integral (8.66) für jede Realisierung des Eingangssignals konvergiert, dann erhält man

$$y(t_1) = \int_{-\infty}^{\infty} h(t_1, u)x(u)\,\mathrm{d}u$$

$$y(t_2) = \int_{-\infty}^{\infty} h(t_2, v)x(v)\,\mathrm{d}v \,, \tag{8.82}$$

woraus man

$$y(t_1)y'(t_2) = \int_{-\infty}^{\infty} \int_{-\infty}^{\infty} h(t_1, u)x(u)x'(v)h'(t_2, v)\,\mathrm{d}u\,\mathrm{d}v \tag{8.83}$$

ableitet. Indem man auf beiden Seiten der Gleichung (8.83) die mathematische Erwartung nimmt und die Kommutativität der Integrationen nach u und v voraussetzt, gelangt man zu

$$\mathsf{E}\left[y(t_1)y'(t_2)\right] = \int_{-\infty}^{\infty} \int_{-\infty}^{\infty} h(t_1, u)\,\mathsf{E}\left[x(u)x'(v)\right] h'(t_2, v)\,\mathrm{d}u\,\mathrm{d}v \,. \tag{8.84}$$

Unter Berücksichtigung von (8.69) und (8.72) findet man sofort

$$K_{yy}(t_1, t_2) = \int_{-\infty}^{\infty} \int_{-\infty}^{\infty} h(t_1, u)\,K_{xx}(v - u)h'(t_2, v)\,\mathrm{d}u\,\mathrm{d}v \,. \tag{8.85}$$

Wegen (8.79) gilt

$$K_{xx}(v - u) = \frac{1}{2\pi\mathrm{j}} \int_{-\mathrm{j}\infty}^{\mathrm{j}\infty} R_{xx}(s)\mathrm{e}^{s(v-u)}\,\mathrm{d}s \,, \tag{8.86}$$

das in (8.85) eingesetzt und nach Vertauschen der Reihenfolge der Integrationen bezüglich der unterschiedlichen Variablen

$$K_{yy}(t_1, t_2) = \frac{1}{2\pi\mathrm{j}} \int_{-\mathrm{j}\infty}^{\mathrm{j}\infty} \left[\int_{-\infty}^{\infty} h(t_1, u)\mathrm{e}^{-su}\,\mathrm{d}u\right] R_{xx}(s) \left[\int_{-\infty}^{\infty} h'(t_2, v)\mathrm{e}^{sv}\,\mathrm{d}v\right] \mathrm{d}s \tag{8.87}$$

liefert. Nun folgen aber aus der Definitionsgleichung für die PTM (5.27) die Beziehungen

$$\int_{-\infty}^{\infty} h(t_1,u)\mathrm{e}^{-su}\,\mathrm{d}u = W(-s,t_1)\mathrm{e}^{-st_1}$$

$$\int_{-\infty}^{\infty} h'(t_2,v)\mathrm{e}^{sv}\,\mathrm{d}v = W'(s,t_2)\mathrm{e}^{st_2}\,,$$

$$(8.88)$$

worin $W(s,t)$ die PTM des Operators (8.66) ist. Indem (8.88) in (8.87) eingesetzt wird, gelingt es, die Autokorrelationsmatrix des Ausgangssignals durch

$$K_{yy}(t_1,t_2) = \frac{1}{2\pi\mathrm{j}} \int_{-\mathrm{j}\infty}^{\mathrm{j}\infty} W(-s,t_1)R_{xx}(s)W'(s,t_2)\mathrm{e}^{s(t_2-t_1)}\,\mathrm{d}s \qquad (8.89)$$

auszudrücken.

Wenn der Operator (8.66) T–periodisch ist, dann ist die Bedingung

$$h(t+T,\tau+T) = h(t,\tau)$$

erfüllt und sowohl auf die PTM

$$W(s,t+T) = W(s,t) \qquad (8.90)$$

als auch auf die Korrelationsfunktion (6.69)

$$K_{yy}(t_1+T,t_2+T) = K_{yy}(t_1,t_2) \qquad (8.91)$$

überträgt sich die Eigenschaft der Periodizität. Zusammenfassend läßt sich feststellen, daß das Ausgangssignal $y(t)$ ein periodischer instationärer stochastischer Prozeß ist. Wegen der oben getroffenen Vereinbarungen erfüllt die PTM $W(s,t)$ für $s=\mathrm{j}\nu$, $|\nu| \to \infty$ eine zu (6.84) analoge Abschätzung

$$\|W(\mathrm{j}\nu,t)\| < L|\nu|^{-1} \qquad (8.92)$$

mit einer Konstanten $L > 0$. Unmittelbar folgt daraus, daß sich für auf der imaginären Achse gleichmäßig beschränkte Elemente der Matrix $R_{xx}(s)$ die Elemente des Integranden in (8.89) für $|\nu| \to \infty$ wie $|\nu|^{-2}$ verhalten. Deshalb hängt die Korrelationsmatrix $K_{yy}(t_1,t_2)$ stetig von jedem der beiden Argumente t_1,t_2 ab. Daraus ergibt sich, daß in (8.89) $t_1 = t_2 = t$ sinnvoll ist, woraus man die Matrix

$$K_y(t) \stackrel{\mathrm{def}}{=} K_{yy}(t_1,t_2)\big|_{t_1=t_2=t} = \frac{1}{2\pi\mathrm{j}} \int_{-\mathrm{j}\infty}^{\mathrm{j}\infty} W(-s,t)R_{xx}(s)W'(s,t)\,\mathrm{d}s \qquad (8.93)$$

gewinnt, die stetig in t ist. Weiterhin ersieht man aus (8.90), daß

$$K_y(t) = K_y(t+T) \qquad (8.94)$$

gilt. Die Spur der Matrix (8.93)

$$\operatorname{tr} \, \boldsymbol{K_y}(t) \overset{\text{def}}{=} d_{\boldsymbol{y}}(t) \tag{8.95}$$

wird Varianz und

$$\overline{d}_{\boldsymbol{y}} \overset{\text{def}}{=} \frac{1}{T} \int_0^T d_{\boldsymbol{y}}(t) \, \mathrm{d}t \tag{8.96}$$

mittlere Varianz des Ausgangssignals $\boldsymbol{y}(t)$ genannt. Indem man (8.93) verwendet, findet man

$$d_{\boldsymbol{y}}(t) = \frac{1}{2\pi\mathrm{j}} \int_{-\mathrm{j}\infty}^{\mathrm{j}\infty} \operatorname{tr} \, \left[\boldsymbol{W}(-s,t)\boldsymbol{R_{xx}}(s)\boldsymbol{W}'(s,t) \right] \mathrm{d}s \, . \tag{8.97}$$

Wenn man nun ausnutzt, daß stets

$$\operatorname{tr} \, (\boldsymbol{AB}) = \operatorname{tr} \, (\boldsymbol{BA}) \tag{8.98}$$

richtig ist, dann läßt sich (8.97) in die Gestalt

$$d_{\boldsymbol{y}}(t) = \frac{1}{2\pi\mathrm{j}} \int_{-\mathrm{j}\infty}^{\mathrm{j}\infty} \operatorname{tr} \, \left[\boldsymbol{W}'(s,t)\boldsymbol{W}(-s,t)\boldsymbol{R_{xx}}(s) \right] \mathrm{d}s$$

$$= \frac{1}{2\pi\mathrm{j}} \int_{-\mathrm{j}\infty}^{\mathrm{j}\infty} \operatorname{tr} \, \left[\boldsymbol{R_{xx}}(s)\boldsymbol{W}'(s,t)\boldsymbol{W}(-s,t) \right] \mathrm{d}s \tag{8.99}$$

bringen. Indem (8.99) in (8.96) eingesetzt und die Reihenfolge der Integrationen nach s und t vertauscht wird, findet man

$$\overline{d}_{\boldsymbol{y}} = \frac{1}{2\pi\mathrm{j}} \int_{-\mathrm{j}\infty}^{\mathrm{j}\infty} \operatorname{tr} \, \left[\boldsymbol{B}_0(s)\boldsymbol{R_{xx}}(s) \right] \mathrm{d}s = \frac{1}{2\pi\mathrm{j}} \int_{-\mathrm{j}\infty}^{\mathrm{j}\infty} \operatorname{tr} \, \left[\boldsymbol{R_{xx}}(s)\boldsymbol{B}_0(s) \right] \mathrm{d}s \tag{8.100}$$

mit der $m \times m$–Matrix

$$\boldsymbol{B}_0(s) = \frac{1}{T} \int_0^T \boldsymbol{W}'(s,t)\boldsymbol{W}(-s,t) \, \mathrm{d}t \, . \tag{8.101}$$

Es soll nun der wichtige Spezialfall betrachtet werden, wo

$$\boldsymbol{R_{xx}}(s) = \boldsymbol{I}_m \tag{8.102}$$

ist. In diesem Falle erhält man bei Verwendung der Bezeichnung in (8.52) aus (8.97)

$$r_{\boldsymbol{y}}(t) = \frac{1}{2\pi\mathrm{j}} \int_{-\mathrm{j}\infty}^{\mathrm{j}\infty} \operatorname{tr} \, \left[\boldsymbol{W}(-s,t)\boldsymbol{W}'(s,t) \right] \mathrm{d}s =$$

$$= \frac{1}{2\pi\mathrm{j}} \int_{-\mathrm{j}\infty}^{\mathrm{j}\infty} \operatorname{tr} \, \left[\boldsymbol{W}'(s,t)\boldsymbol{W}(-s,t) \right] \mathrm{d}s \, . \tag{8.103}$$

Die Größe $\bar{r}_y$ aus (8.58) wird demnach gleich

$$\bar{r}_y = \frac{1}{2\pi j} \int_{-j\infty}^{j\infty} \mathrm{tr}\ \boldsymbol{B}_0(s)\,ds\,. \tag{8.104}$$

Ihre Quadratwurzel

$$\|\mathsf{U}\|_2 \stackrel{\mathrm{def}}{=} \sqrt{\bar{r}_y} \tag{8.105}$$

wird als $\mathcal{H}^2$−Norm des Integraloperators (8.66) bezeichnet. Aus dem oben gesagten ergibt sich

$$\|\mathsf{U}\|_2^2 = \frac{1}{2\pi j} \int_{-j\infty}^{j\infty} \mathrm{tr}\ \boldsymbol{B}_0(s)\,ds\,. \tag{8.106}$$

Unter den oben angegebenen Voraussetzungen verhält sich jede Komponente der PTM $\boldsymbol{W}(s,t)$ im Konvergenzstreifen für $|s| \to \infty$ wie $|s|^{-2}$. Deshalb kann das Integral (8.106) mit der Periode T diskretisiert werden, wodurch man

$$\|\mathsf{U}\|_2^2 = \frac{T}{2\pi j} \int_{-j\omega/2}^{j\omega/2} \mathrm{tr}\ \mathcal{D}_{\boldsymbol{B}_0}(T,s,0)\,ds \tag{8.107}$$

mit

$$\mathcal{D}_{\boldsymbol{B}_0}(T,s,0) = \frac{1}{T} \sum_{k=-\infty}^{\infty} \boldsymbol{B}_0(s + kj\omega)\,, \quad \omega = 2\pi/T\,. \tag{8.108}$$

gewinnt.

Es soll jetzt die $\mathcal{H}^2$-Norm des Operators (8.66) durch seine Greensche Funktion ausgedrückt werden. Dazu wird das Integral

$$\tilde{\boldsymbol{K}}_y(t) = \frac{1}{2\pi j} \int_{-j\infty}^{j\infty} \boldsymbol{W}(-s,t)\boldsymbol{W}'(s,t)\,ds\,, \tag{8.109}$$

betrachtet, das aus (8.93) für $\boldsymbol{R}_{xx}(s) = \boldsymbol{I}_m$ entsteht. Analog zum skalaren Fall hat man

$$\boldsymbol{W}(s,t) = \int_{-\infty}^{\infty} \boldsymbol{g}(t,u)\mathrm{e}^{-su}\,du \tag{8.110}$$

mit

$$\boldsymbol{g}(t,u) \stackrel{\mathrm{def}}{=} \boldsymbol{h}(t,\tau)\,|_{\tau=t-u}\ . \tag{8.111}$$

Durch Verwendung der Parsevalschen Gleichung (1.66) gelangt man in Analogie zu (8.54) zur Formel

$$\tilde{\boldsymbol{K}}_y(t) = \int_{-\infty}^{\infty} \boldsymbol{g}(t,u)\boldsymbol{g}'(t,u)\,du\,. \tag{8.112}$$

Wenn hierin $u = t - \tau$ substituiert wird, gewinnt man

$$\tilde{\boldsymbol{K}}_y(t) = \int_{-\infty}^{\infty} \boldsymbol{h}(t,\tau)\boldsymbol{h}'(t,\tau)\,d\tau\,, \tag{8.113}$$

womit sich unter Beachtung der oben abgeleiteten Beziehungen die $\mathcal{H}^2$-Norm des Operators U durch

$$\|\mathsf{U}\|_2^2 = \frac{1}{T} \int_0^T \int_{-\infty}^{\infty} \mathrm{tr}\,[\,h(t,\tau)h'(t,\tau)\,]\,\mathrm{d}\tau\,\mathrm{d}t \qquad (8.114)$$

bestimmen läßt. Wenn insbesondere

$$h(t,\tau) = 0_{nm} \qquad \text{für} \quad t < \tau \qquad (8.115)$$

ist, wobei 0_{nm} die Nullmatrix der Größe $n \times m$ bedeutet, dann ist der Operator (8.66) kausal, wodurch sich für (8.113)

$$\tilde{K}_y(t) = \int_{-\infty}^t h(t,\tau)h'(t,\tau)\,\mathrm{d}\tau \qquad (8.116)$$

ergibt und Formel (8.114) vereinfacht sich zu

$$\|\mathsf{U}\|_2^2 = \frac{1}{T} \int_0^T \int_{-\infty}^t \mathrm{tr}\,\,h(t,\tau)h'(t,\tau)\,\mathrm{d}\tau\,\mathrm{d}t\,. \qquad (8.117)$$

8.4　Statistische Analyse kontinuierlich-diskreter Operatoren und LPPO

In diesem Abschnitt soll die Reaktion des kontinuierlich-diskreten Operators U_2 nach Abbildung 6.3 auf ein stationäres zufälliges Eingangssignal bestimmt werden. Der Operator wird durch die Gleichungen

$$y(t) = \mathsf{U}_d[z(t)]\,, \quad z(t) = \mathsf{U}[x(t)] \qquad (8.118)$$

mit den zugehörigen Voraussetzungen aus Abschnitt 6.3 beschrieben. In dem Falle läuft die Beziehung (8.118) auf die Untersuchung des Integraloperators (6.128)

$$y(t) = \mathsf{U}_2[x(t)] = \int_{-\infty}^{\infty} h_2(t,\tau)x(\tau)\,\mathrm{d}\tau \qquad (8.119)$$

hinaus, dessen Greensche Funktion $h_2(t,\tau)$ durch die Formel (6.129) festgelegt ist. Unter den vereinbarten Bedingungen an den Integraloperator (8.119) sind alle Beziehungen aus Abschnitt 8.2 zutreffend. Allerdings erlaubt es die Zugehörigkeit des Operators U_d in (8.118) zur Menge der LPPO (6.97) eine Reihe weiterer wichtiger Beziehungen abzuleiten. Es wird vorausgesetzt, daß $\mathsf{U} \in \mathcal{U}(-\lambda,\lambda)$, $\mathsf{U}_d \in \mathcal{U}_d(-\lambda,\lambda)$ mit einer positiven Zahl λ gilt. Dann folgt aus (6.132), daß auch für den kontinuierlich-diskreten Operator $\mathsf{U}_2 \in \mathcal{U}(-\lambda,\lambda)$ gilt, das heißt, daß er e-dichotomisch ist. In diesem Falle sind die Übertragungsfunktion $G(s)$ des Operators U und die äquivalente Übertragungsfunktion $Q(s)$ des Operators U_d analytisch im

Streifen $|\operatorname{Re} s| < \lambda$ und verhalten sich wie $|s|^{-1}$ für $|s| \to \infty$. Deshalb darf Formel (8.41) angewendet und darin die Darstellung für die PTF (6.124) benutzt werden, was einen Ausdruck für die Autokorrelationsfunktion des Ausgangs von Operator U_2 in der Form

$$K_y(t_1, t_2) = \frac{1}{2\pi j} \int_{-j\infty}^{+j\infty} \varphi_q(T, -s, t_1)\varphi_q(T, s, t_2)G(s)G(-s)R_x(s)e^{s(t_2-t_1)}\, ds$$

$$(8.120)$$

liefert. Unter Berücksichtigung von (4.2) kann (8.120) in die Gestalt

$$K_y(t_1, t_2) = \frac{1}{2\pi j} \int_{-j\infty}^{j\infty} \mathcal{D}_q(T, -s, t_1)\mathcal{D}_q(T, s, t_2)R_z(s)\, ds \qquad (8.121)$$

mit

$$\mathcal{D}_q(T, s, t) = \varphi_q(T, s, t)e^{st}, \quad R_z(s) \overset{\text{def}}{=} G(s)G(-s)R_x(s) \qquad (8.122)$$

gebracht werden. Wenn die spektrale Leistungsdichte $R_x(s)$ auf der imaginären Achse beschränkt ist, dann verhält sich der Integrand in (8.120), (8.121) asymptotisch wie $|s|^{-2}$, was sich aus der Abschätzung (1.45) ergibt. Deshalb kann zum Integral (8.121) die Diskretisierung vorgenommen werden mit der Periode $T = 2\pi/\omega$. Wenn man dabei berücksichtigt, daß

$$\mathcal{D}_q(T, s, t) = \mathcal{D}_q(T, s + j\omega, t)$$

ist, dann gewinnt man aus (8.121)

$$K_y(t_1, t_2) = \frac{T}{2\pi j} \int_{-j\omega/2}^{j\omega/2} \mathcal{D}_q(T, -s, t_1)\mathcal{D}_q(T, s, t_2)\mathcal{D}_{R_z}(T, s, 0)\, ds \qquad (8.123)$$

mit

$$\mathcal{D}_{R_z}(T, s, 0) = \frac{1}{T} \sum_{k=-\infty}^{\infty} G(s + kj\omega)G(-s - kj\omega)R_x(s + kj\omega)\,. \qquad (8.124)$$

Deshalb erhält man für $t_1 = t_2 = t$ aus (8.123) die Beziehung für die Varianz des Ausgangssignals

$$d_y(t) = \frac{T}{2\pi j} \int_{-j\omega/2}^{j\omega/2} \mathcal{D}_q(T, -s, t)\mathcal{D}_q(T, s, t)\mathcal{D}_{R_z}(T, s, 0)\, ds\,. \qquad (8.125)$$

Die gewonnenen Ergebnisse erlauben eine für Anwendungen wichtige Interpretation. So bemerkt man, daß die Funktion $R_z(s)$ in (8.122) die spektrale Leistungsdichte des Signals $z(t)$ darstellt, das auf den Eingang des LPPO U_d wirkt. Deshalb sind die Formeln (8.121), (8.125) bei entsprechender Begrenzung der spektralen Leistungsdichte des Eingangssignals auch für die statistische Analyse des linearen periodischen Pulsoperators (LPPO) richtig.

Möge

$$K_z(t) \overset{\text{def}}{=} \frac{1}{2\pi \text{j}} \int_{-\text{j}\infty}^{\text{j}\infty} R_z(s) \text{e}^{st}\, \text{d}s \qquad (8.126)$$

die Autokorrelationsfunktion des stochastischen Signals $z(t)$ sein, das auf den Eingang des LPPO wirkt. Wenn dann die Funktion $R_z(s)$ für $|s| \to \infty$ hinreichend schnell abklingt, dann ist $K_z(t) \in \Lambda(-\lambda, \lambda)$ und stetig. Deshalb gewinnt man unter Beachtung von (8.22), (8.24)

$$\mathcal{D}_{R_z}(T, s, 0) = \sum_{i=-\infty}^{\infty} K_z(iT)\text{e}^{-isT}\,. \qquad (8.127)$$

Die Gegenüberstellung von (8.127) mit (8.22) liefert

$$\mathcal{D}_{R_z}(T, s, 0) = R_z^*(s)\,,$$

wobei $R_z^*(s)$ die diskrete spektrale Leistungsdichte der stochastischen Folge $\{z_m\} = \{z(mT)\}$ ist. Damit lassen sich die Formeln (8.123) und (8.125) in der Form

$$K_y(t_1, t_2) = \frac{T}{2\pi \text{j}} \int_{-\text{j}\omega/2}^{\text{j}\omega/2} \mathcal{D}_q(T, -s, t_1)\mathcal{D}_q(T, s, t_2)R_z^*(s)\, \text{d}s \qquad (8.128)$$

beziehungsweise

$$d_y(t) = \frac{T}{2\pi \text{j}} \int_{-\text{j}\omega/2}^{\text{j}\omega/2} \mathcal{D}_q(T, -s, t)\mathcal{D}_q(T, s, t)R_z^*(s)\, \text{d}s \qquad (8.129)$$

darstellen. Die Formeln (8.128), (8.129) drücken den einfachen physikalischen Fakt aus, daß der Ausgang des LPPO nur von den diskreten Werten des Eingangssignals zu den Abtastzeitpunkten abhängt. Faktisch bedeutet es, daß er nur von den Eigenschaften der Zufallsfolge $\{z_m\}$ abhängt. Wenn die Integrale (8.128), (8.129) als Ausgangspunkt angesehen werden, dann kann man noch weiter gehen und auf die Annahme verzichten, daß die Eingangsfolge $\{z_m\}$ aus einem kontinuierlichen Prozeß $z(t)$ durch Abtastung gebildet worden ist. Es kann angenommen werden, daß die zufällige Folge $\{z_m\}$ unmittelbar gegeben ist mit ihrer Autokorrelationsfunktion $K_z^*(iT)$ und der spektralen Leistungsdichte

$$R_z^*(s) = \sum_{i=-\infty}^{\infty} K_z(iT)\text{e}^{-isT}\,. \qquad (8.130)$$

Bei dieser Interpretation bestimmen die Integrale (8.128) und (8.129) die Eigenschaften der Antwort des LPPO auf beliebige stationäre diskrete Eingangsfolgen mit der diskreten spektralen Leistungsdichte (8.130). Insbesonder behalten die erwähnten Formeln ihren Sinn auch in dem Fall, wenn

$$K_z^*(iT) = 0 \qquad \text{für} \quad |i| > N \qquad (8.131)$$

mit einer ganzen Zahl $N \geq 0$ ist. Die diskrete spektrale Leistungsdichte ist in diesem Falle eine endliche Summe

$$R_z^*(s) = \sum_{i=-N}^{N} K_z(iT)\mathrm{e}^{-isT}.$$

(8.132)

Wenn speziell keine Korrelation zwischen aufeinanderfolgenden Werten von $z(mT)$ vorhanden ist, das heißt, die Eingangsfolge ein diskretes weißes Rauschen darstellt, dann gilt

$$K_z^*(0) = d_z^*, \quad K_z^*(iT) = 0 \quad (i \neq 0)$$

(8.133)

mit der Varianz d_z^* der Eingangsfolge. Bei Gültigkeit von (8.133) folgt aus (8.132)

$$R_z^*(s) = d_z^*$$

(8.134)

und aus (8.129) erhält man

$$d_y(t) = \frac{Td_z^*}{2\pi\mathrm{j}} \int_{-\mathrm{j}\omega/2}^{\mathrm{j}\omega/2} \mathcal{D}_q(T,-s,t)\mathcal{D}_q(T,s,t)\,\mathrm{d}s\,.$$

(8.135)

Aus (8.129) und (8.135) läßt sich ein Ausdruck für die mittlere Varianz $\overline{d}_y$ finden, die hauptsächlich durch Formel (8.50) bestimmt ist. Aus (8.129) und (8.50) gewinnt man

$$\overline{d}_y = \frac{T}{2\pi\mathrm{j}} \int_{-\mathrm{j}\omega/2}^{\mathrm{j}\omega/2} B_0^*(s)R_z^*(s)\,\mathrm{d}s$$

(8.136)

mit

$$B_0^*(s) = \frac{1}{T} \int_0^T \mathcal{D}_q(T,-s,t)\mathcal{D}_q(T,s,t)\,\mathrm{d}t =$$

$$= \frac{1}{T} \int_0^T \varphi_q(T,-s,t)\varphi_q(T,s,t)\,\mathrm{d}t\,.$$

(8.137)

Daneben kann mit Hilfe der Parsevalschen Gleichung für die Fourier-Reihe die Beziehung

$$B_0^*(s) = \frac{1}{T} \int_0^T \varphi_Q(T,-s,t)\varphi_Q(T,s,t)\,\mathrm{d}t$$

(8.138)

mit

$$\varphi_Q(T,s,t) = \frac{1}{T} \sum_{k=-\infty}^{\infty} Q(s+kj\omega)\mathrm{e}^{kj\omega t}$$

(8.139)

abgeleitet werden, worin $Q(s)$ die äquivalente Übertragungsfunktion des LPPO bedeutet, die durch (6.100) definiert ist. In dem Falle, wo $R_z^*(s) = 1$ ist, können für die Varianz und die mittlere Varianz die in (8.52) und (8.58) eingeführten Begriffe benutzt werden. Deshalb wird die Zahl

$$\| \mathsf{U}_d \|_2 \stackrel{\mathrm{def}}{=} +\sqrt{\overline{r}_y}$$

(8.140)

die $\mathcal{H}^2$-Norm des LPPO (6.97) genannt. Aus (8.136) ersieht man, daß

$$\bar{r}_y = \|\mathsf{U}_d\|_2^2 = \frac{T}{2\pi\mathrm{j}} \int_{-\mathrm{j}\omega/2}^{\mathrm{j}\omega/2} B_0^*(s)\,\mathrm{d}s \tag{8.141}$$

gilt. Es ist anzumerken, daß der Wert der $\mathcal{H}^2$-Norm des LPPO U_d in einfacher Weise durch die Impulsantwort $q(t)$ auszudrücken ist. So folgt aus (8.141) und (8.137)

$$\|\mathsf{U}_d\|_2^2 = \frac{T}{2\pi\mathrm{j}} \int_{-\mathrm{j}\omega/2}^{\mathrm{j}\omega/2} \left[\frac{1}{T}\int_0^T \mathcal{D}_q(T,-s,t)\mathcal{D}_q(T,s,t)\,\mathrm{d}t\right]\mathrm{d}s\,. \tag{8.142}$$

Die Beziehung (4.102) ausnutzend, läßt sich die letzte Formel in die Gestalt

$$\|\mathsf{U}_d\|_2^2 = \frac{1}{T}\int_{-\infty}^{\infty} q^2(t)\,\mathrm{d}t \tag{8.143}$$

bringen. Wenn speziell $q(t) = 0$ für $t < 0$ ist, das heißt, der LPPO U_d kausal ist, dann erhält man

$$\|\mathsf{U}_d\|_2^2 = \frac{1}{T}\int_0^{\infty} q^2(t)\,\mathrm{d}t\,. \tag{8.144}$$

Teil III

Mathematische Beschreibung von Abtastsystemen in kontinuierlicher Zeit

Einführung. In diesem Teil wird auf der Grundlage von allgemeinen Voraussetzungen, die früher schon dargelegt wurden, eine allgemeine mathematische Darstellung von Abtastsystemen im Frequenzbereich gegeben. Dabei sollen die Abtastsysteme als spezielle lineare instationäre Systeme mit periodisch veränderlichen Parametern in kontinuierlicher Zeit beschrieben werden. Für die Untersuchung von Prozessen, die auf dem beidseitig unendlichen Zeitintervall $-\infty < t < \infty$ erklärt sind, kann das Instrument parametrische Übertragungsfunktion (PTF) angewendet werden. Für die Bestimmung der PTF $W(s,t)$ eines Systems beliebiger Struktur kann der folgende formale Zugang gewählt werden. Für das System mit dem ausgewählten Eingang $x(t)$ und dem zugehörigen Ausgang $y(t)$ wird $x(t) = \mathrm{e}^{st}$ mit dem komplexen Parameter s vorausgesetzt. Dann wird die Reaktion in der Form

$$y(t) = W(s,t)\mathrm{e}^{st}, \quad W(s,t) = W(s,t+T)$$

mit der Periode T des Systems angesetzt. Die Lösung $W(s,t)$ wird für den betrachteten Problemkreis immer existieren, eindeutig sein und sich darüber hinaus in geschlossener Form darstellen lassen. Deshalb ist diese Funktion $W(s,t)$ die gesuchte PTF.
Bei bekannter PTF gelingt es, die Menge der linearen periodischen Operatoren zu konstruieren, die das zu untersuchende System erzeugen, und auch die entsprechenden Transformationen des Ausgangs zu finden. Für das Studium der Prozesse bei gegebenen Anfangsbedingungen wird die zweiseitige Laplace-Transformation in kontinuierlicher Zeit benutzt.

Kapitel 9

Offene Abtastsysteme

9.1 Abtaster 0. Ordnung

Als *Abtaster 0. Ordnung* wird ein System bezeichnet, in dem das Eingangssignal $x(t)$ und das Ausgangssignal $y(t)$ durch die Beziehung

$$y(t) = \mu(t - kT)x(kT + 0), \quad kT < t < (k+1)T \tag{9.1}$$

verknüpft sind, wobei $T > 0$ eine Konstante ist, die als Abtastperiode bezeichnet wird, und $\mu(t)$ eine Funktion ist, die die Form der Ausgangsimpulse bestimmt. Im weiteren wird angenommen, daß die Funktion $\mu(t)$ für $0 \leq t \leq T - 0$ definiert und in diesem Intervall stückweise stetig ist. Für $t < 0$ und $t > T$ ist $\mu(t) = 0$. In Abbildung 9.1 ist dargestellt, wie das Signal $x(t)$ durch die Operation (9.1) umgewandelt wird.

Die Beziehung (9.1) kann auch in der Gestalt

$$y(t) = m(t)x(kT + 0), \quad kT < t < (k+1)T \tag{9.2}$$

dargestellt werden, wobei $m(t) = m(t + T)$ eine periodische Funktion ist, die durch

$$m(t) \stackrel{\text{def}}{=} \sum_{k=-\infty}^{\infty} \mu(t - kT) \tag{9.3}$$

festgelegt ist. Die Funktion $m(t)$ wird im folgenden *Formierungsfunktion* genannt. Wenn man in der Formel (9.1) $\mu(t) = 1$ annimmt, dann wird der entsprechende Abtaster ein *Abtaster mit Halteglied 0. Ordnung* genannt. Die Gleichung des Abtasters mit Halteglied 0. Ordnung lautet

$$y(t) = x(kT + 0), \quad kT < t < (k+1)T. \tag{9.4}$$

Der Abtaster der allgemeinen Form (9.1) kann als Reihenschaltung eines Abtasters mit Halteglied 0. Ordnung und eines Multiplizierers mit der Formierungsfunktion

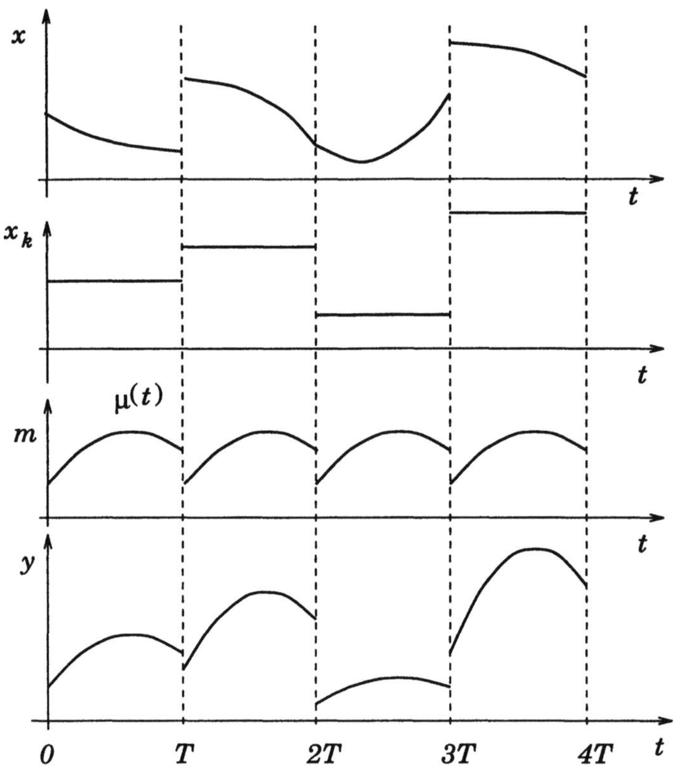

Abbildung 9.1: Signalabtastung 0. Ordnung

$m(t)$ dargestellt werden. Das entsprechende Strukturbild ist in Abbildung 9.2 zu sehen, wobei H_0 der Abtaster mit Halteglied 0. Ordnung und $\otimes$ der Multiplizierer bedeuten. Die Beziehung (9.1) setzt voraus, daß das Eingangssignal reell ist, allerdings kann es auch auf komplexe Eingangssignale ausgedehnt werden. Dazu wird für $x(t) = a(t) + jb(t)$ mit reellen Funktionen $a(t)$, $b(t)$

$$y(t) = \mu(t - kT)[a(kT + 0) + jb(kT + 0)], \quad kT < t < (k + 1)T \qquad (9.5)$$

zugeordnet. Mit dieser Interpretation der Formel (9.1) wird ein gewisser Operator

$$y(t) = \mathsf{U}_a\,[x(t)] \qquad (9.6)$$

im Raum der komplexwertigen Funktionen eines reellen Arguments definiert. Indem man die Beziehungen (9.5) und (6.97) gegenüberstellt, gelangt man zu der Feststellung, daß aus mathematischer Sicht der Operator (9.6) einen linearen periodischen Pulsoperator (LPPO) darstellt, dessen Impulsantwort $q(t)$ durch

$$q(t) = \mu(t) \qquad (9.7)$$

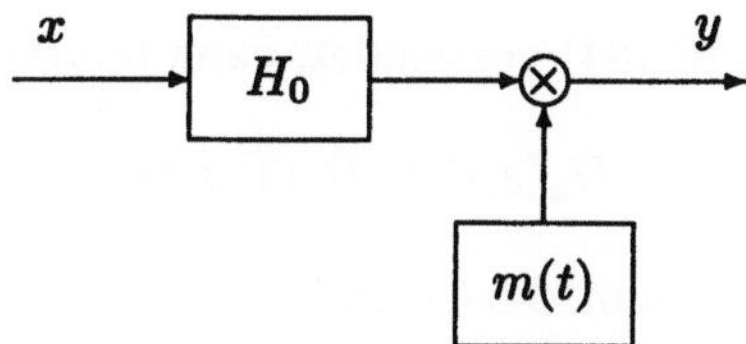

Abbildung 9.2: Allgemeiner Abtaster 0. Ordnung

gegeben ist. Dabei ist die PTF $W_a(s,t)$ des Operators (9.6) durch (6.104) festgelegt und hat die Gestalt

$$W_a(s,t) = \sum_{k=-\infty}^{\infty} \mu(t+kT)e^{-s(t+kT)}\,. \tag{9.8}$$

Mit Hilfe von (9.7) läßt sich die Beziehung für $W_a(s,t)$ in der Form

$$W_a(s,t) = \mu(t)e^{-st}\,, \quad 0 < t < T\,, \quad W_a(s,t) = W_a(s,t+T) \tag{9.9}$$

darstellen. Die äquivalente Übertragungsfunktion des Operators U_a, die durch Formel (6.100) bestimmt ist, erhält vermöge (9.7) das Aussehen

$$Q(s) = \int_0^T \mu(t)e^{-st}\,\mathrm{d}t \overset{\text{def}}{=} M(s)\,. \tag{9.10}$$

Die Funktion $M(s)$ wird in Zukunft *Übertragungsfunktion des Formierungselements* genannt. Aus (9.10) folgt, daß $M(s)$ eine ganze Funktion des komplexen Arguments s ist. Da $\mu(t)$ für $t < 0$ verschwindet und eine Funktion von beschränkter Variation ist, gilt in einer beliebigen Halbebene Re $s > \alpha =$ const. für $|s| \to \infty$ die Abschätzung

$$|M(s)| < K|s|^{-1} \tag{9.11}$$

mit einer gewissen positiven Konstanten K. Für ein Halteglied 0. Ordnung erhält man aus (9.10) mit $\mu(t) = 1$

$$M(s) = \int_0^T e^{-st}\,\mathrm{d}t = \frac{1 - e^{-sT}}{s} \overset{\text{def}}{=} M_0(s)\,. \tag{9.12}$$

Indem man die PTF (9.9) als Fourier-Reihe (6.107) dargestellt, gewinnt man unter Verwendung von (9.10)

$$W_a(s,t) = \frac{1}{T} \sum_{k=-\infty}^{\infty} M(s+kj\omega)e^{kj\omega t} = \varphi_M(T,s,t)\,. \tag{9.13}$$

Nach Multiplikation von (9.13) mit e^{st}, findet man bei Ausnutzung von (6.111) einen Ausdruck für die diskrete Übertragungsfunktion $D_a(s,t)$ des Operators U_a

$$D_a(s,t) = \frac{1}{T} \sum_{k=-\infty}^{\infty} M(s+kj\omega)e^{(s+kj\omega)t} = \mathcal{D}_M(T,s,t)\,. \tag{9.14}$$

Wenn man nun die Reihe (6.104) verwendet, dann findet man mit Hilfe von (9.8)

$$D_a(s,t) = \mathcal{D}_\mu(T,s,t) \tag{9.15}$$

und die Beziehung (9.15) nimmt die Gestalt

$$D_a(s,t) = \mu(t - kT)e^{ksT}, \quad kT < t < (k+1)T \tag{9.16}$$

an. Wenn für das Eingangssignal des Abtasters $x(t) \in \Lambda(\alpha,\beta)$ gilt und $X(s)$ die zugehörige Laplace-Transformation ist, dann erhält man unter Verwendung von (7.82) für die Laplace-Transformation des Ausgangssignals

$$Y(s) = M(s)\mathcal{D}_x(T,s,+0) \tag{9.17}$$

mit

$$\mathcal{D}_x(T,s,+0) = \sum_{k=-\infty}^{\infty} x(kT+0)e^{-ksT} = \varphi_x(T,s,+0). \tag{9.18}$$

Darum läßt sich für die diskrete Laplace-Transformierte des Ausgangssignals $\mathcal{D}_y(T,s,t)$ wegen (7.60), (7.80) die Formel

$$\mathcal{D}_y(T,s,t) = \mathcal{D}_\mu(T,s,t)\mathcal{D}_x(T,s,+0) \tag{9.19}$$

angeben. Aus (7.58) und wegen des stückweise stetig angenommenen $\mu(t)$ folgt, daß bei $x(t) \in \Lambda(\alpha,\beta)$ auch $y(t) \in \Lambda(\alpha,\beta)$ sein wird. Deshalb wird in den Stetigkeitspunkten von $y(t)$ die Umkehrformel (1.24) gelten, wodurch man

$$y(t) = \frac{1}{2\pi j} \int_{c-j\infty}^{c+j\infty} M(s)\mathcal{D}_x(T,s,+0)e^{st}\, ds, \quad \alpha < c < \beta \tag{9.20}$$

gewinnt. Weiterhin erhält man aus der Umkehrformel der diskreten Laplace-Transformation (4.34) und (9.19)

$$y(t) = \frac{T}{2\pi j} \int_{c-j\omega/2}^{c+j\omega/2} \mathcal{D}_\mu(T,s,t)\mathcal{D}_x(T,s,+0)\, ds, \quad \alpha < c < \beta. \tag{9.21}$$

Wenn zusätzlich zum gesagten für das Bild $X(s)$ des Eingangssignals eine Abschätzung (7.98) gilt, dann läßt sich auch das Umkehrintegral nach (7.97) verwenden, das im betrachteten Fall die Form

$$y(t) = \frac{1}{2\pi j} \int_{c-j\infty}^{c+j\infty} W_a(s,t)X(s)e^{st}\, ds = \frac{1}{2\pi j} \int_{c-j\infty}^{c+j\infty} D_a(s,t)X(s)\, ds,$$

$$\alpha < c < \beta \tag{9.22}$$

hat.

9.2   Abtaster mit Phasenverschiebung

Die allgemeine Gleichung eines Abtasters 0. Ordnung mit Phasenverschiebung lautet

$$y(t) = x(kT + \phi + 0)\mu(t - kT - \phi), \quad kT + \phi < t < (k+1)T + \phi, \qquad (9.23)$$

wobei ϕ die Phasenverschiebung ist, für die man ohne Verlust an Allgemeinheit $0 \le \phi < T$ annehmen darf. Die Rolle der Funktion $\mu(t)$ ist dieselbe wie im Abschnitt 9.1. Durch U_a^ϕ werde der durch die Beziehung (9.23) definierte Operator bezeichnet. Wenn man dann (9.23) mit (6.112) vergleicht, gelangt man zu dem Schluß, daß der Operator U_d^ϕ ein LPPO ist, der gegenüber dem Abtastoperator U_a um die Größe ϕ phasenverschoben ist. Deshalb erfüllt die PTF $W_a^\phi(s,t)$ des Operators U_d^ϕ unter Berücksichtigung von (6.114) und (9.9) die Beziehung

$$W_a^\phi(s,t) = W_a(s, t - \phi) = \varphi_\mu(T, s, t - \phi), \qquad (9.24)$$

was äquivalent zu

$$\begin{aligned}
W_a^\phi(s,t) &= \mu(t - \phi)\mathrm{e}^{-s(t-\phi)}, \quad \phi < t < \phi + T, \\
W_a^\phi(s,t) &= W_a^\phi(s, t + T)
\end{aligned} \qquad (9.25)$$

ist. Wenn man für die Darstellung von $W_a(s,t)$ die Fourier-Reihe (9.13) verwendet, gelangt man zu

$$W_a^\phi(s,t) = \frac{1}{T} \sum_{k=-\infty}^{\infty} M(s + kj\omega)\mathrm{e}^{kj\omega(t-\phi)} = \varphi_M(T, s, t - \phi). \qquad (9.26)$$

Es ist bemerkenswert, daß der Begriff der diskreten Übertragungsfunktion im gegebenen Fall nicht unmittelbar verwendbar ist.

Wenn das Eingangssignal $x(t) \in \Lambda(\alpha,\beta)$ ist, dann erhält man unter Ausnutzung von (7.115) die Laplace-Transformierte des Ausgangssignals

$$Y(s) = M(s)\varphi_x(T, s, \phi + 0), \quad \alpha < \mathrm{Re}\, s < \beta. \qquad (9.27)$$

Für die diskrete Laplace-Transformation des Ausgangs findet man vermöge (7.109)

$$\mathcal{D}_y(T, s, t) = \mathcal{D}_\mu(T, s, t - \phi)\mathcal{D}_x(T, s, \phi + 0), \quad \alpha < \mathrm{Re}\, s < \beta. \qquad (9.28)$$

9.3   Lineare periodische Halteglieder

Als *periodisches Halteglied* wird eine Vorrichtung bezeichnet, die die Folge von Werten des Eingangssignals $x(t)$ zu den Zeitpunkten $t_k = kT$ in ein kontinuierliches Signal wandelt. Das Halteglied heißt linear, wenn der Ausgang linear von

der Wertefolge des Eingangssignals abhängt. Als einfachstes lineares periodisches
Halteglied kann das Halteglied 0. Ordnung (9.2) angesehen werden. Eine wei-
te Klasse von linearen periodischen Haltegliedern kann auf folgende Weise analytisch angegeben werden. Es wird vorausgesetzt, daß die periodischen Funktionen
$m_\nu(t) = m_\nu(t+T)$, $(\nu = 0, \ldots, r)$ gegeben sind und außerdem

$$\mu_\nu(t) = m_\nu(t), \quad 0 < t < T \tag{9.29}$$

mit $\mu_\nu(t) = 0$ für $t < 0$ und $t > T$ erklärt ist. Mögen weiterhin die $a_{n\nu}$ Größen
sein, die für jedes n $(n = 0, \pm 1, \ldots)$ durch die Formel

$$a_{n\nu} = \sum_{\lambda=0}^{\ell_\nu} \beta_{\nu\lambda} x(nT - \lambda T + 0) \tag{9.30}$$

gegeben sind, wobei die $\beta_{\nu\lambda}$ bekannte Konstanten und die ℓ_ν gegebene natürliche
Zahlen sind. Die durch die Beziehung

$$y(t) = \sum_{\nu=0}^{r} a_{n\nu}\mu_\nu(t - nT), \quad nT < t < (n+1)T \tag{9.31}$$

realisierte Rekonstruktion wird als *periodisches (T-periodisches) FIR Halteglied*,
(finite impulse response) bezeichnet, Tsypkin (1964), Petersohn et al. (1994). Die
Funktionen (9.29) bestimmen den entsprechenden Typ des Halteglieds. Wenn zum
Beispiel

$$\mu_\nu(t) = t^\nu, \quad 0 < t < T \tag{9.32}$$

ist, dann realisiert (9.31) ein polynomiales Halteglied r. Ordnung. Die Beziehungen
(9.29)–(9.31) definieren gewisse (Halte-) Operatoren

$$y(t) = \mathsf{U}_h[x(t)]. \tag{9.33}$$

Es ist leicht zu sehen, daß der Operator (9.33) linear und periodisch ist. Darüber
hinaus ist er ein Abtastoperator, das heißt, der Ausgang $y(t)$ hängt nur von den
Werten des Eingangssignals zu den Abtastzeitpunkten $t_k = kT$ ab. Für die Bestimmung der PTF $W_h(s,t)$ des Operators U_h wird die grundlegende Formel (5.4)
herangezogen. Für $x(t) = e^{st}$ bekommt man aus (9.30)

$$a_{n\nu} = \sum_{\lambda=0}^{\ell_\nu} \beta_{\nu\lambda} e^{(n-\lambda)sT} = e^{nsT} \sum_{\lambda=0}^{\ell_\nu} \beta_{\nu\lambda} e^{-\lambda sT}, \tag{9.34}$$

aus der man wegen (9.31)

$$\mathsf{U}_h\left[e^{st}\right] = e^{nsT} \sum_{\nu=0}^{r} \sum_{\lambda=0}^{\ell_\nu} \beta_{\nu\lambda} e^{-\lambda sT} \mu_\nu(t - nT), \quad nT < t < (n+1)T \tag{9.35}$$

erhält. Insbesondere liefert (9.35) für $n = 0$

$$U_h\left[e^{st}\right] = \sum_{\nu=0}^{r}\sum_{\lambda=0}^{\ell_\nu}\beta_{\nu\lambda}e^{-\lambda sT}\mu_\nu(t)\,, \quad 0 < t < T\,. \tag{9.36}$$

Nach Multiplikation von (9.36) mit e^{-st} findet man für die PTF $W_h(s,t)$ im Intervall $0 < t < T$ den Ausdruck

$$W_h(s,t) = \sum_{\nu=0}^{r}w_{h\nu}(s)\mu_\nu(t)e^{-st} \tag{9.37}$$

mit den Übertragungsfunktionen überlagerter reiner Totzeitelemente

$$w_{h\nu}(s) \stackrel{\text{def}}{=} \sum_{\lambda=1}^{\ell_\nu}\beta_{\nu\lambda}e^{-\lambda sT}\,. \tag{9.38}$$

Indem man die Formel (9.37) auf die ganze $t-$Achse ausdehnt, gelangt man zu

$$W_h(s,t) = \sum_{\nu=0}^{r}w_{h\nu}(s)W_{a\nu}(s,t)\,, \tag{9.39}$$

worin $W_{a\nu}(s,t)$ die PTF des Abtasters (9.1) mit dem Formierungselement $\mu_\nu(t)$ bedeutet. Man benennt in Analogie zu (9.10)

$$M_\nu(s) \stackrel{\text{def}}{=} \int_0^T \mu_\nu(t)e^{-st}\,\mathrm{d}t = \int_0^T W_{a\nu}(s,t)\,\mathrm{d}t\,. \tag{9.40}$$

Die Funktion

$$Q_h(s) \stackrel{\text{def}}{=} \int_0^T W_h(s,t)\,\mathrm{d}t \tag{9.41}$$

wird als *äquivalente Übertragungsfunktion des Abtastelements* bezeichnet, wobei das Abtastelement aus Abtaster und Formierungselement besteht. Indem man (9.39) in (9.41) einsetzt und (9.40) ausnutzt, gewinnt man

$$Q_h(s) = \sum_{\nu=0}^{r}w_{h\nu}(s)M_\nu(s)\,. \tag{9.42}$$

Hieraus findet man bei Verwendung der Fourier-Reihe

$$W_{a\nu}(s,t) = \frac{1}{T}\sum_{k=-\infty}^{\infty}M_\nu(s+kj\omega)e^{kj\omega t} \tag{9.43}$$

und der aus (9.38) ersichtlichen Beziehung

$$w_{h\nu}(s) = w_{h\nu}(s+j\omega)\,, \quad \omega = 2\pi/T \tag{9.44}$$

die Darstellung von $W_h(s,t)$ als Fourier-Reihe

$$W_h(s,t) = \frac{1}{T} \sum_{k=-\infty}^{\infty} Q_h(s + kj\omega) e^{kj\omega t}\,. \tag{9.45}$$

Durch Vergleich von (9.45) mit (6.107) gelangt man zu dem Ergebnis, daß vom mathematischen Standpunkt aus gesehen die Beziehungen (9.29)–(9.31) einen LPPO mit der äquivalenten Übertragungsfunktion (9.42) definieren. Folglich erhält man bei $x(t) \in \Lambda(\alpha,\beta)$ in Analogie zu (9.17) für die Laplace-Transformation des Ausgangs

$$Y(s) = Q_h(s)\mathcal{D}_x(T,s,+0)\,. \tag{9.46}$$

Erwähnenswert ist auch, daß die diskrete Laplace-Transformation durch die Formel

$$\mathcal{D}_y(T,s,t) = \sum_{\nu=0}^{r} w_{h\nu}(s)\mathcal{D}_{\mu_\nu}(T,s,t)\,\mathcal{D}_x(T,s,+0) \tag{9.47}$$

festgelegt wird.

Beispiel 9.1 Als Beispiel, in dem die genannten Beziehungen gelten, wird das Halteglied 1. Ordnung nach Abbildung 9.3 betrachtet. In Übereinstimmung mit

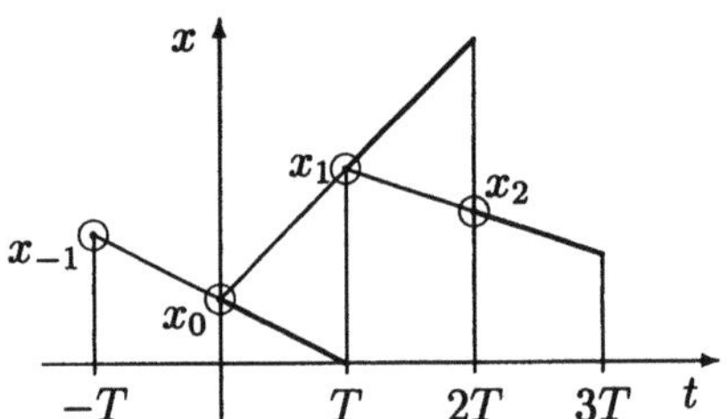

Abbildung 9.3: Halteglied 1. Ordnung

Abbildung 9.3 hat man

$$y(t) = x_n + \frac{x_n - x_{n-1}}{T}(t - nT)\,, \quad nT < t < (n+1)T \tag{9.48}$$

mit $x_n = x(nT + 0)$. Durch Vergleich von (9.48) und (9.31) findet man für den gegebenen Fall

$$r = 1\,, \quad a_{n0} = x_n\,, \quad a_{n1} = \frac{1}{T}(x_n - x_{n-1}) \tag{9.49}$$

und mit Hilfe von (9.30)

$$\ell_0 = 0\,, \quad \ell_1 = 1\,, \quad \beta_{00} = 1\,, \quad \beta_{10} = \frac{1}{T}\,, \quad \beta_{11} = -\frac{1}{T}\,. \tag{9.50}$$

Überdies folgt aus (9.48), (9.31) die Zuordnung

$$\mu_0(t) = 1\,, \quad \mu_1(t) = t \tag{9.51}$$

und aus (9.50) und (9.38) gewinnt man

$$w_{h0}(s) = 1\,, \quad w_{h1}(s) = \beta_{10} - \beta_{11}\mathrm{e}^{-sT} = \frac{1}{T}\left(1 - \mathrm{e}^{-sT}\right)\,. \tag{9.52}$$

Die Übertragungsfunktionen der Formierungselemente sind wegen (9.51) durch

$$M_0(s) = \frac{1 - \mathrm{e}^{-sT}}{s}\,, \quad M_1(s) = \frac{1 - \mathrm{e}^{-sT} - sT\mathrm{e}^{-sT}}{s^2} \tag{9.53}$$

festgelegt. Indem (9.52) und (9.53) in (9.42) eingesetzt werden, findet man die äquivalente Übertragungsfunktion

$$Q_1(s) = \frac{\left(1 - \mathrm{e}^{-sT}\right)^2 (Ts + 1)}{Ts^2}\,. \tag{9.54}$$

Es soll nun die Impulsantwort $q_1(t)$ des Haltegliedes 1. Ordnung bestimmt werden. Aus (6.101) entnimmt man, daß es dafür ausreichend ist, die Laplace-Rücktransformierte des Bildes (9.54) zu berechnen. Es kann aber auch auf andere Weise erledigt werden, indem man sich erinnert, daß wegen (6.97) die Impulsantwort $q(t)$ die Reaktion des LPPO auf die spezielle Eingangsfolge $\{x_k\}$ mit $x_0 = 1$, $x_k = 0$ für $k \neq 0$ ist. Für das Halteglied 1. Ordnung ergibt sich deshalb $q(t) = f(t)$ mit der Funktion $f(t)$ aus (4.23), die in Abbildung 4.1 dargestellt wurde. Es ist leicht nachzuvollziehen, daß das Laplace-Bild der Funktion (4.23) das Aussehen (9.54) hat. Darum findet man aus (9.54) und (9.46) die Laplace-Transformierte des Ausgangssignals als

$$Y(s) = \frac{\left(1 - \mathrm{e}^{-sT}\right)^2 (Ts + 1)}{Ts^2} \mathcal{D}_x(T, s, +0)\,. \tag{9.55}$$

Zur Berechnung der diskreten Laplace-Transformation des Ausgangssignals wird die allgemeine Formel (7.81) herangezogen. Die diskrete Laplace-Transformation der Funktion (4.23) ergibt sich in Übereinstimmung mit (4.25) zu

$$\mathcal{D}_q(T, s, t) = \left[1 + \left(1 - \mathrm{e}^{-sT}\right)\frac{t - kT}{T}\right]\mathrm{e}^{ksT}\,, \quad kT < t < (k+1)T\,, \tag{9.56}$$

womit man

$$\mathcal{D}_y(T, s, t) = \left[1 + \left(1 - \mathrm{e}^{-sT}\right)\frac{t - kT}{T}\right]\mathrm{e}^{ksT}\,\mathcal{D}_x(T, s, +0) \tag{9.57}$$

$$kT < t < (k+1)T$$

erhält. $\qquad\qquad\qquad\qquad\qquad\qquad\qquad\qquad\qquad\qquad\qquad\qquad\qquad\qquad\qquad\square$

9.4   Elementares offenes Pulssystem

In diesem Abschnitt werden Systeme mit der in Abbildung 9.4 gezeigten Struktur untersucht. Die zwischen dem Eingang $x(t)$ und der Zwischengröße $z(t)$ bestehende Beziehung hat die Form

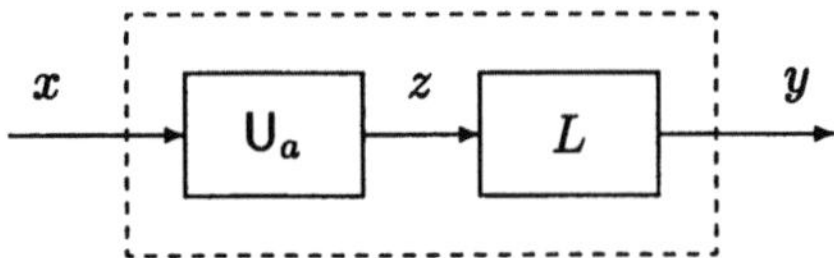

Abbildung 9.4: Abtaster und kontinuierlicher Prozeß

$$z(t) = \mathsf{U}_a[x(t)] \tag{9.58}$$

wobei U_a der Abtastoperator (9.6) ist. Der Zusamenhang zwischen dem Ausgang $y(t)$ und der Zwischengröße $z(t)$ besteht in einer linearen Differentialgleichung mit konstanten Koeffizienten

$$y^{(n)} + d_1 y^{(n-1)} + \ldots + d_n y = m_1 z^{(n-1)} + \ldots + m_n z. \tag{9.59}$$

Wenn in die Betrachtungen die Operatorpolynome

$$\begin{aligned}
d(s) &= s^n + d_1 s^{n-1} + \ldots + d_n \\
m(s) &= m_1 s^{n-1} + \ldots + m_n
\end{aligned} \tag{9.60}$$

eingeführt werden, dann kann die Gleichung (9.59) als

$$d(s)y = m(s)z \tag{9.61}$$

geschrieben werden. Es muß bemerkt werden, daß das Gleichungssystem (9.58), (9.59) im allgemeinen Fall formal nicht korrekt ist, weil auf der rechten Seite von (9.59) die Ableitungen des Signals $z(t)$ gebildet werden müssen, die aber im klassischen Sinne nicht existieren, weil die Funktion $z(t)$ normalerweise unstetig ist. Um diesen Widerspruch zu überbrücken, geht man von der Differentialgleichung (9.59) zur äquivalenten Integralgleichung über. Dieser Übergang ist aus folgenden Gründen erlaubt. Zunächst wird der Prozeß für $t > 0$ hergenommen und vorausgesetzt, daß in der Gleichung (9.59) die Funktionen $y(t)$ und $z(t)$ ausreichend oft differenzierbar seien und gemeinsam mit ihren Ableitungen die Laplace-Transformationen absolut konvergieren für Re $s > \alpha$ mit einer hinreichend großen Zahl α. Indem man die Formel (1.73) verwendet, kann man für die entsprechenden Laplace-Transformationen $Y(s)$ und $Z(s)$ die Beziehung

$$\begin{aligned}
y^{(i)}(t) &\longrightarrow s^i Y(s) - s^{i-1} y(+0) - \ldots - y^{(i-1)}(+0) \\
z^{(i)}(t) &\longrightarrow s^i Z(s) - s^{i-1} z(+0) - \ldots - z^{(i-1)}(+0)
\end{aligned} \tag{9.62}$$

aufschreiben. Wenn man in der Gleichung (9.59) zu den Laplace-Transformierten übergeht und (9.62) ausnutzt, gelangt man zu der Beziehung im Bildbereich

$$d(s)Y(s) + d_0(s) = m(s)Z(s) + \tilde{m}_0(s) \tag{9.63}$$

mit Polynomen $d_0(s)$, $\tilde{m}_0(s)$, die durch die Anfangsbedingungen festgelegt sind, wobei die Gradbedingungen

$$\deg d_0(s) \leq n - 1, \quad \deg \tilde{m}_0(s) \leq n - 2 \tag{9.64}$$

gelten. Wenn man berücksichtigt, daß die Koeffizienten von $d_0(s)$ von n beliebigen Konstanten $y(+0), \ldots, y^{(n-1)}(+0)$ abhängen, dann kann die Beziehung (9.63) in der Form

$$Y(s) = F(s)Z(s) + \frac{m_0(s)}{d(s)} \tag{9.65}$$

dargestellt werden, wobei $m_0(s)$ ein beliebiges Polynom bedeutet, das $\deg m_0(s) \leq n - 1$ erfüllt und

$$F(s) = \frac{m(s)}{d(s)} \tag{9.66}$$

die Übertragungsfunktion von (9.59) ist. Möge

$$d(s) = (s - s_1)^{\nu_1} \cdot \ldots \cdot (s - s_\ell)^{\nu_\ell}, \quad \nu_1 + \ldots + \nu_\ell = n \tag{9.67}$$

sein, dann kann die Partialbruchentwicklung (1.88)

$$F(s) = \sum_{i=1}^{\ell} \sum_{k=1}^{\nu_i} \frac{f_{ik}}{(s - s_i)^k} \tag{9.68}$$

vorgenommen werden. Analog kann man die Entwicklung

$$Y_0(s) \stackrel{\text{def}}{=} \frac{m_0(s)}{d(s)} = \sum_{i=1}^{\ell} \sum_{k=1}^{\nu_i} \frac{m_{ik}}{(s - s_i)^k} \tag{9.69}$$

aufstellen, wobei die Koeffizienten m_{ik} als beliebige Konstanten angesehen werden können. Als Original zum Bild (9.68) in der Halbebene $\mathrm{Re}\, s > \alpha$ ergibt sich die Funktion (1.99)

$$f(t) = \begin{cases} \sum_{i=1}^{\ell} \sum_{k=1}^{\nu_i} \frac{f_{ik}}{(k-1)!} t^{k-1} e^{s_i t}, & t > 0 \\ \quad\quad 0 & t < 0. \end{cases} \tag{9.70}$$

Analog erweist sich

$$y_0(t) \stackrel{\text{def}}{=} \begin{cases} \sum_{i=1}^{\ell} \sum_{k=1}^{\nu_i} c_{ik} t^{k-1} e^{s_i t}, & t > 0 \\ \quad\quad 0 & t < 0 \end{cases} \tag{9.71}$$

als Original zum Bild $Y_0(s)$, wobei die c_{ik} gewisse Konstanten sind. Indem man
von (9.65) zu den Originalen in der Halbebene Re $s > \alpha$ übergeht und dabei den
Faltungssatz ausnutzt, findet man für $t > 0$

$$y(t) = \int_0^t f(t - \tau)z(\tau)\,d\tau + y_0(t)\,. \tag{9.72}$$

Eine unmittelbare Überprüfung zeigt, daß die Beziehung (9.72) bei entsprechender
Auswahl der Konstanten c_{ik} die allgemeine Lösung der Gleichung (9.59) für alle
t ergibt. Deshalb wird in den weiteren Darlegungen anstelle der Differentialgleichung (9.59) die Beziehung (9.72) betrachtet werden. Im Gegensatz zur Gleichung
(9.59) tauchen in der Formel (9.72) keine Ableitungen des Eingangssignals $z(t)$
mehr auf. Wenn später die Beziehung (9.59) benutzt wird, soll deshalb auf die
Voraussetzung über die Stetigkeit des Eingangssignals $z(t)$ und dessen Ableitungen
verzichtet werden. Eine strengere Begründung dieses Zugangs kann man aus der
Sicht der Theorie der verallgemeinerten Funktionen geben, Schwartz (1961). Es
wird darauf hingewiesen, daß man

$$y(t) = \int_0^t f(t - \tau)z(\tau)\,d\tau \tag{9.73}$$

erhält, wenn in (9.72) für alle i, k die Koeffizienten c_{ik} verschwinden. Die Lösung
(9.73) wird die *Lösung für verschwindende Anfangsbedingungen* genannt.

9.5   Übertragungsfunktionen der offenen Kette

Im Gegensatz zu den Aufgaben, die in den Abschnitten 9.1–9.3 betrachtet wurden, ist der Zusammenhang zwischen dem Eingang $x(t)$ und dem Ausgang $z(t)$ in
den Gleichungen (9.58) und (9.59) nicht eindeutig, sondern hängt von den Werten
gewisser Konstanten c_{ik} ab. Das bedeutet, daß man es im gegebenen Falle mit keinem Operator, sondern mit einem System im Sinne des Abschnitts 6.2 zu tun hat.
Dieses System ist linear und periodisch. Zur Bestimmung der PTF $W_p(s,t)$ dieses
Systems wird $x = e^{st}$ in den Gleichungen (9.58) und (9.59) verwendet, wobei s als
Parameter aufgefaßt wird. Wenn es damit gelingt, eine Lösung der Gleichungen
(9.58), (9.59) von der Gestalt

$$y(s,t) = W_p(s,t)e^{st}\,, \quad W_p(s,t) = W_p(s,t+T) \tag{9.74}$$

zu finden, dann ist die Funktion $W_p(s,t)$ die gesuchte PTF. Im betrachteten Fall ist
diese Lösung leicht zu bestimmen. Zu diesem Zweck wird die Fourier-Entwicklung
als Instrument verwendet. Sei in (9.58) $x(t) = e^{st}$, dann bekommt man für jedes s

$$z(t) = W_a(s,t)e^{st} = \frac{1}{T}\sum_{k=-\infty}^{\infty} M(s + kj\omega)e^{(s+kj\omega)t}\,. \tag{9.75}$$

Jetzt muß die Lösung der Differentialgleichung (9.59) von der Gestalt (9.74) für den Fall gefunden werden, in dem die Funktion $z(t)$ das Aussehen (9.75) hat. Dazu bemerkt man, daß für $z(t) = e^{\lambda t}$, $\lambda = $ const. die Gleichung (9.59) die Lösung

$$\tilde{y}(\lambda, t) = \frac{m(\lambda)}{d(\lambda)} \, e^{\lambda t} = W(\lambda) e^{\lambda t} \qquad (9.76)$$

besitzt, die für alle λ mit Ausnahme der Werte $\lambda = s_i$, den Nullstellen des Polynoms (9.67), erklärt ist. Indem man (9.76) ausnutzt, findet man die Lösung von (9.75) als Summe von speziellen Lösungen der Form (9.76) entsprechend den einzelnen Summanden der Reihe (9.75). Aus (9.76) folgt, daß mit dem jeweiligen Eingang

$$z(t) = z_k(t) \overset{\text{def}}{=} \frac{1}{T} M(s + kj\omega) e^{(s+kj\omega)t} \qquad (9.77)$$

die zugehörige Lösung vom Typ (9.76) die Form

$$\tilde{y}_k(s, t) = \frac{1}{T} F(s + kj\omega) M(s + kj\omega) e^{(s+kj\omega)t} \qquad (9.78)$$

besitzt. Indem die Teillösungen (9.78) für alle k zusammengesetzt werden, findet man schließlich

$$y(s, t) \overset{\text{def}}{=} \frac{1}{T} \sum_{k=-\infty}^{\infty} F(s + kj\omega) M(s + kj\omega) e^{(s+kj\omega)t} \qquad (9.79)$$

als die gesuchte Lösung der Form (9.74). Es soll gezeigt werden, daß die so erhaltene Lösung eindeutig bestimmt ist. In der Tat, da (9.79) eine spezielle Lösung der Gleichung (9.59) ist, kann die allgemeine Lösung dieser Gleichung in der Form

$$y(t) = y(s, t) + \sum_{i=1}^{\ell} \sum_{k=1}^{\nu_i} c_{ik} \, t^{k-1} \, e^{s_i t}$$

geschrieben werden, und es ist unmittelbar ableitbar, daß die Funktion $y(t)$ die Gestalt (9.74) nur für $c_{ik} = 0$ hat. Nach Multiplikation von (9.79) mit e^{-st} gewinnt man die gesuchte PTF

$$W_p(s, t) = \frac{1}{T} \sum_{k=-\infty}^{\infty} F(s + kj\omega) M(s + kj\omega) e^{kj\omega t} \overset{\text{def}}{=} \varphi_{FM}(T, s, t) \,. \qquad (9.80)$$

Vermöge der Eindeutigkeit der Lösung (9.79) ist auch die PTF $W_p(s, t)$ auf eindeutige Weise bestimmt. Die Funktion

$$D_p(s, t) \overset{\text{def}}{=} W_p(s, t) e^{st} = y(s, t) \qquad (9.81)$$

wird *diskrete Übertragungsfunktioan* (DTF) des Systems (9.58), (9.59) genannt.
Aus (9.80) und (9.81) folgt

$$D_p(s,t) = \frac{1}{T} \sum_{k=-\infty}^{\infty} F(s+kj\omega)M(s+kj\omega)e^{(s+kj\omega)t} \overset{\text{def}}{=} \mathcal{D}_{FM}(T,s,t)\,. \qquad (9.82)$$

Wenn man $t = \varepsilon$, $0 \le \varepsilon < T$ einsetzt, dann stimmt die Funktion

$$\tilde{D}_p(s,\varepsilon) \overset{\text{def}}{=} \mathcal{D}_{FM}(T,s,\varepsilon) \qquad (9.83)$$

mit der Übertragungsfunktion des Systems im Sinne der modifizierten diskreten
Laplace-Transformation überein, Tsypkin (1964). Weiter unten wird gezeigt werden, daß die DTF $D_p(s,t)$ stetig von t abhängt. Deshalb stimmt die Funktion

$$D_p(s,0) = \frac{1}{T} \sum_{k=-\infty}^{\infty} F(s+kj\omega)M(s+kj\omega) \qquad (9.84)$$

mit der Übertragungsfunktion der betrachteten Systeme im Sinne der diskreten
Laplace-Transformation überein. Daraus folgt, daß die Funktion

$$\tilde{D}_p(z) \overset{\text{def}}{=} D_p(s,0)\big|_{e^{sT}=z} \qquad (9.85)$$

die normale z-Übertragungsfunktion des Systems ist.

9.6 Ausdrücke für DTF und PTF von Systemen

Wenn (9.68) erfüllt ist, lassen sich für die Summen der Reihen (9.80) und (9.82)
geschlossene Ausdrücke finden. Um entsprechende Formeln zu erhalten, stellt man
zunächst fest, daß aus (9.10)

$$M(s+kj\omega) = \int_0^T \mu(\tau)e^{-(s+kj\omega)\tau}\,d\tau \qquad (9.86)$$

folgt. Indem (9.86) in (9.82) eingesetzt wird, gewinnt man

$$D_p(s,t) = \frac{1}{T} \sum_{k=-\infty}^{\infty} F(s+kj\omega) \int_0^T \mu(\tau)e^{-(s+kj\omega)\tau}\,d\tau\, e^{(s+kj\omega)t}\,.$$

Nach Vertauschen der Reihenfolge von Summation und Integration findet man

$$D_p(s,t) = \int_0^T \mathcal{D}_F(T,s,t-\tau)\mu(\tau)\,d\tau \qquad (9.87)$$

mit der diskreten Laplace-Transformation der Funktion $F(s)$

$$\mathcal{D}_F(T,s,t) = \frac{1}{T} \sum_{k=-\infty}^{\infty} F(s+kj\omega)e^{(s+kj\omega)t}\,. \qquad (9.88)$$

Die Beziehung (9.87) wird nun in der Form

$$D_p(s,t) = \int_0^t \mathcal{D}_F(T,s,t-\tau)\mu(\tau)\,d\tau + \int_t^T \mathcal{D}_F(T,s,t-\tau)\mu(\tau)\,d\tau \qquad (9.89)$$

dargestellt. Wenn man $0 < t < T$ voraussetzt, dann ist im ersten Integral $0 < t - \tau < T$ und im zweiten $-T < t - \tau < 0$, so daß man unter Verwendung der Formeln (4.41) und (4.43)

$$\mathcal{D}_F(T,s,t-\tau) = \begin{cases} \displaystyle\sum_{i=1}^{\ell}\sum_{k=1}^{\nu_i} \frac{f_{ik}}{(k-1)!} \frac{\partial^{k-1}}{\partial s_i^{k-1}} \frac{e^{s_i(t-\tau)}}{1-e^{(s_i-s)T}}\,, & 0 < t-\tau < T \\[3mm] \displaystyle\sum_{i=1}^{\ell}\sum_{k=1}^{\nu_i} \frac{f_{ik}}{(k-1)!} \frac{\partial^{k-1}}{\partial s_i^{k-1}} \frac{e^{s_i(t-\tau)}}{e^{(s-s_i)T}-1}\,, & -T < t-\tau < 0 \end{cases} \qquad (9.90)$$

erhält. Wenn man

$$\frac{1}{1-e^{(s_i-s)T}} = 1 + \frac{1}{e^{(s-s_i)T}-1} \qquad (9.91)$$

beachtet, dann gewinnt man aus (9.90)

$$\mathcal{D}_F(T,s,t-\tau) = \begin{cases} \displaystyle\sum_{i=1}^{\ell}\sum_{k=1}^{\nu_i} \frac{f_{ik}}{(k-1)!} \frac{\partial^{k-1}}{\partial s_i^{k-1}} \frac{e^{s_i(t-\tau)}}{e^{(s-s_i)T}-1} + \\[3mm] \qquad + \displaystyle\sum_{i=1}^{\ell}\sum_{k=1}^{\nu_i} \frac{f_{ik}}{(k-1)!} \frac{\partial^{k-1}}{\partial s_i^{k-1}} e^{s_i(t-\tau)} & 0 < t-\tau < T \\[3mm] \displaystyle\sum_{i=1}^{\ell}\sum_{k=1}^{\nu_i} \frac{f_{ik}}{(k-1)!} \frac{\partial^{k-1}}{\partial s_i^{k-1}} \frac{e^{s_i(t-\tau)}}{e^{(s-s_i)T}-1}\,, & -T < t-\tau < 0\,. \end{cases} \qquad (9.92)$$

Anstatt (9.92) kann auch die äquivalente Formel

$$\mathcal{D}_F(T,s,t-\tau) = \begin{cases} \displaystyle\sum_{i=1}^{\ell}\sum_{k=1}^{\nu_i} \frac{f_{ik}}{(k-1)!} \frac{\partial^{k-1}}{\partial s_i^{k-1}} \frac{e^{s_i(t-\tau)}}{1-e^{(s_i-s)T}}\,, & 0 < t-\tau < T \\[3mm] \displaystyle\sum_{i=1}^{\ell}\sum_{k=1}^{\nu_i} \frac{f_{ik}}{(k-1)!} \frac{\partial^{k-1}}{\partial s_i^{k-1}} \frac{e^{s_i(t-\tau)}}{1-e^{(s_i-s)T}} - \\[3mm] \qquad - \displaystyle\sum_{i=1}^{\ell}\sum_{k=1}^{\nu_i} \frac{f_{ik}}{(k-1)!} \frac{\partial^{k-1}}{\partial s_i^{k-1}} e^{s_i(t-\tau)} & -T < t-\tau < 0 \end{cases} \qquad (9.93)$$

aufgeschrieben werden. Indem man (9.92) in (9.89) einsetzt, erhält man die für $0 \le t \le T$ gültige Formel

$$D_p(s,t) = \sum_{i=1}^{\ell}\sum_{k=1}^{\nu_i} \frac{f_{ik}}{(k-1)!} \frac{\partial^{k-1}}{\partial s_i^{k-1}} \frac{e^{s_i t}}{e^{(s-s_i)T}-1} \int_0^T \mu(\tau)e^{-s_i\tau}\,d\tau + \int_0^t h(t-\tau)\mu(\tau)\,d\tau \qquad (9.94)$$

mit

$$h(t) = \sum_{i=1}^{\ell}\sum_{k=1}^{\nu_i} \frac{f_{ik}}{(k-1)!} t^{k-1} e^{s_i t}\,. \qquad (9.95)$$

Analog gewinnt man durch Einsetzen von (9.93) in (9.89) die äquivalente, ebenfalls für $0 \leq t \leq T$ gültige Formel

$$D_p(s,t) = \sum_{i=1}^{\ell} \sum_{k=1}^{\nu_i} \frac{f_{ik}}{(k-1)!} \frac{\partial^{k-1}}{\partial s_i^{k-1}} \frac{e^{s_i t}}{1 - e^{(s_i-s)T}} \int_0^T \mu(\tau) e^{-s_i \tau} \, d\tau - \int_t^T h(t-\tau)\mu(\tau) \, d\tau \, .$$
$$(9.96)$$

Mit den Bezeichnungen

$$h_p(t) \stackrel{\text{def}}{=} \int_0^t h(t-\tau)\mu(\tau) \, d\tau \tag{9.97}$$

$$h_p^*(t) \stackrel{\text{def}}{=} - \int_t^T h(t-\tau)\mu(\tau) \, d\tau \tag{9.98}$$

gewinnt man aus (9.94) und (9.96) unter Beachtung von (9.10) die gleichwertigen Formeln

$$D_p(s,t) = \sum_{i=1}^{\ell} \sum_{k=1}^{\nu_i} \frac{f_{ik}}{(k-1)!} \frac{\partial^{k-1}}{\partial s_i^{k-1}} \frac{e^{s_i t} M(s_i)}{e^{(s-s_i)T} - 1} + h_p(t), \quad 0 \leq t \leq T \tag{9.99}$$

oder

$$D_p(s,t) = \sum_{i=1}^{\ell} \sum_{k=1}^{\nu_i} \frac{f_{ik}}{(k-1)!} \frac{\partial^{k-1}}{\partial s_i^{k-1}} \frac{e^{s_i t} M(s_i)}{1 - e^{(s_i-s)T}} + h_p^*(t), \quad 0 \leq t \leq T. \tag{9.100}$$

Weiter unten wird gezeigt, daß die Funktion $D_p(s,t)$ stetig von t abhängt, weshalb in (9.99) und fortan das abgeschlossenen Intervall $0 \leq t \leq T$ betrachtet wird. In dem für Anwendungen wichtigen Fall, wenn alle Wurzeln des Polynoms (9.67) einfach sind, vereinfachen sich die oben stehenden Formeln. Man kann dann von der Darstellung der Übertragungsfunktion $F(s)$ in der Form

$$F(s) = \sum_{i=1}^{n} \frac{f_i}{s - s_i} \tag{9.101}$$

ausgehen und erhält damit aus (9.99), (9.100) die leichter überschaubaren Ausdrücke

$$D_p(s,t) = \sum_{i=1}^{n} \frac{f_i M(s_i) e^{s_i t}}{e^{(s-s_i)T} - 1} + h_p(t), \quad 0 \leq t \leq T, \tag{9.102}$$

$$D_p(s,t) = \sum_{i=1}^{n} \frac{f_i M(s_i) e^{s_i t}}{1 - e^{(s_i-s)T}} + h_p^*(t), \quad 0 \leq t \leq T, \tag{9.103}$$

wobei die Funktionen $h_p(t)$ und $h_p^*(t)$ durch die Beziehungen (9.97) und (9.98) bestimmt sind, in denen jetzt

$$h(t) = \sum_{i=1}^{n} f_i e^{s_i t} \tag{9.104}$$

benutzt wird. Die Formeln (9.99), (9.100), (9.102), (9.103) legen die gesuchte DTF auf dem Intervall $0 \leq t \leq T$ fest.

Für die Berechnung von $D_p(s,t)$ auf der ganzen t–Achse wird die Beziehung

$$D_p(s,t) = D_p(s, t - mT)e^{msT}, \quad mT \leq t \leq (m+1)T \tag{9.105}$$

verwendet. Aus (9.99) und (9.100) erhält man mit Hilfe von (9.105)

$$D_p(s,t) = \left[\sum_{i=1}^{\ell} \sum_{k=1}^{\nu_i} \frac{f_{ik}}{(k-1)!} \frac{\partial^{k-1}}{\partial s_i^{k-1}} \frac{e^{s_i(t-mT)}M(s_i)}{e^{(s-s_i)T} - 1} + h_p(t - mT) \right] e^{msT} \tag{9.106}$$

$$D_p(s,t) = \left[\sum_{i=1}^{\ell} \sum_{k=1}^{\nu_i} \frac{f_{ik}}{(k-1)!} \frac{\partial^{k-1}}{\partial s_i^{k-1}} \frac{e^{s_i(t-mT)}M(s_i)}{1 - e^{(s_i-s)T}} + h_p^*(t - mT) \right] e^{msT}, \tag{9.107}$$

die jeweils für $mT \leq t \leq (m+1)T$ gültig sind. Für einfache Wurzeln nehmen die Formeln die Gestalt

$$D_p(s,t) = \left[\sum_{i=1}^{n} \frac{f_i M(s_i)e^{s_i(t-mT)}}{e^{(s-s_i)T} - 1} + h_p(t - mT) \right] e^{msT} \tag{9.108}$$

$$D_p(s,t) = \left[\sum_{i=1}^{n} \frac{f_i M(s_i)e^{s_i(t-mT)}}{1 - e^{(s_i-s)T}} + h_p^*(t - mT) \right] e^{msT} \tag{9.109}$$

an.

Indem man in den gewonnenen Ausdrücken auch noch (9.81) verwendet, kann man geschlossene Formeln für die PTF $W_p(s,t)$ gewinnen. Zum Beispiel gelangt man von (9.108), (9.109) für $0 \leq t \leq T$ zu

$$W_p(s,t) = \sum_{i=1}^{n} \frac{f_i M(s_i)e^{(s_i-s)t}}{e^{(s-s_i)T} - 1} + e^{-st}h_p(t) \tag{9.110}$$

$$W_p(s,t) = \sum_{i=1}^{n} \frac{f_i M(s_i)e^{(s_i-s)t}}{1 - e^{(s_i-s)T}} + e^{-st}h_p^*(t). \tag{9.111}$$

Beispiel 9.2 Möge

$$F(s) = \frac{1}{s - a} \tag{9.112}$$

sein, das heißt, die Übertragungsfunktion hat nur einen Pol $s_1 = a$. Es wird angenommen, daß der Abtaster mit einem Halteglied 0. Ordnung arbeitet, für das $\mu(t) = 1$ gelte, so daß die Übertragungsfunktion des Formierungselements durch (9.12) gegeben ist. Die Formeln (9.102), (9.103) liefern im gegebenen Fall $n = 1$ und

$$D_p(s,t) = \frac{M(a)e^{at}}{e^{(s-a)T} - 1} + h_p(t)$$

$$\tag{9.113}$$

$$D_p(s,t) = \frac{M(a)e^{at}}{1 - e^{(a-s)T}} + h_p^*(t).$$

Für die Berechnung der Funktionen $h_p(t)$ und $h_p^*(t)$ ist festzustellen, daß aus (9.104) in diesem Fall

$$h(t) = e^{at}$$

wird, wodurch man wegen (9.97) und (9.98)

$$h_p(t) = \frac{e^{at} - 1}{a}, \quad h_p^*(t) = \frac{e^{a(t-T)} - 1}{a} \tag{9.114}$$

bekommt. Somit ergeben sich aus (9.113) die Formeln

$$D_p(s,t) = \frac{1 - e^{-aT}}{a} \frac{e^{at}}{e^{(s-a)T} - 1} + \frac{e^{at} - 1}{a} \stackrel{\text{def}}{=} D_{p1}(s,a,t)$$
$$D_p(s,t) = \frac{1 - e^{-aT}}{a} \frac{e^{at}}{1 - e^{(a-s)T}} + \frac{e^{a(t-T)} - 1}{a} = D_{p1}(s,a,t), \tag{9.115}$$

deren Gleichheit unmittelbar erkennbar ist.

Wenn in (9.112) $a = 0$ ist, das heißt, $F(s) = s^{-1}$ wird, dann muß man in den Formeln (9.115) zu den Grenzwerten für $a \to 0$ übergehen. Unter Berücksichtigung von

$$\lim_{a \to 0} \frac{1 - e^{-aT}}{a} = T, \quad \lim_{a \to 0} \frac{e^{at} - 1}{a} = t, \quad \lim_{a \to 0} \frac{e^{a(t-T)} - 1}{a} = t - T \tag{9.116}$$

erhält man aus (9.115) für $D_p(s,t)$ den gleichwertigen Ausdruck

$$D_p(s,t) = D_{p1}(s,0,t) = \frac{T}{e^{sT} - 1} + t$$
$$D_p(s,t) = \frac{T}{1 - e^{-sT}} + t - T. \tag{9.117}$$

Für die Berechnung der PTF des Systems hat man einfach nur die Ausdrücke (9.115) mit e^{-st} zu multiplizieren, was für $0 \leq t \leq T$

$$W_p(s,t) = \frac{1 - e^{-aT}}{a} \frac{e^{(a-s)t}}{e^{(s-a)T} - 1} + e^{-st} \frac{e^{at} - 1}{a}$$
$$W_p(s,t) = \frac{1 - e^{-aT}}{a} \frac{e^{(a-s)t}}{1 - e^{(a-s)T}} + e^{-st} \frac{e^{a(t-T)} - 1}{a} \tag{9.118}$$

ergibt. $\square$

Beispiel 9.3 Möge wieder (9.112) gegeben sein, aber jetzt soll als Formierungsfunktion des Abtasters

$$\mu(t) = \begin{cases} 1 & 0 < t < T/2 \\ 0 & T/2 < t < T \end{cases} \tag{9.119}$$

verwendet werden. Aus (9.10) entnimmt man, daß im gegebenen Fall

$$M(s) = \frac{1 - e^{-sT/2}}{s} \tag{9.120}$$

und demnach

$$M(a) = \frac{1 - e^{-aT/2}}{a} \tag{9.121}$$

wird.

Die Funktionen $h_p(t)$ und $h_p^*(t)$ werden berechnet, indem man in (9.97) und (9.98) die Beziehungen (9.104) und (9.112) ausnutzt mit dem Ergebnis

$$h_p(t) = \int_0^t e^{a(t-\tau)} \mu(\tau)\, d\tau = \begin{cases} \frac{e^{at}-1}{a} & 0 \le t \le T/2 \\ e^{at}\frac{1-e^{-aT/2}}{a} & T/2 \le t \le T, \end{cases} \tag{9.122}$$

$$h_p^*(t) = -\int_t^T e^{a(t-\tau)} \mu(\tau)\, d\tau = \begin{cases} \frac{e^{a(t-T/2)}-1}{a} & 0 \le t \le T/2 \\ 0 & T/2 \le t \le T. \end{cases} \tag{9.123}$$

Indem man (9.121)–(9.123) in (9.113) einsetzt, gelangt man zu einem geschlossenen Ausdruck für die diskrete Übertragungsfunktion auf dem Intervall $0 \le t \le T$. Die Fortsetzung dieser Beziehungen auf die ganze t–Achse gelingt mit Hilfe der Formel (9.105). $\qquad\square$

Beispiel 9.4 Wie in Ackermann (1988) wird

$$F(s) = \frac{1}{s(s+1)} = \frac{1}{s} - \frac{1}{s+1}, \quad M(s) = M_0(s) = \frac{1 - e^{-sT}}{s} \tag{9.124}$$

angenommen, wodurch die Zuordnung $f_1 = 1$, $f_2 = -1$, $s_1 = 0$, $s_2 = -1$ zu treffen ist. Aus (9.115), (9.124) erhält man für $0 \le t \le T$

$$D_p(s,t) = D_{p1}(s,0,t) - D_{p1}(s,-1,t), \tag{9.125}$$

was unter Beachtung von (9.115), (9.117) gleichwertig zu

$$D_p(s,t) = \mathcal{D}_{FM_0}(T,s,t) = \frac{T}{e^{sT}-1} + t - \left[\frac{(e^T-1)\,e^{-t}}{e^{sT}e^T-1} + 1 - e^{-t}\right], \quad 0 \le t \le T \tag{9.126}$$

ist. Für $t = 0$ geht (9.126) in

$$\mathcal{D}_{FM_0}(T,s,0) = \frac{T}{e^{sT}-1} - \frac{e^T-1}{e^{sT}e^T-1} \tag{9.127}$$

über. Substituiert man in (9.127) $e^{sT} = z$, so gewinnt man

$$D_p^*(z) \overset{\text{def}}{=} \mathcal{D}_{FM_0}(T,s,0)|_{e^{sT}=z} = \frac{z(T-1+e^{-T})+1-Te^{-T}-e^{-T}}{(z-1)(z-e^{-T})}, \tag{9.128}$$

was mit dem Ergebnis aus Ackermann (1988) übereinstimmt. $\qquad\square$

Beispiel 9.5 Es soll ein geschlossener Ausdruck für die diskrete Übertragungsfunktion des Systems unter der Annahme (9.112) und bei beliebiger Form des Steuerimpulses hergeleitet werden. Indem man (9.102), (9.103) anwendet, erhält man für $0 \le t \le T$ die gleichwertigen Beziehungen

$$D_p(s,t) \overset{\text{def}}{=} D_{p1}(s,a,t) = \frac{M(a)\mathrm{e}^{at}}{\mathrm{e}^{(s-a)T} - 1} + \int_0^t \mathrm{e}^{a(t-\tau)}\mu(\tau)\,\mathrm{d}\tau$$

$$D_p(s,t) = D_{p1}(s,a,t) = \frac{M(a)\mathrm{e}^{at}}{1 - \mathrm{e}^{(a-s)T}} - \int_t^T \mathrm{e}^{a(t-\tau)}\mu(\tau)\,\mathrm{d}\tau\,. \tag{9.129}$$

$\square$

Die Beziehungen (9.129) ausnutzend, kann man auch einen geschlossenen Ausdruck für $D_p(s,t)$ im allgemeinen Fall herleiten. Dazu wird (9.95), (9.97) und (9.98) in (9.99) und (9.100) eingesetzt, wodurch man

$$D_p(s,t) = \sum_{i=1}^{\ell} \sum_{k=1}^{\nu_i} \frac{f_{ik}}{(k-1)!} \frac{\partial^{k-1}}{\partial s_i^{k-1}} \left[\frac{M(s_i)\mathrm{e}^{s_i t}}{\mathrm{e}^{(s-s_i)T} - 1} + \int_0^t \mathrm{e}^{s_i(t-\tau)}\mu(\tau)\,\mathrm{d}\tau \right] \tag{9.130}$$

und

$$D_p(s,t) = \sum_{i=1}^{\ell} \sum_{k=1}^{\nu_i} \frac{f_{ik}}{(k-1)!} \frac{\partial^{k-1}}{\partial s_i^{k-1}} \left[\frac{M(s_i)\mathrm{e}^{s_i t}}{1 - \mathrm{e}^{(s_i-s)T}} - \int_t^T \mathrm{e}^{s_i(t-\tau)}\mu(\tau)\,\mathrm{d}\tau \right] \tag{9.131}$$

für $0 \le t \le T$ erhält. Unter Berücksichtigung von (9.129) lassen sich die letzten beiden Ausdrücke einheitlich in der Form

$$D_p(s,t) = \sum_{i=1}^{\ell} \sum_{k=1}^{\nu_i} \frac{f_{ik}}{(k-1)!} \frac{\partial^{k-1}}{\partial s_i^{k-1}} D_{p1}(s,s_i,t) \tag{9.132}$$

schreiben. Die Formel (9.132) ist zunächst für $0 \le t \le T$ abgeleitet worden. Sie ist aber für die gesamte t–Achse gültig. Man kann das leicht sehen, indem man $mT \le t \le (m+1)T$ mit einer beliebigen ganzen Zahl m annimmt. Wegen $0 \le t - mT \le T$ folgt aus (9.132)

$$D_p(s,t-mT) = \sum_{i=1}^{\ell} \sum_{k=1}^{\nu_i} \frac{f_{ik}}{(k-1)!} \frac{\partial^{k-1}}{\partial s_i^{k-1}} D_{p1}(s,s_i,t-mT)\,, \tag{9.133}$$

was nach Multiplikation mit e^{msT} und bei Beachtung von

$$D_p(s,t-mT)\mathrm{e}^{msT} = D_p(s,t)\,, \quad D_{p1}(s,s_i,t-mT)\mathrm{e}^{msT} = D_{p1}(s,s_i,t)$$

wieder auf (9.132) führt.

Beispiel 9.6 Es soll das offene System mit

$$F(s) = \frac{1}{(s-a)^2}, \quad M(s) = M_0(s) = \frac{1 - \mathrm{e}^{-T}}{s} \tag{9.134}$$

untersucht werden. Aus (9.132) folgt, daß im gegebenen Beispiel

$$D_p(s,t) = \frac{\partial}{\partial a} D_{p1}(T,a,t) \tag{9.135}$$

ist, wobei die Funktion $D_{p1}(T,a,t)$ im Intervall $0 \leq t \leq T$ durch (9.115) bestimmt ist. Insgesamt erhält man

$$D_p(s,t) = \frac{\partial}{\partial a} \left[\frac{1 - \mathrm{e}^{-aT}}{a} \frac{\mathrm{e}^{at}}{\mathrm{e}^{(s-a)T} - 1} + \frac{\mathrm{e}^{at} - 1}{a} \right]. \tag{9.136}$$

Nach Ausführung der Differentiation in (9.136) und nach Grenzübergang für $a \to 0$ gewinnt man die für $F(s) = s^{-2}$, $0 \leq t \leq T$ gültige Formel

$$D_p(s,t) = \frac{T^2}{2} \frac{\mathrm{e}^{sT} + 1}{(\mathrm{e}^{sT} - 1)^2} + \frac{Tt}{\mathrm{e}^{sT} - 1} + \frac{t^2}{2}. \tag{9.137}$$

$\square$

9.7 Grenzbeziehungen

Aus den im vorangegangenen Abschnitt gewonnenen Formeln lassen sich Grenzbeziehungen ableiten, indem man den Übergang der diskreten Übertragungsfunktion $D_p(s,t)$ für Re $s \to \pm\infty$ studiert. Diese Beziehungen spielen eine wichtige Rolle bei der Analyse von Prozessen in Abtastsystemen. Fortan sollen für eine beliebige Funktion $F(s)$, so wie schon in Abschnitt 4.8, die Bezeichnungen

$$\ell^+[F(s)] \overset{\mathrm{def}}{=} \lim_{\mathrm{Re}\ s\to\infty} F(s), \quad \ell^-[F(s)] \overset{\mathrm{def}}{=} \lim_{\mathrm{Re}\ s\to-\infty} F(s) \tag{9.138}$$

verwendet werden. Indem man in (9.99) den Grenzübergang für Re $s \to \infty$ vollzieht, erhält man direkt

$$\ell^+[D_p(s,t)] = h_p(t), \quad 0 \leq t \leq T. \tag{9.139}$$

Analog gewinnt man aus (9.100) für Re $s \to -\infty$

$$\ell^-[D_p(s,t)] = h_p^*(t), \quad 0 \leq t \leq T. \tag{9.140}$$

Aus der Existenz von endlichen Grenzwerten (9.139) und (9.140) folgt, daß $D_p(s,T)$ für $0 \leq t \leq T$ eine *limitierte rational periodische Funktion* ist. (siehe Anhang A) Sei jetzt $mT \leq t \leq (m+1)T$, wobei m eine positive oder negative ganze Zahl ist, dann gilt

$$D_p(s,t) = D_p(s, t - mT)\mathrm{e}^{msT} \tag{9.141}$$

mit $0 \leq t - mT \leq T$, und unter Beachtung von (9.139) und (9.140) folgt

$$\ell^-[D_p(s,t)] = 0, \quad t \geq T \tag{9.142}$$

$$\ell^+[D_p(s,t)] = 0, \quad t \leq 0. \tag{9.143}$$

Aus (9.100) gewinnt man noch

$$\ell^-[D_p(s,0)] = h_p^*(0) = -\int_0^T h(-\tau)\mu(\tau)\,\mathrm{d}\tau. \tag{9.144}$$

Indem man hierin (9.95) einsetzt und (9.100) berücksichtigt, erhält man

$$\ell^-[D_p(s,0)] = -\sum_{i=1}^{\ell}\sum_{k=1}^{\nu_i} \frac{f_{ik}}{(k-1)!} \frac{\partial^{k-1}}{\partial s_i^{k-1}} M(s_i). \tag{9.145}$$

9.8   Bedingungen für nichtpathologische Systeme

Wie aus den Ergebnissen des Abschnitts 9.6 folgt, erweisen sich die DTF $D_p(s,t)$ für beliebige t als gebrochen rationale Funktionen der Argumente $z = \mathrm{e}^{sT}$ oder $\zeta = \mathrm{e}^{-sT}$. Für die weiteren Untersuchungen müssen gewisse Eigenschaften dieser Funktionen betrachtet werden, die sich aus $D_p(s,t)$ durch den Wechsel zum Argument ζ ergeben. In Zukunft wird oft für eine Funktion $F(s)$, die faktisch von e^{-sT} abhängt,

$$F^o(\zeta) \overset{\mathrm{def}}{=} F(s)\big|_{\mathrm{e}^{-sT}=\zeta} \tag{9.146}$$

geschrieben. Indem man in (9.99) und (9.100) die Variable durch $\zeta = \mathrm{e}^{-sT}$ ersetzt und die Bezeichnung (9.146) benutzt, erhält man für $0 \leq t \leq T$ die gleichwertigen Formeln

$$D_p^o(\zeta,t) = \zeta \sum_{i=1}^{\ell}\sum_{k=1}^{\nu_i} \frac{f_{ik}}{(k-1)!} \frac{\partial^{k-1}}{\partial s_i^{k-1}} \frac{\mathrm{e}^{s_i(t+T)}M(s_i)}{1-\mathrm{e}^{s_iT}\zeta} + h_p(t), \tag{9.147}$$

$$D_p^o(\zeta,t) = \sum_{i=1}^{\ell}\sum_{k=1}^{\nu_i} \frac{f_{ik}}{(k-1)!} \frac{\partial^{k-1}}{\partial s_i^{k-1}} \frac{\mathrm{e}^{s_it}M(s_i)}{1-\mathrm{e}^{s_iT}\zeta} + h_p^*(t). \tag{9.148}$$

Nach Differentiation und Umstellung gelangt man von den letzten Formeln zu den Ausdrücken

$$D_p^o(\zeta,t) = \frac{\beta^o(\zeta,t)}{\alpha^o(\zeta)} \quad 0 \leq t \leq T \tag{9.149}$$

mit

$$\beta^o(\zeta,t) = \beta_0(t) + \beta_1(t)\zeta + \ldots + \beta_n(t)\zeta^n, \tag{9.150}$$

$$\alpha^o(\zeta) = \prod_{i=1}^{\ell} \left(1 - \mathrm{e}^{s_iT}\zeta\right)^{\nu_i}. \tag{9.151}$$

Die Koeffizienten $\beta_0(t)$ und $\beta_n(t)$ des Polynoms $\beta^o(\zeta,t)$ lassen sich unmittelbar angeben. Für die Bestimmung der Funktion $\beta_0(t)$ wird darauf hingewiesen, daß wegen (9.149)–(9.151)

$$\beta_0(t) = D_p^o(\zeta,t)\,|_{\zeta=0} \tag{9.152}$$

ist. Offensichtlich gilt

$$D_p^o(\zeta,t)\,|_{\zeta=0} = \ell^+[D_p(s,t)]\,, \tag{9.153}$$

woraus man unter Beachtung von (9.139)

$$\beta_0(t) = h_p(t) \tag{9.154}$$

ermittelt. Für die Berechnung des Koeffizienten $\beta_n(t)$ sei bemerkt, daß der Koeffizient für ζ^n im Zähler von (9.149) mit dem Koeffizienten für ζ^n des Produkts

$$\left(1 - e^{s_1 T}\zeta\right)^{\nu_1} \cdot \ldots \cdot \left(1 - e^{s_\ell T}\zeta\right)^{\nu_\ell} h_p^*(t) \tag{9.155}$$

übereinstimmt. Da $\nu_1 + \ldots + \nu_\ell = n$ gilt, ist

$$\beta_n(t) = (-1)^n e^{T(s_1\nu_1 + \ldots + s_\ell\nu_\ell)} h_p^*(t) \tag{9.156}$$

einzusehen. Aber aus (9.67) entnimmt man

$$s_1\nu_1 + \ldots + s_\ell\nu_\ell = -d_1\,,$$

worin d_1 der Koeffizient vor s^{n-1} im Polynom $d(s)$ von (9.60) ist. Somit nimmt die Formel (9.156) die Gestalt

$$\beta_n(t) = (-1)^n e^{-Td_1} h_p^*(t) \tag{9.157}$$

an.

Beispiel 9.7 Unter den Bedingungen von Beispiel 9.2 hat man

$$d(s) = s - a\,, \quad d_1 = -a\,, \quad n = 1\,. \tag{9.158}$$

Die Funktionen $h_p(t)$ und $h_p^*(t)$ sind in (9.114) angegeben, so daß man mittels (9.154), (9.157)

$$\beta_0(t) = \frac{e^{at} - 1}{a}\,, \quad \beta_1(t) = -e^{aT}\frac{e^{a(t-T)} - 1}{a}$$

erzielt. Folglich bekommt man

$$\beta^o(\zeta,t) = \frac{e^{at} - 1}{a} - \frac{e^{at} - e^{aT}}{a}\zeta\,, \quad \alpha^o(\zeta) = 1 - e^{aT}\zeta\,,$$

woraus man unter Beachtung von (9.149)

$$W_p^o(\zeta,t) = \frac{1}{a(1 - e^{aT}\zeta)}\left[e^{at} - 1 + (e^{aT} - e^{at})\zeta\right] \tag{9.159}$$

gewinnt. Unmittelbar läßt sich einsehen, daß der Ausdruck (9.159) für $\zeta = e^{-sT}$ in (9.115) übergeht. $\qquad\square$

Da $h_p(0) = 0$ ist, folgt aus (9.149), (9.154)

$$D_p^o(\zeta, 0) = \frac{\zeta \chi^o(\zeta)}{\alpha^o(\zeta)}, \tag{9.160}$$

wobei $\chi^o(\zeta)$ ein Polynom mit $\deg \chi^o \leq n - 1$ ist.
Indem die gewonnenen Beziehungen benutzt werden, ist man in der Lage, einen für die weiteren Darlegungen wichtigen Begriff einzuführen.

Definition Das offene Abtastsystem (9.58), (9.59) heißt *nichtpathologisch*, wenn der Bruch (9.160) nicht kürzbar ist, das heißt, die Polynome $\chi^o(\zeta)$ und $\alpha^o(\zeta)$ keine gemeinsamen Wurzeln haben.

Es gilt der folgende Satz.

Satz 9.1 *Unter der Annahme von (9.67) ist das Abtastsystem (9.58) (9.59) genau dann nichtpathologisch, wenn die Bedingungen*

$$e^{s_i T} \neq e^{s_k T}, \quad \text{für } i \neq k; \ (i, k = 1, \ldots, \ell) \tag{9.161}$$

und

$$M(s_i) \neq 0, \quad (i = 1, 2, \ldots, \ell) \tag{9.162}$$

erfüllt sind.

Beweis: *Hinlänglichkeit:* Indem man in (9.147) die Differentiation ausführt, läßt sich $D_p^o(\zeta, t)$ als Summe ausdrücken, deren Glieder im Nenner verschiedene Potenzen der Einheiten $q_i(\zeta) = 1 - e^{s_i T}\zeta$ enthalten. Dabei wird die höchste Potenz von $q_i(\zeta)$ im Nenner beim Summanden

$$U_{\nu_i} = e^{s_i t} M(s_i) \frac{\partial^{\nu_i - 1}}{\partial s_i^{\nu_i - 1}} \frac{1}{1 - e^{s_i T}\zeta} \tag{9.163}$$

auftreten. Weil $M(s_i) \neq 0$ ist, wird die Funktion U_{ν_i} bei $\zeta = \zeta_i = e^{-s_i T}$ einen Pol der Ordnung ν_i haben. Alle Polstellen ζ_i sind wegen (9.161) verschieden. Deshalb wird beim Erfülltsein von (9.161), (9.162) der rationale Bruch (9.149) im Punkt $\zeta = \zeta_i$ einen Pol der Vielfachheit ν_i besitzen. Die Gesamtzahl der Pole (mit entsprechender Vielfachheit) beträgt $\nu_1 + \ldots + \nu_\ell = n$, so daß der Bruch nicht gekürzt werden kann.
Notwendigkeit: Wenn eine der Bedingungen (9.161), (9.162) verletzt ist, dann müssen entweder gewisse Pole ζ_i übereinstimmen oder sich wegen (9.163) die Vielfachheit der Pole verringern, so daß die Gesamtzahl n der Pole der Funktion (9.149) nicht erreicht wird, was nur durch Kürzen des Bruchs (9.160) geschehen kann. ■

Folgerung 1. Aus der Beweisführung des Satzes ergibt sich, daß der Bruch $D_p^o(\zeta, t)$ in (9.149) für kein einziges t kürzbar sein darf, wenn das System nichtpathologisch sein soll.

Folgerung 2. Wenn die Bedingungen, unter denen das System nichtpathologisch ist, erfüllt sind, dann läßt sich die DTF $D_p(s,t)$ als

$$D_p(s,t) = \frac{1}{T}F(s)M(s)e^{st} + C(s,t) \tag{9.164}$$

mit einer Funktion $C(s,t)$ darstellen, die analytisch für $s = s_i$ ist, wobei die s_i die Pole der Übertragungsfunktion $F(s)$ sind, und das Produkt $F(s)M(s)$ für $s = s_i$ Pole mit derselben Vielfachheit wie $F(s)$ hat.

Beweis: Aus (9.164) und (9.82) folgt, daß

$$C(s,t) = \frac{1}{T} \sum_{\substack{k=-\infty \\ k \neq 0}}^{\infty} F(s + kj\omega)M(s + kj\omega)e^{(s+kj\omega)t} \tag{9.165}$$

ist. Aus (9.165) folgt, daß die Pole von $C(s,t)$ nur an den Stellen $s_i + mj\omega \overset{\text{def}}{=} s_{im}$ mit $m \neq 0$ liegen können. Doch wegen (9.161) gehört keine der Polstellen s_{im} zu den Polen von $F(s)$, wonach aus (9.162) folgt, daß die Funktionen $F(s)$ und $F(s)M(s)$ dieselbe Menge von Polen mit derselben Vielfachheit besitzen. ∎

Bemerkung. Wenn der Abtaster (9.58) ein Halteglied 0. Ordnung ist, dann ist die 2. Bedingung für nichtpathologisches Verhalten (9.162) überflüssig. In der Tat erhält man bei Benutzung von (9.12), daß

$$M_0(s) = \frac{1 - e^{-sT}}{s} = 0$$

genau für die Werte $s = s_k = kj\omega$ bei beliebigem $k \neq 0$ ist. Jedoch ist gerade für diese $s = s_k$ die Bedingung (9.161) nicht erfüllt. Deshalb läuft bei Anwesenheit eines Haltegliedes 0. Ordnung im System die Bedingung für nichtpathologisches Verhalten auf die Erfüllung der Beziehung (9.161) hinaus.

Beispiel 9.8 Möge

$$F(s) = \frac{1}{s^2 + \frac{64\pi^2}{9T^2}}$$

und außerdem

$$\mu(t) = \begin{cases} 1 & 0 < t < \frac{3}{4}T \\ 0 & \frac{3}{4}T < t < T \end{cases}$$

sein, so daß

$$M(s) = \frac{1 - e^{-\frac{3}{4}sT}}{s}$$

wird. Die Pole von $F(s)$ haben die Zahlenwerte $s_1 = 8\pi j/3T$ und $s_2 = -8\pi j/3T$. Offensichtlich ist $e^{s_1 T} \neq e^{s_2 T}$, das heißt, die Bedingung (9.161) wird erfüllt. Gleichzeitig gilt aber $M(s_1) = M(s_2) = 0$, weshalb das System trotzdem pathologisch ist. □

9.9 Allgemeine Eigenschaften der Übertragungsfunktionen und Operatorenschreibweise von Systemen

Ausgehend von den abgeleiteten Beziehungen sollen gewisse allgemeine Eigenschaften der PTF $W_p(s,t)$ und der DTF $D_p(s,t)$ detaillierter betrachtet werden. Dabei werden die Bedingungen (9.161) und (9.162) vorausgesetzt, die garantieren, daß die offene Kette nichtpathologisch ist.

1. Die Funktion

$$Q_p(s) \stackrel{\text{def}}{=} F(s)M(s) \tag{9.166}$$

soll die *äquivalente Übertragungsfunktion* (ETF) der Systeme (9.58), (9.59) genannt werden. Wegen der Bedingung (9.164) besitzt die ETF $Q_p(s)$ dieselben Pole wie $F(s)$. Durch $\mu_0 = -\infty$, μ_1, ..., μ_r, $\mu_{r+1} = \infty$ sollen die charakteristischen Indizes der Funktion $F(s)$ bezeichnet werden. Da $F(s)$ streng proper ist und der Abschätzung (9.11) genügt, folgt, daß in jedem der Streifen $\mu_i < \text{Re } s < \mu_{i+1}$ für $|s| \to \infty$ die Abschätzung

$$|Q_p(s)| < L|s|^{-2} \tag{9.167}$$

mit einer Konstanten $L > 0$ richtig ist. Aus der Abschätzung (9.167) und Satz 1.4 folgt die Existenz der Originalfunktion

$$q_{pi}(t) = \frac{1}{2\pi\text{j}} \int_{c-\text{j}\infty}^{c+\text{j}\infty} Q_p(s)\text{e}^{st}\,\text{d}s\,, \quad \mu_i < c < \mu_{i+1}\,, \tag{9.168}$$

wobei die Funktion $q_{pi}(t) \in \Lambda(\mu_i, \mu_{i+1})$ und stetig ist. Wegen (9.167) kann auf das Integral (9.168) die Operation der Diskretisierung angewendet werden, die unter Beachtung von (9.166)

$$q_{pi}(t) = \frac{T}{2\pi\text{j}} \int_{c-\text{j}\omega/2}^{c+\text{j}\omega/2} \mathcal{D}_{FM}(T,s,t)\,\text{d}s = \frac{T}{2\pi\text{j}} \int_{c-\text{j}\omega/2}^{c+\text{j}\omega/2} D_p(s,t)\,\text{d}s\,, \quad \mu_i < c < \mu_{i+1} \tag{9.169}$$

liefert. Mit der Bezeichnung

$$f_i(t) = \frac{1}{2\pi\text{j}} \int_{c-\text{j}\infty}^{c+\text{j}\infty} F(s)\text{e}^{st}\,\text{d}s\,, \quad \mu_i < c < \mu_{i+1}\,, \tag{9.170}$$

gewinnt man aus (9.166) unter Berücksichtigung der Eigenschaften der Faltung

$$q_{pi}(t) = \int_{-\infty}^{\infty} f_i(t-\tau)\mu(\tau)\,\text{d}\tau = \int_0^T f_i(t-\tau)\mu(\tau)\,\text{d}\tau\,. \tag{9.171}$$

Geschlossene Formeln für die Funktion $g_i(t)$ wurden im Abschnitt 1.14 angegeben.

2. Die PTF (9.80) sei in der Form

$$W_p(s,t) = \frac{1}{T} \sum_{k=-\infty}^{\infty} Q_p(s + kj\omega)e^{kj\omega t} = \varphi_{Q_p}(T,s,t) \qquad (9.172)$$

aufgeschrieben worden. Aus der Abschätzung (9.167) und Satz 3.3 läßt sich entnehmen, daß die PTF $W_p(s,t)$ stetig in t für alle Werte von s mit Ausnahme ihrer Polstellen ist.

3. Es wird die DTF $D_p(s,t)$ nach (9.82) betrachtet, die in der Form

$$D_p(s,t) = \frac{1}{T} \sum_{k=-\infty}^{\infty} Q_p(s + kj\omega)e^{(s+kj\omega)t} \qquad (9.173)$$

dargestellt sei. Die Funktion $D_p(s,t)$ ist gleichzeitig mit $W_p(s,t)$ stetig in t. Darüber hinaus folgt aus den Beziehungen (9.139), (9.140), daß für $0 \leq t \leq T$ die DTF $D_p(s,t)$ eine limitierte rational periodische Funktion ist. Wenn die Bedingungen, unter denen das System nichtpathologisch ist, erfüllt sind, dann stimmt die Menge der charakteristischen Indizes von $D_p(s,t)$ für jedes t mit der Menge $\{\mu_i\}$, $(i = 1, \ldots, r)$ der charakteristischen Indizes von $F(s)$ überein. Deshalb bekommt man in jedem Streifen $\mu_i < \text{Re } s < \mu_{i+1}$

$$D_p(s,t) = \sum_{k=-\infty}^{\infty} q_{pi}(t + kT)e^{-ksT} . \qquad (9.174)$$

Aus (9.174) ist ersichtlich, daß in jedem der Intervalle $S_i\,(\mu_i, \mu_{i+1})$ die DTF $D_p(s,t)$ des Systems als die DTF eines gewissen LPPO U_{pi} mit der äquivalenten Übertragungsfunktion (9.166) und der Impulsantwort (9.171) angesehen werden.

4. Die auf diese Weise konstruierte Menge von LPPO U_{pi} wird die zum System (9.58), (9.59) gehörige *Familie der LPPO* genannt. Es wird gezeigt, daß jeder LPPO

$$y(t) = U_{pi}[x(t)] \qquad (9.175)$$

für $x(t) \in \Lambda(\mu_i, \mu_{i+1})$ einer gewissen partikulären Lösung der Gleichungen (9.58), (9.59) entspricht. Tatsächlich bestimmt der Operator

$$y(t) = \int_{-\infty}^{\infty} g_i(t - \tau)z(\tau)\,d\tau \qquad (9.176)$$

vermöge der Ergebnisse aus Abschnitt 5.7 eine spezielle Lösung der Gleichung (9.59) auf einer entsprechenden Menge von Eingangssignalen. Wenn dann vorausgesetzt wird, daß $z(t)$ und $x(t)$ durch die Beziehung (9.58) verknüpft sind, so erhält der Operator die Gestalt (6.116), dessen PTF durch (6.122) festgelegt ist. Auf diese

Weise stimmt die oben konstruierte Familie der LPPO U_{pi} mit der Menge der LPPO überein, die durch die Gleichungen

$$y(t) = \int_{-\infty}^{\infty} g_i(t-\tau)z(\tau)\,\mathrm{d}\tau\,, \quad z(t) = U_a[x(t)] \tag{9.177}$$

definiert sind. Es wird ausdrücklich betont, daß es in diesem Abschnitt gelungen ist, die Familie der LPPO U_{pi} unmittelbar aus der PTF $W_p(s,t)$ zu erzeugen. Diese Situation wird später auch in allgemeineren Fällen zutreffen.

9.10   Gleichungen im Bildbereich

Durch Verwendung der Ausführungen des vorangegangenen Abschnitts lassen sich Beziehungen gewinnen, die zwischen den Bildfunktionen der einzelnen Lösungen des Gleichungssystems (9.58), (9.59) bestehen.

Betrachtet man zunächst die Lösung der Operatorgleichung (9.177). Diese Gleichungen definieren im Streifen $\mu_i < \mathrm{Re}\ s < \mu_{i+1}$ einen LPPO U_{pi} mit der ETF (9.166). Deshalb gilt für die Laplace-Transformation des entsprechenden Ausgangs bei $x(t) \in \Lambda(\mu_i, \mu_{i+1})$ unter Beachtung von (7.82)

$$Y(s) = F(s)M(s)\mathcal{D}_x(T,s,+0)\,, \quad \mu_i < \mathrm{Re}\ s < \mu_{i+1}\,. \tag{9.178}$$

Gleichzeitig findet man aus (7.81) die diskrete Laplace-Transformation des Ausgangs

$$\mathcal{D}_y(T,s,t) = D_p(s,t)\mathcal{D}_x(T,s,+0)\,, \quad \mu_i < \mathrm{Re}\ s < \mu_{i+1}\,, \tag{9.179}$$

wobei für die Berechnung der DTF $D_p(s,t)$ die geschlossenen Ausdrücke des Abschnitts 9.6 benutzbar sind.

Die Originale zu den Bildern (9.178), (9.179) stellen gewisse Bewegungen des Systems (9.58) (9.59) dar, die im allgemeinen für $-\infty < t < \infty$ erklärt sind.

Für die Analyse der Übergangsprozesse in den betrachteten Systemen für $t > 0$ ist die Laplace-Transformation in der Halbebene $\mathrm{Re}\ s > \mu_r$ geeignet, wobei μ_r der größte charakteristische Index der Funktion $F(s)$ ist. In dem Falle wird unter der Annahme $x(t) \in \Lambda_+(\mu_r, \infty)$ mit Hilfe von (9.17)

$$Z(s) = M(s)\mathcal{D}_x(T,s,+0) \tag{9.180}$$

gewonnen. Indem man diesen Ausdruck in (9.65) einsetzt, findet man für die Laplace-Transformation des Ausgangs

$$Y(s) = F(s)M(s)\mathcal{D}_x(T,s,+0) + \frac{m_0(s)}{d(s)}\,, \quad \mathrm{Re}\ s > \mu_r\,. \tag{9.181}$$

9.11 Systeme mit Phasenverschiebung

Wenn in Systemen nach Abbildung 9.4 der Abtaster mit Phasenverschiebung arbeitet, dann hat man an die Stelle von (9.58)

$$z(t) = \mathsf{U}_a^\phi[x(t)] \tag{9.182}$$

zu setzen, wobei der Operator U_a^ϕ durch (9.23) definiert ist. Für die Bestimmung der PTF $W_p^\phi(s,t)$ des Systems (9.59), (9.182) wird wie in Abschnitt 9.5 vorgegangen, wozu $x(t) = \mathrm{e}^{st}$ angenommen und diejenige Lösung der Gleichungen (9.59), (9.182) mit der Gestalt (9.74) gesucht wird. Dabei erhält man unter Ausnutzung von (9.26)

$$z(s,t) = \mathrm{e}^{st}\varphi_M(T,s,t-\phi) = \frac{1}{T}\sum_{k=-\infty}^{\infty} M(s+kj\omega)\mathrm{e}^{kj\omega(t-\phi)}\mathrm{e}^{st}. \tag{9.183}$$

Die passende Lösung $y(s,t)$ der Gleichungen (9.59) erhält man in Analogie zu (9.79) in der Form

$$y(s,t) = \frac{1}{T}\sum_{k=-\infty}^{\infty} F(s+kj\omega)M(s+kj\omega)\mathrm{e}^{(s+kj\omega)t}\mathrm{e}^{-kj\omega\phi}. \tag{9.184}$$

Nach Multiplikation von (9.184) mit e^{-st} findet man

$$W_p^\phi(s,t) = \frac{1}{T}\sum_{k=-\infty}^{\infty} F(s+kj\omega)M(s+kj\omega)\mathrm{e}^{kj\omega(t-\phi)} = W_p(s,t-\phi). \tag{9.185}$$

Es läßt sich unmittelbar ableiten, daß die PTF (9.185) eine Familie von LPPO definiert, die um ϕ phasenverschoben zur durch die Beziehungen (9.177) definierten Familie von LPPO U_{pi} ist. Darum ermittelt man sogleich einen Ausdruck für die entsprechenden Laplace-Transformationen. Bei $x(t) \in \Lambda(\mu_i,\mu_{i+1})$ erreicht man über (7.115)

$$Y(s) = F(s)M(s)\varphi_x(T,s,\phi+0) \quad \mu_i < \mathrm{Re}\ s < \mu_{i+1}. \tag{9.186}$$

Für die entsprechende diskrete Laplace-Transformation läßt sich

$$\mathcal{D}_y(T,s,t) = D_p(s,t-\phi)\mathcal{D}_x(T,s,\phi+0), \quad \mu_i < \mathrm{Re}\ s < \mu_{i+1} \tag{9.187}$$

zeigen. Wenn man noch berücksichtigt, daß in diesem Falle

$$Z(s) = M(s)\varphi_x(T,s,\phi+0)$$

ist, dann findet man unter Beachtung von (9.65) das Bild des Ausgangs im Laplace-Bereich für die Halbebene $\mathrm{Re}\ s > \mu_r$ in der Gestalt

$$Y(s) = F(s)M(s)\varphi_x(T,s,\phi+0) + \frac{m_0(s)}{d(s)}. \tag{9.188}$$

Indem man (9.185) ausnutzt und mit den Beziehungen des Abschnitts 9.6 verbindet, kann man geschlossene Ausdrücke für die PTF $W_p^\phi(s,t)$ entwickeln. Dazu wird erwähnt, daß für $0 \le t \le T$, $0 \le \phi \le T$ stets $|t - \phi| \le T$ richtig ist. Deshalb gilt für $t \ge \phi$ die Beziehung $0 \le t - \phi \le T$ und für $t \le \phi$ die Ungleichung $-T \le t - \phi \le 0$. Indem man diese Feststellungen berücksichtigt, gelangt man zum Ausdruck

$$W_p^\phi(s,t) = \left\{ \begin{array}{ll} W_p(s, t - \phi) & 0 \le t - \phi \le T \\ W_p(s, t - \phi + T) & -T \le t - \phi \le 0 . \end{array} \right.$$

Wenn speziell alle Pole von $F(s)$ einfach sind, dann führt (9.111) auf das Ergebnis

$$W_p^\phi(s,t) = \left\{ \begin{array}{ll} \mathrm{e}^{-s(t-\phi)} \left[\sum\limits_{i=1}^{n} \frac{f_i M(s_i) \mathrm{e}^{s_i(t-\phi)}}{1 - \mathrm{e}^{(s_i - s)T}} + h_p^*(t - \phi) \right] & 0 \le t - \phi \le T \\ \mathrm{e}^{-s(t-\phi+T)} \left[\sum\limits_{i=1}^{n} \frac{f_i M(s_i) \mathrm{e}^{s_i(t-\phi+T)}}{1 - \mathrm{e}^{(s_i - s)T}} + h_p^*(t - \phi + T) \right] & -T \le t - \phi \le 0 . \end{array} \right.$$

$$(9.189)$$

Wenn der kontinuierliche Teil der in Abbildung 9.4 dargestellten offenen Kette ein reines Totzeitelement mit der Totzeit τ enthält, dann hat man anstelle von (9.66) die Übertragungsfunktion

$$F_\tau(s) \overset{\mathrm{def}}{=} F(s) \mathrm{e}^{-s\tau} = \frac{m(s)}{d(s)} \mathrm{e}^{-s\tau} \tag{9.190}$$

zu nehmen. Die Berechnung der PTF $W_p^\tau(s,t)$ des Systems

$$y = F_\tau(s) z, \quad z = \mathsf{U}_a[x] \tag{9.191}$$

kann mit dem gerade dargelegten Rüstzeug bewerkstelligt werden. Analog zu (9.80) findet man

$$W_p^\tau(s,t) = \frac{1}{T} \sum_{k=-\infty}^{\infty} F_\tau(s + kj\omega) M(s + kj\omega) \mathrm{e}^{kj\omega t} ,$$

woraus nach Einsetzen von (9.190)

$$W_p^\tau(s,t) = \frac{1}{T} \sum_{k=-\infty}^{\infty} F(s + kj\omega) M(s + kj\omega) \mathrm{e}^{kj\omega(t-\tau)} \mathrm{e}^{-s\tau} = \varphi_{FM}(T, s, t - \tau) \mathrm{e}^{-s\tau}$$

$$(9.192)$$

entsteht. Indem man den letzten Ausdruck mit e^{st} multipliziert, ermittelt man für die diskrete Übertragungsfunktion $D_p^\tau(s,t)$ des Systems mit Totzeit

$$D_p^\tau(s,t) = \frac{1}{T} \sum_{k=-\infty}^{\infty} F(s + kj\omega) M(s + kj\omega) \mathrm{e}^{(s+kj\omega)(t-\tau)} = \mathcal{D}_{FM}(T, s, t - \tau) . \tag{9.193}$$

Bei $t = 0$ liefert (9.193) die Übertragungsfunktion im Sinne der diskreten Laplace-Transformation für das System mit Totzeit

$$D_p^\tau(s,0) = \mathcal{D}_{FM}(T, s, -\tau) \overset{\mathrm{def}}{=} D_{p\tau}^*(s) . \tag{9.194}$$

Sei m eine ganze Zahl mit

$$0 \leq mT - \tau < T, \qquad (9.195)$$

was gleichwertig zu

$$\tau = mT - \delta T, \quad 0 \leq \delta < 1 \qquad (9.196)$$

ist, dann sind offensichtlich zu gegebenem τ die Zahlen m und δ eindeutig bestimmt. Indem (9.196) in (9.194) eingesetzt wird, ermittelt man

$$D_{p\tau}^*(s) = \mathcal{D}_{FM}(T, s, \delta T - mT) = \mathcal{D}_{FM}(T, s, \delta T)\, e^{-msT}. \qquad (9.197)$$

Beispiel 9.9 Unter den Bedingungen des Beispiels 9.4 und bei Einhaltung von (9.196) bekommt man

$$D_{p\tau}^*(s) = \left[\frac{T}{e^{sT} - 1} + \delta T - \frac{(e^T - 1)e^{-\delta T}}{e^{sT}e^T - 1} - 1 + e^{-\delta T} \right] e^{-msT}. \qquad (9.198)$$

Wird hierin $e^{sT} = z$ substituiert, dann gewinnt man für das System mit Totzeit die z–Übertragungsfunktion

$$D_{p\tau}(z) = \left[\frac{T}{z - 1} + \delta T - \frac{(e^T - 1)e^{-\delta T}}{ze^T - 1} - 1 + e^{-\delta T} \right] z^{-m}. \qquad (9.199)$$

$\square$

Aus den Formeln des Abschnitts 9.6 läßt sich ablesen, daß die Funktion $D_p^\tau(s, t)$ bei beliebigem τ rational-periodisch von s abhängt, wobei wegen der Folgerung 1 zum Satz 9.1 nachgewiesen werden kann, daß die Menge der Regularitätsintervalle der rational-periodischen Funktion $D_p^\tau(s, t)$ für beliebiges τ dieselbe wie bei $\tau = 0$ ist. Deshalb definieren die Funktionen $W_p^\tau(s, t)$ und $D_p^\tau(s, t)$ dieselbe Familie von LPPO mit der einzigen ETF

$$Q_p^\tau(s) \stackrel{\text{def}}{=} \int_0^T W_p^\tau(s, t)\, \mathrm{d}t = F(s)M(s)e^{-s\tau}. \qquad (9.200)$$

Für jedes Regularitätsintervall $\mu_i < \mathrm{Re}\ s < \mu_{i+1}$ ermittelt man eine Laplace-Transformation des Ausgangssignals

$$Y_\tau(s) = F(s)M(s)e^{-s\tau}\varphi_x(T, s, +0)\,, \quad \mu_i < \mathrm{Re}\ s < \mu_{i+1}. \qquad (9.201)$$

und die zugehörige diskrete Laplace-Transformation

$$\mathcal{D}_y(T, s, t) = \mathcal{D}_{FM}(T, s, t - \tau)\mathcal{D}_x(T, s, +0)\,, \quad \mu_i < \mathrm{Re}\ s < \mu_{i+1}. \qquad (9.202)$$

Unschwer läßt sich auch der Fall behandeln, wenn am Prozeß mit Totzeit ein Abtaster mit Phasenverschiebung agiert. In dem Fall tritt an die Stelle von (9.201) die Beziehung

$$Y_{\tau\phi}(s) = F(s)M(s)e^{-s\tau}\varphi_x(T, s, \phi + 0)\,, \quad \mu_i < \mathrm{Re}\ s < \mu_{i+1}. \qquad (9.203)$$

Es soll noch erwähnt werden, daß sich bei Verwendung von (9.193) und den Ergebnissen aus Abschnitt 9.6 geschlossene Formeln für die PTF und die DTF von Systemen mit Totzeit aufstellen lassen. Beispielsweise gewinnt man im Falle (9.108) für $mT < t - \tau < (m+1)T$ bei Berücksichtigung von (9.141)

$$D_p^\tau(s,t)\mathrm{e}^{-msT} = \sum_{i=1}^{n} \frac{f_i M(s_i)\mathrm{e}^{s_i(t-\tau-mT)}}{\mathrm{e}^{(s-s_i)T} - 1} + h_p(t - \tau - mT)\,, \qquad (9.204)$$

was die zugehörige PTF

$$W_p^\tau(s,t) = D_p^\tau(s,t)\mathrm{e}^{-st} \qquad (9.205)$$

liefert.

9.12   Offene Abtastsysteme mit Halteglied

Wenn im System nach Abbildung 9.4 anstelle des reinen Abtasters (9.1) ein Abtaster mit Halteglied

$$z(t) = \mathsf{U}_h[x(t)] \qquad (9.206)$$

plaziert wird, dann folgt aus (9.42), daß dieses auf einen LPPO mit der äquivalenten Übertragungsfunktion

$$Q_h(s) = \sum_{\nu=0}^{r} w_{h\nu} M_\nu(s) \qquad (9.207)$$

führt. Deshalb kann man analog zu oben vorgehen und ermittelt als PTF $W_{hp}(s,t)$ des offenen Systems mit Halteglied

$$W_{hp}(s) = \sum_{\nu=0}^{r} w_{h\nu}\varphi_{FM_\nu}(T,s,t)\,. \qquad (9.208)$$

Für $x(t) \in \Lambda(\mu_i, \mu_{i+1})$ läßt sich die Laplace-Transformation des Ausgangs in der Form

$$Y(s) = F(s)Q_h(s)\mathcal{D}_x(T,s,+0)\,, \quad \mu_i < \mathrm{Re}\ s < \mu_{i+1} \qquad (9.209)$$

angeben.

Kapitel 10

Offene Systeme mit Prozeßrechner

10.1 Beschreibung der Arbeitsweise des digitalen Prozeßrechners in kontinuierlicher Zeit

Das vereinfachte Strukturbild eines digitalen Prozeßrechners mit analogen Schnittstellen ist in Abbildung 10.1 dargestellt.
Hierin bedeuten

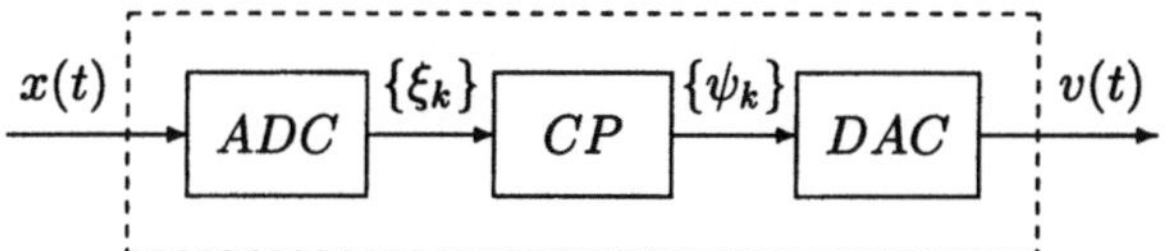

Abbildung 10.1: Digitalrechner mit analogen Schnittstellen

$ADC-$ Analog-Digital-Wandler, der das kontinuierliche Eingangssignal $x(t)$ in eine Zahlenfolge $\{\xi_k\}$ wandelt,

$CP-$ das Steuerprogramm, das aus der Zahlenfolge $\{\xi_k\}$ in Echtzeit die Zahlenfolge $\{\psi_k\}$ erzeugt,

$DAC-$ Digital-Analog-Wandler, der aus der Zahlenfolge $\{\psi_k\}$ des digitalen Filters eine kontinuierliche Stellgröße $v(t)$ macht.

Fortan wird vorausgesetzt, daß der ADC das Eingangssignal zu äquidistanten Zeitpunkten ideal abtastet, was durch

$$\xi_k = Rx(kT + 0) \tag{10.1}$$

beschrieben wird, wobei R als konstante Verstärkung des ADC angenommenen wird.

Mit dem Steuerprogramm wird aus der Zahlenfolge (10.1) eine neue Zahlenfolge $\{\psi_k\}$ als Lösung der linearen Differenzengleichung

$$a_0\psi_n + a_1\psi_{n-1} + \ldots + a_p\psi_{n-p} = b_0\xi_n + b_1\xi_{n-1} + \ldots + b_p\xi_{n-p}\,, \qquad (10.2)$$

mit den konstanten Koeffizienten a_i, b_i $(i = 1,\ldots p)$ berechnet, wobei $a_0 \neq 0$ ist und wenigstens eine der beiden Zahlen a_p oder b_p nicht verschwindet. Die Gleichung (10.2) wird im weiteren *Steuerprogramm* und die Zahl p die *Ordnung* des Steuerprogamms genannt. Ohne Verlust an Allgemeinheit wird in (10.1) $R = 1$ vorausgesetzt. Eine Verstärkung $R \neq 1$ läßt sich gegebenenfalls in die Koeffizienten b_i hineinnehmen.

Der Digital-Analog-Wandler (DAC) erzeugt aus der Zahlenfolge $\{\psi_k\}$ ein kontinuierliches Steuersignal $v(t)$ und hinter ihm verbirgt sich im wesentlichen ein Halteglied. In diesem Buch wird angenommen, daß das Ausgangssignal $v(t)$ durch die Beziehung

$$v(t) = \mu(t - kT)\psi_k\,, \quad kT < t < (k+1)T \qquad (10.3)$$

gebildet wird, wobei die Funktion $\mu(t)$ die Form der Impulse festlegt. Weiterhin soll vorausgesetzt werden, daß die Funktion $\mu(t)$ stückweise stetig auf dem Intervall $0 \leq t \leq T$ ist und außerhalb identisch verschwindet. Aus (10.3) entnimmt man, daß der Wert des Ausgangssignals $v(t)$ im Intervall $kT < t < (k+1)T$ ausschließlich von der Zahl ψ_k abhängt, der DAC also besonders einfach ist. Es soll erwähnt werden, daß im Falle des identischen Steuerprogramms

$$\xi_k = \psi_k \qquad (10.4)$$

die Gleichungen (10.1)–(10.3) für $R = 1$

$$v(t) = \mu(t - kT)x(kT + 0)\,, \quad kT < t < (k+1)T$$

ergeben, was mit der Gleichung des Abtasters (9.1) übereinstimmt. Insgesamt definieren die Gleichungen (10.1)–(10.3) ein linearisiertes mathematisches Modell derjenigen Prozesse, die in einem Digitalrechner in kontinuierlicher Zeit ablaufen. Dieses Modell ist deshalb nur angenähert, weil es vor allem die Amplitudenquantisierung und interne Rechenprozesse vernachlässigt, Lampe et al. (1984); Jorke et al. (1989). Darüber hinaus zeigt eine genauere Betrachtung, Åström und Wittenmark (1984), Stearns (1988), Günther (1986, 1997), daß die Prozesse in realen ADC und DAC wesentlich komplizierter sind, als die Gleichungen (10.1)–(10.3) beschreiben. Ungeachtet dessen ist das angegebene Modell geeignet, um eine Reihe von Problemen, die wegen der zeitlichen Quantisierung auftreten, zu erklären und zu lösen.

10.2 Analyse des Steuerprogramms

Um den Zusammenhang zwischen den Zahlenfolgen $\{\xi_k\}$ und $\{\psi_k\}$ herzustellen, die dem Eingang bzw. dem Ausgang des Prozeßrechners entsprechen, kann von der diskreten Laplace-Transformation (s. Abschn. 2.4) Gebrauch gemacht werden. Möge die einseitige Zahlenfolge

$$\{\xi\} \stackrel{\text{def}}{=} \left\{ \begin{array}{ll} \xi_k & k \geq 0 \\ 0 & k < 0 \end{array} \right. \tag{10.5}$$

vorliegen, dann soll durch $\{\xi\}_m$ die Folge der Form

$$\{\xi\}_m \stackrel{\text{def}}{=} \left\{ \begin{array}{ll} \xi_{k+m} & k \geq 0 \\ 0 & k < 0 \end{array} \right. \quad m \geq 0 \tag{10.6}$$

bezeichnet werden. Danach ist $\{\xi\} = \{\xi\}_0$. Gesucht wird der Zusammenhang zwischen den diskreten Laplace-Transformationen (DLT) der Folgen (10.5) und (10.6). Es sei

$$\xi_m^*(s) \stackrel{\text{def}}{=} \sum_{k=0}^{\infty} \xi_{k+m} e^{-ksT} \tag{10.7}$$

die DLT der Folge $\{\xi\}_m$. Speziell hat die DLT der Folge $\{\xi\}_1$ das Aussehen

$$\xi_1^*(s) \stackrel{\text{def}}{=} \sum_{k=0}^{\infty} \xi_{k+1} e^{-ksT} . \tag{10.8}$$

Aus (10.8) und (10.7) für $m = 0$ gewinnt man mit der Bezeichnung $\xi^*(s) \stackrel{\text{def}}{=} \xi_0^*(s)$

$$e^{-sT} \xi_1^*(s) = \xi^*(s) - \xi_0$$

oder

$$\xi_1^*(s) = e^{sT} \left[\xi^*(s) - \xi_0 \right] . \tag{10.9}$$

Indem man (10.9) auf die Folge $\{\xi\}_2$ anwendet, findet man

$$\xi_2^*(s) = e^{sT} \left[\xi_1^*(s) - \xi_1 \right] ,$$

was vermöge (10.9)

$$\xi_2^*(s) = e^{2sT} \left[\xi^*(s) - \xi_0 \right] - e^{sT} \xi_1$$

ergibt. Durch Wiederholung dieser Rechenschritte gelangt man für beliebiges $m > 0$ zu

$$\xi_m^*(s) = e^{msT} \xi^*(s) - e^{msT} \xi_0 - e^{(m-1)sT} \xi_1 - \ldots - e^{sT} \xi_{m-1} . \tag{10.10}$$

Die Formel (10.10) wird jetzt für die Berechnung der DLT einer einseitigen Folge verwendet, die sich als Lösung der Gleichung (10.2) erweisen wird. Dafür wird die Gleichung (10.2) in die Gestalt

$$a_0 \psi_{n+p} + a_1 \psi_{n+p-1} + \ldots + a_p \psi_n = b_0 \xi_{n+p} + b_1 \xi_{n+p-1} + \ldots + b_p \xi_n \tag{10.11}$$

gebracht. Wird hierin nacheinander $n = 0, 1, 2, \ldots$ angenommen, gewinnt man

$$
\begin{aligned}
a_0\psi_p + a_1\psi_{p-1} + \ldots + a_p\psi_0 &= b_0\xi_p + b_1\xi_{p-1} + \ldots + b_p\xi_0 \\
a_0\psi_{1+p} + a_1\psi_p + \ldots + a_p\psi_1 &= b_0\xi_{1+p} + b_1\xi_p + \ldots + b_p\xi_1 \\
\ldots &= \ldots \\
a_0\psi_{\ell+p} + a_1\psi_{\ell+p-1} + \ldots + a_p\psi_\ell &= b_0\xi_{\ell+p} + b_1\xi_{\ell+p-1} + \ldots + b_p\xi_\ell\,.
\end{aligned}
\tag{10.12}
$$

Nach Multiplikation der k-ten Gleichung von (10.12) mit e^{-ksT} und Summation erhält man bei Berücksichtigung von (10.7)

$$
a_0\psi_p^*(s) + a_1\psi_{p-1}^*(s) + \ldots + a_p\psi^*(s) = b_0\xi_p^*(s) + b_1\xi_{p-1}^*(s) + \ldots + b_p\xi^*(s)\,.
\tag{10.13}
$$

Unter Beachtung von (10.10) ergibt sich aus (10.13)

$$
\left[a_0\mathrm{e}^{psT} + a_1\mathrm{e}^{(p-1)sT} + \ldots + a_p\right]\psi^*(s) + \mu_1(s)\psi_{p-1} + \ldots + \mu_p(s)\psi_0 =
$$

$$
= \left[b_0\mathrm{e}^{psT} + b_1\mathrm{e}^{(p-1)sT} + \ldots + b_p\right]\xi^*(s) + \nu_1(s)\xi_{p-1} + \ldots + \nu_p(s)\xi_0\,,
\tag{10.14}
$$

wobei $\mu_i(s)$, $\nu_i(s)$ Polynome der Veränderlichen $z = \mathrm{e}^{sT}$ sind, deren Grad nicht höher als p ist. Mit den Bezeichnungen

$$
\begin{aligned}
a_0\mathrm{e}^{psT} + a_1\mathrm{e}^{(p-1)sT} + \ldots + a_p &\overset{\text{def}}{=} \tilde{a}(s) \\
b_0\mathrm{e}^{psT} + b_1\mathrm{e}^{(p-1)sT} + \ldots + b_p &\overset{\text{def}}{=} \tilde{b}(s)
\end{aligned}
\tag{10.15}
$$

läßt sich (10.14) in der Form

$$
\psi^*(s) = \frac{\tilde{b}(s)}{\tilde{a}(s)}\,\xi^*(s) + \frac{\tilde{b}_0(s)}{\tilde{a}(s)}\,\mathrm{e}^{sT}
\tag{10.16}
$$

schreiben, wobei $\tilde{b}_0(s)$ ein Polynom in $z = \mathrm{e}^{sT}$ ist, dessen Grad höchstens $p-1$ ist. Die Beziehung (10.16) kann in der Form

$$
\psi^*(s) = W_d(s)\xi^*(s) + \frac{b_0(s)}{a(s)}
\tag{10.17}
$$

$$
W_d(s) = \frac{b(s)}{a(s)}
\tag{10.18}
$$

dargestellt werden, wobei $a(s)$, $b(s)$ die Quasipolynome

$$
\begin{aligned}
a(s) &= a_0 + a_1\mathrm{e}^{-sT} + \ldots + a_p\mathrm{e}^{-psT} \\
b(s) &= b_0 + b_1\mathrm{e}^{-sT} + \ldots + b_p\mathrm{e}^{-psT}
\end{aligned}
\tag{10.19}
$$

sind und $b_0(s)$ ein Polynom in der Variablen $\zeta = \mathrm{e}^{-sT}$ mit einem Grad von höchstens $p-1$ ist. Da die Werte $\psi_0, \ldots, \psi_{p-1}$ beliebig sind, können auch die Koeffizienten des Polynoms

$$
b_0^o(\zeta) = b_0(s)\big|_{\mathrm{e}^{-sT}=\zeta}
\tag{10.20}
$$

beliebige konstante Werte annehmen. Weiterhin soll die Funktion $W_d(s)$ die *Übertragungsfunktion des (digitalen) Steuerprogramms* (10.2) genannt werden. Wenn die Koeffizienten des Polynoms $b_0^0(\zeta)$ alle verschwinden, dann wird die entsprechende Lösung der Differenzengleichung (10.2) die *Lösung bei verschwindender Anfangsbelegung* genannt. Für diese Lösung gilt

$$\psi^*(s) = W_d(s)\xi^*(s)\,, \tag{10.21}$$

woraus ersichtlich ist, daß die Übertragungsfunktion des Steuerprogramms das Verhältnis der diskreten Laplace-Transformationen von Ausgangs- zur Eingangsfolge bei verschwindender Anfangsbelegung vermittelt.

Beispiel 10.1 Das Steuerprogramm habe die Form

$$\psi_n + 3\psi_{n-1} + 2\psi_{n-2} = \xi_{n-1} + 5\xi_{n-2}\,.$$

In diesem Fall erhält man unter Beachtung von (10.19)

$$a(s) = 1 + 3\mathrm{e}^{-sT} + 2\mathrm{e}^{-2sT}, \qquad b(s) = \mathrm{e}^{-sT} + 5\mathrm{e}^{-2sT}\,,$$

womit sich für die Übertragungsfunktion $W_d(s)$ des Steuerprogramms

$$W_d(s) = \frac{\mathrm{e}^{-sT} + 5\mathrm{e}^{-2sT}}{1 + 3\mathrm{e}^{-sT} + 2\mathrm{e}^{-2sT}}$$

ergibt. Die Gleichung (10.17) im Bildbereich bekommt das Aussehen

$$\psi^*(s) = \frac{\mathrm{e}^{-sT} + 5\mathrm{e}^{-2sT}}{1 + 3\mathrm{e}^{-sT} + 2\mathrm{e}^{-2sT}}\,\xi^*(s) + \frac{\tilde{b}_0 + \tilde{b}_1\mathrm{e}^{-sT}}{1 + 3\mathrm{e}^{-sT} + 2\mathrm{e}^{-2sT}}\,,$$

wobei $\tilde{b}_0$, $\tilde{b}_1$ beliebige Konstanten sind. $\qquad\square$

Unter Beachtung von (10.1) kann das Bild $\psi^*(s)$ durch das Eingangssignal $x(t)$ ausgedrückt werden. Setzt man $x(t) \in \Lambda_+(\alpha,\infty)$ mit einer hinreichend großen Zahl α voraus, dann gilt

$$\xi^*(s) = \mathcal{D}_x(T,s,+0)\,, \tag{10.22}$$

wobei $\mathcal{D}_x(T,s,+0)$ die diskrete Laplace-Transformation des Eingangssignals ist. Aus (10.22) und (10.17) findet man

$$\psi^*(s) = W_d(s)\mathcal{D}_x(T,s,+0) + \frac{b_0(s)}{a(s)}\,. \tag{10.23}$$

Indem man in (10.23) die Formel der inversen diskreten Laplace-Transformation anwendet, kann man zu gegebenem Eingang $x(t)$ die zugehörige Ausgangsfolge $\{\psi_k\}$ finden. Die gefundene Folge $\{\psi_k\}$ bestimmt wegen (10.3) den Ausgang $v(t)$ des Digitalrechners in kontinuierlicher Zeit. Es folgt unmittelbar, daß der Zusammenhang zwischen dem Eingangssignal $x(t)$ des Rechners und seinem Ausgang $v(t)$ nicht eindeutig ist. Dieses bedeutet, daß mit der in diesem Buch eingeführten Sichtweise, die Gleichungen (10.1)–(10.3) ein gewisses System definieren. Hierbei kann wegen der Linearität jeder der Gleichungen (10.1)–(10.3) und deren Periodizität, mit Bezug auf die zugeordneten Operatoren behauptet werden, daß das gegebene System linear und T-periodisch ist.

10.3 Übertragungsfunktionen des Prozeßrechners

Zur Bestimmung der PTF des Prozeßrechners als lineares periodisches System kann der früher beschriebene allgemeine Zugang gewählt werden. Daher wird $x(t) = e^{st}$ mit einem komplexen Parameter s angesetzt und diejenige Lösung der Gleichungen (10.1)–(10.3) gesucht, die die Gestalt

$$v(s,t) = W_d(s,t)e^{st}, \qquad W_d(s,t) = W_d(s,t+T) \tag{10.24}$$

aufweist. Die solcherart bestimmte Funktion $W_d(s,t)$ soll die *PTF des Prozeßrechners* genannt werden. Für das praktische Auffinden der PTF $W_d(s,t)$ wird vor allem ausgenutzt, daß man bei $x(t) = e^{st}$

$$\xi_k = e^{ksT} \tag{10.25}$$

hat. Setzt man $\mu(t) = 1$ voraus, bekommt man

$$v(t) = \psi_k, \qquad kT < t < (k+1)T. \tag{10.26}$$

Die Gegenüberstellung von (10.24) und (10.26) liefert

$$v(s,t) = W_d(s,kT+0)e^{ksT}, \qquad kT < t < (k+1)T. \tag{10.27}$$

Wenn man durch

$$G_d(s) \overset{\text{def}}{=} W_d(s,kT+0) = W_d(s,+0) \tag{10.28}$$

bezeichnet, dann befriedigt die Folge $\psi_k(s)$ als entsprechende Lösung von (10.24) die Beziehung

$$\psi_k(s) = G_d(s)e^{ksT}, \tag{10.29}$$

wobei $G_d(s)$ eine nicht bekannte Funktion ist, die der Definition (10.28) genügt. Zur Bestimmung der Funktion $G_d(s)$ werden (10.25), (10.29) und das Steuerprogramm (10.2) herangezogen. Offensichtlich ist

$$\xi_{n-q} = e^{(n-q)sT}, \qquad \psi_{n-q} = G_d(s)e^{(n-q)sT} \tag{10.30}$$

erfüllt. Indem man (10.30) in (10.2) einsetzt, gewinnt man

$$G_d(s)\left[a_0 e^{nsT} + a_1 e^{(n-1)sT} + \ldots + a_p e^{(n-p)sT}\right] =$$
$$= b_0 e^{nsT} + b_1 e^{(n-1)sT} + \ldots + b_p e^{(n-p)sT},$$

woraus

$$G_d(s) = \frac{b_0 e^{nsT} + b_1 e^{(n-1)sT} + \ldots + b_p e^{(n-p)sT}}{a_0 e^{nsT} + a_1 e^{(n-1)sT} + \ldots + a_p e^{(n-p)sT}} \tag{10.31}$$

folgt. Nach Kürzen durch e^{nsT} erhält man den von n unabhängigen Ausdruck

$$G_d(s) = \frac{b_0 + b_1 e^{-sT} + \ldots + b_p e^{-psT}}{a_0 + a_1 e^{-sT} + \ldots + a_p e^{-psT}} = W_d(s) \tag{10.32}$$

mit der Übertragungsfunktion $W_d(s)$ des Steuerprogramms. Bei Ausnutzung von (10.32) liefern (10.24) und (10.27)

$$W_d(s,t)e^{-st} = W_d(s)e^{ksT}, \quad kT < t < (k+1)T$$

oder

$$W_d(s,t) = W_d(s)e^{-s(t-kT)}, \quad kT < t < (k+1)T, \tag{10.33}$$

was äquivalent in der Form

$$W_d(s,t) = W_d(s)e^{-st}, \quad 0 < t < T; \quad W_d(s,t) = W_d(s,t+T) \tag{10.34}$$

darstellbar ist. Anstatt (10.34) kann man auch

$$W_d(s,t) = W_d(s)W_{a0}(s,t) \tag{10.35}$$

schreiben, wobei $W_{a0}(s,t)$ die PTF des Abtasters mit Halteglied 0. Ordnung ist, die durch die Formel

$$W_{a0}(s,t) = e^{-st}, \quad 0 < t < T; \quad W_{a0}(s,t) = W_{a0}(s,t+T) \tag{10.36}$$

bestimmt ist und die man aus (9.9) für $\mu(t) = 1$ bekommt. Wenn jedoch zusätzlich im gegebenen DAC am Ausgang des Digitalrechners ein Formierungselement $\mu(t)$ wirkt, dann wird man anstelle von (10.35)

$$W_d(s,t) = W_d(s)W_0(s,t)\mu(t-kT), \quad kT < t < (k+1)T$$

setzen, das gleichwertig zu

$$W_d(s,t) = W_d(s)W_a(s,t) \tag{10.37}$$

mit der PTF $W_a(s,t)$ des Abtasters mit Halteglied (9.9) ist.

Beispiel 10.2 Möge das Steuerprogramm durch

$$\psi_n + 3\psi_{n-1} = 2\xi_n + \xi_{n-1}$$

gegeben und $\mu(t) = 1$ sein, dann ermittelt man für die Übertragungsfunktion des Steuerprogramms

$$W_d(s) = \frac{2 + e^{-sT}}{1 + 3e^{-sT}},$$

so daß die entsprechende PTF $W_d(s,t)$ die Form

$$W_d(s,t) = \frac{2 + \mathrm{e}^{-sT}}{1 + \mathrm{e}^{-sT}}\, W_{a0}(s,t)$$

erhält, wobei $W_{a0}(s,t)$ die PTF des Abtasters mit Halteglied 0. Ordnung ist, die durch die Beziehung (10.36) festgelegt wird. $\square$

Es sei erwähnt, daß bei Verwendung der Darstellung der PTF $W_a(s,t)$ als Fourier-Reihe (9.13) unter Beachtung der offensichtlich richtigen Beziehung

$$W_d(s) = W_d(s + \mathrm{j}\omega)\,, \quad \omega = 2\pi/T\,, \tag{10.38}$$

die PTF $W_d(s,t)$ (10.37) als Fourier-Reihe

$$W_d(s,t) = \frac{1}{T} \sum_{k=-\infty}^{\infty} M(s + k\mathrm{j}\omega)W_d(s + k\mathrm{j}\omega)\mathrm{e}^{k\mathrm{j}\omega t}$$

dargestellt werden kann, was sich in Form des DPFR (3.1)

$$W_d(s,t) = \varphi_{Q_d}(T,s,t) \tag{10.39}$$

mit

$$Q_d(s) = M(s)W_d(s) \tag{10.40}$$

aufschreiben läßt. Nach Multiplikation von (10.39) mit e^{st} gelangt man zur Funktion $D_d(s,t)$

$$D_d(s,t) = \frac{1}{T} \sum_{k=-\infty}^{\infty} M(s + k\mathrm{j}\omega)W_d(s + k\mathrm{j}\omega)\mathrm{e}^{(s+k\mathrm{j}\omega)t}\,,$$

die die *diskrete Übertragungsfunktion des Prozeßrechners* genannt werden soll und die sich durch die diskrete Laplace-Transformation

$$D_d(s,t) = \mathcal{D}_{Q_d}(T,s,t) \tag{10.41}$$

ausdrücken läßt.

10.4 Strukturdarstellungen des Prozeßrechners

Auf der Grundlage der Beziehungen aus dem Abschnitt 10.3 kann man gewisse *äquivalente Strukturpläne* des Prozeßrechners konstruieren, die im weiteren benutzt werden. Dabei werden hier und später Systeme mit gleicher PTF als äquivalent angesehen.

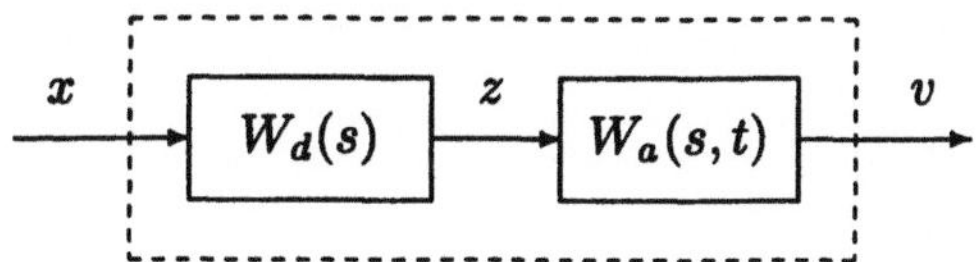

Abbildung 10.2: Modellstruktur des Prozeßrechners

1. Es soll die Übertragungsfunktion des Steuerprogramms $W_d(s)$ als Übertragungsfunktion eines gewissen linearen stationären Systems angesehen werden. Wird das in Abbildung 10.2 dargestellte lineare periodische System angenommen, dann haben die Operatorgleichungen dieses Systems die Gestalt

$$v = W_a(s,t)z, \quad z = W_d(s)x. \tag{10.42}$$

Mit Bezug auf die allgemeine Formel (6.41) ist die PTF dieses Systems gleich

$$W(s,t) = W_a(s,t)W_d(s),$$

was mit (10.37) übereinstimmt. Das bedeutet, daß die Systeme nach Abbildung 10.1 und 10.2 äquivalent im Sinne der oben getroffenen Vereinbarung sind.

Es ist bemerkenswert, daß das Element mit der Übertragungsfunktion $W_d(s)$ im System (10.1)–(10.3) eine andere physikalische Bedeutung hat als im System (10.42). Im ursprünglichen System charakterisierte die Funktion $W_d(s)$ das Steuerprogramm für die Berechnung der Ausgangsfolge aus der Eingangsfolge. Im Gegensatz dazu stellt das Element mit der Übetragungsfunktion $W_d(s)$ in den Gleichungen (10.42) ein gewisses Übertragungsglied dar, das ein kontinuierliches Signal $x(t)$ in ein kontinuierliches Signal $z(t)$ umwandelt. Dieses Element kann in Gestalt einer gewissen Kombination von reinen Totzeitelementen mit der zeitlichen Quantisierung T als Wert der Totzeit dargestellt werden. In der Tat, wenn U_T das Totzeitglied mit T, also

$$U_T[x(t)] = x(t - T) \tag{10.43}$$

ist, dann erweist sich der Operator U_T als linear und stationär, und seine Übertragungsfunktion $W_T(s)$ ist gleich

$$W_T(s) = e^{-sT}. \tag{10.44}$$

Es ist unschwer abzuleiten, daß das aus Gliedern U_T zusammengesetzte lineare stationäre System nach Abbildung 10.3
die Übertragungsfunktion

$$W(s) = \frac{b_0 + b_1 e^{-sT} + \ldots + b_p e^{-psT}}{a_0 + a_1 e^{-sT} + \ldots + a_p e^{-psT}} = W_d(s)$$

besitzt.

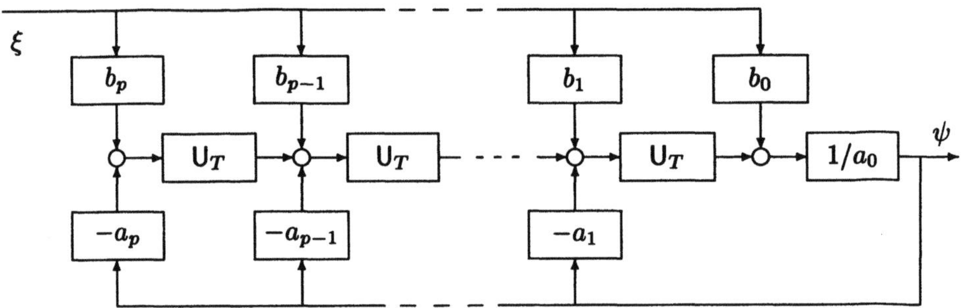

Abbildung 10.3: Steuerprogramm als kontinuierliches Übertragungsglied

2. Es wird der Strukturplan nach Abbildung 10.4 hergenommen, wo das Element mit der Übertragungsfunktion $W_d(s)$ üblicherweise durch die Struktur nach Abbildung 10.3 präsentiert wird.

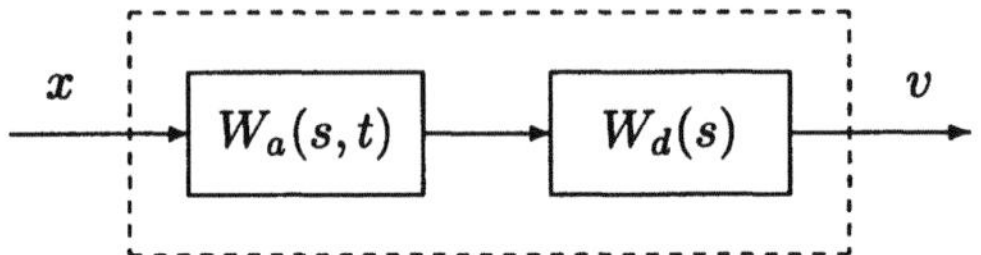

Abbildung 10.4: Modellstruktur des Prozeßrechners

Die PTF dieses Systems ist in Übereinstimmung mit Lemma 6.1 gleich

$$W(s,t) = W_d(s)W_a(s,t) = W_p(s,t)\,.$$

Deshalb sind die in den Abbildungen 10.1, 10.2, 10.4 dargestellten Strukturen im oben genannten Sinne äquivalent. Die in Abbildung 10.2 aufgeführte Struktur des Prozeßrechners läuft formal auf ein offenes Pulssystem nach Abbildung 9.4 mit $F(s) = W_d(s)$ hinaus. Das schafft die Gelegenheit, die Beziehungen des Abschnitts 9.11 zu nutzen, um die PTF des Prozeßrechners mit Phasenverschiebung zu ermitteln. In der Tat, hat man im Falle einer Phasenverschiebung ϕ nur die Gleichung (10.1) des ADC gegen

$$\xi_k = x(kT + \phi + 0) \tag{10.45}$$

auszutauschen, und die Gleichung des DAC ist durch

$$v(t) = \mu(t - \phi - kT)\psi_k\,, \quad kT + \phi < t < (k+1)T + \phi \tag{10.46}$$

zu ersetzen. Die Gleichung des Steuerprogramms (10.2) bleibt dabei bestehen. Man kann leicht zeigen, daß bei vorhandener Phasenverschiebung im Strukturplan nach Abbildung 10.2 der Abtaster (9.1) durch einen Abtaster (9.23) mit Phasenverschiebung ϕ zu ersetzen ist. Deshalb schließt man, daß die PTF $W_d^\phi(s,t)$ für den Prozeßrechner mit Phasenverschiebung durch

$$W_d^\phi(s,t) = W_d(s,t-\phi) = W_d(s)\varphi_M(T,s,t-\phi) \tag{10.47}$$

gegeben ist.

10.5 Übertragungsfunktionen offener Systeme mit Prozeßrechner

Im vorliegenden Abschnitt wird das offene System nach Abbildung 10.5 untersucht, wobei C der durch die Gleichungen (10.1)–(10.3) beschriebene Computer und $F(s)$ die Übertragungsfunktion des kontinuierlichen Prozesses ist, die der Differentialgleichung (9.59) entspricht.

Wenn für den Prozeßrechner die Struktur nach Abbildung 10.2 vorausgesetzt wird,

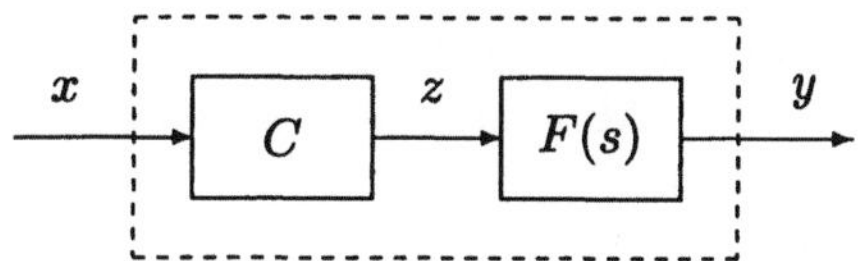

Abbildung 10.5: Prozeßrechner und kontinuierlicher Prozeß

dann gelangt man zu einer Struktur nach Abbildung 10.6, wo $W_d(s)$ die Übertragungsfunktion des Steuerprogramms (10.18) ist und U_a den Abtaster mit Halteglied nach (9.1) präsentiert.

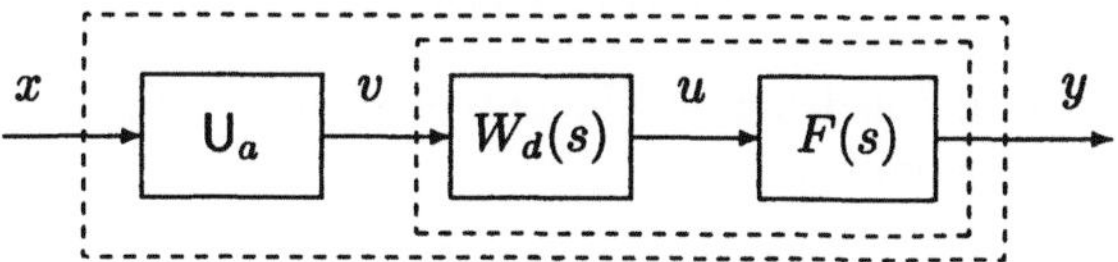

Abbildung 10.6: Modell der Steuerkette

Dem allgemeinen Schematismus folgend, wird für die Berechnung der PTF $W_{pd}(s,t)$ des betrachteten Systems als Eingang $x = e^{st}$ gewählt und die zugehörige Lösung des Randwertproblems in der Form

$$y(s,t) = W_{pd}(s,t)e^{st}, \quad W_{pd}(s,t) = W_{pd}(s,t+T) \tag{10.48}$$

gesucht. Nun gilt aber wegen der PTF (10.37) des Prozeßrechners bei $x = e^{st}$

$$u(s,t) = W_d(s)\varphi_M(T,s,t)e^{st} = W_d(s)\frac{1}{T}\sum_{k=-\infty}^{\infty} M(s+kj\omega)e^{(s+kj\omega)t}. \tag{10.49}$$

Die Reaktion des kontinuierlichen Elements auf den Eingang (10.49) hat die Gestalt

$$y(s,t) = W_d(s)\frac{1}{T}\sum_{k=-\infty}^{\infty} F(s+kj\omega)M(s+kj\omega)e^{(s+kj\omega)t}\,. \tag{10.50}$$

Nach Multiplikation von (10.50) mit e^{-st} findet man unter Berücksichtigung von (10.48) die gesuchte PTF

$$W_{pd}(s,t) = W_d(s)\varphi_{FM}(T,s,t)\,. \tag{10.51}$$

Die Funktion

$$D_{pd}(s,t) \stackrel{\text{def}}{=} W_{pd}(s,t)e^{st} \tag{10.52}$$

wird *diskrete Übertragungsfunktion* (DTF) der betrachteten Steuerkette genannt. Aus (10.52) und (10.51) ermittelt man

$$D_{pd}(s,t) = W_d(s)\mathcal{D}_{FM}(T,s,t)\,. \tag{10.53}$$

Wenn im betrachteten System der Prozeßrechner mit Phasenverschiebung arbeitet, dann ist der Abtaster (9.1) in Abbildung 10.6 gegen einen Abtaster mit Phasenverschiebung (9.23) auszutauschen. Dabei erhält man für die betreffende PTF $W_{pd}^{\phi}(s,t)$ analog zu (9.185) den Ausdruck

$$W_{pd}^{\phi}(s,t) = W_d(s)\varphi_{FM}(T,s,t-\phi)\,. \tag{10.54}$$

Bei zusätzlicher reiner Totzeit τ im kontinuierlichen Übertragungsglied hat man anstatt der Übertragungsfunktion $F(s)$ in Abbildung 10.6 die Übertragungsfunktion

$$F_\tau(s) = F(s)e^{-s\tau}$$

zu nehmen, weshalb im Ausdruck für die entsprechende PTF W_{pd}^{τ} dann $F(s)$ durch $F_\tau(s)$ zu ersetzen ist, womit sich

$$W_{pd}^{\tau}(s,t) = W_d(s)\varphi_{F_\tau M}(T,s,t) \tag{10.55}$$

ergibt. Wenn man schließlich im System sowohl Totzeit als auch Phasenverschiebung vorkommen, dann ist die betreffende PTF $W_{pd}^{\phi\tau}$ gleich

$$W_{pd}^{\phi\tau}(s,t) = W_d(s)\varphi_{F_\tau M}(T,s,t-\phi)\,. \tag{10.56}$$

10.6 Bedingungen für nichtpathologische Systeme

Indem man die Bezeichnung (9.146) verwendet, läßt sich

$$D_{pd}^{o}(\zeta,t) = D_{pd}(s,t)\big|_{e^{-s\tau}=\zeta} \tag{10.57}$$

schreiben, das gleichwertig zu

$$D^o_{pd}(\zeta, t) = W^o_d(\zeta)\mathcal{D}^o_{FM}(T, \zeta, t) \tag{10.58}$$

ist, wobei

$$W^o_d(\zeta) = W_d(s)\big|_{\mathrm{e}^{-sT}=\zeta}$$
$$\mathcal{D}^o_{FM}(T, \zeta, t) = \mathcal{D}_{FM}(T, s, t)\big|_{\mathrm{e}^{-sT}=\zeta} = D_p(s, t)\big|_{\mathrm{e}^{-sT}=\zeta}\ . \tag{10.59}$$

bedeuten. Es sollen nun einige allgemeine Eigenschaften der Funktion $D^o_{pd}(s, t)$ aus den Beziehungen (10.58), (10.59) abgeleitet werden.

1. Aus (10.18) und (10.19) erhält man

$$W^o_d(\zeta) = \frac{b^o(\zeta)}{a^o(\zeta)} \tag{10.60}$$

$$\text{mit}\quad \begin{aligned} a^o(\zeta) &= a_0 + a_1\zeta + \ldots + a_p\zeta^p, \quad a_0 \neq 0 \\ b^o(\zeta) &= b_0 + b_1\zeta + \ldots + b_p\zeta^p\ . \end{aligned} \tag{10.61}$$

Aus (10.59) und (10.61) folgt, daß bei den getroffenen Voraussetzungen die Übertragungsfunktion $W_d(s)$ des Steuerprogramms eine kausale rational periodische Funktion ist (s. Anhang). Wenn dabei $a_p \neq 0$ gilt, dann wird das Steuerprogramm (9.2) *limitiert* genannt. Bei $a_p = 0$, $b_p \neq 0$ wird das Steuerprogramm *retardierend* genannt. Die gebrochen rationale Funktion (10.60) soll weiterhin als unkürzbar vorausgesetzt werden. Es seien ζ_i ($i = 1, 2, \ldots, \rho$) die verschiedenen Wurzeln der Gleichung

$$a^o(\zeta) = a_0 + a_1\zeta + \ldots + a_p\zeta^p = 0 \tag{10.62}$$

mit den Vielfachheiten λ_i ($i = 1, 2, \ldots, \rho$) und die Zahlen $\tilde{s}_i$ ($i = 1, 2, \ldots, \rho$) durch die Beziehung

$$\mathrm{e}^{-\tilde{s}_i T} = \zeta_i, \quad -\omega/2 \leq \operatorname{Im} \tilde{s}_i < \omega/2 \tag{10.63}$$

festgelegt. Wie im Anhang gezeigt wird, sind die Zahlen $\tilde{s}_i$ die Hauptpole der Funktion $W_d(s)$ und diese haben die Vielfachheiten λ_i.

2. Wie im Abschnitt 9.8 gezeigt wurde, ist die Funktion $\mathcal{D}^o_{FM}(T, \zeta, t)$ für jedes t eine gebrochen rationale Funktion von ζ, d.h., $\mathcal{D}_{FM}(T, s, t)$ ist für jedes t eine rational periodische Funktion. Aus (9.99), (9.106) folgt, daß für festes $t = \tilde{t}$ die Menge der Pole der Funktion $\mathcal{D}_{FM}(T, s, \tilde{t}) = D_p(s, \tilde{t})$ in der Menge von Zahlen

$$s_{ik} \overset{\text{def}}{=} s_i + kj\omega, \quad (k = 0, \pm 1, \pm 2, \ldots) \tag{10.64}$$

liegt, wobei s_i die Polstellen der Funktion $F(s)$ sind. Wie schon früher, soll die Gesamtheit der verschiedenen Realteile der Zahlen s_i die Menge der *charakteristischen Indizes* der Übertragungsfunktion $F(s)$ genannt werden.

3. Indem man (10.60) und (9.149) in (10.58) einsetzt, erhält man

$$D^o_{pd}(\zeta,t) = \frac{\beta^o(\zeta,t)}{\alpha^o(\zeta)}\,\frac{b^o(\zeta)}{a^o(\zeta)}\,. \tag{10.65}$$

Für $t = 0$ findet man bei Beachtung von (9.160) sofort

$$D^o_{pd}(\zeta,0) = \frac{\zeta\chi^o(\zeta)}{\alpha^o(\zeta)}\,\frac{b^o(\zeta)}{a^o(\zeta)}\,, \tag{10.66}$$

hierin sind χ^o, α^o, a^o, b^o bekannte Polynome, wobei $\deg\chi^o(\zeta) < n$ und $\alpha^o(\zeta)$ durch die Beziehung (9.151) bestimmt ist.

Definition. Das offene System nach Abbildung 10.1 heißt *nichtpathologisch*, wenn die gebrochen rationale Funktion (10.66) nicht kürzbar ist.

Aus der angegebenen Definition folgt, daß eine notwendige Bedingung dafür, daß das System mit Prozeßrechner nichtpathologisch ist, in der Forderung besteht, daß der Bruch

$$D^o_{pd}(\zeta,0) = \mathcal{D}_{FM}(T,s,0)\big|_{e^{-sT}=\zeta} \tag{10.67}$$

nichtkürzbar ist, was mit den Bedingungen an offene nichtpathologische Pulssysteme übereinstimmt, die sich aus Abbildung 10.1 mit $W_d(s) = 1$ ergeben.
Wenn die Bedingungen, unter denen das System nichtpathologisch ist, erfüllt sind, dann stimmt die Menge der Pole der Funktion $D^o_{pd}(\zeta,0)$ unter Berücksichtigung ihrer Vielfachheit mit der Menge der Wurzeln des Polynoms

$$f^o(\zeta) \stackrel{\text{def}}{=} \alpha^o(\zeta)a^o(\zeta) \tag{10.68}$$

überein. Seien f_i $(i = 1,2,\ldots,q)$ die Wurzeln von $f^o(\zeta)$ mit der jeweiligen Vielfachheit l_i , dann hat die rational periodische Funktion

$$D_{pd}(s,0) = W_d(s)\mathcal{D}_{FM}(T,s,0) \tag{10.69}$$

Pole der Vielfachheit l_i an den Stellen

$$d_i = -\frac{1}{T}\ln f_i\,, \quad (i = 1,2,\ldots,q)\,. \tag{10.70}$$

4. Aus dem oben gesagten folgt, daß die DTF (10.53) als singuläre Punkte nur Polstellen besitzt, das heißt, diese Funktion ist für jedes t eine meromorphe Funktion in s. Offenbar sind für jedes feste $\tilde{t}$ die Pole der Funktion $D_{pd}(s,\tilde{t})$ unter den Zahlen d_i (10.70) zu finden.

Definition. Die Zahl d_i wird ein *Pol der Funktion* $D_{pd}(s,t)$ genannt, wenn sie für mindestens einen Wert $t = \tilde{t}$ ein Pol von $D_{pd}(s,\tilde{t})$ ist. Unter der *Vielfachheit des Pols d_i der Funktion* $D_{pd}(s,t)$ versteht man die größte Vielfachheit des Pols d_i der Funktion $D_{pd}(s,\tilde{t})$ bei allen möglichen Werten von $\tilde{t}$.

Aus den Darlegungen läßt sich der folgende Schluß ziehen:

Wenn das System nach Abbildung 10.1 nichtpathologisch ist, dann stimmen die Pole der DTF $D_{pd}(s,t)$ mit den Zahlen (10.70) überein und haben die Vielfachheit l_i.

Beispiel 10.3 Es sei das System nach Abbildung 10.1 mit

$$F(s) = \frac{1}{s-a}, \quad M(s) = \frac{1 - \mathrm{e}^{-sT}}{s}, \quad W_d(s) = \frac{1 - \mathrm{e}^{aT}\mathrm{e}^{-sT}}{1 + \mathrm{e}^{aT}\mathrm{e}^{-sT}} \tag{10.71}$$

gegeben. In diesem Fall ist wegen (9.115)

$$D_p(s,0) = \frac{1 - \mathrm{e}^{-aT}}{a} \frac{\mathrm{e}^{(a-s)T}}{1 - \mathrm{e}^{(a-s)T}}$$

und der Bruch $D_{pd}(s,0) = W_d(s)D_p(s,0)$ ist kürzbar. Deshalb ist das offene System unter der Annahme (10.71) pathologisch. $\qquad\square$

10.7 Operatorenschreibweise eines Systems und Gleichungen im Bildbereich

Unter Verwendung von (10.51) kann die PTF des offenen Systems $W_{pd}(s,t)$ in der Form

$$W_{pd}(s,t) = \frac{1}{T} \sum_{k=-\infty}^{\infty} Q_{pd}(s + kj\omega)\mathrm{e}^{kj\omega t} = \varphi_{Q_{pd}}(T,s,t) \tag{10.72}$$

$$\text{mit} \quad Q_{pd}(s) \overset{\text{def}}{=} F(s)M(s)W_d(s) \tag{10.73}$$

dargestellt werden. Bei Berücksichtigung der vorstehenden Beziehungen gilt

$$Q_{pd}(s) = \frac{m(s)b(s)M(s)}{d(s)a(s)} . \tag{10.74}$$

Die Funktion (10.73) wird im weiteren die *äquivalente Übertragungsfunktion (ETF) des offenen Systems* genannt. Es werde nun eine Reihe allgemeiner Eigenschaften der ETF $Q_{pd}(s)$ zusammengestellt.

Durch $\tilde{\mu}_i$ ($i = 1, 2, \ldots, \rho$) werden die verschiedenen Realteile der Zahlen d_i nach (10.70) bezeichnet und in der Reihenfolge ihrer Größe numeriert. Jede Zahl $\tilde{\mu}_i$ wird *charakteristischer Index des offenen Systems* genannt. Analog wird die Menge der charakteristischen Indizes $\tilde{\lambda}_i$ der Funktion $Q_{pd}(s)$ als die Menge der verschiedenen Realteile ihrer Pole definiert. Da die Menge der Pole von $Q_{pd}(s)$ in der Menge der Wurzeln der Gleichung

$$d(s)a(s) = 0 \tag{10.75}$$

liegt, muß auch die Menge der Zahlen $\tilde{\lambda}_i$ zur Menge der Indizes $\tilde{\mu}_i$ gehören.

Lemma 10.1 *Die Mengen der charakteristischen Indizes $\tilde{\lambda}_i$ und $\tilde{\mu}_i$ stimmen überein.*

Der Beweis kann im Prinzip so geführt werden, wie das später in Lemma 11.1 geschehen wird. ∎

Lemma 10.2 *Für hinreichend kleines $\epsilon > 0$ gilt für $|s| \to \infty$ in jedem Streifen $\tilde{\mu}_i + \epsilon \le \operatorname{Re} s \le \tilde{\mu}_{i+1} - \epsilon$, $(i = 1, 2, \ldots, \rho - 1)$ und darüber hinaus in der rechten Halbebene $\operatorname{Re} s \ge \tilde{\mu}_\rho + \epsilon$ die Abschätzung*

$$|Q_{pd}(s)| < L|s|^{-2} \tag{10.76}$$

mit einer positiven Konstanten L.

Beweis: Da $F(s)$ ein echter Bruch ist, gilt in jedem der angegebenen Gebiete für $|s| \to \infty$ die Ungleichung $|F(s)| < L_1|s|^{-1}$. Darüber hinaus hat man wegen (9.11) $|M(s)| < K|s|^{-1}$. iUnabhängig davon ist die Funktion $W_d(s)$ in allen jenen Gebieten gleichmäßig beschränkt, was aus der Folgerung 2 zu Satz A.2 des Anhangs entnommen werden kann. ∎

Satz 10.1 *Möge das offene System nichtpathologisch sein und $\tilde{\mu}_i$ $(i = 1, 2, \ldots, \rho)$ die Gesamtheit ihrer charakteristischen Indizes sein, dann stimmt die PTF (10.72) in jedem ihrer Regularitätsintervalle $(\tilde{\mu}_i, \tilde{\mu}_{i+1})$ mit der PTF des LPPO*

$$\mathsf{U}_{pd_i}[x(t)] = \sum_{k=-\infty}^{\infty} \tilde{q}_i(t - kT)x(kT + 0) \tag{10.77}$$

überein, wobei die Impulsantwort $\tilde{q}_i(t)$ durch das Integral

$$\tilde{q}_i(t) = \frac{1}{2\pi \mathrm{j}} \int_{c-\mathrm{j}\infty}^{c+\mathrm{j}\infty} Q_{pd}(s)\mathrm{e}^{st}\,\mathrm{d}s\,, \quad \tilde{\mu}_i < c < \tilde{\mu}_{i+1} \tag{10.78}$$

bestimmt ist. Dabei ist die Funktion $\tilde{q}_i(t) \in \Lambda(\tilde{\mu}_i, \tilde{\mu}_{i+1})$ und stetig. Für die Funktion $\tilde{q}_\rho$ gilt zusätzlich

$$\tilde{q}_\rho = 0 \quad \text{für} \quad t < 0 \tag{10.79}$$

und der zugehörige LPPO ist kausal.

Der Beweis ergibt sich aus den oben stehenden Ausführungen.   ∎

Im weiteren wird die Gesamtheit der LPPO (10.77) die *Familie der LPPO* des entsprechenden Systems mit Prozeßrechner genannt. Wie schon in Abschnitt 9.9 kann auch hier gezeigt werden, daß jeder LPPO der Familie (10.77) zu gewissen Eingangssignalen gewisse spezielle Lösungen desjenigen Gleichungssystems bestimmt, das das betrachtete System beschreibt. Darum kann unter der Annahme $x(t) \in \Lambda(\tilde{\mu}_i, \tilde{\mu}_{i+1})$ für die zugehörige Laplace-Transformation des Ausgangs $Y_i(s)$ die Gleichung

$$Y_i(s) = F(s)M(s)W_d(s)\mathcal{D}_x(T, s, +0), \quad \tilde{\mu}_i < \text{Re } s < \tilde{\mu}_{i+1} \tag{10.80}$$

geschrieben werden. Für die betreffende diskrete Laplace-Transformation ergibt sich

$$\mathcal{D}_{y_i}(T, s, t) = \mathcal{D}_{Y_i}(T, s, t) = \mathcal{D}_{FM}(T, s, t)W_d(s)\mathcal{D}_x(T, s, +0), \quad \tilde{\mu}_i < \text{Re } s < \tilde{\mu}_{i+1}.$$

Es soll jetzt das Laplace-Bild des Ausgangs für $t > 0$ bei Berücksichtigung der Anfangszustände des Steuerprogramms und des kontinuierlichen Übertragungsglieds unter der Voraussetzung $x(t) \in \Lambda_+(\tilde{\mu}_\rho, \infty)$ gesucht werden. Vermöge (9.65) hat man

$$Y(s) = F(s)V(s) + \frac{m_0(s)}{d(s)}, \tag{10.81}$$

wobei $V(s)$ das Bild des Ausgangs vom Prozeßrechner ist, das seinerseits wegen (7.63)

$$V(s) = M(s)\psi^*(s) \tag{10.82}$$

befriedigt, wobei $\psi^*(s)$ die DLT der Steuerfolge $\{\psi_k\}$ ist, die durch (10.17) bestimmt wird. Indem (10.17) und (10.82) in (10.81) eingesetzt werden, findet man für $\text{Re } s > \tilde{\mu}_\rho$

$$Y(s) = F(s)M(s)W_d(s)\mathcal{D}_x(T, s, +0) + F(s)M(s)\frac{b_0(s)}{a(s)} + \frac{m_0(s)}{d(s)}. \tag{10.83}$$

Es wird nun die diskrete Laplace-Transformation der Funktion $Y(s)$ ausgerechnet. Aus (10.83) erhält man für beliebige ganze k

$$\begin{aligned}
Y(s + kj\omega) = \;& F(s + kj\omega)M(s + kj\omega)W_d(s)\mathcal{D}_x(T, s, +0) + \\
& + F(s + kj\omega)M(s + kj\omega)\frac{b_0(s)}{a(s)} + \frac{m_0(s + kj\omega)}{d(s + kj\omega)}.
\end{aligned}$$

Deshalb gilt

$$\begin{aligned}
\mathcal{D}_Y(T, s, t) = \;& \frac{1}{T}\sum_{k=-\infty}^{\infty} Y(s + kj\omega)e^{(s + kj\omega)t} \tag{10.84}\\
= \;& \mathcal{D}_{FM}(T, s, t)W_d(s)\mathcal{D}_x(T, s, +0) + \mathcal{D}_{FM}(T, s, t)\frac{b_0(s)}{a(s)} + \mathcal{D}_{Y_0}(T, s, t)
\end{aligned}$$

mit

$$Y_0(s) \stackrel{\text{def}}{=} \frac{m_0(s)}{d(s)}, \quad m_0(s) = m_{10}s^{n-1} + m_{20}s^{n-2} + \ldots + m_{n0}, \qquad (10.85)$$

wobei die m_{i0} $(i = 1, \ldots, n)$ beliebige Konstanten sein können.

Durch $y_0(t)$ soll das Original zum Bild $Y_0(s)$ in der Halbebene Re $s > \tilde{\mu}_\rho$ bezeichnet werden. Da im allgemeinen $\deg m_0(s) = n - 1$ ist, wird die Funktion $y_0(t)$ wegen der im Abschnitt 1.14 abgeleiteten Eigenschaften normalerweise eine Sprungstelle mit der Höhe m_{10} bei $t = 0$ besitzen. Dabei stimmt die Summe der Reihe

$$\mathcal{D}_{y_0}(T,s,t) = \sum_{k=-\infty}^{\infty} y_0(t + kT)\mathrm{e}^{-ksT}$$

mit der Summe der Reihe $\mathcal{D}_{Y_0}(T,s,t)$ für $t \neq kT$ überein. An den Stellen $t = kT$ weist die Funktion $\mathcal{D}_{y_0}(T,s,t)$ Sprünge auf. Die ersten zwei Summanden der rechten Seite von (10.84) hängen stetig von t ab, darum erhält man unter der Annahme, daß $y(t)$ das Original zum Bild (10.83) ist, für $t \neq kT$

$$\mathcal{D}_y(T,s,t) = \mathcal{D}_{FM}(T,s,t)\left[W_d(s)\mathcal{D}_x(T,s,+0) + \frac{b_0(s)}{a(s)}\right] + \mathcal{D}_{y_0}(T,s,t). \qquad (10.86)$$

Darüber hinaus liefert der Grenzübergang für $t \to +0$

$$\mathcal{D}_y(T,s,+0) = \mathcal{D}_{FM}(T,s,0)\left[W_d(s)\mathcal{D}_x(T,s,+0) + \frac{b_0(s)}{a(s)}\right] + \mathcal{D}_{y_0}(T,s,+0). \qquad (10.87)$$

Beispiel 10.4 Es seien

$$F(s) = \frac{1}{s-a}, \quad M(s) = M_0(s) = \frac{1 - \mathrm{e}^{-sT}}{s},$$

dann wird

$$Y_0(s) = \frac{m_0}{s-a}$$

mit einer beliebigen Konstanten m_0. Setzt man voraus, daß das Steuerprogramm und das Bild $\psi^*(s)$ wie in Beispiel 10.1 gewählt wurden, dann erhält man unter Beachtung von (4.11) für $0 < t < T$

$$\mathcal{D}_Y(T,s,t) = \mathcal{D}_{FM_0}(T,s,t) * \qquad (10.88)$$

$$* \left[\frac{\mathrm{e}^{-sT} + 5\mathrm{e}^{-2sT}}{1 + 3\mathrm{e}^{-sT} + 2\mathrm{e}^{-2sT}}\mathcal{D}_x(T,s,+0) + \frac{b_{00} + b_{01}\mathrm{e}^{-sT}}{1 + 3\mathrm{e}^{-sT} + 2\mathrm{e}^{-2sT}}\right] + \frac{m_0\mathrm{e}^{-st}}{1 - \mathrm{e}^{(a-s)T}},$$

wobei sich die Funktion $\mathcal{D}_{FM_0}(T,s,t)$ durch den Ausdruck (9.115) bestimmt. Aus (10.88) entnimmt man

$$\mathcal{D}_y(T,s,t) = \mathcal{D}_Y(T,s,t) \quad \text{für} \quad t \neq kT.$$

In den Punkten $t_k = kT$ hat das Bild $\mathcal{D}_y(T, s, t)$ Sprungstellen. Dabei findet man durch Grenzübergang in (10.88) für $t \to +0$

$$\mathcal{D}_y(T, s, +0) = \mathcal{D}_{FM_0}(T, s, 0) *$$

$$* \left[\frac{e^{-sT} + 5e^{-2sT}}{1 + 3e^{-sT} + 2e^{-2sT}} \mathcal{D}_x(T, s, +0) + \frac{b_0 + b_1 e^{-sT}}{1 + 3e^{-sT} + 2e^{-2sT}} \right] + \frac{m_0}{1 - e^{(a-s)T}} \, ,$$

wobei sich die Funktion $\mathcal{D}_{FM_0}(T, s, 0)$ aus (9.115) für $t = 0$ ergibt. $\square$

10.8 Offenes System mit Vorfilter

In diesem Abschnitt wird das offene System nach Abbildung 10.7 betrachtet, bei dem das Eingangssignal $x(t)$ des Steuerechners vorher ein stationäres analoges Vorfilter mit der Übertragungsfunktion $G(s)$ passiert hat. Weiterhin soll $G(s)$ streng

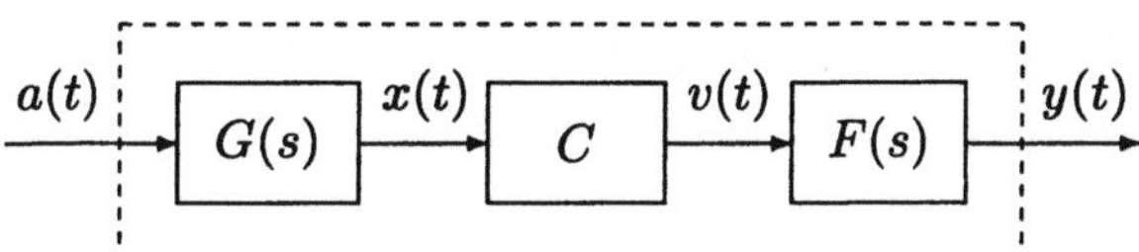

Abbildung 10.7: Digitale Steuerkette mit analogem Vorfilter

proper vorausgesetzt werden. In Übereinstimmung mit früheren Ausführungen hat die PTF $\hat{W}(s, t)$ das Aussehen

$$\hat{W}(s, t) = G(s)\varphi_{FM}(T, s, t)W_d(s) \, . \tag{10.89}$$

In Bezug auf den Eingang $a(t)$ scheint das betrachtete System nicht diskret zu sein, weil der Wert des Eingangs $x(t)$ zum Quantisierungszeitpunkt $t_k = kT$ im allgemeinen von den Werten von $a(t)$ für alle t beeinflußt wird.

Durch n_i sollen die Pole der Funktion $\hat{W}(s, t)$ und durch $\hat{\mu}_i$ ($i = 1, 2, \ldots, r$) die verschiedenen Realteile dieser Pole n_i bezeichnet werden, die in aufsteigender Reihenfolge numeriert sein mögen. Die Zahlen $\hat{\mu}_i$ werden die *charakteristischen Indizes des offenen Systems mit Vorfilter* genannt. Es wird $\hat{\mu}_0 = -\infty$ und $\hat{\mu}_{r+1} = \infty$ vereinbart. Die Intervalle $(\hat{\mu}_i, \hat{\mu}_{i+1})$ werden *Regularitätsintervalle des Systems* genannt.

Satz 10.2 *Bei den oben getroffenen Voraussetzungen gelten folgende Behauptungen:*

1. Zumindest im Sinne des Hauptwertes konvergieren die Integrale

$$\hat{g}_i(t, u) = \frac{1}{2\pi j} \int_{c-j\infty}^{c+j\infty} \hat{W}(s, t)e^{su} \, ds \, , \quad \hat{\mu}_i < c < \hat{\mu}_{i+1} \, . \tag{10.90}$$

2. Die Abschätzung

$$\left|\hat{g}_i(t,u)e^{-su}\right| < Ke^{-\gamma|u|}, \quad \hat{\mu}_i < \operatorname{Re} s < \hat{\mu}_{i+1} \tag{10.91}$$

ist mit gewissen positiven Konstanten K, γ richtig.

3. Für $i = r$ gilt

$$\hat{g}_r(t,u) = 0 \quad \text{für} \quad u < 0\,. \tag{10.92}$$

4. Mit der Bezeichnung

$$\hat{h}_i(t,\tau) \stackrel{\text{def}}{=} \hat{g}_i(t,u)\,|_{u=t-\tau} \tag{10.93}$$

sind die Integrale (Operatoren)

$$y(t) = \int_{-\infty}^{\infty} \hat{h}_i(t,\tau)a(\tau)\,\mathrm{d}\tau \stackrel{\text{def}}{=} \hat{U}_i[a(t)] \tag{10.94}$$

für $a(t) \in \Lambda(\hat{\mu}_i, \hat{\mu}_{i+1})$ definierte partikuläre Lösung desjenigen Satzes von Differential- und Differenzengleichungen, der das betrachtete System beschreibt.

5. Für $i = r$ hat die Lösung von (10.94) die Form

$$y(t) = \int_{-\infty}^{t} \hat{h}_r(t,\tau)a(\tau)\,\mathrm{d}\tau\,. \tag{10.95}$$

Wenn dazu $a(t) \in \Lambda_+(\hat{\mu}_r,\infty)$, das heißt $a(t) = 0$ für $t < 0$ gilt, dann erhält man aus (10.95)

$$y(t) = \int_{0}^{t} \hat{h}_r(t,\tau)a(\tau)\,\mathrm{d}\tau\,. \tag{10.96}$$

6. Für $a(t) \in \Lambda_+(\hat{\mu}_i, \hat{\mu}_{i+1})$ läßt sich die Lösung (10.94) in der Form

$$y(t) = \frac{1}{2\pi\mathrm{j}} \int_{c-\mathrm{j}\infty}^{c+\mathrm{j}\infty} \hat{W}(s,t)A(s)e^{st}\,\mathrm{d}s\,, \quad \hat{\mu}_i < c < \hat{\mu}_{i+1} \tag{10.97}$$

darstellen. Insbesondere erhält man die Lösung (10.95) aus (10.97) für $c > \hat{\mu}_r$.

Der Beweis des Satzes erfolgt durch Anwendung des Satzes 7.5 nach dem Prinzip, das in Rosenwasser (1995a) ausgenutzt wurde.   ■

Der gerade formulierte Satz gibt Anlaß zu einer Reihe von weiteren Bemerkungen.

1. Aus (10.90) folgt

$$\hat{g}_i(t,u) = \hat{g}_i(t+T,u)$$

oder die gleichwertige Beziehung

$$\hat{h}_i(t+T,\tau+T) = \hat{h}_i(t,\tau)\,.$$

Es folgt unmittelbar, daß in Bezug auf den entsprechenden Eingang die Beziehungen (10.94) periodische Integraloperatoren $\hat{U}_i$ definieren. Es kann gezeigt werden, daß die Beziehungen (10.94) eine Menge von linearen periodischen Operatoren erzeugen, die dem betrachteten System zugeordnet sind. Dabei sind die Funktionen $\hat{g}_i(t,u)$, $\hat{h}_i(t,\tau)$ die zugehörigen Impulsantworten beziehungsweise Greenschen Funktionen.

2. Aus (10.95) entnimmt man, daß der Operator $\hat{U}_r$ kausal ist, die übrigen Operatoren $\hat{U}_i$ sind akausal.

3. Wenn keine der Polstellen n_i auf der imaginären Achse liegt, dann wird das betrachtete System *e-dichotomisch* genannt. Für e-dichotomische Systeme existiert ein Regularitätsintervall S_γ : $(\hat{\mu}_\gamma, \hat{\mu}_{\gamma+1})$ mit $0 \in S_\gamma$. Die zu diesem Intervall gehörige Greensche Funktion $\hat{h}_\gamma(t,\tau)$ wird *Greensche Hauptfunktion* genannt. Die Greensche Hauptfunktion genügt der Abschätzung

$$\left|\hat{h}_\gamma(t,\tau)\right| < K\mathrm{e}^{-\chi|t-\tau|} \tag{10.98}$$

mit positiven Konstanten K, χ. Der zugehörige Operator $\hat{U}_\gamma$ wird *Hauptoperator* genannt.

4. Aus dem vorangegangenen schließt man, daß der Hauptoperator dann und nur dann gleichzeitig auch kausal wird, wenn

$$\mathrm{Re}\, n_i < 0 \quad (i = 1,\ldots,r) \tag{10.99}$$

gilt, das heißt, alle Pole der PTF (10.89) in der linken Halbebene liegen.

Die Beziehungen (10.94) bestimmen gewisse partikuläre Lösungen des untersuchten Gleichungssystems, die im allgemeinen für $-\infty < t < \infty$ definiert sind. Um das Bild des Ausgangs bei gegebenen Anfangszuständen zu ermitteln, können die Formeln (10.83), (10.84) benutzt werden. Möge

$$G(s) = \frac{m_G(s)}{d_G(s)}$$

mit Polynomen $m_G(s)$, $d_G(s)$ sein, wobei $\deg d_G(s) = \ell$, $\deg m_G(s) < \ell$ richtig sei, dann erhält man für $a(t) \in \Lambda_+(\hat{\mu}_r, \infty)$ bei Beachtung von (9.65) für $\mathrm{Re}\, s > \hat{\mu}_r$

$$X(s) = G(s)A(s) + G_0(s), \tag{10.100}$$

wobei

$$G_0(s) = \frac{m_{G_0}(s)}{d_G(s)} \tag{10.101}$$

mit einem beliebigen Polynom $m_{G_0}(s)$ ist, dessen Grad $\deg m_{G_0}(s) < \ell$ erfüllt. Seien $g_0(t)$ und $x(t)$ die Originale zu den Bildern (10.101) und (10.100) bezüglich der Halbebene $\operatorname{Re} s > \hat{\mu}_r$, dann läßt sich aus (10.100) analog zu oben

$$\mathcal{D}_x(T,s,t) = \mathcal{D}_{GA}(T,s,t) + \mathcal{D}_{g_0}(T,s,t) \tag{10.102}$$

ableiten. Der erste Summand auf der rechten Seite von (10.102) hängt stetig von t ab, aber der zweite besitzt möglicherweise Sprungstellen. Deshalb erhält man für $t \to +0$

$$\mathcal{D}_x(T,s,+0) = \mathcal{D}_{GA}(T,s,0) + \mathcal{D}_{g_0}(T,s,+0) \,. \tag{10.103}$$

Indem man (10.103) in (10.83) einsetzt, findet man für $\operatorname{Re} s > \hat{\mu}_r$ die Gleichung

$$Y(s) = F(s)M(s)\left[W_d(s)\mathcal{D}_{GA}(T,s,0) + W_d(s)\mathcal{D}_{g_0}(T,s,+0) + \frac{b_0(s)}{a(s)}\right] + \frac{m_0(s)}{d(s)} \,. \tag{10.104}$$

Analog gewinnt man aus (10.84)

$$\mathcal{D}_Y(T,s,t) = \mathcal{D}_{FM}(T,s,t) * \tag{10.105}$$

$$* \left[W_d(s)\mathcal{D}_{GA}(T,s,0) + W_d(s)\mathcal{D}_{g_0}(T,s,+0) + \frac{b_0(s)}{a(s)}\right] + \mathcal{D}_{Y_0}(T,s,t) \,.$$

Beispiel 10.5 Es seien die Voraussetzungen von Beispiel 10.4 erfüllt und darüber hinaus gelte

$$G(s) = \frac{1}{s-b}\,, \quad G_0(s) = \frac{g_0}{s-b}$$

mit einer beliebigen Konstanten g_0 , dann erhält man aus (10.102)

$$\mathcal{D}_x(T,s,+0) = \mathcal{D}_{GA}(T,s,0) + \frac{g_0}{1 - e^{(b-s)T}}\,, \tag{10.106}$$

was in (10.88) eingesetzt die DLT des entsprechenden Ausgangs liefert. $\square$

10.9   Offene Mehrgrößensysteme

Die oben entwickelte Theorie läßt sich ohne wesentliche Änderungen auf Mehrgrößensysteme erweitern. Sei das Strukturbild nach Abbildung 10.7 gegeben, wobei $a(t)$, $x(t)$, $v(t)$, $y(t)$ Vektoren und $G(s)$, $F(s)$ gebrochen rationale Matrizen passender Dimension sind. Die Arbeitsweise des Prozeßrechners wird durch die auf den mehrdimensionalen Fall verallgemeinerten Gleichungen (10.1)–(10.3)

$$\xi_k = x(kT + 0) \tag{10.107}$$

$$a_0\psi_n + a_1\psi_{n-1} + \ldots + a_p\psi_{n-p} = b_0\xi_n + b_1\xi_{n-1} + \ldots + b_p\xi_{n-p} \tag{10.108}$$

mit konstanten Matrizen $\boldsymbol{a}_i$, $\boldsymbol{b}_i$ entsprechenden Typs beschrieben, wobei $\det \boldsymbol{a}_0 \neq 0$ ist. Weiterhin wird

$$\boldsymbol{v}(t) = \mu(t - kT)\boldsymbol{\psi}_k\,, \quad kT < t < (k+1)T \tag{10.109}$$

gebildet, wobei $\mu(t)$ eine skalare Funktion ist, wie sie in (9.1) charakterisiert wurde. Die gebrochen rationale Matrix $\boldsymbol{F}(s)$ wird als streng proper, die Matrix $\boldsymbol{G}(s)$ als proper vorausgesetzt. Die PTM $\hat{\boldsymbol{W}}(s,t)$ des untersuchten Systems hat die Form

$$\hat{\boldsymbol{W}}(s,t) = \varphi_{FM}(T,s,t)\boldsymbol{W}_d(s)\boldsymbol{G}(s)\,. \tag{10.110}$$

In (10.110) bedeutet

$$\boldsymbol{W}_d(s) \stackrel{\text{def}}{=} \boldsymbol{a}^{-1}(s)\boldsymbol{b}(s) \tag{10.111}$$

mit den Quasipolynom-Matrizen

$$\begin{aligned}
\boldsymbol{a}(s) &= \boldsymbol{a}_0 + \boldsymbol{a}_1 \mathrm{e}^{-sT} + \ldots + \boldsymbol{a}_p \mathrm{e}^{-psT} \\
\boldsymbol{b}(s) &= \boldsymbol{b}_0 + \boldsymbol{b}_1 \mathrm{e}^{-sT} + \ldots + \boldsymbol{b}_p \mathrm{e}^{-psT}\,.
\end{aligned} \tag{10.112}$$

Darüber hinaus wird, analog zum skalaren Fall, in (10.110)

$$\varphi_{FM}(T,s,t) \stackrel{\text{def}}{=} \frac{1}{T} \sum_{k=-\infty}^{\infty} \boldsymbol{F}(s + kj\omega)M(s + kj\omega)\mathrm{e}^{kj\omega t} \tag{10.113}$$

erklärt. Im Spezialfall $\boldsymbol{G}(s) = \boldsymbol{I}$, $\boldsymbol{W}_d(s) = \boldsymbol{I}$ repräsentiert die Matrix (10.113) die PTM eines offenen Pulssystems. In Rosenwasser (1996c) wurde gezeigt, daß alle grundlegenden Beziehungen dieses Kapitels ohne wesentliche Änderungen auf den Mehrgrößenfall (10.110) übertragbar sind.

10.10 Partialbruchzerlegung diskreter Übertragungsfunktionen

In diesem Abschnitt wird der Frage nachgegangen, wie sich die rational periodische Funktion (10.53)

$$D_{pd}(s,t) = W_d(s)\mathcal{D}_{FM}(T,s,t) \tag{10.114}$$

in Partialbrüche entwickeln läßt (s. Abschnitt A.4). Bezüglich der Übertragungsfunktion $F(s)$ wird die Gültigkeit der Partialbruch-Entwicklung (9.68) vorausgesetzt. Dabei wird ohne Verlust an Allgemeinheit angenommen, daß alle Pole s_i Hauptwerte sind, das heißt $-\omega/2 \leq \mathrm{Im}\, s_i < \omega/2$ gilt, obwohl die endgültigen Beziehungen nicht von dieser Voraussetzung abhängen. In Bezug auf das Steuerprogramm wird vorausgesetzt, daß die Übertragungsfunktion $W_d(s)$ einfache Hauptpole d_r, $(r = 1, 2, \ldots, m)$ mit Residuen $\hat{c}_r = \frac{1}{T}c_r$ besitzt. Es wird weiterhin vorausgesetzt, daß sich unter den Zahlen s_i, d_r keine gleichen befinden. Wegen der Kausalität des Steuerprogramms kann man mit Hilfe von (A.27)

$$W_d(s) = l_\kappa \mathrm{e}^{-\kappa sT} + \ldots + l_1 \mathrm{e}^{-sT} + W_{d1}(s) \tag{10.115}$$

schreiben, wobei $W_{d1}(s)$ eine limitierte rational periodische Funktion ist, für die endliche Grenzwerte

$$\ell_d^+ = \lim_{\text{Re } s \to \infty} W_{d1}(s), \quad \ell_{d1}^- = \lim_{\text{Re } s \to -\infty} W_{d1}(s) \tag{10.116}$$

existieren. Indem man (10.115) in (10.114) einsetzt, gewinnt man

$$D_{pd}(s,t) = D_{pd}^{(1)}(s,t) + D_{pd}^{(2)}(s,t) \tag{10.117}$$

$$\text{mit} \qquad D_{pd}^{(1)}(s,t) = \mathcal{D}_{FM}(T,s,t) \sum_{i=1}^{\kappa} l_i \mathrm{e}^{-isT} \tag{10.118}$$

$$D_{pd}^{(2)}(s,t) = W_{d1}(s)\mathcal{D}_{FM}(T,s,t). \tag{10.119}$$

Die Partialbruchentwicklung der rational periodischen Funktion (10.118) kann man für $0 \leq t \leq T$ erhalten, indem man in (10.118) eine der Entwicklungen (9.99), (9.100) einsetzt. Deshalb besteht die Aufgabe in der Partialbruch-Entwicklung der Funktion (10.119). Für $0 \leq t \leq T$ ist diese Funktion limitiert, das heißt, aus (10.116), (9.99) und (9.100) folgt die Existenz der endlichen Grenzwerte

$$\ell^+ \left[D_{pd}^{(2)}(s,t) \right] = \ell_d^+ h_p(t), \quad \ell^- \left[D_{pd}^{(2)}(s,t) \right] = \ell_{d1}^- h_p^*(t). \tag{10.120}$$

Bei den getroffenen Voraussetzungen besitzt die Funktion $D_{pd}^{(2)}(s,t)$ Hauptpole in den Punkten $s = s_i$, $(i = 1,2,\ldots,\ell)$ und $s = d_r$, $(r = 1,2,\ldots,m)$. Deshalb nimmt die Partialbruchentwicklung nach einfachen Brüchen der Form (A.50) im gegebenen Fall für $0 \leq t \leq T$ die Gestalt

$$D_{pd}^{(2)}(s,t) = T \sum_{i=1}^{\ell} \operatorname*{Res}_{q=s_i} \left[\frac{D_{pd}^{(2)}(q,t)}{1 - \mathrm{e}^{(q-s)T}} \right] + T \sum_{r=1}^{m} \operatorname*{Res}_{q=d_r} \left[\frac{D_{pd}^{(2)}(q,t)}{1 - \mathrm{e}^{(q-s)T}} \right] + \ell_{d1}^- h_p^*(t) \tag{10.121}$$

an. Da die Pole d_r einfach sind, wird

$$\operatorname*{Res}_{q=d_r} \left[\frac{D_{pd}^{(2)}(q,t)}{1 - \mathrm{e}^{(q-s)T}} \right] = \frac{1}{T} \frac{c_r \mathcal{D}_{FM}(T,d_r,t)}{1 - \mathrm{e}^{(d_r-s)T}}. \tag{10.122}$$

Für die Berechnung der Residuen an den Stellen $s = s_i$ sei erwähnt, daß, wenn $F(s)$ in den Punkten $s = s_i$ analytisch ist,

$$\operatorname*{Res}_{s_i} \frac{F(s)}{(s - s_i)^k} = \frac{1}{(k-1)!} \frac{\mathrm{d}^{k-1} F(s)}{\mathrm{d}s^{k-1}} \bigg|_{s=s_i} \tag{10.123}$$

gilt. Im folgenden wird die abgekürzte Schreibweise

$$\operatorname*{Res}_{s_i} \frac{F(s)}{(s - s_i)^k} = \frac{1}{(k-1)!} \frac{\mathrm{d}^{k-1} F(s_i)}{\mathrm{d}s_i^{k-1}} \tag{10.124}$$

verwendet. Da der Pulsanteil als nichtpathologisch vorausgesetzt wurde, bekommt man aus (9.164)

$$D_p(q,t) = \mathcal{D}_{FM}(T,q,t) = \frac{1}{T}F(q)M(q)e^{qt} + C(q,t) \tag{10.125}$$

mit einer Funktion $C(q,t)$, die bei $q = s_i$ analytisch ist. Mit Hilfe von (9.68) nimmt die Beziehung (10.125) die Gestalt

$$\mathcal{D}_{FM}(T,q,t) = \frac{1}{T}M(q)e^{qt}\sum_{i=1}^{\ell}\sum_{k=1}^{\nu_i}\frac{f_{ik}}{(q-s_i)^k} + C(q,t) \tag{10.126}$$

an. Durch Einsetzen von (10.126) in (10.119) findet man

$$D_{pd}^{(2)}(q,t) = \frac{1}{T}\sum_{i=1}^{\ell}\sum_{k=1}^{\nu_i}\frac{f_{ik}}{(q-s_i)^k}\,M(q)W_{d1}(q)e^{qt} + \tilde{C}(q,t) \tag{10.127}$$

mit einer Funktion $\tilde{C}(q,t)$, die bei $q = s_i$ $(i = 1,2,\dots,\ell)$ analytisch ist. Insgesamt ermittelt man

$$\frac{D_{pd}^{(2)}(q,t)}{1-e^{(q-s)T}} = \frac{1}{T}\sum_{i=1}^{\ell}\sum_{k=1}^{\nu_i}\frac{f_{ik}}{(q-s_i)^k}\,\frac{M(q)W_{d1}(q)e^{qt}}{1-e^{(q-s)T}} + \tilde{C}_1(q,t)\,, \tag{10.128}$$

wobei die Funktion $\tilde{C}_1(q,t)$ analytisch in $q = s_i$ ist. Die Beziehung (10.124) ausnutzend, gelangt man bei festgehaltenem i zu

$$\operatorname*{Res}_{q=s_i}\left[\frac{D_{pd}^{(2)}(q,t)}{1-e^{(q-s)T}}\right] = \frac{1}{T}\sum_{i=1}^{\ell}\sum_{k=1}^{\nu_i}\frac{f_{ik}}{(k-1)!}\frac{\partial^{k-1}}{\partial s_i^{k-1}}\frac{M(s_i)W_{d1}(s_i)e^{s_it}}{1-e^{(s_i-s)T}}\,. \tag{10.129}$$

Indem man (10.122) und (10.129) in (10.121) einsetzt, findet man

$$D_{pd}^{(2)}(q,t) = \sum_{i=1}^{\ell}\sum_{k=1}^{\nu_i}\frac{f_{ik}}{(k-1)!}\frac{\partial^{k-1}}{\partial s_i^{k-1}}\frac{M(s_i)W_{d1}(s_i)e^{s_it}}{1-e^{(s_i-s)T}} + \tag{10.130}$$

$$+ \sum_{r=1}^{m}\frac{c_r\mathcal{D}_{FM}(T,d_r,t)}{1-e^{(d_r-s)T}} + \ell_{d1}^{-}h_p^*(t)\,, \qquad 0 \le t \le T\,.$$

Für die Fortsetzung der Formel (10.130) auf die ganze t–Achse wird die Relation

$$D_{pd}^{(2)}(s,t+\kappa T) = D_{pd}^{(2)}(s,t)e^{\kappa sT}$$

benutzt. Wenn speziell $t = \varepsilon + \kappa T$, $0 \le \varepsilon < T$ ist, dann ermittelt man aus (10.130)

$$D_{pd}^{(2)}(s,t) = \left[\sum_{i=1}^{\ell}\sum_{k=1}^{\nu_i}\frac{f_{ik}}{(k-1)!}\frac{\partial^{k-1}}{\partial s_i^{k-1}}\frac{M(s_i)W_{d1}(s_i)e^{s_i\varepsilon}}{1-e^{(s_i-s)T}} + \tag{10.131}$$

$$+ \sum_{r=1}^{m}\frac{c_r\mathcal{D}_{FM}(T,d_r,\varepsilon)}{1-e^{(d_r-s)T}} + \ell_{d1}^{-}h_p^*(\varepsilon)\right]e^{\kappa sT}\,.$$

In analoger Weise kann bei Verwendung von (A.49) für $t = \varepsilon + \kappa T$, $0 \leq \varepsilon \leq T$ die gleichwertige Entwicklung

$$D_{pd}^{(2)}(s,t) = \left[\sum_{i=1}^{\ell} \sum_{k=1}^{\nu_i} \frac{f_{ik}}{(k-1)!} \frac{\partial^{k-1}}{\partial s_i^{k-1}} \frac{M(s_i)W_{d1}(s_i)e^{s_i\varepsilon}}{e^{(s-s_i)T}-1} + \right. \tag{10.132}$$
$$\left. + \sum_{r=1}^{m} \frac{c_r \mathcal{D}_{FM}(T,d_r,\varepsilon)}{e^{(s-d_r)T}-1} + \ell_d^+ h_p(\varepsilon) \right] e^{\kappa s T}$$

aufgestellt werden.

Wenn alle Pole s_i einfach sind, wird (9.101) verwendet, wodurch sich die abgeleiteten Formeln vereinfachen. Bei sonst gleichen Bedingungen gewinnt man

$$D_{pd}^{(2)}(s,t) = \left[\sum_{i=1}^{n} \frac{f_i M(s_i)W_{d1}(s_i)e^{s_i\varepsilon}}{1-e^{(s_i-s)T}} + \sum_{r=1}^{m} \frac{c_r \mathcal{D}_{FM}(T,d_r,\varepsilon)}{1-e^{(d_r-s)T}} + \ell_{d1}^- h_p^*(\varepsilon) \right] e^{\kappa s T} \tag{10.133}$$

$$D_{pd}^{(2)}(s,t) = \left[\sum_{i=1}^{n} \frac{f_i M(s_i)W_{d1}(s_i)e^{s_i\varepsilon}}{e^{(s-s_i)T}-1} + \sum_{r=1}^{m} \frac{c_r \mathcal{D}_{FM}(T,d_r,\varepsilon)}{e^{(s-d_r)T}-1} + \ell_d^+ h_p(\varepsilon) \right] e^{\kappa s T} . \tag{10.134}$$

Als Spezialfall lassen sich aus den abgeleiteten Beziehungen auch die Formeln (9.102), (9.103) herausziehen.

Beispiel 10.6 Es wird

$$F(s) = \frac{1}{s-a}, \quad M(s) = \frac{1-e^{-sT}}{s}, \quad W_d(s) = \frac{1+e^{-sT}}{0.5-e^{-sT}}, \tag{10.135}$$

gewählt, wobei $e^{aT} \neq 2$ sei. Der Hauptpol d_1 der Übertragungsfunktion $W_d(s)$ befriedigt die Gleichung $e^{d_1 T} = 2$. Das Residuum $\hat{c}_1$ ist an dieser Polstelle gleich $3/T$, das heißt $c_1 = 3$. Mit diesen Werten ermittelt man aus (10.35) und (9.115)

$$W_d(a) = \frac{1-e^{-aT}}{0.5-e^{-aT}}$$

$$\mathcal{D}_{FM}(T,d_1,t) = \frac{e^{a(t-T)}-1}{a} + \frac{1-e^{-aT}}{a} \frac{e^{at}}{1-0.5e^{aT}}, \quad 0 \leq t \leq T.$$

Wenn man ausnutzt, daß im gegebenen Fall

$$\ell_{d1}^- = \ell_d^- = -1, \quad h_p^*(t) = \frac{e^{a(t-T)}-1}{a}$$

ist, dann findet man die entsprechende Entwicklung (10.134). $\qquad\qquad\square$

Kapitel 11

Geschlossene Systeme mit einem Abtaster

11.1   Allgemeines einschleifiges System

In diesem Kapitel werden Systeme mit der in Abbildung 11.1 gezeigten Struktur untersucht. In Abbildung 11.1 bedeuten $R(s)$ die Übertragungsfunktion des

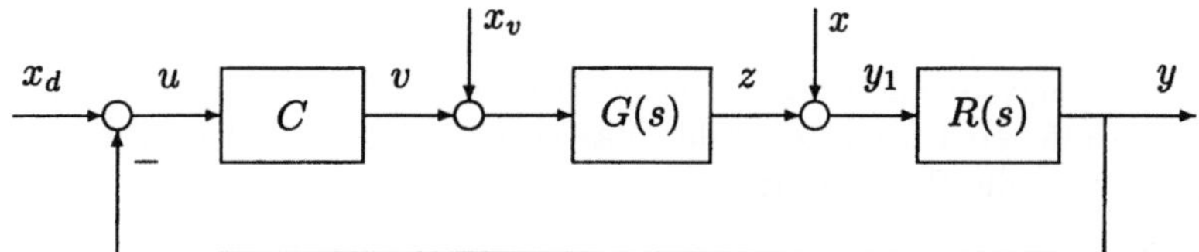

Abbildung 11.1: Einschleifiger digitaler Regelkreis

zu regelnden Prozesses, $G(s)$ die Übertragungsfunktion des Stellglieds und C der digitale Prozeßrechner, dessen Struktur in Abbildung 10.1 dargestellt ist. Der Abbildung 11.1 entnimmt man die Zuweisungen

$$y = R(s)(z + x)\,, \quad z = G(s)(v + x_v)\,, \quad u = x_d - y\,. \tag{11.1}$$

Bezüglich des Prozeßrechners wird wieder von der Beschreibung durch die Gleichungen (10.1)–(10.3)

$$\xi_k = u(kT + 0) \tag{11.2}$$

$$a_0\psi_n + a_1\psi_{n-1} + \ldots + a_p\psi_{n-p} = b_0\xi_n + b_1\xi_{n-1} + \ldots + b_p\xi_{n-p} \tag{11.3}$$

$$v(t) = \mu(t - kT)\psi_k\,, \quad kT < t < (k+1)T \tag{11.4}$$

ausgegangen. Weiterhin sind in Abbildung 11.1 x, x_v äußere Störungen, die auf kontinuierliche Glieder wirken, während x_d Meßfehler, äquivalente Quantisierungsfehler oder Führungsgrößen darstellen kann. Das zu untersuchende System enthält die mit dem Rechner gesteuerte offene Kette nach Abbildung 11.2. Die PTF des

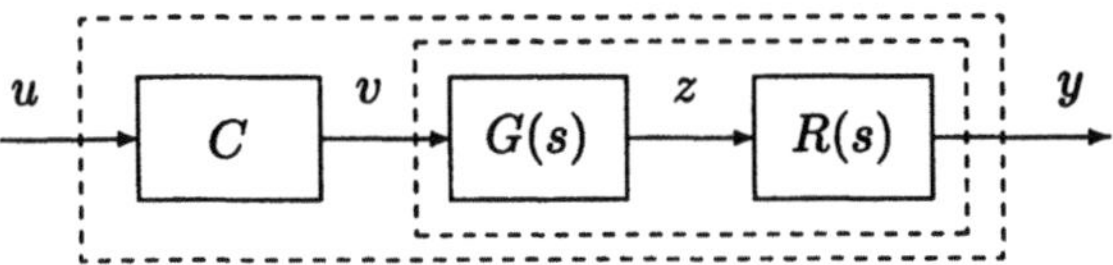

Abbildung 11.2: Mit Prozeßrechner gesteuerte Kette

in Abbildung 11.2 gezeigten Systems hat im Einklang mit (10.51) die Gestalt

$$W_{pd}(s,t) = W_d(s)W_p(s,t)\,, \tag{11.5}$$

wobei $W_d(s)$ die Übertragungsfunktion des Steuerprogramms (10.18) ist und im gegebenen Fall

$$W_p(s,t) = \varphi_{GRM}(T,s,t) \tag{11.6}$$

mit

$$\varphi_{GRM}(T,s,t) \stackrel{\text{def}}{=} \frac{1}{T}\sum_{k=-\infty}^{\infty} R(s+kj\omega)G(s+kj\omega)M(s+kj\omega)e^{kj\omega t} \tag{11.7}$$

wird. Hierbei ist $M(s)$ die Übertragungsfunktion des Formierungselements (9.10). Wie den vorausgegangenen Darlegungen zu entnehmen ist, stellt $W_p(s,t)$ gerade die PTF des offenen Pulssystems dar, das sich für $W_d(s) = 1$ ergibt. (s. Abbildung 11.3) Wenn die Bezeichnung

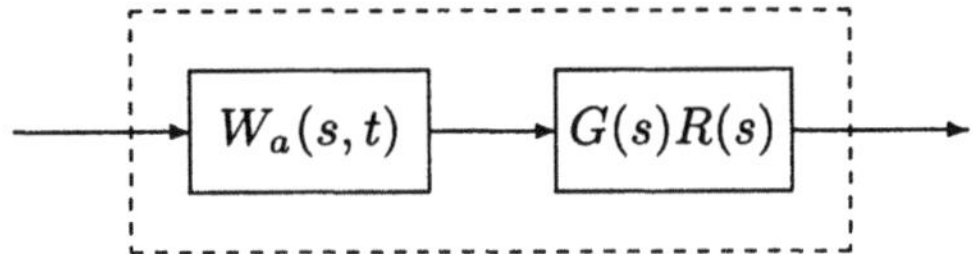

Abbildung 11.3: Offenes Pulssystem

$$F(s) \stackrel{\text{def}}{=} G(s)R(s) \tag{11.8}$$

eingeführt wird, dann läßt sich (11.6) als

$$W_p(s,t) = \varphi_{FM}(T,s,t) \tag{11.9}$$

schreiben. Die Funktion $F(s)$ wird Übertragungsfunktion des kontinuierlichen Teils des untersuchten Pulssystems genannt, der in Abbildung 11.3 durch den Abtaster (Pulser) ergänzt wird. Die PTF der offenen Kette nach Abbildung 11.2 kann nun in der Form

$$W_{pd}(s,t) = W_d(s)\varphi_{FM}(T,s,t) \tag{11.10}$$

aufgeschrieben werden und ihre DTF erfüllt

$$D_{pd}(s,t) = W_d(s)\mathcal{D}_{FM}(T,s,t)\,. \tag{11.11}$$

Die Funktionen $R(s)$ und $G(s)$ können proper oder streng proper sein, aber so, daß bei entsprechender Wahl des Eingangs die Stetigkeit des auf den Abtaster zurückgeführten Signals gewährleistet ist. Unter diesen Bedingungen muß die gebrochen rationale Funktion $F(s)$ immer streng proper sein.

11.2 PTF und DTF bei abgetasteter Erregung

Wenn $x(t) = x_v(t) = 0$ vorausgesetzt wird, dann bleibt ein geschlossenes System mit dem Eingang $x_d(t)$ übrig. Es sollen die PTF $W_{yd}(s,t)$ und $W_{zd}(s,t)$ vom Eingang $x_d(t)$ zu den Ausgängen $y(t)$ beziehungsweise $z(t)$ aufgestellt werden. Für die Bestimmung der PTF $W_{yd}(s,t)$ wird nach dem allgemeinen Prinzip vorgegangen und der Ansatz

$$x_d(t) = \mathrm{e}^{st}\,, \quad y(t) = W_{yd}(s,t)\mathrm{e}^{st}\,, \quad W_{yd}(s,t) = W_{yd}(s,t+T) \tag{11.12}$$

gemacht. Da $F(s)$ streng proper ist, kann die PTF $W_{yd}(s,t)$ als stetig in t vorausgesetzt werden. Zieht man (11.12) und Abbildung 11.1 heran, bekommt man

$$u(t) = \mathrm{e}^{st}f_u(s,t) \tag{11.13}$$

mit

$$f_u(s,t) \stackrel{\mathrm{def}}{=} 1 - W_{yd}(s,t) = f_u(s,t+T)\,. \tag{11.14}$$

Weil die Funktion $f_u(s,t)$ stetig und periodisch von t abhängt, kann bei Ausnutzung des stroboskopischen Effekts, den der Prozeßrechner wegen der Abtastung aufweist, der Eingang des Prozeßrechners (11.13) äquivalent mit

$$\tilde{u}(t) = \mathrm{e}^{st}f_u(s,0) = \mathrm{e}^{st}\left[1 - W_{yd}(s,0)\right] \tag{11.15}$$

beschickt werden. Indem (11.15) und die PTF (11.10) benutzt wird, kann man sofort

$$y(t) = \mathrm{e}^{st}\left[1 - W_{yd}(s,0)\right] W_d(s)\varphi_{FM}(T,s,t) \tag{11.16}$$

aufschreiben. Vergleicht man die Ausdrücke für $y(t)$ in (11.12) und (11.16), gelangt man zu der Beziehung

$$W_{yd}(s,t) = \left[1 - W_{yd}(s,0)\right] W_d(s)\varphi_{FM}(T,s,t)\,, \tag{11.17}$$

die als Funktionalgleichung für die PTF $W_{yd}(s,t)$ angesehen werden kann. Weil die rechte Seite von (11.17) stetig von t abhängt, muß auch die linke Seite diese Eigenschaft besitzen. Deshalb kann in (11.17) $t = 0$ angenommen werden, wodurch man

$$W_{yd}(s,0) = \left[1 - W_{yd}(s,0)\right] W_d(s)\varphi_{FM}(T,s,0)$$

ermittelt, woraus

$$W_{yd}(s,0) = \frac{W_d(s)\varphi_{FM}(T,s,0)}{1 + W_d(s)\varphi_{FM}(T,s,0)} \tag{11.18}$$

folgt. Im Einklang mit (11.7) ist hierbei

$$\varphi_{FM}(T,s,0) = \mathcal{D}_{FM}(T,s,0) = \frac{1}{T}\sum_{k=-\infty}^{\infty} F(s + kj\omega)M(s + kj\omega)\,.$$

Schließlich findet man nach Einsetzen von (11.18) in (11.17)

$$W_{yd}(s,t) = \frac{W_d(s)\varphi_{FM}(T,s,t)}{1 + W_d(s)\varphi_{FM}(T,s,0)}\,. \tag{11.19}$$

Bisher hat man gesehen, daß eine Lösung der Funktionalgleichung (11.17) die Gestalt (11.19) haben muß, falls sie überhaupt existiert. Durch direktes Einsetzen prüft man leicht nach, daß der Ausdruck (11.19) die Gleichung (11.17) befriedigt. Das bedeutet, der Ausdruck (11.19) gibt eine Lösung der Gleichung (11.17) an, wobei aus den angestellten Berechnungen folgt, daß diese Lösung eindeutig ist. Damit legt Formel (11.19) die gesuchte PTF fest.

Es soll nun die PTF $W_{zd}(s,t)$ vom Eingang $x_d(t)$ zum Ausgang $z(t)$ gesucht werden. Die gebrochen rationale Funktion $G(s)$ wird dabei als nicht unbedingt streng proper vorausgesetzt. Zunächst bemerkt man, daß aus (11.15) und (11.18)

$$\tilde{u}(t) = \frac{e^{st}}{1 + W_d(s)\varphi_{FM}(T,s,0)} \tag{11.20}$$

folgt, was als Eingangssignal auf die offene Kette nach Abbildung 11.4 wirkt und

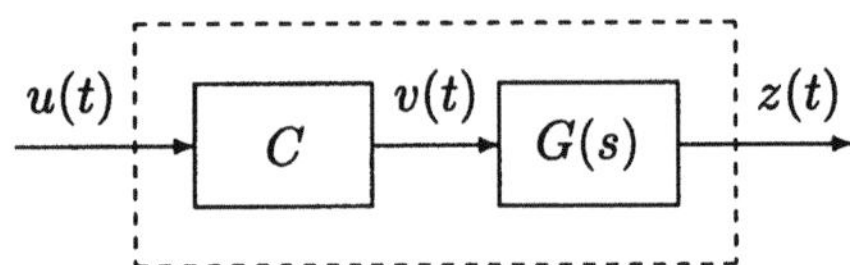

Abbildung 11.4: Vorwärtszweig der offenen Kette

dort die Reaktion

$$z(t) = e^{st}\,\frac{W_d(s)\varphi_{GM}(T,s,t)}{1 + W_d(s)\varphi_{FM}(T,s,0)} \tag{11.21}$$

hervorruft. Hierbei bedeuten

$$\varphi_{GM}(T,s,t) = \frac{1}{T}\sum_{k=-\infty}^{\infty} G(s + kj\omega)M(s + kj\omega)e^{kj\omega t}\,.$$

Nach Multiplikation von (11.21) mit e^{-st} erhält man die gesuchte PTF

$$W_{zd}(s,t) = \frac{W_d(s)\varphi_{GM}(T,s,t)}{1 + W_d(s)\varphi_{FM}(T,s,0)} \, . \tag{11.22}$$

Wenn man beachtet, daß

$$W_d(s) = W_d(s+\mathrm{j}\omega)\, , \quad \varphi_{FM}(T,s,0) = \varphi_{FM}(t,s+\mathrm{j}\omega,0)$$

ist und die Fourier-Reihe (11.7) verwendet, läßt sich (11.19) in der Form

$$W_{yd}(s,t) = \frac{1}{T} \sum_{k=-\infty}^{\infty} Q_{yd}(s+k\mathrm{j}\omega)\mathrm{e}^{k\mathrm{j}\omega t} \tag{11.23}$$

darstellen mit

$$Q_{yd}(s) \stackrel{\text{def}}{=} F(s)M(s)\tilde{W}_d(s) = G(s)R(s)M(s)\tilde{W}_d(s) \tag{11.24}$$

$$\tilde{W}_d(s) \stackrel{\text{def}}{=} \frac{W_d(s)}{1 + W_d(s)\varphi_{FM}(T,s,0)} \, . \tag{11.25}$$

Beim Vergleich von (11.23) und (10.72) stellt man fest, daß die Abhängigkeit des Ausgangs $y(t)$ vom Eingang $x_d(t)$ beim untersuchten geschlossenen System formal übereinstimmt mit einem gewissen offenen System, bei dem der Algorithmus des Prozeßrechners durch (11.25) vorgeschrieben wird. Eine analoge Darstellung wie (11.23) gilt auch für die PTF (11.22), nämlich

$$W_{zd}(s,t) = \frac{1}{T} \sum_{k=-\infty}^{\infty} Q_{zd}(s+k\mathrm{j}\omega)\mathrm{e}^{k\mathrm{j}\omega t} \tag{11.26}$$

$$\text{mit} \qquad Q_{zd}(s) \stackrel{\text{def}}{=} G(s)M(s)\tilde{W}_d(s) \, . \tag{11.27}$$

Es soll noch erwähnt werden, daß durch Multiplikation von (11.19) und (11.22) mit e^{st} die diskreten Übertragungsfunktionen

$$D_{yd}(s,t) = \mathcal{D}_{Q_{yd}}(T,s,t) = \frac{W_d(s)\mathcal{D}_{FM}(T,s,t)}{1 + W_d(s)\mathcal{D}_{FM}(T,s,0)} \tag{11.28}$$

$$D_{zd}(s,t) = \mathcal{D}_{Q_{zd}}(T,s,t) = \frac{W_d(s)\mathcal{D}_{GM}(T,s,t)}{1 + W_d(s)\mathcal{D}_{FM}(T,s,0)} \tag{11.29}$$

entstehen. In den letzten Beziehungen wurde ausgenutzt, daß $\varphi_{FM}(T,s,0) = \mathcal{D}_{FM}(t,s,0)$ ist. Für $0 \le t = \varepsilon < T$ stimmen die Beziehungen (11.28) und (11.29) mit den Ausdrücken für die Übertragungsfunktionen im Sinne der modifizierten diskreten Laplace-Transformation überein, Tsypkin (1964). Für $t = 0$ ergibt (11.28)

$$D_{yd}(s,0) = \frac{W_d(s)\mathcal{D}_{FM}(T,s,0)}{1 + W_d(s)\mathcal{D}_{FM}(T,s,0)} \, . \tag{11.30}$$

Dabei prüft man leicht nach, daß die Funktion

$$D_{yd}^{*}(z) \overset{\text{def}}{=} D_{yd}(s,0)\,\big|_{e^{sT}=z}$$

mit der Übertragungsfunktion des Systems im Sinne der z-Transformation zusammenfällt, Jury (1958), Tsypkin (1964).

Beispiel 11.1 Es soll die DTF des geschlossenen Systems nach Abbildung 11.5 konstruiert werden, wobei $F(s) = \frac{\gamma}{s-a}$, $W_d(s) = 1$ angenommen wird. Die Form

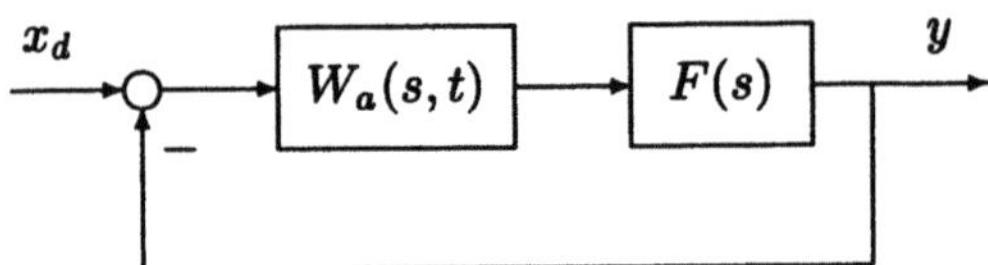

Abbildung 11.5: Einschleifiges Pulssystem

des DAC-Impulses sei frei. Bei diesen Annahmen bekommt man aus (11.28)

$$D_{yd}(s,t) = \frac{\mathcal{D}_{FM}(T,s,t)}{1 + \mathcal{D}_{FM}(T,s,0)}\,. \tag{11.31}$$

Im gegebenen Fall erhält man wegen (9.129) für $0 \le t \le T$

$$\mathcal{D}_{FM}(T,s,t) = \frac{\gamma M(a)e^{at}}{e^{(s-a)T} - 1} + h_p(t) \tag{11.32}$$

$$\text{mit} \qquad h_p(t) = \gamma \int_0^t e^{a(t-\tau)} \mu(\tau)\,d\tau\,. \tag{11.33}$$

Für $t = 0$ folgt aus (11.32)

$$\mathcal{D}_{FM}(T,s,0) = \frac{\gamma M(a)}{e^{(s-a)T} - 1}\,. \tag{11.34}$$

Indem man (11.32)–(11.34) in (11.31) einsetzt, findet man

$$D_{yd}(s,t) = \frac{h_p(t)\left(e^{sT} - e^{aT}\right) + \gamma M(a)e^{a(t+T)}}{e^{sT} - e^{aT} + \gamma e^{aT} M(a)}\,. \tag{11.35}$$

Die Erweiterung der Formel (11.35) mit Hilfe von (9.105) auf die ganze t–Achse liefert für $mT \le t \le (m+1)T$

$$D_{yd}(s,t) = e^{msT}\,\frac{h_p(t - mT)\left(e^{sT} - e^{aT}\right) + \gamma M(a)e^{at}e^{-(m-1)aT}}{e^{sT} - e^{aT} + \gamma e^{aT} M(a)}\,.$$

Für $t = 0$ ermittelt man aus (11.35)

$$D_{yd}(s,0) = \frac{\gamma e^{aT} M(a)}{e^{sT} - e^{aT} + \gamma e^{aT} M(a)}\,. \qquad \Box$$

In die Tabelle 11.1 wurden die Ausdrücke für die PTF und DTF des betrachteten Systems vom Eingang x_d zu den Ausgängen y, z, u eingetragen.

$\Diamond$	y	z	u
$W_{\Diamond d}(s,t)$	$\dfrac{W_d(s)\varphi_{FM}(T,s,t)}{1+W_d(s)\varphi_{FM}(T,s,0)}$	$\dfrac{W_d(s)\varphi_{GM}(T,s,t)}{1+W_d(s)\varphi_{FM}(T,s,0)}$	$1-\dfrac{W_d(s)\varphi_{FM}(T,s,t)}{1+W_d(s)\varphi_{FM}(T,s,0)}$
$D_{\Diamond d}(s,t)$	$\dfrac{W_d(s)\mathcal{D}_{FM}(T,s,t)}{1+W_d(s)\mathcal{D}_{FM}(T,s,0)}$	$\dfrac{W_d(s)\mathcal{D}_{GM}(T,s,t)}{1+W_d(s)\mathcal{D}_{FM}(T,s,0)}$	$1-\dfrac{W_d(s)\mathcal{D}_{FM}(T,s,t)}{1+W_d(s)\mathcal{D}_{FM}(T,s,0)}$

Tabelle 11.1: PTF und DTF

11.3 Berechnung der PTF bei Erregung der kontinuierlichen Elemente

Die Konstruktion der PTF für die kontinuierlichen Eingänge des Systems nach Abbildung 11.1 gelingt ebenfalls durch Ausnutzung des stroboskopischen Effekts des Prozeßrechners bzw. des Abtasters.

1. Es wird die PTF $W_{yx}(s,t)$ vom Eingang $x(t)$ zum Ausgang $y(t)$ konstruiert, wobei $x_d = x_v = 0$ ist. Dazu wird nach dem allgemeinen Prinzip vorgegangen, indem

$$x(t) = \mathrm{e}^{st}, \quad y(t) = W_{yx}(s,t)\mathrm{e}^{st}, \quad W_{yx}(s,t) = W_{yx}(s,t+T) \tag{11.36}$$

mit in t stetiger PTF $W_{yx}(s,t)$ angesetzt wird. Möge die Beziehung (11.36) für ein festes s erfüllt sein, dann entnimmt man Abbildung 11.1, daß auf den Eingang des Prozeßrechners das Signal

$$u(t) = -\mathrm{e}^{st}W_{yx}(s,t) \tag{11.37}$$

wirkt. Wegen des stroboskopischen Effekts des Rechners kann der Eingang (11.37) äquivalent durch

$$\tilde{u}(t) = -\mathrm{e}^{-st}W_{yx}(s,0) \tag{11.38}$$

ersetzt werden. Das läßt sich wie im Abschnitt 11.2 ausnutzen, wonach man

$$y(t) = -\mathrm{e}^{st}W_d(s)\varphi_{FM}(T,s,t)W_{yx}(s,0) + R(s)\mathrm{e}^{st} \tag{11.39}$$

gewinnt. Durch Vergleich der beiden Ausdrücke für $y(t)$ in (11.36), (11.39) gelangt man zur Funktionalgleichung für die PTF $W_{yx}(s,t)$

$$W_{yx}(s,t) = -W_d(s)\varphi_{FM}(T,s,t)W_{yx}(s,0) + R(s), \tag{11.40}$$

die für $t = 0$

$$W_{yx}(s,0) = -W_d(s)\varphi_{FM}(T,s,0)W_{yx}(s,0) + R(s)$$

ergibt, woraus

$$W_{yx}(s,0) = \frac{R(s)}{1 + W_d(s)\varphi_{FM}(T,s,0)} \tag{11.41}$$

folgt. Indem man (11.41) in (11.40) einsetzt, findet man schließlich

$$W_{yx}(s,t) = R(s)\left[1 - \frac{W_d(s)\varphi_{FM}(T,s,t)}{1 + W_d(s)\varphi_{FM}(T,s,0)}\right]. \tag{11.42}$$

Durch Einsetzen überzeugt man sich, daß die Funktion (11.42) eine Lösung der Gleichung (11.40) ist. Aus den Darlegungen folgt außerdem, daß die den Bedingungen (11.36) genügende Lösung eindeutig ist.

2.   Zur Berechnung der PTF $W_{zx}(s,t)$ vom Eingang $x(t)$ zum Ausgang $z(t)$ sei bemerkt, daß für das Eingangssignal (11.38)

$$z(t) = -\mathrm{e}^{st}W_d(s)\varphi_{GM}(T,s,t)W_{yx}(s,0)$$

richtig ist. Indem dort (11.41) eingesetzt und mit e^{-st} multipliziert wird, ermittelt man

$$W_{zx}(s,t) = -\frac{R(s)W_d(s)\varphi_{GM}(T,s,t)}{1 + W_d(s)\varphi_{FM}(T,s,0)}. \tag{11.43}$$

3.   Es soll jetzt die PTF $W_{yx_v}(s,t)$ vom Eingang $x_v(t)$ zum Ausgang $y(t)$ berechnet werden. Dazu wird wieder der Ansatz

$$x_v(t) = \mathrm{e}^{st}, \quad y(t) = W_{yx_v}(s,t)\mathrm{e}^{st}, \quad W_{yx_v}(s,t) = W_{yx_v}(s,t+T) \tag{11.44}$$

gemacht, wobei die PTF $W_{yx_v}(s,t)$ stetig von t abhängt. Wegen der Gültigkeit von (11.44) bildet man gemäß Abbildung 11.1

$$u(t) = -\mathrm{e}^{st}W_{yx_v}(s,t),$$

das durch den äquivalenten Eingang

$$\tilde{u}(t) = -\mathrm{e}^{st}W_{yx_v}(s,0) \tag{11.45}$$

ersetzbar ist. Indem (11.45) ausgenutzt wird, gelangt man analog wie oben zu

$$y(t) = -\mathrm{e}^{st}W_d(s)\varphi_{FM}(T,s,t)W_{yx_v}(s,0) + F(s)\mathrm{e}^{st}. \tag{11.46}$$

Nach Vergleich der Ausdrücke für $y(t)$ in (11.44) und (11.46) findet man

$$W_{yx_v}(s,t) = -W_d(s)\varphi_{FM}(T,s,t)W_{yx_v}(s,0) + F(s), \tag{11.47}$$

woraus man für $t = 0$

$$W_{yx_v}(s,0) = \frac{F(s)}{1 + W_d(s)\varphi_{FM}(T,s,0)} \tag{11.48}$$

ermittelt. Wird dieses Ergebnis in (11.47) eingesetzt, gewinnt man schließlich

$$W_{yx_v}(s,t) = F(s)\left[1 - \frac{W_d(s)\varphi_{FM}(T,s,t)}{1 + W_d(s)\varphi_{FM}(T,s,0)}\right]. \tag{11.49}$$

4. Für die Berechnung der PTF $W_{zx_v}(s,t)$ vom Eingang $x_v(t)$ zum Ausgang $z(t)$ werden (11.45) und (11.47) herangezogen, wodurch man

$$\bar{u}(t) = -e^{st}\frac{F(s)}{1 + W_d(s)\varphi_{FM}(T,s,0)} \tag{11.50}$$

bekommt. Aus (11.50) und Abbildung 11.1 leitet man

$$z(t) = -e^{st}\frac{F(s)W_d(s)\varphi_{GM}(T,s,t)}{1 + W_d(s)\varphi_{FM}(T,s,0)} + G(s)e^{st} \tag{11.51}$$

ab, was mit e^{-st} multipliziert die gesuchte PTF

$$W_{zx_v}(s,t) = G(s)\left[1 - \frac{R(s)W_d(s)\varphi_{FM}(T,s,t)}{1 + W_d(s)\varphi_{FM}(T,s,0)}\right] \tag{11.52}$$

liefert. In die Tabelle 11.2 wurden die Ausdrücke für die Übertragungsfunktionen des Systems für die Eingänge x, x_v und die Ausgänge y, z, u eingetragen.

$\Diamond$	$W_{\Diamond x}(s,t)$	$W_{\Diamond x_v}(s,t)$
y	$R(s)\left[1 - \frac{W_d(s)\varphi_{FM}(T,s,t)}{1+W_d(s)\varphi_{FM}(T,s,0)}\right]$	$F(s)\left[1 - \frac{W_d(s)\varphi_{FM}(T,s,t)}{1+W_d(s)\varphi_{FM}(T,s,0)}\right]$
z	$-\frac{R(s)W_d(s)\varphi_{GM}(T,s,t)}{1+W_d(s)\varphi_{FM}(T,s,0)}$	$G(s)\left[1 - \frac{R(s)W_d(s)\varphi_{GM}(T,s,t)}{1+W_d(s)\varphi_{FM}(T,s,0)}\right]$
u	$R(s)\left[\frac{W_d(s)\varphi_{FM}(T,s,t)}{1+W_d(s)\varphi_{FM}(T,s,0)} - 1\right]$	$F(s)\left[\frac{W_d(s)\varphi_{FM}(T,s,t)}{1+W_d(s)\varphi_{FM}(T,s,0)} - 1\right]$

Tabelle 11.2: PTF des Systems nach Abbildung 11.1

Beispiel 11.2 Es soll die Dynamik der stabilisierten Plattform mit der vereinfachten Struktur nach Abbildung 11.6 untersucht werden, Schwarz (1981).

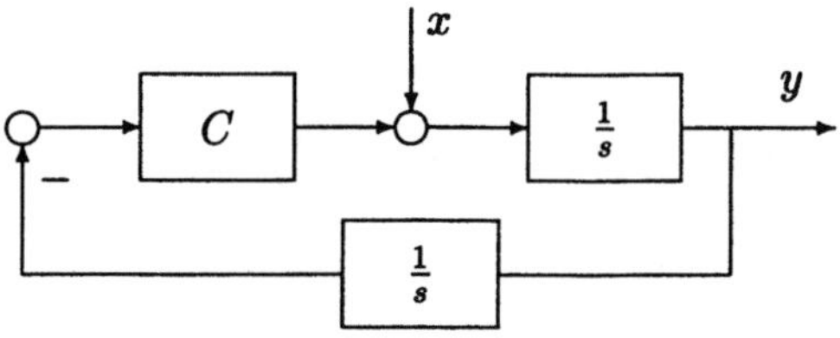

Abbildung 11.6: Stabilisierte Plattform

Im gegebenen Fall wird

$$G(s) = \frac{1}{s}, \quad R(s) = \frac{1}{s}, \quad M(s) = M_0(s) = \frac{1 - e^{-sT}}{s}$$

angenommen. Die PTF des Systems kann mit (11.52) bestimmt werden. Dabei wird die Summe der Reihe $\varphi_{GM}(T, s, t)$ durch Formel (9.115) festgelegt und wegen (9.137) ist

$$\varphi_{FM_0}(T, s, 0) = \frac{T^2}{2} \frac{e^{sT} + 1}{\left(e^{sT} - 1\right)^2} . \qquad \square$$

11.4 PTF und DTF von Systemen mit Totzeit

Im Prinzip hängen die in den Abschnitten 11.2 und 11.3 abgeleiteten Formeln nicht vom konkreten Aussehen der Übertragungsfunktionen $F(s)$ und $G(s)$ ab. Faktisch sind die Bedingungen für die Anwendbarkeit dieser Formeln die Konvergenz der entsprechenden Reihen und die Stetigkeit des Signals, das auf den Eingang des Prozeßrechners wirkt. Diese Bedingungen sind auch dann erfüllt, wenn die kontinuierlichen Glieder des Systems reine Totzeiten enthalten. In dem Falle wird vorausgesetzt, daß

$$G(s) = G_1(s)e^{-s\tau_1}, \quad R(s) = R_1(s)e^{-s\tau_2} \qquad (11.53)$$

ist mit nichtnegativen Konstanten τ_1, τ_2 und gebrochen rationalen Funktionen $G_1(s)$, $R_1(s)$, die die in den Abschnitten 11.2 und 11.3 gestellten Forderungen erfüllen. Es ist unschwer einzusehen, daß sich in diesem Fall die Berechnungen der beiden vorangegangenen Abschnitte genauso durchführen lassen. Dabei können die PTF und DTF des Systems mit Totzeit aus den Tabellen 11.1 und 11.2 ermittelt werden, indem dort für die Funktionen $G(s)$ und $R(s)$ die Funktionen (11.53) eingesetzt werden. Bei der Berechnung wird man vorteilhaft Gebrauch davon machen, daß unter der Annahme (11.53)

$$\varphi_{GM}(T, s, t) = \frac{1}{T} \sum_{k=-\infty}^{\infty} G_1(s + kj\omega)M(s + kj\omega)e^{-(s+kj\omega)\tau_1}e^{kj\omega t}$$

ist, das sich auch in der Form

$$\varphi_{GM}(T, s, t) = \varphi_{G_1 M}(t, s, t - \tau_1)e^{-s\tau_1} \qquad (11.54)$$

aufschreiben läßt. Durch Multiplikation dieser Gleichung mit e^{st} findet man

$$\mathcal{D}_{GM}(T, s, t) = \mathcal{D}_{G_1 M}(T, s, t - \tau_1) . \qquad (11.55)$$

Analog gewinnt man

$$\varphi_{FM}(T, s, t) = \varphi_{G_1 R_1 M}(t, s, t - \tau_1 - \tau_2)e^{-s(\tau_1 + \tau_2)} ,$$

das gleichwertig zu

$$\mathcal{D}_{FM}(T,s,t) = \mathcal{D}_{G_1R_1M}(T,s,t-\tau_1-\tau_2) \tag{11.56}$$

ist. Für $t=0$ geht (11.56) in

$$\mathcal{D}_{FM}(T,s,0) = \varphi_{FM}(T,s,0) = \mathcal{D}_{G_1R_1M}(T,s,-\tau_1-\tau_2) \tag{11.57}$$

über. Es sei m diejenige ganze Zahl mit

$$0 \le mT - \tau_1 - \tau_2 < T \tag{11.58}$$

oder was dazu gleichwertig ist

$$\tau_1 + \tau_2 = mT - \delta T, \quad 0 \le \delta < 1. \tag{11.59}$$

Bei Verwendung von (11.59) in (11.57) erhält man

$$\mathcal{D}_{FM}(T,s,0) = \varphi_{FM}(T,s,0) = \mathcal{D}_{G_1R_1M}(T,s,\delta T)\mathrm{e}^{-msT}. \tag{11.60}$$

Beispiel 11.3 Es sei das geschlossene System nach Abbildung 11.7 gegeben. Die

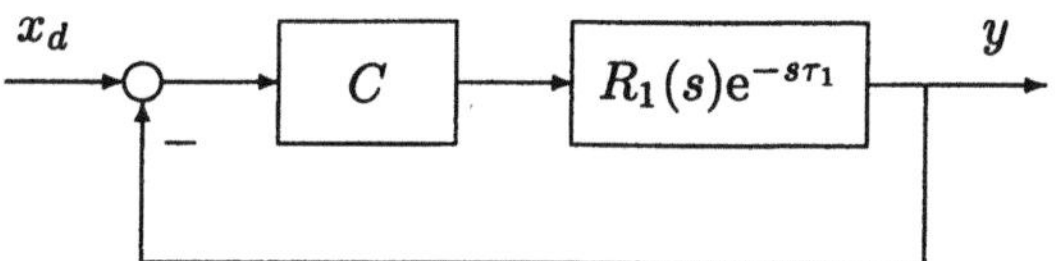

Abbildung 11.7: Führungsregelung mit Totzeit

diskrete Übertragungsfunktion $D_{yd}(s,t)$ (11.28) hat nach den oben stehenden Überlegungen die Gestalt

$$D_{yd}(s,t) = \frac{W_d(s)\mathcal{D}_{R_1M}(T,s,t-\tau_1)}{1+W_d(s)\mathcal{D}_{R_1M}(T,s,-\tau_1)}.$$

Für $t=0$ gewinnt man daraus unter Benutzung von (11.60)

$$D_{yd}(s,0) = \frac{W_d(s)\mathcal{D}_{R_1M}(T,s,-\delta T)}{\mathrm{e}^{msT}+W_d(s)\mathcal{D}_{R_1M}(T,s,\delta T)}, \tag{11.61}$$

wobei die Zahlen m, δ durch (11.59) für $\tau_2 = 0$ festgelegt sind. Für $\mathrm{e}^{sT} = z$ erhält man aus (11.61) die z-Übertragungsfunktion. $\square$

Beispiel 11.4 Es wird das geschlossene System nach Abbildung 11.8 betrachtet. Gemäß Formel (11.43) ist die PTF $W_{zx}(s,t)$ vom Eingang $x(t)$ zum Ausgang $z(t)$ bei Verwendung der vorangegangenen Beziehungen gleich

$$W_{zx}(s,t) = -\frac{R_1(s)W_d(s)\varphi_{G_1M}(T,s,t-\tau_1)\mathrm{e}^{-s(\tau_1+\tau_2)}}{1+W_d(s)\mathcal{D}_{R_1G_1M}(T,s,-\tau_1-\tau_2)},$$

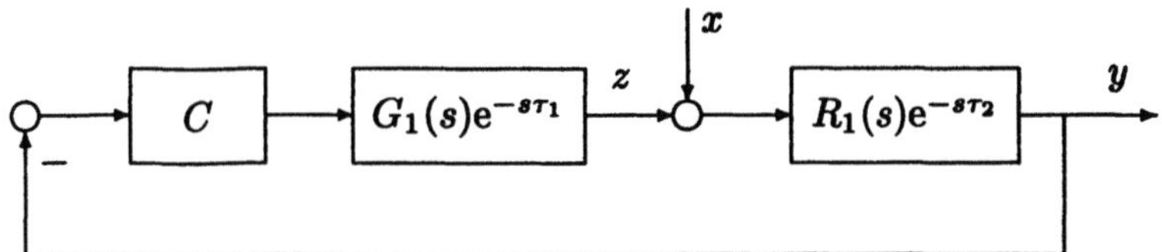

Abbildung 11.8: Störungsausregelung mit Totzeit

was mit Hilfe von (11.59), (11.60) in die Gestalt

$$W_{zx}(s,t) = -\frac{R_1(s)W_d(s)\varphi_{G_1M}(T,s,t-\tau_1)e^{\delta sT}}{e^{msT} + W_d(s)\mathcal{D}_{R_1G_1M}(T,s,\delta T)} \tag{11.62}$$

gebracht werden kann.   □

11.5 Analyse der Polstellen von PTF und DTF

Wie aus den folgenden Darlegungen klar werden wird, beeinflußt der Charakter der
Prozesse maßgeblich die Lage der Pole der oben konstruierten PTF und DTF. In
diesem Abschnitt soll diese Frage unter praktisch relevanten Bedingungen genauer
untersucht werden. Im weiteren wird

$$G(s) = \frac{m_G(s)}{d_G(s)}, \quad R(s) = \frac{m_R(s)}{d_R(s)} \tag{11.63}$$

angenommen, wobei jeweils Zähler und Nenner nicht kürzbare Polynome sind. Die
Polynome

$$m(s) \stackrel{\text{def}}{=} m_G(s)m_R(s), \quad d(s) \stackrel{\text{def}}{=} d_G(s)d_R(s) \tag{11.64}$$

werden als relativ prim vorausgesetzt, das bedeutet, daß der Bruch

$$F(s) = G(s)R(s) = \frac{m(s)}{d(s)} \tag{11.65}$$

ebenfalls nicht kürzbar ist, wobei das Polynom $d(s)$ die Form (9.67) haben möge.
Weiterhin soll vorausgesetzt werden, daß das offene System aus Abbildung 11.3
nichtpathologisch im Sinne des Abschnitts 9.8 ist. Dieses bedeutet, daß die DTF
des offenen Systems für $t = 0$

$$D_p(s,0) = \mathcal{D}_{FM}(T,s,0)$$

eine nicht kürzbare rational periodische Funktion ist. Aus (9.160) folgt, daß die
Darstellung

$$D_p(s,0) = \frac{e^{-sT}\chi(s)}{\alpha(s)} \tag{11.66}$$

mit den Quasipolynomen $\chi(s)$, $\alpha(s)$ möglich ist, wobei $\deg \chi(s) < \deg \alpha(s)$ ist und wegen (9.151)

$$\alpha(s) = \left(1 - e^{s_1 T} e^{-sT}\right)^{\nu_1} \cdot \ldots \cdot \left(1 - e^{s_\ell T} e^{-sT}\right)^{\nu_\ell} \tag{11.67}$$

gilt. Durch die Substitution $e^{-sT} = \zeta$ erhält man aus (10.53) die gebrochen rationale Funktion (10.66)

$$D^o_{pd}(\zeta, 0) = \frac{\zeta \chi^o(\zeta)}{\alpha^o(\zeta)} \frac{b^o(\zeta)}{a^o(\zeta)} \tag{11.68}$$

mit

$$\alpha^o(\zeta) = \left(1 - e^{s_1 T} \zeta\right)^{\nu_1} \cdot \ldots \cdot \left(1 - e^{s_\ell T} \zeta\right)^{\nu_\ell} . \tag{11.69}$$

Im weiteren wird die Bezeichnung

$$f(\zeta) \stackrel{\text{def}}{=} \zeta \chi^o(\zeta) b^o(\zeta) , \quad g(\zeta) \stackrel{\text{def}}{=} \alpha^o(\zeta) a^o(\zeta) \tag{11.70}$$

benutzt. Wegen der getroffenen Voraussetzungen sind die Polynome $f(\zeta)$ und $g(\zeta)$ relativ prim zueinander.

Definition 1. Die rational periodische Funktion

$$\lambda(s) \stackrel{\text{def}}{=} 1 + W_d(s) \mathcal{D}_{FM}(T, s, 0) = 1 + \frac{e^{-sT} \chi(s)}{\alpha(s)} \frac{b(s)}{a(s)} \tag{11.71}$$

heißt *bestimmende Funktion des Systems* und die gebrochen rationale Funktion

$$\lambda^o(\zeta) \stackrel{\text{def}}{=} \lambda(s) \big|_{e^{-sT} = \zeta} = 1 + \frac{\zeta \chi^o(\zeta)}{\alpha^o(\zeta)} \frac{b^o(\zeta)}{a^o(\zeta)} \tag{11.72}$$

wird die *charakteristische Funktion des Systems* genannt.

Definition 2. Das Quasipolynom

$$\Delta(s) \stackrel{\text{def}}{=} a(s)\alpha(s) + e^{-sT} b(s)\chi(s) \tag{11.73}$$

wird das *charakteristische Quasipolynom* des geschlossenen Systems genannt, und das Polynom

$$\Delta^o(\zeta) \stackrel{\text{def}}{=} \Delta(s) \big|_{e^{-sT} = \zeta} = a^o(\zeta)\alpha^o(\zeta) + \zeta b^o(\zeta)\chi^o(\zeta) \tag{11.74}$$

heißt sein *charakteristisches Polynom*.

Definition 3. Die Gleichung

$$\Delta(s) = a(s)\alpha(s) + e^{-sT} b(s)\chi(s) = 0 \tag{11.75}$$

wird die *bestimmende Gleichung* des geschlossenen Systems und die Gleichung

$$\Delta^o(\zeta) = a^o(\zeta)\alpha^o(\zeta) + \zeta b^o(\zeta)\chi^o(\zeta) = 0 \tag{11.76}$$

seine *charakteristische Gleichung* genannt.

Für das zu untersuchende System nach Abbildung 11.1 wird die Umbenennung $x_d = x_1$, $x_v = x_2$, $x = x_3$ und entsprechend $y = y_1$, $z = y_2$, $u = y_3$ vorgenommen. Die PTF vom Eingang x_k zum Ausgang y_m werde durch $W_{mk}(s,t)$ bezeichnet. Dann bildet die Gesamtheit der neun PTF, die in den Tabellen 11.1 und 11.2 zu finden sind, die Matrix

$$W(s,t) = \Big(W_{mk}(s,t)\Big), \quad (m,k = 1,2,3) \tag{11.77}$$

die als *parametrische Übertragungsmatrix (PTM)* des untersuchten Systems nach Abbildung 11.1 bezeichnet wird.

Satz 11.1 *Die PTM (11.77) läßt die Darstellung*

$$W(s,t) = \frac{N(s,t)}{\Delta(s)} \tag{11.78}$$

zu, wobei $\Delta(s)$ das charakteristische Quasipolynom (11.73) und $N(s,t)$ eine Matrix ist, deren Elemente $N_{mk}(s,t)$ keine Pole haben, das heißt, für jedes t ganze Funktionen des Arguments s sind.

Beweis: Es muß gezeigt werden, daß für alle m, k die Darstellung

$$W_{mk}(s,t) = \frac{N_{mk}(s,t)}{\Delta(s)} \tag{11.79}$$

mit einer in s ganzen Funktion $N_{mk}(s,t)$ möglich ist. Zunächst word die PTF $W_{11}(s,t) = W_{yd}(s,t)$ aus (11.19) und die zugehörige DTF (11.28) betrachtet. Setzt man in (11.28)

$$\mathcal{D}_{FM}(T,s,t) = \frac{\beta(s,t)}{\alpha(s)}, \quad W_d(s) = \frac{b(s)}{a(s)}, \tag{11.80}$$

dann findet man mit Hilfe von (11.66)

$$D_{11}(s,t) = \frac{\beta(s,t)b(s)}{a(s)\alpha(s) + e^{-sT}b(s)\chi(s)} = \frac{\beta(s,t)b(s)}{\Delta(s)},$$

woraus

$$W_{11}(s,t) = \frac{\beta(s,t)b(s)e^{-st}}{\Delta(s)}$$

folgt, das heißt, die PTF $W_{11}(s,t)$ wurde in der Form (11.79) dargestellt, wobei

$$N_{11}(s,t) = \beta(s,t)b(s)e^{-st}$$

ist. Für die Elemente der ersten Spalte der PTM (11.77) kann der Beweis auf analoge Weise geführt werden.

Etwas schwieriger ist der Satz 11.1 für die PTF der zweiten und dritten Spalte der PTM $W(s,t)$ zu beweisen. Es werde z.B. die PTF $W_{13}(s,t) = W_{yx}(s,t)$ betrachtet, die durch Formel (11.42) bestimmt ist. Dazu wird (11.42) in die Form

$$W_{13}(s,t) = \frac{R(s) + W_d(s)R(s)\left[\varphi_{GRM}(T,s,0) - \varphi_{GRM}(T,s,t)\right]}{1 + W_d(s)\varphi_{GRM}(T,s,0)}$$

gebracht. Unter Verwendung von (11.80) und (11.66) gilt die Darstellung

$$W_{13}(s,t) = \frac{N_{13}(s,t)}{\Delta(s)}$$

mit

$$N_{13}(s,t) = R(s)a(s)\alpha(s) + R(s)b(s)\alpha(s)\left[\varphi_{GRM}(T,s,0) - \varphi_{GRM}(T,s,t)\right].$$

Aus (11.67), (11.65), (9.67) folgt, daß das Produkt $R(s)\alpha(s)$ eine ganze Funktion ist, weil alle Pole von $R(s)$ durch Nullstellen von $\alpha(s)$ gekürzt werden. Es bleibt zu zeigen, daß das Produkt

$$R(s)\alpha(s)\left[\varphi_{GRM}(T,s,0) - \varphi_{GRM}(T,s,t)\right] \tag{11.81}$$

eine ganze Funktion ist. Dazu sei bemerkt, daß

$$\varphi_{GRM}(T,s,0) - \varphi_{RGM}(T,s,t) = \frac{1}{T}\sum_{\substack{k=-\infty \\ k \neq 0}}^{\infty} R(s+kj\omega)G(s+kj\omega)M(s+kj\omega)\left[1 - e^{kj\omega t}\right]$$

$$\tag{11.82}$$

ist bedeutet. Wegen der Voraussetzung, daß das offene System nichtpathologisch ist, sind die Pole der rechten Seite von (11.82) die Zahlen

$$\tilde{s}_{ik} \stackrel{\text{def}}{=} s_i + kj\omega, \quad k \neq 0.$$

Die Vielfachheit dieser Pole ist ν_i. Deshalb kann das Produkt

$$R(s)\left[\varphi_{GRM}(T,s,0) - \varphi_{RGM}(T,s,t)\right]$$

in den Punkten $\tilde{s}_{ik}$ Pole der Vielfachheit ν_i besitzen und die Pole s_i haben höchstens die Vielfachheit ν_i. Wegen (11.67) werden alle diese Pole gegen Nullstellen der Funktion $\alpha(s)$ gekürzt, die Funktion (11.81) ist deshalb ganz. Die Betrachtungen können für die restlichen Elemente der PTM $W(s,t)$ in analoger Weise angestellt werden. ∎

Bemerkung. Die Verallgemeinerung des Satzes 11.1 auf den mehrdimensionalen Fall findet man in Rosenwasser (1995a) .

Definition 4. Die Zahl $\tilde{s}$ heißt ein *Pol der PTF* $W_{mk}(s,t)$, wenn für mindestens einen festen Wert $t = \tilde{t}$ die Funktion $W_{mk}(s,\tilde{t})$ einen Pol bei $s = \tilde{s}$ besitzt. Unter der *Vielfachheit des Pols* $\tilde{s}$ versteht man die größte Vielfachheit des Pols $\tilde{s}$ der Funktion $W_{mk}(s,\tilde{t})$, die für irgendwelche zugelassenen Werte von $\tilde{t}$ erreicht wird.

Definition 5. Die Zahl $\tilde{s}$ heißt *Pol der PTM* (11.77) von der *Vielfachheit* $\tilde{\nu}$, wenn $\tilde{s}$ ein Pol der Vielfachheit $\tilde{\nu}$ für mindestens eine der PTF $W_{mk}(s,t)$ ist und keine der PTF $W_{mk}(s,t)$ bei $s = \tilde{s}$ einen Pol höherer Vielfachheit besitzt.

Satz 11.2 *Das offene System nach Abbildung 11.2 sei nichtpathologisch, das heißt, die gebrochen rationale Funktion (10.66) sei nicht kürzbar, dann ist jede Wurzel der bestimmenden Gleichung (11.73) von der Vielfachheit $\tilde{\nu}$ ein Pol der PTM $W(s,t)$ der Ordnung $\tilde{\nu}$ und umgekehrt.*

Beweis: Durch $\tilde{S}$ wird die Menge aller Wurzeln $\tilde{s}_i$ der bestimmenden Gleichung (11.73) und durch $\tilde{\nu}_i$ deren Vielfachheit bezeichnet. Außerdem soll mit $\tilde{D}$ die Gesamtheit der Pole d_m der PTM und deren Vielfachheit mit λ_m benannt werden. Aus der Darstellung (11.78) folgt, daß die Pole von $W(s,t)$ nur unter den Zahlen $\tilde{s}_i$ zu finden sind, das heißt $\tilde{D} \subset \tilde{S}$, wobei $\lambda_i \leq \tilde{\nu}_i$ gilt. Auf der anderen Seite wird die PTF $W_{11}(s,t)$ angeschaut. Für $t = 0$ erhält man aus (11.18)

$$W_{11}(s,0) = \frac{\frac{e^{-sT}\chi(s)b(s)}{\alpha(s)a(s)}}{1 + \frac{e^{-sT}\chi(s)b(s)}{\alpha(s)a(s)}}$$

oder anders ausgedrückt

$$W_{11}(s,0) = \frac{e^{-sT}\chi(s)b(s)}{\Delta(s)} . \tag{11.83}$$

Indem man hier $e^{-sT} = \zeta$ substituiert und (11.72) verwendet, gelangt man zu

$$W_{11}^o(\zeta,0) = W_{11}(s,0)\big|_{e^{-sT}=\zeta} = \frac{\zeta\chi^o(\zeta)b^o(\zeta)}{\Delta^o(\zeta)} . \tag{11.84}$$

Es ist leicht nachzuvollziehen, daß aus der Nichtkürzbarkeit der gebrochen rationalen Funktion (10.66) auf die Nichtkürzbarkeit der gebrochen rationalen Funktion (11.84) geschlossen werden kann. Aus den Darlegungen im Anhang folgt, daß die rational periodische Funktion (11.83) nicht kürzbar ist und beliebige Wurzeln d_m mit ihren Vielfachheiten λ_m Pole von $W_{11}(s,0)$ mit der Vielfachheit λ_m sind. Daraus folgt $\tilde{S} \subset \tilde{D}$, $\lambda_i \geq \tilde{\nu}_i$, was gemeinsam mit der oben gefundenen umgekehrten Aussage den Satz beweist. ∎

Folgerung. Seien $\tilde{\zeta}_1, \ldots, \tilde{\zeta}_p$ die Wurzeln der charakteristischen Gleichung (11.76) mit den Vielfachheiten $\tilde{\kappa}_1, \ldots, \tilde{\kappa}_p$ und die Zahlen $\hat{s}_1, \ldots, \hat{s}_p$ seien durch die Beziehung

$$e^{-\hat{s}_i T} = \tilde{\zeta}_i, \quad -\omega/2 \leq \mathrm{Im}\,\hat{s}_i < \omega/2 \tag{11.85}$$

definiert, dann besteht die Menge der Pole der PTM $W(s,t)$ aus den Zahlen

$$\tilde{s}_{ik} = \hat{s}_i + kj\omega, \quad (k = 0, \pm 1, \ldots) \tag{11.86}$$

und deren Vielfachheit beträgt $\tilde{\kappa}_i$.

Bemerkung. Es kann gezeigt werden, daß für beliebige Totzeiten in den kontinuierlichen Systembestandteilen, das heißt bei Erfüllung der Beziehung (11.53), die Behauptungen des Sätze 11.1 und 11.2 in Kraft bleiben, wenn die Bedingungen dieser Sätze für $\tau_1 = 0$, $\tau_2 = 0$ erfüllt sind. Hierbei besitzt die entsprechende bestimmende Funktion $\Delta_\tau(s)$ die Gestalt

$$\Delta_\tau(s) = 1 + W_d(s)\mathcal{D}_{R_1 G_1 M}(T, s, \delta T)e^{-msT}, \tag{11.87}$$

wobei die Zahlen m und δ durch (11.59) determiniert sind. Nach Übergang zum Argument $\zeta = e^{-sT}$ erhält man aus (11.87) die entsprechende charakteristische Funktion

$$\Delta_\tau^o(\zeta) = \Delta_\tau(s)\big|_{e^{-sT}=\zeta} = 1 + W_d^o(\zeta)\mathcal{D}_{R_1 G_1 M}^o(T, \zeta, \delta T)\zeta^m. \tag{11.88}$$

Durch Ausnutzung dieser Beziehung sind das bestimmende Quasipolynom und das charakteristische Polynom für ein System mit Totzeit leicht aufzustellen.

11.6 Systeme mit endlicher Einstellzeit

Im Prinzip kann durch bestimmte Wahl des Steuerprogramms (11.3) die Bedingung

$$\Delta^o(\zeta) = \Delta_0 = \text{const.} \tag{11.89}$$

erfüllt werden, das heißt, das charakteristische Polynom verwandelt sich in eine Konstante. Der Folgerung des Satzes 11.2 entnimmt man, daß bei Erfüllung von (11.89) die PTM $W(s,t)$ eine ganze Funktion des Arguments s wird. Der Fall (11.89) hat eine große Bedeutung für Anwendungen. Im weiteren wird das geschlossene System, das (11.89) erfüllt, ein *System mit endlicher Einstellzeit* oder auch *Deadbeat-System* genannt.

1. Die Beziehung (11.89) soll ausführlicher betrachtet werden. Dank (11.74) ist diese gleichwertig zu

$$\alpha^o(\zeta)a^o(\zeta) + \zeta\chi^o(\zeta)b^o(\zeta) = \Delta_0. \tag{11.90}$$

Wird hierin $\zeta = 0$ gesetzt und (11.69), (10.61) ausgenutzt, dann erhält man

$$\Delta_0 = a^o(0) = a_0.$$

Wegen der vorausgesetzten Kausalität der rational periodischen Funktion $W_d(s)$ ist $a_0 \neq 0$ und man kann ohne Verlust an Allgemeinheit $a_0 = 1$ annehmen. Damit wird (11.90) in die Form

$$\alpha^o(\zeta)a^o(\zeta) + \zeta\chi^o(\zeta)b^o(\zeta) = 1 \tag{11.91}$$

gebracht, wodurch die charakteristische Funktion $\lambda^o(\zeta)$ aus (11.72) als

$$\lambda^o(\zeta) = \frac{1}{\alpha^o(\zeta)a^o(\zeta)} \tag{11.92}$$

geschrieben werden kann. Die bestimmende Funktion $\lambda(s)$ nach (11.71) nimmt in diesem Falle die Gestalt

$$\lambda(s) = 1 + W_d(s)\varphi_{FM}(T,s,0) = \frac{1}{\alpha(s)a(s)} \tag{11.93}$$

an. Wenn man (11.93) in die Formeln der Tabellen 11.1 und 11.2 einsetzt, erhält man entsprechend vereinfachte Ausdrücke für die DTF und PTF. Zum Beispiel gewinnt man aus (11.93) und (11.80)

$$D_{11}(s,t) = \beta(s,t)b(s). \tag{11.94}$$

Für $0 \leq t \leq T$ erweist sich die rechte Seite von (11.94) als ein Quasipolynom der Variablen $\zeta = \mathrm{e}^{-sT}$.

2. Für gegebene Übertragungsfunktionen $G(s)$, $R(s)$ und durch $\mu(t)$ bekannte Pulsform, das heißt, bei bekannten Polynomen $\alpha^o(\zeta)$ und $\chi^o(\zeta)$ kann die Forderung (11.91) als *Diophantische Gleichung* für die unbekannten Polynome $a^o(\zeta)$ und $b^o(\zeta)$ aufgefaßt werden. Wie man aus der allgemeinen Theorie solcher Gleichungen weiß, Volgin (1986), Kučera (1979), ist die Gleichung (11.91) genau dann lösbar, wenn die Polynome $\alpha^o(\zeta)$ und $\zeta\chi^o(\zeta)$ relativ prim zueinander sind, das heißt, der Bruch

$$W_p^o(\zeta,0) = \mathcal{D}_{FM}^o(T,\zeta,0) = \frac{\zeta\chi^o(\zeta)}{\alpha^o(\zeta)}$$

nicht gekürzt werden kann.

3. Auf der Basis des oben gesagten, läßt sich schließen, daß für nichtpathologischen Pulsteil des Systems die Gleichung (11.91) lösbar ist. Die allgemeine Lösung der Gleichung (11.91) kann in der Form

$$a^o(\zeta) = a_m^o(\zeta) + a_0(\zeta), \quad b^o(\zeta) = b_m^o(\zeta) + b_0(\zeta) \tag{11.95}$$

zusammengesetzt werden, wobei $a_m^o(\zeta)$, $b_m^o(\zeta)$ gewisse Polynome sind, die eine spezielle Lösung der Gleichung (11.91) darstellen, und $a_0(\zeta)$, $b_0(\zeta)$ eine beliebige Lösung der homogenen Gleichung

$$\alpha^o(\zeta)a_0(\zeta) + \zeta\chi^o(\zeta)b_0(\zeta) = 0 \tag{11.96}$$

ist. Hierbei folgt aus (11.91), daß $a^o(0) \neq 0$ ist, das heißt, beliebige Steuerprogramme, die (11.91) befriedigen, sind kausal.

Im gegebenen Fall kann die spezielle Lösung $a_m^o(\zeta)$, $b_m^o(\zeta)$ direkt konstruiert werden. In der Tat, betrachtet man dazu die Partialbruchentwicklung

$$\frac{1}{\zeta a^o(\zeta)\chi^o(\zeta)} = \frac{\tilde{a}(\zeta)}{\zeta\chi^o(\zeta)} + \frac{\tilde{b}(\zeta)}{a^o(\zeta)}, \tag{11.97}$$

wo $\tilde{a}(\zeta)$, $\tilde{b}(\zeta)$ bekannte Polynome sind mit

$$\deg\tilde{a}(\zeta) < \deg\zeta\chi^o(\zeta), \quad \deg\tilde{b}(\zeta) < \deg a^o(\zeta), \tag{11.98}$$

dann bekommt man aus (11.97)

$$1 = a^o(\zeta)\tilde{a}(\zeta) + \zeta\chi^o(\zeta)\tilde{b}(\zeta),$$

man kann also

$$a_m^o(\zeta) = \tilde{a}(\zeta), \quad b_m^o(\zeta) = \tilde{b}(\zeta) \tag{11.99}$$

nehmen. Für die Bestimmung der allgemeinen Lösung der homogenen Gleichung (11.96) wird diese in die Form

$$\frac{b_0(\zeta)}{a_0(\zeta)} = -\frac{a^o(\zeta)}{\zeta\chi^o(\zeta)} \tag{11.100}$$

umgeschrieben. Da der Bruch auf der rechten Seite nicht gekürzt werden kann, wird die Beziehung (11.99) bloß durch

$$a_0(\zeta) = -c(\zeta)\zeta\chi^o(\zeta), \quad b_0(\zeta) = c(\zeta)a^o(\zeta) \tag{11.101}$$

erfüllt, wobei $c(\zeta)$ ein beliebiges Polynom ist. Auf diese Weise wird die Menge der Polynome $a^o(\zeta)$, $b^o(\zeta)$, die der Beziehung (11.91) genügen, aus den Polynomen gebildet, die die Gestalt

$$\begin{aligned} a^o(\zeta) &= \tilde{a}(\zeta) - c(\zeta)\zeta\chi^o(\zeta) \\ b^o(\zeta) &= \tilde{b}(\zeta) + c(\zeta)a^o(\zeta) \end{aligned} \tag{11.102}$$

besitzen. Aus (11.102) entnimmt man die für $c(\zeta) \neq 0$ gültigen Relationen

$$\deg a^o(\zeta) \geq \deg\zeta\chi^o(\zeta), \quad \deg b^o(\zeta) \geq \deg a^o(\zeta). \tag{11.103}$$

4. Indem man (11.98) und (11.103) vergleicht, wird deutlich, daß in der speziellen Lösung (11.99), die aus der Zerlegung (11.97) gewonnen wurde, die Polynome $a^o(\zeta)$ und $b^o(\zeta)$ ihren minimalen Grad erreichen. Im weiteren wird (11.99) die *minimale Lösung* genannt.

Wenn man einige zusätzliche Beziehungen berücksichtigt, kann man detailliertere Informationen über die Grade der Polynome $a^o(\zeta)$, $b^o(\zeta)$ erfahren. Vor allem folgt aus (11.91)

$$\deg[\alpha^o(\zeta)a^o(\zeta)] = \deg[\zeta\chi^o(\zeta)b^o(\zeta)]$$

und daher

$$\deg\alpha^o(\zeta) + \deg a^o(\zeta) = \deg\zeta\chi^o(\zeta) + \deg b^o(\zeta)$$

oder gleichwertig wegen (11.69)

$$n + \deg a^o(\zeta) = \deg\zeta\chi^o(\zeta) + \deg b^o(\zeta)\,. \tag{11.104}$$

Hierbei sind zwei Sonderfälle wichtig.

1.
$$\deg\zeta\chi^o(\zeta) = \deg\alpha^o(\zeta) = n\,. \tag{11.105}$$

Hier erhält man aus (11.104)

$$\deg a^o(\zeta) = \deg b^o(\zeta)\,, \tag{11.106}$$

das heißt, das Steuerprogramm

$$W_d(s) = \frac{b(s)}{a(s)}$$

ist limitiert.

2. Wenn allerdings

$$\deg\zeta\chi^o(\zeta) < \deg\alpha^o(\zeta) = n \tag{11.107}$$

ist, dann bekommt man

$$\deg a^o(\zeta) < \deg b^o(\zeta)$$

und das gesuchte Steuerprogramm $W_d(s)$ ist retardierend. In Rosenwasser (1994c) wurde gezeigt, daß der Fall (11.107) keine praktische Bedeutung besitzt, deshalb wird nur die Variante (11.106) verfolgt.

Beispiel 11.5 Es sei

$$F(s) = \frac{\gamma}{s - a}$$

und die Pulsform sei mit $\mu(t)$ frei wählbar. Mit Hilfe von (11.34) wird dann

$$\alpha^o(\zeta) = 1 - e^{aT}\zeta\,, \quad \chi^o(\zeta) = \gamma M(a)e^{aT}\,.$$

Hierbei ist $M(a) \neq 0$, weil der Pulsteil des Systems nichtpathologisch sein soll. Unschwer läßt sich die Zerlegung

$$\frac{1}{\zeta\gamma M(a)e^{aT}(1 - e^{aT}\zeta)} = \frac{1}{\zeta\gamma M(a)e^{aT}} + \frac{1}{\gamma M(a)}\frac{1}{1 - e^{aT}\zeta}$$

bewerkstelligen, woraus man die Lösung minimaler Ordnung

$$\tilde{a}(\zeta) = 1\,, \quad \tilde{b}(\zeta) = \frac{1}{\gamma M(a)}$$

erzeugt. Die allgemeine Lösung (11.102) hat damit die Gestalt

$$a^o(\zeta) = 1 - c(\zeta)\zeta\gamma M(a)\mathrm{e}^{aT}$$

$$b^o(\zeta) = \frac{1}{\gamma M(a)} + c(\zeta)\left(1 - \mathrm{e}^{aT}\zeta\right)\,. \qquad \square$$

5. Zum Abschluß soll erwähnt werden, daß alles in diesem Abschnitt gesagte ohne Änderung auf Systeme mit Totzeit ausgedehnt werden kann, wenn die Beziehung (11.53) gilt. Es muß lediglich die Gleichung (11.91) durch

$$\alpha^o(\zeta)a(\zeta) + \zeta^m\beta^o(\zeta,\delta T)b^o(\zeta) = 1 \qquad (11.108)$$

ausgetauscht werden.

11.7 Operatorenschreibweise von Systemen und Gleichungen im Bildbereich

Es soll zunächst die PTF $W_{11}(s,t) = W_{yd}(st)$ betrachtet werden, die durch die Gleichungen (11.23)–(11.25) beschrieben wird. Wenn man beachtet, daß

$$W_d(s) = \frac{b(s)}{a(s)}\,, \quad \varphi_{FM}(T,s,0) = \frac{\mathrm{e}^{-sT}\chi(s)}{\alpha(s)}$$

ist, dann kann diese Beziehung in der Form

$$W_{11}(s,t) = \frac{1}{T}\sum_{k=-\infty}^{\infty} Q_{yd}(s + k\mathrm{j}\omega)\mathrm{e}^{k\mathrm{j}\omega t} \qquad (11.109)$$

$$\text{mit}\quad Q_{yd}(s) = \frac{G(s)R(s)M(s)b(s)\alpha(s)}{\alpha(s)a(s) + \mathrm{e}^{-sT}\chi(s)b(s)} = \frac{G(s)R(s)M(s)b(s)\alpha(s)}{\Delta(s)} \qquad (11.110)$$

geschrieben werden. Der Zähler und der Nenner des Bruches (11.110) sind ganze Funktionen des Arguments s, weil sich die Pole des Produkts $F(s) = G(s)R(s)$ gegen die Nullstellen der Funktion $\alpha(s)$ herauskürzen. Deshalb liegt der Menge der Pole der Funktion $Q_{yd}(s)$ in der Zahlenmenge (11.86). Mit $\tilde{\mu}_1,\ldots,\tilde{\mu}_r$ sollen die der Größe nach geordneten verschiedenen Realteile der Zahlen (11.86) bezeichnet werden, und $\tilde{\nu}_1,\ldots,\tilde{\nu}_m$ seien die entsprechend geordneten Realteile der Pole von $Q_{yd}(s)$.

Lemma 11.1 *Die Mengen der Zahlen $\tilde{\mu}_i$ und $\tilde{\nu}_i$ stimmen überein, das heißt, es gelten $r = m$ und $\tilde{\mu}_i = \tilde{\nu}_i$.*

Beweis: Es reicht aus zu zeigen, daß zu einem charakteristischen Index $\tilde{\mu}_i$ der Funktion (11.84) ein charakteristischer Index $\tilde{\nu}_i = \tilde{\mu}_i$ der Funktion $Q_{yd}(s)$ existiert. Wird umgekehrt angenommen, daß die Zahl $\tilde{\mu}_\gamma$ ein charakteristischer Index für $W_{11}(s, 0)$ und keiner von $Q_{yd}(s)$ sei, dann ist die Funktion $Q_{yd}(s)$ in einem gewissen Intervall $\tilde{\alpha} < \tilde{\mu}_\gamma < \tilde{\beta}$ analytisch. Aber wegen Satz 3.3 und der Beziehung (11.109) ist die Funktion $W_{11}(s, 0)$ auch für $\tilde{\alpha} < \mathrm{Re}\ s < \tilde{\beta}$ analytisch, was der obigen Annahme widerspricht, nach der $\tilde{\mu}_\gamma$ ein charakteristischer Index ist. Deshalb ist die Zahl $\tilde{\mu}_\gamma$ gleichzeitig auch ein charakteristischer Index von $Q_{yd}(s)$. ∎

Lemma 11.2 *Die rational periodische Funktion (11.25)*

$$\tilde{W}_d(s) = \frac{W_d(s)}{1 + W_d(s)\varphi_{FM}(T, s, 0)}$$

ist kausal.

Beweis: Unter Berücksichtigung von (10.19) und (9.143) erhält man

$$\ell^+\left[\tilde{W}_d(s)\right] = \lim_{\mathrm{Re}\ s \to \infty} \frac{W_d(s)}{1 + W_d(s)\varphi_{FM}(T, s, 0)} = \frac{b_0}{a_0},$$

woraus die Behauptung des Lemmas folgt. ∎

Auf diese Weise ordnet die PTF (11.109) dem geschlossenen System mit Prozeß-rechner eine äquivalente Übertragungsfunktion

$$Q_{yd}(s) = G(s)R(s)M(s)\tilde{W}_d(s) \tag{11.111}$$

zu, wobei die rational periodische Funktion $\tilde{W}_d(s)$ kausal ist. Die Zahlen $\tilde{\mu}_i$ werden *charakteristische Indizes des geschlossenen Systems* genannt. Indem man beachtet, daß die Funktion $F(s) = G(s)R(s)$ streng proper ist, kann man die Resultate des Abschnitts 9.9 ausnutzen und behaupten, daß die PTF (11.19) eine Familie von LPPO U_{d_i} der Form (6.97) passend zu den Regularitätsintervallen $(\tilde{\mu}_i, \tilde{\mu}_{i+1})$ definiert mit den Impulsantworten

$$\tilde{q}_i(t) = \frac{1}{2\pi j} \int_{c-j\infty}^{c+j\infty} G(s)R(s)M(s)\tilde{W}_d(s)e^{st}\,ds, \quad \tilde{\mu}_i < c < \tilde{\mu}_{i+1}\,. \tag{11.112}$$

Die Diskretisierung des Integrals (11.112) führt auf den äquivalenten Ausdruck

$$\tilde{q}_i(t) = \frac{T}{2\pi j} \int_{c-j\omega/2}^{c+j\omega/2} \mathcal{D}_{GRM}(T, s, t)\tilde{W}_d(s)\,ds = \frac{T}{2\pi j} \int_{c-j\omega/2}^{c+j\omega/2} D_{11}(s, t)\,ds \tag{11.113}$$

$$\tilde{\mu}_i < c < \tilde{\mu}_{i+1}\,.$$

Dabei besitzt für $x_d(t) \in \Lambda(\tilde{\mu}_i, \tilde{\mu}_{i+1})$ der Ausgang $y(t) = \mathsf{U}_{d_i}[x_d(t)]$ die Laplace-Transformation

$$Y(s) = G(s)R(s)M(s)\tilde{W}_d(s)\varphi_{x_d}(T, s, +0)\,, \quad \tilde{\mu}_i < \operatorname{Re} s < \tilde{\mu}_{i+1}\,. \tag{11.114}$$

Für die entsprechende diskrete Laplace-Transformation des Ausgangs gewinnt man auf analoge Art

$$\mathcal{D}_y(T, s, t) = \mathcal{D}_Y(T, s, t) = \mathcal{D}_{GRM}(T, s, t)\tilde{W}_d(s)\mathcal{D}_{x_d}(T, s, +0)\,. \tag{11.115}$$

Durch analoge Überlegungen kann man zur Operatorenbeschreibung und zur Konstruktion von Gleichungen im Bildbereich für den Eingang $x_d(t)$ und die Ausgänge $z(t)$ oder $u(t)$ gelangen. Für das Studium der Eigenschaften des Systems in Abhängigkeit von den Eingängen $x_v(t)$ und $x(t)$ taugen die abgeleiteten Beziehungen nicht, weil in Bezug auf diese Eingänge das geschlossene System nicht zeitdiskret ist. Jedoch lassen sich in jedem konkreten Fall alle Fragen hinreichend einfach mit Hilfe der im Kapitel 7 gewonnenen Einsichten beantworten. Es wird zum Beispiel die PTF

$$W_{13}(s, t) = W_{yx}(s, t) = R(s)\left[1 - \frac{W_d(s)\varphi_{FM}(T, s, t)}{1 + W_d(s)\varphi_{FM}(T, s, 0)}\right] \tag{11.116}$$

betrachtet und dabei die Funktion $R(s)$ als streng proper vorausgesetzt. Die Beziehung (11.116) kann in der Gestalt

$$W_{13}(s, t) = R(s) - R(s)W_{11}(s, t) \tag{11.117}$$

mit der PTF $W_{11}(s, t)$ aus (11.19) notiert werden. Der erste Summand in (11.117) entspricht einem linearen stationären System mit der Übertragungsfunktion $R(s)$. Dem zweiten Summanden entspricht ein offenes System mit Vorfilter, wie es in Abschnitt 6.8 betrachtet wurde. Wenn man nun berücksichtigt, daß die Pole der PTF $W_{13}(s, t)$ die Zahlen (11.86) sind, dann gelten folgende Behauptungen:

1. Die Integrale

$$\tilde{g}_i(t, u) = \frac{1}{2\pi\mathrm{j}}\int_{c-\mathrm{j}\infty}^{c+\mathrm{j}\infty} W_{13}(s, t)\mathrm{e}^{su}\,\mathrm{d}s\,, \quad \tilde{\mu}_i < c < \tilde{\mu}_{i+1} \tag{11.118}$$

konvergieren mindestens im Sinne des Hauptwertes. Dabei gilt gleichmäßig bezüglich t für jedes $t = \tilde{t}$: $\tilde{g}_i(\tilde{t}, u) \in \Lambda(\tilde{\mu}_i, \tilde{\mu}_{i+1})$.

2. In Bezug auf den Eingang $x(t)$ und den Ausgang $y(t)$ definiert das geschlossene System eine Familie von linearen periodischen Operatoren

$$y(t) \overset{\text{def}}{=} \mathsf{U}_{0i}[x(t)] = \int_{-\infty}^{\infty} \tilde{h}_i(t, \tau)x(\tau)\,\mathrm{d}\tau \tag{11.119}$$

$$\text{mit} \quad \tilde{h}_i(t, \tau) = \tilde{g}_i(t, u)\,|_{u=t-\tau}\,. \tag{11.120}$$

Dabei ist der Operator U_{0r} kausal.

3. Für $x(t) \in \Lambda(\tilde{\mu}_i, \tilde{\mu}_{i+1})$ kann die Lösung (11.119) in der Form

$$y(t) = \frac{1}{2\pi \mathrm{j}} \int_{c-\mathrm{j}\infty}^{c+\mathrm{j}\infty} W_{13}(s,t)X(s)e^{st}\,\mathrm{d}s\,, \quad \tilde{\mu}_i < c < \tilde{\mu}_{i+1} \tag{11.121}$$

dargestellt werden. Im gegebenen Fall sind die Bedingungen für die Anwendbarkeit von Formel (7.37) erfüllt und für die DLT der Lösung (11.119) erhält man

$$\mathcal{D}_y(T,s,t) = \frac{1}{T} \sum_{k=-\infty}^{\infty} W_{13}(s + k\mathrm{j}\omega, t)X(s + k\mathrm{j}\omega, t)e^{(s+k\mathrm{j}\omega)t}\,.$$

Wird hierin (11.116) eingesetzt, und beachtet man, daß bei beliebigem ganzen k

$$\varphi_{FM}(T, s + k\mathrm{j}\omega, t) = \varphi_{FM}(T, s, t)e^{-k\mathrm{j}\omega t}$$

gilt, dann ermittelt man

$$\mathcal{D}_y(T,s,t) = \mathcal{D}_{RX}(T,s,t) - \frac{\mathcal{D}_{GRM}(T,s,t)W_d(s)}{1 + W_d(s)\varphi_{GRM}(T,s,0)} \mathcal{D}_{RX}(T,s,0)\,. \tag{11.122}$$

Indem man (4.35) ausnutzt, findet man aus (11.122) die Laplace-Transformation des Ausgangs

$$Y(s) = R(s)X(s) - \frac{G(s)R(s)M(s)W_d(s)}{1 + W_d(s)\varphi_{GRM}(T,s,0)} \mathcal{D}_{RX}(T,s,0)\,. \tag{11.123}$$

11.8　Übergangsvorgänge im Bildbereich

Wenn in Abbildung 11.1 $x_d = x_v = x = 0$ gewählt werden, erhält man das in

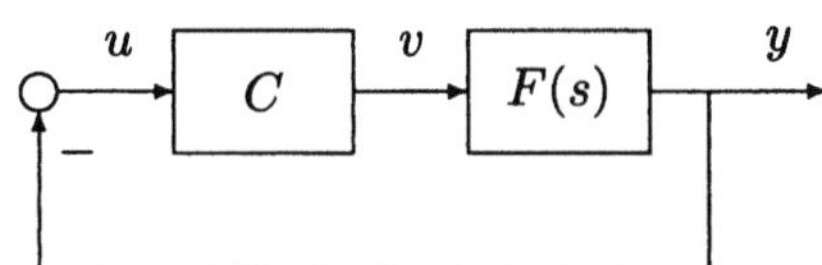

Abbildung 11.9: Autonomes geschlossenes Abtastsystem

Abbildung 11.9 gezeigte System. Indem man Formel (10.86) für Re $s > \alpha$ mit hinreichend großer Zahl α ausnutzt und die Schließungsbedingung

$$u(t) = -y(t) \tag{11.124}$$

beachtet, ermittelt man

$$\mathcal{D}_y(T,s,t) = \mathcal{D}_{FM}(T,s,t)\left[-W_d(s)\mathcal{D}_y(T,s,+0) + \frac{b_0(s)}{a(s)}\right] + \mathcal{D}_{y_0}(T,s,t)\,. \tag{11.125}$$

Nach Grenzübergang für $t \to +0$ findet man analog zu (10.87)

$$\mathcal{D}_y(T,s,+0) = \mathcal{D}_{FM}(T,s,0)\left[-W_d(s)\mathcal{D}_y(T,s,+0) + \frac{b_0(s)}{a(s)}\right] + \mathcal{D}_{y_0}(T,s,+0),$$

das sich in

$$\mathcal{D}_y(T,s,+0) = \frac{\mathcal{D}_{FM}(T,s,0)\frac{b_0(s)}{a(s)}}{1 + W_d(s)\mathcal{D}_{FM}(T,s,0)} + \frac{\mathcal{D}_{y_0}(T,s,+0)}{1 + W_d(s)\mathcal{D}_{FM}(T,s,0)} \tag{11.126}$$

umformen läßt. Indem man (11.126) in (11.125) einsetzt, gewinnt man

$$\mathcal{D}_y(T,s,t) = \mathcal{D}_{dy}(T,s,t) + \mathcal{D}_{0y}(T,s,t) \tag{11.127}$$

mit
$$\mathcal{D}_{dy}(T,s,t) = \frac{\mathcal{D}_{FM}(T,s,t)}{1 + W_d(s)\mathcal{D}_{FM}(T,s,0)}\frac{b_0(s)}{a(s)}$$

$$\mathcal{D}_{0y}(T,s,t) = -\frac{W_d(s)\mathcal{D}_{FM}(T,s,t)}{1 + W_d(s)\mathcal{D}_{FM}(T,s,0)}\mathcal{D}_{y_0}(T,s,+0) + \mathcal{D}_{y_0}(T,s,t). \tag{11.128}$$

Das Bild $\mathcal{D}_{dy}(T,s,t)$ bestimmt den ablaufenden Übergangsprozeß, der durch die Anfangsbedingungen des Steuerprogramms hervorgerufen wird, während das Bild $\mathcal{D}_{0y}(T,s,t)$ den durch die Anfangsbedingungen des kontinuierlichen Prozesses bewirkten Übergangsvorgang beschreibt. Mit Hilfe des oben praktizierten Vorgehens, kann gezeigt werden, daß

$$\mathcal{D}_{dy}(T,s,t) = \frac{N_{dy}(s,t)}{\Delta(s)}, \quad \mathcal{D}_{0y}(T,s,t) = \frac{N_{0y}(s,t)}{\Delta(s)}$$

gilt, wobei die Zähler der oberen Brüche für jedes s und $0 \le t \le T$ Polynome in e^{-sT} sind. Die Ausdrücke für die Laplace-Transformation nehmen entsprechend die Gestalt

$$Y_d(s) = \frac{F(s)M(s)}{1 + W_d(s)\mathcal{D}_{FM}(T,s,0)}\frac{b_0(s)}{a(s)}$$

$$\tilde{Y}_0(s) = -\frac{F(s)M(s)W_d(s)}{1 + W_d(s)\mathcal{D}_{FM}(T,s,0)}\mathcal{D}_{y_0}(T,s,+0) + Y_0(s) \tag{11.129}$$

an. Die gewonnenen Bildfunktionen bestimmen die Systembewegung bei Abwesenheit von äußeren Störungen. Überlagert man diese mit Bildfunktionen, die in Abschnitt 11.7 abgeleitet wurden, kann man das Bild der allgemeinen Lösung bei wirkenden äußeren Anregungen und beliebigen Anfangswerten ermitteln.

11.9 Standardform für Mehrgrößensysteme

1. In diesem Abschnitt wird die parametrische Übertragungsmatrix (PTM) für das allgemeine Abtastsystem nach Abbildung 11.10 konstruiert, Chen und Francis

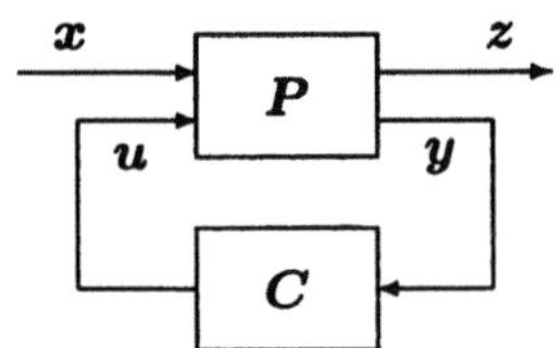

Abbildung 11.10: Standardform eines allgemeinen Abtastsystems

(1995) . Hierin sind $\boldsymbol{P}$ ein kontinuierliches Übertragungsglied mit gebrochen rationaler Übertragungsmatrix $\boldsymbol{P}(s)$, $\boldsymbol{C}$ der Prozeßrechner und $\boldsymbol{u}$, $\boldsymbol{x}$, $\boldsymbol{y}$, $\boldsymbol{z}$ Vektoren der entsprechenden Dimensionen $k \times 1$, $m \times 1$, $\ell \times 1$, $n \times 1$. Der Zusammenhang zwischen den Eingängen und den Ausgängen des kontinuierlichen Systemteils nach Abbildung 11.10 wird ausführlicher durch

$$\begin{aligned}
\boldsymbol{z} &= \boldsymbol{K}(s)\boldsymbol{x} + \boldsymbol{L}(s)\boldsymbol{u} \\
\boldsymbol{y} &= \boldsymbol{R}(s)\boldsymbol{x} + \boldsymbol{N}(s)\boldsymbol{u}
\end{aligned} \tag{11.130}$$

beschrieben, wobei $\boldsymbol{K}(s)$, $\boldsymbol{L}(s)$, $\boldsymbol{R}(s)$, $\boldsymbol{N}(s)$ gebrochen rationale Matrizen der Größen $n \times m$, $n \times k$, $\ell \times m$, $\ell \times k$ sind. Aus (11.130) folgt die Zuordnung

$$\boldsymbol{P}(s) = \quad \begin{array}{c} \\ n \\ \ell \end{array} \begin{array}{|cc|} m & k \\ \hline \boldsymbol{K} & \boldsymbol{L} \\ \boldsymbol{R} & \boldsymbol{N} \end{array} , \tag{11.131}$$

wobei die Buchstaben am Rande auf die Dimension der entsprechenden Blockmatrizen hinweisen. Im weiteren wird vorausgesetzt, daß die Funktionsweise des Prozeßrechners durch die Beziehungen des Abschnitts 10.9 beschrieben wird.

2. Es wird ein handhabbarer Ausdruck für die PTM des Systems vom Eingang $\boldsymbol{x}(t)$ zum Ausgang $\boldsymbol{z}(t)$ angegeben.

Satz 11.3 *In (11.131) sei die Matrix $\boldsymbol{L}(s)$ proper und die Matrix $\boldsymbol{N}(s)$ streng proper, dann existiert die PTM $\boldsymbol{W}_c(s,t)$ des Standardsystems, ist eindeutig und durch die Beziehungen*

$$\boldsymbol{W}_c(s,t) = \boldsymbol{K}(s) + \varphi_{LM}(T,s,t)\tilde{\boldsymbol{W}}_N(s)\boldsymbol{R}(s) \tag{11.132}$$

mit

$$\tilde{\boldsymbol{W}}_N(s) = \boldsymbol{W}_d(s)\left[\boldsymbol{I}_\ell - \varphi_{NM}(T,s,0)\boldsymbol{W}_d(s)\right]^{-1} \tag{11.133}$$

festgelegt. In den Formeln (11.132), (11.133) bedeuten

$$\varphi_{LM}(T,s,t) = \frac{1}{T} \sum_{k=-\infty}^{\infty} \boldsymbol{L}(s+kj\omega)M(s+kj\omega)e^{kj\omega t}, \tag{11.134}$$

$$\varphi_{NM}(T, s, t) = \frac{1}{T} \sum_{k=-\infty}^{\infty} N(s + kj\omega) M(s + kj\omega) e^{kj\omega t} \qquad (11.135)$$

und darüber hinaus sind $M(s)$ die Übertragungsfunktion des Formierungselements (9.10) und $W_d(s)$ die Übertragungsmatrix der Steuerprogramme (10.111).

Der Beweis folgt aus den allgemeineren Ergebnissen, die in Abschnitt 12.10 dargelegt werden. ∎

Bemerkung 1. Die gemachten Einschränkungen bezüglich der Matrizen $L(s)$ und $N(s)$ sind wesentlich. Die Bedingung, daß die gebrochen rationale Matrix $L(s)$ proper sein muß, ist notwendig für die Konvergenz der Reihe (11.134). Die Eigenschaft von $N(s)$, streng proper zu sein, gewährleistet die Stetigkeit der Matrix $\varphi_{NM}(T, s, t)$ in Bezug auf t, die erforderlich ist, damit die Formel (11.133) einen Sinn hat.

Bemerkung 2. Die Formeln (11.132) und (11.133) bleiben auch dann gültig, wenn die kontinuierlichen Übertragungsglieder des Systems reine Totzeiten enthalten.

3. Es wird darauf hingewiesen, daß die Standard-Struktur nach Abbildung 11.10 überaus allgemein ist und weitgehend beliebige Abtastsysteme mit einem ADC und einem DAC umfaßt. Die in Anwendungen auftretenden Systeme haben üblicherweise nicht diese Standard-Struktur, aber sie können in diese durch strukturelle Umformungen überführt werden. Allerdings sind diese Umformungen kaum erforderlich, da die PTM immer unmittelbar aus dem gesuchten Modell des Abtastsystems folgt. Mehr noch, nachdem die PTM für das gesuchte System konstruiert wurde, kann man die Matrix $P(s)$ für die entsprechende Standard-Struktur bestimmen.

Beispiel 11.6 Es wird das einschleifige Mehrgrößensystem nach Abbildung 11.11 betrachtet, das keine Standardstruktur aufweist.

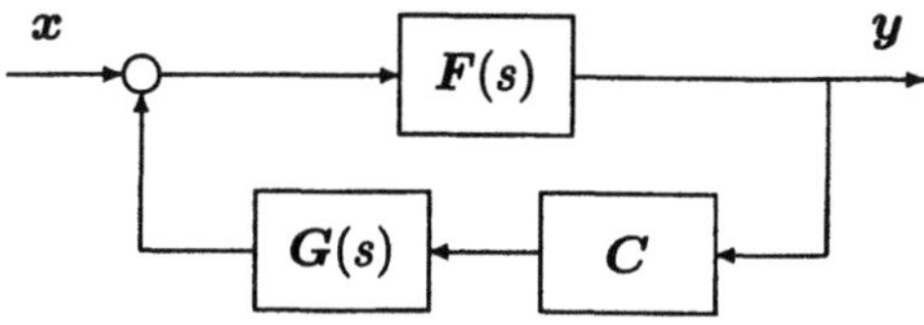

Abbildung 11.11: Regelsystem in Nichtstandard-Form

Wie in Rosenwasser (1995a) gezeigt wurde, hat die PTM dieses Systems mit dem Eingang x und dem Ausgang y die Form

$$W(s, t) = F(s) + \varphi_{FGM}(T, s, t) W_d(s) \left[I - \varphi_{FGM}(T, s, 0) W_d(s) \right]^{-1} F(s).$$

Beim Vergleich dieses Ausdrucks mit (11.132), (11.133) sieht man sofort, daß das in Abbildung 11.11 dargestellte System der Standardstruktur mit

$$P(s) = \begin{bmatrix} F(s) & F(s)G(s) \\ F(s) & F(s)G(s) \end{bmatrix}$$

entspricht. $\square$

4. Für $R(s) = 0$ entartet das Standard-System mit dem Eingang $x(t)$ und dem Ausgang $y(t)$ zu einem linearen stationären System mit der Übertragungsfunktion $K(s)$. Die Formel (11.132) liefert dabei das adäquate Resultat

$$W_c(s,t) = K(s).$$

Es kann auch gezeigt werden, daß in dem Fall, wenn $K(s) = 0$, $R(s) = I_m$ ist, die PTM $W_c(s,t)$ sich bloß um den exponentiellen Faktor von der Übertragungsmatrix des Systems im Sinne der modifizierten diskreten Laplace-Transformation unterscheidet. Hieraus folgt, daß die PTM $W_c(s,t)$ eine universelle Beschreibung von stationären mehrdimensionalen Abtastsystemen im Frequenzbereich liefert, bei der Frequenzmethoden für die Beschreibung von stationären kontinuierlichen Systemen und von zeitdiskreten Systemen als Spezialfälle enthalten sind.

5. Für $s = j\nu$ mit $j = \sqrt{-1}$ und einer reellen Variablen ν erhält man aus (11.132), (11.133) Ausdrücke für den parametrischen Frequenzgang des Standard-Systems

$$\Phi_c(j\nu, t) \stackrel{\text{def}}{=} W_c(s,t)\big|_{s=j\nu} =$$

$$= K(j\nu) + \varphi_{LM}(T, j\nu, t)W_d(j\nu)\left[I_\ell - \varphi_{NM}(T, j\nu, 0)W_d(j\nu)\right]^{-1}R(s),$$

die man als analytische Fortsetzung der PTM $W_c(s,t)$ auf die imaginäre Achse ansehen kann. Dieser veränderte Begriff des Frequenzgangs ist auch für instabile Systeme anwendbar.

Kapitel 12

Systeme mit mehreren Abtastern

12.1 Allgemeine Betrachtungen

In den oben behandelten Anwendungen für Abtastsysteme mit einem Abtaster existiert die PTF $W(s,t) = W(s, t+T)$ und ist in der ganzen komplexen Ebene mit Ausnahme einer gewissen Menge von Polstellen definiert. Die Polstellen sind auf einer endlichen Anzahl von vertikalen Geraden Re $s = \mu_i$, $(i = 1, 2, \ldots . r)$ plaziert, die bei den charakteristischen Indizes μ_i die reelle Achse schneiden. In den zugehörigen Regularitätsstreifen $\mu_i <$ Re $s < \mu_{i+1}$ sowie in den Halbebenen Re $s < \mu_1$ und Re $s > \mu_r$ ist die PTF analytisch. Der PTF $W(s,t)$ können lineare periodische Operatoren U_i des betrachteten Systems zugeordnet werden. Dabei fällt die PTF jedes dieser Operatoren U_i mit der PTF $W(s,t)$ des Systems zusammen. Bei der Reihen- und Parallelschaltung von Systemen, die über die gezeigten Eigenschaften verfügen, können für die Berechnung der PTF des zusammengesetzten Systems formale Regeln angewandt werden, die in Abschnitt 6.3 abgeleitet wurden. Danach wird die Menge der charakteristischen Indizes des komplexen Systems durch die Vereinigung der Mengen der charakteristischen Indizes der einzelnen Elemente gebildet.

Wenn jedoch die einzelnen Systembestandteile verschiedene, aber kommensurable Perioden haben, so wird das Gesamtsystem periodisch, wobei die Periode gleich dem kleinsten gemeinschaftlichen Vielfachen der Einzelperioden ist. Praktisch wird die PTF des komplexen Systems vom Eingang $x(t)$ zum Ausgang $y(t)$ dann auf der Grundlage der Beziehungen (6.19) ermittelt.

12.2 Offenes synchrones System

Ein System mit mehreren Abtastern wird *synchron* genannt, wenn alle Abtaster dieselbe Abtastperiode besitzen. Um sich auf einen konkreten Fall zu beziehen, wird in diesem Abschnitt die synchrone Kette nach Abbildung 12.1 betrachtet mit den Parametrischen Übertragungsfunktionen (10.51) des offenen digitalen Systems

$$W_{pd}^{(i)}(s,t) = W_{di}(s)\varphi_{F_i M_i}(T,s,t) = \varphi_{F_i M_i W_{di}}(T,s,t)\,, \quad (i=1,2)\,, \qquad (12.1)$$

die in Kapitel 10 untersucht wurden und die Phasenverschiebungen ϕ_1, ϕ_2 besitzen. Darüber hinaus wird vorausgesetzt, daß die Funktionen $F_1(s)$, $F_2(s)$ streng proper sind. Entsprechend der allgemeinen Vorgehensweise wird $x(t) = e^{st}$ angenommen

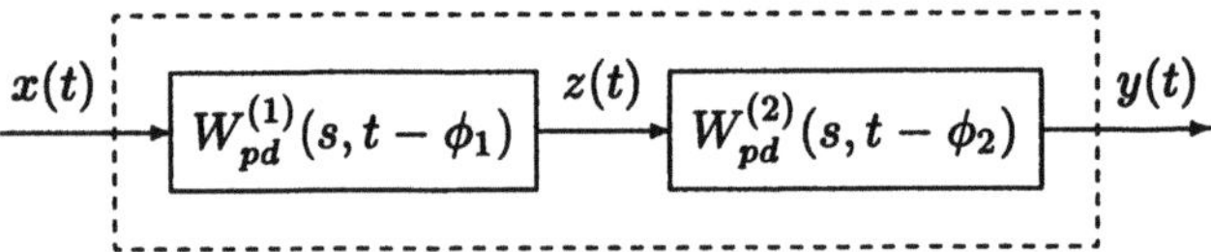

Abbildung 12.1: Synchrone Kette

und

$$y(t) = W_c(s,t)e^{st}\,, \quad W_c(s,t) = W_c(s,t+T) \qquad (12.2)$$

als Definitionsgleichung für die PTF $W_c(s,t)$ angesetzt. Nun erhält man für $x = e^{st}$ wegen der Definition der PTF

$$z(t) = W_{pd}^{(1)}(s,t-\phi_1)e^{st}\,. \qquad (12.3)$$

Aufgrund des stroboskopischen Effekts kann der Eingang (12.3) des zweiten Elements äquivalent durch

$$\tilde{z}(t) = W_{pd}^{(1)}(s,\phi_2-\phi_1)e^{st} \qquad (12.4)$$

ersetzt werden, woraus folgt, daß

$$y(t) = W_{pd}^{(2)}(s,t-\phi_2)W_{pd}^{(1)}(s,\phi_2-\phi_1)e^{st} \qquad (12.5)$$

ist. Nach Vergleich von (12.2) mit (12.5) findet man die PTF des Systems zu

$$W_c(s,t) = W_{pd}^{(2)}(s,t-\phi_2)W_{pd}^{(1)}(s,\phi_2-\phi_1)\,. \qquad (12.6)$$

Wenn man

$$\varphi_{F_i M_i}(T,s,t) = \frac{1}{T}\sum_{k=-\infty}^{\infty} F_i(s+kj\omega)M_i(s+kj\omega)e^{kj\omega t}\,, \quad \omega = 2\pi/T$$

verwendet und darüber hinaus

$$W_{di}(s) = W_{di}(s+j\omega)$$

benutzt, dann läßt sich Formel (12.6) in der Form

$$W_c(s,t) = \frac{1}{T} \sum_{k=-\infty}^{\infty} Q_c(s + kj\omega)e^{kj\omega(t-\phi_1)} = \varphi_{Q_c}(T,s,t-\phi_1) \qquad (12.7)$$

mit

$$Q_c(s) \stackrel{\text{def}}{=} F_2(s)M_2(s)W_{d2}(s)W_{d1}(s)\varphi_{F_1 M_1}(T,s,\phi_2 - \phi_1) \qquad (12.8)$$

darstellen. Der Vergleich von (12.7) mit (6.115) zeigt, daß das System nach Abbildung 12.1 als offenes Abtastsystem mit der Phasenverschiebung ϕ_1 und der äquivalenten Übertragungsfunktion (ETF) (12.8) aufgefaßt werden kann. Es sei $\mu_1,\ldots,\mu_r$ die Gesamtheit der charakteristischen Indizes von $Q_c(s)$, die sich aus der Vereinigung aller charakteristischen Indizes der Funktionen $F_1(s)$, $F_2(s)$, $W_{d1}(s)$, $W_{d2}(s)$ ergibt. Die Originale zur Bildfunktion (12.8) haben die Gestalt

$$q_{ci}(t) = \frac{1}{2\pi j} \int_{c-j\infty}^{c+j\infty} Q_c(s)e^{st}\,\mathrm{d}s\,, \quad \mu_i < c < \mu_{i+1} \qquad (12.9)$$

und sind die Impulsantworten der LPPO, die dem gegebenen System zugeordnet sind. Die Diskretisierung der Integrale (12.9) führt unter Berücksichtigung von (12.8) zu den Beziehungen

$$q_{ci}(t) = \frac{T}{2\pi j} \int_{c-j\omega/2}^{c+j\omega/2} D_o(T,s,t)\,\mathrm{d}s\,, \quad \mu_i < c < \mu_{i+1} \qquad (12.10)$$

mit

$$D_o(T,s,t) \stackrel{\text{def}}{=} \mathcal{D}_{F_2 M_2}(T,s,t+\phi_1-\phi_2)\mathcal{D}_{F_1 M_1}(T,s,\phi_2-\phi_1)W_{d1}(s)W_{d2}(s)\,. \qquad (12.11)$$

Für ein Eingangssignal $x(t) \in \Lambda(\mu_i,\mu_{i+1})$ erhält die Laplace-Transformation des Ausgangs $Y(s)$ in Übereinstimmung mit (7.115), (12.8) die Gestalt

$$Y(s) = F_2(s)M_2(s)W_{d1}(s)W_{d2}(s)\,\varphi_{F_1 M_1}(T,s,\phi_2-\phi_1)\varphi_x(T,s,\phi_1+0)\,. \qquad (12.12)$$

Die diskrete Laplace-Transformation des Ausgangs ist durch

$$\mathcal{D}_y(T,s,t) = \mathcal{D}_{F_2 M_2}(T,s,t-\phi_2)\mathcal{D}_{F_1 M_1}(T,s,\phi_2-\phi_1)W_{d1}(s)W_{d2}(s)\mathcal{D}_x(T,s,\phi_1+0) \qquad (12.13)$$

festgelegt.

12.3 PTF-Zerlegung bei limitierten Algorithmen

Für die Untersuchung von Abtastsystemen, in denen die Abtaster unterschiedliche Abtastperioden besitzen, ist es erforderlich, die offene Kette des Systems mit Prozeßrechner der Periode T in Form einer Parallelschaltung von Abtastsystemen mit der Periode $T_N = NT$ mit einer natürlichen Zahl $N > 1$ darzustellen. Als Ausgangspunkt dieser Darstellungen dienen die Formeln (3.123), (3.129) sowie (4.111), (4.112).

Mögen das offene System mit Steuerrechner und der PTF (10.51)

$$W_{pd}(s,t) = W_d(s)\varphi_{FM}(T,s,t) \tag{12.14}$$

sowie der DTF (10.53)

$$D_{pd}(s,t) = W_d(s)\mathcal{D}_{FM}(T,s,t) \tag{12.15}$$

gegeben sein. Die Formel (12.15) läßt sich in Form der diskreten Laplace-Transformation

$$D_{pd}^T(s,t) = \frac{1}{T} \sum_{k=-\infty}^{\infty} Q_{pd}(s + kj\omega)e^{(s+kj\omega)t} = \mathcal{D}_{Q_{pd}}(T,s,t) \tag{12.16}$$

aufschreiben, wobei

$$Q_{pd}(s) = F(s)M(s)W_d(s) \tag{12.17}$$

die zugehörige ETF ist. Auf der linken Seite von (12.16) bedeutet der Buchstabe T, daß sich die entsprechende DLT auf die Periode T bezieht. Im Einklang mit Formel (4.112) erhält man für beliebiges ganzes $N > 1$

$$\check{D}_{pd}^{NT}(s,t) = \frac{1}{N} \sum_{q=0}^{N-1} D_{pd}^T(s + \frac{qj\omega}{N},t)\,. \tag{12.18}$$

Durch Ausnutzung der Beziehungen des Abschnitts 10.10 kann man geschlossene Ausdrücke für die Funktion $\check{D}_{pd}^{NT}(s,t)$ für beliebige N gewinnen. Wird zunächst der Steueralgorithmus $W_d(s)$ als limitiert vorausgesetzt, dann bekommt man unter den in Abschnitt 10.10 getroffenen Voraussetzungen für $0 \leq t \leq T$ aus (10.130)

$$D_{pd}^T(s,t) = \sum_{r=1}^{m} \frac{c_r \mathcal{D}_{FM}(T,d_r,t)}{1 - e^{(d_r-s)T}} +$$

$$+ \sum_{i=1}^{\ell} \sum_{k=1}^{\nu_i} \frac{f_{ik}}{(k-1)!} \frac{\partial^{k-1}}{\partial s_i^{k-1}} \frac{W_d(s_i)M(s_i)e^{s_i t}}{1 - e^{(s_i-s)T}} + \ell_d^- h_p^*(t)\,. \tag{12.19}$$

Hieraus gewinnt man

$$D_{pd}^T(s+\frac{qj\omega}{N},t) = \sum_{r=1}^{m} \frac{c_r \mathcal{D}_{FM}(T,d_r,t)}{1 - e^{(d_r-s)T}e^{-qj\omega T/N}} +$$

$$+ \sum_{i=1}^{\ell} \sum_{k=1}^{\nu_i} \frac{f_{ik}}{(k-1)!} \frac{\partial^{k-1}}{\partial s_i^{k-1}} \frac{W_d(s_i)M(s_i)e^{s_i t}}{1 - e^{(s_i-s)T}e^{-qj\omega T/N}} + \ell_d^- h_p^*(t)\,. \tag{12.20}$$

Indem man (12.20) in (12.18) einsetzt, gelangt man zu

$$\check{D}_{pd}^{NT}(s,t) = \frac{1}{N}\left[\sum_{r=1}^{m} c_r \mathcal{D}_{FM}(T,d_r,t)\psi_{N0}(s,d_r) \right. +$$

$$\left. + \sum_{i=1}^{\ell}\sum_{k=1}^{\nu_i} \frac{f_{ik}}{(k-1)!} \frac{\partial^{k-1}}{\partial s_i{}^{k-1}} W_d(s_i)M(s_i)e^{s_i t}\psi_{N0}(s,s_i)\right] + \ell_d^- h_p^*(t),$$

(12.21)

wobei die Bezeichnung

$$\psi_{N0}(s,a) \overset{\text{def}}{=} \sum_{q=0}^{N-1} \frac{1}{1 - e^{(a-s)T}e^{-q2\pi j/N}}$$

(12.22)

eingeführt wurde. Für die weiteren Umformungen werden eine Reihe hilfreicher Beziehungen angegeben.

1. Es wird die Bezeichnung

$$d_{kN} \overset{\text{def}}{=} e^{\frac{k2\pi j}{N}}$$

(12.23)

mit einer ganzen Zahl k verwendet. Sei

$$k = \mu N + \rho$$

(12.24)

mit ganzen Zahlen μ, ρ und $0 \le \rho < N$, dann wird

$$d_{kN} = d_{\rho N}\,.$$

(12.25)

2. Wie in (3.126) wird

$$\sigma_{\lambda N} = \sum_{k=0}^{N-1} d_{kN}^{\lambda}$$

(12.26)

eingeführt. Übersichtliche Ausdrücke für die Summe (12.26) ergibt die Formel (3.127), denn für beliebiges ganzes ϑ gilt

$$\sigma_{\lambda+\vartheta N,N} = \sigma_{\lambda N}\,,$$

(12.27)

was man wegen

$$\sigma_{\lambda+\vartheta N,N} = \sum_{k=0}^{N-1} d_{kN}^{\lambda+\vartheta N} = \sum_{k=0}^{N-1} d_{kN}^{\lambda} = \sigma_{\lambda N}$$

sofort einsieht.

3. Mit der für ganze Zahlen r gültigen Bezeichnung

$$\gamma_{N,r}(z) \stackrel{\text{def}}{=} \sum_{k=0}^{N-1} \frac{d_{kN}^r}{1 - z d_{kN}^{-1}} \tag{12.28}$$

erhält man für jedes beliebige ganze p

$$\gamma_{N,r+pN}(z) = \gamma_{Nr}(z) . \tag{12.29}$$

Darüber hinaus ist für beliebige ganze Zahlen r mit $0 \leq r \leq N - 1$ die Formel

$$\gamma_{Nr}(z) = \frac{N z^r}{1 - z^N} \tag{12.30}$$

richtig.

Beweis: Die Gleichung (12.29) folgt unmittelbar aus (12.25). Es soll jetzt die Formel (12.30) bestätigt werden. Der Bruch

$$f(z) \stackrel{\text{def}}{=} \frac{N z^r}{1 - z^N} . \tag{12.31}$$

besitzt nur einfache Pole in den Punkten $z_k = d_{kN}$ $(k = 0, 1, \ldots, N - 1)$, weshalb die Partialbruchentwicklung

$$f(z) = - \sum_{k=0}^{N-1} \frac{d_{kN}^r}{d_{kN}^{N-1}} \frac{1}{z - d_{kN}} = \sum_{k=0}^{N-1} \frac{d_{kN}^r}{1 - z d_{kN}^{N-1}} \tag{12.32}$$

gilt, die gleichwertig zu (12.30) ist. ∎

Aus (12.30) und (12.22) leitet man für $z = \mathrm{e}^{(a-s)T}$

$$\psi_{N0}(s, a) = \frac{N}{1 - \mathrm{e}^{(a-s)NT}} \tag{12.33}$$

ab. Mit Hilfe von (12.33) gewinnt man aus (12.21)

$$\check{D}_{pd}^{NT}(s, t) = \sum_{r=1}^{m} \frac{c_r \mathcal{D}_{FM}(T, d_r, t)}{1 - \mathrm{e}^{(d_r - s)NT}} +$$

$$+ \sum_{i=1}^{\ell} \sum_{k=1}^{\nu_i} \frac{f_{ik}}{(k-1)!} \frac{\partial^{k-1}}{\partial s_i^{k-1}} \frac{W_d(s_i) M(s_i) \mathrm{e}^{s_i t}}{1 - \mathrm{e}^{(s_i - s)NT}} + \ell_d^- h_p^*(t) , \quad 0 \leq t \leq T . \tag{12.34}$$

Die Formel (12.34) bestimmt $\check{D}_{pd}^{NT}$ auf dem Intervall $0 \leq t \leq T$. Es wird nun die Erweiterung dieser Formel auf das Intervall $T \leq t < NT$ vorgenommen und dazu

$$t = \varepsilon + \lambda T , \quad 0 \leq \varepsilon < T , \quad 1 \leq \lambda \leq N - 1 \tag{12.35}$$

gewählt. Da die Entwicklung (12.18) für alle t gilt, wird dort t entsprechend (12.35) eingesetzt, wodurch sich

$$\check{D}_{pd}^{NT}(s, \varepsilon + \lambda T) = \frac{1}{N} \sum_{q=0}^{N-1} D_{pd}^{T}\left(s + \frac{qj\omega}{N}, \varepsilon + \lambda T\right). \tag{12.36}$$

ergibt. Beachtet man, daß λ eine ganze Zahl ist, so stellt man

$$D_{pd}^{T}\left(s + \frac{qj\omega}{N}, \varepsilon + \lambda T\right) = D_{pd}^{T}\left(s + \frac{qj\omega}{N}, \varepsilon\right) e^{\lambda(s + \frac{qj\omega}{N})T} \tag{12.37}$$

fest. Wegen $e^{\frac{\lambda qj\omega T}{N}} = d_{qN}^{\lambda}$ nimmt die abgeleitete Beziehung die Gestalt

$$D_{pd}^{T}\left(s + \frac{qj\omega}{N}, \varepsilon + \lambda T\right) = e^{\lambda s T} D_{pd}^{T}\left(s + \frac{qj\omega}{N}, \varepsilon\right) d_{qN}^{\lambda} \tag{12.38}$$

an. Werden auf der rechten Seite von (12.36) die Beziehungen (12.20), (12.38) eingesetzt, findet man

$$\check{D}_{pd}^{NT}(s, \varepsilon + \lambda T) = \frac{e^{\lambda s T}}{N} \left[\sum_{r=1}^{m} c_r \mathcal{D}_{FM}(T, d_r, \varepsilon) \psi_{N\lambda}(s, d_r) \right.$$

$$\left. + \sum_{i=1}^{\ell} \sum_{k=1}^{\nu_i} \frac{f_{ik}}{(k-1)!} \frac{\partial^{k-1}}{\partial s_i^{k-1}} W_d(s_i) M(s_i) e^{s_i t} \psi_{N\lambda}(s, s_i) + \ell_d^- h_p^*(t) \sigma_{\lambda N} \right], \tag{12.39}$$

wobei

$$\psi_{N\lambda}(s, a) \overset{\text{def}}{=} \sum_{q=0}^{N-1} \frac{d_{qN}^{\lambda}}{1 - e^{(a-s)T} d_{qN}^{-1}} \tag{12.40}$$

verwendet wurde. Aus (12.30) folgt aber

$$\psi_{N\lambda}(s, a) = \frac{N e^{\lambda(a-s)T}}{1 - e^{(a-s)NT}}, \tag{12.41}$$

weshalb man unter Verwendung von (12.41) und (3.127) aus (12.39)

$$\check{D}_{pd}^{NT}(s, \varepsilon + \lambda T) = \sum_{r=1}^{m} \frac{c_r \mathcal{D}_{FM}(T, d_r, \varepsilon) e^{\lambda d_r T}}{1 - e^{(d_r - s)NT}} + \tag{12.42}$$

$$+ \sum_{i=1}^{\ell} \sum_{k=1}^{\nu_i} \frac{f_{ik}}{(k-1)!} \frac{\partial^{k-1}}{\partial s_i^{k-1}} \frac{W_d(s_i) M(s_i) e^{s_i(\varepsilon + \lambda T)}}{1 - e^{(s_i - s)NT}}$$

gewinnt. Wird erneut (12.35) ausgenutzt und mit den Beziehungen (12.34) und (12.42) verknüpft, dann kann man für $0 \leq t \leq T$

$$\check{D}_{pd}^{NT}(s, t) = \sum_{r=1}^{m} \frac{c_r \mathcal{D}_{FM}(T, d_r, t)}{1 - e^{(d_r - s)NT}} + \tag{12.43}$$

$$+ \sum_{i=1}^{\ell} \sum_{k=1}^{\nu_i} \frac{f_{ik}}{(k-1)!} \frac{\partial^{k-1}}{\partial s_i^{k-1}} \frac{W_d(s_i) M(s_i) e^{s_i t}}{1 - e^{(s_i - s)NT}} + R_N(t) \ell_d^- h_p^*(t)$$

mit

$$R_N(t) = \begin{cases} 1 & 0 < t < T \\ 0 & T < t < NT \end{cases} \tag{12.44}$$

schreiben.

Auf die ganze t–Achse läßt sich (12.43) mit Hilfe der Beziehung

$$\check{D}_{pd}^{NT}(s, t + NT) = \check{D}_{pd}^{NT}(s, t) e^{NsT} \tag{12.45}$$

ausdehnen.

Wenn $F(s)$ ausschließlich einfache Pole hat und die Entwicklung (3.102) angenommen wird, vereinfacht sich die Formel (12.43) zu

$$\check{D}_{pd}^{NT}(s, t) = \sum_{r=1}^{m} \frac{c_r \mathcal{D}_{FM}(T, d_r, t)}{1 - e^{(d_r - s)NT}} + \sum_{i=1}^{n} \frac{f_i W_d(s_i) M(s_i) e^{s_i t}}{1 - e^{(s_i - s)NT}} + R_N(t) \ell_d^- h_p^*(t) \,. \tag{12.46}$$

Beispiel 12.1 Es sei die Dekomposition der DTF (9.129) für $N = 2$ gegeben. Indem man (12.46), (9.129) verwendet, erhält man

$$\check{D}_p^{2T}(t, s) = \begin{cases} \frac{M(a)e^{at}}{1 - e^{2(a-s)T}} - \int_t^T e^{a(t-\tau)} \mu(\tau)\, d\tau & 0 \leq t \leq T \\ \frac{M(a)e^{at}}{1 - e^{2(a-s)T}} & T \leq t \leq 2T \,. \end{cases} \tag{12.47}$$

$\square$

Zum Schluß dieses Abschnitts sei angemerkt, daß man nach Multiplikation der oben abgeleiteten Beziehungen mit e^{-st} entsprechende Dekompositionsformeln für die PTF erhält.

12.4 Zerlegung der Übertragungsfunktionen im allgemeinen Fall

Wenn der Steueralgorithmus nicht limitiert ist, dann gilt für ihn nur die allgemeine Zerlegung (A.27)

$$W_d(s) = l_\kappa e^{-\kappa sT} + \ldots + l_1 e^{-sT} + \tilde{W}_{d1}(s) \,, \tag{12.48}$$

wobei $\tilde{W}_{d1}(s)$ limitiert ist. Dabei gewinnt man aus (12.15)

$$D_{pd}(s, t) = \mathcal{D}_{FM}(T, s, t) \sum_{\mu=1}^{\kappa} \ell_\mu e^{-\mu sT} + \tilde{W}_{d1}(s) \mathcal{D}_{FM}(T, s, t) \,. \tag{12.49}$$

Die Dekomposition des Anteils $\tilde{W}_{d1}(s)\mathcal{D}_{FM}(T, s, t)$ kann auf der Basis der Beziehungen des Abschnitts 12.3 geleistet werden, weshalb es ausreicht, für die Dekomposition von D_{pd}^T im allgemeinen Fall die Dekomposition von Funktionen der Gestalt

$$D_{\mu p}^T(s, t) \stackrel{\text{def}}{=} e^{-\mu sT} \mathcal{D}_{FM}(T, s, t) \tag{12.50}$$

hinzuzunehmen, wobei μ eine positive ganze Zahl ist. In Analogie zu (12.18) erhält man

$$\check{D}_{\mu p}^{NT}(s,t) = \frac{1}{N} \sum_{q=0}^{N} D_{\mu p}^{T}\left(s + \frac{qj\omega}{N}, t\right) \tag{12.51}$$

oder in ausführlicher Form

$$\check{D}_{\mu p}^{NT}(s,t) = \frac{e^{-\mu s T}}{N} \sum_{q=0}^{N-1} \mathcal{D}_{FM}\left(T, s + \frac{qj\omega}{N}, t\right) d_{qN}^{-\mu}, \tag{12.52}$$

wobei sich die Zahlen d_{qN} aus (12.23) bestimmen. Die Beziehung (12.52) ist für alle t wahr. Da wegen (9.100) im Intervall $0 \le t \le T$

$$\mathcal{D}_{FM}(T,s,t) = \sum_{i=1}^{\ell} \sum_{k=1}^{\nu_i} \frac{f_{ik}}{(k-1)!} \frac{\partial^{k-1}}{\partial s_i^{k-1}} \frac{M(s_i)e^{s_i t}}{1 - e^{(s_i - s)T}} + h_p^*(t) \tag{12.53}$$

gilt, ist in diesem Intervall auch

$$\mathcal{D}_{FM}\left(T, s + \frac{qj\omega}{N}, t\right) = \sum_{i=1}^{\ell} \sum_{k=1}^{\nu_i} \frac{f_{ik}}{(k-1)!} \frac{\partial^{k-1}}{\partial s_i^{k-1}} \frac{M(s_i)e^{s_i t}}{1 - e^{(s_i - s)T} d_{qN}^{-1}} + h_p^*(t) \tag{12.54}$$

richtig. Indem man (12.54) in (12.52) einsetzt, findet man

$$\check{D}_{\mu p}^{NT}(s,t) = \frac{e^{-\mu s T}}{N} \left[\sum_{i=1}^{\ell} \sum_{k=1}^{\nu_i} \frac{f_{ik}}{(k-1)!} \frac{\partial^{k-1}}{\partial s_i^{k-1}} M(s_i)e^{s_i t}\psi_{N,-\mu}(s, s_i) + \sigma_{-\mu,N} h_p^*(t) \right]$$
$$0 \le t \le T \tag{12.55}$$

mit

$$\psi_{-\mu,N}(s,a) = \sum_{q=0}^{N-1} \frac{d_{qN}^{-\mu}}{1 - e^{(a-s)T} d_{qN}^{-1}}, \qquad \sigma_{-\mu,N} = \sum_{q=0}^{N-1} d_{qN}^{-\mu}. \tag{12.56}$$

Nimmt man

$$-\mu = c + \vartheta N \tag{12.57}$$

mit ganzen Zahlen c, ϑ und $0 \le c < N$ an, dann bekommt man aus (12.56)

$$\sigma_{-\mu,N} = \sigma_{cN} \tag{12.58}$$

und darüber hinaus unter Ausnutzung von (12.41)

$$\psi_{N,-\mu}(s,a) = \psi_{Nc}(s,a) = \frac{N e^{c(a-s)T}}{1 - e^{(a-s)NT}}. \tag{12.59}$$

Unter Verwendung von (A.58), (12.59) nimmt die Beziehung (12.55) die Gestalt

$$\check{D}_{\mu p}^{NT}(s,t) = e^{\vartheta NsT}\sum_{i=1}^{\ell}\sum_{k=1}^{\nu_i}\frac{f_{ik}}{(k-1)!}\frac{\partial^{k-1}}{\partial s_i^{k-1}}\frac{M(s_i)e^{s_i(t+cT)}}{1-e^{(s_i-s)NT}}+\frac{e^{-\mu sT}}{N}\sigma_c N h_p^*(t)$$

$$\tag{12.60}$$

$$0 \le t \le T$$

an. Für die Ausdehnung der Formel (12.60) auf das Intervall $T \le t \le NT$ wird die Darstellung (12.35) angenommen. Dabei erhält man wegen $0 \le \varepsilon < T$, $1 \le \lambda \le N-1$ und unter Berücksichtigung von (12.52)

$$\begin{aligned}
\check{D}_{\mu p}^{NT}(s,\varepsilon+\lambda T) &= \frac{e^{-\mu sT}}{N}\sum_{q=0}^{N-1}\mathcal{D}_{FM}\!\left(T,s+\frac{qj\omega}{N},\varepsilon+\lambda T\right)d_{qN}^{-\mu}\\[2mm]
&= \frac{e^{-\mu sT}}{N}\sum_{q=0}^{N-1}\mathcal{D}_{FM}\!\left(T,s+\frac{qj\omega}{N},\varepsilon\right)e^{\lambda(s+\frac{qj\omega}{N})T}d_{qN}^{-\mu}\\[2mm]
&= \frac{e^{(\lambda-\mu)sT}}{N}\sum_{q=0}^{N-1}\mathcal{D}_{FM}\!\left(T,s+\frac{qj\omega}{N},\varepsilon\right)d_{qN}^{\lambda-\mu}\,.
\end{aligned}\tag{12.61}$$

Die rechte Seite der letzten Beziehung erhält man aus der rechten Seite von (12.52), wenn man μ durch $\lambda-\mu$ ersetzt. Wenn also durch die Gleichung

$$\lambda - \mu = c_\lambda + \vartheta_\lambda N \tag{12.62}$$

gewisse ganze Zahlen c_λ, ϑ_λ bestimmt sind, dann gewinnt man aus (12.60)

$$\check{D}_{\mu p}^{NT}(s,t) = e^{\vartheta_\lambda NsT}\sum_{i=1}^{\ell}\sum_{k=1}^{\nu_i}\frac{f_{ik}}{(k-1)!}\frac{\partial^{k-1}}{\partial s_i^{k-1}}\frac{M(s_i)e^{s_i(\varepsilon+c_\lambda T)}}{1-e^{(s_i-s)NT}}+\frac{e^{(\lambda-\mu)sT}}{N}\sigma_{c_\lambda}N h_p^*(\varepsilon)$$

$$\tag{12.63}$$

$$0 \le \varepsilon < T, \quad 1 \le \lambda \le N-1.$$

Beispiel 12.2 Sei für $N=2$ die Dekomposition der Funktion

$$D_{\mu p}^{T}(s,t) = e^{-sT}\mathcal{D}_{FM}(T,s,t) \tag{12.64}$$

mit

$$F(s) = \frac{1}{s-a}$$

bei beliebiger Pulsform gegeben, dann wird wegen (9.129)

$$D_p^T(s,t) = \frac{M(a)e^{at}}{1-e^{(a-s)T}}+h_p^*(t)\,,\quad 0 \le t \le T\,.$$

In diesem Falle ist $\mu = 1$, weshalb man vermöge (12.57) $c = 1$, $\vartheta = -1$ erhält. Dabei wird $\sigma_{cN} = 0$, und die Formel (12.60) ergibt

$$\check{D}^{2T}_{\mu p}(s,t) = \mathrm{e}^{-2sT}\,\frac{M(a)\mathrm{e}^{a(t+T)}}{1 - \mathrm{e}^{2(a-s)T}}\,, \quad 0 \le t \le T\,.$$

Für das Intervall $T \le t \le 2T$ hat man $t = \varepsilon + T$, $0 \le \varepsilon \le T$, das heißt $\lambda = 1$. Dadurch wird $\lambda - \mu = 0$ und folglich erhält man $c_\lambda = 0$, $\vartheta_\lambda = 0$, wodurch sich vermöge (12.63)

$$\check{D}^{2T}_{\mu p}(s,t) = \frac{M(a)\mathrm{e}^{a(t-T)}}{1 - \mathrm{e}^{2(a-s)T}} + h^*_p(t - T)\,, \quad T \le t \le 2T$$

ergibt. $\qquad\qquad\qquad\qquad\qquad\qquad\qquad\qquad\qquad\qquad\qquad\qquad\Box$

12.5 Interpolierende digitale Verkettung

Als *interpolierende digitale Verkettung* wird die Reihenschaltung von zwei offenen digitalen Systemen L_{NT}, L_T in dem Falle bezeichnet, wenn die Periode des ersten Systems ein ganzes Vielfaches der Periode des zweiten Systems ist (siehe Abbildung 12.2). Die Operatorengleichung des Systems hat die Gestalt

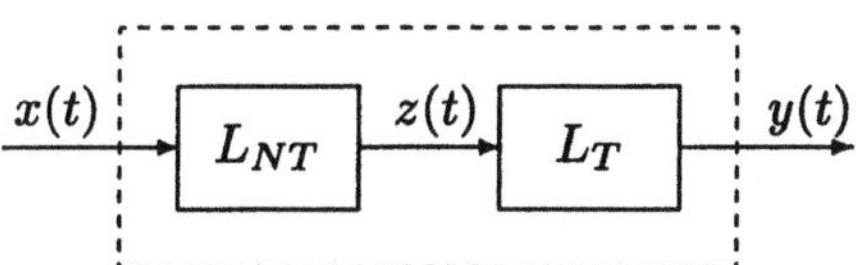

Abbildung 12.2: Interpolierende digitale Kette

$$y = W_{d2}(s)\varphi_{F_2 M_2}(T,s,t)z\,, \quad z = W_{d1}(s)\varphi_{F_1 M_1}(NT,s,t)x\,, \tag{12.65}$$

wobei die Konstrukte

$$\varphi_{F_1 M_1}(NT,s,t) = \frac{1}{NT}\sum_{k=-\infty}^{\infty} F_1\!\left(s + \frac{kj\omega}{N}\right)M_1\!\left(s + \frac{kj\omega}{N}\right)\mathrm{e}^{\frac{kj\omega}{N}t}$$

$$\varphi_{F_2 M_2}(T,s,t) = \frac{1}{T}\sum_{k=-\infty}^{\infty} F_2(s + kj\omega)M_2(s + kj\omega)\,\mathrm{e}^{kj\omega t} \tag{12.66}$$

mit $\omega = 2\pi/T$ sowie

$$W_{d1}(s) = W_{d1}\!\left(s + \frac{j\omega}{N}\right)\,, \quad W_{d2}(s) = W_{d2}(s + j\omega) \tag{12.67}$$

verwendet wurden. Die Übertragungsfunktionen $F_1(s)$, $F_2(s)$ werden als streng proper vorausgesetzt. Nach Dekomposition des zweiten Systems läßt sich

$$y(t) = \sum_{\lambda=0}^{N-1} y_\lambda(t) \tag{12.68}$$

schreiben, wobei die Veränderlichen $y_\lambda(t)$ den Operatorengleichungen

$$y_\lambda = \breve{W}_2(NT, s, t - \lambda T)z, \quad z = W_{d1}(s)\varphi_{F_1 M_1}(NT, s, t)x \tag{12.69}$$

genügen und die PTF $\breve{W}_2(NT, s, t)$ durch die aus (3.129) ableitbare Beziehung

$$\breve{W}_2(NT, s, t) = \frac{1}{NT} \sum_{k=-\infty}^{\infty} F_2(s + \frac{kj\omega}{N})M_2(s + \frac{kj\omega}{N})W_{d2}(s + \frac{kj\omega}{N})\,\mathrm{e}^{\frac{kj\omega}{N}t} \tag{12.70}$$

bestimmt ist. Die Beziehung (12.70) stimmt mit der PTF des offenen Abtastsystems der Periode NT mit der äquivalenten Übertragungsfunktion

$$Q_2(s) = F_2(s)M_2(s)W_{d2}(s) \tag{12.71}$$

überein. Deshalb kann die Relation (12.69) als Reihenschaltung zweier offener Abtastsysteme mit der Periode NT aufgefaßt werden und (12.69) hat demnach die Periode NT. Wenn nun $x(t) = \mathrm{e}^{st}$ angenommen und der stroboskopische Effekt ausgenutzt wird, erhält man sofort

$$y_\lambda(t) = \breve{W}_2(NT, s, t - \lambda T)W_{d1}(s)\varphi_{F_1 M_1}(NT, s, \lambda T)\mathrm{e}^{st},$$

woraus folgt, daß die PTF des Systems (12.69) gleich

$$W_{v\lambda}(s, t) = \breve{W}_2(NT, s, t - \lambda T)W_{d1}(s)\varphi_{F_1 M_1}(NT, s, \lambda T) \tag{12.72}$$

ist. Die PTF (12.72) kann in der Form

$$W_{v\lambda}(s, t) = \frac{1}{NT} \sum_{k=-\infty}^{\infty} Q_{v\lambda}(s + \frac{kj\omega}{N})\mathrm{e}^{\frac{kj\omega}{N}t} \tag{12.73}$$

mit

$$Q_{v\lambda}(s) = F_2(s)M_2(s)W_{d2}(s)W_{d1}(s)\varphi_{F_1 M_1}(NT, s, \lambda T) \tag{12.74}$$

dargestellt werden. Aus (12.73) entnimmt man, daß die Gleichung (12.69) einem offenen Abtastsystem mit der Periode NT und der PTF (12.73) sowie der äquivalenten Übertragungsfunktion (12.74) entspricht. Aus (12.68) und (12.73) folgt, daß sich die PTF $W_v(s, t)$ des betrachteten offenen Systems in die Gestalt

$$W_v(s, t) = \frac{1}{NT} \sum_{k=-\infty}^{\infty} Q_v(s + \frac{kj\omega}{N})\mathrm{e}^{\frac{kj\omega}{N}t} \tag{12.75}$$

mit

$$Q_v(s) \stackrel{\text{def}}{=} F_2(s)M_2(s)W_{d2}(s)W_{d1}(s) \sum_{\lambda=0}^{N-1} \varphi_{F_1 M_1}(NT, s, \lambda T) \qquad (12.76)$$

bringen läßt, was einem offenen Abtastsystem mit der ETF (12.76) ohne Phasenverschiebung entspricht.

Aus den abgeleiteten Formeln folgt unmittelbar, daß die Menge der charakteristischen Indizes μ_i ($i = 1, \ldots, r$) des betrachteten Systems durch die Vereinigung der Mengen der charakteristischen Indizes der Funktionen $F_1(s)$, $F_2(s)$, $W_{d1}(s)$ und $W_{d2}(s)$ gefunden werden kann. Dabei verhält sich $|Q_v(s)|$ in jedem Regularitätsstreifen für $|s| \to \infty$ wie $|s|^{-2}$. Darum läßt sich für $x(t) \in \Lambda(\mu_i, \mu_{i+1})$ die Laplace-Transformation des Ausgangs in der Gestalt

$$Y(s) = F_2(s)M_2(s)W_{d2}(s)W_{d1}(s) \sum_{\lambda=0}^{N-1} \varphi_{F_1 M_1}(NT, s, \lambda T)\varphi_x(NT, s, +0) \qquad (12.77)$$

schreiben. Berücksichtigt man (4.27) und die Beziehung

$$\varphi_{F_1 M_1}\left(NT, s + \frac{kj\omega}{N}, \lambda T\right) = \varphi_{F_1 M_1}(NT, s, \lambda T)e^{-\frac{kj\omega}{N}\lambda T} ,$$

dann erhält man aus (12.77) die diskrete Laplace-Transformation des Ausgangs

$$\mathcal{D}_Y(NT, s, t) = \mathcal{D}_y(NT, s, t) =$$

$$\qquad (12.78)$$

$$= \sum_{\lambda=0}^{N-1} \check{\mathcal{D}}_{F_2 M_2 W_{d2}}(NT, s, t - \lambda T)\mathcal{D}_{F_1 M_1}(NT, s, \lambda T)W_{d1}(s)\mathcal{D}_x(NT, s, +0) .$$

Hierbei bestimmt der Ausdruck

$$D_v(s, t) = W_{d1}(s) \sum_{\lambda=0}^{N-1} \check{\mathcal{D}}_{F_2 M_2 W_{d2}}(NT, s, t - \lambda T)\mathcal{D}_{F_1 M_1}(NT, s, \lambda T) \qquad (12.79)$$

die DTF des interpolierenden Systems.

Beispiel 12.3 Es soll die DTF des interpolierenden Abtastsystems gefunden werden, in dem $N = 2$,

$$F_1(s) = \frac{1}{s - b}, \quad F_2(s) = \frac{1}{s - a}, \quad W_{d1}(s) = W_{d2}(s) = 1 \qquad (12.80)$$

vorkommen und die Pulsform frei wählbar bleiben soll. Die Formel (12.79) liefert im gegebenen Fall

$$D_v(s, t) = \check{\mathcal{D}}_{F_2 M_2}(2T, s, t)\mathcal{D}_{F_1 M_1}(2T, s, 0) + \check{\mathcal{D}}_{F_2 M_2}(2T, s, t - T)\mathcal{D}_{F_1 M_1}(2T, s, T) .$$

$$\qquad (12.81)$$

Bei Beachtung von (9.129) findet man

$$\mathcal{D}_{F_1 M_1}(2T, s, t) = \frac{M_1(b)e^{bt}}{1 - e^{2(b-s)T}} - \int_t^{2T} e^{b(t-\tau)}\mu_1(\tau)\,\mathrm{d}\tau\,, \quad 0 \le t \le 2T. \tag{12.82}$$

Darüber hinaus folgt aus (12.47)

$$\check{\mathcal{D}}_{F_2 M_2}(2T, s, t) = \begin{cases} \frac{M_2(a)e^{at}}{1-e^{2(a-s)T}} - \int_t^T e^{a(t-\tau)}\mu_2(\tau)\,\mathrm{d}\tau & 0 \le t \le T \\ \frac{M_2(a)e^{at}}{1-e^{2(a-s)T}} & T \le t \le 2T. \end{cases} \tag{12.83}$$

In den hergeleiteten Beziehungen bedeuten

$$-\int_t^{2T} e^{b(t-\tau)}\mu_1(\tau)\,\mathrm{d}\tau = h_{p1}^*(t)\,, \quad -\int_t^T e^{a(t-\tau)}\mu_2(\tau)\,\mathrm{d}\tau = h_{p2}^*(t)\,. \tag{12.84}$$

Zu den angeführten Formeln muß man noch die Beziehungen

$$\begin{aligned} \mathcal{D}_{F_1 M_1}(2T, s, t+2T) &= \mathcal{D}_{F_1 M_1}(2T, s, t)e^{2bsT} \\ \check{\mathcal{D}}_{F_2 M_2}(2T, s, t+2T) &= \check{\mathcal{D}}_{F_2 M_2}(2T, s, t)e^{2asT} \end{aligned} \tag{12.85}$$

hinzufügen. Nach Einsetzen von (12.82)–(12.85) in (12.81) kann man einen geschlossenen Ausdruck für die gesuchte DTF erhalten. $\qquad\square$

12.6 Dezimierende digitale Verkettung

Als *dezimierende digitale Verkettung* wird die Reihenschaltung zweier elementarer Abtastsysteme in dem Fall genannt, wenn die Abtastfrequenz des ersten Systems um ein ganzes Vielfaches höher als die Abtastfrequenz des zweiten Systems liegt (siehe Abbildung 12.3), Fliege (1993); Spring und Unger (1994); Crochiere und Rabiner (1983). Die Gleichungen der dezimierenden digitalen Kette können in

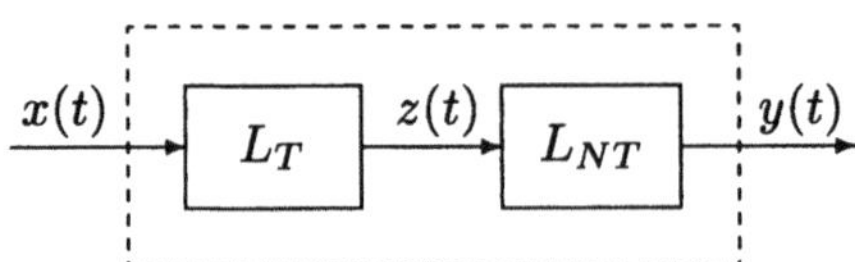

Abbildung 12.3: Dezimierende digitale Kette

Analogie zu (12.65) in der Form

$$y = W_{d2}(s)\varphi_{F_2 M_2}(NT, s, t)z\,, \quad z = W_{d1}(s)\varphi_{F_1 M_1}(T, s, t)x \tag{12.86}$$

$$\text{mit} \qquad W_{d1}(s) = W_{d1}(s + \mathrm{j}\omega)\,, \quad W_{d2}(s) = W_{d2}(s + \frac{\mathrm{j}\omega}{N}) \tag{12.87}$$

geschrieben werden. Bei Verwendung von (12.87) kann man

$$W_{d1}(s)\varphi_{F_1 M_1}(T,s,t) = \varphi_{F_1 M_1 W_{d1}}(T,s,t) \stackrel{\text{def}}{=} W_1(T,s,t)$$

$$W_{d2}(s)\varphi_{F_2 M_2}(NT,s,t) = \varphi_{F_2 M_2 W_{d2}}(NT,s,t) \stackrel{\text{def}}{=} W_2(NT,s,t)$$

(12.88)

ermitteln. Wenn man die Dekomposition der PTF $W_1(T,s,t)$ vornimmt, erhält man

$$W_1(T,s,t) = \sum_{\lambda=0}^{N-1} \breve{\varphi}_{F_1 M_1 W_{d1}}(NT,s,t-\lambda T)\,. \tag{12.89}$$

Aus (12.86) und (12.89) gewinnt man

$$y(t) = \sum_{\lambda=0}^{N-1} y_\lambda(t)\,, \tag{12.90}$$

wobei die Funktionen $y_\lambda(t)$ durch die Operatorengleichungen

$$y_\lambda = \varphi_{F_2 M_2 W_{d2}}(NT,s,t)z_\lambda\,, \quad z_\lambda = \breve{\varphi}_{F_1 M_1 W_{d1}}(NT,s,t-\lambda T)x \tag{12.91}$$

festgelegt ist. Die PTF der Reihenschaltung (12.91) hat wegen des stroboskopischen Effekts die Gestalt

$$W_{\lambda a}(s,t) = \varphi_{F_2 M_2 W_{d2}}(NT,s,t)\breve{\varphi}_{F_1 M_1 W_{d1}}(NT,s,-\lambda T)\,. \tag{12.92}$$

Die Überlagerung der Ausdrücke (12.92) liefert die PTF $W_a(s,t)$ des gesuchten Systems

$$W_a(s,t) = \varphi_{F_2 M_2 W_{d2}}(NT,s,t) \sum_{\lambda=0}^{N-1} \breve{\varphi}_{F_1 M_1 W_{d1}}(NT,s,-\lambda T)\,. \tag{12.93}$$

Nun zieht (3.123) die Relation

$$\sum_{\lambda=0}^{N-1} \breve{\varphi}_{F_1 M_1 W_{d1}}(NT,s,-\lambda T) = \varphi_{F_1 M_1 W_{d1}}(T,s,0) = W_{d1}(s)\varphi_{F_1 M_1}(T,s,0)$$

nach sich, wodurch (12.93) die Gestalt

$$W_a(s,t) = \varphi_{F_2 M_2}(NT,s,t)\varphi_{F_1 M_1}(T,s,0)W_{d2}(s)W_{d1}(s) \tag{12.94}$$

annimmt. Für die Bestimmung des Bildes vom Ausgangssignal sei erwähnt, daß die PTF (12.92) in der Form

$$W_{\lambda a}(s,t) = \frac{1}{NT} \sum_{k=-\infty}^{\infty} Q_{\lambda a}(s + \frac{kj\omega}{N})e^{\frac{kj\omega}{N}(t-\lambda T)} \tag{12.95}$$

mit

$$Q_{\lambda a}(s) = F_2(s)M_2(s)W_{d2}(s)\check{\varphi}_{F_1 M_1 W_{d1}}(NT, s, -\lambda T) \tag{12.96}$$

dargestellt werden kann. Die Formel (12.95) entspricht einem offenen System mit der ETF (12.96), das die Phasenverschiebungen λT besitzt. Die charakteristischen Indizes μ_i, $(i = 1, \ldots, r)$ dieses Systems erhält man durch Vereinigung der Mengen der charakteristischen Indizes der Funktionen $F_1(s)$, $F_2(s)$, $W_{d1}(s)$ und $W_{d2}(s)$. Dabei findet man, daß für $x(t) \in \Lambda(\mu_i, \mu_{i+1})$ die Laplace-Transformation $Y_\lambda(s)$ der Funktion $y_\lambda(t)$ aus (12.91) gleich

$$Y_\lambda(s) = F_2(s)M_2(s)W_{d2}(s)\check{\varphi}_{F_1 M_1 W_{d1}}(NT, s, -\lambda T)\varphi_x(NT, s, \lambda T + 0) \tag{12.97}$$

ist. Die Superposition der Ausdrücke (12.97) für die einzelnen λ liefert die Laplace-Transformation des Ausgangs

$$Y(s) = F_2(s)M_2(s)W_{d2}(s) \sum_{\lambda=0}^{N-1} \check{\varphi}_{F_1 M_1 W_{d1}}(NT, s, -\lambda T)\varphi_x(NT, s, \lambda T + 0) \,. \tag{12.98}$$

Beispiel 12.4 Es soll die PTF der dezimierenden digitalen Kette für $N = 2$ und bei Annahme von (12.80) gefunden werden. Die Form der Pulse soll frei vorgebbar sein. Im gegebenen Fall besteht wegen (12.94) die Beziehung

$$W_a(s, t) = \varphi_{F_2 M_2}(2T, s, t)\varphi_{F_1 M_1}(T, s, 0) \,.$$

Hierbei wird

$$\varphi_{F_2 M_2}(2T, s, t) = e^{-st}\left[\frac{M_2(a)e^{at}}{1 - e^{2(a-s)T}} - \int_t^T e^{a(t-\tau)}\mu_2(\tau)\,d\tau \right], \quad 0 \le t \le 2T$$

$$\varphi_{F_1 M_1}(T, s, 0) = \frac{M(b)}{e^{(s-b)T} - 1} \,. \qquad \square$$

12.7 Geschlossenes System mit synchroner digitaler Kette

Aus Gründen der Einfachheit wird lediglich die Rückkopplung nach Abbildung 12.4

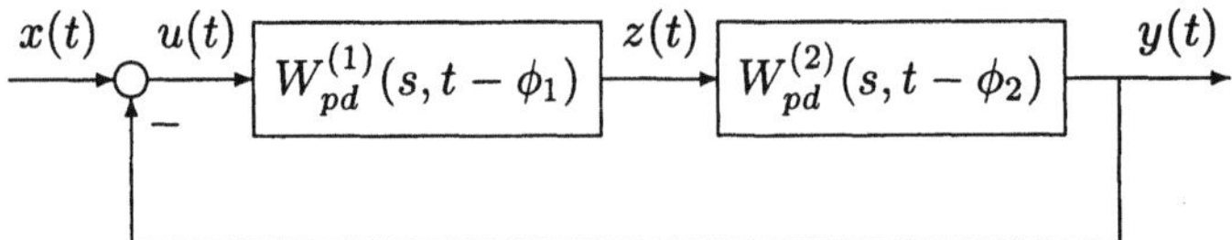

Abbildung 12.4: Geschlossener synchroner Kreis

betrachtet, wobei die offene Kette der gegebenen Struktur bereits in Abbildung 12.1 eingeführt wurde. Die definierenden Gleichungen des Systems lauten

$$y = \varphi_{F_2 M_2 W_{d2}}(T, s, t - \phi_2)z, \quad z = \varphi_{F_1 M_1 W_{d1}}(T, s, t - \phi_1)u, \quad u = x - y. \quad (12.99)$$

Indem die Formeln des Abschnitts 12.2 ausgenutzt werden, läßt sich die Struktur aus Abbildung 12.4 äquivalent durch eine solche nach Abbildung 12.5 ersetzen, wobei die PTF $W_c(s, t)$ durch die Formel (12.7) bestimmt ist. Für die Konstruktion der

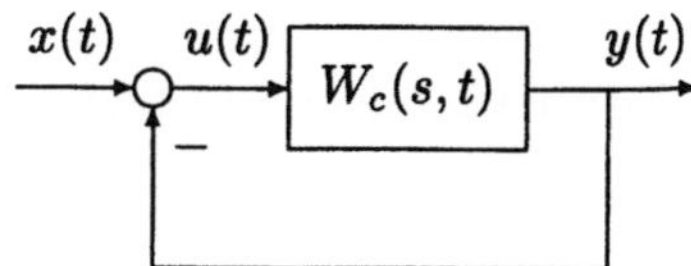

Abbildung 12.5: Äquivalente Struktur zu Abbildung 12.4

PTF $W_{cl}(s, t)$ des geschlossenen Systems wird in bewährter Weise

$$x(t) = \mathrm{e}^{st}, \quad y(t) = W_{cl}(s, t)\mathrm{e}^{st}, \quad W_{cl}(s, t) = W_{cl}(s, t + T) \quad (12.100)$$

angesetzt. Wenn die Bedingungen (12.100) erfüllt sind, dann folgt aus Abbildung 12.5

$$u(t) = \mathrm{e}^{st} f_u(t) \quad (12.101)$$

mit

$$f_u(t) \stackrel{\mathrm{def}}{=} 1 - W_{cl}(s, t) = f_u(t + T). \quad (12.102)$$

Indem der stroboskopische Effekt ausgenutzt wird, kann der Eingang (12.101) äquivalent durch

$$\tilde{u}(t) = \mathrm{e}^{st} f_u(\phi_1) = \mathrm{e}^{st} \left[1 - W_{cl}(s, \phi_1)\right] \quad (12.103)$$

ersetzt werden. Aus (12.103) und Abbildung 12.5 ermittelt man

$$y(t) = \mathrm{e}^{st} W_c(s, t) \left[1 - W_{cl}(s, \phi_1)\right]. \quad (12.104)$$

Aus dem Vergleich der Ausdrücke für $y(t)$ in (12.100) und (12.104) erhält man die Funktionalgleichung

$$W_{cl}(s, t) = W_c(s, t) \left[1 - W_{cl}(s, \phi_1)\right]. \quad (12.105)$$

Setzt man in die linke Seite und die rechte Seite von (12.105) den speziellen Wert $t = \phi_1$ ein, ergibt sich

$$W_{cl}(s, \phi_1) = \frac{W_c(s, \phi_1)}{1 + W_c(s, \phi_1)} \quad (12.106)$$

und nach Einsetzen dieses Ergebnisses in (12.105) gewinnt man

$$W_{cl}(s, t) = \frac{W_c(s, t)}{1 + W_c(s, \phi_1)}. \quad (12.107)$$

Gemäß (12.7) gilt

$$W_c(s,\phi_1) = \frac{1}{T}\sum_{k=-\infty}^{\infty} Q_c(s + kj\omega) = \mathcal{D}_{Q_c}(T,s,0)\,, \tag{12.108}$$

wobei wegen (12.8)

$$\mathcal{D}_{Q_c}(T,s,0) = W_{d2}(s)W_{d1}(s) *$$

$$* \frac{1}{T}\sum_{k=-\infty}^{\infty} F_2(s + kj\omega)M_2(s + kj\omega)\varphi_{F_1 M_1}(T,s + kj\omega,\phi_2 - \phi_1)$$

ist. Da

$$\varphi_{F_1 M_1}(T,s + kj\omega,\phi_2 - \phi_1) = \varphi_{F_1 M_1}(T,s,\phi_2 - \phi_1)e^{kj\omega(\phi_1 - \phi_2)}$$

gilt, erhält man aus (12.108)

$$W_c(s,\phi_1) = \mathcal{D}_{Q_c}(T,s,0) = W_{d2}(s)W_{d1}(s)\varphi_{F_2 M_2}(T,s,\phi_1 - \phi_2)\varphi_{F_1 M_1}(T,s,\phi_2 - \phi_1)$$

$$= W_{d2}(s)W_{d1}(s)\mathcal{D}_{F_2 M_2}(T,s,\phi_1 - \phi_2)\mathcal{D}_{F_1 M_1}(T,s,\phi_2 - \phi_1)$$

und Formel (12.107) nimmt die Gestalt

$$W_{cl}(s,t) = \frac{W_c(s,t)}{1 + W_{d1}(s)W_{d2}(s)\mathcal{D}_{F_1 M_1}(T,s,\phi_2 - \phi_1)\mathcal{D}_{F_2 M_2}(T,s,\phi_1 - \phi_2)} \tag{12.109}$$

an. Der Nenner des letzten Ausdrucks hängt periodisch von s ab, darum kann unter Verwendung von (12.7) der Ausdruck (12.109) in der Form

$$W_{cl}(s,t) = \frac{1}{T}\sum_{k=-\infty}^{\infty} Q_{cl}(s + kj\omega)e^{kj\omega(t-\phi_1)} \tag{12.110}$$

mit

$$Q_{cl}(s) = \frac{F_2(s)M_2(s)W_{d1}(s)W_{d2}(s)\varphi_{F_1 M_1}(T,s,\phi_2 - \phi_1)}{1 + W_{d1}(s)W_{d2}(s)\mathcal{D}_{F_1 M_1}(T,s,\phi_2 - \phi_1)\mathcal{D}_{F_2 M_2}(T,s,\phi_1 - \phi_2)} \tag{12.111}$$

dargestellt werden. Die Beziehungen (12.110) und (12.111) gehören zu einem offenen Abtastsystem mit der ETF (12.111) und der Phasenverschiebung ϕ_1. Wenn deshalb μ_i, $(i = 1,\ldots,r)$ die charakteristischen Indizes der Funktion (12.111) sind, dann ist für $x(t) \in \Lambda(\mu_i,\mu_{i+1})$ die Laplace-Transformation des Ausgangs $Y(s)$ gleich

$$Y(s) = \frac{F_2(s)M_2(s)W_{d1}(s)W_{d2}(s)\varphi_{F_1 M_1}(T,s,\phi_2 - \phi_1)}{1 + W_{d1}(s)W_{d2}(s)\mathcal{D}_{F_1 M_1}(T,s,\phi_2 - \phi_1)\mathcal{D}_{F_2 M_2}(T,s,\phi_1 - \phi_2)}\varphi_x(T,s,\phi_1 + 0). \tag{12.112}$$

Bei Verwendung von (12.112) und (4.27) lassen sich unschwer Ausdrücke für die diskrete Laplace-Transformation des Ausgangs finden.

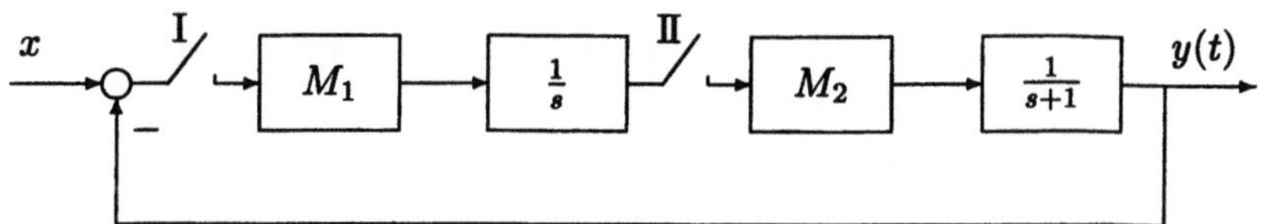

Abbildung 12.6: Regelkreis mit zwei synchronen Abtastern

Beispiel 12.5 Es wird das in Abbildung 12.6 gezeigte Abtastsystem untersucht, Ackermann (1988). wobei der Abtaster I die Werte in den Zeitpunkten $t_{1k} = kT + \phi$, $0 \le \phi < T$ abnimmt, und der Abtaster II die Werte zu den Zeitpunkten $t_{2k} = kT$ holt. Im gegebenen Beispiel ist $W_{d1}(s) = W_{d2}(s) = 1$ und darüber hinaus $F_1(s) = s^{-1}$, $F_2(s) = (1 + s)^{-1}$. Insgesamt kann das System nach Abbildung 12.6 durch die in Abbildung 12.7 gezeigte Struktur dargestellt werden. Die Formel (12.109) liefert im vorliegenden Fall

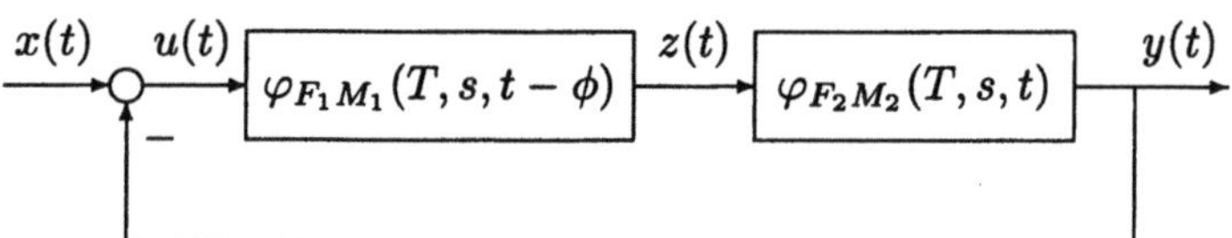

Abbildung 12.7: Äquivalente Struktur zu Abbildung 12.6

$$W_{cl}(s,t) = \frac{\varphi_{F_2 M_2}(T,s,t)\,\varphi_{F_1 M_1}(T,s,-\phi)}{1 + \mathcal{D}_{F_1 M_1}(T,s,-\phi)\,\mathcal{D}_{F_2 M_2}(T,s,\phi)} \; . \tag{12.113}$$

Hierbei ergibt sich im Intervall $0 \le t \le T$ wegen (9.110)

$$\varphi_{F_1 M_1}(T,s,t) = \mathrm{e}^{-st}\left[\frac{M_1(0)}{\mathrm{e}^{sT} - 1} + \int_0^t \mu_1(\tau)\,\mathrm{d}\tau\right]$$

$$\varphi_{F_2 M_2}(T,s,t) = \mathrm{e}^{-st}\left[\frac{M_2(-1)\mathrm{e}^{-t}}{\mathrm{e}^{(s+1)T} - 1} + \int_0^t \mathrm{e}^{-(t-\tau)}\mu_2(\tau)\,\mathrm{d}\tau\right] \; . \tag{12.114}$$

Mit Hilfe von (12.114) gewinnt man unschwer geschlossene Ausdrücke für die PTF (12.113). $\qquad\qquad\qquad\qquad\qquad\qquad\qquad\qquad\qquad\qquad\qquad\qquad\qquad\square$

12.8 Geschlossenes System mit interpolierender digitaler Verkettung

Die Struktur der zu untersuchenden Systeme ist in Abbildung 12.8 dargestellt, wobei für die offene Kette alle in Abschnitt 12.5 geforderten Bedingungen erfüllt sein

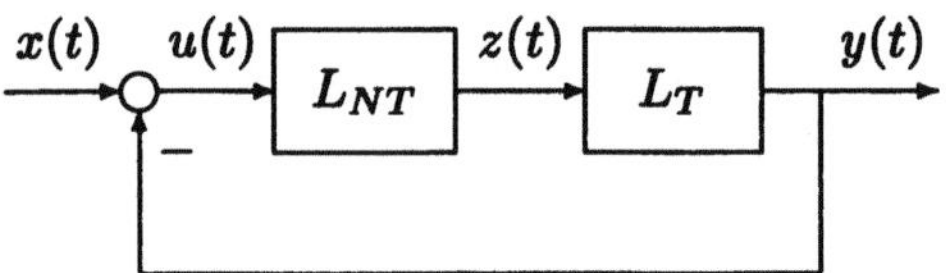

Abbildung 12.8: Regelkreis mit interpolierender digitaler Kette

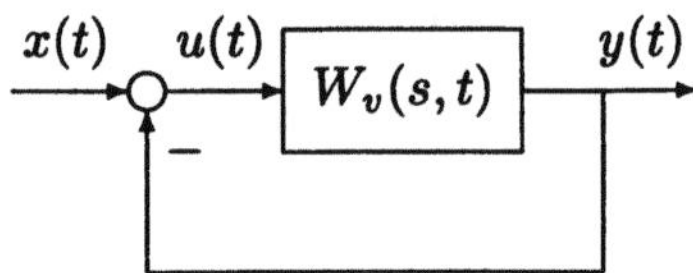

Abbildung 12.9: Äquivalente Struktur zu Abbildung 12.8

sollen. Vermöge (12.75) kann man die äquivalente Struktur nach Abbildung 12.9 zeichnen, in der das offene System ein Abtastsystem ohne Phasenverschiebung mit der ETF (12.76) ist.

Nimmt man wieder

$$x(t) = e^{st}, \quad y(t) = W_{vl}(s,t)e^{st}, \quad W_{vl}(s,t) = W_{vl}(s,t+T) \tag{12.115}$$

an, dann ergibt sich

$$u(t) = e^{st} f_u(t) \tag{12.116}$$

mit

$$f_u(t) \overset{\text{def}}{=} 1 - W_{vl}(s,t) = f_u(t + NT). \tag{12.117}$$

Wegen des stroboskopischen Effekts kann das Signal (12.116) durch

$$\tilde{u}(t) = e^{st} f_u(0) = e^{st}[1 - W_{vl}(s,0)] \tag{12.118}$$

äquivalent ersetzt werden. Berücksichtigt man (12.118) und Abbildung 12.9, so findet man

$$y(t) = W_v(s,t)[1 - W_{vl}(s,0)]\, e^{st}. \tag{12.119}$$

Durch Vergleich von (12.115) mit (12.119) gelangt man zu

$$W_{vl}(s,t) = W_v(s,t)[1 - W_{vl}(s,0)],$$

woraus

$$W_{vl}(s,0) = \frac{W_v(s,0)}{1 + W_v(s,0)}$$

und somit

$$W_{vl}(s,t) = \frac{W_v(s,t)}{1 + W_v(s,0)} \tag{12.120}$$

folgt. Aus (12.75) entnimmt man

$$W_v(s,0) = \frac{1}{NT} \sum_{k=-\infty}^{\infty} Q_v(s + \frac{kj\omega}{N}) = W_v(s + \frac{j\omega}{N},0), \qquad (12.121)$$

weshalb die PTF (12.120) mittels (12.76) in der Form

$$W_{vl}(s,t) = \frac{1}{NT} \sum_{k=-\infty}^{\infty} Q_{vl}(s + \frac{kj\omega}{N})e^{\frac{kj\omega}{N}t} \qquad (12.122)$$

mit

$$Q_{vl}(s) = \frac{Q_v(s)}{1 + W_v(s,0)} \qquad (12.123)$$

dargestellt werden kann, wobei sich $Q_v(s)$ aus (12.76) bestimmen läßt. Darüber hinaus ermittelt man aus (12.121) und (12.76)

$$\begin{aligned}
W_v(s,0) &= \sum_{\lambda=0}^{N-1} \breve{\varphi}_{F_2 M_2 W_{d2}}(NT,s,-\lambda T)\varphi_{F_1 M_1}(NT,s,\lambda T)W_{d1}(s) \\
&= \sum_{\lambda=0}^{N-1} \breve{\mathcal{D}}_{F_2 M_2 W_{d2}}(NT,s,-\lambda T)\mathcal{D}_{F_1 M_1}(NT,s,\lambda T)W_{d1}(s).
\end{aligned} \qquad (12.124)$$

Aus (12.122) ersieht man, daß das zu untersuchende System als offenes Abtastsystem ohne Phasenverschiebung mit der ETF (12.123) aufgefaßt werden kann. Wenn man in üblicher Weise die Menge der charakteristischen Indizes μ_i einführt, dann läßt sich zum Eingang $x(t) \in \Lambda(\mu_i, \mu_{i+1})$ die Laplace-Transformation des Ausgangs

$$Y(s) = \frac{F_2(s)M_2(s)W_{d2}(s)W_{d1}(s) \sum\limits_{\lambda=0}^{N-1} \varphi_{F_1 M_1}(NT,s,\lambda T)}{1 + W_{d1}(s) \sum\limits_{\lambda=0}^{N-1} \breve{\mathcal{D}}_{F_2 M_2 W_{d2}}(NT,s,-\lambda T)\mathcal{D}_{F_1 M_1}(NT,s,\lambda T)} \varphi_x(NT,s,+0) \qquad (12.125)$$

ermitteln.

12.9 Geschlossenes System mit dezimierender digitaler Verkettung

Die Struktur des zu untersuchenden Systems ist in Abbildung 12.10 dargestellt, wobei die offene Kette den in Abschnitt 12.6 abgesprochenen Bedingungen genügt. Die Operatorengleichung des Systems besitzt die Gestalt

$$y = W_{d2}(s)\varphi_{F_2 M_2}(NT,s,t)z, \quad z = W_{d1}(s)\varphi_{F_1 M_1}(T,s,t)z, \quad u = x - y. \quad (12.126)$$

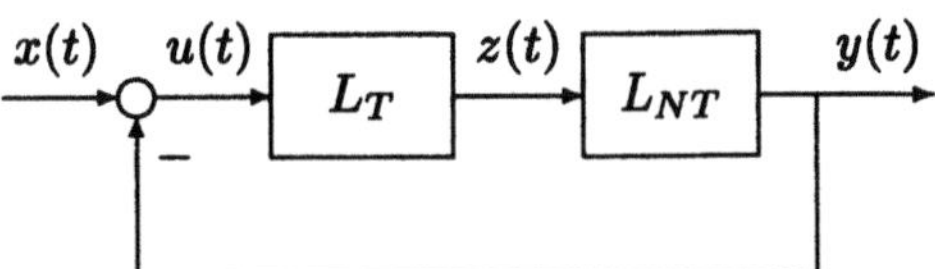

Abbildung 12.10: Regelkreis mit dezimierender digitaler Kette

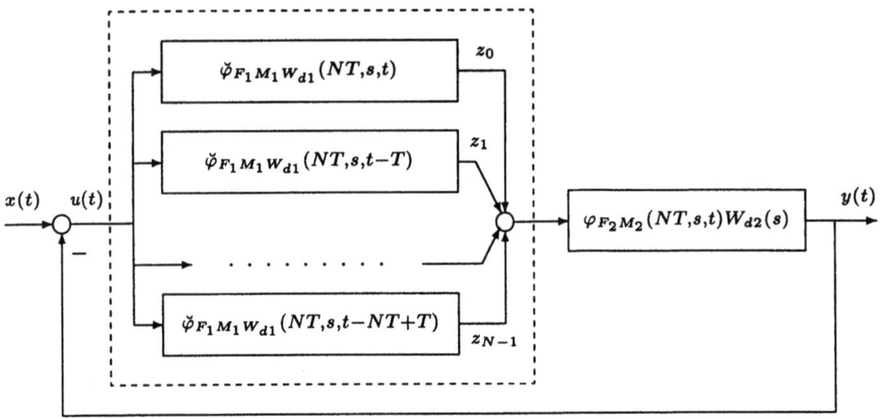

Abbildung 12.11: Äquivalente Struktur zu Abbildung 12.10

Durch die Dekomposition (12.89) kann das System nach Abbildung 12.10 zu der in Abbildung 12.11 gezeigten Struktur umgeformt werden.

Sei $W_{al}(s,t) = W_{al}(s,t+NT)$ die gesuchte PTF des geschlossenen Systems und

$$x(t) = \mathrm{e}^{st}, \quad y(t) = W_{al}(s,t)\mathrm{e}^{st}, \tag{12.127}$$

dann folgt aus Abbildung 12.11

$$u(t) = \mathrm{e}^{st} f_u(t) \tag{12.128}$$

mit

$$f_u(t) = 1 - W_{al}(s,t) = f_u(t+NT).$$

Unter Berücksichtigung von (12.128) erhält man aus Abbildung 12.11 bei Ausnutzung des stroboskopischen Effekts

$$z_\lambda(t) = \mathrm{e}^{st}\breve{\varphi}_{F_1 M_1 W_{d1}}(NT,s,t-\lambda T)\left[1 - W_{al}(s,\lambda T)\right]$$

und folglich

$$y(t) = W_{d2}(s)\varphi_{F_2 M_2}(NT,s,t)\sum_{\lambda=0}^{N-1}\breve{\varphi}_{F_1 M_1 W_{d1}}(NT,s,-\lambda T)\left[1 - W_{al}(s,\lambda T)\right]\mathrm{e}^{st}.$$

Wenn hierin (3.123) berücksichtigt wird, gelangt man zu

$$y(t) = W_{d2}(s)\varphi_{F_2 M_2}(NT, s, t)e^{st}*$$

$$*\left[W_{d1}(s)\varphi_{F_1 M_1}(T, s, 0) - \sum_{\lambda=0}^{N-1} \check{\varphi}_{F_1 M_1 W_{d1}}(NT, s, -\lambda T)W_{al}(s, \lambda T)\right]. \tag{12.129}$$

Aus (12.127) und (12.129) leitet sich die Funktionalgleichung für die gesuchte PTF

$$W_{al}(s, t) = W_{d2}(s)\varphi_{F_2 M_2}(NT, s, t)*$$

$$*\left[W_{d1}(s)\varphi_{F_1 M_1}(T, s, 0) - \sum_{\lambda=0}^{N-1} \check{\varphi}_{F_1 M_1 W_{d1}}(NT, s, -\lambda T)W_{al}(s, \lambda T)\right] \tag{12.130}$$

ab. Wenn man

$$A(s) \stackrel{\text{def}}{=} W_{d1}(s)\varphi_{F_1 M_1}(T, s, 0) - \sum_{\lambda=0}^{N-1} \check{\varphi}_{F_1 M_1 W_{d1}}(NT, s, -\lambda T)W_{al}(s, \lambda T) \tag{12.131}$$

bezeichnet, dann nimmt die Gleichung (12.130) die Form

$$W_{al}(s, t) = W_{d2}(s)\varphi_{F_2 M_2}(NT, s, t)A(s) \tag{12.132}$$

an. Setzt man (12.132) auf der rechten Seite von (12.131) ein, dann findet man

$$A(s) = W_{d1}(s)\varphi_{F_1 M_1}(T, s, 0)-$$

$$- A(s)W_{d2}(s) \sum_{\lambda=0}^{N-1} \check{\varphi}_{F_1 M_1 W_{d1}}(NT, s, -\lambda T)\varphi_{F_2 M_2}(NT, s, \lambda T),$$

woraus man

$$A(s) = \frac{W_{d1}(s)\varphi_{F_1 M_1}(T, s, 0)}{1 + W_{d2}(s) \sum\limits_{\lambda=0}^{N-1} \check{\varphi}_{F_1 M_1 W_{d1}}(NT, s, -\lambda T)\varphi_{F_2 M_2}(NT, s, \lambda T)} \tag{12.133}$$

ermittelt. Indem (12.133) in (12.132) eingesetzt wird, findet man schließlich

$$W_{al}(s, t) = \frac{W_{d1}(s)W_{d2}(s)\varphi_{F_1 M_1}(T, s, 0)\varphi_{F_2 M_2}(NT, s, t)}{1 + W_{d2}(s) \sum\limits_{\lambda=0}^{N-1} \check{\varphi}_{F_1 M_1 W_{d1}}(NT, s, -\lambda T)\varphi_{F_2 M_2}(NT, s, \lambda T)}. \tag{12.134}$$

Es soll jetzt die Laplace-Transformation des Ausgangs bestimmt werden. Dazu erinnert man sich, daß der Nenner im Bruch (12.134) periodisch von s abhängt mit der Periode $\frac{j\omega}{N}$, weil $W_{d2}(s) = W_{d2}(s + \frac{j\omega}{N})$ und

$$\sum_{\lambda=0}^{N-1} \check{\varphi}_{F_1 M_1 W_{d1}}(NT, s, -\lambda T)\varphi_{F_2 M_2}(NT, s, \lambda T) =$$

$$= \sum_{\lambda=0}^{N-1} \check{\mathcal{D}}_{F_1 M_1 W_{d1}}(NT, s, -\lambda T)\mathcal{D}_{F_2 M_2}(NT, s, \lambda T)$$

gelten. Darum kann man bei Beachtung von (12.92), (12.93)

$$W_{al}(s,t) = \sum_{\lambda=0}^{N-1} \check{W}_{\lambda a}(s,t) \tag{12.135}$$

mit

$$\check{W}_{\lambda a}(s,t) = \frac{1}{NT} \sum_{k=-\infty}^{\infty} \check{Q}_{\lambda a}(s + \frac{kj\omega}{N})\mathrm{e}^{\frac{kj\omega}{N}(t-\lambda T)} \tag{12.136}$$

und

$$\check{Q}_{\lambda a}(s) = \frac{F_2(s)M_2(s)W_{d2}(s)\check{\varphi}_{F_1 M_1 W_{d1}}(NT, s, -\lambda T)}{1 + W_{d2}(s)\displaystyle\sum_{\lambda=0}^{N-1} \check{\varphi}_{F_1 M_1 W_{d1}}(NT, s, -\lambda T)\varphi_{F_2 M_2}(NT, s, \lambda T)} \tag{12.137}$$

entwickeln. Die Beziehungen (12.136) und (12.137) sind gleichwertig zu denen eines
offenen Abtastsystems mit der ETF (12.137) und der Phasenverschiebung λT. Sei
μ_i, $(i = 1,\dots,r)$ die Menge der charakteristischen Indizes der Funktion $Q_{\lambda a}(s)$,
dann hat für $x(t) \in \Lambda(\mu_i, \mu_{i+1})$ die Laplace-Transformation $Y_\lambda(s)$ des Systemaus-
gangs mit der PTF (12.136) die Form

$$Y_\lambda(s) = \check{Q}_{\lambda a}(s)\varphi_x(NT, s, \lambda T + 0). \tag{12.138}$$

Durch Zusammenfassen der Ausdrücke (12.138) für die einzelnen λ erhält man die
Laplace-Transformation des Ausgangs

$$Y(s) = \sum_{\lambda=0}^{N-1} \check{Q}_{\lambda a}(s)\varphi_x(NT, s, \lambda T + 0). \tag{12.139}$$

12.10 Standardisiertes Multiraten-System

Im vorliegenden Abschnitt wird die parametrische Übertragungsmatrix (PTM) für
die allgemeine Struktur, die in Abbildung 12.12 dargestellt ist, konstruiert, Lampe
und Rosenwasser (1997a). Hierbei ist $\boldsymbol{P}$ ein allgemeiner kontinuierlicher Prozeß mit
der Übertragungsmatrix (11.131). Weiterhin bedeutet in Abbildung 12.12 $\boldsymbol{L}_d$ einen
allgemeinen linearen zeitdiskreten Regler, der die Struktur nach Abbildung 12.13

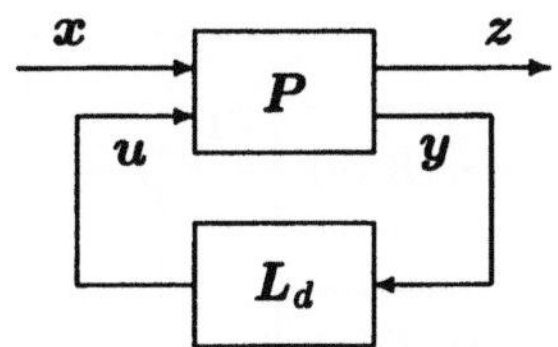

Abbildung 12.12: Struktur des standardisierten Multiratensystems

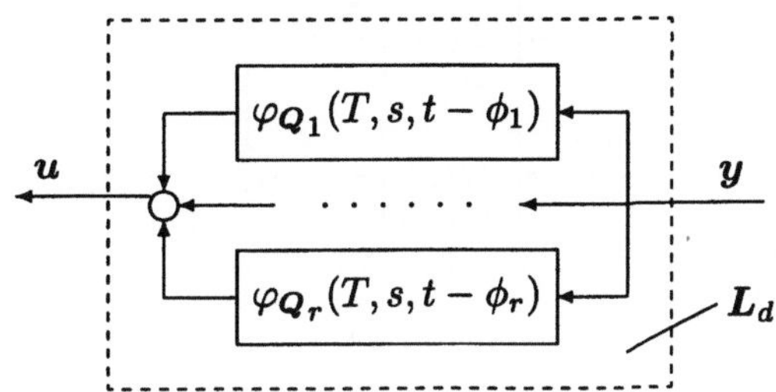

Abbildung 12.13: Struktur des verallgemeinerten Abtastreglers

besitzt, wobei die $\varphi_{Q_i}(T, s, t)$ die PTM des Abtastsystems der Periode T mit den äquivalenten Übertragungsmatrizen Q_i und den Phasenverschiebungen ϕ_i, ($i = 1, \ldots, r$) sind. Durch Anwendung der Dekomposition lassen sich beliebige Systeme von zeitdiskreten Reglern mit unterschiedlichen, aber kommensurablen Perioden T_κ in diese Form bringen. In dem Falle ist als Periode T des Systems das kleinste gemeinschaftliche Vielfache der Perioden T_κ zu nehmen. Die Gesamtstruktur des zu den Abbildungen 12.12 und Abbildung 12.13 gehörenden Systems ist ausführlicher in Abbildung 12.14 zu sehen. Die parametrische Übertragungsmatrix PTM des Systems nach Abbildung 12.14 wird durch den folgenden Satz bestimmt.

Satz 12.1 *Die Reihen $\varphi_{LQ_i}(T, s, t)$ und $\varphi_{NQ_i}(T, s, t)$ mögen konvergent sein, wobei die Matrix $\varphi_{NQ_i}(T, s, t)$ stetig von t abhängen soll. Außerdem möge das Gleichungssystem*

$$W_\mu(s) = I + \sum_{\lambda=1}^{r} \varphi_{NQ_\lambda}(T, s, \phi_\mu - \phi_\lambda)W_\lambda(s) \tag{12.140}$$

eindeutig lösbar sein, dann existiert die PTM $W_{zx}(s, t)$ des Systems, ist eindeutig und durch die Beziehung

$$W_{zx}(s, t) = K(s) + \sum_{\lambda=1}^{r} \varphi_{LQ_\lambda}(T, s, t - \phi_\lambda)W_\lambda(s)R(s) \tag{12.141}$$

bestimmt.

Beweis: 1. Es wird angenommen, daß

$$v = I e^{st}, \quad y = W_{yv}(s, t)e^{st}, \quad W_{yv}(s, t) = W_{yv}(s, t + T) \tag{12.142}$$

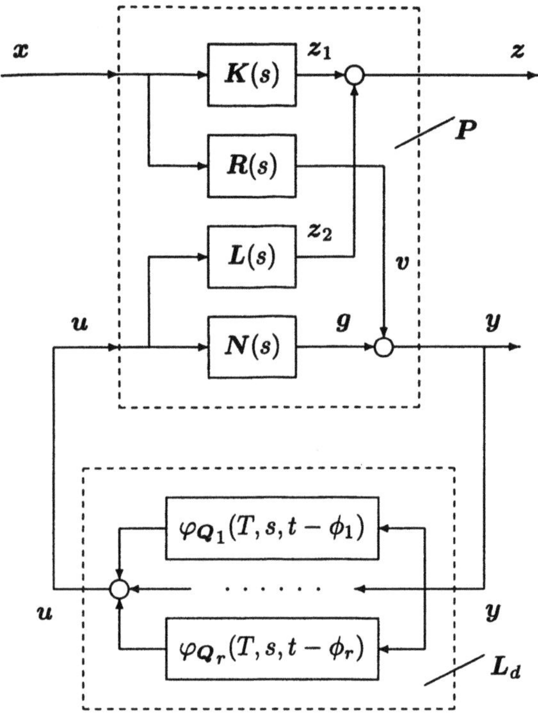

Abbildung 12.14: Detailierte Struktur des standardisierten Multiratensystems

ist. Wegen der im Satz gestellten Bedingungen hängt die Matrix $\boldsymbol{W}_{\boldsymbol{yv}}(s,t)$ stetig von t ab. Bei Ausnutzung des stroboskopischen Effekts ergibt sich damit

$$\boldsymbol{u}(t) = \sum_{\lambda=1}^{r} \varphi_{\boldsymbol{Q}_\lambda}(T,s,t-\phi_\lambda)\boldsymbol{W}_{\boldsymbol{yv}}(s,\phi_\lambda)\mathrm{e}^{st} \tag{12.143}$$

und folglich

$$\boldsymbol{g}(t) = \sum_{\lambda=1}^{r} \varphi_{\boldsymbol{NQ}_\lambda}(T,s,t-\phi_\lambda)\boldsymbol{W}_{\boldsymbol{yv}}(s,\phi_\lambda)\mathrm{e}^{st}. \tag{12.144}$$

Aus (12.144) und Abbildung 12.14 ermittelt man

$$\boldsymbol{y}(t) = \left[\sum_{\lambda=1}^{r} \varphi_{\boldsymbol{NQ}_\lambda}(T,s,t-\phi_\lambda)\boldsymbol{W}_{\boldsymbol{yv}}(s,\phi_\lambda) + \boldsymbol{I} \right] \mathrm{e}^{st}. \tag{12.145}$$

Indem man die Ausdrücke für $\boldsymbol{y}(t)$ in (12.142) und (12.145) vergleicht, findet man

$$\boldsymbol{W}_{\boldsymbol{yv}}(s,t) = \sum_{\lambda=1}^{r} \varphi_{\boldsymbol{NQ}_\lambda}(T,s,t-\phi_\lambda)\boldsymbol{W}_{\boldsymbol{yv}}(s,\phi_\lambda) + \boldsymbol{I}. \tag{12.146}$$

2. Wenn in (12.146) $t = \phi_\mu$. $(\mu = 1, \ldots, r)$ gesetzt wird, entsteht ein Gleichungssystem der Gestalt (12.140)

$$W_{yv}(s, \phi_\mu) = I + \sum_{\lambda=1}^{r} \varphi_{NQ_\lambda}(T, s, \phi_\mu - \phi_\lambda) W_{yv}(s, \phi_\lambda). \qquad (12.147)$$

Dank der im Satz gestellten Forderung besitzt das System (12.147) eine eindeutige Lösung

$$W_\mu(s) \stackrel{\text{def}}{=} W_{yv}(s, \phi_\mu), \quad (\mu = 1, \ldots, r). \qquad (12.148)$$

Indem (12.148) in (12.143) eingesetzt wird, gelangt man zu

$$u(t) = \sum_{\lambda=1}^{r} \varphi_{Q_\lambda}(T, s, t - \phi_\lambda) W_\lambda(s) e^{st}. \qquad (12.149)$$

3. Aus (12.149) und Abbildung 12.14 folgt bei Erfüllung von (12.142)

$$z_2(t) = \sum_{\lambda=1}^{r} \varphi_{LQ_\lambda}(T, s, t - \phi_\lambda) W_\lambda(s) e^{st}. \qquad (12.150)$$

Hieraus und nach Abbildung 12.14 schließt man, daß für $x(t) = Ie^{st}$

$$z_2(t) = \sum_{\lambda=1}^{r} \varphi_{LQ_\lambda}(T, s, t - \phi_\lambda) W_\lambda(s) R(s) e^{st}$$

richtig ist. Deshalb entnimmt man der Abbildung 12.14, daß für $x(t) = Ie^{st}$

$$z(t) = z_1(t) + z_2(t) = \left[\sum_{\lambda=1}^{r} \varphi_{LQ_\lambda}(T, s, t - \phi_\lambda) W_\lambda(s) R(s) + K(s) \right] e^{st}$$

gilt. Nach Multiplikation dieses Ausdrucks mit e^{-st} gelangt man zur Behauptung (12.141) des Satzes. ∎

Folgerung. Wenn alle Komponenten des digitalen Reglers ohne Phasenverschiebung arbeiten, dann ergibt sich

$$u = \varphi_Q(T, s, t) y.$$

Dabei schrumpft das System (12.140) auf eine einzige Gleichung

$$W_1(s) = I + \varphi_{NQ}(T, s, 0) W_1(s)$$

zusammen, deren Auflösung

$$W_1(s) = [I - \varphi_{NQ}(T, s, 0)]^{-1}$$

liefert. Deshalb erhält man für die PTF des Systems dann

$$W_{zx}(s, t) = K(s) + \varphi_{LQ}(T, s, t) [I - \varphi_{NQ}(T, s, 0)]^{-1} R(s).$$

Die Formeln (11.132), (11.133) stellen Spezialfälle dieser Formel dar.

Teil IV

Analyse von Abtastsystemen in kontinuierlicher Zeit

Einführung. In diesem Teil werden Methoden zur Berechnung der Reaktionen von periodischen Pulssystemen auf deterministische und stochastische Erregungen entwickelt. Es werden sowohl die Übergangsprozesse als auch das stationäre Verhalten untersucht. In allen Fällen läuft das Problem darauf hinaus, die Rücktransformation für die diskrete Laplace-Transformation in kontinuierlicher Zeit zu finden, wofür die in Kapitel 4 abgeleiteten allgemeinen Formeln anwendbar sind. Die praktische Berechnung der Umkehrintegrale gelingt mit Hilfe der Sätze aus den Abschnitten A.4 und A.5, indem die Integrationswege der Kurvenintegrale in der komplexen s−Ebene geeignet festgelegt werden. Diese Vorgehensweise gestattet es, geschlossene Ausdrücke für die Ausgangsprozesse des Systems in kontinuierlicher Zeit aufzustellen.

Kapitel 13

Analyse offener Abtastsysteme bei deterministischer Erregung

13.1 Übergangsvorgänge offener Abtastsysteme

Als einfachstes Beispiel für die Anwendung der vorgestellten Methoden wird das elementare offene Abtastsystem nach Abbildung 13.1 betrachtet, wobei U_a das Ab-

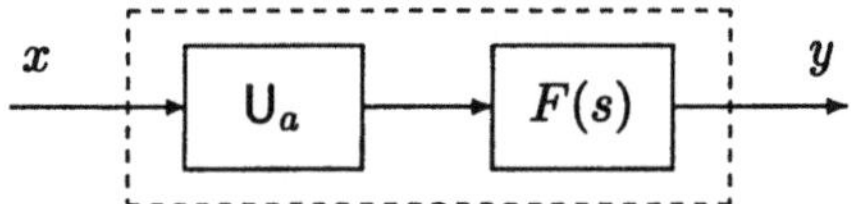

Abbildung 13.1: Elementares offenes Abtastsystem

tastelement mit Halteglied (9.6) bedeutet und $F(s)$ die Übertragungsfunktion des kontinuierlichen Blocks ist, die in der Form

$$F(s) = \sum_{i=1}^{\ell} \sum_{k=1}^{\nu_i} \frac{f_{ik}}{(s - s_i)^k} \tag{13.1}$$

dargestellt sein möge. In Bezug auf die äußere Anregung $x(t)$ soll angenommen werden, daß sie die Gestalt

$$x(t) \overset{\text{def}}{=} x_m(t) = \begin{cases} \frac{1}{(m-1)!} t^{m-1} e^{bt} & t > 0 \\ 0 & t < 0 \end{cases} \tag{13.2}$$

haben soll, wobei $m \geq 1$ eine ganze Zahl und b eine reelle oder komplexe Konstante ist. Durch Überlagerung von Signalen der Form (13.2) lassen sich die für praktische

Belange wichtigen deterministischen Erregungen ausreichend genau approximieren. Die Laplace-Transformation des Signals (13.2) hat das Aussehen

$$X(s) \stackrel{\text{def}}{=} X_m(s) = \frac{1}{(s-b)^m}\,, \quad \text{Re}\,s > \text{Re}\,b\,. \tag{13.3}$$

Der verschobene Puls-Frequenzgang (DPFR) des Bildes (13.3) wird durch die Fourier-Reihe

$$\varphi X_m(T,s,t) = \frac{1}{T} \sum_{k=-\infty}^{\infty} \frac{e^{kj\omega t}}{(s+kj\omega-b)^m}\,, \quad \omega = \frac{2\pi}{T} \tag{13.4}$$

festgelegt. Für $\text{Re}\,s > \text{Re}\,b$ stimmt die Reihe (13.4) mit der Fourier-Reihe für den DPFR

$$\varphi_{x_m}(T,s,t) = \sum_{k=-\infty}^{\infty} x_m(t+kT)e^{-s(t+kT)} \tag{13.5}$$

überein und wegen (3.90) gewinnt man den Ausdruck

$$\varphi_{x_m}(T,s,t) = \frac{1}{(m-1)!} \frac{\partial^{m-1}}{\partial b^{m-1}} \frac{e^{(b-s)t}}{1-e^{(b-s)T}}\,, \quad 0 < t < T\,. \tag{13.6}$$

Für $m > 1$ ist die Funktion $\varphi_{x_m}(T,s,t)$ auf dem Intervall $-\infty < t < \infty$ stetig. Für $m = 1$ besitzt $\varphi_{x_m}(T,s,t)$ Sprungstellen bei $t = qT$, wobei q irgendeine ganze Zahl ist. Dabei gilt für beliebiges $m \geq 1$

$$\varphi_{x_m}(T,s,+0) = \frac{1}{(m-1)!} \frac{\partial^{m-1}}{\partial b^{m-1}} \frac{1}{1-e^{(b-s)T}} = \mathcal{D}_{x_m}(T,s,+0)\,. \tag{13.7}$$

Sei μ_r der größte charakteristische Index der Funktion $F(s)$, dann ist für $\text{Re}\,s > \max\{\mu_r, \text{Re}\,b\} \stackrel{\text{def}}{=} \lambda$ die Laplace-Transformation des Ausgangs durch Formel (9.181) bestimmt, wobei $m_0(t)$ ein beliebiges Polynom ist, das durch die Anfangsbedingungen festgelegt wird. Für $m_0(s) = 0$ erhält man die Reaktion bei verschwindender Anfangsenergie, deren Bild die Gestalt

$$Y(s) = F(s)M(s)\mathcal{D}_{x_m}(T,s,+0) = F(s)M(s)\varphi_{x_m}(T,s,+0) \tag{13.8}$$

besitzt. Aus dem Anhang folgt, daß die rational periodische Funktion $\mathcal{D}_{x_m}(T,s,+0)$ in der Halbebene $\text{Re}\,s > \lambda$ gleichmäßig beschränkt ist. Deshalb strebt $|Y(s)|$ in der Konvergenzhalbebene für $|\text{Im}\,s| \to \infty$ unter den getroffenen Voraussetzungen mindestens wie $|s|^{-2}$ gegen Null. Dank des Satzes 1.4 gilt dann

$$y(t) = \frac{1}{2\pi j} \int_{c-j\infty}^{c+j\infty} F(s)M(s)\mathcal{D}_{x_m}(T,s,+0)e^{st}\,ds\,, \quad c > \lambda\,, \tag{13.9}$$

wobei das Integral absolut konvergiert. Die Funktion $y(t)$ ist deshalb stetig, und da $Y(s)$ analytisch in der Halbebene $\text{Re}\,s > \lambda$ ist, folgt $y(t) = 0$ für $t < 0$. Indem man auf das Integral (13.9) die Diskretisierung mit der Schrittweite $j\omega$ anwendet, gewinnt man

$$y(t) = \frac{T}{2\pi j} \int_{c-j\omega/2}^{c+j\omega/2} \mathcal{D}_{FM}(T,s,t)\mathcal{D}_{x_m}(T,s,+0)\,\mathrm{d}s \qquad (13.10)$$

mit

$$\mathcal{D}_{FM}(T,s,t) = \frac{1}{T} \sum_{k=-\infty}^{\infty} F(s+kj\omega)M(s+kj\omega)\mathrm{e}^{(s+kj\omega)t}\,. \qquad (13.11)$$

Geschlossene Ausdrücke für die Summe der Reihe (13.11) wurden in Abschnitt 9.6 hergeleitet. Für die weiteren Darlegungen wird für das Integral (13.10) die Formel (9.132) ausgenutzt, wonach

$$\mathcal{D}_{FM}(T,s,t) = D_p(s,t) = \sum_{i=1}^{\ell} \sum_{k=1}^{\nu_i} \frac{f_{ik}}{(k-1)!} \frac{\partial^{k-1}}{\partial s_i^{k-1}} D_{p1}(s,s_i,t) \qquad (13.12)$$

ist, wobei $D_{p1}(s,a,t)$ die Summe der Reihe

$$D_{p1}(s,a,t) = \frac{1}{T} \sum_{k=-\infty}^{\infty} \frac{M(s+kj\omega)}{s+kj\omega-a}\,\mathrm{e}^{(s+kj\omega)t} \qquad (13.13)$$

bedeutet, die für $0 \le t \le T$ durch die gleichwertigen Formeln (9.129)

$$\begin{aligned}
D_{p1}(s,a,t) &= \frac{M(a)\mathrm{e}^{at}}{\mathrm{e}^{(s-a)T}-1} + \int_0^t \mathrm{e}^{a(t-\tau)}\mu(\tau)\,\mathrm{d}\tau \\[2mm]
D_{p1}(s,a,t) &= \frac{M(a)\mathrm{e}^{at}}{1-\mathrm{e}^{(s-a)T}} - \int_t^T \mathrm{e}^{a(t-\tau)}\mu(\tau)\,\mathrm{d}\tau
\end{aligned} \qquad (13.14)$$

festgelegt sind. Indem man (13.12) in (13.10) einsetzt und die Reihenfolge der Integration und der Differentiation vertauscht, was in diesem Falle erlaubt ist, ermittelt man

$$y(t) = \sum_{i=1}^{\ell} \sum_{k=1}^{\nu_i} \frac{f_{ik}}{(k-1)!} \frac{\partial^{k-1}}{\partial s_i^{k-1}} y_{1m}(t,s_i,b) \qquad (13.15)$$

mit

$$y_{1m}(t,a,b) \overset{\mathrm{def}}{=} \frac{T}{2\pi j} \int_{c-j\omega/2}^{c+j\omega/2} D_{p1}(s,a,t)\mathcal{D}_{x_m}(T,s,+0)\,\mathrm{d}s\,, \quad c > \lambda\,. \qquad (13.16)$$

Aus (13.15) ist ersichtlich, daß es für die Berechnung von $y(t)$ ausreichend ist, Methoden zur Berechnung des Integrals (13.16) bereitzustellen. Seinerseits kann die Berechnung des Integrals (13.16) auf die Berechnung von Integralen einfacherer

Gestalt zurückgeführt werden. Dazu wird in (13.16) der Ausdruck (13.7) eingesetzt, wodurch man

$$y_{1m}(t,a,b) = \frac{1}{(m-1)!}\frac{\partial^{m-1}}{\partial b^{m-1}}\,y_{11}(t,a,b) \tag{13.17}$$

mit

$$y_{11}(t,a,b) \stackrel{\text{def}}{=} \frac{T}{2\pi\mathrm{j}}\int_{c-\mathrm{j}\omega/2}^{c+\mathrm{j}\omega/2}\frac{D_{p1}(s,a,t)\,\mathrm{d}s}{1-\mathrm{e}^{(b-s)T}}\,,\quad c>\max\{\mathrm{Re}\,a,\mathrm{Re}\,b\} \tag{13.18}$$

erhält. Auf der Basis der gefundenen Beziehungen läßt sich die allgemeine Formel (13.15) in der Gestalt

$$y(t) = \sum_{i=1}^{\ell}\sum_{k=1}^{\nu_i}\frac{f_{ik}}{(k-1)!(m-1)!}\frac{\partial^{k-1}}{\partial s_i^{k-1}}\frac{\partial^{m-1}}{\partial b^{m-1}}\,y_{11}(t,s_i,b) \tag{13.19}$$

aufschreiben. Auf diese Weise führt die Aufgabe der Bestimmung des Ausgangs nach Formel (13.10) auf die Berechnung von Standardintegralen der Form (13.18). Aus (13.14) erhält man für $0 \le t \le T$ die Grenzwerte

$$\ell^+[D_{p1}(s,a,t)] = \int_0^t \mathrm{e}^{a(t-\tau)}\mu(\tau)\,\mathrm{d}\tau$$

$$\ell^-[D_{p1}(s,a,t)] = -\int_t^T \mathrm{e}^{a(t-\tau)}\mu(\tau)\,\mathrm{d}\tau\,. \tag{13.20}$$

Bezeichnet man mit

$$f(s,t,a,b) \stackrel{\text{def}}{=} \frac{D_{p1}(s,a,t)}{1-\mathrm{e}^{(b-s)T}}\,, \tag{13.21}$$

dann gilt für $0 \le t \le T$

$$\ell^+[f(s,t,a,b)] = \int_0^t \mathrm{e}^{a(t-\tau)}\mu(\tau)\,\mathrm{d}\tau\,,\qquad \ell^-[f(s,t,a,b)] = 0\,. \tag{13.22}$$

Da $f(s,t+T,a,b) = f(s,t,a,b)\mathrm{e}^{sT}$ richtig ist, gilt auch

$$\ell^-[f(s,t,a,b)] = 0\,,\quad t \ge 0\,. \tag{13.23}$$

Darum findet man mit Hilfe von (A.83) aus (13.18)

$$y_{11}(t,a,b) = T\sum_i \mathop{\mathrm{Res}}_{\tilde{s}_i} f(s,t,a,b)\,, \tag{13.24}$$

wobei die $\tilde{s}_i$ die Hauptpolstellen der Funktion (13.21) sind. Da die Funktion (13.21) periodisch von s und b mit der Periode $\mathrm{j}\omega$ abhängt, kann man ohne Beschränkung der Allgemeingültigkeit annehmen, daß die Hauptpole der Funktion $f(s,t,a,b)$ bei

$s = a$ und $s = b$ liegen. Das Endergebnis wird sich als unabhängig von dieser Voraussetzung erweisen.

Bei der praktischen Berechnung des Integrals (13.18) müssen zwei Varianten unterschieden werden. Wenn in (13.21) die Bedingung $e^{aT} \neq e^{bT}$ erfüllt ist, dann spricht man von Nichtresonanz. Im Falle der Nichtresonanz besitzt die Funktion (13.21) zwei Hauptpole bei $s = a$ und $s = b$. Wenn in dem Falle noch $M(a) \neq 0$ erfüllt ist, also das System nichtpathologisch ist, dann folgt aus (13.13)

$$\operatorname*{Res}_{a} f(s,t,a,b) = \frac{1}{T} \frac{M(a)e^{at}}{1 - e^{(b-a)T}} \neq 0. \tag{13.25}$$

Das Residuum im Pol $s = b$ hat den Wert

$$\operatorname*{Res}_{b} f(s,t,a,b) = \frac{1}{T} D_{p1}(b,a,t). \tag{13.26}$$

Indem man (13.25) und (13.26) in (13.24) einsetzt, findet man den geschlossenen Ausdruck für das Integral (13.18)

$$y_{11}(t,a,b) = \frac{M(a)e^{at}}{1 - e^{(b-a)T}} + D_{p1}(b,a,t), \quad t \geq 0, \tag{13.27}$$

wobei vermöge (13.14) für $0 \leq t \leq T$

$$D_{p1}(b,a,t) = \frac{M(a)e^{at}}{e^{(b-a)T} - 1} + \int_0^t e^{a(t-\tau)}\mu(\tau)\,d\tau$$

$$D_{p1}(b,a,t) = \frac{M(a)e^{at}}{1 - e^{(b-a)T}} - \int_t^T e^{a(t-\tau)}\mu(\tau)\,d\tau$$

gilt.

Beispiel 13.1 Es seien

$$F(s) = \frac{1}{s-a}, \quad M(s) = \frac{1 - e^{-sT}}{s}, \quad a < 0. \tag{13.28}$$

Das Eingangssignal $x(t)$ habe die Form (1.42), so daß sich $b = 0$ und $X(s) = s^{-1}$ ergeben. Aus (13.27) findet man für $b = 0$ und $t \geq 0$

$$y(t) = \frac{M(a)e^{at}}{1 - e^{-aT}} + D_{p1}(0,a,t) = \frac{e^{at}}{a} + D_{p1}(0,a,t), \tag{13.29}$$

und aus (13.13) folgt für $s = 0$

$$D_{p1}(0,a,t) = \frac{1}{T} \sum_{k=-\infty}^{\infty} \frac{M(kj\omega)}{kj\omega - a} e^{kj\omega t}.$$

Nun leitet man aus (13.28)

$$M(kj\omega) = 0, \quad (k \neq 0); \quad M(0) = T \tag{13.30}$$

ab, weshalb man $D_{p1}(0, a, t) = a^{-1}$ ermittelt und man aus (13.29) schließlich

$$y(t) = \frac{\mathrm{e}^{at} - 1}{a} \tag{13.31}$$

gewinnt. Dieses Ergebnis hat eine einfache physikalische Deutung: Wenn auf den Eingang eines Abtasters mit Halteglied 0. Ordnung ein Sprungsignal (1.42) wirkt, und der Wert des Eingangssignals nach dem Sprung gehalten wird, dann wirkt auf den Eingang des kontinuierlichen Teils für $t \geq 0$ ebenfalls das Signal (1.42). Die entsprechende Reaktion des kontinuierlichen Elements bei verschwindenden Anfangsbedingungen hat die Gestalt (13.31). □

Beispiel 13.2 Unter den Bedingungen von Beispiel 13.1 werde

$$x(t) = \left\{ \begin{array}{ll} t & t > 0 \\ 0 & t < 0 \end{array} \right. \tag{13.32}$$

angenommen, das bedeutet $m = 2$, $X(s) = X_2(s) = s^{-2}$. Wegen (13.19) gilt

$$y(t) = \lim_{b \to 0} \frac{\partial y_{11}(t, a, b)}{\partial b} \tag{13.33}$$

und man erhält aus (13.27), (9.115) für $qT \leq t \leq (q+1)T$

$$y_{11}(t, a, b) = \frac{\left(1 - \mathrm{e}^{-aT}\right)\mathrm{e}^{at}}{a\left[1 - \mathrm{e}^{(b-a)T}\right]} + \left[\frac{1 - \mathrm{e}^{-aT}}{a}\frac{\mathrm{e}^{a(t-qT)}}{\mathrm{e}^{(b-a)T} - 1} + \frac{\mathrm{e}^{a(t-qT)} - 1}{a}\right]\mathrm{e}^{qbT}, \tag{13.34}$$

woraus man mittels (13.33)

$$y(t) = \frac{qT}{a} + \frac{T\mathrm{e}^{a(t-T)}\left(1 - \mathrm{e}^{-qaT}\right)}{a\left(1 - \mathrm{e}^{-aT}\right)}, \quad qT \leq t \leq (q+1)T \tag{13.35}$$

gewinnt. In Abbildung 13.2 ist der Verlauf der Ausgangsgröße für $T = 1$ sowie $a = -1$ und $a = -2$ dargestellt. □

13.2　Prozeßanalyse bei Resonanz

In einem System nach Abbildung 13.1 spricht man von *Resonanz*, wenn $\mathrm{e}^{aT} = \mathrm{e}^{bT}$ ist. In diesem Falle kann angenommen werden, daß der Ausdruck unter dem Integral in (13.18) einen mehrfachen Hauptpol bei $s = a$ besitzt und alle Beziehungen des Abschnitts (13.1) ihre Bedeutung verlieren. Deshalb muß im Resonanzfall in den

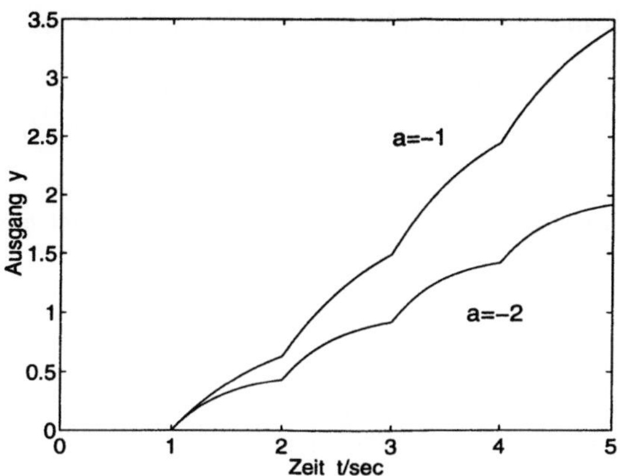

Abbildung 13.2: Prozeßverläufe zu Beispiel 13.2

Formeln des Abschnitts 13.1 ein Grenzübergang vorgenommen werden. Die Technik eines solchen Grenzübergangs soll am Beispiel der Funktion

$$y_{nm}(t) = \lim_{e^{bT} \to e^{aT}} \frac{1}{(n-1)!} \frac{1}{(m-1)!} \frac{\partial^{n-1}}{\partial a^{n-1}} \frac{\partial^{m-1}}{\partial b^{m-1}} y_{11}(t,a,b) \qquad (13.36)$$

erläutert werden. Dazu wird angemerkt, daß man aus der ersten Gleichung von (13.14) für $qT \leq t \leq (q+1)T$

$$D_{p1}(s,a,t) = \left[-\frac{M(a)e^{a(t-qT)}}{1 - e^{(s-a)T}} + e^{-qaT} \int_0^{t-qT} e^{a(t-\tau)}\mu(\tau)\,d\tau \right] e^{qsT} \qquad (13.37)$$

entnimmt. Hieraus findet man mit $s = b$ sofort die für $qT \leq t \leq (q+1)T$ gültige Beziehung

$$D_{p1}(b,a,t) = \left[-\frac{M(a)e^{a(t-qT)}}{1 - e^{(b-a)T}} + e^{-qaT} \int_0^{t-qT} e^{a(t-\tau)}\mu(\tau)\,d\tau \right] e^{qbT} . \qquad (13.38)$$

Indem (13.38) in (13.27) eingesetzt wird, gelangt man für $qT \leq t \leq (q+1)T$ zu

$$y_{11}(t,a,b) = \frac{M(a)e^{at}\left[1 - e^{q(b-a)T}\right]}{1 - e^{(b-a)T}} + e^{q(b-a)T} \int_0^{t-qT} e^{a(t-\tau)}\mu(\tau)\,d\tau . \qquad (13.39)$$

Wenn man berücksichtigt, daß für $q > 0$

$$\frac{1 - e^{q(b-a)T}}{1 - e^{(b-a)T}} = \sum_{k=0}^{q-1} e^{k(b-a)T} \qquad (13.40)$$

gilt, dann ermittelt man aus (13.39) für $0 < qT \leq t \leq (q+1)T$

$$y_{11}(t,a,b) = M(a)\mathrm{e}^{at} \sum_{k=0}^{q-1} \mathrm{e}^{k(b-a)T} + \mathrm{e}^{q(b-a)T} \int_0^{t-qT} \mathrm{e}^{a(t-\tau)}\mu(\tau)\,\mathrm{d}\tau\,. \qquad (13.41)$$

Wenn man diese Beziehung in (13.36) verwendet, dann findet man im Resonanzfall für $qT \leq t \leq (q+1)T$

$$y_{nm}(t) = \frac{1}{(n-1)!}\,\frac{1}{(m-1)!}\, * \qquad\qquad (13.42)$$

$$\frac{\partial^{n-1}}{\partial a^{n-1}}\frac{\partial^{m-1}}{\partial b^{m-1}}\left[M(a)\mathrm{e}^{at}\sum_{k=0}^{q-1}\mathrm{e}^{k(b-a)T} + \mathrm{e}^{q(b-a)T}\int_0^{t-qT}\mathrm{e}^{a(t-\tau)}\mu(\tau)\,\mathrm{d}\tau\right]_{\Big|_{\mathrm{e}^{bT}=\mathrm{e}^{aT}}}$$

Die Substitution $\mathrm{e}^{bT} = \mathrm{e}^{aT}$ ist zulässig, weil die partiellen Ableitungen für alle a und b analytisch sind.

Beispiel 13.3 Möge das offene System mit

$$F(s) = \frac{1}{s-a}\,, \quad X(s) = \frac{1}{s-a}$$

gegeben sein, womit sich $m = 1$ und $n = 1$ ergeben. Formel (13.41) liefert für diesen Fall

$$y_{11}(t,a,b)\Big|_{\mathrm{e}^{bT}=\mathrm{e}^{aT}} = M(a)\mathrm{e}^{at}q + \int_0^{t-qT}\mathrm{e}^{a(t-\tau)}\mu(\tau)\,\mathrm{d}\tau\,, \quad qT \leq t \leq (q+1)T\,.$$

Wenn insbesondere $a = b = 0$ ist, so daß $F(s) = s^{-1}$ und $X(s) = s^{-1}$ wird, dann erhält man

$$y(t) \stackrel{\mathrm{def}}{=} y_{11}(t,a,b)\,|_{a=b=0} = M(0)q + \int_0^{t-qT}\mu(\tau)\,\mathrm{d}\tau\,, \quad qT \leq t \leq (q+1)T\,. \quad (13.43)$$

In Abbildung 13.3 ist der Prozeßverlauf entsprechend Gleichung (13.43) für $T = 1$ und

$$\mu(t) = \begin{cases} 1 & 0 < t < 0.5T \\ 0 & 0.5T < t < T \end{cases}$$

dargestellt. Damit ergibt sich

$$M(s) = \frac{1 - \mathrm{e}^{-0.5sT}}{s}\,, \quad M(0) = 0.5T\,.$$

Aus Abbildung 13.3 ist ersichtlich, daß der Ausgangsprozeß bei begrenzter Erregung unbeschränkt wächst, was für den Resonanzfall typisch ist. ☐

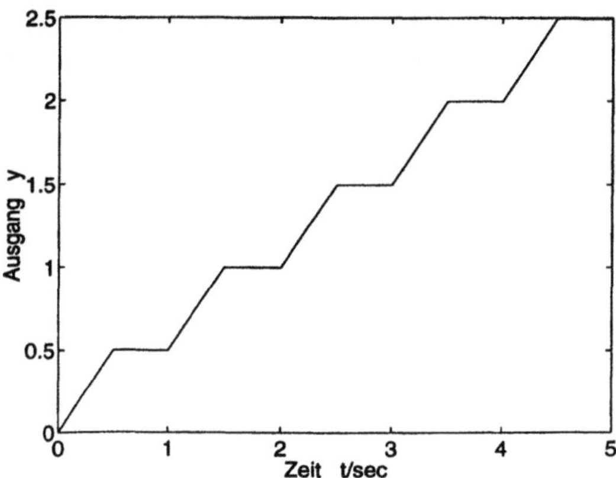

Abbildung 13.3: Prozeßverlauf bei Resonanz

13.3 Übergangsvorgänge in offenen Systemen mit Prozeßrechner

In diesem Abschnitt werden Prozesse bei verschwindender Anfangsenergie in offenen Systemen mit Prozeßrechner betrachtet, wie sie in Abbildung 10.5 dargestellt sind. Die Prozesse sollen für $t > 0$ betrachtet werden, wobei vorausgesetzt wird, daß die Eingangserregung die Gestalt (13.2) hat. Wegen der verschwindenden Anfangsbedingungen erhält man aus (10.86) mit $b_0(s) = 0$, $y_0(t) = 0$ die diskrete Laplace-Transformation des Ausgangssignals

$$\mathcal{D}_y(T,s,t) = \mathcal{D}_{FM}(T,s,t)W_d(s)\mathcal{D}_{x_m}(T,s,+0) \overset{\text{def}}{=} f_d(s,t)\,. \tag{13.44}$$

Dabei wird der Ausgangsprozeß mit Hilfe der Umkehrformel

$$y(t) = \frac{T}{2\pi\mathrm{j}} \int_{c-\mathrm{j}\omega/2}^{c+\mathrm{j}\omega/2} f_d(s,t)\,\mathrm{d}s\,, \quad c > \max\{\mu_r, \mathrm{Re}\,b\} \tag{13.45}$$

bestimmt, wobei μ_r der größte charakteristische Index des Systems ist. Wenn die Übertragungsfunktion des kontinuierlichen Teils die Form (13.1) aufweist, dann kann analog zu (13.19) gezeigt werden, daß

$$y(t) = \frac{1}{(m-1)!} \frac{\partial^{m-1}}{\partial b^{m-1}} \sum_{i=1}^{\ell} \sum_{k=1}^{\nu_i} \frac{f_{ik}}{(k-1)!} \frac{\partial^{k-1}}{\partial s_i^{k-1}} \frac{T}{2\pi\mathrm{j}} \int_{c-\mathrm{j}\omega/2}^{c+\mathrm{j}\omega/2} \frac{D_{p1}(s,s_i,t)W_d(s)}{1 - \mathrm{e}^{(b-s)T}}\,\mathrm{d}s$$

$$\tag{13.46}$$

ist, wobei die Funktion $D_{p1}(s,a,t)$ durch (13.14) festgelegt wird. Es ist unmittelbar einzusehen, daß es ausreicht, Methoden für die Berechnung von Integralen der Form

$$\tilde{y}_{11}(t,a,b) \overset{\text{def}}{=} \frac{T}{2\pi\mathrm{j}} \int_{c-\mathrm{j}\omega/2}^{c+\mathrm{j}\omega/2} \frac{D_{p1}(s,a,t)W_d(s)}{1-\mathrm{e}^{(b-s)T}} \, \mathrm{d}s \tag{13.47}$$

zu entwickeln, wobei alle Pole des Integranden in der Halbebene Re $s < c$ liegen. Wenn das Steuerprogramm kausal ist und (A.27) erfüllt, dann kann von der Darstellung

$$W_d(s) = l_\kappa \mathrm{e}^{-\kappa sT} + \ldots + l_1 \mathrm{e}^{-sT} + l_0 + \tilde{W}_{d1}(s) \tag{13.48}$$

ausgegangen werden, wobei die l_i , $(i = 0, 1, \ldots, \kappa)$ Konstanten sind und die Funktion $\tilde{W}_{d1}(s)$ limitiert ist sowie

$$\ell^-\left[\tilde{W}_{d1}(s)\right] = 0 \tag{13.49}$$

erfüllt. Indem man (13.48) in (13.47) einsetzt, gelangt man zu

$$\tilde{y}_{11}(t,a,b) = \sum_{\mu=0}^{\kappa} l_\mu y_\mu(t,a,b) + \tilde{y}_d(t,a,b) \tag{13.50}$$

mit

$$y_\mu(t,a,b) \overset{\text{def}}{=} \frac{T}{2\pi\mathrm{j}} \int_{c-\mathrm{j}\omega/2}^{c+\mathrm{j}\omega/2} \frac{D_{p1}(s,a,t)\mathrm{e}^{-\mu sT}}{1-\mathrm{e}^{(b-s)T}} \, \mathrm{d}s \,, \tag{13.51}$$

$$\tilde{y}_d(t,a,b) \overset{\text{def}}{=} \frac{T}{2\pi\mathrm{j}} \int_{c-\mathrm{j}\omega/2}^{c+\mathrm{j}\omega/2} \frac{D_{p1}(s,a,t)\tilde{W}_{d1}(s)}{1-\mathrm{e}^{(b-s)T}} \, \mathrm{d}s \,. \tag{13.52}$$

Insgesamt läuft die Aufgabe auf die Berechnung von Integralen der Form (13.51) und (13.52) hinaus. Die Funktionen $y_\mu(t,a,b)$ aus (13.51) können direkt mit Hilfe der Formeln des Abschnitts 13.1 berechnet werden. In der Tat bekommt man wegen

$$D_{p1}(s,a,t)\mathrm{e}^{-\mu sT} = D_{p1}(s,a,t-\mu T)$$

die Beziehung

$$y_\mu(t,a,b) = \frac{T}{2\pi\mathrm{j}} \int_{c-\mathrm{j}\omega/2}^{c+\mathrm{j}\omega/2} \frac{D_{p1}(s,a,t-\mu T)}{1-\mathrm{e}^{(b-s)T}} \, \mathrm{d}s = y_{11}(t-\mu T,a,b) \,, \tag{13.53}$$

wobei die Funktion $y_{11}(t,a,b)$ durch (13.27), (13.39) bestimmt ist.
Es soll nun das Integrals (13.52) berechnet werden. Aus Gründen der Einfachheit soll angenommen werden, daß alle Pole der Funktion $\tilde{W}_{d1}(s)$ einfach sind. Dann findet man unter Ausnutzung von (13.49) und (A.60) die Entwicklung

$$\tilde{W}_{d1}(s) = T \sum_{i=1}^{\rho} \frac{c_i}{1-\mathrm{e}^{(r_i-s)T}} \,, \tag{13.54}$$

wobei die r_i , $(i = 1, \ldots, \rho)$ die Hauptpole der Übertragungsfunktion $W_d(s)$ sind und die c_i die Residuen dieser Pole. Nach Einsetzen von (13.54) in (13.52) sieht man, daß die Berechnung der Funktion $\tilde{y}_d(t, a, b)$ auf der Suche nach dem Wert von Integralen des Typs

$$y_{11}(t, a, b, d) \stackrel{\text{def}}{=} \frac{T}{2\pi \mathrm{j}} \int_{c-\mathrm{j}\omega/2}^{c+\mathrm{j}\omega/2} f(s, t, a, b, d) \, \mathrm{d}s \tag{13.55}$$

mit

$$f(s, t, a, b, d) \stackrel{\text{def}}{=} \frac{D_{p1}(s, a, t)}{\left[1 - \mathrm{e}^{(b-s)T}\right]\left[1 - \mathrm{e}^{(d-s)T}\right]} \tag{13.56}$$

basiert, wobei a, b, d bekannte komplexe Zahlen sind, die in der Halbebene Re $s < c$ liegen. Im gegebenen Fall hat man

$$\ell^-[f(s, t, a, b, d)] = 0, \quad t \geq 0, \tag{13.57}$$

weshalb Satz A.3 ausgenutzt werden kann, der für $t \geq 0$

$$y_{11}(t, a, b, d) = T \sum_i \operatorname*{Res}_{\tilde{s}_i} f(s, t, a, b, d), \tag{13.58}$$

liefert, wobei die Summation über alle Hauptpole $\tilde{s}_i$ der Funktion $f(s, t, a, b, d)$ erfolgt. Wegen der Periodizität von $f(s, t, a, b, d)$ bezüglich s, b, d bedeutet es keine Einschränkung der Allgemeinheit, wenn man annimmt, daß die Zahlen a, b, d Hauptpole der Funktion (13.56) sind. Mögen

$$\mathrm{e}^{aT} \neq \mathrm{e}^{bT}, \quad \mathrm{e}^{aT} \neq \mathrm{e}^{dT}, \quad \mathrm{e}^{bT} \neq \mathrm{e}^{dT} \tag{13.59}$$

sein. In dem Falle spricht man von *Nichtresonanz*. Im Falle der Nichtresonanz besitzt die Funktion (13.56) unter den gemachten Voraussetzungen einfache Pole in den Punkten $s = a$, $s = b$, $s = d$, weshalb man

$$\begin{aligned}
\operatorname*{Res}_a f(s, t, a, b, d) &= \frac{1}{T} \frac{M(a)\mathrm{e}^{at}}{\left[1 - \mathrm{e}^{(b-a)T}\right]\left[1 - \mathrm{e}^{(d-a)T}\right]} \\
\operatorname*{Res}_b f(s, t, a, b, d) &= \frac{1}{T} \frac{D_{p1}(b, a, t)\mathrm{e}^{bT}}{\mathrm{e}^{bT} - \mathrm{e}^{dT}} \\
\operatorname*{Res}_d f(s, t, a, b, d) &= \frac{1}{T} \frac{D_{p1}(d, a, t)\mathrm{e}^{dT}}{\mathrm{e}^{dT} - \mathrm{e}^{bT}}
\end{aligned} \tag{13.60}$$

erhält. Insgesamt ergibt Formel (13.58)

$$y_{11}(t, a, b, d) = \frac{M(a)\mathrm{e}^{at}\mathrm{e}^{(b+d)T}}{\left(\mathrm{e}^{aT} - \mathrm{e}^{bT}\right)\left(\mathrm{e}^{aT} - \mathrm{e}^{dT}\right)} + \frac{D_{p1}(b, a, t)\mathrm{e}^{bT} - D_{p1}(d, a, t)\mathrm{e}^{dT}}{\mathrm{e}^{bT} - \mathrm{e}^{dT}}. \tag{13.61}$$

Bei Ausnutzung von (13.53), (13.61) und (13.46) können die Übergangsvorgänge unter Ausschluß von Resonanz konstruiert werden.

Beispiel 13.4 Mögen

$$F(s) = \frac{1}{s-a}, \quad X(s) = \frac{1}{s} \quad W_d(s) = \frac{1}{e^{sT} - 0.5}, \quad M(s) = \frac{1 - e^{-sT}}{s}$$

gegeben sein, wobei $a < 0$ eine reelle Zahl sei, so daß $e^{aT} \neq 0.5$ gelte. In diesem Fall ist $b = 0$, $e^{r_1 T} = 0.5$. Das Integral (13.47) nimmt somit die Gestalt

$$y(t) = \frac{T}{2\pi j} \int_{c-j\omega/2}^{c+j\omega/2} \frac{D_{p1}(s,a,t)}{(e^{sT} - 0.5)(1 - e^{-sT})} \, ds$$

an. Die unmittelbare Berechnung dieses Integrals mittels der Residuensätze liefert

$$y(t) = \frac{e^{at}}{a\,(e^{aT} - 0.5)} + 2\,[D_{p1}(0,a,t) - D_{p1}(r_1,a,t)]\,,$$

was nach einigen Umformungen auf

$$y(t) = \frac{e^{at}\,\left(1 - 0.5^q e^{-aqT}\right)}{a\,(e^{aT} - 0.5)} + \frac{2}{a}\,(0.5^q - 1)\,, \qquad qT \leq t \leq (q+1)T$$

führt. In Abbildung 13.4 sind die Übergangsvorgange für $T = 1$ sowie $a = -1$ und

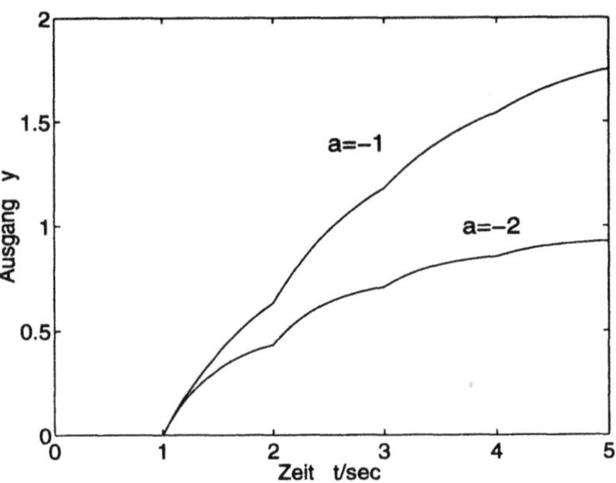

Abbildung 13.4: Prozeßverläufe zu Beispiel 13.4

$a = -2$ dargestellt.   □

Wenn mindestens eine der Bedingungen (13.59) verletzt ist, dann besteht im offenen System *Resonanz*. Für die Konstruktion der Übergangsvorgänge bei Resonanz sind Grenzübergänge in Analogie zu Abschnitt 13.2 erforderlich. Eine ausführlichere Darstellung findet man in Rosenwasser (1994c).

13.4 Quasistationäres Verhalten von Systemen mit Prozeßrechner

Es wird zur Betrachtung des Integrals (13.45) zurückgekehrt, das sich unter Verwendung von (13.44) in der Form

$$y(t) = \frac{1}{(m-1)!} \frac{\partial^{m-1}}{\partial b^{m-1}} y_1(t,b) \qquad (13.62)$$

mit

$$y_1(t,b) \stackrel{\text{def}}{=} \frac{T}{2\pi j} \int_{c-j\omega/2}^{c+j\omega/2} \frac{\mathcal{D}_{FM}(T,s,t)W_d(s)}{1 - e^{(b-s)T}} \, ds \qquad (13.63)$$

darstellen läßt, wobei $W_d(s)$ die Übertragungsfunktion des Steuerprogramms ist und die Funktion $\mathcal{D}_{FM}(T,s,t) = D_p(s,t)$ durch die Beziehungen (9.106), (9.107) bestimmt ist. Es wird vorausgesetzt, daß der Wert $s = b$ weder eine Polstelle von $\mathcal{D}_{FM}(T,s,t)$ noch von $W_d(s)$ ist. Wie aus dem Abschnitt A.8 des Anhangs folgt, sind in den Fällen, wo die Funktion $W_d(s)$ nicht limitiert ist, für das Integral (13.63), allgemein gesagt, die Residuensätze nicht anwendbar. Auch der Integrand in (13.63) strebt dann nicht unbedingt gegen Null für Re $s \to -\infty$. Allerdings ist leicht einzusehen, daß das Integral (13.63) allen Forderungen des Abschnitts A.8 genügt. Damit folgt sofort, daß eine ganze Zahl $k \geq 0$ existiert, so daß für $t > kT$ die Residuensätze wiederum anwendbar sind und man

$$y_1(t,b) = T \sum_i \operatorname*{Res}_{\tilde{s}_i} \left[\frac{\mathcal{D}_{FM}(T,s,t)W_d(s)}{1 - e^{(b-s)T}} \right] \qquad (13.64)$$

erhält, wobei $\tilde{s}_i$ die Hauptpole des Ausdrucks in den eckigen Klammern sind. Die Pole von $D_{pd}(s,t) = \mathcal{D}_{FM}(T,s,t)W_d(s)$ sollen durch $\tilde{d}_i$ bezeichnet werden, dann läßt sich wegen

$$T \operatorname*{Res}_{b} \left[\frac{\mathcal{D}_{FM}(T,s,t)W_d(s)}{1 - e^{(b-s)T}} \right] = D_{pd}(b,t)$$

der Ausdruck (13.64) in

$$y_1(t,b) = y_{10}(t,b) + y_{1\infty}(t,b) \qquad (13.65)$$

$$\text{mit} \quad y_{10}(t,b) = T \sum \operatorname*{Res}_{\tilde{d}_i} \left[\frac{\mathcal{D}_{FM}(T,s,t)W_d(s)}{1 - e^{(b-s)T}} \right]$$

$$y_{1\infty}(t,b) = \mathcal{D}_{FM}(T,b,t)W_d(b) = D_{pd}(b,t) \qquad (13.66)$$

zerlegen. Indem die letzte Beziehung in (13.62) eingesetzt wird, erhält man

$$y(t) = y_0(t) + y_\infty(t) \qquad (13.67)$$

$$\text{mit} \quad y_0(t) = \frac{1}{(m-1)!} \frac{\partial^{m-1}}{\partial b^{m-1}} y_{10}(t,b) \qquad (13.68)$$

$$y_\infty(t) = \frac{1}{(m-1)!} \frac{\partial^{m-1}}{\partial s^{m-1}} \left[\mathcal{D}_{FM}(T,s,t)W_d(s) \right]\big|_{s=b} \, . \qquad (13.69)$$

Setzt man voraus, daß alle Pole des Produkts $\mathcal{D}_{FM}(T,s,t)W_d(s)$ in der linken Halbebene liegen, also Re $\tilde{d}_i < 0$ gilt, dann ist durch Berechnung der entsprechenden Residuen leicht zu zeigen, daß

$$\lim_{t\to\infty} y_0(t) = 0$$

istr. Folglich existiert der asymptotische Grenzwert

$$\lim_{t\to\infty} y(t) = y_\infty(t), \tag{13.70}$$

der *quasistationärer Prozeß* genannt wird. Die Funktion $y_0(t)$ wird entsprechend als *Übergangsvorgang* des Prozesses bezeichnet. Auf diese Weise ist der quasistationäre Prozeß als das Ausgangsverhalten eines stabilen Systems nach Abklingen der Übergangsvorgänge erklärt. Wenn man die Beziehung (10.52)

$$D_{pd}(s,t) = W_{pd}(s,t)e^{st}$$

mit der PTF der offenen Kette mit Prozeßrechner

$$W_{pd}(s,t) = \varphi_{FM}(T,s,t)W_d(s)$$

beachtet, dann läßt sich (13.69) in die Form

$$y_\infty(t) = \frac{1}{(m-1)!}\frac{\partial^{m-1}}{\partial s^{m-1}}\left[W_{pd}(s,t)e^{st}\right]\Big|_{s=b} \tag{13.71}$$

bringen, was einem Spezialfall der allgemeinen Formel (7.18) entspricht. Wenn man die Differentiation in (13.71) ausführt und die Beziehung

$$\frac{\partial^r W_{pd}(s,t)}{\partial s^r} = \frac{\partial^r W_{pd}(s,t+T)}{\partial s^r}$$

ausnutzt, gelangt man zu einem Ausdruck der Form

$$y_\infty(t) = e^{bt}\left[f_0(t) + f_1(t)t + \ldots + f_{m-1}(t)t^{m-1}\right] \tag{13.72}$$

wobei $f_i(t) = f_i(t+T)$, $(i = 0,1,\ldots,m-1)$ bekannte periodische Funktionen sind. Die Formel (13.72) legt die allgemeine Gestalt des quasistationären Prozesses am Ausgang der offenen Kette mit Prozeßrechner bei Erregung mit einem Signal der Form (13.2) fest. Wenn insbesondere $m = 1$ ist, das heißt $x(t) = e^{bt}$ für $t > 0$ und $x(t) = 0$ für $t < 0$ wird, dann findet man aus (13.71) $y_\infty(t) = W_{pd}(b,t)e^{bt}$, was mit der allgemeinen Definition der PTF übereinstimmt.
Es sollen nun einige wichtige Spezialfälle der Formel (13.71) betrachtet werden. Möge das Eingangssignal der Einheitssprung $\mathbf{1}(t)$ nach (1.42) sein, so daß sich $m = 1$ und $b = 0$ ergeben, dann findet man aus (13.71)

$$y_\infty(t) = \varphi_{FM}(T,0,t)W_d(0). \tag{13.73}$$

Da $\varphi_{FM}(T, s, t) = \varphi_{FM}(T, s, t+T)$ gilt, ist sofort ablesbar, daß der quasistationäre Prozeß in diesem Falle eine stationäre periodische Schwingung ist. Bei Verwendung von (9.94) und (9.96) ist es nicht schwer, geschlossene Ausdrücke für $y_\infty(t)$ zu bekommen. In der Tat, wenn in den genannten Beziehungen $s = 0$ gesetzt wird, erhält man die für $0 \leq t \leq T$ gültigen gleichwertigen Ausdrücke

$$\varphi_{FM}(T, 0, t) = \sum_{i=1}^{\ell} \sum_{k=1}^{\nu_i} \frac{f_{ik}}{(k-1)!} \frac{\partial^{k-1}}{\partial s_i^{k-1}} \frac{M(s_i) \mathrm{e}^{s_i t}}{\mathrm{e}^{-s_i T} - 1} + \int_0^t h_p(t-\tau)\mu(\tau)\,\mathrm{d}\tau$$

$$\varphi_{FM}(T, 0, t) = \sum_{i=1}^{\ell} \sum_{k=1}^{\nu_i} \frac{f_{ik}}{(k-1)!} \frac{\partial^{k-1}}{\partial s_i^{k-1}} \frac{M(s_i) \mathrm{e}^{s_i t}}{1 - \mathrm{e}^{s_i T}} - \int_t^T h_p(t-\tau)\mu(\tau)\,\mathrm{d}\tau \, . \tag{13.74}$$

Im Falle einfacher Pole der Übertragungsfunktion $F(s)$ vereinfacht sich diese Beziehung. Geht man etwa von (9.101) aus, dann gewinnt man

$$\varphi_{FM}(T, 0, t) = \sum_{i=1}^{n} \frac{f_i M(s_i) \mathrm{e}^{s_i t}}{\mathrm{e}^{-s_i T} - 1} + \int_0^t h_p(t-\tau)\mu(\tau)\,\mathrm{d}\tau$$

$$\varphi_{FM}(T, 0, t) = \sum_{i=1}^{n} \frac{f_i M(s_i) \mathrm{e}^{s_i t}}{1 - \mathrm{e}^{s_i T}} - \int_t^T h_p(t-\tau)\mu(\tau)\,\mathrm{d}\tau \, . \tag{13.75}$$

Für die Berechnung des Funktion $\varphi_{FM}(T, 0, t)$ kann außerdem die Beziehung

$$\varphi_{FM}(T, 0, t) = \frac{1}{T} \sum_{k=-\infty}^{\infty} F(kj\omega)M(kj\omega)\mathrm{e}^{kj\omega t}, \quad \omega = \frac{2\pi}{T} \tag{13.76}$$

ausgenutzt werden, mit deren Hilfe eine Fourier-Entwicklung für den quasistationären Prozeß am Ausgang des System konstruiert werden kann.

Für die Abschätzung der statischen Genauigkeit ist in einer Reihe von Anwendungen der Mittelwert der Schwingung des Ausgangs

$$\overline{y}_\infty \stackrel{\mathrm{def}}{=} \frac{1}{T} \int_0^T y_\infty(t)\,\mathrm{d}t \tag{13.77}$$

bei konstantem Eingang geeignet. Aus (13.76) und (13.77) ermittelt man

$$\overline{y}_\infty = \frac{1}{T} F(0)M(0)W_d(0) \, . \tag{13.78}$$

Beispiel 13.5 Es wird das offene System mit

$$F(s) = \frac{1}{s - a}, \quad h_p(t) = \mathrm{e}^{at}, \quad W_d(s) = 1$$

und der Pulsform

$$\mu(t) = \begin{cases} 1 & 0 < t < \gamma T \\ 0 & \gamma T < t < T \end{cases}$$

betrachtet. Damit ergibt sich

$$M(s) = \frac{1 - e^{-s\gamma T}}{s}\,, \quad M(0) = \gamma T$$

und

$$h_p^*(t) = -\int_t^T e^{a(t-\tau)}\mu(\tau)\,d\tau = \begin{cases} \frac{e^{a(t-\gamma T)}-1}{a} & 0 \le t \le \gamma T \\ 0 & \gamma T \le t \le T. \end{cases}$$

Aus der zweiten Beziehung (13.75) findet man

$$y_\infty(t) = \begin{cases} \frac{1-e^{-\gamma a T}}{a}\,\frac{e^{at}}{1-e^{aT}} + \frac{e^{a(t-\gamma T)}-1}{a} & 0 \le t \le \gamma T \\ \frac{1-e^{-\gamma a T}}{a}\,\frac{e^{at}}{1-e^{aT}} & \gamma T \le t \le T. \end{cases} \tag{13.79}$$

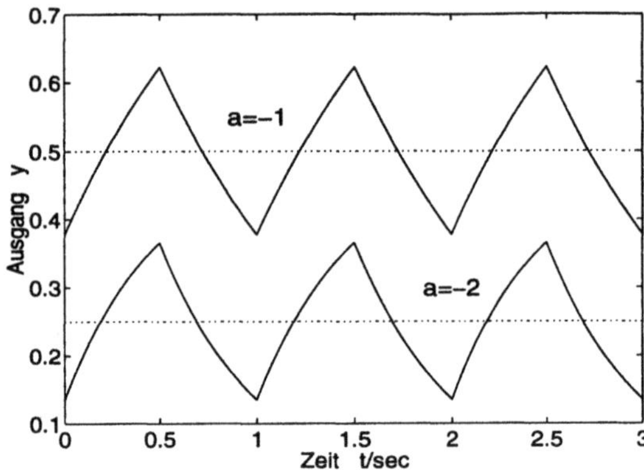

Abbildung 13.5: Quasistationäre Prozeßverläufe zu Beispiel 13.5

In Abbildung 13.5 ist der quasistationäre Prozeß entsprechend Formel (13.79) für $T = 1$, $\gamma = 0.5$ sowie $a = -1$ und $a = -2$ dargestellt. Da in diesem Falle $M(0) = 0.5$ ist, erhält man für den Mittelwert der Schwingung am Ausgang

$$\overline{y}_\infty = -\frac{1}{2a}\,. \qquad\qquad \square$$

In dem für Anwendungen wichtigsten Fall, wenn das Pulselement ein Halteglied 0. Ordnung, das bedeutet $\mu(t) = 1$ ist, ergeben sich wesentliche Vereinfachungen. Tatsächlich hat man dann

$$M(0) = T\,, \quad M(kj\omega) = 0\,, \ (k \ne 0)$$

womit man zunächst

$$\varphi_{FM}(T,0,t) = \varphi_{FM}(T,0,0) = F(0) \tag{13.80}$$

und mit (13.73), (13.76)

$$y_\infty(t) = F(0)W_d(0) = \text{const.} \qquad (13.81)$$

ermittelt.

Wendet man sich der Frage der Berechnung des quasistationären Prozesses bei polynomialer Erregung

$$x(t) = \left\{ \begin{array}{cc} \frac{t^{m-1}}{(m-1)!} & t > 0 \\ 0 & t < 0 \end{array} \right.$$

zu, so erhält man aus (13.71) einen allgemeinen Ausdruck für die quasistationäre Bewegung am Ausgang

$$y_\infty(t) = \frac{1}{(m-1)!} \frac{\partial^{m-1}}{\partial s^{m-1}} \left[\varphi_{FM}(T,s,t)W_d(s)e^{st} \right]_{\Big| s=0} . \qquad (13.82)$$

Beispiel 13.6 Es soll die quasistationäre Bewegung am Ausgang unter den Voraussetzungen des Beispiels 13.2 gefunden werden. Formel (13.82) liefert in diesem Fall

$$y_\infty(t) = \left[te^{st}\varphi_{FM}(T,s,t) + \frac{\partial \varphi_{FM}(T,s,t)}{\partial s} e^{st} \right]_{\Big| s=0} .$$

Unter den Bedingungen des Beispiels 13.2 erhält man bei Beachtung von (9.115) für $0 \leq t \leq T$

$$\varphi_{FM}(T,s,t) = e^{st} \left[\frac{1 - e^{-aT}}{a} \frac{e^{at}}{e^{(s-a)T} - 1} + \frac{e^{at} - 1}{a} \right] ,$$

woraus man

$$\varphi_{FM}(T,0,t) = -\frac{1}{a}$$

$$\frac{\partial \varphi_{FM}(T,s,t)}{\partial s} \Big|_{s=0} = \frac{t}{a} + \frac{Te^{at}}{a(1 - e^{aT})} , \quad 0 < t < T$$

gewinnt. Insgesamt ergibt sich

$$y_\infty(t) = -\frac{t}{a} + \left[\frac{t}{a} + \frac{Te^{at}}{a(1 - e^{aT})} \right] , \quad 0 \leq t \leq T .$$

Die Fortsetzung der letzten Formel auf die ganze t–Achse ergibt in Übereinstimmung mit (13.35)

$$y_\infty(t) = -\frac{t}{a} + \frac{t - qT}{a} + \frac{Te^{a(t-qT)}}{a(1 - e^{aT})} , \quad qT \leq t \leq (q+1)T .$$

In Abbildung 13.6 ist der grafische Verlauf des quasistationären Prozesses für die Parameter $T = 1$ sowie $a = -1$ und $a = -2$ dargestellt. $\qquad \Box$

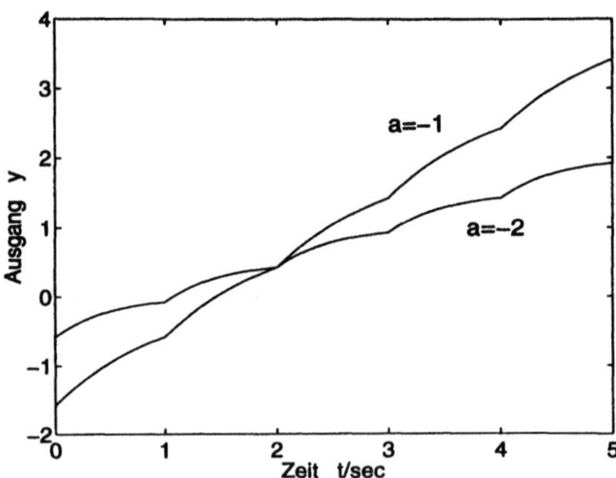

Abbildung 13.6: Quasistationäre Prozeßverläufe zu Beispiel 13.6

13.5 Quasistationäre Prozesse bei harmonischer Erregung

Wenn

$$x(t) = \begin{cases} e^{j\nu t} & t > 0 \\ 0 & t < 0 \end{cases}$$

mit einem reellen Parameter ν ist, dann liefert (13.71) einen Ausdruck für den quasistationären Prozeß am Ausgang des Systems, wenn dort $b = j\nu$, $m = 1$ gesetzt wird mit dem Ergebnis

$$y_\infty(t) = W_{pd}(j\nu, t)e^{j\nu t} = \varphi_{FM}(T, j\nu, t)W_d(j\nu)e^{j\nu t}.$$

Unter Berücksichtigung von (6.57) kann diese Beziehung in der Form

$$y_\infty(t) = \Phi_{pd}(j\nu, t)e^{j\nu t} \tag{13.83}$$

dargestellt werden, wobei

$$\Phi_{pd}(j\nu, t) = W_{pd}(s, t)\,|_{s=j\nu} \tag{13.84}$$

der parametrische Frequenzgang des Systems ist, Sommer et al. (1994), Lampe und Rosenwasser (1995). Durch Ausnutzung der Beziehungen des Abschnitts 6.4 lassen sich die quasistationären Reaktionen des Systems auf Eingangssignale der Art $x(t) = \cos\nu t$ und $x(t) = \sin\nu t$ konstruieren. Die entsprechenden quasistationären Ausgänge werden mit $y_{c\infty}(t)$ beziehungsweise $y_{s\infty}(t)$ bezeichnet. Durch Verwendung von (6.62) erhält man direkt

$$y_{c\infty}(t) = P_{pd}(\nu, t)\cos\nu t - Q_{pd}(\nu, t)\sin\nu t$$

$$y_{s\infty}(t) = P_{pd}(\nu, t)\sin\nu t + Q_{pd}(\nu, t)\cos\nu t, \tag{13.85}$$

wobei der allgemeinen Theorie entsprechend

$$P_{pd}(\nu, t) = \text{Re}\ [\varphi_{FM}(T, j\nu, t)W_d(j\nu)]$$
$$Q_{pd}(\nu, t) = \text{Im}\ [\varphi_{FM}(T, j\nu, t)W_d(j\nu)]$$

$$(13.86)$$

gesetzt wurde und

$$P_{pd}(\nu, t) = P_{pd}(\nu, t + T)\,, \quad Q_{pd}(\nu, t) = Q_{pd}(\nu, t + T) \tag{13.87}$$

gilt. Es soll jetzt auf eine Reihe allgemeiner Eigenschaften der Funktionen (13.85) auf der Basis der schon bewiesenen Beziehungen geschlossen werden.

1. Wenn das Verhältnis zwischen der Frequenzquantisierung $\omega = 2\pi/T$ und der erregenden Frequenz ν irrational ist, das heißt, beide Schwingungen *inkommensurabel* sind, dann sind die Funktionen $y_{c\infty}(t)$ und $y_{s\infty}(t)$ nicht periodisch in t. Sie erweisen sich in diesen Fällen als fastperiodische (genauer gesagt als doppelt periodische) Funktionen von t. Ebenso verhält sich der quasistationäre Prozeß (13.83).

2. Wenn die Frequenzen ω und ν *kommensurabel* sind, so daß die Beziehung

$$\frac{\omega}{\nu} = \frac{m}{n}$$

mit relativ primen positiven ganzen Zahlen m, n gilt, dann ist der quasistationäre Prozeß $y_\infty(t)$ periodisch in t mit der Periode T_a, wobei

$$T_a \stackrel{\text{def}}{=} nT_\nu = mT\,, \quad T_\nu = \frac{2\pi}{\nu}\,, \quad T = \frac{2\pi}{\omega}$$

sind. Dabei kann auch

$$y_{c\infty}(t) = y_{c\infty}(t + T_a)\,, \quad y_{s\infty}(t) = y_{s\infty}(t + T_a)$$

unmittelbar abgeleitet werden.

3. Wenn nur die Werte in diskreten Zeitpunkten betrachtet werden, dann kann man eine Reihe weiterer wichtiger Beziehungen erhalten. Eine diskrete Folge der Form

$$f_k \stackrel{\text{def}}{=} Ae^{kj\overline{\omega}}\,, \quad (k = 0, \pm 1, \ldots)\,, \tag{13.88}$$

wobei $A > 0$, $\overline{\omega} > 0$ reelle Zahlen sind, wird *harmonische Folge* mit der *relativen Frequenz* $\overline{\omega}$ und der *Amplitude* A genannt. Die Folge

$$x_k = Ae^{kj\overline{\omega}+j\phi} \tag{13.89}$$

mit der reellen Zahl ϕ wird in Bezug auf die Folge (13.88) *um die Phase ϕ verschobene Folge* genannt. Dem Eingangssignal $x(t) = e^{j\nu t}$ entspricht in den diskreten Zeitpunkten $t_k = \varepsilon + kT$, $0 \leq \varepsilon < T$ die Eingangsfolge

$$x_k = e^{j(k\nu T + \nu\varepsilon)}\,, \tag{13.90}$$

die die relative Frequenz

$$\overline{\omega} = \nu T = \frac{2\pi\nu}{\omega}$$

und die Phasenverschiebung $\nu\varepsilon$ besitzt. Der Eingangsfolge (13.90) zu den Zeitpunkten t_k entspricht vermöge (13.83) eine Ausgangsfolge

$$y_k \stackrel{\text{def}}{=} y_\infty(t_k) = \Phi_{pd}(\mathrm{j}\nu,\varepsilon)e^{\mathrm{j}(k\nu T + \nu\varepsilon)} . \tag{13.91}$$

Für festes ε läßt sich unter Berücksichtigung von (6.60)

$$\Phi_{pd}(\mathrm{j}\nu,t) = A_{pd}(\nu,\varepsilon)e^{\mathrm{j}\phi_{pd}(\nu,\varepsilon)}$$

schreiben, so daß aus (13.91)

$$y_k = A_{pd}(\nu,\varepsilon)e^{\mathrm{j}[k\nu T + \nu\varepsilon + \phi_{pd}(\nu,\varepsilon)]} \tag{13.92}$$

folgt, wobei die Größen $A_{pd}(\nu,\varepsilon)$, $\phi_{pd}(\nu,\varepsilon)$ nicht von k abhängen. Aus (13.92) ist ablesbar, daß für beliebiges festes ε die diskrete Auswahl von Werten des quasistationären Verlaufs des Ausgangs bei harmonischer Eingangsfolge (13.90) entsprechend den Zeitpunkten $t_k = \varepsilon + kT$, selbst eine diskrete harmonische Folge ist mit derselben Frequenz aber geänderter Amplitude und Phase. Wenn (13.92) in Real- und Imaginärteil zerlegt wird, dann kann gezeigt werden, daß analoge Aussagen für die Eingangsfolgen

$$x_{ck} \stackrel{\text{def}}{=} \cos(k\nu T + \nu\varepsilon) , \quad x_{sk} \stackrel{\text{def}}{=} \sin(k\nu T + \nu\varepsilon)$$

gelten. Die entsprechenden quasistationären Ausgangsfolgen haben die Gestalt

$$y_{ck} = A(\nu,\varepsilon)[\cos(k\nu T + \nu\varepsilon + \phi_{pd}(\nu,\varepsilon)]$$

$$\tag{13.93}$$

$$y_{sk} = A(\nu,\varepsilon)[\sin(k\nu T + \nu\varepsilon + \phi_{pd}(\nu,\varepsilon)] .$$

Die hergeleiteten Beziehungen haben gezeigt, daß beim Übergang zur Beschreibung der Bewegungen von Abtastsystemen in kontinuierlicher Zeit die Verhältnisse wesentlich komplizierter werden. Dabei bestehen wichtige Unterschiede in folgendem.

A) In kontinuierlicher Zeit sind die quasistationären Reaktionen auf harmonische Eingangssignale keine Harmonischen dieser Frequenz. Darüber hinaus sind sie nicht einmal periodisch, wenn die Frequenz des Eingangssignals inkommensurabel zur Abtastfrequenz ist.

B) Die Reaktionen des Systems auf sinus- oder cosinusförmige Eingangssignale befriedigen keine zu (13.93) analoge Beziehung und sind komplizierte Funktionen der Zeit.

C) Der parametrische Amplituden- und Phasenfrequenzgang $A(\nu,t)$, $\phi(\nu,t)$ besitzen bei einer Betrachtung in kontinuierlicher Zeit nicht dieselben Eigenschaften, wie sie aus der Beziehung (13.92) herauskommen.

Es sollen eine Reihe weiterer Eigenschaften des parametrischen Frequenzgangs gebracht werden, die sich aus den erhaltenen Beziehungen ergeben.

1. Zunächst sei bemerkt, daß wegen (13.11) und (10.51)

$$\Phi_{pd}(\mathrm{j}\nu, t) = W_d(\mathrm{j}\nu)\frac{1}{T}\sum_{k=-\infty}^{\infty} F(\mathrm{j}\nu + kj\omega)M(\mathrm{j}\nu + kj\omega)e^{kj\omega t} \tag{13.94}$$

gilt, woraus folgt, daß $\Phi_{pd}(\mathrm{j}\nu, t)$ vollständig durch die Frequenzgänge des kontinuierlichen Teils $F(\mathrm{j}\nu)$, des Formierungselements $M(\mathrm{j}\nu)$ und des Steuerprogramms $W_d(\mathrm{j}\nu)$ bestimmt ist.

2. Aus (13.94) läßt sich sofort

$$\Phi_{pd}[\mathrm{j}(\nu + \omega), t] = \Phi_{pd}(\mathrm{j}\nu, t)e^{-\mathrm{j}\omega t} \tag{13.95}$$

entnehmen, so daß die Werte von $\Phi_{pd}(\mathrm{j}\nu, t)$ für $-\infty < t < \infty$ vollständig durch seine Werte im Bereich $0 \leq \nu \leq \omega$, $0 \leq t \leq T$ festgelegt sind.

3. Wenn man (13.95) in Real- und Imaginärteil trennt, findet man mit Hilfe von (13.86)

$$\begin{aligned}
P(\nu + \omega, t) &= P(\nu, t)\cos\omega t + Q(\nu, t)\sin\omega t \\
Q(\nu + \omega, t) &= -P(\nu, t)\sin\omega t + Q(\nu, t)\cos\omega t,
\end{aligned} \tag{13.96}$$

so daß $P(\nu, t)$ und $Q(\nu, t)$ ebenfalls vollständig durch ihre Werte im Frequenzintervall $0 \leq \nu \leq \omega$ bestimmt sind.

Beispiel 13.7 Bei gegebenem

$$F(s) = \frac{1}{s - a}, \quad W_d(s) = 1, \quad M(s) = \frac{1 - e^{-sT}}{s}$$

erhält man für $0 \leq t \leq T$

$$\Phi_{pd}(\mathrm{j}\nu, t) = e^{-\mathrm{j}\nu t}\left[\frac{1 - e^{-aT}}{a}\frac{e^{at}}{e^{(\mathrm{j}\nu-a)T} - 1} + \frac{e^{at} - 1}{a}\right].$$

Indem hier Real- und Imaginärteil getrennt werden, erhält man die Anteile $P_{pd}(\nu, t)$ und $Q_{pd}(\nu, t)$. In Abbildung 13.7 sind diese Funktionen für $a = -1$, $T = 0.44$, $\nu = 0.6\omega$ grafisch dargestellt. $\square$

13.6 Experimentelle Bestimmung des parametrischen Frequenzgangs

Die allgemeinen Beziehungen der Abschnitte 6.4 und 13.5 erlauben die Ableitung eines allgemeinen Prinzips zur experimentellen Bestimmung des parametrischen

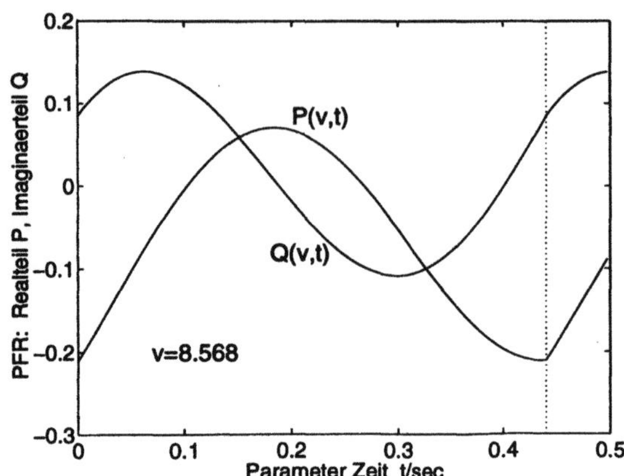

Abbildung 13.7: Real- und Imaginärteil des Frequenzgangs

Frequenzgangs von stabilen linearen periodischen System, also auch von Abtastsystemen. Die Idee besteht in folgendem, Volovodov et al. (1991), Sommer et al.
(1994), Lampe und Rosenwasser (1995) :
Sei ein stabiles lineares periodisches System mit der PTF $W(s,t)$ nach Abbil-
dungr 5.1 gegeben, dann ist bei harmonischer Erregung $x(t) = \mathrm{e}^{\mathrm{j}\nu t}$ der quasistationäre Prozeß am Ausgang durch die Formel (6.58)

$$y_\infty(t) = W(\mathrm{j}\nu, t)\mathrm{e}^{\mathrm{j}\nu t} \qquad (13.97)$$

festgelegt, woraus folgt, daß der quasistationäre Ausgang zum Eingang $x_s(t) = \sin \nu t$ die Gestalt

$$y_{s\infty}(t) = \quad P(\nu,t)\sin \nu t + Q(\nu,t)\cos \nu t \qquad (13.98)$$

$$\text{mit} \quad P(\nu,t) = \operatorname{Re} W(\mathrm{j}\nu,t)\,, \quad Q(\nu,t) = \operatorname{Im} W(\mathrm{j}\nu,t) \qquad (13.99)$$

$$P(\nu,t) = P(\nu,t+T)\,, \quad Q(\nu,t) = Q(\nu,t+T) \qquad (13.100)$$

hat. Analog läßt sich der quasistationäre Ausgang bei der Erregung $x_c(t) = \cos(\nu t)$ durch

$$y_{c\infty}(t) = P(\nu,t)\cos \nu t - Q(\nu,t)\sin \nu t \qquad (13.101)$$

bestimmen. Aus mathematischer Sicht handelt es sich bei (13.98), (13.101) um
partikuläre Lösungen von Gleichungen, die den Eingang $x(t)$ mit dem Ausgang
$y(t)$ unter bestimmten Anfangsbedingungen verknüpfen. Wenn das System bei
verschwindenden Anfangsbedingungen mit $x_s(t)$ und $x_c(t)$ angeregt wird, dann
kann man am Ausgang

$$y_s(t) = y_{sn}(t) + y_{s\infty}(t)$$
$$y_c(t) = y_{cn}(t) + y_{c\infty}(t)$$

beobachten, wobei $y_{sn}(t)$ und $y_{cn}(t)$ die Übergangsvorgänge des Ausgangssignals beschreiben. Wegen der vorausgesetzten Stabilität des Systems erlöschen die Übergangsvorgänge nach einer gewissen Zeit, so daß man nach Ablauf dieser Zeit am Ausgang des Systems nur noch die quasistationären Bewegungen (13.98) und (13.101) messen wird. Allerdings ist die direkte Messung und Analyse dieser Prozesse mit großen technischen Schwierigkeiten verbunden, weil $y_{s\infty}(t)$ und $y_{c\infty}(t)$ im allgemeinen keine periodischen Funktionen der Zeit sind. Diese Schwierigkeiten können jedoch leicht überwunden werden, da aus den Gleichungen (13.98) und (13.101)

$$
\begin{aligned}
P(\nu,t) &= y_{s\infty}(t)\sin\nu t + y_{c\infty}(t)\cos\nu t \\
Q(\nu,t) &= y_{s\infty}(t)\cos\nu t - y_{c\infty}(t)\sin\nu t
\end{aligned}
\tag{13.102}
$$

folgt. Diese Gleichungen beschreiben eine Möglichkeit, wie der PFR experimentell aus den gemessenen eingeschwungenen Reaktionen $y_{s\infty}(t)$ und $y_{c\infty}(t)$ bei einer festen Frequenz ν des Eingangssignals bestimmt werden kann. Hierbei ist nach Ablauf einer Einschwingphase von N Schwingungen des Eingangssignals der Parameter t aus dem Bereich $N\tau < t < N\tau + T$, $\tau = 2\pi/\nu$ zu wählen. Die Dauer des Einschwingvorgangs ist systemabhängig. Der Einschwingvorgang kann als abgeschlossen angesehen werden, wenn die Größen

$$
P'(\nu,t) = y_s(t)\sin\nu t + y_c(t)\cos\nu t
$$
$$
Q'(\nu,t) = y_s(t)\cos\nu t - y_c(t)\sin\nu t
$$

periodisch erscheinen.

Wenn Abtastfrequenz und Erregerfrequenz in einem rationalen Verhältnis stehen, wobei

$$
\frac{\omega}{\nu} = \frac{\tau}{T} = \frac{r}{m}, \quad \frac{2m}{r} \text{ nicht ganzzahlig}
\tag{13.103}
$$

mit natürlichen Zahlen r, m angenommen wird, dann gibt es eine weitere Möglichkeit für die experimentelle Bestimmung des PFR, die mit einer einzigen Messung je Frequenz ν auskommt. Diese Methode geht zunächst ebenfalls von der Darstellung (13.98) aus. Wegen (13.100) können diese Komponenten in ihre Fourier-Reihen entwickelt werden. Aus praktischen Gesichtspunkten heraus wird man diese nach endlich vielen Gliedern abbrechen, wodurch man

$$
\begin{aligned}
P(\nu,t) &\approx \sum_{k=0}^{n} A_k(\nu)\sin k\omega t + B_k(\nu)\cos k\omega t \\
Q(\nu,t) &\approx \sum_{k=0}^{n} C_k(\nu)\sin k\omega t + D_k(\nu)\cos k\omega t
\end{aligned}
\tag{13.104}
$$

erhält. Wird dieses in (13.93) eingesetzt, entsteht

$$
y_s(t) = \sum_{k=0}^{n} \Big(A_k(\nu)\sin k\omega t + B_k(\nu)\cos k\omega t\Big)\sin\nu t
$$

$$+ \sum_{k=0}^{n} \Big(C_k(\nu) \sin k\omega t + D_k(\nu) \cos k\omega t \Big) \cos \nu t$$

oder nach Anwendung der Additionstheoreme

$$\begin{aligned}
y_s(t) = \ \frac{1}{2} \sum_{k=0}^{n} \Big[&A_k(\nu) \Big(\cos(k\omega - \nu)t - \cos(k\omega + \nu)t \Big) \\
&+ B_k(\nu) \Big(- \sin(k\omega - \nu)t + \sin(k\omega + \nu)t \Big) \\
&+ C_k(\nu) \Big(\sin(k\omega - \nu)t + \sin(k\omega + \nu)t \Big) \\
&+ D_k(\nu) \Big(\cos(k\omega - \nu)t - \cos(k\omega + \nu)t \Big) \Big] \, .
\end{aligned} \qquad (13.105)$$

Indem man die Glieder mit gleichen Frequenzen zusammenfaßt, mit den Harmonischen der Frequenzen $k\omega \pm \nu$ multipliziert und über die (kleinste) gemeinsame Periode $m\tau = rT$ integriert, gelangt man zu

$$\begin{aligned}
D_k(\nu) + A_k(\nu) &= \ \frac{1}{m\tau} \int_0^{m\tau} y_s(t) \cos(k\omega - \nu)t \, \mathrm{d}t = J_{1k} \\
C_k(\nu) - B_k(\nu) &= \ \frac{1}{m\tau} \int_0^{m\tau} y_s(t) \sin(k\omega - \nu)t \, \mathrm{d}t = J_{2k} \\
D_k(\nu) - A_k(\nu) &= \ \frac{1}{m\tau} \int_0^{m\tau} y_s(t) \cos(k\omega + \nu)t \, \mathrm{d}t = J_{3k} \\
B_k(\nu) + C_k(\nu) &= \ \frac{1}{m\tau} \int_0^{m\tau} y_s(t) \sin(k\omega + \nu)t \, \mathrm{d}t = J_{4k} \, .
\end{aligned} \qquad (13.106)$$

Nach Auswertung der Integrale in (13.106) für $k = 0, 1, \ldots, n$ erhält man für jedes fixierte ν ein lineares Gleichungssystem für die unbekannten A_k, B_k, C_k, D_k, woraus sich $P(\nu, t)$ und $Q(\nu, t)$ mittels (13.104) berechnen lassen. Wegen der besonderen Gestalt, läßt sich das Gleichungssystem für jedes k einfach auflösen, wobei man

$$A_k = \frac{J_{1k} - J_{3k}}{2} \, , \ B_k = \frac{J_{4k} - J_{2k}}{2} \, , \ C_k = \frac{J_{2k} + J_{4k}}{2} \, , \ D_k = \frac{J_{1k} + J_{3k}}{2} \qquad (13.107)$$

gewinnt. Wenn im Experiment die harmonischen Erregungen auf den Eingang des Abtasters wirken, was insbesondere der Fall ist, wenn der Prozeßrechner dieses Signal selbst erzeugt, dann folgt aus (13.96), daß man sich auf den Frequenzbereich $0 \leq \nu < \omega$ beschränken kann.

Kapitel 14

Analyse von geschlossenen Abtastsystemen bei deterministischer Erregung

14.1 Beschreibung von Prozessen ohne Anfangsenergie

Im vorliegenden Kapitel werden Methoden zur Konstruktion von Übergangsvorgängen und quasistationären Prozessen in Systemen mit einer Struktur wie in Abbildung 11.1 entwickelt. Um einen konkreten Fall vor Augen zu haben, wird bei den Darlegungen als Ausgangsgröße $y(t)$ und als Eingangssgröße $x(t)$ gewählt. Damit hat die Operatorengleichung des Systems die Gestalt

$$y = W(s,t)x\,, \tag{14.1}$$

wobei wegen (11.42)

$$W(s,t) \stackrel{\text{def}}{=} W_{yx}(s,t) = R(s)\left[1 - \frac{W_d(s)\varphi_{FM}(T,s,t)}{1 + W_d(s)\varphi_{FM}(T,s,0)}\right] \tag{14.2}$$

ist. Weiterhin wird vorausgesetzt, daß die Funktionen $F(s) = G(s)R(s)$ und $R(s)$ streng proper sind und $F(s)$ die Form (13.1) hat. Wie oben wird

$$W_d(s) = \frac{b(s)}{a(s)}\,, \quad \varphi_{FM}(T,s,0) = \mathcal{D}_{FM}(T,s,0) = \frac{e^{-sT}\chi(s)}{\alpha(s)} \tag{14.3}$$

angenommen, wobei $\alpha(s)$, $\chi(s)$, $b(s)$, $a(s)$ Quasipolynome in der Variablen $\zeta = e^{-sT}$ sind. Es wird vorausgesetzt, daß die Bedingungen (9.161) und (9.162) für nichtpathologisches Verhalten erfüllt sind, was gleichbedeutend damit ist, daß die rational periodische Funktion $\varphi_{FM}(T,s,0)$ nicht gekürzt werden kann.

Unter den getroffenen Voraussetzungen kann vermöge Satz 11.2 die PTF (14.2) in der Form

$$W(s,t) = \frac{n(s,t)}{\Delta(s)} \tag{14.4}$$

mit dem charakteristischen Quasipolynom des Systems

$$\Delta(s) = \alpha(s)a(s) + e^{-sT}\chi(s)b(s) \tag{14.5}$$

und der für alle t ganzen Funktion des Arguments s

$$n(s,t) = R(s)\alpha(s)a(s) + R(s)\alpha(s)b(s)\left[\varphi_{FM}(T,s,0) - \varphi_{FM}(T,s,t)\right] \tag{14.6}$$

dargestellt werden. Wenn die bestimmende Gleichung

$$\Delta(s) = 0 \tag{14.7}$$

die Hauptwurzeln $\tilde{s}_i$, $(i = 1,\ldots,r)$ mit den Vielfachheiten $\nu_1,\ldots,\nu_r$ haben möge, dann ist aus (14.4) ablesbar, daß sämtliche Pole von $W(s,t)$ für alle t unter den Zahlen $s_{im} = \tilde{s}_i + mj\omega$ zu finden sind, wobei m eine beliebige ganze Zahl ist. Dabei übersteigt die Vielfachheit des Pols s_{im} nicht den Wert ν_i. Im folgenden soll angenommen werden, daß alle Hauptpole $\tilde{s}_i$ in der linken Halbebene liegen mögen, also Re $\tilde{s}_i < 0$, $(i = 1,\ldots,r)$ erfüllen.

Bezüglich des Eingangssignals wird vorausgesetzt, daß es die Form (13.2) hat und seine Laplace-Transformation durch Formel (13.3) bestimmt wird. Wie in Abschnitt 11.7 sollen durch $\tilde{\mu}_1,\ldots,\tilde{\mu}_\kappa$ die charakteristischen Indizes des Systems bezeichnet werden, die die unterschiedlichen Realteile der Hauptwurzeln $\tilde{s}_i$ in der Reihenfolge ihrer Größe repräsentieren. Sei c eine reelle Konstante mit $c > \tilde{\mu}_\kappa$, dann definiert das Integral

$$\tilde{h}_\kappa(t,\tau) = \frac{1}{2\pi j}\int_{c-j\infty}^{c+j\infty} W(s,t)e^{s(t-\tau)}\,ds \tag{14.8}$$

die Greensche Funktion des kausalen Operators

$$y(t) = \int_{-\infty}^{t} \tilde{h}_\kappa(t,\tau)x(\tau)\,d\tau\,, \tag{14.9}$$

der im Falle der Konvergenz den Ausgang des Systems beschreibt. Bei den vereinbarten Voraussetzungen existiert die Lösung der Gestalt (14.9) und kann als Umkehrintegral (11.120)

$$y(t) = \frac{1}{2\pi j}\int_{c_1-j\infty}^{c_1+j\infty} W(s,t)X(s)e^{st}\,ds\,, \quad c_1 > \lambda \stackrel{\text{def}}{=} \max\{\mu_\kappa, \text{Re}\,b\} \tag{14.10}$$

dargestellt werden. Wenn $x(t) = 0$ für $t < 0$ ist, dann folgt aus (14.9), daß die Lösung (14.10) äquivalent zum Integral

$$y(t) = \int_0^t \tilde{h}_\kappa(t,\tau)x(\tau)\,\mathrm{d}\tau \tag{14.11}$$

ist, das als *Lösung bei verschwindender Anfangsenergie* bezeichnet wird. Die Diskretisierung des Integrals (14.10) führt auf die Beziehung

$$y(t) = \frac{T}{2\pi\mathrm{j}} \int_{c_1-\mathrm{j}\omega/2}^{c_1+\mathrm{j}\omega/2} \mathcal{D}_y(T,s,t)\,\mathrm{d}s \tag{14.12}$$

mit der diskreten Laplace-Transformation $\mathcal{D}_y(T,s,t)$ des Ausgangssignals, die sich aus Formel (11.122) zu

$$\mathcal{D}_y(T,s,t) = \mathcal{D}_{RX}(T,s,t) - \frac{W_d(s)\mathcal{D}_{GRM}(T,s,t)}{1 + W_d(s)\mathcal{D}_{GRM}(T,s,0)}\mathcal{D}_{RX}(T,s,0) \tag{14.13}$$

ergibt.

Bemerkung. Es wird darauf hingewiesen, daß die Formel (14.13) im Prinzip auf den Fall erweitert werden kann, in dem die Funktion $R(s)$ nur proper ist. Dabei bleibt die Formel (14.13) bestehen, wenn $m > 1$ in Formel (13.2) ist. Im Falle $m = 1$ ist auf der rechten Seite von (14.13) dann $\mathcal{D}_{RX}(T,s,0)$ durch $\mathcal{D}_{RX}(T,s,+0)$ zu ersetzen.

14.2 Berechnung von Prozessen mit verschwindender Anfangsenergie

Es ist unmittelbar einzusehen, daß zur rational periodischen Funktion (14.13) für $0 \leq t \leq T$ der endliche Grenzwert

$$\ell^+[\mathcal{D}_y(T,s,t)] = \lim_{\mathrm{Re}\ s\to\infty}[\mathcal{D}_y(T,s,t)] \tag{14.14}$$

existiert, das heißt, die Funktion (14.13) ist für $0 \leq t \leq T$ kausal. Dabei sind die Voraussetzungen des Abschnitts A.8 erfüllt. Für die Berechnung des Integrals (14.12) kann deshalb die allgemeine Formel (A.116) angewendet werden. Danach ist es vor allem erforderlich, das Verhalten der rational periodischen Funktion (14.13) für $\mathrm{Re}\ s \to -\infty$ zu untersuchen und die Menge ihrer Pole zu bestimmen.

Satz 14.1 *Möge das Steuerprogramm $W_d(s)$ limitiert sein und der Bedingung*

$$1 + \ell^-[W_d(s)]\,\ell^-[\mathcal{D}_{FM}(T,s,0)] \neq 0 \tag{14.15}$$

gehorchen, dann gilt für die Funktion (14.13)

$$\ell^-[\mathcal{D}_y(T,s,t)] = 0, \quad t \geq 0. \tag{14.16}$$

Beweis: Wenn man in (14.13) zur Grenze für Re $s \to -\infty$ geht, dann erhält man

$$\ell^-[\mathcal{D}_y(T,s,t)] =$$

$$= \ell^-[\mathcal{D}_{RX}(T,s,t)] - \frac{\ell^-[W_d(s)]\ell^-[\mathcal{D}_{GRM}(T,s,t)]}{1 + \ell^-[W_d(s)]\ell^-[\mathcal{D}_{GRM}(T,s,0)]} \, \ell^-[\mathcal{D}_{RX}(T,s,0)] \, .$$

Da die rational periodische Funktion $R(s)X(s)$ streng proper ist, gewinnt man aus (4.67)

$$\ell^-[\mathcal{D}_{RX}(T,s,t)] = 0 \, , \quad t \geq +0 \, .$$

und weil auch $F(s)$ streng proper ist, erhält man aus (9.140), (9.142)

$$\ell^-[\mathcal{D}_{FM}(T,s,t)] = h_p^*(t) \, , \quad 0 \leq t \leq T \, ; \quad \ell^-[\mathcal{D}_{FM}(T,s,t)] = 0 \, , \quad t \geq T \, .$$

Aus den abgeleiteten Beziehungen schließt man auf die Behauptung (14.16).   ∎

Satz 14.2 *Das Steuerprogramm $W_d(s)$ möge nicht limitiert sein, somit darf eine Darstellung der Form (A.27)*

$$W_d(s) = l_\kappa e^{-\kappa sT} + \ldots + l_1 e^{-sT} + W_{d1}(s) \tag{14.17}$$

mit einer limitierten Funktion $W_{d1}(s)$ und $l_\kappa \neq 0$ angenommen werden. Möge weiterhin die Bedingung

$$\ell^-[\mathcal{D}_{FM}(T,s,0)] = h_p^*(0) \neq 0 \tag{14.18}$$

erfüllt sein, dann gilt die Beziehung (14.16).

Beweis: Mit Blick auf (14.17) wird (14.13) in der Form

$$\mathcal{D}_y(T,s,t) = \mathcal{D}_{RX}(T,s,t) - \frac{e^{\kappa sT}W_d(s)\mathcal{D}_{GRM}(T,s,t)}{e^{\kappa sT} + e^{\kappa sT}W_d(s)\mathcal{D}_{GRM}(T,s,0)} \mathcal{D}_{RX}(T,s,0)$$

dargestellt. Nimmt man hier den Grenzübergang für Re $s \to -\infty$ vor, dann gelangt man zu

$$\ell^-[\mathcal{D}_y(T,s,t)] = \ell^-[\mathcal{D}_{RX}(T,s,t)] -$$

$$- \frac{\ell^-[e^{\kappa sT}W_d(s)]\,\ell^-[\mathcal{D}_{GRM}(T,s,t)]}{\ell^-[e^{\kappa sT}] + \ell^-[e^{\kappa sT}W_d(s)]\,\ell^-[\mathcal{D}_{GRM}(T,s,0)]} \, \ell^-[\mathcal{D}_{RX}(T,s,0)] \, .$$

Aus (14.17) folgt $\ell^-[e^{\kappa sT}W_d(s)] = l_\kappa \neq 0$, weshalb der Grenzübergang wie in Satz 14.1 für $t > 0$ die Beziehung (14.16) ergibt.   ∎

Im folgenden wird vorausgesetzt, daß die formulierten Voraussetzungen für die Gültigkeit von Beziehung (14.16) erfüllt sein mögen. Bei Ausnutzung von (A.83) erhält man dann für $t > 0$

$$y(t) = \sum_r \operatorname*{Res}_{\tilde{q}_r} \mathcal{D}_y(T,s,t) \, , \tag{14.19}$$

wobei die $\tilde{q}_r$ die Hauptpole der Funktion (14.13) sind. Die Menge dieser Pole wird durch den folgenden Satz festgelegt.

Satz 14.3 *Es seien die Bedingungen für nichtpathologisches Verhalten (9.161), (9.162) erfüllt, so daß die Quasipolynome* $\mathrm{e}^{-sT}\chi(s)$ *und* $\alpha(s)$ *nicht kürzbar sind. Mögen* $\tilde{s}_i$, $(i = 1,\ldots,r)$ *die Hauptwurzeln der bestimmenden Gleichung (14.7) sein und der Bedingung*

$$\mathrm{e}^{\tilde{s}_i T} \neq \mathrm{e}^{bT}, \quad (i = 1,\ldots,r) \tag{14.20}$$

genügen, dann besteht die Menge der Pole der Funktion (14.13) für beliebiges t *aus den Zahlen* $s_{iq} = \tilde{s}_i + qj\omega$, $b_q = b + qj\omega$, *wobei* q *eine beliebige ganze Zahl ist.*

Beweis: Es wird das Produkt

$$Y(s,t) \stackrel{\text{def}}{=} W(s,t)X(s) = \left[R(s) - \frac{W_d(s)\varphi_{FM}(T,s,t)R(s)}{1 + W_d(s)\varphi_{FM}(t,s,0)}\right] \frac{1}{(s-b)^m} \tag{14.21}$$

betrachtet. Die Zahlen s_{iq} sind wegen (14.4) die Pole des Ausdrucks in den eckigen Klammern mit der Vielfachheit ν_i. Deshalb findet man bei Berücksichtigung von (14.20), daß die Pole der Funktion $Y(s,t)$ die Zahlen s_{iq} und zusätzlich die Zahl b sind. Aus (11.121) folgt

$$\mathcal{D}_y(T,s,t) = \frac{1}{T}\sum_{k=-\infty}^{\infty} Y(s+kj\omega,t)\mathrm{e}^{(s+kj\omega)t} = \frac{1}{T}\sum_{k=-\infty}^{\infty} \frac{W(s+kj\omega,t)}{(s+kj\omega-b)^m}\mathrm{e}^{(s+kj\omega)t}.$$
$$\tag{14.22}$$

In einem beliebigen Gebiet der s−Ebene, das die Punkte s_{iq} und b_q nicht enthält, konvergiert die Reihe (14.22) absolut und gleichmäßig bezüglich s und t. Deshalb können die Pole von $\mathcal{D}_y(T,s,t)$ nur in den Punkten s_{iq} und b_q liegen. $\blacksquare$

Bemerkung. Wegen der Periodizität von $\mathcal{D}_y(T,s,t)$ in Bezug auf s und b bedeutet es keine Beschränkung der Allgemeinheit, wenn man die Menge der Hauptpole $s = \tilde{s}_i$ und $s = b$ von $\mathcal{D}_y(T,s,t)$ verwendet.

Es soll zur direkten Berechnung von $y(t)$ nach Formel (14.19) zurückgekehrt werden. Der Einfachheit halber soll angenommen werden, daß alle Wurzeln der bestimmenden Gleichung (14.7) einfach sind und keine der Wurzeln $\tilde{s}_i$ gleichzeitig ein Pol von $\mathcal{D}_{FM}(T,s,t)$ und $\mathcal{D}_{RX}(T,s,t)$ ist. Dann wird (14.13) in der Form

$$\mathcal{D}_y(T,s,t) = \mathcal{D}_{RX}(T,s,t) - \frac{W_d(s)a(s)\alpha(s)\mathcal{D}_{FM}(T,s,t)}{\Delta(s)}\mathcal{D}_{RX}(T,s,0)$$

aufgeschrieben, woraus man direkt

$$\operatorname*{Res}_{\tilde{s}_i} \mathcal{D}_y(T,s,t) = A_i \mathcal{D}_{FM}(T,\tilde{s}_i,t) \tag{14.23}$$

ermittelt mit

$$A_i \stackrel{\text{def}}{=} -\frac{W_d(\tilde{s}_i)a(\tilde{s}_i)\alpha(\tilde{s}_i)\mathcal{D}_{RX}(T,\tilde{s}_i,0)}{\Delta'(\tilde{s}_i)} \tag{14.24}$$

und $\Delta'(s) = d\Delta(s)/ds$.

Für die Auswertung des Residuums im Hauptpol $s = b$ bemerkt man, daß aus den getroffenen Voraussetzungen und (14.22) auf

$$\underset{b}{\mathrm{Res}}\,\mathcal{D}_y(T,s,t) = \frac{1}{T}\,\underset{b}{\mathrm{Res}}\,\left[\frac{W(s,t)e^{st}}{(s-b)^m}\right]$$

geschlossen werden kann. Da aufgrund der Voraussetzungen das Produkt $W(s,t)e^{st}$ analytisch in $s = b$ ist, bekommt man

$$\underset{b}{\mathrm{Res}}\,\mathcal{D}_y(T,s,t) = \frac{1}{T}\,\frac{1}{(m-1)!}\,\frac{\partial^{m-1}}{\partial s^{m-1}}\left[W(s,t)e^{st}\right]_{\Big|\,s=b}. \tag{14.25}$$

Indem (14.23), (14.25) in (14.19) eingesetzt wird, findet man einen geschlossenen Ausdruck für den Ausgangsprozeß bei verschwindender Anfangsenergie

$$y(t) = T\sum_i A_i \mathcal{D}_{FM}(T,\tilde{s}_i,t) + \frac{1}{(m-1)!}\,\frac{\partial^{m-1}}{\partial s^{m-1}}\left[W(s,t)e^{st}\right]_{\Big|\,s=b}. \tag{14.26}$$

Beispiel 14.1 Es wird der Prozeß mit verschwindender Anfangsenergie am Ausgang des Systems nach Abbildung 14.1 betrachtet, wobei SH das Abtastelement

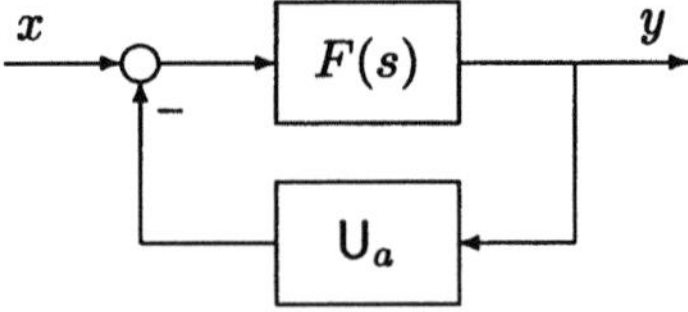

Abbildung 14.1: Abtastsystem zu Beispiel 14.1

mit Abtaster und Halteglied 0. Ordnung bedeutet und speziell

$$F(s) = \frac{\gamma}{s-a}, \quad M(s) = \frac{1-e^{-sT}}{s}$$

mit reellen Zahlen a, γ, $(a \neq \gamma)$ gewählt wird. Als Eingangserregung wird der Einheitssprung $X(s) = s^{-1}$ genommen, womit sich $m = 1$, $b = 0$ ergeben.
Im gegebenen Beispiel kann die Formel (14.13) in wesentlich einfacherer Form aufgeschrieben werden. Man bekommt hier nämlich

$$M(s) = \left(1 - e^{-sT}\right)X(s)$$

und demzufolge

$$\mathcal{D}_{FM}(T,s,t) = \left(1 - e^{-sT}\right)\mathcal{D}_{FX}(T,s,t).$$

Aus der letzten Beziehung und (14.13) gewinnt man für $F(s) = R(s)$

$$\mathcal{D}_y(T,s,t) = \frac{\mathcal{D}_{FX}(T,s,t)}{1 + \mathcal{D}_{FM}(T,s,0)} \,. \tag{14.27}$$

Für den vorliegenden Fall erzielt man aus (13.14)

$$\mathcal{D}_{FM}(T,s,0) = \frac{\gamma M(a) \mathrm{e}^{aT}}{\mathrm{e}^{sT} - \mathrm{e}^{aT}} \tag{14.28}$$

und deshalb

$$\ell^-[\mathcal{D}_{FM}(T,s,0)] = -\gamma M(a)\,,$$

so daß die Bedingung (14.15) das Aussehen

$$1 - \gamma M(a) \neq 0$$

annimmt. Bei Erfüllung der letzten Ungleichung kann für die Berechnung des Prozesses $y(t)$ Formel (14.19) ausgenutzt werden. Da

$$F(s)X(s) = \frac{\gamma}{a}\frac{1}{s-a} - \frac{\gamma}{a}\frac{1}{s}$$

ist, liefert Formel (4.42)

$$\mathcal{D}_{FX}(T,s,t) = \frac{\gamma \mathrm{e}^{sT}}{a} \left[\frac{\mathrm{e}^{a(t-qT)}}{\mathrm{e}^{sT} - \mathrm{e}^{aT}} - \frac{1}{\mathrm{e}^{sT} - 1} \right] \mathrm{e}^{qsT}\,, \quad qT \leq t \leq (q+1)T. \tag{14.29}$$

Bei Beachtung von (14.28) und (14.29) ermittelt man aus (14.27)

$$\mathcal{D}_y(T,s,t) = \frac{m(s,t)}{d(s)} \tag{14.30}$$

mit

$$m(s,t) \stackrel{\mathrm{def}}{=} \frac{\gamma \mathrm{e}^{sT}}{a} \left[\mathrm{e}^{a(t-qT)} - \frac{\mathrm{e}^{sT} - \mathrm{e}^{aT}}{\mathrm{e}^{sT} - 1} \right] \mathrm{e}^{qsT}\,, \quad qT \leq t \leq (q+1)T \tag{14.31}$$

$$d(s) \stackrel{\mathrm{def}}{=} \mathrm{e}^{sT} - \mathrm{e}^{aT} + \gamma \mathrm{e}^{aT} M(a)\,. \tag{14.32}$$

Sei $\tilde{s}$ die Hauptwurzel der Gleichung $d(s) = 0$, dann gilt

$$\mathrm{e}^{\tilde{s}T} = \mathrm{e}^{aT}[1 - \gamma M(a)]\,. \tag{14.33}$$

Wegen $d'(s) = T\mathrm{e}^{sT}$ ist das Residuum von $\mathcal{D}_y(T,s,t)$ im Pol $\tilde{s}$ gleich

$$\operatorname*{Res}_{\tilde{s}} \mathcal{D}_y(T,s,t) = \frac{\gamma}{aT} \left[\mathrm{e}^{a(t-qT)} - \frac{\mathrm{e}^{\tilde{s}T} - \mathrm{e}^{aT}}{\mathrm{e}^{\tilde{s}T} - 1} \right] \mathrm{e}^{q\tilde{s}T}\,, \quad qT \leq t \leq (q+1)T\,.$$

Außer dem Hauptpol $\tilde{s}$ besitzt die Funktion $\mathcal{D}_y(T, s, t)$ noch den Hauptpol $s = 0$. Das Residuum in diesem Pol ermittelt man zu

$$\operatorname*{Res}_{s=0} \mathcal{D}_y(T, s, t) = -\frac{\gamma}{aT} \frac{1 - e^{aT}}{1 - e^{aT} - \gamma M(a)e^{aT}} \,.$$

Wegen

$$M(a) = \frac{1 - e^{-aT}}{a}$$

erhält man nach kurzer Rechnung unter Beachtung von (14.32) und (14.33)

$$\frac{e^{\tilde{s}T} - e^{aT}}{e^{\tilde{s}T} - 1} = \frac{\gamma}{\gamma - a}, \quad \frac{1 - e^{aT}}{1 - e^{aT} - \gamma M(a)e^{aT}} = \frac{a}{q - \gamma},$$

womit sich insgesamt

$$y(t) = \frac{\gamma}{a} \left[e^{a(t - qT)} - \frac{\gamma}{\gamma - a} \right] e^{q\tilde{s}T} + \frac{\gamma}{\gamma - a}, \quad qT \leq t \leq (q + 1)T$$

ergibt. Die Prozeßverläufe für $T = 1$, $\gamma = 1$ sowie $a = -1$ und $a = -2$ sind in Abbildung 14.2 zu sehen. $\qquad \square$

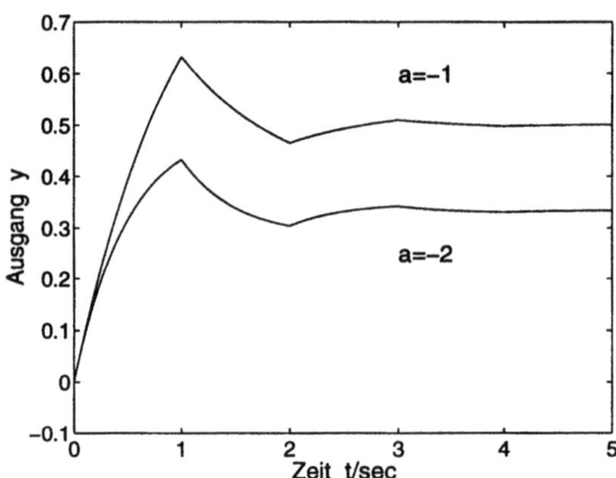

Abbildung 14.2: Verlauf der Ausgangsgröße zu Beispiel 14.1

14.3 Quasistationäre Prozesse

Solange (14.20) erfüllt ist, liefert die Anwendung von (14.19) im allgemeinen Fall

$$y(t) = T \sum_i \operatorname*{Res}_{\tilde{s}_i} \mathcal{D}_y(T, s, t) + T \operatorname*{Res}_b \mathcal{D}_y(T, s, t) \,. \tag{14.34}$$

In Rosenwasser (1994c) wird mit ausführlicher Rechnung gezeigt, daß bei einer Vielfachheit ν_i der Hauptpole $\tilde{s}_i$

$$\operatorname*{Res}_{\tilde{s}_i} \mathcal{D}_y(T, s, t) = e^{\tilde{s}_i t} \sum_{k=0}^{\nu_i - 1} t^k g_{ik}(t) \tag{14.35}$$

gilt, wobei $g_{ik}(t) = g_{ik}(t+T)$ beschränkte periodische Funktionen sind. Aus (14.35) ist ablesbar, daß dann, wenn für alle Hauptpole Re $\tilde{s}_i < 0$ gilt, die Lösung (14.34) für $t \to \infty$ asymptotisch gegen die quasistationäre Bewegung

$$y_\infty(t) = T \operatorname*{Res}_b \mathcal{D}_y(T, s, t) \tag{14.36}$$

strebt. Indem man (14.25) in (14.36) einsetzt, gelangt man zu

$$y_\infty(t) = \frac{1}{(m-1)!} \frac{\partial^{m-1}}{\partial s^{m-1}} \left[W(s,t) e^{st} \right]_{\big| s=b} , \tag{14.37}$$

was mit (7.18) übereinstimmt. Entsprechende Beziehungen lassen sich auch für andersartig gewählte Ein- und Ausgänge ableiten. Es sollen einige wichtige Sonderfälle der Formel (14.37) betrachtet werden.

Möge $X(s) = s^{-1}$ sein, das heißt, die Anregung erfolgt mit einem Einheitssprung (1.42). In dem Falle ist $b = 0$ und $m = 1$ und (14.37) lautet einfach

$$y_\infty(t) = W(0, t) . \tag{14.38}$$

Wegen

$$W(s, t) = W(s, t + T)$$

läßt sich schlußfolgern, daß sich unter den vereinbarten Voraussetzungen der quasistationäre Prozeß $y_\infty(t)$ als periodische Schwingung erweist, wobei die Periodendauer gleich der Abtastperiode T ist. Im zu untersuchenden Fall erhält man bei Berücksichtigung von (14.2)

$$y_\infty(t) = R(0) \left[1 - \frac{W_d(0)\varphi_{FM}(T, 0, t)}{1 + W_d(0)\varphi_{FM}(T, 0, 0)} \right] . \tag{14.39}$$

In den Fällen, in denen die Funktionen $\varphi_{FM}(T, s, t)$ oder $W_d(s)$ Pole bei $s = 0$ besitzen, muß in Formel (14.39) der Grenzübergang gemacht werden.
Die Regelabweichung im quasistationären Regime ergibt sich zu

$$e_\infty(t) = x(t) - y_\infty(t) = 1 - y_\infty(t)$$

und erweist sich als periodische Funktion der Zeit. Da im allgemeinen $e_\infty(t) \neq 0$ ist, verliert der Begriff der statischen Korrektheit seinen Sinn. Man kann jedoch von der *statischen Korrektheit* in Bezug auf den Mittelwert des quasistationären Prozesses sprechen, wenn

$$\bar{e}_\infty = \frac{1}{T} \int_0^T e_\infty(t)\,\mathrm{d}t = 1 - \frac{1}{T} \int_0^T y_\infty(t)\,\mathrm{d}t = 0$$

wird. Eine Ausnahme stellt der wichtige Sonderfall dar, wenn $\mu(t) = 1$ ist und (9.12) gilt. In dem Falle hat man

$$\varphi_{FM}(T,0,t) = \varphi_{FM}(T,0,0) = F(0)$$

und Formel (14.39) nimmt die Gestalt

$$y_\infty(t) = \frac{R(0)}{1 + W_d(0)F(0)} = \text{const.} \tag{14.40}$$

an, wodurch sich der konstante statische Fehler

$$e_\infty = 1 - y_\infty = 1 - \frac{R(0)}{1 + W_d(0)F(0)}$$

einstellt. Bei passender Auswahl der Systemparameter kann die Größe e_∞ gleich Null werden. In dem Falle kann man von der statischen Korrektheit des Systems in Bezug auf konstante Eingangssignale sprechen.

Bemerkung. Es wird das kontinuierliche System in Abbildung 14.3 betrachtet, das aus dem von Abbildung 11.1 hervorgeht, wenn der Prozeßrechner C gegen das lineare kontinuierliche Element $W_d(s)$ ausgetauscht wird. Für $x(t) = 1$ ist der stationäre Ausgang des Systems durch (14.40) bestimmt. Man kann zeigen, daß dieses Vorgehen zur Berechnung des statischen Verhaltens von Abtastsystemen bei konstantem Eingang und beliebiger Auswahl von Ein- und Ausgängen erlaubt ist, solange (9.12) gültig bleibt.

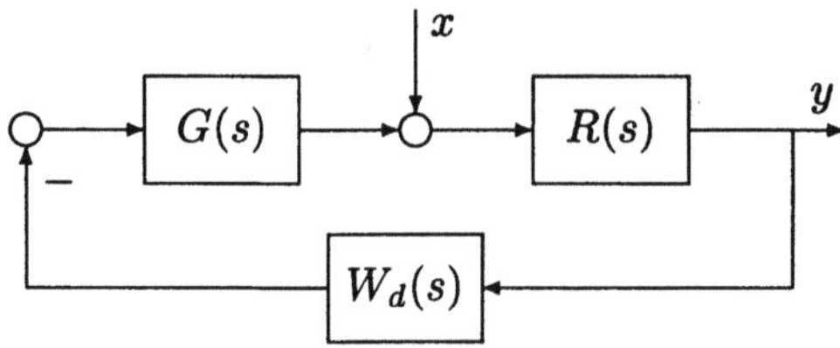

Abbildung 14.3: Statisch äquivalentes Regelsystem

Für polynomiale Eingangssignale mit $X(s) = s^{-m}$ ergibt Formel (14.37)

$$y_\infty(t) = \frac{1}{(m-1)!} \left\{ \frac{\partial^{m-1}}{\partial s^{m-1}} \left[W(s,t)\mathrm{e}^{st} \right] \right\}_{\big| s=0}, \tag{14.41}$$

was nach Umformung in die Gestalt

$$y_\infty(t) = f_0(t) + f_1(t)t + \ldots + f_{m-1}(t)t^{m-1} \tag{14.42}$$

gebracht werden kann, wobei die $f_i(t)$ bekannte und beschränkte periodische Funktionen sind. Der Entwicklung (14.42) entnimmt man, daß für $m > 0$ der Begriff der statischen Korrektheit in kontinuierlicher Zeit für Abtastregelkreise normalerweise keinen Sinn hat.

Bei Betrachtung des Ausgangssignals in diskreter Zeit hat man, allgemein gesagt, eine andere Situation. Zum Beispiel gilt in den Zeitpunkten $t_k = kT$, wobei k eine beliebige ganze Zahl ist, die Zuordnung

$$y_\infty(kT) = f_0(kT) + f_1(kT)kT + \ldots + f_{m-1}(kT)(kT)^{m-1}\,. \tag{14.43}$$

Wenn dann $f_0(0) = 1$ und $f_i(0) = 0$, $(i = 1, \ldots, m - 1)$ ist, erhält man $e_\infty(kT) = 0$ für alle ganzen k.

Wendet man sich der Untersuchung der quasistationären Prozesse bei harmonischer Erregung zu, wobei die Zuordnung $m = 1$, $b = \mathrm{j}\nu$ mit einem reellen Parameter ν (der Frequenz) erfolgt, dann ergibt (14.37)

$$y_\infty(t) = \Phi(\mathrm{j}\nu, t)\mathrm{e}^{\mathrm{j}\nu t} \tag{14.44}$$

mit dem parametrischen Frequenzgang des Systems

$$\Phi(\mathrm{j}\nu, t) = W(s, t)|_{s=\mathrm{j}\nu}\,.$$

Wenn die Perioden $T = 2\pi/\omega$ und $T_\nu = 2\pi/\nu$ inkommensurabel sind, dann ist der Ausgang (14.44) eine doppelt periodische Funktion des Arguments t und präsentiert sich in kontinuierlicher Zeit nicht als harmonische Funktion. Wenn jedoch eine gewisse Auswahl diskreter Zeitpunkte der Ausgangsgröße betrachtet wird, ändert sich die Situation, wie es schon bei den offenen Systemen zu beobachten war. Nimmt man etwa zu den Zeitpunkten $t_k = \varepsilon + kT$, $0 \le \varepsilon < T$ die harmonische Eingangsfolge (13.90) an, dann erhält man wegen $W(\mathrm{j}\nu, t_k) = W(\mathrm{j}\nu, \varepsilon)$

$$y_\infty(t_k) = \Phi(\mathrm{j}\nu, \varepsilon)\mathrm{e}^{\mathrm{j}(k\frac{2\pi\nu}{\omega}+\varepsilon)}\,,$$

was wiederum eine harmonische Folge mit der relativen Frequenz $\overline{\omega} = 2\pi\nu/\omega$ darstellt. Dabei bleiben die Beziehungen (13.92), (13.93) richtig und unterstreichen den unterschiedlichen Charakter der Prozeßverläufe, je nachdem, ob sie in kontinuierlicher oder diskreter Zeit betrachtet werden. Die Bemerkungen des Abschnitts 13.5 treffen auch hier zu. Faktisch ist dieses besondere Verhalten dadurch begründet, daß sich Abtastsysteme, in kontinuierlicher Zeit betrachtet, als instationäre Systeme mit periodisch veränderlichen Parametern präsentieren, Lampe und Rosenwasser (1995); Sommer et al. (1994).

14.4 Systeme mit endlicher Einstellzeit

Wie in Abschnitt 11.6 gezeigt wurde, besitzt die parametrische Übertragungsfunktion des geschlossenen Systems für spezielle Steuerprogramme keine Pole und erweist sich als ganze Funktion des Arguments s. Für solche Systeme können die Integrale, die die Bewegungen bei verschwindender Anfangsenergie bestimmen, nicht mit Hilfe der Residuensätze ausgewertet werden, so daß andere Methoden benutzt werden müssen. Um einen konkreten Fall vor Augen zu haben, wird das System nach Abbildung 11.1 mit $x_v(t) = x(t) = 0$ angenommen. Der Ausgang des Systems soll $y(t)$ sein. Es gilt dann die Operatorengleichung

$$y = W(s,t)x_d \tag{14.45}$$

mit

$$W(s,t) \stackrel{\mathrm{def}}{=} W_{11}(s,t) = \frac{W_d(s)\varphi_{FM}(T,s,t)}{1 + W_d(s)\varphi_{FM}(T,s,0)}. \tag{14.46}$$

Die zugehörige diskrete Übertragungsfunktion $D(s,t)$ läßt sich in der Form

$$D(s,t) \stackrel{\mathrm{def}}{=} W_{11}(s,t)\mathrm{e}^{st} = \frac{W_d(s)\mathcal{D}_{FM}(T,s,t)}{1 + W_d(s)\mathcal{D}_{FM}(T,s,0)} \tag{14.47}$$

notieren, wobei $\varphi_{FM}(T,s,0) = \mathcal{D}_{FM}(T,s,0)$ berücksichtigt wurde. Die diskrete Laplace-Transformation des Ausgangs ist dabei durch (11.115) festgelegt und kann in der Form

$$\mathcal{D}_y(T,s,t) = \frac{W_d(s)\mathcal{D}_{FM}(T,s,t)}{1 + W_d(s)\mathcal{D}_{FM}(T,s,0)}\, \mathcal{D}_{x_d}(T,s,+0) \tag{14.48}$$

dargestellt werden. Im weiteren wird vorausgesetzt, daß alle Bedingungen des Abschnitts 14.1 erfüllt sind und außerdem $x_d(t)$ die Gestalt (13.2) hat. Damit gewinnt man aus (13.7)

$$\mathcal{D}_{x_d}(T,s,+0) = \frac{1}{(m-1)!}\frac{\partial^{m-1}}{\partial b^{m-1}}\frac{\mathrm{e}^{sT}}{\mathrm{e}^{sT} - \mathrm{e}^{bT}}, \tag{14.49}$$

weshalb das den Ausgangsprozeß bestimmende Umkehrintegral die Gestalt

$$y(t) = \frac{T}{2\pi\mathrm{j}} \int_{c-\mathrm{j}\omega/2}^{c+\mathrm{j}\omega/2} \frac{W_d(s)\mathcal{D}_{FM}(T,s,t)}{1 + W_d(s)\mathcal{D}_{FM}(T,s,0)}\frac{1}{(m-1)!}\frac{\partial^{m-1}}{\partial b^{m-1}}\frac{\mathrm{e}^{sT}}{\mathrm{e}^{sT} - \mathrm{e}^{bT}}\,\mathrm{d}s \tag{14.50}$$

annimmt, wobei die Konstante c so gewählt wird, daß alle Pole des unter dem Integral stehenden Ausdrucks in der Halbebene Re $s < c$ liegen. Die Beziehung (14.50) kann in die Form

$$y(t) = \frac{1}{(m-1)!}\frac{\partial^{m-1}}{\partial b^{m-1}}y_1(t,b) \tag{14.51}$$

mit

$$y_1(t,b) \stackrel{\text{def}}{=} \frac{T}{2\pi j} \int_{c-j\omega/2}^{c+j\omega/2} \frac{W_d(s)\mathcal{D}_{FM}(T,s,t)}{1+W_d(s)\mathcal{D}_{FM}(T,s,0)} \frac{e^{sT}}{e^{sT}-e^{bT}} \, ds \qquad (14.52)$$

gebracht werden, so daß die Aufgabe auf die Auswertung des Integrals (14.52) hinausläuft. Für die weiteren Umformungen wird darauf hingewiesen, daß in (9.149)–(9.151) die Variable ζ durch e^{-sT} ersetzt wird, wodurch sich

$$\mathcal{D}_{FM}(T,s,t) = \frac{\beta(s,t)}{\alpha(s)}, \quad 0 \le t \le T \qquad (14.53)$$

mit

$$\beta(s,t) = \beta_0(t) + \beta_1(t)e^{-sT} + \ldots + \beta_n(t)e^{-nsT}$$

$$\alpha(s) = \prod_{i=1}^{\ell} \left(1 - e^{s_i T}\right)^{\nu_i}, \quad \sum_{i=1}^{\ell} \nu_i = n \qquad (14.54)$$

ergibt. Darüber hinaus folgt aus (9.160) für $\zeta = e^{-sT}$

$$\mathcal{D}_{FM}(T,s,0) = \frac{e^{-sT}\chi(s)}{\alpha(s)} \qquad (14.55)$$

mit

$$\chi(s) = \beta_1(0) + \beta_2(0)e^{-sT} + \ldots + \beta_n(0)e^{-(n-1)sT}. \qquad (14.56)$$

Die Übertragungsfunktion $W_d(s)$ möge die Gestalt (10.18), (10.19) mit $a_0 = 1$ haben, dann ist die Bedingung für einen endlichen Übergangsvorgang durch (11.93) gegeben. Dabei erhält man aus (11.94)

$$D(s,t) = \beta(s,t)b(s), \quad 0 \le t \le T. \qquad (14.57)$$

Im folgenden soll vorausgesetzt werden, daß die Beziehungen

$$a(s) = \tilde{a}(\zeta)\big|_{\zeta=e^{-sT}}, \quad b(s) = \tilde{b}(\zeta)\big|_{\zeta=e^{-sT}} \qquad (14.58)$$

erfüllt sind, wobei die Polynome $\tilde{a}(\zeta)$ und $\tilde{b}(\zeta)$ als Minimallösung der Gleichung (11.91) festgelegt sind, die der Bedingung (11.98) genügen. Danach gilt $\deg\tilde{b}(\zeta) \le n-1$ und unter Berücksichtigung von (14.54) läßt sich

$$D(s,t) = \sum_{k=0}^{2n-1} d_k(t)e^{-ksT}, \quad 0 \le t \le T \qquad (14.59)$$

schreiben, wobei die $d_k(t)$ bekannte Funktionen sind. Wegen

$$D(s,t+T) = D(s,t)e^{sT} \qquad (14.60)$$

kann man aus (14.59) für beliebige $q \ge 0$

$$D(s,t) = \sum_{k=0}^{2n-1} d_k(t-qT)e^{(q-k)sT}, \quad qT \le t \le (q+1)T \qquad (14.61)$$

erzeugen. Indem man (14.61) in (14.52) einsetzt, findet man für $qT \leq t \leq (q+1)T$

$$y_1(t,b) = \frac{T}{2\pi j} \sum_{k=0}^{2n-1} d_k(t-qT) \int_{c-j\omega/2}^{c+j\omega/2} \frac{e^{(q-k)sT}e^{sT}}{e^{sT}-e^{bT}} \, ds, \quad c > \operatorname{Re} b. \qquad (14.62)$$

Für die Auswertung des Integrals in (14.62) sind die Residuensätze im allgemeinen nicht anwendbar, weil der Ausdruck unter dem Integral, allgemein gesagt, für $\operatorname{Re} s \to -\infty$ nicht gegen Null strebt. Allerdings ist die Funktion $y_1(t,b)$ leicht direkt berechenbar. Dazu schreibt man (14.62) in der Form

$$y_1(t,b) = \sum_{k=0}^{2n-1} d_k(t-qT)J_{q-k}, \quad qT \leq t \leq (q+1)T \qquad (14.63)$$

mit

$$J_m = \frac{T}{2\pi j} \int_{c-j\omega/2}^{c+j\omega/2} \frac{e^{(m+1)sT}}{e^{sT}-e^{bT}} \, ds, \quad c > \operatorname{Re} b. \qquad (14.64)$$

Lemma 14.1 *Es gelten die Gleichungen*

$$J_m = \begin{cases} e^{mbT} & m \geq 0 \\ 0 & m < 0 \end{cases}. \qquad (14.65)$$

Beweis: Für $m \geq 0$ gilt

$$\ell^-\left[\frac{e^{(m+1)sT}}{e^{sT}-e^{bT}}\right] = 0$$

und darüber hinaus

$$\operatorname*{Res}_b \left[\frac{e^{(m+1)sT}}{e^{sT}-e^{bT}}\right] = \frac{1}{T}e^{mbT},$$

womit die erste Beziehung von (14.65) aus (A.83) folgt. Wenn jedoch $m < 0$ ist, dann hat man

$$\ell^+\left[\frac{e^{(m+1)sT}}{e^{sT}-e^{bT}}\right] = 0,$$

so daß der Integrand in (14.64) analytisch für $\operatorname{Re} s \geq c$ ist und sich deshalb die zweite Beziehung in (14.65) aus (A.82) ergibt. ∎

Durch Verwendung des Lemmas 14.1 kann man übersichtliche Ausdrücke für den Ausgangsprozeß erhalten. Dazu wird (14.63) für $0 \leq q < 2n-1$ in die Form

$$y_1(t,b) = \sum_{k=0}^{q} d_k(t-qT)J_{q-k} + \sum_{k=q+1}^{2n-1} d_k(t-qT)J_{q-k}, \quad qT \leq t \leq (q+1)T$$

gebracht. Die zweite Summe auf der rechten Seite ist wegen (14.65) gleich null und folglich bleibt

$$y_1(t,b) = \sum_{k=0}^{q} d_k(t-qT)J_{q-k}, \quad qT \leq t \leq (q+1)T$$

übrig, das gleichwertig zu

$$y_1(t,b) = \sum_{k=0}^{q} d_k(t-qT)e^{(q-k)bT}, \quad qT \leq t \leq (q+1)T \tag{14.66}$$

ist. In ausführlicher Schreibweise hat (14.66) das Aussehen

$$y_1(t,b) = \begin{cases} d_0(t) & 0 \leq t \leq T \\ d_0(t-T)e^{bT} + d_1(t-T) & T \leq t \leq 2T \\ \quad\vdots & \quad\vdots \\ d_0(t-qT)e^{qbT} + \ldots + d_q(t-qT) & qT \leq t \leq (q+1)T. \end{cases} \tag{14.67}$$

Für $q \geq 2n - 1$ gewinnt man aus (14.63)

$$y_1(t,b) = \sum_{k=0}^{2n-1} d_k(t-qT)e^{(q-k)bT}, \quad qT \leq t \leq (q+1)T. \tag{14.68}$$

Wenn (14.61) und (14.68) gegenübergestellt werden, läßt sich auf

$$y_1(t,b) = D(b,t) = W(b,t)e^{bt},$$

schließen, was den quasistationären Prozeß $y_{1\infty}(t)$ präsentiert. Danach erhält man den Ausdruck für den Ausgangsprozeß für beliebiges m aus (14.51).

Die Funktion

$$\tilde{y}_1(t,b) \stackrel{\text{def}}{=} \begin{cases} y_1(t,b) - D(b,t) & t \leq (2n-1)T \\ 0 & t \geq (2n-1)T \end{cases} \tag{14.69}$$

beinhaltet den transienten Anteil des Vorgangs $y_1(t,b)$. Aus (14.69) folgt, daß bei Annahme der minimalen Lösung der Diophantischen Gleichung (11.91) für das Steuerprogramm, der Übergangsprozeß nicht mehr als $2n - 1$ Takte benötigt. In Rosenwasser (1994c) wird gezeigt, daß diese Eigenschaft auch für Prozesse mit beliebigen Anfangsbedingungen bestehenbleibt. Wenn jedoch für die Konstruktion des Steuerprogramms die Lösung von (11.91) verwendet wird, die sich von der minimalen unterscheidet, dann hat man wegen (11.103) deg $b(s) \geq n$ und der Grad des Quasipolynoms $\beta(s,t)b(s)$ erhöht sich. Entsprechend erhöht sich auch die Dauer des Übergangsprozesses. Daraus folgt, daß der der Minimallösung der Polynomgleichung (11.91) entsprechende Regler das geschlossene System schnelligkeitsoptimal in den quasistationären Zustand überführt.

Beispiel 14.2 Es wird das geschlossene Abtastsystem nach Abbildung 14.4 betrachtet, in dem

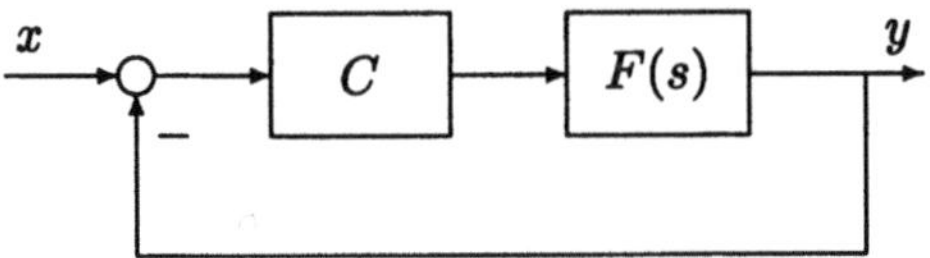

Abbildung 14.4: Abtastregelkreis von Beispiel 14.2

$$F(s) = \frac{\gamma}{s-a}, \quad X(s) = \frac{1}{s-b}$$

angenommen werden und die Pulsform des Haltegliedes nicht festgelegt werden soll. Aus der zweiten Gleichung von (9.129) erhält man für $0 \leq t \leq T$

$$\mathcal{D}_{FM}(T,s,t) = \gamma \frac{M(a)\mathrm{e}^{at} - \left[1 - \mathrm{e}^{(a-s)T}\right] \int_t^T \mathrm{e}^{a(t-\tau)}\mu(\tau)\,\mathrm{d}\tau}{1 - \mathrm{e}^{(a-s)T}},$$

das in die Form

$$\mathcal{D}_{FM}(T,s,t) = \frac{h_p(t) - \mathrm{e}^{-sT}h_p^*(t)\mathrm{e}^{aT}}{1 - \mathrm{e}^{(a-s)T}}$$

gebracht werden kann mit

$$h_p(t) = \gamma \int_0^t \mathrm{e}^{a(t-\tau)}\mu(\tau)\,\mathrm{d}\tau, \quad h_p^*(t) = -\gamma \int_t^T \mathrm{e}^{a(t-\tau)}\mu(\tau)\,\mathrm{d}\tau.$$

Folglich ermittelt man im Einklang mit (14.53), (14.54)

$$\alpha(s) = 1 - \mathrm{e}^{aT}\mathrm{e}^{-sT}, \quad \beta_0(t) = h_p(t), \quad \beta_1(t) = -\mathrm{e}^{aT}h_p^*(t).$$

Außerdem folgt aus den Ergebnissen des Beispiels 11.5, daß die minimale Lösung der Diophantischen Gleichung (11.91) mit derjenigen Funktion $W_d(s)$ zusammenfällt, in der

$$a(s) = 1, \quad b(s) = \frac{1}{\gamma M(a)}$$

gewählt wird. Schließlich bekommt man aus den gewonnen Beziehungen und (14.59) für $0 \leq t \leq T$

$$D(s,t) = \beta(s,t)b(s) = d_0(t) + d_1(t)\mathrm{e}^{-sT}$$

mit

$$d_0(t) = \frac{1}{M(a)} \int_0^t \mathrm{e}^{a(t-\tau)}\mu(\tau)\,\mathrm{d}\tau, \quad d_1(t) = \frac{\mathrm{e}^{aT}}{M(a)} \int_t^T \mathrm{e}^{a(t-\tau)}\mu(\tau)\,\mathrm{d}\tau.$$

Unter Beachtung von (14.67) findet man

$$y_1(t,b) = \begin{cases} d_0(t) & 0 \leq t \leq T \\ d_0(t-T)\mathrm{e}^{bT} + d_1(t-T) & T \leq t \leq 2T, \end{cases}$$

woraus sofort ersichtlich ist, daß das quasistationäre Verhalten im System für $t \geq T$ eintritt, das heißt

$$y(t) = y_\infty(t), \quad t \geq T$$

richtig ist. Der quasistationäre Prozeß ist hierin durch

$$y_\infty(t) = W(b,t)e^{bt} \tag{14.70}$$

bestimmt, wobei für $0 \leq t \leq T$

$$W(b,t) = \frac{e^{-bt}}{M(a)} \left[\int_0^t e^{a(t-\tau)}\mu(\tau)\,d\tau + e^{(a-b)T} \int_t^T e^{a(t-\tau)}\mu(\tau)\,d\tau \right] \tag{14.71}$$

gilt und die Fortsetzung auf die ganze t–Achse durch $W(b,t) = W(b,t+T)$ erfolgen kann. Für $b = 0$ liefert (14.70) die quasistationäre periodische Schwingung

$$y_\infty(t) = \frac{1}{M(a)} \left[\int_0^t e^{a(t-\tau)}\mu(\tau)\,d\tau + e^{aT} \int_t^T e^{a(t-\tau)}\mu(\tau)\,d\tau \right], \quad 0 \leq t \leq T. \tag{14.72}$$

Das letzte Ergebnis kann man auch durch andere Überlegungen einsehen. Für $a(s) = 1$, $b(s) = [\gamma M(a)]^{-1}$ geht das System von Abbildung 14.4 in ein Abtastsystem über, das in Abbildung 14.5 gezeigt wird und dem für $x(t) = 1$ die Gleichung

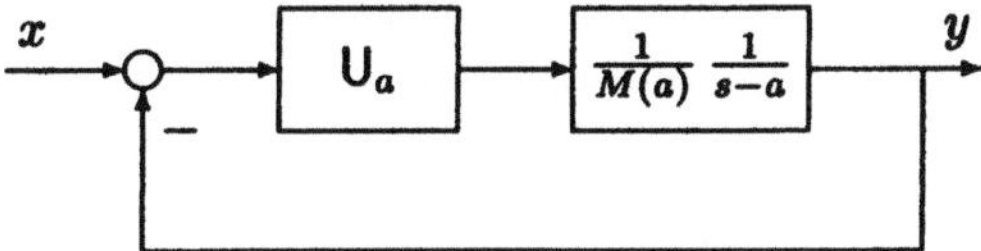

Abbildung 14.5: Spezielle Darstellung des Systems von Beispiel 14.2

$$\frac{dy}{dt} - ay = \frac{\mu(t - qT)}{M(a)} \left[-y(qT) + 1 \right], \quad 0 \leq qT \leq t \leq (q+1)T$$

entspricht. Die Lösung bei verschwindender Anfangsenergie, wenn $y(0) = 0$ ist, hat die Form

$$y(t) = \frac{1}{M(a)} \int_0^t e^{a(t-\tau)}\mu(\tau)\,d\tau, \quad 0 \leq t \leq T,$$

woraus

$$y(T) = \frac{e^{aT}}{M(a)} \int_0^T e^{-a\tau}\mu(\tau)\,d\tau = e^{aT}$$

folgt. Auf dem Intervall $T \leq t \leq 2T$ bekommt man die Gleichung

$$\frac{dy}{dt} - ay = \frac{\mu(t - T)}{M(a)} \left(1 - e^{aT} \right),$$

die unter der Bedingung $y(T) = e^{aT}$ gelöst werden muß. Diese Lösung kann in der Gestalt

$$y(t) = e^{at} + \frac{1 - e^{aT}}{M(a)} \int_0^{t-T} e^{a(t-u-T)} \mu(u)\, du, \quad T \le t \le 2T \tag{14.73}$$

notiert werden. Man überprüft unmittelbar die Gültigkeit von $y(2T) = e^{aT}$, weshalb das System für $t \ge T$ eine periodische Schwingung ausführt. Auf dem Intervall $0 \le t \le T$ hat die Lösung (14.73) die Form

$$y(t) = e^{a(t+T)} + \frac{1 - e^{aT}}{M(a)} \int_0^{t} e^{a(t-\tau)} \mu(\tau)\, d\tau. \tag{14.74}$$

Wenn man berücksichtigt, daß

$$\int_0^{t} e^{a(t-\tau)} \mu(\tau)\, d\tau = e^{at} M(a) - \int_t^{T} e^{a(t-\tau)} \mu(\tau)\, d\tau$$

ist, erkennt man sofort, daß die Ausdrücke (14.72) und (14.74) übereinstimmen. $\square$

14.5 Eigenschwingungen und Stabilität

In diesem Abschnitt werden geschlossene Systeme nach Abbildung 14.6 betrachtet, wobei die Übertragungsfunktion des kontinuierlichen Elements $F(s)$ die Form (13.1)

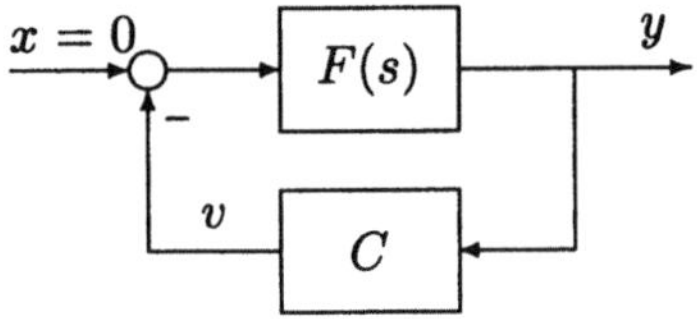

Abbildung 14.6: Geschlossenes Abtastsystem

hat und der Zusammenhang zwischen dem Eingang $y(t)$ des Prozeßrechners C und seinem Ausgang $v(t)$ durch die Beziehungen (10.1)–(10.3) mit $R = 1$ definiert sind. Das zu betrachtende System wird *stabil* genannt, wenn bei Abwesenheit von äußeren Anregungen und beliebigen Anfangsbedingungen des kontinuierlichen Elements und des Steuerprogramms für $t > 0$ die Abschätzungen

$$|y(t)| < c_1 e^{-\lambda t}, \quad |v(t)| < c_2 e^{-\lambda t}, \tag{14.75}$$

mit positiven Konstanten c_1, c_2, λ gelten, wobei der Wert von λ nicht von den Anfangsbedingungen abhängt. Der hier eingeführte Stabilitätsbegriff ist für die betrachtete Systemklasse zu dem der asymptotischen Stabilität im Sinne von Lyapunov gleichwertig.

Satz 14.4 *Es seien die Bedingungen (9.161), (9.162), unter denen das System nichtpathologisch ist, erfüllt. Dann ist für die Stabilität des Systems notwendig und hinreichend, daß die bestimmende Gleichung*

$$\Delta(s) = \alpha(s)a(s) + e^{-sT}\chi(s)b(s) = 0 \tag{14.76}$$

keine Wurzeln in der rechten Halbebene oder auf der imaginären Achse besitzt.

Beweis: Es wird die diskrete Laplace-Transformation des Ausgangs $y(t)$ betrachtet, die durch die Beziehungen (11.127), (11.128) bestimmt ist. Die entsprechenden Teilbewegungen des Ausgangs werden dabei durch die Umkehrintegrale

$$
\begin{aligned}
y_d(t) &\overset{\text{def}}{=} \frac{T}{2\pi j} \int_{c-j\omega/2}^{c+j\omega/2} \frac{N_{dy}(s,t)}{\Delta(s)}\,ds \\[2ex]
\tilde{y}_0(t) &\overset{\text{def}}{=} \frac{T}{2\pi j} \int_{c-j\omega/2}^{c+j\omega/2} \frac{N_{0\tilde{y}}(s,t)}{\Delta(s)}\,ds
\end{aligned}
\tag{14.77}
$$

festgelegt, wobei c eine reelle Konstante ist, die so gewählt wird, daß alle Wurzeln von (14.76) in der Halbebene $\operatorname{Re} s < c$ liegen. Das Integral (14.77) genügt allen Bedingungen, unter denen die Beziehung (A.116) gilt, wobei zwei Möglichkeiten zu unterscheiden sind. Im Falle von

$$\Delta(s) = \text{const.} \neq 0 \tag{14.78}$$

definieren die Integrale (14.77) bei beliebigen Anfangsbedingungen Prozesse endlicher Dauer, die als mit beliebigem Exponenten exponentiell abklingend aufgefaßt werden können. Wendet man sich der zweiten Möglichkeit zu, in der $\Delta(s) \neq \text{const.}$ ist, dann besitzen die Integranden in (14.77) eine endliche Anzahl von Hauptpolen $\tilde{s}_i$, die sich als die Wurzeln der Gleichung (14.76) erweisen. Dabei erhält man unter Beachtung von (A.116), daß für hinreichend große $t > 0$

$$
\begin{aligned}
y_d(t) &= T \sum_i \operatorname*{Res}_{\tilde{s}_i} \frac{N_{dy}(s,t)}{\Delta(s)} \\[2ex]
\tilde{y}_0(t) &= T \sum_i \operatorname*{Res}_{\tilde{s}_i} \frac{N_{0\tilde{y}}(s,t)}{\Delta(s)}
\end{aligned}
$$

richtig ist. Hierbei können die jeweiligen Residuen in der Form (14.35) dargestellt werden. Wenn deshalb alle Wurzeln $\tilde{s}_i$ in der Halbebene $\operatorname{Re} s \leq -a$, $a > 0$ liegen, dann gilt für hinreichend große $t > 0$

$$|y(t)| < ce^{-(a-\epsilon)t}$$

mit einer hinreichend kleinen positiven Zahl ϵ, das bedeutet, $y(t)$ befriedigt die Bedingung (14.75). Damit ist gezeigt, daß die Bedingungen des Satzes für den

Ausgang $y(t)$ hinreichend sind.

Die bestimmende Gleichung (14.76) möge nun eine Wurzel $\tilde{s}_0$ haben, die in der Halbebene Re $s \geq 0$ liegen soll. Da das Quasipolynom $b_0(s)$ in (11.128) beliebig sein kann, ist es immer möglich, es so zu wählen, daß das Bild $\mathcal{D}_{y_d}(T, s, t)$ einen Pol bei $s = \tilde{s}_0$ besitzt. Dann erhält man durch Anwendung des Residuensatzes, daß die zum Pol $\tilde{s}_0$ gehörende Teilbewegung eine nichtabklingende Funktion ist, so daß die Stabilität nicht gewährleistet ist. Analoge Überlegungen können auch in Bezug auf die Variable $v(t)$ angestellt werden. ∎

Folgerung 1.   Indem man in (14.76) die Größe e^{-sT} durch ζ ersetzt, gelangt man zur algebraischen charakteristischen Gleichung

$$\Delta^o(\zeta) = \alpha^o(\zeta)a^o(\zeta) + \zeta\chi^o(\zeta)b^o(\zeta) = 0\,. \tag{14.79}$$

Hierbei ist für die Stabilität des Systems notwendig und hinreichend, daß die Gleichung (14.79) keine Wurzeln im Einheitskreis oder auf dessen Rand besitzt.

Folgerung 2. Möge $\deg \Delta^o(\zeta) = m$ sein und werde die Bezeichnung

$$\tilde{\Delta}(z) = \Delta^o(z^{-1})z^m \tag{14.80}$$

eingeführt, dann ist unter den getroffenen Voraussetzungen für die Stabilität notwendig und hinreichend, daß die Wurzeln des Polynoms $\tilde{\Delta}(z)$ im Innern des Einheitskreises liegen.

Beispiel 14.3 Es wird das geschlossene System nach Abbildung 14.1 mit

$$F(s) = \frac{\gamma}{s - a}\,, \quad W_d(s) = 1\,, \quad M(a) \neq 0$$

betrachtet, wobei die Pulsform $\mu(t)$ frei wählbar sein soll. In diesem Falle hat man

$$\alpha(s) = 1 - e^{aT}e^{-sT}\,, \quad \chi(s) = \gamma M(a)e^{aT}$$

und die bestimmende Gleichung (14.76) nimmt die Gestalt

$$1 - e^{aT}e^{-sT} + \gamma M(a)e^{aT}e^{-sT} = 0$$

an. Die charakteristische Gleichung (14.79) läßt sich in der Form

$$1 + \zeta\left[\gamma M(a) - 1\right]e^{aT} = 0$$

aufschreiben. Die Gleichung (14.80) schaut deshalb wie folgt aus

$$z - e^{aT} + \gamma M(a)e^{aT} = 0\,.$$

Dabei ist für die Stabilität des geschlossenen Systems die Bedingung

$$e^{aT}|1 - \gamma M(a)| < 1$$

notwendig und hinreichend. □

Beispiel 14.4 Es wird das geschlossene System nach Abbildung 14.1 mit

$$F(s) = \frac{\gamma}{s-a}\,, \quad W_d(s) = \frac{1 - e^{aT}e^{-sT}}{1 - 0.5e^{-sT}}$$

betrachtet, wobei a eine reelle Zahl mit $e^{aT} \neq 0.5$ sein soll. Die Pulsform sei bis auf die Bedingung $M(a) \neq 0$ wieder frei wählbar. In diesem Falle gilt

$$a(s) = 1 - 0.5e^{-sT}\,, \quad b(s) = 1 - e^{aT}e^{-sT}$$

und die bestimmende Gleichung (14.76) nimmt die Gestalt

$$\Delta(s) = \left(1 - e^{aT}e^{-sT}\right)\left[1 - 0.5e^{-sT} + \gamma M(a)e^{aT}e^{-sT}\right] = 0\,.$$

an. Die charakteristische Gleichung (14.79) kann in der Form

$$\Delta^o(\zeta) = \left(1 - e^{aT}\zeta\right)\left[1 - 0.5\zeta + \gamma M(a)e^{aT}\zeta\right] = 0$$

aufgeschrieben werden. Diese Gleichung besitzt unabhängig vom Wert der Größe a und von der Form des Steuerimpulses die Wurzel $\zeta = e^{-aT}$. Deshalb ist für $a \geq 0$ das System instabil. Bemerkenswert ist hier, daß der Bruch

$$\mathcal{D}_{FM}(T,s,0)W_d(s) = \frac{e^{-sT}\gamma M(a)e^{sT}}{1 - e^{aT}e^{-sT}}\frac{1 - e^{aT}e^{-sT}}{1 - 0.5e^{-sT}}$$

kürzbar ist. Die Kürzung auf der rechten Seite bedeutet einen nichtsteuerbaren Anteil in der offenen Kette, der stabil sein muß, wenn das geschlossene System stabil arbeiten soll. $\qquad\square$

Bemerkung. Es wird ohne Beweis darauf hingewiesen, daß sich alles in diesem Abschnitt gesagte ohne wesentliche Änderungen auf Systeme mit Totzeit verallgemeinern läßt. Dann würde man

$$F(s) = F_1(s)e^{-s\tau} \tag{14.81}$$

mit der Konstanten $\tau > 0$ und der gebrochen rationalen Funktion $F_1(s)$ der Gestalt (13.1) benutzen. Die bestimmende Gleichung nimmt in dem Fall die Form

$$\Delta_\tau(s) \stackrel{\text{def}}{=} \alpha(s)a(s) + e^{-msT}\beta(s,\delta T)b(s) = 0 \tag{14.82}$$

an, wobei $m \geq 0$ eine ganze Zahl, $0 < \delta < 1$ und $\tau = mT - \delta T$ zu wählen sind. Die charakteristische Gleichung des Systems mit Totzeit erhält man durch Substitution von e^{-sT} gegen ζ.

14.6   Stabilisierung geschlossener Systeme

Entsprechend den oben vereinbarten Voraussetzungen ist für die Stabilität des geschlossenen Systems notwendig und hinreichend, daß das charakteristische Polynom $\Delta^o(\zeta)$ keine Wurzeln im Einheitskreis oder auf seinem Rande hat. Im weiteren werden solche *Polynome stabil* genannt. Die Menge aller stabilen Polynome werde durch Γ_+ bezeichnet. Es wird darauf hingewiesen, daß eine beliebige Konstante a, die von Null verschieden ist, zur Menge Γ_+ gehört. Die oben genannte notwendige und hinreichende Bedingung für Stabilität kann in der Form

$$\Delta^o(\zeta) \in \Gamma_+ \tag{14.83}$$

notiert werden. Ein beliebiges Element der Menge Γ_+ soll durch $\Delta_+(\zeta)$ bezeichnet werden. Damit kann die Bedingung (14.83) unter Berücksichtigung von (14.79) in der Form

$$\alpha^o(\zeta)a^o(\zeta) + \zeta\chi^o(\zeta)b^o(\zeta) = \Delta_+(\zeta) \tag{14.84}$$

geschrieben werden. Bei gegebenen Polynomen $\alpha^o(\zeta)$, $\chi^o(\zeta)$, $\Delta_+(\zeta)$ kann die Beziehung (14.84) als Diophantische Polynomgleichung für die unbekannten Polynome $a^o(\zeta)$ und $b^o(\zeta)$ aufgefaßt werden, die das gesuchte Steuerprogramm (10.60) festlegen. Wenn jedoch die Gleichung (14.84) für alle möglichen stabilen Polynome $\Delta_+(\zeta)$ betrachtet wird, bestimmt sie die Menge aller Polynompaare $\{a^o(\zeta), b^o(\zeta)\}$, die die Stabilität des geschlossenen Systems gewährleisten. Im weiteren werden diese *stabilisierende Polynompaare* genannt. Einem beliebigen stabilisierenden Polynompaar $\{a^o(\zeta), b^o(\zeta)\}$ kann die gebrochen rationale Funktion

$$W_d^o(\zeta) = \frac{b^o(\zeta)}{a^o(\zeta)} \tag{14.85}$$

zugeordnet werden, die als Übertragungsfunktion des Polynompaars $\{a^o(\zeta), b^o(\zeta)\}$ bezeichnet wird. Die Aufgabe dieses Abschnitts besteht in der Suche nach allen stabilisierenden Polynompaaren und der ihnen entsprechenden Übertragungsfunktionen.

Da die Konstante $1 \in \Gamma_+$ ist, gehört eine beliebige Lösung $\{\tilde{a}^o(\zeta), \tilde{b}^o(\zeta)\}$ der Diophantischen Polynomgleichung

$$\alpha^o(\zeta)\tilde{a}^o(\zeta) + \zeta\chi^o(\zeta)\tilde{b}^o(\zeta) = 1 \tag{14.86}$$

zur Menge der stabilisierenden Polynompaare. Fürderhin soll ein beliebiges Paar $\{\tilde{a}^o(\zeta), \tilde{b}^o(\zeta)\}$, das (14.86) befriedigt, *Basispaar* oder *Basis* heißen. Ein Basispaar $\{\tilde{a}(\zeta), \tilde{b}(\zeta)\}$, das der Beziehung (11.98) genügt, wird *minimal* genannt. Wie aus Volgin (1986), Kučera (1979) bekannt ist, kann die allgemeine Lösung der Gleichung (14.84) für alle möglichen $\Delta_+(\zeta)$ in der Gestalt

$$a^o(\zeta) = \tilde{a}^o(\zeta)\Delta_+(\zeta) - \zeta c(\zeta)\chi^o(\zeta)$$
$$b^o(\zeta) = \tilde{b}^o(\zeta)\Delta_+(\zeta) + c(\zeta)\alpha^o(\zeta) \tag{14.87}$$

dargestellt werden, wobei $\{\tilde{a}^o(\zeta), \tilde{b}^o(\zeta)\}$ irgendein Basispaar ist und $c(\zeta)$ ein frei wählbares Polynom, insbesondere auch eine Konstante, sein darf.

Beispiel 14.5 Es soll die Menge der stabilisierenden Polynompaare des geschlossenen Systems unter den Bedingungen des Beispiels 14.2 gefunden werden. Im Einklang mit den Ergebnissen des Beispiels 11.5 ist das minimale stabilisierende Paar für das vorliegende Beispiel durch die Beziehungen

$$\tilde{a}(\zeta) = 1, \quad \tilde{b}(\zeta) = \frac{1}{\gamma M(a)}$$

bestimmt. Wegen (14.87) kann die Menge aller stabilisierenden Polynompaare in der Form

$$a^o(\zeta) = \Delta_+(\zeta) - \zeta c(\zeta)\gamma M(a)e^{aT}$$
$$b^o(\zeta) = \frac{1}{\gamma M(a)}\Delta_+(\zeta) + c(\zeta)\left(1 - e^{aT}\zeta\right)$$

dargestellt werden. $\qquad\qquad\qquad\qquad\qquad\qquad\qquad\qquad\qquad\qquad\quad\square$

Sei $\{a^o(\zeta), b^o(\zeta)\}$ ein beliebiges stabilisierendes Paar und $\{\tilde{a}^o(\zeta), \tilde{b}^o(\zeta)\}$ eine gewisse Basis, dann wird die Darstellung (14.87) eine *Basisdarstellung* des Paars $\{a^o(\zeta), b^o(\zeta)\}$ (zur Basis $\{\tilde{a}^o(\zeta), \tilde{b}^o(\zeta)\}$) genannt. Es werden jetzt einige wichtige Eigenschaften von Basisdarstellungen (14.87) aufgezählt.

1. Zu gegebener Basis $\{\tilde{a}^o(\zeta), \tilde{b}^o(\zeta)\}$ ist die Darstellung (14.87) eindeutig in dem Sinne, daß die gleichzeitige Gültigkeit von (14.87) und

$$a^o(\zeta) = \tilde{a}^o(\zeta)\Delta_{+1}(\zeta) - \zeta c_1(\zeta)\chi^o(\zeta)$$
$$b^o(\zeta) = \tilde{b}^o(\zeta)\Delta_{+1}(\zeta) + c_1(\zeta)a^o(\zeta)$$

$$(14.88)$$

mit gewissen Polynomen $\Delta_{+1}(\zeta)$, $c_1(\zeta)$ stets

$$\Delta_+(\zeta) = \Delta_{+1}(\zeta), \quad c(\zeta) = c_1(\zeta)$$

zur Folge hat.

Beweis: Indem man (14.88) von (14.87) abzieht, erhält man

$$[\Delta_+(\zeta) - \Delta_{+1}(\zeta)]\,\tilde{a}^o(\zeta) - \zeta\,[c(\zeta) - c_1(\zeta)]\,\chi^o(\zeta) = 0$$

$$[\Delta_+(\zeta) - \Delta_{+1}(\zeta)]\,\tilde{b}^o(\zeta) - [c(\zeta) + c_1(\zeta)]\,a^o(\zeta) = 0.$$

Wegen der speziellen Wahl von $\{\tilde{a}^o(\zeta), \tilde{b}^o(\zeta)\}$ gilt

$$\det\begin{bmatrix} \tilde{a}^o(\zeta) & -\zeta\chi^o(\zeta) \\ \tilde{b}^o(\zeta) & a^o(\zeta) \end{bmatrix} = 1 \qquad\qquad (14.89)$$

und folglich $\Delta_+(\zeta) = \Delta_{+1}(\zeta)$, $c(\zeta) = c_1(\zeta)$. ∎

2. Die Polynome $a^o(\zeta)$ und $b^o(\zeta)$ aus (14.87) besitzen dann und nur dann gemeinsame Wurzeln, wenn die Polynome $\Delta_+(\zeta)$ und $c(\zeta)$ gemeinsame Wurzeln haben.

Beweis: Möge $\zeta = \zeta_0$ eine gemeinsame Nullstelle sein, das heißt $a^o(\zeta_0) = b^o(\zeta_0) = 0$ gelten, dann folgt

$$\tilde{a}^o(\zeta_0)\Delta_+(\zeta_0) - \zeta_0 c(\zeta_0)\chi^o(\zeta_0) = 0$$

$$\tilde{b}^o(\zeta_0)\Delta_+(\zeta_0) + c(\zeta_0)a^o(\zeta_0) = 0$$

und unter Beachtung von (14.89) ermittelt man $\Delta_+(\zeta_0) = 0$, $c(\zeta_0) = 0$. Umgekehrt folgt auch aus $\Delta_+(\zeta_0) = c(\zeta_0) = 0$ wegen (14.87) sofort $a^o(\zeta_0) = b^o(\zeta_0) = 0$. ∎

3. Da stabile Polynome keine Wurzeln im Innern des Einheitskreises besitzen, ist immer $\Delta_+(0) \neq 0$ erfüllt. Darüber hinaus gilt wegen (11.69) $a^o(0) = 1$. Schließlich ist bei $\zeta = 0$ vermöge (14.86) und (14.87) die Beziehung

$$a^o(0) \neq 0 \tag{14.90}$$

für beliebige stabilisierende Polynompaare $\{a^o(\zeta), b^o(\zeta)\}$ richtig.

4. Die Übertragungsfunktion $W_d^o(\zeta)$ (14.85) wird *stabilisierend* genannt, wenn ihr Zähler und Nenner ein stabilisierendes Polynompaar bilden. Die Menge aller stabilisierenden Übertragungsfunktionen wird durch den folgenden Satz bestimmt.

Satz 14.5 *Sei* $\{\tilde{a}^o(\zeta), \tilde{b}^o(\zeta)\}$ *eine gewisse Basis, dann ist die Menge aller nicht kürzbaren stabilisierenden Übertragungsfunktionen durch die Formel*

$$W_d^o(\zeta) = \frac{\tilde{b}^o(\zeta) + \phi(\zeta)a^o(\zeta)}{\tilde{a}^o(\zeta) - \zeta\phi(\zeta)\chi^o(\zeta)} \tag{14.91}$$

bestimmt, wobei

$$\phi(\zeta) = \frac{c(\zeta)}{\Delta_+(\zeta)} \tag{14.92}$$

ein nicht kürzbarer Bruch mit einem beliebigen Polynom $c(\zeta)$ und irgendeinem stabilen Polynom (oder einer Konstanten $\neq 0$) $\Delta_+(\zeta)$ ist.

Beweis: Es werde durch $\mathcal{W}_d$ die Menge aller nicht kürzbaren stabilisierenden Übertragungsfunktionen und durch $\mathcal{W}_0$ die Menge aller Brüche der Form (14.91), (14.92) bezeichnet. Die Polynome $\Delta_+(\zeta)$ und $c(\zeta)$ mögen relativ prim sein. Indem man (14.92) in (14.91) einsetzt, gewinnt man die gebrochen rationale Funktion

$$W_d^o(\zeta) = \frac{\tilde{b}^o(\zeta)\Delta_+(\zeta) + c(\zeta)a^o(\zeta)}{\tilde{a}^o(\zeta)\Delta_+(\zeta) - \zeta c(\zeta)\chi^o(\zeta)}, \tag{14.93}$$

die sich als stabilisierend erweist. Dank der Eigenschaft 2. und weil der Bruch $\phi(\zeta)$ nicht kürzbar ist, kann auch (14.93) nicht gekürzt werden. Daraus läßt sich $\mathcal{W}_0 \subset \mathcal{W}_d$ schließen. Wenn andererseits (14.85) eine stabilisierende und nicht kürzbare Übertragungsfunktion ist, dann können die Polynome $a^o(\zeta)$ und $b^o(\zeta)$ in der Form (14.87) dargestellt werden, wonach $W_d^o(\zeta)$ in die Form (14.91), (14.92) gebracht werden kann, was $\mathcal{W}_d \subset \mathcal{W}_0$ impliziert. Insgesamt stimmen also die Mengen $\mathcal{W}_d$ und $\mathcal{W}_0$ überein. ∎

5. Indem man $\Delta_+(0) \neq 0$, $\bar{a}^o(0) \neq 0$ ausnutzt, gewinnt man aus (14.91), daß der Bruch $W_d^o(0)$ begrenzt ist, das heißt, eine beliebige stabilisierende Übertragungsfunktion ist analytisch in $\zeta = 0$. Unter Verwendung der Begriffe des Abschnitts A.2 gelangt man zu dem Schluß, daß eine beliebige stabilisierende Übertragungsfunktion kausal ist.

6. Die Darstellung einer stabilisierenden Übertragungsfunktion in der Form (14.91), (14.92) wird im weiteren als ihre *Basisdarstellung* bezeichnet.

Satz 14.6 *Zu gegebener Basis* $\{\bar{a}^o(\zeta), \bar{b}^o(\zeta)\}$ *ist die Darstellung (14.91), (14.92) eindeutig in dem Sinne, daß, wenn gleichzeitig*

$$W_d^o(\zeta) = \frac{\bar{b}^o(\zeta) + \phi_1(\zeta)\alpha^o(\zeta)}{\bar{a}^o(\zeta) - \zeta\phi_1(\zeta)\chi^o(\zeta)}$$

mit

$$\phi_1(\zeta) = \frac{c_1(\zeta)}{\Delta_{+1}(\zeta)}$$

gilt, dieses $\phi_1(\zeta) = \phi(\zeta)$ *nachsichzieht.*

Beweis: Zu gegebenen Darstellungen sind gleichzeitig die Beziehungen

$$W_d^o(\zeta) = \frac{\bar{b}^o(\zeta)\Delta_+(\zeta) + c(\zeta)\alpha^o(\zeta)}{\bar{a}^o(\zeta)\Delta_+(\zeta) - \zeta c(\zeta)\chi^o(\zeta)}$$

$$W_d^o(\zeta) = \frac{\bar{b}^o(\zeta)\Delta_{+1}(\zeta) + c_1(\zeta)\alpha^o(\zeta)}{\bar{a}^o(\zeta)\Delta_{+1}(\zeta) - \zeta c_1(\zeta)\chi^o(\zeta)}$$

erfüllt. Da die oben stehenden Brüche nach Voraussetzung nicht kürzbar sind, muß wegen der Teilbarkeit

$$\bar{a}^o(\zeta)\Delta_{+1}(\zeta) - \zeta c_1(\zeta)\chi^o(\zeta) = d(\zeta)\left[\bar{a}^o(\zeta)\Delta_+(\zeta) - \zeta c(\zeta)\chi^o(\zeta)\right]$$

$$\bar{b}^o(\zeta)\Delta_{+1}(\zeta) + c_1(\zeta)\alpha^o(\zeta) = d(\zeta)\left[\bar{b}^o(\zeta)\Delta_+(\zeta) + c(\zeta)\alpha^o(\zeta)\right]$$

mit einem gewissen Polynom $d(\zeta)$ gelten. Letztere Beziehungen lassen sich in der Gestalt

$$\bar{a}^o(\zeta)\left[\Delta_{+1}(\zeta) - d(\zeta)\Delta_+(\zeta)\right] - \zeta\chi^o(\zeta)\left[c_1(\zeta) - d(\zeta)c(\zeta)\right] = 0$$

$$\bar{b}^o(\zeta)\left[\Delta_{+1}(\zeta) - d(\zeta)\Delta_+(\zeta)\right] + \alpha^o(\zeta)\left[c_1(\zeta) - d(\zeta)c(\zeta)\right] = 0$$

schreiben, woraus wegen (14.89) sofort $\Delta_{+1}(\zeta) = d(\zeta)\Delta_+(\zeta)$, $c_1(\zeta) = d(\zeta)c(\zeta)$ folgt, womit entgegen der Voraussetzung $\phi_1(\zeta)$ kürzbar ist, was den Satz beweist.   ■

7. Im Prinzip kann auch eine andere Methode der Parametrierung der Menge der stabilisierenden Übertragungsfunktionen verwendet werden. Sei zum Beispiel $\{a_0(\zeta), b_0(\zeta)\}$ ein stabilisierendes Polynompaar, das die Diophantische Gleichung

$$\alpha^o(\zeta)a_0(\zeta) + \zeta\chi^o(\zeta)b_0(\zeta) = \Delta_{+0}(\zeta) \tag{14.94}$$

befriedigt, dann erweist sich die Übertragungsfunktion

$$W_{d0}(\zeta) = \frac{b_0(\zeta) + \phi(\zeta)\alpha^o(\zeta)}{a_0(\zeta) - \zeta\phi(\zeta)\chi^o(\zeta)} \tag{14.95}$$

mit der frei wählbaren nicht kürzbaren gebrochen rationalen Funktion $\phi(\zeta)$ von der Gestalt (14.92) als stabilisierend. In der Tat erhält man aus (14.95) und (14.92) für $W_{d0}(\zeta)$ eine Darstellung der Form (14.85) mit

$$\begin{aligned}
b^o(\zeta) &= b^o(\zeta)\Delta_+(\zeta) + c(\zeta)\alpha^o(\zeta) \\
a^o(\zeta) &= a^o(\zeta)\Delta_+(\zeta) - \zeta c(\zeta)\chi^o(\zeta) \, .
\end{aligned} \tag{14.96}$$

Das charakteristische Polynom des mit (14.96) geschlossenen Systems hat die Form

$$\begin{aligned}
\Delta^o(\zeta) &= \alpha^o(\zeta)\left[a_0(\zeta)\Delta_+(\zeta) - \zeta c(\zeta)\chi^o(\zeta)\right] + \zeta\chi^o(\zeta)\left[b_0(\zeta)\Delta_+(\zeta) + c(\zeta)\alpha^o(\zeta)\right] \\
&= \Delta_+(\zeta)\left[\alpha^o(\zeta)a_0(\zeta) + \zeta\chi^o(\zeta)b_0(\zeta)\right] = \Delta_+(\zeta)\Delta_{+0}(\zeta) \, .
\end{aligned} \tag{14.97}$$

Das Polynom auf der rechten Seite ist stabil, weil das Paar $\{a_0(\zeta), b_0(\zeta)\}$ stabilisierend wirkt. Aus (14.97) ist ablesbar, daß das charakteristische Polynom des geschlossenen Kreises bei Verwendung der Parametrierung (14.95) unabhängig von der Wahl des Parameters $\phi(\zeta)$ das Polynom $\Delta_{+0}(\zeta)$ enthält, was zu einer unerwünschten Erhöhung der Ordnung des Steuerprogramms und des Systems insgesamt führen kann. Nichtsdestoweniger wird die Parametrierung (14.95) häufig in solchen Anwendungen verwendet, wo die Möglichkeit der einfachen Bestimmung eines ersten stabilisierenden Paares $\{a_0(\zeta), b_0(\zeta)\}$ besteht.

Wenn insbesondere die Strecke stabil ist, das heißt, die Pole der Übertragungsfunktion $F(s)$ in der linken Halbebene liegen, dann ist das Polynom $\alpha^o(\zeta)$ stabil. In dem Falle wird die Gleichung (14.94) mit

$$a_0(\zeta) = 1 \, , \quad b_0(\zeta) = 0 \, , \quad \Delta_{+0}(\zeta) = \alpha^o(\zeta) \tag{14.98}$$

befriedigt und aus (14.95) gewinnt man

$$W_{d0}(\zeta) = \frac{\phi(\zeta)\alpha^o(\zeta)}{1 - \zeta\phi(\zeta)\chi^o(\zeta)} = \frac{c(\zeta)\alpha^o(\zeta)}{\Delta_+(\zeta) - \zeta c(\zeta)\chi^o(\zeta)} \, . \tag{14.99}$$

Dabei ist $c(\zeta)$ ein beliebiges Polynom und $\Delta_+(\zeta)$ ein beliebiges stabiles Polynom, was das stabilisierende Paar

$$a^o(\zeta) = \Delta_+(\zeta) - \zeta c(\zeta)\chi^o(\zeta)$$
$$b^o(\zeta) = c(\zeta)a^o(\zeta)$$

ergibt. Aus dem oben gesagten folgt, daß bei Verwendung des stabilisierenden Paars dieser Form das charakteristische Polynom des geschlossenen Systems gleich

$$\Delta^o(\zeta) = \Delta_+(\zeta)a^o(\zeta)$$

wird.

Beispiel 14.6 Wenn unter den Bedingungen des Beispiels 14.5 der Parameter $a < 0$ angenommen wird, dann kann die Menge aller stabilisierenden Paare der Form (14.100) durch

$$a^o(\zeta) = \Delta_+(\zeta) - \zeta c(\zeta)\gamma M(a)e^{aT}$$
$$b^o(\zeta) = c(\zeta)\left(1 - e^{aT}\zeta\right)$$

dargestellt werden. Die zugeordnete Menge der stabilisierenden Übertragungsfunktionen nimmt die Form

$$W_{d0}(\zeta) = \frac{\phi(\zeta)\left(1 - e^{aT}\zeta\right)}{1 - \zeta\phi(\zeta)\gamma M(a)e^{aT}}$$

an. $\qquad\qquad\qquad\qquad\qquad\qquad\qquad\qquad\qquad\qquad\qquad\qquad\qquad\square$

8. Die oben dargelegte Theorie läßt sich ohne wesentliche Änderungen auf Systeme mit Totzeit erweitern, bei denen die Strecke (14.81) vorliegt. Dabei ist unter Berücksichtigung von (11.88) die Diophantische Polynomgleichung (14.84) durch

$$\alpha^o(\zeta)a^o(\zeta) + \zeta^m\beta^o(\zeta,\delta T)b^o(\zeta) = \Delta_+(\zeta) \tag{14.100}$$

zu ersetzen. Wenn die Bedingungen (9.161), (9.162) erfüllt sind, so daß das System nichtpathologisch ist, dann entnimmt man der Folgerung 1 zu Satz 9.1, daß der Bruch

$$\mathcal{D}^o_{FM}(T,\zeta,t) = \frac{\zeta^m\beta^o(\zeta,t)}{\alpha^o(\zeta)}$$

nicht kürzbar ist und demzufolge die Polynome $\alpha^o(\zeta)$ und $\zeta^m\beta^o(\zeta,t)$ keine gemeinsamen Wurzeln besitzen, also auch $\alpha^o(0) \neq 0$ richtig ist. Demnach ist bei Gültigkeit von (9.161), (9.162) die Gleichung (14.100) für beliebige rechte Seite lösbar. Ein beliebiges Paar $\{\tilde{a}^o(\zeta), \tilde{b}^o(\zeta)\}$, das die Gleichung

$$\alpha^o(\zeta)\tilde{a}^o(\zeta) + \zeta^m\beta^o(\zeta,\delta T)\tilde{b}^o(\zeta) = 1 \tag{14.101}$$

befriedigt, wird eine *Basis* genannt. Dabei kann wie oben gezeigt werden, daß zu bekannter Basis $\{\tilde{a}^o(\zeta), \tilde{b}^o(\zeta)\}$ die Menge aller stabilisierenden Polynompaare durch die Beziehungen

$$b^o(\zeta) = \tilde{b}^o(\zeta)\Delta_+(\zeta) + \alpha^o(\zeta)c(\zeta)$$
$$a^o(\zeta) = \tilde{a}^o(\zeta)\Delta_+(\zeta) - \zeta^m\beta^o(\zeta,\delta T)c(\zeta) \tag{14.102}$$

bestimmt ist, wobei $\Delta_+(\zeta)$ irgendein stabiles Polynom und $c(\zeta)$ irgendein Polynom ist. Dabei besitzen die Polynome $a^o(\zeta)$ und $b^o(\zeta)$ keine gemeinsamen Wurzeln, wenn die Polynome $\Delta_+(\zeta)$ und $c(\zeta)$ relativ prim sind. Aus dem dargelegten folgt, daß bei Benutzung des zu (14.102) gehörenden Steuerprogramms das charakteristische Polynom des geschlossenen Systems gleich $\Delta_+(\zeta)$ ist. Die Menge der stabilisierenden Übertragungsfunktionen läßt sich entsprechend der Beziehung (14.102) in der Gestalt

$$W_d^o(\zeta) = \frac{\tilde{b}^o(\zeta) + \phi(\zeta)\alpha^o(\zeta)}{\tilde{a}^o(\zeta) - \zeta^m\phi(\zeta)\beta^o(\zeta,\delta T)} \tag{14.103}$$

darstellen.

Bemerkung 1. Aus (14.103) und (14.90) folgt, daß die Funktion $W_d^o(\zeta)$ analytisch in $\zeta = 0$ ist, das heißt, ein beliebiges stabilisierendes Steuerprogramm ist kausal.

Bemerkung 2. Die Verallgemeinerung der Ergebnisse dieses Abschnitts auf Mehrgrößensysteme ist in den Arbeiten Lampe und Rosenwasser (1996) enthalten.

14.7   Unempfindlichkeit der Stabilisierung

Bei der Lösung des Stabilisierungsproblems mit Hilfe der Diophantischen Gleichung besteht bei kontinuierlichen Systemen die Gefahr, daß man mit unerwarteten Schwierigkeiten konfrontiert wird. Das Auftreten dieser Schwierigkeiten liegt in folgendem begründet. Es sei das lineare kontinuierliche System nach Abbildung (14.7) gegeben, wobei $F(s)$ die Übertragungsfunktion der Strecke und $W(s)$ die

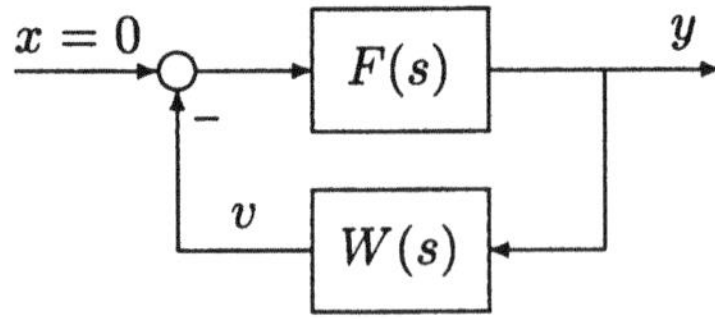

Abbildung 14.7: Kontinuierlicher Regelkreis

Übertragungsfunktion des Reglers ist. Dabei gelte

$$F(s) = \frac{\beta(s)}{\alpha(s)}, \quad W(s) = \frac{b(s)}{a(s)}$$

mit gewissen Polynompaaren $\{\alpha(s), \beta(s)\}$, $\{a(s), b(s)\}$, wobei $\deg \alpha(s) > \deg \beta(s)$ und der Bruch $F(s)$ nicht kürzbar sein sollen. Das System wird stabil genannt, wenn bei beliebigen Anfangsbedingungen der Strecke und des Reglers für $t > 0$

$$|y(t)| < c_1 e^{-\lambda t}, \quad |v(t)| < c_2 e^{-\lambda t} \tag{14.104}$$

mit positiven Konstanten c_1, c_2, λ richtig ist, wobei λ nicht von den Anfangsbedingungen abhängt. Unter den gemachten Voraussetzungen wird das zu betrachtende System stabil, wenn alle Wurzeln des charakteristischen Polynoms

$$\alpha(s)a(s) + \beta(s)b(s) = d(s) \tag{14.105}$$

in der linken Halbebene liegen. Bei gegebenen Polynomen $\alpha(s)$, $\beta(s)$, $d(s)$ kann die Beziehung (14.105) als Diophantische Polynomgleichung zur Bestimmung des stabilisierenden Paars $\{a(s), b(s)\}$ angesehen werden. Da der Bruch $F(s)$ als nicht kürzbar vorausgesetzt wurde, ist die Gleichung (14.105) für beliebige $d(s)$ lösbar. Wenn also ein Polynom $d^*(s)$ fest vorgegeben wird, dessen Wurzeln in der linken Halbebene liegen, und das eine gewisse Lösung $\{a^*(s), b^*(s)\}$ der Gleichung (14.105) für $d(s) = d^*(s)$ bestimmt, dann erhält man als Übertragungsfunktion des stabilisierenden Reglers

$$W^*(s) = \frac{b^*(s)}{a^*(s)}. \tag{14.106}$$

Bei Verwendung des Reglers (14.106) wird das charakteristische Polynom des geschlossenen Systems gleich $d^*(s)$. Es kann gezeigt werden, daß in einer Reihe von Fällen die so gewonnene Lösung des Stabilisierungsproblems nur formalen Charakter trägt und sich das System mit dem Regler (14.106) als praktisch instabil erweist. In der Tat wird man wegen der unvermeidlichen Parameterschwankungen und Rundungsfehler mindestens mit geringfügigen Abweichungen zwischen den Parametern der realen Strecke $F(s)$ und dem verwendeten Modell rechnen müssen und das System ist unter praktischem Gesichtpunkt nur dann als stabil anzusehen, wenn die Stabiltät für kleine Parameteränderungen der Strecke erhalten bleibt. Wenn dieses der Fall ist, dann sagt man, daß der Regler (14.106) eine *unempfindliche* Lösung des Stabilisierungsproblems ist.
Es wird gezeigt, daß für kontinuierliche Systeme nicht jede Lösung des Stabilisierungsproblems, die durch Lösung der Diophantischen Polynomgleichung (14.105) gewonnen wurde, unempfindlich ist. Setzt man voraus, daß in Wirklichkeit

$$F(s) = \frac{\beta(s) + \beta_1(s)}{\alpha(s) + \alpha_1(s)}$$

ist, wobei $\alpha_1(s)$, $\beta_1(s)$ Polynome mit hinreichend kleinen Koeffizienten und $\deg \beta_1(s) = \deg \beta(s)$, $\deg \alpha_1(s) = \deg \alpha(s)$ sind, dann bekommt man bei Verwendung des Reglers (14.106) das charakteristische Polynom

$$\tilde{d}(s) = d^*(s) + d_1(s) \tag{14.107}$$

mit dem von $\alpha_1(s)$ und $\beta_1(s)$ abhängigen Polynom

$$d_1(s) = \beta_1(s)b^*(s) + \alpha_1(s)a^*(s)\,. \tag{14.108}$$

Aus (14.107) und (14.108) folgt, daß in den Fällen, wo

$$\deg d_1(s) > \deg d^*(s) \tag{14.109}$$

gilt, das Polynom $\tilde{d}(s)$ Wurzeln in der rechten Halbebene oder auf der imaginären Achse besitzen kann. Das hängt mit dem Umstand zusammen, daß die Hinzunahme des Polynoms $d_1(s)$ zum Polynom $d^*(s)$ den Grad erhöht und wegen der Unsicherheit der höchste Koeffizient sowohl positiv als auch negativ werden kann. Damit kann im allgemeinen nicht angenommen werden, daß alle Koeffizienten des charakteristischen Polynoms gleiches Vorzeichen besitzen, also eine notwendige Bedingung für die Stabilität verletzt ist. Das trifft auch zu, wenn der Spielraum für die Koeffizienten des Polynoms $d_1(s)$ beliebig klein, aber von null verschieden gewählt wird. Das gesagte bedeutet, daß im Fall (14.109) die Lösung des Stabilisierungsproblems unsicher erscheint und demnach praktisch unbrauchbar ist. Wie in Petrov (1987) gezeigt wurde, ist die Situation durch (14.109) hinreichend beschrieben. Wenn anstelle von (14.109) für kleine Variation der Streckenparameter

$$\deg d_1(s) \leq \deg d^*(s) \tag{14.110}$$

gilt, dann ist die Lösung des Stabilitätsproblems unempfindlich.
Die in Abschnitt 14.6 beschriebene Methode zur Stabilisierung des Abtastsystems ist ebenfalls mit der Lösung gewisser Diophantischer Polynomgleichungen verbunden. Deshalb liegt die Vermutung nahe, daß analoge Verhältnisse bezüglich der Empfindlichkeit der Lösung des Stabilisierungsproblems auch im Falle von Abtastsystemen vorliegen. Es stellt sich aber heraus, daß für Abtastsysteme die Lösung dieser Aufgabe immer unempfindlich ist, wie der folgende Satz belegt.

Satz 14.7 *Es seien die Bedingungen (9.161), (9.162), unter denen das System nichtpathologisch ist, erfüllt, und es sei*

$$\mathcal{D}^o_{FM}(T,\zeta,0) = \frac{\zeta \chi^o(\zeta)}{\alpha^o(\zeta)}\,. \tag{14.111}$$

Für kleine Variationen des Parametervektors θ des Systems soll anstelle von (14.111) die Beziehung

$$\mathcal{D}^o_{FM}(T,\zeta,0) = \frac{\zeta\,[\chi^o(\zeta) + \chi_1(\zeta,\theta)]}{\alpha^o(\zeta) + \alpha_1(\zeta,\theta)} \tag{14.112}$$

gelten, wobei $\chi_1(\zeta,\theta)$, $\alpha_1(\zeta,\theta)$ Polynome sind, die

$$\chi_1(\zeta,0) = 0\,, \quad \alpha_1(\zeta,0) = 0 \tag{14.113}$$

erfüllen. Es wird vorausgesetzt, daß die Koeffizienten der Polynome $\chi_1(\zeta,\theta)$ und $\alpha_1(\zeta,\theta)$ stetig von den Komponenten des Parametervektors θ abhängen. Wenn dann die nicht kürzbare Übertragungsfunktion

$$W_d^o(\zeta) = \frac{b^o(\zeta)}{a^o(\zeta)}$$

stabilisierend ist, das heißt, das Polynom

$$\Delta^o(\zeta) = \alpha^o(\zeta)a^o(\zeta) + \zeta\chi^o(\zeta)b^o(\zeta)$$

stabil ist, so bleibt das geschlossene System stabil bei hinreichend kleinen Änderungen des Komponenten des Vektors θ.

Beweis: Sei (14.112) gegeben, dann hat das charakteristische Polynom des geschlossenen Systems die Gestalt

$$\tilde{\Delta}(\zeta) = \Delta^o(\zeta) + \Delta_1(\zeta,\theta)\,,$$

mit

$$\Delta_1(\zeta,\theta) = \alpha_1(\zeta,\theta)a^o(\zeta) + \zeta\chi_1(\zeta,\theta)b^o(\zeta)\,.$$

Es wird die Bezeichnung

$$\delta \stackrel{\text{def}}{=} \min_{|\zeta|=1} |\Delta^o(\zeta)| \tag{14.114}$$

eingeführt. Es gilt $\delta > 0$, weil das Polynom $\Delta^o(\zeta)$ keine Wurzeln auf dem Einheitskreis besitzt. Da die Koeffizienten des Polynoms $\Delta_1(\zeta,\theta)$ stetig von θ abhängen und (14.113) erfüllen, existiert ein $\epsilon > 0$, so daß für $\|\theta\| < \epsilon$

$$\max_{|\zeta|=1} |\Delta_1(\zeta,\theta| < \delta \tag{14.115}$$

gilt. Vergleicht man (14.114) mit (14.115), so findet man, daß für $\|\theta\| < \epsilon$ in einem beliebigen Punkt auf dem Einheitskreis

$$|\Delta_1(\zeta,\theta)| < |\Delta^o(\zeta)| \tag{14.116}$$

richtig ist. Aus (14.116) folgt nach dem Satz von Rouché, Titchmarsh (1932), daß für $\|\theta\| < \epsilon$ die Polynome $\Delta^o(\zeta)$ und $\tilde{\Delta}(\zeta) = \Delta^o(\zeta) + \Delta_1(\zeta,\theta)$ im Innern des Einheitskreises die gleiche Anzahl von Nullstellen haben. Deshalb überträgt sich die Eigenschaft der Stabilität des Polynoms $\Delta^o(\zeta)$ für $\|\theta\| < \epsilon$ auch auf das Polynom $\tilde{\Delta}(\zeta)$. ∎

Bemerkung 1. Der Satz 14.7 stellt lediglich die Existenz eines $\epsilon > 0$ fest, so daß für $\|\theta\| < \epsilon$ das geschlossene System mit dem gegebenen Regelalgorithmus $W_d^o(\zeta)$ stabil bleibt, jedoch wird keine konstruktive Abschätzung der Größe von ϵ geliefert. Eine solche Abschätzung sollte aber vorhanden sein, wenn eine konkrete Regelung entworfen und überprüft wird.

Bemerkung 2. Der Beweis des Satzes (14.7) läßt sich ohne wesentliche Änderungen auf Systeme mit Totzeit übertragen.

Bemerkung 3. Die Verallgemeinerung des Satzes auf den mehrdimensionalen Fall findet man in Rosenwasser (1994b).

14.8 Stabilisierung bei vorgegebener Größe des statischen Fehlers

Zu vorgegebener Basis $\{\tilde{a}^o(\zeta), \tilde{b}^o(\zeta)\}$ definieren die Beziehungen (14.91), (14.92) die Menge $\mathcal{W}_d$ aller nicht kürzbaren stabilisierenden Übertragungsfunktionen $W_d^o(\zeta)$. Bei der Lösung bestimmter Entwurfsaufgaben für Abtastsysteme besteht die Notwendigkeit, aus der Menge $\mathcal{W}_d$ eine gewisse Teilmenge $\tilde{\mathcal{W}}_d$ von Übertragungsfunktionen $\tilde{W}_d^o(\zeta)$ auszuwählen, für die das geschlossene System außer der Stabilität noch über weitere Eigenschaften verfügen soll. In diesem Abschnitt wird die Frage der Konstruktion von Untermengen $\tilde{\mathcal{W}}_d$ der stabilisierenden Funktionen untersucht, bei denen das geschlossene System außer der Stabilität auch die Einhaltung eines vorgegebenen statischen Fehlers zu ausgewählten Ein- und Ausgängen gewährleistet.

Beispiel 14.7 Es sei das stabile kontinuierliche System nach Abbildung 14.8 gegeben, wobei $F(s)$, $R(s)$, $G(s)$, $H(s)$ bekannte gebrochen rationale Funktionen sind.

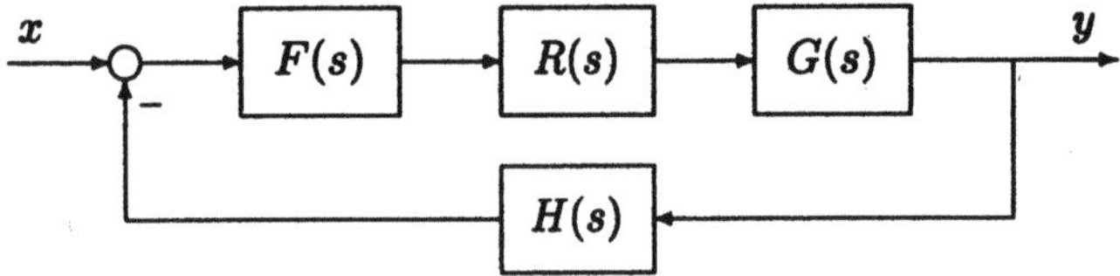

Abbildung 14.8: Kontinuierlicher Regelkreis zu Beispiel 14.7

Die Übertragungsfunktion des geschlossenen Systems vom Eingang $x(t)$ zum Ausgang $y(t)$ lautet

$$W(s) = \frac{F(s)R(s)G(s)}{1 + F(s)R(s)G(s)H(s)}\,.$$

Wenn $x(t) = \mathbb{1}(t)$ angenommen wird, dann erhält man nach dem Abklingen des Übergangsprozesses die statische Abweichung

$$y_\infty = W(0) = \frac{F(0)R(0)G(0)}{1 + F(0)R(0)G(0)H(0)}\,. \tag{14.117}$$

Es wird angenommen, daß parallel zum System von Abbildung 14.8 das stabile Abtastsystem nach Abbildung 14.9 vorliegt, wobei $F(s)$, $G(s)$, $H(s)$ dieselben wie in

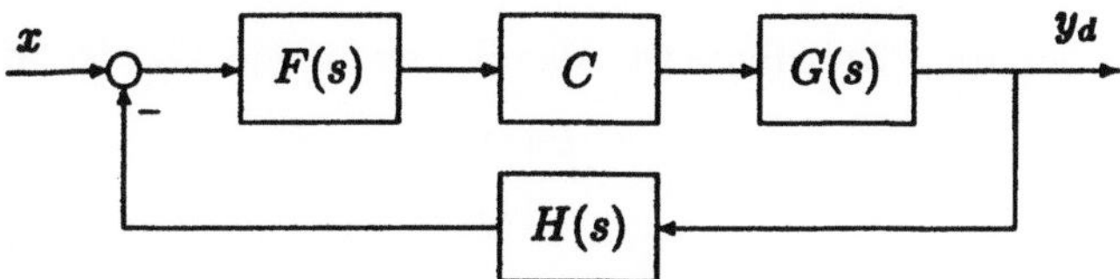

Abbildung 14.9: Zugehöriger digitaler Regelkreis zu Abbildung 14.8

Abbildung 14.8 sind und C den durch die Gleichungen (10.1)–(10.3) beschriebenen Prozeßrechner bedeutet, wobei die Übertragungsfunktion des Formierungselements $M(s)$ die Form (9.12) hat. In Übereinstimmung mit dem Ergebnis des Abschnitts 14.3 erhält man für den Einheitssprung als Eingang

$$y_{d\infty} = \frac{F(0)G(0)W_d(0)}{1 + F(0)G(0)H(0)W_d(0)} \,.$$
(14.118)

Es ist bemerkenswert, daß unter der Bedingung $y_\infty \neq 0$, $y_{d\infty} \neq 0$, $R(0) \neq 0$ und beim Erfülltsein von (14.117), (14.118) gezeigt werden kann, daß für die Gleichheit der statischen Fehler, das heißt für

$$y_\infty = y_{d\infty}$$

notwendig und hinreichend ist, daß die Bedingung

$$W_d(0) = R(0)$$
(14.119)

erfüllt wird, was gleichwertig zu der Forderung

$$W_d^o(\zeta)\,|_{\zeta=1} = R(0)$$
(14.120)

ist. Wenn es also notwendig ist, das System nach Abbildung 14.9 zu stabilisieren und gleichzeitig die Forderung nach Gleichheit des statischen Fehlers zu erfüllen, dann muß der Regler $W_d^o(\zeta)$ aus derjenigen Teilmenge der Menge der stabilisierenden Regler genommen werden, die zusätzlich der Bedingung (14.120) genügt.
□

Die in Beispiel 14.7 betrachtete Situation ist typisch. Wenn ein geschlossenes stabiles Abtastsystem mit Halteglied 0. Ordnung und der PTF $W(s,t)$ vorliegt und am Eingang der Einheitssprung $x(t) = \mathbf{1}(t)$ wirkt, dann ergibt sich

$$y_\infty = W(0,t) = \text{const.} = a.$$
(14.121)

Zu vorgegebener Größe von a ist die Beziehung (14.121), mit Ausnahme gewisser Sonderfälle, gleichwertig zu

$$W_d(0) = N_d \,,$$
(14.122)

wobei N_d eine bekannte Konstante ist. Der Beziehung (14.122) ist wiederum

$$W_d^o(1) = \frac{b^o(1)}{a^o(1)} = N_d \tag{14.123}$$

gleichwertig. Setzt man hierin (14.91) ein, gewinnt man

$$\frac{\tilde{b}^o(1) + \phi(1)\alpha^o(1)}{\tilde{a}^o(1) - \phi(1)\chi^o(1)} = N_d \, ,$$

woraus

$$\phi(1) = \frac{N_d\tilde{a}^o(1) - \tilde{b}^o(1)}{N_d\chi^o(1) + \alpha^o(1)} \overset{\text{def}}{=} K_d \tag{14.124}$$

folgt. Man stellt fest, daß die Größe K_d in (14.124) unter den getroffenen Voraussetzungen immer endlich ist. Die Größe K_d kann nämlich nur in dem Falle unendlich werden, wenn

$$\alpha^o(1) + N_d\chi^o(1) = 0 \tag{14.125}$$

gilt. Doch im Falle von (14.125), erhält man aus (14.123) und (14.125)

$$\Delta^o(1) = \alpha^o(1)a^o(1) + \chi^o(1)b^o(1) = 0 \, ,$$

was der Voraussetzung über die Stabilität des Systems widerspricht.
Wegen (14.124) läßt sich $\phi(\zeta)$ in

$$\phi(\zeta) = K_d + (\zeta - 1)\phi_1(\zeta) \tag{14.126}$$

aufspalten. Indem man dieses in (14.91) einsetzt, ermittelt man

$$W_d^o(\zeta) = \frac{\tilde{b}^o(\zeta) + K_d\alpha^o(\zeta) + (\zeta - 1)\phi_1(\zeta)\alpha^o(\zeta)}{\tilde{a}^o(\zeta) - \zeta K_d\chi^o(\zeta) - \zeta(\zeta - 1)\phi_1(\zeta)\chi^o(\zeta)} \, , \tag{14.127}$$

wobei $\phi_1(\zeta)$ eine beliebige gebrochen rationale Funktion ist, die keine Pole im Innern oder auf der Peripherie des Einheitskreises besitzt, insbesondere kann $\phi_1(\zeta)$ ein Polynom sein. Die Formel (14.127) liefert die Parametrierung derjenigen Untermenge der stabilisierenden Regler, deren Übertragungsfunktionen die Bedingung (14.122) befriedigen.

Beispiel 14.8 Unter den Bedingungen des Beispiels 14.5 kann die Menge der stabilisierenden Polynompaare $\{a^o(\zeta), b^o(\zeta)\}$, die der Bedingung (14.122) genügen, durch

$$a^o(\zeta) = \Delta_+(\zeta) - \zeta K_d\gamma M(a)e^{aT} - \zeta(\zeta - 1)c(\zeta)\gamma M(a)e^{aT}$$

$$b^o(\zeta) = \frac{1}{\gamma M(a)}\Delta_+(\zeta) + K_d\left(1 - e^{aT}\zeta\right) + (\zeta - 1)c(\zeta)\left(1 - e^{aT}\zeta\right)$$

parametrisiert werden, wobei $c(\zeta)$ ein beliebiges Polynom und $\Delta_+(\zeta)$ ein beliebiges stabiles Polynom ist. $\qquad\square$

14.9 Charakteristische Gleichung von Abtastsystemen endlicher Ordnung

Die Frage der Absicherung der Stabilität ist eines der grundlegenden Probleme beim Entwurf von Regelungssystemen. Besonders scharf steht diese Frage in Bezug auf Abtastsysteme, das heißt beim Vorhandensein von zeitlichen Quantisierungen im System, die sich nachteilig auf die Dynamik des Prozesses auswirken und häufig sogar zur Instabilität führen. Im vorliegenden Abschnitt wird ein allgemeiner Zugang zur Untersuchung der Stabilität einer allgemeinen Klasse von Abtastsystemen vorgestellt, die als Abtastsysteme endlicher Ordnung bezeichnet werden sollen.

Definition: Ein periodisches Abtastsystem beliebiger Struktur mit einer beliebigen Anzahl von Abtastelementen wird *Abtastsystem endlicher Ordnung* genannt, wenn bei beliebigen Anfangsbedingungen der Elemente des Systems und bei Abwesenheit von äußeren Störungen für alle internen Signale $y_i(t)$ die diskrete Laplace-Transformation $\mathcal{D}_{y_i}(T, s, t)$ für $0 \leq t \leq T$ als kausale rational periodische Funktion des Arguments s existiert.

Es kann gezeigt werden, daß Abtastsysteme von endlicher Ordnung sind, wenn sie über folgende Eigenschaften verfügen.

1. Das System besteht aus einer beliebigen Anzahl kontinuierlicher Elemente mit gebrochen rationalen Übertragungsfunktionen sowie einer beliebigen Anzahl von zeitdiskreten Elementen (Pulselementen, Extrapolatoren, Prozeßrechnern), deren Perioden kommensurabel sind, so daß das System als Ganzes die gemeinsame Periode T besitzt.

2. Abgesehen von den Elementen der unter 1. aufgezählten Typen kann das System reine Totzeitglieder enthalten. Dabei muß jedes dieser Glieder in eine geschlossene Kontur eingehen, die mindestens ein zeitdiskretes Element enthält.

Im folgenden wird überall vorausgesetzt, daß die Systemstruktur derart ist, daß bei Abwesenheit von äußeren Anregungen und beliebigen Anfangsbedingungen zum Zeitpunkt $t_0 = 0$ für alle $t > 0$ auf die Eingänge der zeitdiskreten Elemente nur kontinuierliche Signale wirken.

Es wird vorausgesetzt, daß auf das Abtastsystem endlicher Ordnung keine äußeren Anregungen wirken sollen und es für $t > 0$ Eigenschwingungen ausführt, die durch die Anfangsbedingungen gewisser Elemente für $t_0 = 0$ hervorgerufen wurden. Dann läßt sich jedes beliebige interne Signal $y_i(t)$ als Umkehrintegral

$$y_i(t) = \frac{T}{2\pi \mathrm{j}} \int_{c-\mathrm{j}\omega/2}^{c+\mathrm{j}\omega/2} \mathcal{D}_{y_i}(T, s, t)\,\mathrm{d}s \qquad (14.128)$$

schreiben, wobei c eine reelle Konstante ist, so daß alle Pole der Funktion $\mathcal{D}_{y_i}(T, s, t)$ in der Halbebene Re $s < c$ liegen. Dank der Voraussetzungen kann die Transformierte $\mathcal{D}_{y_i}(T, s, t)$ für $0 \le t < T$ und beliebige Anfangsbedingungen in der Form

$$\mathcal{D}_{y_i}(T, s, t) = \frac{B(s,t)}{\Delta(s)} \tag{14.129}$$

mit den Quasipolynomen

$$\begin{aligned} B(s,t) &= b_0(t) + b_1(t)\mathrm{e}^{-sT} + \ldots + b_r(t)\mathrm{e}^{-rT} \\ \Delta(s) &= a_0 + a_1\mathrm{e}^{-sT} + \ldots + a_r\mathrm{e}^{-rT} \end{aligned} \tag{14.130}$$

dargestellt werden, wobei die $b_i(t)$, $(i = 0, 1, \ldots, r)$ gewisse Funktionen sind, die von den Anfangsbedingungen abhängen, und die a_i, $(i = 0, 1, \ldots, r)$ bekannte, von den Anfangsbedingungen unabhängige Konstanten sind. Dabei wird vorausgesetzt, daß solche Anfangsbedingungen existieren, daß der Bruch (14.129) für gewisse t nicht kürzbar ist.

Definition: Man sagt, daß das zu untersuchende System stabil bezüglich des Ausgangs $y(t)$ ist, wenn bei Abwesenheit von äußeren Anregungen und beliebigen Anfangsbedingungen aller Elemente zum Zeitpunkt $t_0 = 0$ für $t > 0$ die Abschätzung

$$|y(t)| < c\mathrm{e}^{-\lambda t} \tag{14.131}$$

mit irgendwelchen positiven Konstanten c, λ gilt, wobei λ nicht von den Anfangsbedingungen abhängt.

Eine notwendige und hinreichende Bedingung für die Stabilität eines Systems liefert der folgende Satz.

Satz 14.8 *Unter den vereinbarten Voraussetzungen ist für die Stabilität des Systems bezüglich des Ausgangs $y(t)$ notwendig und hinreichend, daß die Gleichung*

$$\Delta(s) = 0 \tag{14.132}$$

keine Wurzeln in der rechten Halbebene oder auf der imaginären Achse besitzt.

Beweis: *Hinlänglichkeit:* Wenn $\Delta(s) = \text{const.} \ne 0$ ist, dann stellt sich die Transformierte $\mathcal{D}_y(T, s, t)$ für $0 \le t \le T$ als Polynom in der Veränderlichen $\zeta = \mathrm{e}^{-sT}$ dar. In diesem Falle wird der Übergangsprozeß nach endlicher Dauer beendet sein und folglich Stabilität herrschen. Wenn die Funktion $\Delta(s)$ nicht zu einer Konstanten degeneriert ist, dann liefert der Abschnitt A.8 für hinreichend große $t > 0$

$$y(t) = T \sum_i \operatorname*{Res}_{\tilde{s}_i} \mathcal{D}_y(T, s, t), \tag{14.133}$$

wobei $\tilde{s}_i$, $(i = 1, \ldots, n)$ die Hauptpole der Funktion $\mathcal{D}_y(T, s, t)$ sind, die auch die Wurzeln der Gleichung (14.132) sind. Man kann unter Verwendung von (14.129), (14.130) zeigen, Rosenwasser (1994c), daß die Lösung von (14.133) in der Gestalt

$$y(t) = \sum_i \sum_k t^k e^{\tilde{s}_i t} g_{ki}(t) \qquad (14.134)$$

darstellbar ist, wobei die $g_{ki}(t) = g_{ki}(t + T)$ beschränkte Funktionen sind und die Menge der Indizes i, k endlich ist. Aus (14.134) ist ersichtlich, daß für $\mathrm{Re}\,\tilde{s}_i < 0$, $(i = 1, \ldots, n)$ (14.131) gültig ist, womit die Hinlänglichkeit der Bedingung des Satzes gezeigt wurde.

Notwendigkeit: Möge die Funktion $\Delta(s)$ eine Hauptwurzel mit $\mathrm{Re}\,, s_0 \geq 0$ besitzen, dann ist nach den Voraussetzungen bei gewissen Anfangsbedingungen die Zahl $\tilde{s}_0$ ein Hauptpol von $\mathcal{D}_y(T, s, t)$. In diesem Falle wird die Entwicklung (14.134) einen nichtabklingenden Bestandteil haben und damit (14.131) nicht mehr erfüllbar sein. ∎

Unter Ausnutzung von Satz 14.8 kann eine allgemeine Methode zur Bildung der Gleichung (14.132) für Abtastsysteme entwickelt werden, die den oben formulierten Voraussetzungen genügen.

Da die Funktionen der Gestalt $f(t) = t^k e^{s_i t} g(t)$, $g(t) = g(t+T)$ für unterschiedliche k linear unabhängig sind, das betrachtete System selbst aber linear ist, definiert jeder der Summanden in der Entwicklung (14.134) für gewisse Anfangsbedingungen eine Eigenbewegung des Systems. Deshalb gehört zu jedem Hauptpol $\tilde{s}_i$ der Transformierten $\mathcal{D}_y(T, s, t)$ aus (14.129) bei gewissen Anfangsbedingungen und bei Abwesenheit von äußeren Anregungen eine Bewegung des Systems von der Form

$$y(t) = e^{\tilde{s}_i t} g(t), \quad g(t + T) = g(t). \qquad (14.135)$$

Es kann gezeigt werden, daß auch die Umkehrung gilt, das heißt, wenn für eine gewisse Zahl $\tilde{s}_i$ am Ausgang des Systems bei Abwesenheit von äußeren Anregungen eine Bewegung der Form (14.135) existiert, dann ist die Zahl $\tilde{s}_i$ ein Pol der Transformierten $\mathcal{D}_y(T, s, t)$.

Sei jetzt $y_\mu(t)$, $(\mu = 1, \ldots, \rho)$ die Gesamtheit aller zu betrachtenden verallgemeinerten Koordinaten des Systems, so daß alle Transformierten $\mathcal{D}_y(T, s, t)$ den oben formulierten Bedingungen genügen, dann kann das Bild aller Ausgangssignale des Systems in der zu (14.129) analogen Form

$$\mathcal{D}_{y_\mu}(T, s, t) = \frac{B_\mu(s, t)}{\Delta(s)} \qquad (14.136)$$

dargestellt werden, wobei $B_\mu(s, t)$ ein von μ abhängiges Quasipolynom und $\Delta(s)$ ein gewisses von μ unabhängiges festes Quasipolynom mit konstanten Koeffizienten ist. Wiederholt man die oben angestellten Überlegungen, dann läßt sich nachweisen, daß die Zahlen $\tilde{s}_i$ Pole des Bildes (14.136) in dem und nur in dem Fall sind, wenn das betrachtete System in der Lage ist, Eigenbewegung der Gestalt

$$y_{\mu_i}(t) = e^{\tilde{s}_i t} g_{\mu_i}(t), \quad g_{\mu_i}(t+T) = g_{\mu_i}(t) \tag{14.137}$$

auszuführen. Die Voraussetzung über die Existenz von Eigenschwingungen der Form (14.137) im System führt auf gewisse Gleichungen bezüglich der Zahlen $s = \tilde{s}_i$, die im folgenden *charakteristische Zahlen* des Systems genannt werden. Geht man in den Gleichungen zu den Veränderlichen $\zeta = e^{-sT}$ oder $z = e^{sT}$ über, dann kann man gewisse algebraische Gleichungen aufstellen, die als *charakteristische Gleichung* des Systems bezeichnet werden.

Aus dem gesagten kann der Schluß gezogen werden, daß das System stabil im oben definierten Sinne für alle betrachteten Ausgänge ist, wenn es keine charakteristische Zahl besitzt, die in der rechten Halbebene oder auf der imaginären Achse liegt.

Beispiel 14.9 Es wird das System aus Abbildung 14.6 betrachtet, wo (14.81) gelten möge. Die Übertragungsfunktion $F(s)$ werde als streng proper vorausgesetzt, dann kann angenommen werden, daß

$$y(t) = e^{\lambda t} f(t), \quad f(t) = f(t+T); \quad v(t) = e^{\lambda t} g(t), \quad g(t) = g(t+T), \tag{14.138}$$

mit einer stetigen Funktionen $f(t)$ gilt. Bei Ausnutzung des stroboskopischen Effekts und der Beziehungen (9.13) und (10.37) erhält man sofort

$$u(t) = -e^{\lambda t} W_d(\lambda) \varphi_M(T, \lambda, t) f(0) \tag{14.139}$$

mit

$$\varphi_M(T, s, t) = \frac{1}{T} \sum_{k=-\infty}^{\infty} M(s + kj\omega) e^{kj\omega t}.$$

Die Reaktion des kontinuierlichen Elements auf das Eingangssignal (14.139) lautet

$$y(t) = -e^{\lambda t} W_d(\lambda) \varphi_{F_1 M}(T, \lambda, t - \tau) e^{-\lambda \tau} f(0). \tag{14.140}$$

Der Vergleich der Ausdrücke (14.138) und (14.140) liefert

$$f(t) = -W_d(\lambda) \varphi_{F_1 M}(T, \lambda, t - \tau) e^{-\lambda \tau} f(0), \tag{14.141}$$

wobei die rechte Seite stetig von t abhängt. Da für $t = 0$ auch $f(0) \neq 0$ gilt, findet man nach Umbenennung von λ in s

$$1 + \mathcal{D}_{F_1 M}(T, s, -\tau) W_d(s) = 0. \tag{14.142}$$

Wird wie früher

$$W_d(s) = \frac{b(s)}{a(s)}, \quad \mathcal{D}_{F_1 M}(T, s, -\tau) = \frac{\beta(s, \delta T)}{\alpha(s)}, e^{-msT} \quad \tau = mT - \delta T$$

angenommen, dann erhält man als Gleichung für die charakteristischen Zahlen sofort

$$\lambda_r(s) = 1 + \frac{b(s)}{a(s)} \cdot \frac{\beta(s, \delta T)}{\alpha(s)}\, e^{-msT} = 0 \,.$$ (14.143)

Wenn der Bruch nicht kürzbar ist, dann ist die letzte Gleichung äquivalent zur Gleichung (14.82), aus der mittels der Substitution $\zeta = e^{-sT}$ die entsprechende charakteristische Gleichung gewonnen wird.

In gewissen Sonderfällen kann sich der Bruch in (14.143) als kürzbar erweisen, jedoch stellt sich heraus, daß bei der Konstruktion der charakteristischen Gleichung die entsprechende Kürzung verboten ist. Das liegt daran, daß die Kürzung eine Kompensation in der offenen Kette bedeutet, der nichtsteuerbare oder nichtbeobachtbare Anteile entsprechen, die nicht in der Übertragungsfunktion erscheinen. Ihre Anregung durch Anfangsabweichungen, Störungen oder Rundungsfehler erfolgt aber in jedem Falle, so daß sie in die Stabilitätsbetrachtungen einbezogen werden müssen. Aus praktischer Sicht kann bei winzigen Änderungen der Parameter des Prozesses oder des Steuerprogramms ohnehin nicht mehr gekürzt werden, so daß die Kürzung des Bruchs in (14.143) ebenfalls zu fehlerhaften Schlüssen in Bezug auf die Stabilität des Systems führen kann, so wie es in Beispiel 14.4 demonstriert wurde. $\Box$

14.10 Geschlossene gemischte Systeme

Es wird das gemischte abgetastet-kontinuierliche System nach Abbildung 14.10 betrachtet, wobei $F(s)$, $G(s)$ gebrochen rationale Funktionen sind und C den durch

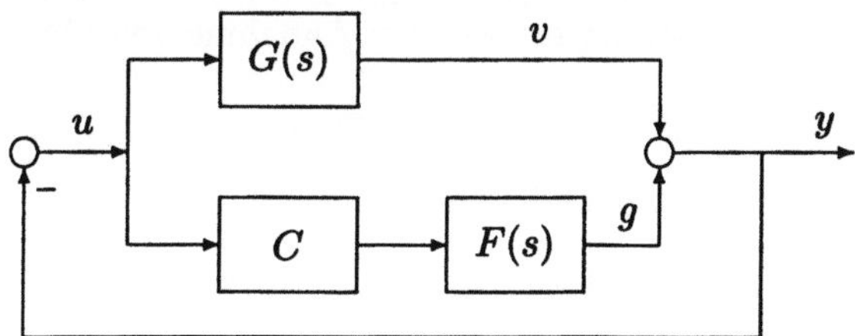

Abbildung 14.10: Gemischter abgetastet-kontinuierlicher Regelkreis

die Gleichungen (10.1)–(10.3) beschriebenen Prozeßrechner repräsentiert, Lampe und Rosenwasser (1993). Die Funktion $G(s)$ wird proper und die Funktion $F(s)$ streng proper vorausgesetzt. Da die Periode des Systems T ist, setzt man

$$y(t) = e^{\lambda t} f(t), \quad f(t) = f(t + T)$$ (14.144)

mit einer stetigen Funktion $f(t)$ an. Möge

$$f(t) = \sum_{k=-\infty}^{\infty} f_k e^{kj\omega t}, \quad f_k = \frac{1}{T} \int_0^T f(\tau) e^{-kj\omega\tau}\, d\tau$$ (14.145)

sein, dann ermittelt man man aus Abbildung 14.10

$$v(t) = -\sum_{k=-\infty}^{\infty} G(\lambda + kj\omega) f_k e^{(\lambda + kj\omega)t}$$

$$g(t) = -W_d(\lambda)\varphi_{FM}(T, \lambda, t)e^{\lambda t}f(0)$$

und folglich

$$y(t) = -\sum_{k=-\infty}^{\infty} G(\lambda + kj\omega) f_k e^{(\lambda + kj\omega)t} - W_d(\lambda)\varphi_{FM}(T, \lambda, t)e^{\lambda t}f(0)\,. \qquad (14.146)$$

Ein Vergleich der Ausdrücke (14.144) und (14.146) für $y(t)$ liefert

$$f(t) = -\sum_{k=-\infty}^{\infty} G(\lambda + kj\omega) f_k e^{kj\omega t} - W_d(\lambda)\varphi_{FM}(T, \lambda, t)f(0)\,.$$

Werden die Fourier-Koeffizienten der linken und der rechten Seite miteinander verglichen, dann gewinnt man

$$f_k = -\frac{1}{T}H(\lambda + kj\omega)M(\lambda + kj\omega)W_d(\lambda)f(0) \qquad (14.147)$$

mit

$$H(\lambda) \stackrel{\text{def}}{=} \frac{F(\lambda)}{1 + G(\lambda)}\,. \qquad (14.148)$$

Es sei $\lim_{|\lambda|\to\infty} G(\lambda) \neq -1$, dann gilt $\lim_{|\lambda|\to\infty} H(\lambda) = 0$ und die gebrochen rationale Funktion $H(\lambda)$ ist streng proper. Bei Annahme von (14.147) und (14.145) erhält man

$$f(t) = -W_d(\lambda)\varphi_{HM}(T, \lambda, t)f(0)\,.$$

Für $t = 0$ liefert die Schließungsbedingung

$$1 + W_d(s)\mathcal{D}_{HM}(T, s, 0) = 0\,. \qquad (14.149)$$

Beispiel 14.10 Mögen

$$F(s) = \frac{\gamma_1}{s - a}, \quad G(s) = \frac{\gamma_2}{s - b}, \quad W_d(s) = 1$$

mit reellen Konstanten a, b, γ_1, γ_2 gegeben sein und die Pulsform sei frei wählbar, dann erhält man aus (14.148)

$$H(s) = \frac{\gamma_1(s - b)}{(s - a)(s - b + \gamma_2)}\,. \qquad (14.150)$$

Wendet man sich zunächst dem Fall

$$a \neq b, \quad a - b + \gamma_2 \neq 0$$

zu, dann bekommt man

$$H(s) = \frac{\alpha_1}{s-a} + \frac{\alpha_2}{s-b+\gamma_2}$$

mit

$$\alpha_1 = \frac{\gamma_1(a-b)}{a-b+\gamma_2}, \quad \alpha_2 = \frac{\gamma_1\gamma_2}{a-b+\gamma_2}.$$

Damit findet man aus (9.102)

$$\mathcal{D}_{HM}(T,s,0) = \frac{\alpha_1 M(a)}{e^{(s-a)T}-1} + \frac{\alpha_2 M(b-\gamma_2)}{e^{(s-b+\gamma_2)T}-1} =$$

$$= \frac{\gamma_1}{a-b+\gamma_2} \frac{(a-b)M(a)\left[e^{(s-b+\gamma_2)T}-1\right] + \gamma_2 M(b-\gamma_2)\left[e^{(s-a)T}-1\right]}{\left[e^{(s-a)T}-1\right]\left[e^{(s-b+\gamma_2)T}-1\right]}$$

und die Gleichung (14.149) präsentiert sich nach der Substitution $e^{sT}=z$ als die quadratische Gleichung

$$(a-b+\gamma_2)\left(ze^{-aT}-1\right)\left[ze^{(-b+\gamma_2)T}-1\right] + \tag{14.151}$$

$$+\gamma_1(a-b)M(a)\left[ze^{(-b+\gamma_2)T}-1\right] + \gamma_1\gamma_2 M(b-\gamma_2)\left(ze^{-aT}-1\right) = 0.$$

Unter den getroffenen Voraussetzungen wird sich das System stabil verhalten, wenn alle Wurzeln der Gleichung (14.151) im Innern des Einheitskreises liegen.
Es wird nun der Sonderfall

$$a = b, \quad \gamma_2 \neq 0 \tag{14.152}$$

betrachtet. Hierbei nimmt die Gleichung (14.151) die Gestalt

$$\gamma_2\left(ze^{-aT}-1\right)\left[ze^{(-a+\gamma_2)T}-1+\gamma_1 M(a-\gamma_2)\right] = 0 \tag{14.153}$$

an. Die Gleichung (14.153) hat aufs erste wieder den Grad zwei und besitzt die von γ_1, γ_2 und der Pulsform unabhängige Wurzel $z = e^{aT}$. Bemerkenswert ist, daß im Falle (14.152) der Bruch (14.150) kürzbar ist. Wenn nun in (14.150) der gekürzte Bruch verwendet und dann zur Gleichung (14.149) übergegangen wird, dann führt das schließlich auf eine Gleichung ersten Grades in z. Dabei wird die Wurzel $z = e^{aT}$ eingebüßt, was zu fehlerhaften Schlüssen bezüglich des Stabilitätsverhaltens führen kann.
Analog läßt sich der Sonderfall

$$a \neq b, \quad a = b - \gamma_2$$

behandeln, wenn die Übertragungsfunktion (14.148) gleich

$$H(s) = \frac{\gamma_1(s-b)}{(s-a)^2}$$

wird und einen mehrfachen Pol bei $s = a$ besitzt. Indem man (9.99) ausnutzt, gelangt man wieder zu einer Gleichung zweiten Grades in z. Wenn in der so gewonnenen Gleichung $a = b$ angenommen wird, erhält man abermals eine Gleichung zweiten Grades. $\qquad\square$

Bemerkung. Das vorliegende Beispiel belegt jenen Umstand, daß bei der Aufstellung der charakteristischen Gleichung mittels der dargelegten Methode das zwischenzeitliche Kürzen, allgemein gesagt, unzulässig ist.

14.11   Charakteristische Gleichung für synchrone Systeme mit Phasenverschiebung

Es wird das geschlossenen System nach Abbildung 14.11 betrachtet. Hierbei be-

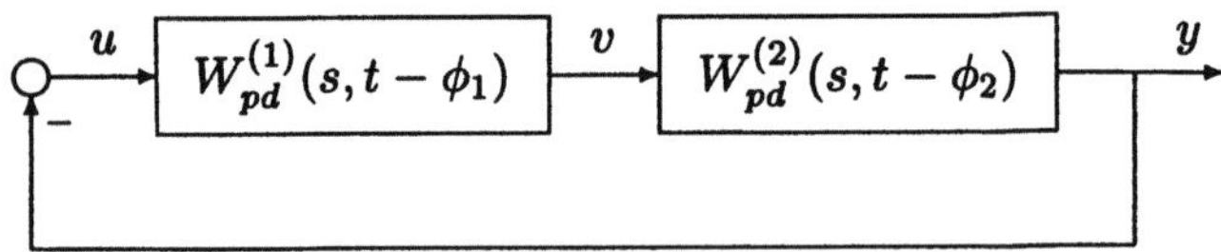

Abbildung 14.11: Synchrones Abtastsystem mit Phasenverschiebung

deuten $W_{pd}^{(i)}(s,t)$, $(i = 1, 2)$ die PTF von offenen Abtastsystemen mit der Periode T von der Gestalt

$$W_{pd}^{(i)}(s,t) = W_{di}(s)\varphi_{F_i M_i}(T,s,t)$$

und ϕ_i, $(0 \leq \phi_i < T)$ die zugehörigen Phasenverschiebungen. Die Übertragungsfunktionen F_i der kontinuierlichen Elemente werden als streng proper vorausgesetzt, so daß die PTF stetig in t sind. Für die Konstruktion der charakteristischen Gleichung wird

$$y(t) = e^{\lambda t} f(t), \quad f(t) = f(t+T), \qquad v(t) = e^{\lambda t} g(t), \quad g(t) = g(t+T) \quad (14.154)$$

mit stetigen Funktionen $f(t)$, $g(t)$ angesetzt. Unter Berücksichtigung des stroboskopischen Effekts ergibt sich dann

$$v(t) = -e^{\lambda t} W_{pd}^{(1)}(\lambda, t - \phi_1) f(\phi_1)\,.$$

Die nochmalige Ausnutzung des stroboskopischen Effekts liefert

$$y(t) = -e^{\lambda t} W_{pd}^{(2)}(\lambda, t - \phi_2) W_{pd}^{(1)}(\lambda, \phi_2 - \phi_1) f(\phi_1)\,. \qquad (14.155)$$

Indem man die Ausdrücke für $y(t)$ in (14.154) und (14.155) vergleicht, findet man

$$f(t) = -W_{pd}^{(2)}(\lambda, t - \phi_2) W_{pd}^{(1)}(\lambda, \phi_2 - \phi_1) f(\phi_1)\,.$$

Wird hierin $t = \phi_1$ angenommen und vorausgesetzt, daß $f(\phi_1) \neq 0$ ist, dann gelangt man zur Gleichung

$$1 + W_{pd}^{(2)}(s, \phi_1 - \phi_2) W_{pd}^{(1)}(s, \phi_2 - \phi_1) = 0, \qquad (14.156)$$

wobei die Variable λ durch s ersetzt worden ist. Berücksichtigt man (10.52), (10.53), dann läßt sich Gleichung (14.156) in der Form

$$1 + W_{d1}(s)W_{d2}(s)\mathcal{D}_{F_1 M_1}(T, s, \phi_1 - \phi_2)\mathcal{D}_{F_2 M_2}(T, s, \phi_2 - \phi_1) = 0 \qquad (14.157)$$

aufschreiben. Der linke Teil von (14.157) ist eine rational periodische Funktion des Arguments s, deshalb gewinnt man aus (14.157) durch die Substitution $e^{sT} = z$ oder $e^{-sT} = \zeta$ eine algebraische charakteristische Gleichung.

Beispiel 14.11 Es wird das in Abbildung 12.6 dargestellte System bei Abwesenheit von äußeren Anregungen untersucht. Dieses System ergibt sich aus dem von Abbildung 14.11, wenn $W_{d1}(s) = W_{d2}(s) = 1$, $F_1(s) = s^{-1}$, $F_2(s) = (s+1)^{-1}$, $\phi_1 = 0.5T$, $\phi_2 = 0$ gesetzt wird. Die Gleichung (14.157) nimmt somit die Form

$$1 + \mathcal{D}_{F_1 M_1}(T, s, 0.5T)\mathcal{D}_{F_2 M_2}(T, s, -0.5T) = 0 \qquad (14.158)$$

an. Da

$$\mathcal{D}_{F_2 M_2}(T, s, -0.5T) = \mathcal{D}_{F_2 M_2}(T, s, 0.5T)e^{-sT}$$

gilt, erhält man bei Beachtung von (9.102)

$$\mathcal{D}_{F_1 M_1}(T, s, 0.5T) = \frac{M_1(0)}{e^{sT} - 1} + \int_0^{0.5T} \mu_1(\tau)\, d\tau$$

$$\mathcal{D}_{F_2 M_2}(T, s, -0.5T) = \left[\frac{M_2(-1)}{e^{sT}e^T - 1} + \int_0^{0.5T} e^{\tau}\mu_2(\tau)\, d\tau \right] e^{-0.5T}e^{-sT}. \qquad (14.159)$$

Nach Einsetzen von (14.159) in (14.158) und Ersatz von e^{sT} gegen z gelangt man zu der algebraischen Gleichung

$$a_0 z^3 + a_1 z^2 + a_2 z + a_3 = 0 \qquad (14.160)$$

mit

$$a_0 = e^T$$

$$a_1 = -1 - e^T + e^{0.5T} \int_0^{0.5T} \mu_1(\tau)\, d\tau \int_0^{0.5T} e^{\tau}\mu_2(\tau)\, d\tau$$

$$a_2 = 1 + e^{0.5T} \int_{0.5T}^{T} \mu_1(\tau)\, d\tau \int_0^{0.5T} e^{\tau}\mu_2(\tau)\, d\tau + e^{-0.5T} \int_0^{0.5T} \mu_1(\tau)\, d\tau \int_{0.5T}^{T} e^{\tau}\mu_2(\tau)\, d\tau$$

$$a_3 = e^{-0.5T} \int_{0.5T}^{T} \mu_1(\tau)\, d\tau \int_{0.5T}^{T} e^{\tau}\mu_2(\tau)\, d\tau$$

Die Stabilität des Systems ist gewährleistet, wenn alle Wurzeln der Gleichung (14.160) im Innern des Einheitskreises liegen. $\square$

14.12 Charakteristische Gleichung geschlossener Multiratensysteme

Bei Abwesenheit von äußeren Anregungen stimmen die geschlossenen Systeme mit interpolierender und dezimierender digitaler Verkettung nach den Abbildungen 12.8 und 12.10 überein. Deshalb reicht es aus, wenn man sich auf die Konstruktion der charakteristischen Gleichung für die interpolierende Verkettung nach Abbildung 12.10 beschränkt.

Indem man die äquivalente Struktur nach Abbildung 12.11 für $x(t) = 0$ ausnutzt, erhält man

$$y(t) = e^{\lambda t} f(t), \quad f(t) = f(t + NT) \tag{14.161}$$

mit einer stetigen Funktion $f(t)$. Wegen des stroboskopischen Effekts gewinnt man daraus

$$z_k(t) = -e^{\lambda t} \check{\varphi}_{F_1 M_1 W_{d1}}(NT, \lambda, t - kT) f(kT).$$

Die nochmalige Ausnutzung des stroboskopischen Effekts erbringt in Anbetracht von Abbildung 12.11

$$y(t) = -e^{\lambda t} W_{d2}(\lambda) \varphi_{F_2 M_2}(NT, \lambda, t) \sum_{k=0}^{N-1} \check{\varphi}_{F_1 M_1 W_{d1}}(NT, \lambda, -kT) f(kT). \tag{14.162}$$

Vergleicht man die Ausdrücke für $y(t)$ in (14.161) und (14.162) und substituiert λ durch s, dann gelangt man zu

$$f(t) = -W_{d2}(s) \varphi_{F_2 M_2}(NT, s, t) \sum_{k=0}^{N-1} \check{\varphi}_{F_1 M_1 W_{d1}}(NT, s, -kT) f(kT). \tag{14.163}$$

Die Lösung der Gleichung (14.163) wird in der Form

$$f(t) = W_{d2}(s) \varphi_{F_2 M_2}(NT, s, t) A(s)$$

geschrieben, wobei $A(s)$ eine zunächst noch unbekannte Funktion ist. Indem man den letzten Ausdruck in (14.163) einsetzt, findet man nach Kürzen

$$A(s) = -W_{d2}(s) \sum_{k=0}^{N-1} \check{\varphi}_{F_1 M_1 W_{d1}}(NT, s, -kT) \varphi_{F_2 M_2}(NT, s, kT) A(s).$$

Die letzte Beziehung ist erfüllt, wenn

$$1 + W_{d2}(s) \sum_{k=0}^{N-1} \check{\varphi}_{F_1 M_1 W_{d1}}(NT, s, -kT) \varphi_{F_2 M_2}(NT, s, kT) = 0 \tag{14.164}$$

gilt, was sich als die gesuchte Gleichung erweist, aus der sich die charakteristischen Zahlen bestimmen lassen. Die Gleichung (14.164) kann auch in der Form

$$1 + W_{d2}(s) \sum_{k=0}^{N-1} \check{\mathcal{D}}_{F_1 M_1 W_{d1}}(NT, s, -kT) \mathcal{D}_{F_2 M_2}(NT, s, kT) = 0 \tag{14.165}$$

dargestellt werden, wobei die linke Seite eine rational periodische Funktion des Arguments s mit der Periode $\frac{j\omega}{N}$ ist. Berücksichtigt man, daß für $0 \leq k \leq N - 1$

$$\check{\mathcal{D}}_{F_1 M_1 W_{d1}}(NT, s, -kT) = \check{\mathcal{D}}_{F_1 M_1 W_{d1}}(NT, s, NT - kT)\mathrm{e}^{-sNT}$$

ist, dann kann die Gleichung (14.165) in Form von

$$1 + W_{d2}(s)\mathrm{e}^{-sNT} \sum_{k=0}^{N-1} \check{\mathcal{D}}_{F_1 M_1 W_{d1}}(NT, s, NT - kT)\mathcal{D}_{F_2 M_2}(NT, s, kT) = 0 \quad (14.166)$$

notiert werden. Wenn man in (14.165) $\mathrm{e}^{sNT} = z$ oder $\mathrm{e}^{-sNT} = \zeta$ substituiert, dann gelangt man zur algebraischen charakteristischen Gleichung.

Beispiel 14.12 Es soll die charakteristische Gleichung des Multiratensystems konstruiert werden, in dem $N = 2$, $W_{d1}(s) = W_{d2}(s) = 1$,

$$F_1(s) = \frac{\gamma_1}{s - a}, \quad F_2(s) = \frac{\gamma_2}{s - b}$$

und die Pulsform beliebig wählbar sind. Die Struktur des Systems ist in Abbildung 14.12 zu sehen. Im gegebenen Fall hat die Gleichung (14.165) das Aussehen

Abbildung 14.12: Geschlossenes Multiratensystem aus Beispiel 14.12

$$1 + \check{\mathcal{D}}_{F_1 M_1}(2T, s, 0)\mathcal{D}_{F_2 M_2}(2T, s, 0) + \check{\mathcal{D}}_{F_1 M_1}(2T, s, -T)\mathcal{D}_{F_2 M_2}(2T, s, T) = 0\,.$$

Aus (9.102), (9.103) erhält man für $0 \leq t \leq 2T$ die gleichwertigen Ausdrücke

$$\mathcal{D}_{F_2 M_2}(2T, s, t) = \begin{cases} \frac{\gamma_2 M_2(b)\mathrm{e}^{bt}}{1 - \mathrm{e}^{2(b-s)T}} - \gamma_2 \int_t^{2T} \mathrm{e}^{b(t-\tau)}\mu_2(\tau)\,\mathrm{d}\tau \\[2mm] \frac{\gamma_2 M_2(b)\mathrm{e}^{bt}}{\mathrm{e}^{2(s-b)T} - 1} + \gamma_2 \int_0^t \mathrm{e}^{b(t-\tau)}\mu_2(\tau)\,\mathrm{d}\tau \end{cases}$$

mit

$$M_2(s) = \int_0^{2T} \mathrm{e}^{-s\tau}\mu_2(\tau)\,\mathrm{d}\tau\,,$$

weshalb sich

$$\mathcal{D}_{F_2 M_2}(2T, s, 0) = \gamma_2 \frac{\mathrm{e}^{2(b-s)T} M_2(b)}{1 - \mathrm{e}^{2(b-s)T}}$$

$$\mathcal{D}_{F_2 M_2}(2T, s, T) = \gamma_2 \frac{M_2(b)\mathrm{e}^{bT}}{1 - \mathrm{e}^{2(b-s)T}} - \gamma_2 \mathrm{e}^{bT} \int_T^{2T} \mathrm{e}^{-b\tau}\mu_2(\tau)\,\mathrm{d}\tau \qquad (14.167)$$

ergibt. Unter Verwendung von (12.47) erhält man auch

$$\check{D}_{p1}^{2T}(s,t) = \check{D}_{F_1 M_1}(2T,s,t) = \begin{cases} \dfrac{\gamma_1 M_1(a)e^{at}}{1-e^{2(a-s)T}} - \gamma_1 \int_t^T e^{a(t-\tau)}\mu_1(\tau)\,\mathrm{d}\tau & 0 \le t \le T \\[2ex] \dfrac{\gamma_1 M_1(a)e^{at}}{1-e^{2(a-s)T}} & T \le t \le 2T \end{cases}$$

mit

$$M_1(s) = \int_0^T e^{-s\tau}\mu_1(\tau)\,\mathrm{d}\tau\,,$$

woraus sich

$$\check{D}_{F_1 M_1}(2T,s,0) = \gamma_1 \frac{e^{2(a-s)T}M_1(a)}{1-e^{2(a-s)T}}$$

$$\check{D}_{F_1 M_1}(2T,s,T) = \gamma_1 \frac{M_1(a)e^{aT}}{1-e^{2(a-s)T}} \tag{14.168}$$

ablesen läßt. Wegen $\check{D}_{F_1 M_1}(2T,s,-T) = \check{D}_{F_1 M_1}(2T,s,T)e^{-2sT}$ findet man

$$\check{D}_{F_1 M_1}(2T,s,-T) = \gamma_1 \frac{M_1(a)e^{aT}e^{-2sT}}{1-e^{2(a-s)T}}\,. \tag{14.169}$$

Insgesamt läßt sich mit Hilfe von (14.167)–(14.169) die Gleichung (14.165) in der Form

$$1 + \gamma_1\gamma_2 \frac{M_1(a)M_2(b)e^{2(a+b)T}e^{-4sT}}{\left[1-e^{2(a-s)T}\right]\left[1-e^{2(b-s)T}\right]} +$$

$$+ \gamma_1\gamma_2 \frac{M_1(a)e^{(a+b)T}e^{-2sT}}{1-e^{2(a-s)T}} \left[\frac{M_2(b)}{1-e^{2(b-s)T}} - \int_T^{2T} e^{-b\tau}\mu_2(\tau)\,\mathrm{d}\tau\right] = 0$$

schreiben, die nach der Substitution $e^{-2sT} = \zeta$ auf die quadratische Gleichung

$$a_0\zeta^2 + a_1\zeta + 1 = 0$$

mit

$$a_0 = e^{2(a+b)T} + \gamma_1\gamma_2 M_1(a)M_2(b)e^{2(a+b)T} + \gamma_1\gamma_2 e^{(a+3b)T}M_1(a)\int_T^{2T} e^{-b\tau}\mu_2(\tau)\,\mathrm{d}\tau$$

$$a_1 = -e^{2aT} - e^{2bT} + \gamma_1\gamma_2 M_1(a)e^{(a+b)T}\int_0^T e^{-b\tau}\mu_2(\tau)\,\mathrm{d}\tau$$

führt. Das System verhält sich genau dann stabil, wenn keine Wurzel der charakteristischen Gleichung im Innern oder auf dem Rand des Einheitskreises liegt. $\square$

Kapitel 15

Analyse von Abtastsystemen mit zufälliger Anregung

15.1 Analyse offener Abtastsysteme

In diesem Abschnitt werden Systeme nach Abbildung 15.1 untersucht, wobei $G(s)$,

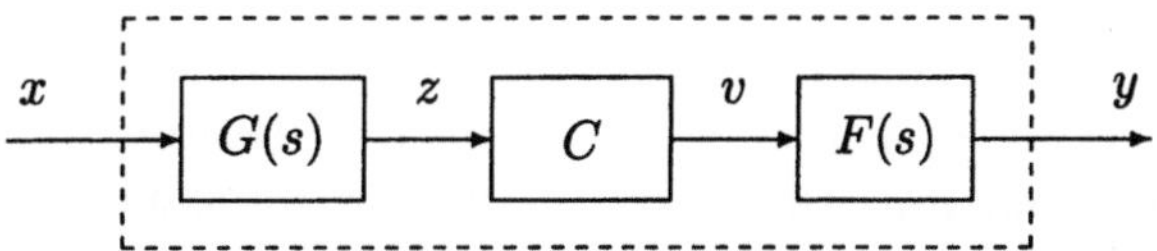

Abbildung 15.1: Offenes Abtastsystem mit Vorfilter

$F(s)$ Übertragungsfunktionen kontinuierlicher zeitinvarianter Elemente sind und C den durch die Gleichungen (10.1)–(10.3) beschriebenen Prozeßrechner bezeichnet. Für die konkreten Darlegungen wird vorausgesetzt, daß alle charakteristischen Indizes $\tilde{\mu}_1, \ldots, \tilde{\mu}_r$ des Systems negativ sind, obwohl im Prinzip alle folgenden Behauptungen für e-dichotomische Systeme gültig bleiben, bei denen keiner der charakteristischen Indizes $\tilde{\mu}_i$ gleich null sein darf. Die PTF des Systems vom Eingang $x(t)$ zum Ausgang $y(t)$ ermittelt man zu

$$W(s,t) = G(s)W_d(s)\varphi_{FM}(T,s,t)\,. \tag{15.1}$$

Wenn die Funktion $G(s)$ streng proper ist, dann bestimmt nach Abschnitt 6.8 das Integral

$$h(t,\tau) = \frac{1}{2\pi\mathrm{j}} \int_{c-\mathrm{j}\infty}^{c+\mathrm{j}\infty} W(s,t)\mathrm{e}^{s(t-\tau)}\,\mathrm{d}s\,, \quad c > \tilde{\mu}_r \tag{15.2}$$

die Greensche Funktion des periodischen kausalen und e-dichotomischen Integraloperators

$$y(t) = \int_{-\infty}^{t} h(t,\tau)x(\tau)\,\mathrm{d}\tau\,. \tag{15.3}$$

Sei $x(t)$ ein zentrierter stationärer stochastischer Prozeß, dann wird die zugehörige
Reaktion des Operators (15.3) die *quasistationäre Reaktion* des Systems auf das
Eingangssignal $x(t)$ genannt. Wenn die spektrale Leistungsdichte des Eingangs
durch $R_x(s)$ bezeichnet wird, dann ist im Einklang mit (8.41) und (15.1) die Autokorrelationsfunktion des Ausgangs durch das Integral

$$K_y(t_1,t_2) = \tag{15.4}$$

$$\frac{1}{2\pi\mathrm{j}} \int_{-\mathrm{j}\infty}^{\mathrm{j}\infty} R_x(s)G(s)G(-s)W_d(s)W_d(-s)\varphi_{FM}(T,-s,t_1)\varphi_{FM}(T,s,t_2)\mathrm{e}^{s(t_2-t_1)}\,\mathrm{d}s$$

festgelegt, was auch in die Form

$$K_y(t_1,t_2) = \tag{15.5}$$

$$= \frac{1}{2\pi\mathrm{j}} \int_{-\mathrm{j}\infty}^{\mathrm{j}\infty} R_x(s)G(s)G(-s)W_d(s)W_d(-s)\mathcal{D}_{FM}(T,-s,t_1)\mathcal{D}_{FM}(T,s,t_2)\,\mathrm{d}s$$

gebracht werden kann. Dabei bleiben die Formeln (15.4) und (15.5) auch für den
Fall gültig, wo $G(s)$ nur proper ist, wenn die spektrale Leistungsdichte für $|s| \to \infty$
hinreichend schnell abnimmt. Die Diskretisierung des Integrals (15.5) führt auf den
Ausdruck

$$K_y(t_1,t_2) = \frac{T}{2\pi\mathrm{j}} \int_{-\mathrm{j}\omega/2}^{\mathrm{j}\omega/2} \mathcal{D}_{FM}(T,-s,t_1)\mathcal{D}_{FM}(T,s,t_2)W_d(s)W_d(-s)\mathcal{D}_{R_z}(T,s,0)\,\mathrm{d}s$$

$$\tag{15.6}$$

$$\text{mit} \qquad \mathcal{D}_{R_z}(T,s,0) = \frac{1}{T}\sum_{k=-\infty}^{\infty} R_z(s+k\mathrm{j}\omega) \tag{15.7}$$

und der Bezeichnung

$$R_z(s) \stackrel{\mathrm{def}}{=} G(s)G(-s)R_x(s)\,. \tag{15.8}$$

Wie aus Abschnitt 8.4 hervorgeht, kann die Funktion $\mathcal{D}_{R_z}(s)$ wie die diskrete spektrale Leistungsdichte der zufälligen Folge $\{z_m\} = \{z(mT)\}$ angesehen werden, die
auf den Eingang des zeitdiskreten Elements wirkt.
Für $t_1 = t_2 = t$ erhält man aus (15.6) eine Formel zur Bestimmung der Varianz des
quasistationären Ausgangssignals

$$d_y(t) = \frac{T}{2\pi\mathrm{j}} \int_{-\mathrm{j}\omega/2}^{\mathrm{j}\omega/2} \mathcal{D}_{FM}(T,s,t)\mathcal{D}_{FM}(T,-s,t)W_d(s)W_d(-s)\mathcal{D}_{R_z}(T,s,0)\,\mathrm{d}s\,. \tag{15.9}$$

Wegen $d_y(t) = d_y(t+T)$ kann dabei die über eine Periode gemittelte Varianz des Ausgangssignals

$$\bar{d}_y = \frac{1}{T} \int_0^T d_y(t)\, \mathrm{d}t \qquad (15.10)$$

aus der Beziehung

$$\bar{d}_y = \frac{T}{2\pi\mathrm{j}} \int_{-\mathrm{j}\omega/2}^{\mathrm{j}\omega/2} \Psi_{FM}(T,s) W_d(s) W_d(-s) \mathcal{D}_{R_z}(T,s,0)\, \mathrm{d}s \qquad (15.11)$$

mit

$$\Psi_{FM}(T,s) \stackrel{\mathrm{def}}{=} \frac{1}{T} \int_0^T \mathcal{D}_{FM}(T,-s,t)\mathcal{D}_{FM}(T,s,t)\, \mathrm{d}t \qquad (15.12)$$

gewonnen werden. Indem man (4.106) ausnutzt, kann man

$$\Psi_{FM}(T,s) = \frac{1}{T^2} \sum_{k=-\infty}^{\infty} F(s+k\mathrm{j}\omega)F(-s-k\mathrm{j}\omega)M(s+k\mathrm{j}\omega)M(-s-k\mathrm{j}\omega) \qquad (15.13)$$

schreiben, das sich bei Verwendung von (4.107) auch kürzer durch

$$\Psi_{FM}(T,s) = \frac{1}{T}\mathcal{D}_{F\underline{F}M\underline{M}}(T,s,0) \qquad (15.14)$$

angeben läßt, wobei die Unterstreichung auf den Austausch des Arguments s gegen $-s$ hinweist. Die Ausdrücke unter den Integralen in (15.9) und (15.11) sind rational periodische Funktionen des Arguments s, weshalb für die Auswertung der Integrale die Sätze A.3 und A.4 des Anhangs herangezogen werden können.

Es wird sich zunächst dem Integral (15.9) unter der Voraussetzung zugewandt, daß die Funktion $W_d(s)$ limitiert ist, also die endlichen Grenzwerte

$$\ell^+[W_d(s)] = \ell_d^+ , \quad \ell^-[W_d(s)] = \ell_d^- \qquad (15.15)$$

existieren. Möge außerdem die gebrochen rationale Funktion $R_z(s)$ aus (15.8) für $|s| \to \infty$ mindestens wie $|s|^{-2}$ fallen, dann erhält man wegen (15.7) und der Symmetrie

$$\mathcal{D}_{R_z}(T,s,0) = \mathcal{D}_{R_z}(T,-s,0)$$

die Grenzwerte

$$\ell^-[\mathcal{D}_{R_z}(T,s,0)] = \ell^+[\mathcal{D}_{R_z}(T,s,0)] = 0 .$$

Wenn darüber hinaus die gebrochen rationale Funktion $F(s)$ als streng proper vorausgesetzt wird, können die Beziehungen (9.139), (9.140) benutzt werden. Im Ergebnis gelangt man zu dem Schluß, daß unter den getroffenen Voraussetzungen der Integrand in (15.9) für Re $s \to \pm\infty$ gegen null strebt. Deshalb ermittelt man mit Hilfe von (A.83)

$$d_y(t) = T \sum_i \operatorname*{Res}_{\tilde{s}_i} [\mathcal{D}_{FM}(T,s,t)\mathcal{D}_{FM}(T,-s,t)W_d(s)W_d(-s)\mathcal{D}_{R_z}(T,s,0)] , \qquad (15.16)$$

wobei die Summation über alle in der linken Halbebene liegenden Hauptpole des Ausdrucks in den eckigen Klammern zu nehmen ist.

Bemerkung 1. In einer Reihe von Fällen läßt sich Formel (A.91) vorteilhaft für die Berechnung des Integrals (15.9) verwenden.

Bemerkung 2. Wenn die gebrochen rationale Funktion $R_z(s)$ nicht streng proper ist, muß die Formel (15.9) unter Berücksichtigung von (8.129) in

$$d_y(t) = \frac{T}{2\pi j} \int_{-j\omega/2}^{j\omega/2} \mathcal{D}_{FM}(T,-s,t)\mathcal{D}_{FM}(T,s,t)W_d(s)W_d(-s)R_z^*(s)\,\mathrm{d}s \qquad (15.17)$$

abgeändert werden, wobei $R_z^*(s)$ die diskrete spektrale Leistungsdichte der Zufallsfolge ist, die auf den Eingang des zeitdiskreten Elements wirkt. In diesem Falle strebt der Integrand in (15.17), allgemein gesagt, nicht mehr gegen null für Re $s \to \pm\infty$, und deshalb müssen die allgemeinen Abhandlungen der Abschnitte A.6–A.8 benutzt werden. Alles gesagte ist auch für die Auswertung des Integrals (15.11) verwendbar. Die Einzelheiten des entsprechenden Rechengangs werden in den unten stehenden Beispielen illustriert.

Beispiel 15.1 Es möge das in Abbildung 15.2 dargestellte offene Abtastsystem mit

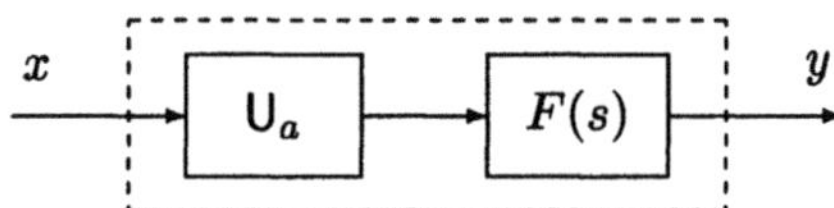

Abbildung 15.2: Einfaches offenes Abtastsystem zu Beispiel 15.1

$$F(s) = \frac{\gamma}{s-a}, \quad M(s) = \frac{1-e^{-sT}}{s}, \quad W_d(s) = 1, \quad G(s) = 1, \quad a < 0$$

gegeben sein. Die spektrale Leistungsdichte des Eingangs soll die Form

$$R_x(s)) = \beta\left(\frac{1}{s-\eta} - \frac{1}{s+\eta}\right), \quad \eta < 0, \quad \eta \neq a \qquad (15.18)$$

haben. Das Integral (15.9) nimmt in diesem Fall die Gestalt

$$d_y(t) = \frac{T}{2\pi j} \int_{-j\omega/2}^{j\omega/2} \mathcal{D}_{FM}(T,s,t)\mathcal{D}_{FM}(T,-s,t)\mathcal{D}_{R_x}(T,s,0)\,\mathrm{d}s \qquad (15.19)$$

an. Für die Berechnung des Integrals (15.19) wird Formel (A.91) benutzt. Dazu werden die Bezeichnungen

$$d(s) \stackrel{\mathrm{def}}{=} \mathcal{D}_{FM}(T,s,t)\mathcal{D}_{FM}(T,-s,t)$$

$$r(s) \stackrel{\mathrm{def}}{=} \mathcal{D}_{R_x}(T,s,0)$$

erklärt. Unter Berücksichtigung von (9.115) bekommt man für $0 \le t \le T$

$$\ell^-[\mathcal{D}_{FM}(T,s,t)] = \gamma \frac{\mathrm{e}^{at}-1}{a}, \quad \ell^+[\mathcal{D}_{FM}(T,s,t)] = \gamma \frac{\mathrm{e}^{a(t-T)}-1}{a}$$

und deshalb

$$\ell^+[d(s)] = \ell^-[d(s)] = \gamma^2 \frac{\mathrm{e}^{2at}\mathrm{e}^{-aT} - \mathrm{e}^{at} - \mathrm{e}^{at}\mathrm{e}^{-aT} + 1}{a^2} \stackrel{\text{def}}{=} \Gamma(t). \tag{15.20}$$

Desweiteren ist im gegebenen Fall

$$\mathcal{D}_{R_z}(T,s,0) = \beta \left[\frac{1}{1 - \mathrm{e}^{(\eta-s)T}} - \frac{1}{1 - \mathrm{e}^{-(\eta+s)T}} \right]$$

und in Übereinstimmung mit dem oben gesagten bekommt man

$$\ell^-[\mathcal{D}_{R_z}(T,s,0)] = \ell^+[\mathcal{D}_{R_z}(T,s,0)] = 0.$$

Der Ausdruck unter dem Integral in (15.19) besitzt in der linken Halbebene zwei einfache Hauptpole bei $s = a$ und $s = \eta$. Beachtet man dabei

$$\mathcal{D}_{FM}(T,s,t) = \frac{\gamma}{T} \sum_{k=-\infty}^{\infty} \frac{M(s + kj\omega)}{s + kj\omega - a} \mathrm{e}^{(s+kj\omega)t},$$

so findet man

$$\operatorname*{Res}_{a} \mathcal{D}_{FM}(T,s,t) = \frac{\gamma}{T} M(a)\mathrm{e}^{at}$$

und folglich

$$\operatorname*{Res}_{a} d(s) = \frac{\gamma}{T} M(a)\mathrm{e}^{at}\mathcal{D}_{FM}(T,-a,t) = \frac{\gamma}{T} M(a)\varphi_{FM}(T,-a,t) \stackrel{\text{def}}{=} a_1.$$

Weiterhin erhält man

$$\operatorname*{Res}_{\eta} r(s) = \frac{\beta}{T} \stackrel{\text{def}}{=} b_1.$$

Die Formel (A.91) liefert in diesem Falle den Ausdruck

$$d_y(t) = T\ell_d b_1 - T^2 a_1 b_1 \coth \frac{(a+\eta)T}{2},$$

was unter Berücksichtigung der vorangegangenen Beziehungen

$$d_y(t) = \beta\Gamma(t) - \gamma\beta M(a)\varphi_{FM}(T,-a,t) \coth \frac{(a+\eta)T}{2}, \quad 0 \le t \le T \tag{15.21}$$

ergibt. Wenn man dabei (9.118) verwendet, findet man im Intervall $0 \le t \le T$

$$\varphi_{FM}(T,-a,t) = -\gamma \left[\frac{\mathrm{e}^{2at}}{a(1 + \mathrm{e}^{-aT})} - \frac{\mathrm{e}^{2at} - \mathrm{e}^{at}}{a} \right].$$

Wird nun (15.21) in (15.10) einsetzt und beachtet man, daß

$$\int_0^T \varphi_{FM}(T,-a,t)\,\mathrm{d}t = F(-a)M(-a)$$

ist, dann findet man den Wert der mittleren Varianz zu

$$\overline{d}_y = \beta\overline{\Gamma} + \frac{\gamma^2}{T}\,\frac{M(a)M(-a)}{2a}\,\coth\frac{(a+\eta)T}{2} \tag{15.22}$$

mit

$$\overline{\Gamma} \stackrel{\text{def}}{=} \frac{1}{T}\int_0^T \Gamma(t)\,\mathrm{d}t\,.$$

Abbildung 15.3 zeigt den Verlauf der nach Formel (15.21) ermittelten Varianz d_y für $a = -\tau^{-1}$, $\gamma = \tau^{-1}$, $\beta = 1$, $\eta = -2\tau^{-1}$ über dem dimensionslosen Parameter $\overline{t} = t/T$ für verschiedene $\overline{T} = T/\tau$.

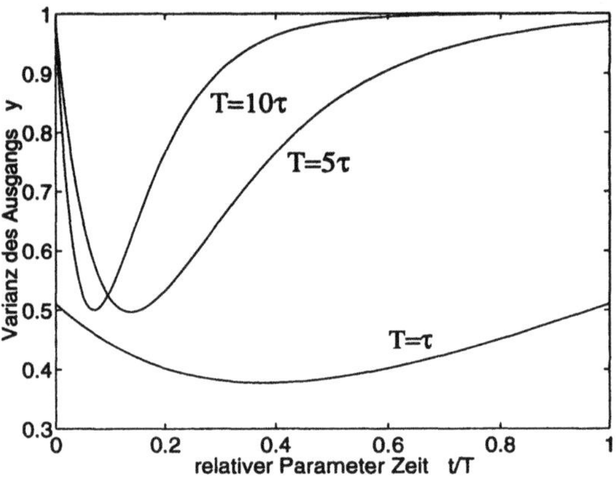

Abbildung 15.3: Varianz des Ausgangssignals zu Beispiel 15.1

In Abbildung 15.4 ist die nach Formel (15.22) gewonnene mittleren Varianz in Abhängigkeit vom Parameter $\overline{T} = T/\tau$ graphisch dargestellt. $\qquad\qquad\square$

Beispiel 15.2 Es sollen die Kennwerte des Ausgangssignals unter den Bedingungen des Beispiels 15.1 berechnet werden, wenn $\mathcal{D}_{R_x}(T,s,0) = 1$ angenommen und somit

$$d_y(t) = \frac{T}{2\pi\mathrm{j}}\int_{-\mathrm{j}\omega/2}^{\mathrm{j}\omega/2} \mathcal{D}_{FM}(T,s,t)\mathcal{D}_{FM}(T,-s,t)\,\mathrm{d}s \tag{15.23}$$

wird. Für die Auswertung des Integrals (15.23) soll Formel (A.74) hergenommen werden. Im gegebenen Fall wird der Grenzwert ℓ^- des Integranden nach (15.20) ermittelt. Dabei besitzt der Integrand einen Hauptpol in der linken Halbebene bei

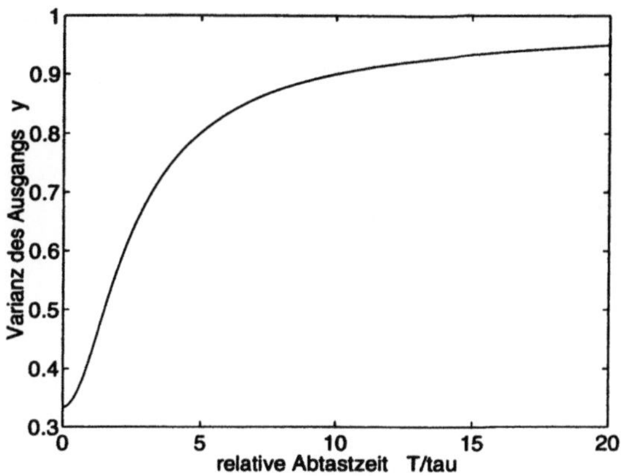

Abbildung 15.4: Mittlere Varianz des Ausgangssignals zu Beispiel 15.1

$s = a$, dessen Residuum in Beispiel 15.1 gefunden wurde. Insgesamt ergibt die Formel (A.74)

$$d_y(t) = \Gamma(t) + \gamma M(a)\varphi_{FM}(T, -a, t)\,, \quad 0 \le t \le T\,. \tag{15.24}$$

Die mittlere Varianz $\bar{d}_y$ wird in diesem Fall gleich

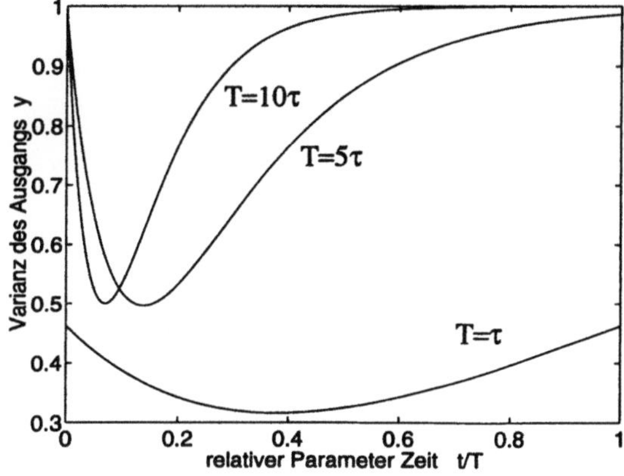

Abbildung 15.5: Varianz des Ausgangssignals zu Beispiel 15.2

$$\bar{d}_y = \bar{\Gamma} - \frac{\gamma^2}{T}\frac{M(a)M(-a)}{2a}\,. \tag{15.25}$$

In den Abbildungen 15.5 und 15.6 sind die Varianz und die mittlere Varianz des

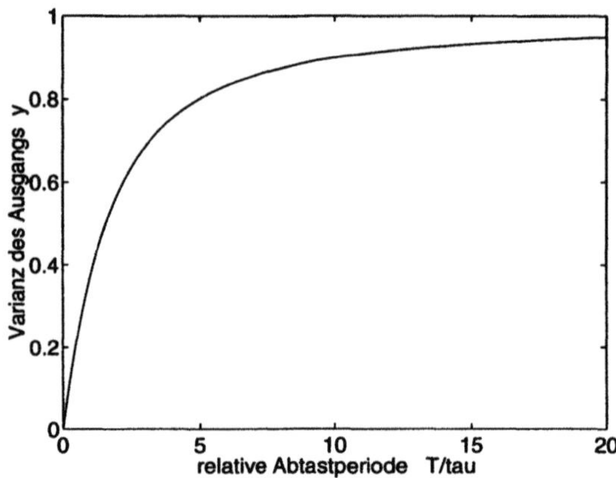

Abbildung 15.6: Mittlere Varianz des Ausgangssignals zu Beispiel 15.2

Ausgangssignals für die auch in Beispiel 15.1 angenommenen Parameter dargestellt.   □

Es werden jetzt Verfahren zur Auswertung des Integrals (15.9) für den Fall angegeben, wo die Funktion $W_d(s)$ nicht limitiert ist. Wird dabei die Zerlegung (A.27)
verwendet, so erhält man

$$W_d(s) = W_{d1}(s) + W_{d\tau}(s) \tag{15.26}$$

mit der limitierten Funktion $W_{d1}(s)$ und

$$W_{d\tau}(s) = l_\kappa e^{-\kappa sT} + \ldots + l_1 e^{-sT} . \tag{15.27}$$

Indem man (15.26) in (15.9) einsetzt, ermittelt man

$$d_y(t) = d_1(t) + d_2(t) + d_3(t) + d_4(t) \tag{15.28}$$

mit

$$d_1(t) = \frac{T}{2\pi \mathrm{j}} \int_{-\mathrm{j}\omega/2}^{\mathrm{j}\omega/2} \mathcal{D}_{FM}(T,s,t)\mathcal{D}_{FM}(T,-s,t)W_{d1}(s)W_{d1}(-s)\mathcal{D}_{R_z}(T,s,0)\,\mathrm{d}s \tag{15.29}$$

$$d_2(t) = \frac{T}{2\pi \mathrm{j}} \int_{-\mathrm{j}\omega/2}^{\mathrm{j}\omega/2} \mathcal{D}_{FM}(T,s,t)\mathcal{D}_{FM}(T,-s,t)W_{d\tau}(s)W_{d1}(-s)\mathcal{D}_{R_z}(T,s,0)\,\mathrm{d}s \tag{15.30}$$

$$d_3(t) = \frac{T}{2\pi \mathrm{j}} \int_{-\mathrm{j}\omega/2}^{\mathrm{j}\omega/2} \mathcal{D}_{FM}(T,s,t)\mathcal{D}_{FM}(T,-s,t)W_{d1}(s)W_{d\tau}(-s)\mathcal{D}_{R_z}(T,s,0)\,\mathrm{d}s \tag{15.31}$$

$$d_4(t) = \frac{T}{2\pi \mathrm{j}} \int_{-\mathrm{j}\omega/2}^{\mathrm{j}\omega/2} \mathcal{D}_{FM}(T,s,t)\mathcal{D}_{FM}(T,-s,t)W_{d\tau}(s)W_{d\tau}(-s)\mathcal{D}_{R_z}(T,s,0)\,\mathrm{d}s . \tag{15.32}$$

Da die Funktion $W_{d1}(s)$ limitiert ist, kann das Integral (15.29) mit Hilfe der oben gewonnenen Erkenntnisse berechnet werden. Außerdem gilt

$$d_2(t) = d_3(t)\,, \tag{15.33}$$

was sich durch Substitution von s gegen $-s$ überprüfen läßt. Es sind also nur Methoden zur Berechnung der Integrale (15.31) und (15.32) bereitzustellen. Wenn man (15.27) in (15.32) einsetzt, erkennt man, daß die Berechnung von $d_4(t)$ auf die Betrachtung von Integralen der Form

$$\tilde{d}_m(t) \overset{\text{def}}{=} \frac{T}{2\pi\mathrm{j}} \int_{-\mathrm{j}\omega/2}^{\mathrm{j}\omega/2} \mathcal{D}_{FM}(T,s,t)\mathcal{D}_{FM}(T,-s,t)\mathcal{D}_{R_z}(T,s,0)\mathrm{e}^{msT}\,\mathrm{d}s \tag{15.34}$$

führt, wobei m eine ganze Zahl ist. Dabei kann ohne Beschränkung der Allgemeinheit angenommen werden, daß $m > 0$ ist, da sich das Integral (15.34) nicht ändert, wenn m durch $-m$ ersetzt wird. Analog wird man bei der Berechnung der Funktion $d_3(t)$ auf die Auswertung von Integralen der Form

$$\hat{d}_m(t) \overset{\text{def}}{=} \frac{T}{2\pi\mathrm{j}} \int_{-\mathrm{j}\omega/2}^{\mathrm{j}\omega/2} \mathcal{D}_{FM}(T,s,t)\mathcal{D}_{FM}(T,-s,t)W_{d1}(s)\mathcal{D}_{R_z}(T,s,0)\mathrm{e}^{msT}\,\mathrm{d}s \tag{15.35}$$

geführt, wo wieder $m > 0$ angenommen werden kann und $W_{d1}(s)$ eine limitierte Funktion ist. Die Integrale (15.34) und (15.35) lassen sich mit Hilfe des Satzes (A.3) auswerten.

Beispiel 15.3 Es wird das offene System aus Abbildung 15.1 mit

$$G(s) = 1\,, \quad \mathcal{D}_{R_z}(T,s,0) = R_z^*(s) = 1\,, \quad W_d(s) = \mathrm{e}^{-sT} + \frac{\mathrm{e}^{-sT}}{1 - 0.5\mathrm{e}^{-sT}} \tag{15.36}$$

und außerdem

$$F(s) = \frac{\gamma}{s-a}\,, \quad M(s) = \frac{1-\mathrm{e}^{-sT}}{s}\,, \quad a < 0\,, \quad \mathrm{e}^{aT} \neq 0.5 \tag{15.37}$$

untersucht. Die Bestimmung der Varianz des Ausgangssignals bedeutet die Berechnung der Summe (15.28) mit

$$d_1(t) = \frac{T}{2\pi\mathrm{j}} \int_{-\mathrm{j}\omega/2}^{\mathrm{j}\omega/2} \mathcal{D}_{FM}(T,s,t)\mathcal{D}_{FM}(T,-s,t)\frac{1}{1-0.5\mathrm{e}^{-sT}}\frac{1}{1-0.5\mathrm{e}^{sT}}\,\mathrm{d}s \tag{15.38}$$

$$d_2(t) = \frac{T}{2\pi\mathrm{j}} \int_{-\mathrm{j}\omega/2}^{\mathrm{j}\omega/2} \mathcal{D}_{FM}(T,s,t)\mathcal{D}_{FM}(T,-s,t)\frac{1}{1-0.5\mathrm{e}^{sT}}\,\mathrm{d}s \tag{15.39}$$

$$d_3(t) = \frac{T}{2\pi\mathrm{j}} \int_{-\mathrm{j}\omega/2}^{\mathrm{j}\omega/2} \mathcal{D}_{FM}(T,s,t)\mathcal{D}_{FM}(T,-s,t)\frac{1}{1-0.5\mathrm{e}^{-sT}}\,\mathrm{d}s \tag{15.40}$$

$$d_4(t) = \frac{T}{2\pi\mathrm{j}} \int_{-\mathrm{j}\omega/2}^{\mathrm{j}\omega/2} \mathcal{D}_{FM}(T,s,t)\mathcal{D}_{FM}(T,-s,t)\,\mathrm{d}s\,. \tag{15.41}$$

Das Integral (15.41) wurde bereits in Beispiel 15.2 ausgerechnet. Das Integral (15.39) kann mit Hilfe der Formel (A.74) ermittelt werden. Der Integrand besitzt in der linken Halbebene bei $s = a$ einen einfachen Hauptpol, weshalb man unter Verwendung von (A.74) und (15.20)

$$d_2(t) = \Gamma(t) + \gamma M(a)\varphi_{FM}(T, -a, t)\,\frac{1}{1 - 0.5e^{aT}} \tag{15.42}$$

erhält. Für die Auswertung des Integrals (15.38) ist Formel (A.91) geeignet. Ein analog zu Beispiel 15.1 ablaufender Rechengang liefert das Resultat

$$d_1(t) = \frac{4}{3}\Gamma(t) - \frac{4}{3}\gamma M(a)\varphi_{FM}(T, -a, t)\,\frac{0.5e^{aT} + 1}{0.5e^{aT} - 1}\,. \tag{15.43}$$

$\square$

15.2 Parallelschaltung von kontinuierlichem Block und Abtastsystem

Es wird das in Abbildung 15.7 gezeigte System untersucht, wobei alle Voraussetzungen des Abschnitts 15.1 beibehalten werden, die gegebene Funktion $H(s)$ streng

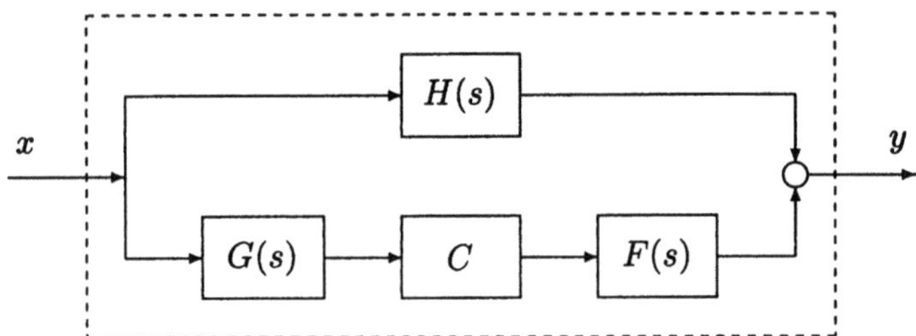

Abbildung 15.7: Parallelschaltung von kontinuierlichem und Abtast-System

proper sein soll und deren Pole alle in der linken Halbebenen liegen mögen. Die zu betrachtende Aufgabe ist in der Hinsicht überaus lehrreich, daß ihre Lösung mit (kontinuierlichen oder zeitdiskreten) Standardmethoden schwierig ist, weil es sich hier um ein hybrides kontinuierlich-zeitdiskretes System handelt. Gleichzeitig behalten aber die auf der Anwendung der PTF beruhenden Methoden ihre Bedeutung. Die PTF des betrachteten Systems ergibt sich zu

$$W(s, t) = H(s) + G(s)W_d(s)\varphi_{FM}(T, s, t)\,. \tag{15.44}$$

Wenn das Eingangssignal die spektrale Leistungsdichte $R_x(s)$ besitzt, dann wird die Varianz des Ausgangssignals durch das Integral

$$d_y(t) = \frac{1}{2\pi j}\int_{-j\infty}^{j\infty} W(s, t)W(-s, t)R_x(s)\,ds \tag{15.45}$$

bestimmt. Indem man (15.44) in (15.45) einsetzt, bekommt man

$$d_y(t) = d_1 + d_2(t) + d_3(t) + d_4(t) \tag{15.46}$$

mit

$$d_1 = \frac{1}{2\pi\mathrm{j}} \int_{-\mathrm{j}\infty}^{\mathrm{j}\infty} H(s)H(-s)R_x(s)\,\mathrm{d}s \tag{15.47}$$

$$d_2(t) = \frac{1}{2\pi\mathrm{j}} \int_{-\mathrm{j}\infty}^{\mathrm{j}\infty} H(-s)G(s)W_d(s)\varphi_{FM}(T,s,t)R_x(s)\,\mathrm{d}s \tag{15.48}$$

$$d_3(t) = \frac{1}{2\pi\mathrm{j}} \int_{-\mathrm{j}\infty}^{\mathrm{j}\infty} H(s)G(-s)W_d(-s)\varphi_{FM}(T,-s,t)R_x(s)\,\mathrm{d}s \tag{15.49}$$

$$d_4(t) = \frac{1}{2\pi\mathrm{j}} \int_{-\mathrm{j}\infty}^{\mathrm{j}\infty} G(s)G(-s)W_d(s)W_d(-s)\varphi_{FM}(T,s,t)\varphi_{FM}(T,-s,t)R_x(s)\,\mathrm{d}s\,. \tag{15.50}$$

Das Integral (15.47) bestimmt den Anteil der Varianz, der vom kontinuierlichen Element herrührt. Verfahren zur Berechnung dieses Integrals sind aus der einschlägigen Literatur hinreichend bekannt, Åström (1970). Da das Integral (15.50) nach Diskretisierung mit (15.9) übereinstimmt, verbleibt die Betrachtung der Integrale (15.48) und (15.49). Zuerst ist zu bemerken, daß

$$d_2(t) = d_3(t) \tag{15.51}$$

ist, was man leicht nachprüfen kann, indem man s in (15.48) oder (15.49) gegen $-s$ austauscht. Wegen

$$d_3(t) = \frac{1}{2\pi\mathrm{j}} \int_{-\mathrm{j}\infty}^{\mathrm{j}\infty} H(s)G(-s)W_d(-s)\mathcal{D}_{FM}(T,-s,t)\mathrm{e}^{st}R_x(s)\,\mathrm{d}s$$

findet man nach Diskretisierung des letzten Integrals

$$\begin{aligned}
d_3(t) &= \frac{T}{2\pi\mathrm{j}} \int_{-\mathrm{j}\omega/2}^{\mathrm{j}\omega/2} \mathcal{D}_{FM}(T,-s,t)W_d(-s)\mathcal{D}_{H\underline{G}R_x}(T,s,t))\,\mathrm{d}s \\
&= \frac{T}{2\pi\mathrm{j}} \int_{-\mathrm{j}\omega/2}^{\mathrm{j}\omega/2} \mathcal{D}_{FM}(T,s,t)W_d(s)\mathcal{D}_{H\underline{G}R_x}(T,-s,t))\,\mathrm{d}s\,,
\end{aligned} \tag{15.52}$$

wobei die Unterstreichung den Austausch von s gegen $-s$ bezeichnet. Der Ausdruck unter dem Integral in (15.52) ist eine rational periodische Funktion des Arguments s, weshalb sich die Funktion (15.52) mit Hilfe des Satzes A.3 berechnen läßt.

Beispiel 15.4 Es seien

$$G(s) = W_d(s) = 1\,, \quad F(s) = \frac{\gamma}{s-a}\,, \quad H(s) = \frac{\delta}{s-b}\,, \quad M(s) = \frac{1-\mathrm{e}^{-sT}}{s}$$

sowie $a < 0$, $b < 0$, $a \neq b$ gegeben. Die spektrale Leistungsdichte des Eingangssignals habe die Form (15.18) mit $\eta \neq a$, $\eta \neq b$. Für den vom kontinuierlichen Zweig stammenden Anteil berechnet man direkt nach dem Residuensatz

$$d_1 = \frac{\delta^2 \beta}{b(\eta + b)},$$

während $d_4(t)$ mit $d_y(t)$ aus Beispiel 15.1 übereinstimmt, das durch (15.24) gegeben ist.

Da die gebrochen rationale Funktion $H(s)R_x(s)$ streng proper ist, strebt der Ausdruck unter dem ersten Integral von (15.52) gegen null für Re $s \to -\infty$. Dabei sind die Zahlen $s = b$ und $s = \eta$ die Hauptpole in der linken Halbebene. Wegen

$$\operatorname*{Res}_{b} \mathcal{D}_{HR_x}(T, s, t) = \frac{\delta}{T} R_x(b) e^{bt}, \quad \operatorname*{Res}_{\eta} \mathcal{D}_{HR_x}(T, s, t) = \frac{\beta \delta}{T} \frac{e^{\eta t}}{\eta - b}$$

findet man bei Benutzung von (A.83)

$$d_3(t) = \delta R_x(b)\varphi_{FM}(T, -b, t) + \frac{\beta \delta}{\eta - b} \varphi_{FM}(T, -\eta, t).$$

Der über eine Periode genommene Mittelwert der Funktion $d_3(t)$ beträgt

$$\overline{d}_3(t) = \frac{1}{T} \int_0^T d_3(t)\,\mathrm{d}t = -\frac{\delta \gamma}{T} \frac{R_x(b)M(-b)}{b + a} - \frac{\beta \delta \gamma}{T} \frac{M(-\eta)}{(\eta - b)(\eta + a)}.$$

Die gesuchte Varianz des Ausgangssignals wird durch Addition der Anteile

$$d_y(t) = d_1 + 2d_3(t) + d_4(t)$$

ermittelt. In Abbildung 15.8 ist die Abhängigkeit der mittleren Varianz $\overline{d}_y$ vom Parameter $\overline{T} = T/\tau$ für die speziellen Werte $\beta = 1$, $\eta = -2\tau^{-1}$, $a = -\tau^{-1}$, $\gamma = \tau^{-1}$, $\delta = \gamma/r$, $b = a/r$ bei verschiedenen Scharparametern r dargestellt. $\quad\square$

15.3 Stochastische Prozesse in geschlossenen Abtastsystemen

In diesem Abschnitt werden die an einschleifigen Systemen nach Abbildung 11.1 feststellbaren Reaktionen auf zentralisierte zufällige Eingangssignale betrachtet. Um einen konkreten Fall vor Augen zu haben, soll als Eingang $x(t)$ und als Ausgang $y(t)$ gewählt werden. Die PTF des Systems ist in diesem Fall durch Formel (14.2)

$$W(s) = R(s) - \frac{R(s)W_d(s)\varphi_{FM}(T, s, t)}{1 - W_d(s)\varphi_{FM}(T, s, 0)} \tag{15.53}$$

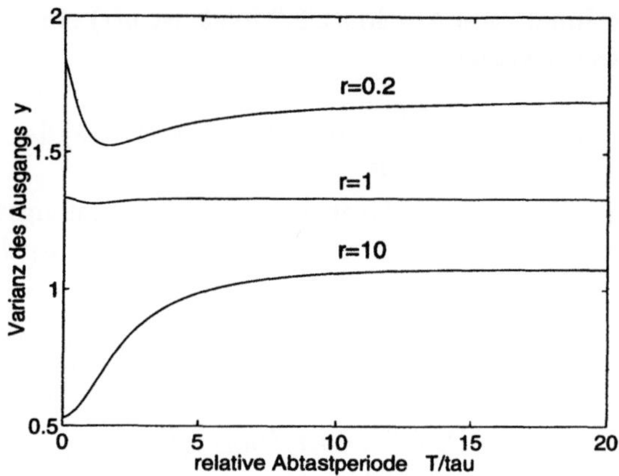

Abbildung 15.8: Mittlere Varianz des Ausgangssignals zu Beispiel 15.3

mit der Beziehung

$$W_d(s) = \frac{b(s)}{a(s)} , \quad \varphi_{FM}(T,s,0) = \mathcal{D}_{FM}(t,s,0) = \frac{e^{-sT}\chi(s)}{\alpha(s)} \tag{15.54}$$

gegeben, wobei die rational periodischen Funktion in (15.54) als nicht kürzbar vorausgesetzt werden. Das zu betrachtende geschlossene System soll stabil angenommmen werden, das heißt, die Wurzeln s_i der bestimmenden Gleichung

$$\Delta(s) = \alpha(s)a(s) + e^{-sT}\chi(s)b(s) = 0 \tag{15.55}$$

liegen in der linken Halbebene.

Außerdem möge die Übertragungsfunktion $R(s)$ streng proper sein, so daß das Integral

$$h_\gamma(t,\tau) = \frac{1}{2\pi j} \int_{c-j\infty}^{c+j\infty} W(s,t)e^{s(t-\tau)}\,ds \tag{15.56}$$

konvergiert, wobei die reelle Konstante c so zu wählen ist, daß alle Wurzeln der Gleichung (15.55) in der Halbebene Re $s < c$ liegen. Dem zu betrachtenden System ist der lineare T−periodische Operator

$$y(t) = \mathsf{U}_0[x(t)] = \int_{-\infty}^{t} h_\gamma(t,\tau)x(\tau)\,d\tau \tag{15.57}$$

zugeordnet, der sich als kausal und exponentiell dichotomisch erweist. Sei $x(t)$ ein zentriertes zufälliges Signal, dann nennt man die Reaktion $y(t)$ des Operators (15.57) auf dieses Signal die *quasistationäre Reaktion* des Systems auf das Signal

$x(t)$. Wie aus dem Inhalt von Abschnitt 8.2 folgt, ist $y(t)$ ein instationärer stochastischer Prozeß, dessen Varianz

$$d_y(t) = \frac{1}{2\pi j} \int_{-j\infty}^{j\infty} W(s,t)W(-s,t)P_x(s)\,ds \qquad (15.58)$$

beträgt, wobei $P_x(s)$ die spektrale Leistungsdichte des Eingangssignals und $W(s,t)$ die PTF (15.53) ist. Indem (15.53) in (15.58) eingesetzt wird, findet man nach Diskretisierung

$$d_y(t) = \frac{T}{2\pi j} \int_{-j\omega/2}^{j\omega/2} \left[\mathcal{D}_{R\underline{R}P_x}(T,s,0) - \frac{W_d(s)\mathcal{D}_{FM}(T,s,t)\mathcal{D}_{R\underline{R}P_x}(T,-s,t)}{\lambda(s)} - \right.$$
$$- \frac{W_d(-s)\mathcal{D}_{FM}(T,-s,t)\mathcal{D}_{R\underline{R}P_x}(T,s,t)}{\lambda(-s)} + \qquad (15.59)$$
$$\left. + \frac{W_d(s)W_d(-s)\mathcal{D}_{FM}(T,s,t)\mathcal{D}_{FM}(T,-s,t)\mathcal{D}_{R\underline{R}P_x}(T,s,0)}{\lambda(s)\lambda(-s)} \right] ds$$

mit

$$\lambda(s) = 1 + \frac{b(s)}{a(s)} \frac{e^{-sT}\chi(s)}{\alpha(s)} \qquad (15.60)$$

$$\mathcal{D}_{R\underline{R}P_x}(T,s,t) = \frac{1}{T} \sum_{k=-\infty}^{\infty} R(s+kj\omega)R(-s-kj\omega)P_x(s+kj\omega)e^{(s+kj\omega)t}. \qquad (15.61)$$

Wegen der Periodizität der Varianz reicht es aus, wenn das Intervall $0 \leq t \leq T$ betrachtet wird. Der Ausdruck unter dem Integral in (15.59) werde durch $f(s,t)$ bezeichnet. Es ist leicht einzusehen, daß $f(s,t) = f(s,t+T)$ gilt.

Satz 15.1 *Die gebrochen rationale Funktion $R(s)R(-s)P_x(s)$ möge streng proper sein und außerdem mögen die Bedingungen der Sätze 14.1 und 14.2 erfüllt sein, das heißt, im Falle eines limitierten $W_d(s)$ soll die Beziehung (14.15) und für nichtlimitiertes $W_d(s)$ soll (14.18) richtig sein, dann ist die Funktion $f(s,t)$ limitiert und es existieren die endlichen Grenzwerte*

$$\ell^{\pm}[f(s,t)] = \lim_{\mathrm{Re}\; s\to\pm\infty} f(s,t) \stackrel{\text{def}}{=} \ell_f(t) < \infty. \qquad (15.62)$$

Beweis: Wegen der Periodizität und der Stetigkeit bezüglich t kann $0 \leq t \leq T$ angenommen werden. Bei Verwendung der Ergebnisse der Abschnitte 4.8 und 9.7 erkennt man, daß die Funktionen $\mathcal{D}_{FM}(T,s,t)$ und $\mathcal{D}_{R\underline{R}P_x}(T,s,t)$ limitiert sind. Außerdem ist bei Erfüllung der Bedingungen der Sätze 14.1 oder 14.2 die rational periodische Funktion

$$\tilde{W}_d(s) = \frac{W_d(s)}{1 + W_d(s)\mathcal{D}_{FM}(T,s,0)} \qquad (15.63)$$

limitiert. Wenn man deshalb im Ausdruck unter dem Integral in (15.59) zu den Grenzwerten für $\mathrm{Re}\; s \to \pm\infty$ übergeht, erhält man die Behauptung des Satzes. ∎

Folgerung. Bei Erfüllung der Bedingungen des Satzes 15.1 gilt

$$d_y(t) = T \sum_i \operatorname*{Res}_{\tilde{s}_{i0}} f(s,t) + \ell_f(t),\tag{15.64}$$

wobei die $\tilde{s}_{i0}$ diejenigen Hauptpole von $f(s,t)$ sind, die in der linken Halbebene liegen.

Bemerkung. Die in (15.64) vorkommende Funktion $\ell_f(t)$ kann durch die Formel

$$\ell_f(t) = -\tilde{\ell}_d^- h_p^*(t) h_{R\underline{R}P_x}(t)$$

mit

$$h_{R\underline{R}P_x}(t) = \frac{1}{2\pi \mathrm{j}} \int_{c-\mathrm{j}\infty}^{c+\mathrm{j}\infty} R(s)R(-s)P_x(s)\mathrm{e}^{st}\,\mathrm{d}s$$

berechnet werden, wobei die Abszisse c so gewählt werden muß, daß alle Pole des Integranden links vom Integrationsweg liegen. Weiterhin bdeutet

$$\tilde{\ell}_d^- = \operatorname*{lim}_{\mathrm{Re}\ s \to -\infty} \tilde{W}_d(s),$$

und die Funktion $h_p^*(t)$ ist durch (9.98) definiert.

Für die praktische Berechnung des Integrals (15.59) ist eine andere Darstellungsform zweckmäßig. Seien die Bedingungen von Satz 11.1 erfüllt, dann hat man

$$W(s,t) = \frac{n(s,t)}{\Delta(s)}\tag{15.65}$$

mit der in s ganzen Funktion

$$n(s,t) = R(s)\Delta(s) - R(s)b(s)\alpha(s)\varphi_{FM}(T,s,t).\tag{15.66}$$

Indem man (15.65), (15.66) in (15.58) einsetzt und diskretisiert, erhält man

$$d_y(t) = \frac{T}{2\pi \mathrm{j}} \int_{-\mathrm{j}\omega/2}^{\mathrm{j}\omega/2} f(s,t)\,\mathrm{d}s\tag{15.67}$$

mit

$$f(s,t) \stackrel{\mathrm{def}}{=} \frac{1}{T} \sum_{k=-\infty}^{\infty} \frac{n(s+k\mathrm{j}\omega,t)n(-s-k\mathrm{j}\omega,t)P_x(s+k\mathrm{j}\omega)}{\Delta(s)\Delta(-s)}.\tag{15.68}$$

Unter den getroffenen Voraussetzungen konvergiert die Reihe (15.68) absolut und gleichmäßig in einem beliebigen Gebiet, das die Wurzeln von $\Delta(s)$, $\Delta(-s)$ sowie die Pole von $P_x(s+k\mathrm{j}\omega)$ nicht enthält. Deshalb sind die Zahlen $\pm s_i$ sowie $\eta_i + k\mathrm{j}\omega$

die singulären Punkte (Pole) von $f(s,t)$, wobei die η_i die Pole von $P_x(s)$ sind und k eine beliebige ganze Zahl ist. Nach Einsetzen von (15.66) in (15.68) findet man

$$f(s,t) = \frac{m(s,t)}{\Delta(s)\Delta(-s)} \tag{15.69}$$

mit

$$m(s,t) = \mathcal{D}_{R\underline{R}P_x}(T,s,0)\Delta(s)\Delta(-s) - \mathcal{D}_{R\underline{R}P_x}(T,s,t)\Delta(s)b(-s)\alpha(-s) *$$
$$*\mathcal{D}_{FM}(T,-s,t) - \mathcal{D}_{R\underline{R}P_x}(T,-s,t)\Delta(-s)b(s)\alpha(s)\mathcal{D}_{FM}(T,s,t) + \tag{15.70}$$
$$+ \mathcal{D}_{R\underline{R}P_x}(T,s,0)\alpha(s)\alpha(-s)b(s)b(-s)\mathcal{D}_{FM}(T,s,t)\mathcal{D}_{FM}(T,-s,t).$$

Die Funktion $m(s,t)$ ist laut Konstruktionsvorschrift analytisch für alle s mit Ausnahme der Punkte $s = \eta_i + kj\omega$. Weiterhin wird vorausgesetzt, daß alle Pole der Funktion $f(s,t)$ einfach sind. Seien $\tilde{s}_{i0}$ die Hauptwurzeln der Gleichung (15.55), $\tilde{\eta}_m$ die Hauptpole von $\mathcal{D}_{P_x}(T,s,t)$ und unter den Zahlen $\tilde{s}_{i0}$, $\tilde{\eta}_m$ keine gleich, dann gilt

$$\operatorname*{Res}_{\tilde{s}_{i0}} f(s,t) = \frac{q_i(t)}{\Delta'(\tilde{s}_{i0})\Delta(-\tilde{s}_{i0})} \tag{15.71}$$

und dabei bedeutet

$$q_i(t) = -\mathcal{D}_{R\underline{R}P_x}(T,\tilde{s}_{i0},t)\Delta(-\tilde{s}_{i0})b(\tilde{s}_{i0})\alpha(\tilde{s}_{i0})\mathcal{D}_{FM}(T,\tilde{s}_{i0},t) + \tag{15.72}$$
$$+ \mathcal{D}_{R\underline{R}P_x}(T,\tilde{s}_{i0},0)\alpha(-\tilde{s}_{i0})\alpha(-\tilde{s}_{i0})b(\tilde{s}_{i0})b(-\tilde{s}_{i0})\mathcal{D}_{FM}(T,\tilde{s}_{i0},t)\mathcal{D}_{FM}(T,-\tilde{s}_{i0},t).$$

Außerdem bekommt man

$$\operatorname*{Res}_{\eta_m} f(s,t) = \frac{1}{T}\frac{r_m(t)}{\Delta(\eta_m)\Delta(-\eta_m)} \tag{15.73}$$

mit

$$r_m(t) = \beta_m R(\eta_m)R(-\eta_m)\Delta(\eta_m)\Delta(-\eta_m) -$$
$$-\beta_m R(\eta_m)R(-\eta_m)\Delta(\eta_m)b(-\eta_m)\alpha(-\eta_m)\varphi_{FM}(T,-\eta_m,t) - \tag{15.74}$$
$$-\beta_m R(\eta_m)R(-\eta_m)\Delta(-\eta_m)b(\eta_m)\alpha(\eta_m)\varphi_{FM}(T,\eta_m,t) +$$
$$+\beta_m R(\eta_m)R(-\eta_m)\alpha(\eta_m)\alpha(-\eta_m)b(\eta_m)b(-\eta_m)\varphi_{FM}(T,\eta_m,t)\mathcal{D}_{FM}(T,-\eta_m,t),$$

wobei die Darstellung

$$P_x(s) = \sum_m \beta_m \left(\frac{1}{s-\eta_m} - \frac{1}{s+\eta_m}\right)$$

angenommen wurde. Wenn man (15.71)–(15.75) in (15.64) einsetzt, kann man die gesuchte Varianz des Ausgangs finden. Die mittlere Varianz des Ausgangssignals $\bar{d}_y$ kann dann mit der Beziehung (15.10) ermittelt werden.

Für $P_x(s) = 1$ erhält man im Einklang mit (8.61)

$$\overline{d}_y = \overline{r}_y = \|U_0\|_2^2$$

wobei $\|U_0\|_2$ die $\mathcal{H}_2-$Norm des Operators (15.57) ist, die man auch $\mathcal{H}_2-$Norm des betrachteten Systems nennt.

Beispiel 15.5 Gesucht ist die $\mathcal{H}_2-$Norm des Abtastsystems nach Abbildung 15.9 mit

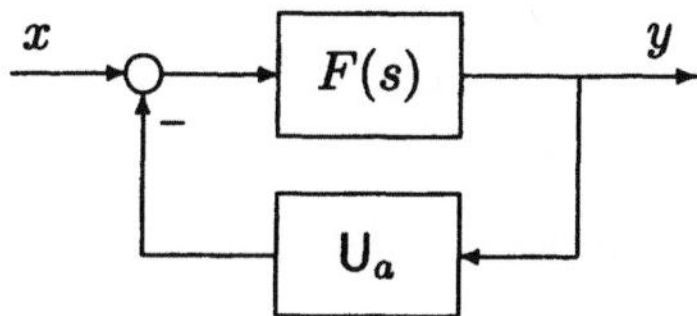

Abbildung 15.9: Einfaches Abtastsystem von Beispiel 15.5

$$F(s) = \frac{\gamma}{s - a}, \quad W_d(s) = 1$$

und beliebiger Pulsform. Aus den oben abgeleiteten Beziehungen folgt

$$\|U\|_2^2 = \frac{T}{2\pi j} \int_{-j\omega/2}^{j\omega/2} \overline{f}(s)\, ds$$

mit

$$\overline{f}(s) = \mathcal{D}_{F\underline{F}}(T, s, 0) - \frac{1}{T}\frac{\mathcal{D}_{F^2\underline{F}M}(T, -s, 0)}{\lambda(-s)} - \frac{1}{T}\frac{\mathcal{D}_{F^2\underline{F}M}(T, s, 0)}{\lambda(s)} +$$

$$+ \frac{1}{T}\frac{\mathcal{D}_{F\underline{F}}(T, s, 0)\mathcal{D}_{F\underline{F}M\underline{M}}(T, s, 0)}{\lambda(s)\lambda(-s)},$$

wobei

$$\lambda(s) = \frac{e^{sT} - e^{aT} + \gamma M(a)e^{aT}}{e^{sT} - e^{aT}}$$

ist. Unter den getroffenen Voraussetzungen gilt

$$\ell^-[\overline{f}(s)] = \frac{1}{T}\frac{\ell^-[\mathcal{D}_{F^2\underline{F}M}(T, s, 0)]}{1 - \gamma M(a)}. \tag{15.75}$$

Die Funktion $\overline{f}(s)$ besitzt in der linken Halbebene einen einfachen Hauptpol bei $s = \tilde{s}$, für den

$$e^{\tilde{s}T} = [1 - \gamma M(a)]e^{aT}$$

richtig ist, so daß man

$$\operatorname*{Res}_{\tilde{s}} \overline{f}(s) = \frac{\gamma}{T^2}\frac{\mathcal{D}_{F^2\underline{F}M}(T, \tilde{s}, 0)M(a)}{1 - \gamma M(a)} - \frac{\gamma}{T^2}\frac{\mathcal{D}_{F\underline{F}}(T, \tilde{s}, 0)\mathcal{D}_{F\underline{F}M\underline{M}}(T, \tilde{s}, 0)M(a)}{[1 - \gamma M(a)]\lambda(-\tilde{s})}$$

$$\tag{15.76}$$

erhält, das nach Anwendung von (A.74) das gesuchte Ergebnis liefert. □

15.4   Systeme mit endlicher Einstellzeit

In diesem Abschnitt werden stochastische Prozesse in Systemen untersucht, die in Abschnitt 14.4 betrachtet wurden. Dieser Fall erfordert eine gesonderte Behandlung, weil die Berechnungsmethoden aus Abschnitt 15.3 hier nicht anwendbar sind. Wenn alle Voraussetzungen des Abschnitts 14.4 wieder erfüllt sind, dann beträgt die DTF vom Eingang $x_d(t)$ zum Ausgang $y(t)$ für $0 \le t \le T$

$$D(s,t) = \sum_{k=0}^{2n-1} d_k(t)\mathrm{e}^{-ksT} = \beta(s,t)b(s)\,, \tag{15.77}$$

wobei die $d_k(t)$ bekannte Funktionen sind. Aus (15.77) ist

$$D(-s,t) = \sum_{k=0}^{2n-1} d_k(t)\mathrm{e}^{ksT}$$

ersichtlich, weshalb man

$$D(s,t)D(-s,t) = \sum_{m=0}^{2n-1}\sum_{k=0}^{2n-1} d_k(t)d_m(t)\mathrm{e}^{(m-k)sT} \tag{15.78}$$

bilden kann. Weil das geschlossene System stabil ist, wird die Varianz des am Ausgang anliegenden quasikontinuierlichen Signals durch Formel (8.129) bestimmt, die sich im gegebenen Fall in der Form

$$d_y(t) = \frac{T}{2\pi\mathrm{j}} \int_{-\mathrm{j}\omega/2}^{\mathrm{j}\omega/2} D(s,t)D(-s,t)R_z^*(s)\,\mathrm{d}s \tag{15.79}$$

aufschreiben läßt, wobei $R_z^*(s)$ die diskrete spektrale Leistungsdichte der Zufallsfolge ist, die auf den Eingang des Systems wirkt. Indem man (15.78) in (15.79) einsetzt, findet man

$$d_y(t) = \sum_{m=0}^{2n-1}\sum_{k=0}^{2n-1} d_k(t)d_m(t)\frac{T}{2\pi\mathrm{j}} \int_{-\mathrm{j}\omega/2}^{\mathrm{j}\omega/2} R_z^*(s)\mathrm{e}^{(m-k)sT}\,\mathrm{d}s\,. \tag{15.80}$$

Mit der zugehörigen Korrelationsfunktion $K_z^*(iT)$ gilt dank (8.20)

$$R_z^*(s) = \sum_{i=-\infty}^{\infty} K_z^*(iT)\mathrm{e}^{-isT}\,, \tag{15.81}$$

weshalb man

$$\frac{T}{2\pi\mathrm{j}} \int_{-\mathrm{j}\omega/2}^{\mathrm{j}\omega/2} R_z^*(s)\mathrm{e}^{(m-k)sT}\,\mathrm{d}s = K_z^*(kT - mT)$$

erhält, was schließlich in (15.80) eingesetzt,

$$d_y(t) = \sum_{m=0}^{2n-1} \sum_{k=0}^{2n-1} d_k(t) d_m(t) K_z^*(kT - mT) \tag{15.82}$$

liefert. Wenn als Eingangssignal speziell diskretes weißes Rauschen mit Einheitsintensität verwendet wird, das heißt

$$K_z^*(0) = 1\,, \quad K_z^*(iT) = 0 \text{ für } i \neq 0$$

ist, dann nimmt (15.82) die Gestalt

$$d_y(t) = \sum_{k=0}^{2n-1} d_k^2(t) \tag{15.83}$$

an. Die mittlere Varianz über eine Periode kann man aus (15.82) bestimmen und gewinnt so

$$\overline{d}_y = \sum_{m=0}^{2n-1} \sum_{k=0}^{2n-1} \lambda_{km} K_z^*(kT - mT) \tag{15.84}$$

mit

$$\lambda_{km} \stackrel{\text{def}}{=} \frac{1}{T} \int_0^T d_k(t) d_m(t)\,\mathrm{d}t\,. \tag{15.85}$$

Beispiel 15.6 Möge am Eingang des Systems, das in Beispiel 14.2 betrachtet wurde, diskretes weißes Rauschen mit Einheitsintensität wirken, dann bekommt man unter Berücksichtigung von (15.83) und den Ergebnissen des Beispiels 14.2

$$d_y(t) = d_0^2(t) + d_1^2(t)$$

$$\text{mit} \qquad d_0(t) = \frac{1}{M(a)} \int_0^t e^{a(t-\tau)} \mu(\tau)\,\mathrm{d}\tau\,, \quad d_1(t) = \frac{e^{aT}}{M(a)} \int_t^T e^{a(t-\tau)} \mu(\tau)\,\mathrm{d}\tau\,.$$

Wegen

$$d_0(0) = 0\,, \quad d_0(T) = e^{aT}\,, \quad d_1(0) = e^{aT}\,, \quad d_1(T) = 0$$

erhält man speziell

$$d_y(0) = d_y(T) = e^{2aT}\,. \qquad\qquad \square$$

15.5 $\mathcal{H}_2$−Norm des Standard-Mehrgrößensystems

Beispielhaft für den aufgezeigten Zugang soll die Frage der Berechnung der $\mathcal{H}_2$−Norm für das in Abbildung 11.10 gezeigte Mehrgrößensystem in Angriff genommen werden. Die entsprechende parametrische Übertragungsmatrix (PTM) vom Eingang x zum Ausgang y lautet nach Formel (11.132)

$$\boldsymbol{W}_c(s,t) = \boldsymbol{K}(s) + \varphi_{FM}(T,s,t)\tilde{\boldsymbol{W}}_N(s)\boldsymbol{R}(s)\,. \tag{15.86}$$

Es wird vorausgesetzt, daß die gebrochen rationalen Matrizen $K(s)$ und $R(s)$ streng proper sind und daß alle Pole von $W_c(s,t)$ in der linken Halbebene liegen. In diesem Fall konvergiert das Integral

$$H(t,\tau) = \frac{1}{2\pi j} \int_{c-j\infty}^{c+j\infty} W_c(s,t) e^{s(t-\tau)}\, ds\,, \tag{15.87}$$

wobei c eine solche Konstante ist, für die alle Pole von $W_c(s,t)$ in der Halbebene Re $s < c$ liegen. Dabei gilt

$$H(t,\tau) = 0 \quad \text{für } t < \tau\,. \tag{15.88}$$

Die Matrix $H(t,\tau)$ erweist sich als die Greensche Funktion des $T-$periodischen kausalen e-dichotomischen Integraloperators

$$y(t) \overset{\text{def}}{=} \mathsf{U}_0\left[x(t)\right] = \int_{-\infty}^{t} H(t,\tau)x(\tau)\, d\tau\,. \tag{15.89}$$

Möge $x(t)$ ein zentrierter stationärer Zufallsprozeß sein, dann wird die entsprechende Antwort des Operators (15.89) die quasistationäre Reaktion des Standardsystems auf das Eingangssignal $x(t)$ genannt. Hierbei wird die mittlere Varianz $\overline{d}_y$ des quasistationären Ausgangs $y(t)$ vermöge Formel (8.100) zu

$$\overline{d}_y = \frac{1}{2\pi j}\int_{-j\infty}^{j\infty} \text{tr}\,\left[B_0(s)R_{xx}(s)\right]\, ds = \frac{1}{2\pi j}\int_{-j\infty}^{j\infty}\text{tr}\,\left[R_{xx}(s)B_0(s)\right]\, ds \tag{15.90}$$

mit der der spektralen Leistungsdichte-Matrix $R_{xx}(s)$ des Vektors $x(t)$ und der Matrix $B_0(s)$, die sich mit der PTM (15.86) durch

$$B_0(s) = \frac{1}{T}\int_0^T W'_c(s,t)W_c(-s,t)\, dt \tag{15.91}$$

ausdrücken läßt, wobei der Strich die Transponierte bedeutet. Die $\mathcal{H}_2-$Norm des Operators (15.89) wird im folgenden unter den gemachten Voraussetzungen als $\mathcal{H}_2-$Norm des Standard-Mehrgrößensystems bezeichnet. Aus dem Inhalt des Abschnitts 8.3 folgt, daß

$$\|\mathsf{U}_0\|_2^2 = \overline{r}_y \tag{15.92}$$

gilt, wobei $\overline{r}_y$ die mittlere Varianz desjenigen Ausgangssignals (15.89) ist, das sich ergibt, wenn $R_{xx}(s) = I_m$ mit einer Einheitsmatrix I_m passender Dimension ist. Es folgt sofort

$$\|\mathsf{U}_0\|_2^2 = \frac{1}{2\pi j}\int_{-j\infty}^{j\infty}\text{tr}\,\left[B_0(s)\right]\, ds\,. \tag{15.93}$$

Da $K(s)$ und $L(s)$ streng proper sind, klingen alle Elemente der Matrix $B_0(s)$ mindestens wie $|s|^{-2}$ für $s \to \infty$ ab. Darum kann man im Integral die Diskretisierung vornehmen, die mittels Formel (8.108) auf

$$\|\mathsf{U}_0\|_2^2 = \frac{T}{2\pi j}\int_{-j\omega/2}^{j\omega/2}\text{tr}\,\left[\mathcal{D}_{B_0}(T,s,0)\right]\, ds \tag{15.94}$$

führt, wobei

$$\mathcal{D}_{B0}(T,s,0) = \frac{1}{T}\sum_{k=-\infty}^{\infty} B_0(s + kj\omega) \tag{15.95}$$

gesetzt wurde.

Es soll nun die Matrix $\mathcal{D}_{B0}(T,s,0)$ für die PTM (15.86) berechnet werden. Dazu bemerkt man, daß

$$\begin{aligned} W_c(-s,t) &= K(-s) + \varphi_{LM}(T,-s,t)\tilde{W}_N(-s)R(-s) \\ W'_c(s,t) &= K'(s) + R'(s)\tilde{W}'_N(s)\varphi'_{LM}(T,s,t) \end{aligned} \tag{15.96}$$

und folglich

$$\begin{aligned} W'_c(s,t)W_c(-s,t) =\ & K'(s)K(-s) + K'(s)\varphi_{LM}(T,-s,t)\tilde{W}_N(-s)R(-s) + \\ & + R'(s)\tilde{W}'_N(s)\varphi'_{LM}(T,s,t)K(-s) + \\ & + R'(s)\tilde{W}'_N(s)\varphi'_{LM}(T,s,t)\varphi_{LM}(T,-s,t)\tilde{W}_N(-s)R(-s) \end{aligned} \tag{15.97}$$

ergibt. Ohne Mühe lassen sich die Formeln

$$\frac{1}{T}\int_0^T \varphi'_{LM}(T,s,t)\,\mathrm{d}t = \frac{1}{T}L'(s)M(s), \quad \frac{1}{T}\int_0^T \varphi_{LM}(T,-s,t)\,\mathrm{d}t = \frac{1}{T}L(-s)M(-s) \tag{15.98}$$

und außerdem

$$\frac{1}{T}\int_0^T \varphi'_{LM}(T,s,t)\varphi_{LM}(T,-s,t)\,\mathrm{d}t = \frac{1}{T}\mathcal{D}_{L'\underline{L}M\underline{M}}(T,s,0) \tag{15.99}$$

gewinnen. Indem man (15.97)–(15.99) in (15.91) einsetzt, findet man

$$\begin{aligned} B_0(s) =\ & K'(s)K(-s) + \frac{1}{T}K'(s)L(-s)M(-s)\tilde{W}_N(-s)R(-s) + \\ & + \frac{1}{T}R'(s)\tilde{W}'_N(s)L(s)M(s)K(-s) + \\ & + \frac{1}{T}R'(s)\tilde{W}'_N(s)\mathcal{D}_{L'\underline{L}M\underline{M}}(T,s,0)\tilde{W}_N(-s)R(-s) \,. \end{aligned} \tag{15.100}$$

Durch Bildung der Spur in (15.100) gelangt man zu

$$\begin{aligned} \mathrm{tr}\ B_0(s) =\ & \frac{1}{T}\,\mathrm{tr}\ \Big[\mathcal{D}_{L'\underline{L}M\underline{M}}(t,s,0)\tilde{W}_N(-s)R(-s)R'(s)\tilde{W}'_N(s) + \\ & + \tilde{W}_N(-s)R(-s)K'(s)L(-s)M(s) + + L'(s)K(-s)R'(s)M(s)\tilde{W}'_N(s)\Big] + \\ & + \mathrm{tr}\ [K'(s)K(-s)] \end{aligned} \tag{15.101}$$

aus dem wegen (15.95)

$$\text{tr } \mathcal{D}_{\boldsymbol{B}0}(T,s,0) = \frac{1}{T}\left[\mathcal{D}_{\boldsymbol{L'\underline{L}M\underline{M}}}(t,s,0)\tilde{\boldsymbol{W}}_{\boldsymbol{N}}(-s)\mathcal{D}_{\underline{\boldsymbol{R}}\boldsymbol{R'}}(T,s,0)\tilde{\boldsymbol{W}}'_{\boldsymbol{N}}(s) + \right.$$
$$\left. +\tilde{\boldsymbol{W}}_{\boldsymbol{N}}(-s)\mathcal{D}_{\underline{\boldsymbol{R}}\boldsymbol{K'}\underline{\boldsymbol{L}}M}(T,s,0)+\mathcal{D}_{\boldsymbol{L'}\underline{\boldsymbol{K}}\boldsymbol{R'}M}(T,s,0)\right] +$$
$$+ \text{ tr } \mathcal{D}_{\boldsymbol{K'}\underline{\boldsymbol{K}}}(T,s,0) \qquad\qquad (15.102)$$

folgt. Wenn man schließlich (15.101) in (15.93) einsetzt, findet man den gesuchten Ausdruck für den Wert von $\|U_0\|_2^2$.

Teil V

Direkter Entwurf von Abtastsystemen

Einführung. Das Problem der Auswahl von diskreten Steuergesetzen für Prozesse, die in kontinuierlicher Zeit ablaufen, wird gewöhnlich durch einen der beiden allgemein bekannten Zugänge gelöst.

Der erste Zugang vernachlässigt den zeitdiskreten Charakter des Steuergesetzes, indem das Steuergesetz kontinuierlich entworfen wird und man anschließend durch passende numerische Integrationsverfahren daraus einen zeitdiskreten Algorithmus gewinnt. Dieser Zugang wird als *quasikontinuierlicher Entwurf* bezeichnet. Beim zweiten Zugang, dem sogenannten *zeitdiskreten Entwurf*, wird das zeitdiskrete Steuergesetz auf der Basis eines zeitdiskreten Modells des kontinuierlichen Prozesses entworfen. Beide genannten Zugänge sind prinzipiell mit Ungenauigkeiten verbunden.

Beim quasikontinuierlichen Entwurf tritt die Frage nach der Methode zur diskreten Approximation des kontinuierlichen Steuergesetzes auf, das auf ein nicht weniger schwieriges Problem als die Untersuchung des gesuchten kontinuierlichen Systems führt. Außerdem ist nicht bekannt, ob man überhaupt das optimale zeitdiskrete Steuergesetz in Form der Approximation irgendeines kontinuierlichen Steuergesetzes erhalten kann. Beim zeitdiskreten Entwurf ignoriert man das Verhalten des Systems zwischen den Abtastzeitpunkten, was in einer Reihe von Fällen unzureichend ist. Darüber hinaus gelingt es nicht immer, ein äquivalentes zeitdiskretes Modell des kontinuierlichen Prozesses aufzustellen.

Deshalb ist für zahlreiche Anwendungen der unmittelbare Entwurf von optimalen zeitdiskreten Steuerungen für bekannte kontinuierliche Modelle des zu steuernden Prozesses ein äußerst aktuelles Problem. Diese Aufgabe wird in Anlehnung an Chen und Francis (1995) als *direktes Entwurfsproblem für Abtastsysteme* bezeichnet.

In diesem Teil des Buches werden einige direkte Entwurfsmethoden für Abtastsysteme beschrieben, die im Frequenzbereich arbeiten. Es werden drei Aufgabentypen des direkten Entwurfs unterschieden. Der erste Aufgabentyp beschäftigt sich mit der quadratischen Optimierung von Abtastsystemen auf dem Zeitintervall $0 \leq t < \infty$ (LQ-Problem). Die Aufgaben des zweiten Typs sind mit der quadratischen Optimierung von Abtastsystemen auf der ganzen Zeitachse $-\infty < t < \infty$ verbunden ($\mathcal{H}_2$-Problem), und der dritte Aufgabentyp widmet sich der robusten Optimierung von Abtastsystemen auf der Basis gewisser zeitdiskreter $\mathcal{H}_\infty$-Ersatzprobleme.

In allen Fällen fußt die Lösung der Aufgabe auf dem Studium quadratischer Funktionale, die über Mengen von gebrochen rationalen Funktionen der Veränderlichen $\zeta = \mathrm{e}^{-sT}$ genommen werden. Für das LQ-Problem wird dieses Funktional mit Hilfe der Laplace-Transformation in kontinuierlicher Zeit konstruiert. Das quadratische Gütefunktional für das $\mathcal{H}_2$-Problem wird mit Hilfe der parametrischen Übertragungsfunktion (PTF) aufgebaut.

Kapitel 16

Quadratisch optimale offene Abtastsysteme

16.1 Problemstellung der Optimierung auf dem Intervall $0 < t < \infty$ (LQ–Problem)

In hinreichend allgemeiner Form läßt sich die LQ-Optimierung auf folgende Weise formulieren. Es seien die zwei Systeme nach Abbildung 16.1 gegeben. Die Ziffer

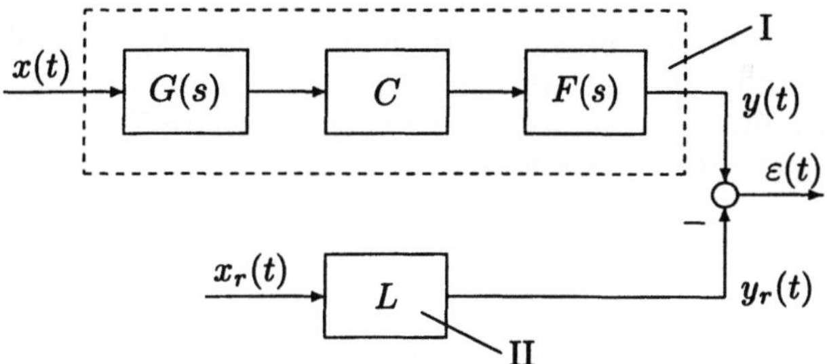

Abbildung 16.1: Allgemeine offene Struktur für Optimierungsaufgaben

I in Abbildung 16.1 bezeichnet das zu projektierende System, während die Ziffer II ein gewisses lineares $T-$periodisches System bedeutet, das in beliebiger mathematischer Form beschrieben ist und das Referenz genannt wird. Die Referenz kann insbesondere auch stationär sein. Außerdem sind in Abbildung 16.1 $G(s)$, $F(s)$ die Übertragungsfunktionen von stationären Elementen, deren Eigenschaften in Abhängigkeit von den zu betrachtenden Aufgaben festgelegt werden. Bezüglich der Signale $x(t)$, $x_r(t)$ wird vorausgesetzt, daß sie für $t < 0$ gleich null sind und für $\operatorname{Re} s > 0$ die Laplace-Transformation $X(s)$, $X_r(s)$ besitzen, die gebrochen rationale Funktionen des Arguments s sind. Darüber hinaus bedeutet C in Abbildung 16.1

den durch die Gleichungen (10.1)–(10.3) beschriebenen Prozeßrechner mit der Abtastperiode T. Beide Teilsysteme I und II werden als stabil vorausgesetzt, so daß für beliebige Anfangsbedingungen bei Abwesenheit von äußeren Anregungen

$$\lim_{t \to \infty} y(t) = 0, \quad \lim_{t \to \infty} y_r(t) = 0$$

gilt. Die Größe

$$\varepsilon(t) \stackrel{\text{def}}{=} y(t) - y_r(t) \tag{16.1}$$

wird als *Steuerabweichung* bezeichnet. Als Gütekriterium für die Abweichung der Systeme I und II kommt die Größe

$$I_c \stackrel{\text{def}}{=} \int_0^\infty \varepsilon^2(t)\, dt \tag{16.2}$$

in Betracht. In bestimmten Fällen wird als Gütekriterium zweckmäßigerweise die Größe

$$I_d \stackrel{\text{def}}{=} \sum_{k=0}^\infty \varepsilon^2(kT + 0) \tag{16.3}$$

benutzt. Auch das kombinierte Kriterium

$$I_k \stackrel{\text{def}}{=} I_c + \lambda^2 I_d \tag{16.4}$$

mit einer positiven Konstanten λ^2 wird verwendet. Es wird gezeigt, daß die Größe I_k in (16.4) als quadratisches Funktional dargestellt werden kann, das von der Übertragungsfunktion $W_d(s)$ des Steueralprogramms abhängt. Es werden verschwindende Anfangsbedingungen für die Glieder $F(s)$ und $G(s)$ und das Steueralprogramm vorausgesetzt. Da für $t > 0$ der Ausgang $y(t)$ eine Laplace-Transformation besitzt, kann diese wegen (10.104) in der Form

$$Y(s) = U(s)W_d(s) \tag{16.5}$$

mit

$$U(s) = F(s)M(s)\mathcal{D}_{GX}(T, s, +0) \tag{16.6}$$

beschrieben werden, wobei davon Gebrauch gemacht werden kann, daß $G(s)X(s)$ proper und die Funktion $\mathcal{D}_{GX}(T, s, t)$ stückweise stetig ist. Möge die Funktion $F(s)$ streng proper sein, dann entnimmt man (10.105), daß die diskrete Laplace-Transformation (DLT) des Ausgangs

$$\mathcal{D}_y(T, s, t) = \mathcal{D}_Y(T, s, t) = \mathcal{D}_{FM}(T, s, t)\mathcal{D}_{GX}(T, s, +0) \tag{16.7}$$

wird, die stetig von t abhängt. Es wird weiter angenommen, daß der Referenzausgang $y_r(t) \in \Lambda_+(0, \infty)$ ist und seine DLT $\mathcal{D}_{y_r}(T, s, t)$ eine rational periodische Funktion des Arguments s ist. Dann besitzt der Fehler $\varepsilon(t)$ für Re $s > 0$ die Laplace-Transformation

$$E(s) = U(s)W_d(s) - Y_r(s), \tag{16.8}$$

wobei $Y_r(s)$ das Bild des Referenzausgangs ist und die DLT des Fehlers die Gestalt

$$\mathcal{D}_\varepsilon(T,s,t) = \mathcal{D}_y(T,s,t) - \mathcal{D}_{y_r}(T,s,t) \tag{16.9}$$

hat und eine rational periodische Funktion des Arguments s ist. Wird schließlich vorausgesetzt, daß das Bild $E(s)$ auf der imaginären Achse analytisch ist, dann erhält man aus (16.2) und (4.102)

$$I_c = \frac{T}{2\pi\mathrm{j}} \int_{-\mathrm{j}\omega/2}^{\mathrm{j}\omega/2} \left[\int_0^T \mathcal{D}_\varepsilon(T,s,t)\mathcal{D}_\varepsilon(T,-s,t)\,\mathrm{d}t \right] \mathrm{d}s. \tag{16.10}$$

Es wird zunächst die Berechnung des inneren Integrals in (16.10)

$$J \stackrel{\mathrm{def}}{=} \int_0^T \mathcal{D}_\varepsilon(T,s,t)\mathcal{D}_\varepsilon(T,-s,t)\,\mathrm{d}t \tag{16.11}$$

betrachtet. Dazu werden in (16.11) die Beziehungen (16.7) und (16.9) eingesetzt. Berücksichtigt man, daß unter den getroffenen Voraussetzungen die Integrale

$$\int_0^T \mathcal{D}_y(T,s,t)\mathcal{D}_{y_r}(T,-s,t)\,\mathrm{d}t = \int_0^T \mathcal{D}_Y(T,s,t)\mathcal{D}_{Y_r}(T,-s,t)\,\mathrm{d}t = \mathcal{D}_{Y\underline{Y_r}}(T,s,0)$$

$$\int_0^T \mathcal{D}_{y_r}(T,s,t)\mathcal{D}_{y_r}(T,-s,t)\,\mathrm{d}t = \mathcal{D}_{Y_r\underline{Y_r}}(T,s,0) \tag{16.12}$$

existieren und die Unterstreichung den Austausch von s gegen $-s$ bedeutet, dann findet man

$$J = \tilde{A}(s)W_d(s)W_d(-s) - \tilde{B}(s)W_d(s) - \tilde{B}(s)W_d(-s) + \tilde{C}(s) \tag{16.13}$$

mit

$$\begin{aligned}
\tilde{A}(s) &= \mathcal{D}_{F\underline{F}M\underline{M}}(T,s,0)\mathcal{D}_{GX}(T,s,+0)\mathcal{D}_{GX}(T,-s,+0) \stackrel{\mathrm{def}}{=} \tilde{A}_c(s) \\
\tilde{B}(s) &= \mathcal{D}_{F\underline{Y_r}M}(T,s,0)\mathcal{D}_{GX}(T,s,+0) \stackrel{\mathrm{def}}{=} \tilde{B}_c(s) \\
\tilde{C}(s) &= \mathcal{D}_{Y_r\underline{Y_r}}(T,s,0) \stackrel{\mathrm{def}}{=} \tilde{C}_c(s).
\end{aligned} \tag{16.14}$$

Weiterhin wird angenommen, daß die Beziehungen (16.14) rational periodische Funktionen des Arguments s liefern. Wenn man (16.13) in (16.10) einsetzt, erhält man

$$I_c = \frac{T}{2\pi\mathrm{j}} \int_{-\mathrm{j}\omega/2}^{\mathrm{j}\omega/2} \left[\tilde{A}(s)W_d(s)W_d(-s) - \tilde{B}(s)W_d(s) - \tilde{B}(-s)W_d(-s) + \tilde{C}(s) \right] \mathrm{d}s. \tag{16.15}$$

Bei der Konstruktion der entsprechenden Beziehungen für das Funktional (16.3) gewinnt man bei Verwendung von (4.87)

$$I_d = \frac{T}{2\pi \mathrm{j}} \int_{-\mathrm{j}\omega/2}^{\mathrm{j}\omega/2} \mathcal{D}_\varepsilon(T, s, +0) \mathcal{D}_\varepsilon(T, -s, +0)\, \mathrm{d}s \,. \tag{16.16}$$

Unter Ausnutzung von (16.9) kann das letzte Integral in der Form (16.15) mit

$$\tilde{A}(s) = \mathcal{D}_{FM}(T, s, 0)\mathcal{D}_{FM}(T, -s, 0)\mathcal{D}_{GX}(T, s, +0)\mathcal{D}_{GX}(T, -s, +0) \stackrel{\mathrm{def}}{=} \tilde{A}_d(s)$$

$$\tilde{B}(s) = \mathcal{D}_{FM}(T, s, 0)\mathcal{D}_{GX}(T, s, +0)\mathcal{D}_{y_r}(T, -s, +0) \stackrel{\mathrm{def}}{=} \tilde{B}_d(s) \tag{16.17}$$

$$\tilde{C}(s) = \mathcal{D}_{y_r}(T, s, +0)\mathcal{D}_{y_r}(T, -s, +0) \stackrel{\mathrm{def}}{=} \tilde{C}_d(s)$$

dargestellt werden. Ebenso läßt sich die Beziehung für das Funktional I_k (16.4) in der Form (16.15) mit bekannten rational periodischen Funktionen

$$\tilde{A}(s) = \tilde{A}_c(s) + \lambda^2 \tilde{A}_d(s), \quad \tilde{B}(s) = \tilde{B}_c(s) + \lambda^2 \tilde{B}_d(s), \quad \tilde{C}(s) = \tilde{C}_c(s) + \lambda^2 \tilde{C}_d(s) \tag{16.18}$$

ausdrücken. Dabei gilt wegen der speziellen Konstruktion

$$\tilde{A}(s) = \tilde{A}(-s), \quad \tilde{C}(s) = \tilde{C}(-s) \,. \tag{16.19}$$

Wenn man schließlich in (16.15)

$$\mathrm{e}^{-sT} = \zeta \tag{16.20}$$

einsetzt, dann kann das Funktional (16.4) in der Gestalt

$$I_k = \frac{T}{2\pi \mathrm{j}} \oint \left[A(\zeta)W_d(\zeta)W_d(\zeta^{-1}) - B(\zeta)W_d(\zeta) - B(\zeta^{-1})W_d(\zeta^{-1}) + C(\zeta) \right] \frac{\mathrm{d}\zeta}{\zeta} \tag{16.21}$$

mit bekannten gebrochen rationalen Funktionen

$$A(\zeta) \stackrel{\mathrm{def}}{=} \tilde{A}(s)\big|_{\mathrm{e}^{-sT}=\zeta}, \quad B(\zeta) \stackrel{\mathrm{def}}{=} \tilde{B}(s)\big|_{\mathrm{e}^{-sT}=\zeta}, \quad C(\zeta) \stackrel{\mathrm{def}}{=} \tilde{C}(s)\big|_{\mathrm{e}^{-sT}=\zeta} \tag{16.22}$$

notiert werden. Die Integration in (16.21) wird entlang des Einheitskreises in mathematisch positiver Richtung (entgegen dem Uhrzeigersinn) genommen. Außerdem ist auch

$$W_d(\zeta) \stackrel{\mathrm{def}}{=} W_d(s)\big|_{\mathrm{e}^{-sT}=\zeta} \tag{16.23}$$

eine gebrochen rationale Funktion. Aufgrund der Konstruktion hat man

$$A(\zeta) = A(\zeta^{-1}), \quad C(\zeta) = C(\zeta^{-1}) \,. \tag{16.24}$$

Auf diese Weise wird die Größe I_k in Form des quadratischen Funktionals (16.21) mit bekannten gebrochen rationalen Funktionen (16.22) und der noch zu bestimmenden gebrochen rationalen Funktion $W_d(\zeta)$ dargestellt.

Nach Vereinbarung soll das Steuerprogramm stabil sein, das heißt, die Pole der rational periodischen Funktion $W_d(s)$ sollen in der linken Halbebene liegen. Deshalb folgt aus (16.23), daß die Pole der gebrochen rationalen Funktion $W_d(\zeta)$ außerhalb des Einheitskreises liegen müssen. Im weiteren sollen solche gebrochen rationalen Funktionen *stabil* genannt werden.

Wird angenommen, daß das Entwurfsziel die Minimierung des Funktionals (16.21) ist, dann gelangt man zu folgendem optimalen Steuerungsproblem:

> **LQ–Problem** $(0 \leq t < \infty)$. Gegeben sind alle Charakteristika der Systeme I und II, die die Koeffizienten (16.22) eindeutig bestimmen. Gesucht ist diejenige stabile gebrochen rationale Funktion $W_d(\zeta)$, die das Funktional (16.21) minimiert.

Bemerkung 1.   Alle stabilen gebrochen rationalen Funktionen $W_d(\zeta)$ sind kausal, was aus Abschnitt A.2 folgt. Deshalb kann bei der oben stehenden Formulierung der Optimierungsaufgabe auf die Kausalitätsforderung verzichtet werden.

Bemerkung 2. Im Sonderfall, wenn in Abbildung 16.1

$$x(t) = x_r(t) \tag{16.25}$$

ist, spricht man bei der oben stehenden Aufgabe von *LQ-Redesign*.

16.2   Allgemeines Verfahren zur Konstruktion des optimalen Steuerprogramms

Indem man in (16.21) das nicht von $W_d(\zeta)$ abhängende Glied streicht, verbleibt die Aufgabe, das Integral

$$\tilde{I}_k = \frac{T}{2\pi \mathrm{j}} \oint \left[A(\zeta)W_d(\zeta)W_d(\zeta^{-1}) - B(\zeta)W_d(\zeta) - B(\zeta^{-1})W_d(\zeta^{-1}) \right] \frac{\mathrm{d}\zeta}{\zeta} \tag{16.26}$$

zu minimieren. Eine Vorschrift zur Konstruktion desjenigen stabilen Steueralprogramms $W_{d0}(\zeta)$, das das Funktional (16.26) minimiert, liefert der folgende Satz.

Satz 16.1 (Chang (1961)) *Es seien in (16.26) $A(\zeta)$, $B(\zeta)$ bekannte gebrochen rationale Funktionen, wobei $A(\zeta)$ die Bedingung (16.24) befriedigt. Weiterhin besitze $A(\zeta)$ keine Nullstellen oder Pole und $B(\zeta)$ keine Pole auf dem Rand des Einheitskreises, dann wird die das Funktional (16.26) minimierende stabile gebrochen rationale Funktion $W_{d0}(\zeta)$ auf die folgende Weise bestimmt.*

1. Es wird die Faktorisierung

$$A(\zeta) = K(\zeta)K(\zeta^{-1}) \tag{16.27}$$

ausgeführt, wobei alle Nullstellen und Pole der Funktion $K(\zeta)$ außerhalb des Einheitskreises liegen.

2. Für die gebrochen rationale Funktion

$$u(\zeta) \stackrel{\text{def}}{=} \frac{B(\zeta^{-1})}{K(\zeta^{-1})} \tag{16.28}$$

wird die Zerlegung (Separation)

$$u(\zeta) = u_+(\zeta) + u_-(\zeta) \tag{16.29}$$

vorgenommen, wobei $u_+(\zeta)$ nur Pole außerhalb des Einheitskreises und $u_-(\zeta)$ nur Pole innerhalb des Einheitskreises besitzen und dabei

$$\lim_{\zeta \to \infty} u_-(\zeta) = 0 \tag{16.30}$$

sein soll.

3. Die optimale Funktion $W_{d0}(\zeta)$ ist durch die Beziehung

$$W_{d0}(\zeta) = \frac{u_+(\zeta)}{K(\zeta)} \tag{16.31}$$

festgelegt.

Beweis: Bei Gültigkeit von (16.27) und Beachtung von (16.28) erhält man

$$f(\zeta) \stackrel{\text{def}}{=} A(\zeta)W_d(\zeta)W_d(\zeta^{-1}) - B(\zeta)W_d(\zeta) - B(\zeta^{-1})W_d(\zeta^{-1}) =$$

$$= [K(\zeta)W_d(\zeta) - u(\zeta)]\,[K(\zeta^{-1})W_d(\zeta^{-1}) - u(\zeta^{-1})] - \frac{B(\zeta)B(\zeta^{-1})}{A(\zeta)}.$$

Unter Berücksichtigung von (16.29) kann der letzte Ausdruck in der Gestalt

$$
\begin{aligned}
f(\zeta) = \; & [K(\zeta)W_d(\zeta) - u_+(\zeta)]\,[K(\zeta^{-1})W_d(\zeta^{-1}) - u_+(\zeta^{-1})] - \\
& - [K(\zeta)W_d(\zeta) - u_+(\zeta)]\,u_-(\zeta^{-1}) - [K(\zeta^{-1})W_d(\zeta^{-1}) - u_+(\zeta^{-1})]\,u_-(\zeta) + \\
& + u_-(\zeta)u_-(\zeta^{-1}) - \frac{B(\zeta)B(\zeta^{-1})}{A(\zeta)}
\end{aligned}
\tag{16.32}
$$

präsentiert werden. Indem (16.32) in (16.26) eingesetzt wird, findet man

$$\tilde{I}_k = I_1 + I_2 + I_3 + I_4 \tag{16.33}$$

mit

$$I_1 \;\; = \frac{T}{2\pi \mathrm{j}} \oint [K(\zeta)W_d(\zeta) - u_+(\zeta)]\,[K(\zeta^{-1})W_d(\zeta^{-1}) - u_+(\zeta^{-1})]\,\frac{\mathrm{d}\zeta}{\zeta} \tag{16.34}$$

$$I_2 \;\; = -\frac{T}{2\pi \mathrm{j}} \oint [K(\zeta)W_d(\zeta) - u_+(\zeta)]\,u_-(\zeta^{-1})\,\frac{\mathrm{d}\zeta}{\zeta} \tag{16.35}$$

$$I_3 \;\; = -\frac{T}{2\pi \mathrm{j}} \oint [K(\zeta^{-1})W_d(\zeta^{-1}) - u_+(\zeta^{-1})]\,u_-(\zeta)\,\frac{\mathrm{d}\zeta}{\zeta} \tag{16.36}$$

$$I_4 \;\; = \frac{T}{2\pi \mathrm{j}} \oint \left[u_-(\zeta)u_-(\zeta^{-1}) - \frac{B(\zeta)B(\zeta^{-1})}{A(\zeta)} \right] \frac{\mathrm{d}\zeta}{\zeta}. \tag{16.37}$$

Wendet man sich den Integralen (16.34)–(16.37) näher zu, dann bemerkt man zunächst

$$I_2 = I_3\,,$$

weil jedes Integral aus dem anderen hervorgeht, wenn ζ gegen ζ^{-1} ausgetauscht wird. Es wird nun gezeigt, daß

$$I_2 = I_3 = 0 \tag{16.38}$$

gilt. In der Tat ist der Ausdruck unter dem Integral in (16.35) im Innern und auf dem Rande des Einheitskreises eine analytische Funktion, eventuell mit Ausnahme des Punktes $\zeta = 0$. Allerdings folgt aus (16.30)

$$\lim_{\zeta \to 0} u_-(\zeta^{-1}) = \lim_{\zeta \to \infty} u_-(\zeta) = 0$$

und deshalb

$$u_-(\zeta^{-1}) = \zeta \tilde{u}_-(\zeta) \tag{16.39}$$

mit einer gebrochen rationalen bei $\zeta = 0$ analytischen Funktion $\tilde{u}_-(\zeta)$. Indem man (16.39) in (16.35) einsetzt, findet man, daß der Integrand in (16.35) analytisch im Innern des Einheitskreises und auf seinem Rand ist. Damit folgt (16.38) sofort aus dem Residuensatz, worauf (16.33) die Form

$$\tilde{I}_k = I_1 + I_4$$

annimmt. Wie man (16.37) entnimmt, hängt das Integral I_4 nicht von $W_d(\zeta)$ ab. Der Integrand in (16.34) ist ein Quadrat und kann minimal den Wert null annehmen, was mit der Auswahl von $W_d(\zeta)$ nach (16.31) geschieht. ∎

Bemerkung. Der minimale Wert des Integrals (16.26) ist gleich I_4, deshalb wird der minimale Wert $I_{k\,\mathrm{min}}$ des gesuchten Funktionals (16.21) gleich

$$I_{k\,\mathrm{min}} = \frac{1}{2\pi \mathrm{j}} \oint \left[u_-(\zeta) u_-(\zeta^{-1}) - \frac{B(\zeta) B(\zeta^{-1})}{A(\zeta)} + C(\zeta) \right] \frac{\mathrm{d}\zeta}{\zeta}\,. \tag{16.40}$$

Beispiel 16.1 Es wird der in Abbildung 16.2 dargestellte Spezialfall des Systems nach Abbildung 16.1 behandelt, wobei

$$F(s) = \frac{1}{s-a}, \quad G(s) = \frac{1}{s-b}, \quad H(s) = \frac{1}{s-d}, \quad M(s) = \frac{1-\mathrm{e}^{-sT}}{s}$$

mit reellen negativen Konstanten a, b, d ist. Es wird vorausgesetzt, daß die Anfangsbedingungen gleich null sind und auf den Eingang des abzugleichenden Systems der Einheitsimpuls $x(t) = \delta(t)$, das heißt $X(s) = 1$ einwirkt. Aus (16.6) erhält man dann

$$U(s) = F(s) M(s) \mathcal{D}_G(T, s, +0)\,,$$

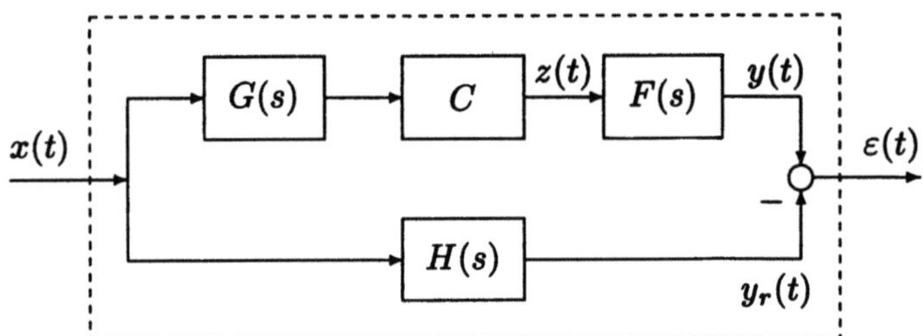

Abbildung 16.2: Offene Struktur für Redesign

wobei wegen (4.49)

$$\mathcal{D}_G(T,s,+0) = \frac{1}{1 - e^{bT}e^{-sT}}$$

ist. Außerdem gilt offensichtlich

$$Y_r(s) = \frac{1}{s-d}\,.$$

Als Gütekriterium für die Optimierung wird der integrale Fehler I_c nach (16.2) verwendet. Dann gelangt man unter Berücksichtigung der Beziehung (16.14) zum Funktional der Gestalt (16.15) mit

$$\tilde{A}(s) = \mathcal{D}_{F\underline{F}M\underline{M}}(T,s,0)\,\frac{1}{1 - e^{bT}e^{-sT}}\,\frac{1}{1 - e^{bT}e^{sT}}$$

$$\tilde{B}(s) = \mathcal{D}_{F\underline{H}M}(T,s,0)\,\frac{1}{1 - e^{bT}e^{-sT}} \tag{16.41}$$

$$\tilde{C}(s) = \mathcal{D}_{H\underline{H}}(T,s,0)\,.$$

Im gegebenen Fall gilt wegen (9.115) für $0 \le t \le T$

$$\mathcal{D}_{FM}(T,s,t) = \frac{1 - e^{-aT}}{a}\,\frac{e^{at}}{1 - e^{aT}e^{-sT}} + \frac{e^{a(t-T)} - 1}{a}$$

$$\mathcal{D}_{FM}(T,-s,t) = \frac{1 - e^{-aT}}{a}\,\frac{e^{at}}{1 - e^{aT}e^{sT}} + \frac{e^{a(t-T)} - 1}{a}\,. \tag{16.42}$$

Analog zu (16.12) bekommt man

$$\mathcal{D}_{F\underline{F}M\underline{M}}(T,s,0) = \int_0^T \mathcal{D}_{FM}(T,s,t)\mathcal{D}_{FM}(T,-s,t)\,\mathrm{d}t\,.$$

Wenn hierin (16.42) eingesetzt wird, gelangt man zu einem Ausdruck der Form

$$\mathcal{D}_{F\underline{F}M\underline{M}}(T,s,0) = \frac{\alpha}{\left[1 - e^{(a-s)T}\right]\left[1 - e^{(a+s)T}\right]} + \frac{\beta}{1 - e^{(a-s)T}} + \frac{\beta}{1 - e^{(a+s)T}} + \gamma$$

mit bekannten Konstanten $\alpha > 0$, β, $\gamma > 0$. Darüber hinaus findet man wegen

$$F(s)H(-s) = \frac{1}{a+d}\left(\frac{1}{s+d} - \frac{1}{s-a}\right)$$

unter Verwendung von (9.102) für $t = 0$

$$\mathcal{D}_{F\underline{H}M}(T,s,0) = \frac{q_1}{e^{sT} - e^{aT}} + \frac{q_2}{e^{sT} - e^{-dT}},$$

wobei q_1, q_2 bekannte Konstanten sind. Darum ergibt sich bei Beachtung von (16.41)

$$\tilde{B}(s) = \left(\frac{q_1}{e^{sT} - e^{aT}} + \frac{q_2}{e^{sT} - e^{-dT}}\right)\frac{e^{sT}}{e^{sT} - e^{bT}}.$$

Nach Übergang zur Variablen $\zeta = e^{-sT}$ gelangt man zu einem Funktional der Gestalt (16.26) mit

$$A(\zeta) = \frac{\alpha + \beta\left(1 - e^{aT}\zeta\right) + \beta\left(1 - e^{aT}\zeta^{-1}\right) + \gamma\left(1 - e^{aT}\zeta\right)\left(1 - e^{aT}\zeta^{-1}\right)}{\left(1 - e^{aT}\zeta\right)\left(1 - e^{aT}\zeta^{-1}\right)\left(1 - e^{bT}\zeta\right)\left(1 - e^{bT}\zeta^{-1}\right)} \tag{16.43}$$

$$B(\zeta) = \frac{\zeta(r_1\zeta + r_2)}{\left(1 - e^{aT}\zeta\right)\left(1 - e^{bT}\zeta\right)\left(1 - e^{-dT}\zeta\right)}, \tag{16.44}$$

wobei r_1, r_2 neue bekannte Konstanten sind. Es kann gezeigt werden, daß unter den Gegebenheiten des Beispiels die Funktion $A(\zeta)$ für $|\zeta| = 1$ nicht zu null wird. Deshalb folgt aus (16.43) die Gültigkeit der Darstellung

$$A(\zeta) = N^2 \frac{(1 - \mu\zeta)(1 - \mu\zeta^{-1})}{\left(1 - e^{aT}\zeta\right)\left(1 - e^{bT}\zeta\right)\left(1 - e^{aT}\zeta^{-1}\right)\left(1 - e^{bT}\zeta^{-1}\right)}, \tag{16.45}$$

wobei N^2 eine positive Konstante und μ diejenige reelle Wurzel der Gleichung

$$1 - \frac{\alpha + 2\beta + \gamma(1 + e^{2aT})}{e^{aT}(\beta + \gamma)}\zeta + \zeta^2 = 0$$

mit $|\mu| < 1$ ist. Die Darstellung (16.45) ausnutzend, ermittelt man für die Faktorisierung (16.27)

$$K(\zeta) = N\frac{1 - \mu\zeta}{\left(1 - e^{aT}\zeta\right)\left(1 - e^{bT}\zeta\right)}$$

$$K(\zeta^{-1}) = N\frac{\zeta(\zeta - \mu)}{\left(\zeta - e^{aT}\right)\left(\zeta - e^{bT}\right)}. \tag{16.46}$$

Aus (16.44) gewinnt man

$$B(\zeta^{-1}) = \frac{\zeta(r_1 + r_2\zeta)}{\left(\zeta - e^{aT}\right)\left(\zeta - e^{bT}\right)\left(\zeta - e^{-dT}\right)},$$

weshalb sich die Funktion $u(\zeta)$ aus (16.28) zu

$$u(\zeta) = \frac{1}{N} \frac{r_1 + r_2 \zeta}{(\zeta - \mu)(\zeta - e^{-dT})} \tag{16.47}$$

ergibt. Die gebrochen rationale Funktion (16.47) ist streng proper und hat außerhalb des Einheitskreises nur den Pol $\zeta = e^{-dT}$, weshalb die Separation (16.29) das Ergebnis

$$u_+(\zeta) = \frac{m}{\zeta - e^{-dT}} \tag{16.48}$$

mit einer bekannten Konstanten m liefert. Die Anwendung von (16.46), (16.48) führt auf das optimale Steuerprogramm

$$W_{d0}(\zeta) = \frac{u_+(\zeta)}{K(\zeta)} = L \frac{\left(1 - e^{aT}\zeta\right)\left(1 - e^{bT}\zeta\right)}{\left(1 - e^{dT}\zeta\right)\left(1 - \mu\zeta\right)},$$

in dem L eine bekannte Konstante ist. Wenn speziell $a = -1$, $b = -2$, $d = -0.5$, $T = 0.2$ gewählt werden, dann hat das optimale Steuerproramm das Aussehen

$$W_{d0}(\zeta) = 6.4718 \frac{(1 - 0.8187\zeta)(1 - 0.6703\zeta)}{(1 - 0.9048\zeta)(1 + 0.2673\zeta)}.$$

In Abbildung 16.3 sind die Ausgänge des Referenzsystems und des entworfenen Steuerungssystems graphisch dargestellt.

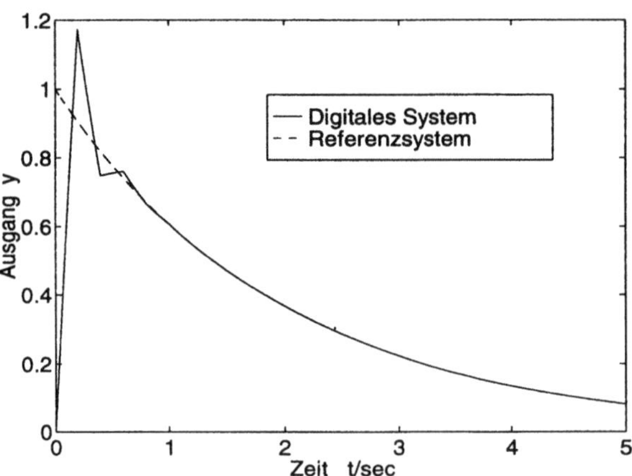

Abbildung 16.3: Impulsantworten bei LQ-Redesign

Die Abbildungen 16.4 und 16.5 zeigen die Verläufe des Stellsignals $z(t)$ und des Folgefehlers $\varepsilon(t)$. $\qquad\qquad\qquad\qquad\qquad\qquad\qquad\qquad\qquad\qquad\qquad$ $\Box$

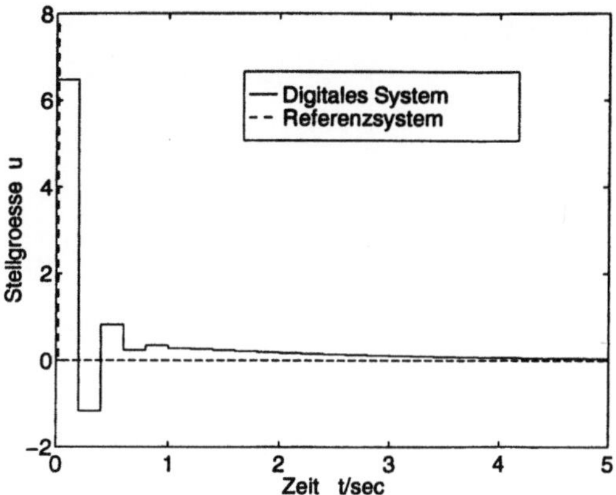

Abbildung 16.4: Stellsignal bei LQ-Redesign

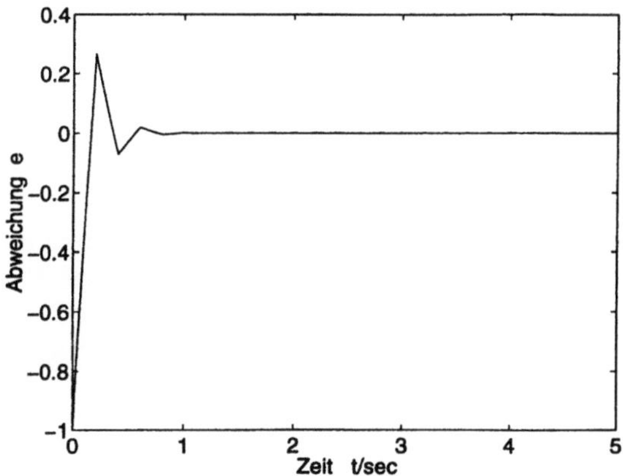

Abbildung 16.5: Steuerabweichung bei LQ-Redesign

16.3 Problemstellung der Optimierung auf dem Intervall $-\infty < t < \infty$ ($\mathcal{H}_2$–Problem)

Es wird vorausgesetzt, daß in Abbildung 16.1 die Signale $x(t)$ und $x_r(t)$ zentralisierte stationäre und stationär verbundene zufällige Prozesse sind, die im Zufallsvektor

$$x(t) \stackrel{\text{def}}{=} \left[\begin{array}{c} x(t) \\ x_r(t) \end{array} \right] \tag{16.49}$$

mit der Autokorrelationsmatrix

$$\boldsymbol{K_{xx}}(\tau) = \left[\begin{array}{cc} K_{xx}(\tau) & K_{xx_r}(\tau) \\ K_{x_r x}(\tau) & K_{x_r x_r}(\tau) \end{array} \right] \tag{16.50}$$

zusammengefaßt werden, wobei

$$K_{xx}(\tau) = K_{xx}(-\tau)\,, \quad K_{x_r x_r}(\tau) = K_{x_r x_r}(-\tau)\,, \quad K_{xx_r}(\tau) = K_{x_r x}(-\tau)$$

gilt. Der Korrelationsmatrix (16.50) ist eine spektrale Leistungsdichte

$$\boldsymbol{R_{xx}}(s) = \left[\begin{array}{cc} R_{xx}(s) & R_{xx_r}(s) \\ R_{x_r x}(s) & R_{x_r x_r}(s) \end{array} \right]$$

zugeordnet, die der ersten Beziehung in (8.81) genügt.

Die Gesamtheit der Systeme I und II in Abbildung 16.1 wird als ein Mehrgrößensystem mit zwei Eingängen und dem einen Ausgang $\varepsilon(t)$ betrachtet. Wird vorausgesetzt, daß das Referenzsystem die PTF $W_r(s,t)$ besitzt, dann ist die Übertragungsmatrix (PTM) $\boldsymbol{W}(s,t)$ des Systems in Bezug auf den Eingangsvektor (16.49) ein Zeilenvektor von der Gestalt

$$\boldsymbol{W}(s,t) = \left[\begin{array}{cc} W(s,t) & -W_r(s,t) \end{array} \right] \tag{16.51}$$

mit

$$W(s,t) = W_1(s,t)W_d(s)\,, \quad W_1(s,t) = G(s)\varphi_{FM}(T,s,t)\,. \tag{16.52}$$

Weiterhin wird vorausgesetzt, daß für das betrachtete System die Bedingungen zur Anwendung der Formel (8.97) erfüllt sind, die im gegebenen Fall das Aussehen

$$d_\varepsilon(t) = \frac{1}{2\pi\mathrm{j}} \int_{-\mathrm{j}\infty}^{\mathrm{j}\infty} \boldsymbol{W}(-s,t)\boldsymbol{R_{xx}}(s)\boldsymbol{W}'(s,t)\,\mathrm{d}s = \frac{1}{2\pi\mathrm{j}} \int_{-\mathrm{j}\infty}^{\mathrm{j}\infty} N(s,t)\,\mathrm{d}s \tag{16.53}$$

annimmt, wobei der Integrand eine skalare Funktion ist, die durch

$$\begin{aligned} N(s,t) \overset{\mathrm{def}}{=}\ & \boldsymbol{W}(-s,t)\boldsymbol{R_{xx}}(s)\boldsymbol{W}'(s,t) \\ =\ & W(s,t)W(-s,t)R_{xx}(s) - W_r(s,t)W(-s,t)R_{xx_r}(s) - \\ & - W(s,t)W_r(-s,t)R_{x_r x}(s) + W_r(s,t)W_r(-s,t)R_{x_r x_r}(s) \end{aligned} \tag{16.54}$$

festgelegt ist. Für die Berechnung der mittleren Varianz des Ausgangs

$$\overline{d}_\varepsilon = \frac{1}{T} \int_0^T d_\varepsilon(t)\,\mathrm{d}t$$

wird die Funktion $N(s,t)$ über die Zeit gemittelt. Aus (16.54) und (16.51), (16.52) folgt

$$\overline{N}(s) \overset{\mathrm{def}}{=} \frac{1}{T} \int_0^T N(s,t)\,\mathrm{d}t = \hat{A}(s)W_d(s)W_d(-s) - \hat{B}(s)W_d(s) - \hat{B}(-s)W_d(-s) + \hat{C}(s)$$

mit

$$\hat{A}(s) \stackrel{\text{def}}{=} R_{xx}(s)\frac{1}{T}\int_0^T W_1(s,t)W_1(-s,t)\,\mathrm{d}t$$

$$\hat{B}(s) \stackrel{\text{def}}{=} R_{x_r x}(s)\frac{1}{T}\int_0^T W_1(s,t)W_r(-s,t)\,\mathrm{d}t$$

$$\hat{C}(s) \stackrel{\text{def}}{=} R_{x_r x_r}(s)\frac{1}{T}\int_0^T W_r(s,t)W_r(-s,t)\,\mathrm{d}t\,.$$

Indem man (16.52) verwendet, erhält man daraus

$$\hat{A}(s) = \frac{1}{T}G(s)G(-s)R_{xx}(s)\mathcal{D}_{F\underline{FMM}}(T,s,0)$$

$$\hat{B}(s) = \frac{1}{T}G(s)R_{x_r x}(s)\int_0^T \varphi_{FM}(T,s,t)W_r(-s,t)\,\mathrm{d}t \qquad (16.55)$$

$$\hat{C}(s) = \frac{1}{T}R_{x_r x_r}(s)\int_0^T W_r(s,t)W_r(-s,t)\,\mathrm{d}t\,,$$

so daß die mittlere Varianz insgesamt durch das Integral

$$\overline{d}_\varepsilon = \frac{1}{2\pi\mathrm{j}}\int_{-\mathrm{j}\infty}^{\mathrm{j}\infty}\left[\hat{A}(s)W_d(s)W_d(-s) - \hat{B}(s)W_d(s) - \hat{B}(-s)W_d(-s) + \hat{C}(s)\right]\,\mathrm{d}s$$

bestimmt wird. Wenn die Diskretisierbarkeit des Integrals vorausgesetzt wird, bekommt man

$$\overline{d}_\varepsilon = \frac{T}{2\pi\mathrm{j}}\int_{-\mathrm{j}\omega/2}^{\mathrm{j}\omega/2}\left[\tilde{A}(s)W_d(s)W_d(-s) - \tilde{B}(s)W_d(s) - \tilde{B}(-s)W_d(-s) + \tilde{C}(s)\right]\,\mathrm{d}s$$

$$(16.56)$$

mit

$$\tilde{A}(s) = \frac{1}{T}\mathcal{D}_{F\underline{FMM}}(T,s,0)\mathcal{D}_{G\underline{G}Rxx}(T,s,0)$$

$$\tilde{B}(s) = \mathcal{D}_{\hat{B}}(T,s,0) = \frac{1}{T}\sum_{k=-\infty}^{\infty}\hat{B}(s+k\mathrm{j}\omega) \qquad (16.57)$$

$$\tilde{C}(s) = \mathcal{D}_{\hat{C}}(T,s,0) = \frac{1}{T}\sum_{k=-\infty}^{\infty}\hat{C}(s+k\mathrm{j}\omega)\,.$$

Im weiteren wird das Referenzsystem und die spektrale Leistungsdichte so angenommen, daß die Funktionen $\tilde{A}(s)$, $\tilde{B}(s)$, $\tilde{C}(s)$ rational periodisch werden. Dann führt der Übergang zur Variablen $\zeta = \mathrm{e}^{-sT}$ auf den Ausdruck

$$\overline{d}_\varepsilon = \frac{1}{2\pi\mathrm{j}}\oint\left[A(\zeta)W_d(\zeta)W_d(\zeta^{-1}) - B(\zeta)W_d(\zeta) - B(\zeta^{-1})W_d(\zeta^{-1}) + C(\zeta)\right]\frac{\mathrm{d}\zeta}{\zeta}\,,$$

$$(16.58)$$

in dem $A(\zeta)$, $B(\zeta)$, $C(\zeta)$ bekannte gebrochen rationale Funktionen des Arguments ζ

$$A(\zeta) = \tilde{A}(s)\big|_{e^{-sT}=\zeta} \ , \quad B(\zeta) = \tilde{B}(s)\big|_{e^{-sT}=\zeta} \ , \quad C(\zeta) = \tilde{C}(s)\big|_{e^{-sT}=\zeta}$$

sind und $W_d(\zeta)$ die unbekannte gebrochen rationale Funktion ist, die mit der Übertragungsfunktion $W_d(s)$ durch die Beziehung (16.23) verbunden ist. Dabei ist auf Grund der Konstruktion die Beziehung (16.24) erfüllt.

Wenn man die gewonnenen Beziehungen heranzieht, läßt sich die allgemeine Optimierungsaufgabe wie folgt formulieren.

> **CMV–Problem.** Gegeben sind alle Charakteristika der Systeme I und II mit Ausnahme des Steuerprogramms $W_d(s)$ sowie die spektrale Leistungsdichtematrix $\boldsymbol{R}_{xx}(s)$. Gesucht ist diejenige stabile gebrochen rationale Funktion $W_{d0}(\zeta)$ (16.23), für die die Größe $\overline{d}_\varepsilon$ (16.58) den minimalen Wert annimmt. Die so formulierte Aufgabe wird im weiteren *CMV–Problem* (continuous minimum variance) genannt.

Neben dem CMV-Problem, das mit der Minimierung der mittleren Varianz des Ausgangs verbunden ist, lassen sich einige weitere Problemstellungen betrachten. Setzt man voraus, daß die PTM $\boldsymbol{W}(s,t)$ (16.51) stetig von t abhängt, dann hängt auch $d_\varepsilon(t)$ stetig von t ab und aus (16.53) erhält man die Gleichung

$$d_\varepsilon(kT) = d_\varepsilon(0) = \frac{1}{2\pi\mathrm{j}} \int_{-\mathrm{j}\infty}^{\mathrm{j}\infty} \boldsymbol{W}(-s,0)\boldsymbol{R}_{xx}(s)\boldsymbol{W}'(s,0)\,\mathrm{d}s\,, \tag{16.59}$$

die für alle ganzen k gültig ist. Der Wert $d_\varepsilon(0)$ kann als Kriterium für die Ähnlichkeit der Systeme I und II genommen werden. Darum kann unter den oben formulierten Bedingungen auch die Aufgabe gestellt werden, dasjenige stabile Steuerprogramm $W_{d0}(\zeta)$ zu bestimmen, welches das Funktional (16.59) minimiert. Diese Optimierungsaufgabe wird *MV–Problem* [(discrete) minimum variance] genannt. Analog zum vorangegangenen läßt sich nachweisen, daß das MV-Problem auf die Minimierung eines Integrals der Form (16.58) führt, in dem

$$A(\zeta) = \big[\mathcal{D}_{\underline{G}\underline{G}R_{xx}}(T,s,0)\mathcal{D}_{FM}(T,s,0)\mathcal{D}_{FM}(T,-s,0)\big]\big|_{e^{-sT}=\zeta}$$

$$B(\zeta) = \Big[\mathcal{D}_{FM}(T,s,0)\frac{1}{T}\sum_{k=-\infty}^{\infty} G(s+kj\omega)R_{x_r x}(s+kj\omega)W_r(-s-kj\omega,0)\Big]\big|_{e^{-sT}=\zeta}$$

$$C(\zeta) = \Big[\frac{1}{T}\sum_{k=-\infty}^{\infty} W_r(s+kj\omega,0)W_r(-s-kj\omega,0)\Big]\big|_{e^{-sT}=\zeta}$$

wird.

Die in diesem Abschnitt aufgestellten Probleme sind überaus allgemein und umfassen eine beträchtliche Anzahl von für die Anwendung wichtigen Sonderfällen. Wenn insbesondere die Beziehung (16.25) erfüllt ist, dann heißt die zugehörige Entwurfsaufgabe $\mathcal{H}_2$–Redesign.

16.4 Optimale diskrete Filterung kontinuierlicher dynamischer Prozesse

In diesem Abschnitt wird das in Abbildung 16.6 gezeigte System behandelt,

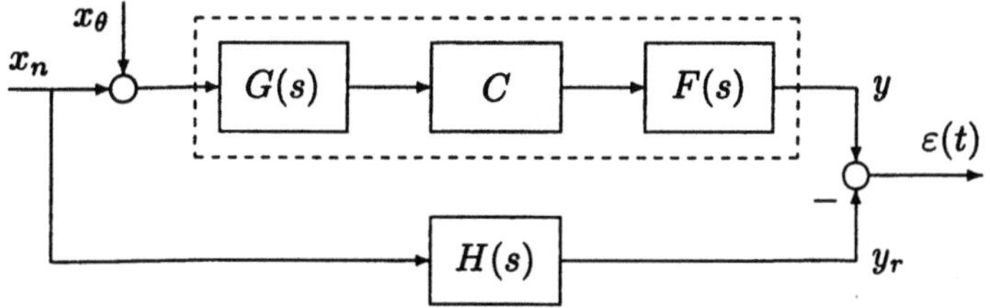

Abbildung 16.6: Gemischte Filterstruktur

wobei das Referenzsystem II als linear und stationär mit der Übertragungsfunktion $H(s)$ angenommen wird. Das Eingangssignal des Systems I wird durch die Summe aus dem Nutzsignal $x_n(t)$ und dem Störsignal $x_\theta(t)$ gebildet, die zentrierte stationäre und stationär zusammenhängende Zufallsprozesse sind. Der Ausgang $y(t)$ des Systems I wird einerseits durch das Vorhandensein von Störungen und andererseits von der Amplitudenmodulation im System geprägt. Außerdem beeinflussen die Initialisierungen der Elemente $G(s)$ und $F(s)$ das Verhalten des Ausgangs. Gleichzeitig besteht bei vielen praktischen Aufgaben (der Nachrichtentechnik) die Forderung, aus dem vorhandenen Ausgangssignal $y(t)$ so gut wie möglich die im Eingangssignal $x_n(t)$ oder in einer bestimmten Transformierten $y_r(t)$ steckende Information herauszuholen. Die Abweichung von $y(t)$ zu dem gewünschten Signal $y_r(t)$ wird als Fehler

$$\varepsilon(t) = y(t) - y_r(t) \tag{16.60}$$

definiert.

Die Abbildung 16.6 entspricht der Situation, wenn die ideale (erwünschte) Umformung des Nutzsignals eine stationäre Transformation mit der Übertragungsfunktion $H(s)$ ist. Im betrachteten Fall kann der zufällige Eingangsvektor (16.49) in der Form

$$x(t) = \left[\begin{array}{c} x_n(t) + x_\theta(t) \\ x_n(t) \end{array} \right] \tag{16.61}$$

angegeben werden. Damit bekommt man

$$x(t)x'(t+\tau) = \left[\begin{array}{cc} [x_n(t) + x_\theta(t)][x_n(t+\tau) + x_\theta(t+\tau)] & [x_n(t) + x_\theta(t)]x_n(t+\tau) \\ x_n(t)[x_n(t+\tau) + x_\theta(t+\tau)] & x_n(t)x_n(t+\tau) \end{array} \right].$$
$$\tag{16.62}$$

Im weiteren wird aus Gründen der Einfachheit in der Darstellung vorausgesetzt, daß das Nutzsignal und das Störsignal statistisch unabhängig sind. Wird dann auf

beiden Seiten der Gleichung (16.62) der Erwartungswert genommen, erhält man
die Autokorrelationsmatrix des Vektors (16.61)

$$\boldsymbol{K_{xx}}(\tau) = \left[\begin{array}{cc} K_n(\tau) + K_\theta(\tau) & K_n(\tau) \\ K_n(\tau) & K_n(\tau) \end{array} \right] \qquad (16.63)$$

mit den Korrelationsfunktionen $K_n(\tau)$ des Nutzsignals und $K_\theta(\tau)$ des Störsig-
nals. Wenn man in (16.63) zur zweiseitigen Laplace-Transformation übergeht, dann
erhält man die spektrale Leistungsdichte des Eingangssignals

$$\boldsymbol{R_{xx}}(s) = \left[\begin{array}{cc} R_n(s) + R_\theta(s) & R_n(s) \\ R_n(s) & R_n(s) \end{array} \right] ,$$

wobei $R_n(s)$ und $R_\theta(s)$ die spektralen Leistungsdichten des Nutzsignals und der
Störung sind. Berücksichtigt man, daß im vorliegenden Fall die PTM $\boldsymbol{W}(s,t)$ nach
(16.51) die Gestalt

$$\boldsymbol{W}(s,t) = \left[\begin{array}{cc} G(s)\varphi_{FM}(T,s,t)W_d(s) & -H(s) \end{array} \right] \qquad (16.64)$$

hat, dann gewinnt man aus (16.55)

$$\hat{A}(s) = \frac{1}{T}\mathcal{D}_{F\underline{F}M\underline{M}}(T,s,0)G(s)G(-s)[R_n(s) + R_\theta(s)]$$

$$\hat{B}(s) = \frac{1}{T}F(s)G(s)H(-s)M(s)R_n(s)$$

$$\hat{C}(s) = H(s)H(-s)R_n(s) ,$$

womit sich die Funktionen (16.57) zu

$$\tilde{A}(s) = \frac{1}{T}\mathcal{D}_{F\underline{F}M\underline{M}}(T,s,0)\mathcal{D}_{G\underline{G}(R_n+R_\theta)}(T,s,0)$$

$$\tilde{B}(s) = \frac{1}{T}\mathcal{D}_{FG\underline{H}R_n M}(T,s,0) \qquad (16.65)$$

$$\tilde{C}(s) = \mathcal{D}_{H\underline{H}R_n}(T,s,0)$$

ergeben mit

$$\mathcal{D}_{G\underline{G}(R_n+R_\theta)}(T,s,0) = \frac{1}{T} \sum_{k=-\infty}^{\infty} G(s+kj\omega)G(-s-kj\omega)[R_n(s+kj\omega) + R_\theta(s+kj\omega)]$$

$$(16.66)$$

$$\mathcal{D}_{FG\underline{H}R_n M}(T,s,0) =$$

$$(16.67)$$

$$= \frac{1}{T} \sum_{k=-\infty}^{\infty} F(s+kj\omega)G(s+kj\omega)H(-s-kj\omega)R_n(s+kj\omega)M(s+kj\omega) .$$

Es sollen einige wichtige Sonderfälle der abgeleiteten Beziehungen betrachtet werden. Wenn

$$H(s) = 1 \tag{16.68}$$

ist, dann hat man es mit dem Problem der optimalen Rekonstruktion des kontinuierlichen Nutzsignals aus zeitdiskreten Meßwerten zu tun, was das kontinuierlich-diskrete Analogon zum klassischen optimalen Filterproblem ist. Wenn (16.68) erfüllt ist, dann erhält man aus (16.65)

$$\tilde{B}(s) = \frac{1}{T}\mathcal{D}_{FGR_n M}(T,s,0)\,.$$

Wenn

$$H(s) = \mathrm{e}^{qsT} \tag{16.69}$$

mit einer ganzen Zahl $q > 0$ angenommen wird, dann ist eine optimale Vorhersage um q Takte gesucht. Damit hat man $H(-s) = \mathrm{e}^{-qsT}$, und aus (16.65), (16.67) ergibt sich

$$\tilde{B}(s) = \frac{1}{T}\mathcal{D}_{FGR_n M}(T,s,0)\mathrm{e}^{-qsT}\,.$$

Im Falle von

$$H(s) = \mathrm{e}^{-qsT} \tag{16.70}$$

mit einer ganzen Zahl $q > 0$ gelangt man zum kontinuierlich-diskreten Analogon des Problems der optimalen Glättung, für das man

$$\tilde{B}(s) = \frac{1}{T}\mathcal{D}_{FGR_n M}(T,s,0)\mathrm{e}^{qsT}$$

erhält. Letztlich führt die Lösung des CMV-optimalen Filterproblems in allen Fällen auf die Minimierung eines Funktionals der Form (16.58), in dem

$$A(\zeta) = \left[\frac{1}{T}\mathcal{D}_{G\underline{G}(R_n+R_\theta)}(T,s,0)\mathcal{D}_{F\underline{F}M\underline{M}}(T,s,0)\right]\Big|_{\mathrm{e}^{-sT}=\zeta}$$

$$B(\zeta) = \left[\frac{1}{T}\mathcal{D}_{FG\underline{H}R_n M}(T,s,0)\right]\Big|_{\mathrm{e}^{-sT}=\zeta} \tag{16.71}$$

$$C(\zeta) = \left[\mathcal{D}_{H\underline{H}R_n}(T,s,0)\right]\Big|_{\mathrm{e}^{-sT}=\zeta}$$

zu nehmen ist.

Beispiel 16.2 Das System nach Abbildung 16.6 soll für $G(s) = H(s) = 1$ und bei freier Form des Impulsgebers betrachtet werden. Es wird

$$F(s) = \frac{1}{s-a}\,, \quad R_n(s) = \frac{2\beta\eta}{s^2-\eta^2}$$

vorausgesetzt, wobei $a < 0$, $\eta < 0$, $\beta > 0$ Konstanten sind. Außerdem sei

$$\mathcal{D}_{R_\theta}(T,s,0) = d_\theta > 0\,. \tag{16.72}$$

Die Bedingung (16.72) bedeutet, daß sich die zufällige Störung als diskretes weißes Rauschen mit der Varianz d_θ präsentiert. Bei Verwendung der oben abgeleiteten Beziehungen verbleibt die Aufgabe, das Integral (16.58) zu minimieren, unter dem wegen (16.71)

$$A(\zeta) = \left[\frac{1}{T}(\mathcal{D}_{R_n}(T,s,0) + d_\theta)\mathcal{D}_{F\underline{F}M\underline{M}}(T,s,0)\right]\big|_{e^{-sT}=\zeta}$$

$$B(\zeta) = \left[\frac{1}{T}\mathcal{D}_{FR_nM}(T,s,0)\right]\big|_{e^{-sT}=\zeta}$$

zu setzen ist. Für die Konstruktion des optimalen Steuerprogramms wird die allgemeine Prozedur des Abschnitts 16.2 benutzt. Im gegebenen Fall ergibt sich unter Berücksichtigung von (8.27)

$$\left[\mathcal{D}_{R_n}(T,s,0) + d_\theta\right]\big|_{e^{-sT}=\zeta} = \frac{d_\theta + 2(\beta\sinh\eta T - d_\theta\cosh\eta T)\zeta + d_\theta\zeta^2}{1 - 2\zeta\cosh\eta T + \zeta^2}. \qquad (16.73)$$

Seien $\lambda_1 = \lambda < 1$, $\lambda_2 = \lambda^{-1}$ die Wurzeln der Gleichung

$$d_\theta + 2(\beta\sinh\eta T - d_\theta\cosh\eta T)\zeta + d_\theta\zeta^2 = 0\,,$$

dann kann man (16.73) in der Form

$$\left[\mathcal{D}_{R_n}(T,s,0) + d_\theta\right]\big|_{e^{-sT}=\zeta} = Q^2\frac{(1-\lambda\zeta)(1-\lambda\zeta^{-1})}{(1-e^{\eta T}\zeta)(1-e^{\eta T}\zeta^{-1})}$$

schreiben, wobei Q^2 eine positive Konstante ist. Außerdem folgt aus den Ergebnissen des Beispiels 16.1

$$\frac{1}{T}\mathcal{D}_{F\underline{F}M\underline{M}}(T,s,0)\big|_{e^{-sT}=\zeta} = N_1^2\frac{(1-\mu\zeta)(1-\mu\zeta^{-1})}{(1-e^{aT}\zeta)(1-e^{aT}\zeta^{-1})}$$

mit $|\mu| < 1$, weshalb die Faktorisierung das Ergebnis

$$K(\zeta) = QN_1\frac{(1-\lambda\zeta)(1-\mu\zeta)}{(1-e^{aT}\zeta)(1-e^{\eta T}\zeta)}$$

$$K(\zeta^{-1}) = QN_1\frac{(\zeta-\lambda)(\zeta-\mu)}{(\zeta-e^{aT})(\zeta-e^{\eta T})} \qquad (16.74)$$

liefert. Für die weitere Berechnung wird die Partialbruchentwicklung

$$F(s)R_n(s) = \frac{\xi_1}{s-a} + \frac{\xi_2}{s-\eta} + \frac{\xi_3}{s+\eta}$$

mit bekannten Konstanten ξ_i betrachtet, wobei $a \neq \eta$ angenommen wurde. Hieraus leitet man durch Anwendung von (9.102) für $t = 0$

$$\mathcal{D}_{FR_nM}(T,s,0) = \frac{\xi_1 M(a)}{e^{sT}e^{-aT}-1} + \frac{\xi_2 M(\eta)}{e^{sT}e^{-\eta T}-1} + \frac{\xi_3 M(-\eta)}{e^{sT}e^{\eta T}-1}$$

ab, woraus unter Berücksichtigung von (16.71)

$$B(\zeta^{-1}) = \frac{\alpha_0 + \alpha_1\zeta + \alpha_2\zeta^2}{(\zeta - e^{aT})(\zeta - e^{\eta T})(\zeta - e^{-\eta T})} \qquad (16.75)$$

mit bekannten Konstanten α_i folgt. Indem man (16.74), (16.75) ausnutzt, findet man

$$u(\zeta) = \frac{1}{QN_1} \frac{\alpha_0 + \alpha_1\zeta + \alpha_2\zeta^2}{(\zeta - e^{-\eta T})(\zeta - \lambda)(\zeta - \mu)} \, .$$

Die gebrochen rationale Funktion $u(\zeta)$ ist streng proper, weshalb die Separation (16.29), (16.30) das Ergebnis

$$u_+(\zeta) = \frac{\ell}{1 - e^{\eta T}\zeta} \qquad (16.76)$$

mit einer bekannten Konstanten ℓ liefert. Aus (16.76) und (16.74) gewinnt man das optimale Steuerprogramm

$$W_{d0}(\zeta) = \frac{u_+(\zeta)}{K(\zeta)} = \frac{\ell}{QN_1} \frac{1 - e^{aT}\zeta}{(1 - \lambda\zeta)(1 - \mu\zeta)} \, .$$

Wenn man zur Variablen s zurückkehrt, erhält man das optimale Steuerprogramm in der Gestalt

$$W_{d0}(s) = \frac{\ell}{QN_1} \frac{1 - e^{aT}e^{-sT}}{(1 - \lambda e^{-sT})(1 - \mu e^{-sT})} \, . \qquad \square$$

Beispiel 16.3 Möge $T = 0.1$ und

$$F(s) = \frac{1}{s+1}, \quad \mathcal{D}_{R_\theta}(T, s, 0) = 1, R_n(s) = \frac{4}{4 - s^2}, \quad M(s) = \frac{1 - e^{-sT}}{s}$$

sein, dann ergibt die Berechnung nach den oben abgeleiteten Formeln

$$\left[\mathcal{D}_{R_n}(T, s, 0) + \mathcal{D}_{R_\theta}(T, s, 0)\right]\big|_{e^{-sT}=\zeta} = \frac{1.574(1 + 0.520\zeta)(1 + 0.520\zeta^{-1})}{(1 - 0.819\zeta)(1 - 0.819\zeta^{-1})}$$

$$\frac{1}{T}\mathcal{D}_{F\underline{F}M\underline{M}}(T, s, 0)\big|_{e^{-sT}=\zeta} = \frac{0.00563(1 + 0.268\zeta)(1 + 0.268\zeta^{-1})}{(1 - 0.905\zeta)(1 - 0.905\zeta^{-1})} \, ,$$

weshalb man nach Faktorisierung

$$K(\eta) = \frac{0.0942(1 + 0.520\zeta)(1 + 0.268\zeta)}{(1 - 0.819\zeta)(1 - 0.905\zeta)}$$

$$K(\eta^{-1}) = \frac{0.0942(\zeta + 0.520)(\zeta + 0.268)}{(\zeta - 0.819)(\zeta - 0.905)}$$

erhält. Für die Berechnung von $B(\zeta^{-1})$ wird die Beziehung (16.75) verwendet, was den Ausdruck

$$B(\zeta^{-1}) = \frac{-0.00652\zeta^2 - 0.0255\zeta - 0.00620}{(\zeta - 0.819)(\zeta - 1.221)(\zeta - 0.905)}$$

liefert, wonach man

$$u(\zeta) = \frac{-0.0692\zeta^2 - 0.271\zeta - 0.0658}{(\zeta - 0.520)(\zeta + 0.268)(\zeta - 1.221)}$$

und nach Separation (16.29), (16.30)

$$u_+(\zeta) = \frac{0.392}{1 - 0.819\zeta}$$

gewinnt. Die Übertragungsfunktion des CMV-optimalen Steuerprogramms $W_{CMV}(\zeta)$ erscheint damit in der Form

$$W_{CMV}(\zeta) = \frac{4.158 - 3.762\zeta}{1 - 0.252\zeta - 0.139\zeta^2}, \tag{16.77}$$

womit sich eine mittlere Fehlervarianz von

$$\overline{d}_\varepsilon = 0.535$$

erreichen läßt. Für die Fehlervarianz $d_\varepsilon(0)$, die dem Zeitpunkt $t = 0$ für die Steuerung (16.77) entspricht, erhält man den Wert $d_\varepsilon(0) = 0.590$. Ähnliche Berechnungen führen auf die folgenden Ausdrücke für die Übertragungsfunktionen des MV-optimalen Steuerprogramms

$$W_{MV}(\zeta) = \frac{3.138 - 2.839\zeta}{1 - 0.520\zeta}. \tag{16.78}$$

Wenn man die Steuerung (16.78) verwendet, erzielt man den minimal erreichbaren Wert $d_\varepsilon(0) = 0.574$ und eine mittlere Fehlervarianz von $\overline{d}_\varepsilon = 0.544$. Im vorliegenden Beispiel unterscheidet sich diese Steuerung nur unerheblich von der CMV-optimalen Steuerung. In späteren Beispielen wird allerdings deutlich werden, daß man sich darauf nicht verlassen kann. $\qquad\qquad\qquad\qquad\qquad\qquad\qquad\qquad\qquad\qquad\qquad\square$

Beispiel 16.4 Es mögen die Bedingungen des Beispiels 16.3 gelten, in denen nur

$$F(s) = \frac{1}{s^2 + s + 1} \tag{16.79}$$

verändert wurde und die Abtastperiode T frei wählbar bleiben soll. Dabei soll der Einfluß der Abtastperiode auf die Kenngrößen der MV- und CMV-optimalen Systeme untersucht werden. In Abbildung 16.7 ist die mittlere quadratische Abweichung für die beiden optimalen Steuerungsvarianten über der Abtastzeit abgetragen. Die

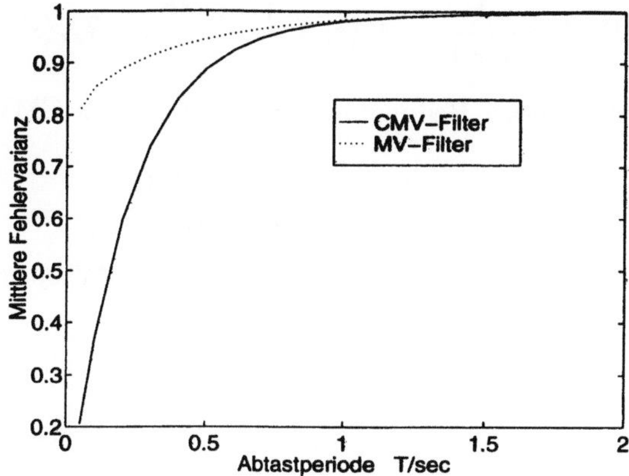

Abbildung 16.7: Mittlere Fehlervarianz bei MV- und CMV-Steuerung

Graphik zeigt, daß für kleine Abtastperioden die MV-Steuerung bedeutend größere Werte der mittleren Varianz hat als die CMV-Steuerung, wobei sich dieser Unterschied mit kleiner werdender Abtastperiode vergrößert. Die Ursache dafür ist darin zu sehen, daß die Übertragungsfunktion (16.79) den Polüberschuß zwei hat. Wie in Åström et al. (1984) gezeigt wurde, besitzt in diesen Fällen die entsprechende Funktion

$$\mathcal{D}^o_{FM}(T,\zeta,0) \stackrel{\text{def}}{=} \mathcal{D}_{FM}(T,s,0)\,\big|_{e^{-sT}=\zeta}$$

für $T \to 0$ eine (stabile oder instabile) Nullstelle, die gegen den Wert $\zeta = -1$ strebt. Diese Nullstelle (oder falls sie instabil ist, die am Einheitskreis gespiegelte), wird eine Polstelle des optimalen Steuerprogramms bei der MV-optimalen Steuerung. In dem Falle arbeitet das MV-optimale System dicht an der Stabilitätsgrenze und die mittlere Varianz des Fehlers wächst stark an. $\qquad\square$

Beispiel 16.5 Es wird das CMV-Redesign-Problem nach Abbildung 16.8 betrachtet. Hierbei wird

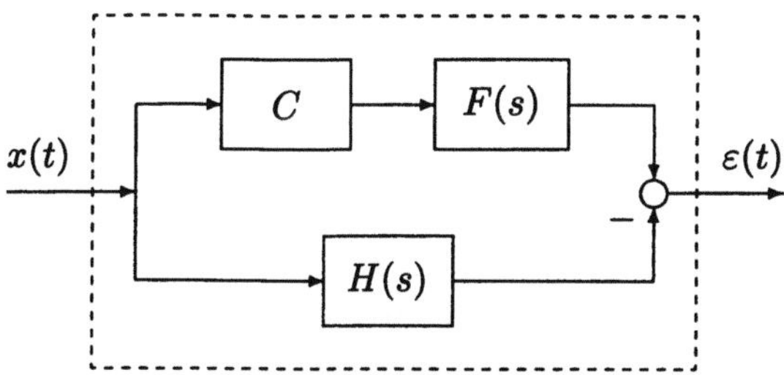

Abbildung 16.8: Gemischte Struktur bei Filter-Redesign

$$F(s) = H(s) = \frac{1}{s+1}, \quad M(s) = \frac{1-e^{-sT}}{s}, \quad R_{xx}(s) = \frac{4}{4-s^2}$$

angenommen. Unter diesen Bedingungen erhält man das CMV-optimale Steuerprogramm

$$W_{CMV}(\zeta) = \frac{1.518 - 0.261\zeta}{1 - 0.268\zeta}.$$

In Abbildung 16.9 ist die mittlere Fehlervarianz bei CMV-optimalem Redesign in

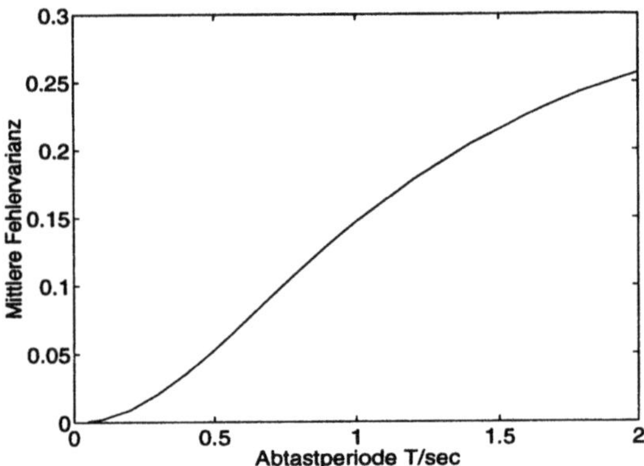

Abbildung 16.9: Mittlere Fehlervarianz bei CMV-Redesign

Abhängigkeit von der Abtastperiode T dargestellt. $\square$

16.5 Optimale Filterung in Systemen mit Totzeit

In diesem Abschnitt wird die Frage des Einflusses der Rechentotzeit auf die Güte
der optimalen Filterung genauer untersucht, Rosenwasser et al. (1996a). Das zu
betrachtende System ist in Abbildung 16.10 dargestellt, wobei die Bezeichnungen
und Voraussetzungen mit denen des Abschnitts 16.4 übereinstimmen. Außerdem

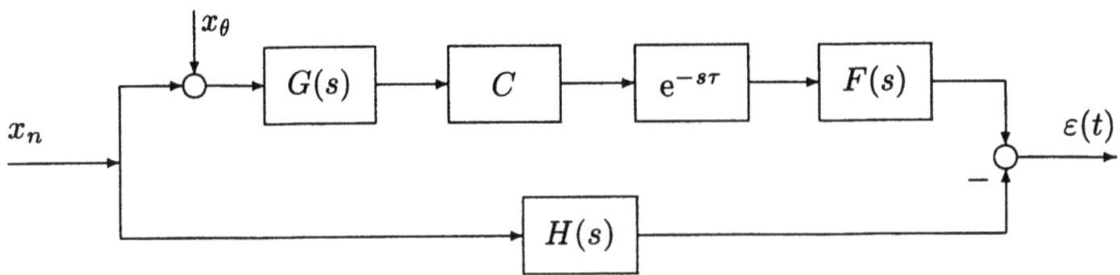

Abbildung 16.10: Gemischte Filterstruktur mit Totzeit

bezeichnet τ in Abbildung 16.10 eine bestimmte Totzeit, die zum kontinuierlichen Teil des Systems dazugeschlagen wird und näherungsweise die Rechentotzeit beschreibt oder auch möglicherweise vorhandene Totzeiten des kontinuierlichen Elements, das nach dem Prozeßrechner kommt, umfaßt. Im gegebenen Fall bleiben alle Beziehungen des Abschnitts 16.4 bestehen, wenn nur die Übertragungsfunktion $F(s)$ durch $F_1(s) = F(s)\mathrm{e}^{-s\tau}$ ersetzt wird. Darum gelangt man bei Beachtung von

$$F_1(s)F_1(-s) = F(s)F(-s)$$

wiederum zu einem Funktional der Form (16.56), in dem die Funktion $\tilde{A}(s)$ wie vorher durch Formel (16.65) und $\tilde{B}(s)$ durch

$$\tilde{B}(s) = \frac{1}{T}\mathcal{D}_{F_1G\underline{H}R_n M}(T, s, 0) = \frac{1}{T}\mathcal{D}_{FG\underline{H}R_n M}(T, s, \delta T)\mathrm{e}^{-msT} \tag{16.80}$$

bestimmt ist, wobei wie schon früher,

$$\tau = mT - \delta T$$

mit $0 < \delta < 1$ und der ganzen Zahl $m \geq 0$ gilt. Schließlich führt der Übergang zur Variablen $\zeta = \mathrm{e}^{-sT}$ zu einem Funktional der Gestalt (16.58).
Im weiteren wird der Einfachheit halber angenommen, daß die kontinuierlichen Elemente der abgetasteten Kette Übertragungsfunktionen mit einfachen Polen besitzen, so daß die Darstellung

$$F(s) = \sum_{i=1}^{n} \frac{\phi_i}{s - f_i}, \quad G(s) = g_0 + \sum_{j=1}^{\ell} \frac{\gamma_j}{s - g_j} \tag{16.81}$$

möglich ist, wobei für alle i, j die Beziehungen $\mathrm{Re}\, f_i < 0$, $\mathrm{Re}\, g_j < 0$ gelten sollen. Bezüglich des idealen Operators $H(s)$ wird vorausgesetzt, daß

$$H(s) = H_0(s)\mathrm{e}^{qsT} \tag{16.82}$$

mit einer ganzen Zahl q und

$$H_0(s) = h_0 + \sum_{k=1}^{p} \frac{\chi_k}{s - h_k} \tag{16.83}$$

ist, wobei $\mathrm{Re}\, h_k < 0$ für alle k ist. Die spektrale Leistungsdichte des Nutzsignals und der Störung sollen ebenfalls gebrochen rationale Funktionen mit einfachen Polen

$$R_n(s) = \sum_{\rho=1}^{\nu} \frac{\alpha_\rho}{s - r_\rho} - \sum_{\rho=1}^{\nu} \frac{\alpha_\rho}{s + r_\rho}$$

$$R_\theta(s) = \sum_{\eta=1}^{\sigma} \frac{\beta_\eta}{s - s_\eta} - \sum_{\eta=1}^{\sigma} \frac{\beta_\eta}{s + s_\eta} \tag{16.84}$$

sein, und für alle ρ, η soll Re $r_\rho < 0$, Re $s_\eta < 0$ gelten. Wenn in (16.81) $g_0 = 0$ ist, dann kann wieder die Aufgabe betrachtet werden, wo $x_\theta(t)$ weißes Rauschen mit der Intensität $\tilde{d}_\theta$, das heißt, $R_\theta(s) = \tilde{d}_\theta$ ist. Im Falle von $G(s) = g_0 = \text{const.}$ kann $\mathcal{D}_{R_\theta}(T, s, 0) = d_\theta = \text{const.}$ gesetzt werden, wie es in Beispiel 16.2 getan worden ist. Die Gesamtheit der Pole der Funktionen (16.81), (16.83), (16.84) werde durch $\mathcal{K}$ bezeichnet. Es wird vorausgesetzt, daß alle Elemente der Menge $\mathcal{K}$ den Bedingungen für nichtpathologisches Verhalten (9.161), (9.162) genügen sollen.
Weiterhin werden für eine beliebige Funktion $G(s)$, die in der Form (16.81) gegeben ist, die Bezeichnungen

$$P_G(\zeta) \stackrel{\text{def}}{=} \prod_{j=1}^{\ell} \left(1 - e^{q_j T}\zeta\right) , \quad Q_G(\zeta) \stackrel{\text{def}}{=} \prod_{j=1}^{\ell} \left(\zeta - e^{q_j T}\right) \tag{16.85}$$

benutzt. Für die beiden gebrochen rationalen Funktionen $G_1(s)$ und $G_2(s)$, deren Produkt nicht kürzbar sein soll, werden die Bezeichnungen

$$P_{G_1 G_2}(\zeta) \stackrel{\text{def}}{=} P_{G_1}(\zeta)P_{G_2}(\zeta), \quad Q_{G_1 G_2}(\zeta) \stackrel{\text{def}}{=} Q_{G_1}(\zeta)Q_{G_2}(\zeta) \tag{16.86}$$

verwendet. Analoge Bezeichnungen werden auch für die spektralen Leistungsdichten eingeführt. Allerdings werden dabei in die Polynome (16.85) nur die stabilen Pole aufgenommen, also

$$P_{R_n}(\zeta) \stackrel{\text{def}}{=} \prod_{\rho=1}^{\nu} \left(1 - e^{r_\rho T}\zeta\right) , \qquad Q_{R_n}(\zeta) \stackrel{\text{def}}{=} \prod_{\rho=1}^{\nu} \left(\zeta - e^{r_\rho T}\right)$$

$$P_{R_\theta}(\zeta) \stackrel{\text{def}}{=} \prod_{\eta=1}^{\sigma} \left(1 - e^{s_\eta T}\zeta\right) , \qquad Q_{R_\theta}(\zeta) \stackrel{\text{def}}{=} \prod_{\eta=1}^{\sigma} \left(\zeta - e^{s_\eta T}\right) .$$

Es wird zunächst die Vorschrift zur Berechnung der minimalen mittleren Varianz betrachtet, wobei die Form $\mu(t)$ des Impulses beliebig sein soll.
Durch Ausnutzung der Formel

$$\mathcal{D}_{F\underline{F}M\underline{M}}(T, s, 0) = \int_0^T \mathcal{D}_{FM}(T, s, t)\mathcal{D}_{FM}(T, -s, t)\, \mathrm{d}t$$

und (9.105) läßt sich immer eine Darstellung der Form

$$\frac{1}{T}\mathcal{D}_{F_1\underline{F_1}M\underline{M}}(T, s, 0)\bigg|_{e^{-sT}=\zeta} = \frac{1}{T}\mathcal{D}_{F\underline{F}M\underline{M}}(T, s, 0)\bigg|_{e^{-sT}=\zeta} = \frac{A_1(\zeta)A_1(\zeta^{-1})}{P_F(\zeta)P_F(\zeta^{-1})}$$

mit einem stabilen Polynom $A_1(\zeta)$ vom Grad n erzielen. Darüber hinaus kann man bei Verwendung von (4.44) die Beziehung

$$\mathcal{D}_{G\underline{G}(R_n + R_\theta)}(T, s, 0)\bigg|_{e^{-sT}=\zeta} = \frac{A_2(\zeta)A_2(\zeta^{-1})}{P_{GR_n R_\theta}(\zeta)P_{GR_n R_\theta}(\zeta^{-1})}$$

mit einem ebenfalls stabilen Polynom $A_2(\zeta)$ gewinnen. Wenn dabei

$$L(s) \stackrel{\text{def}}{=} G(s)G(-s)[R_n(s) + R_\theta(s)]$$

streng proper ist, dann ergibt sich der Grad von $A_2(\zeta)$ zu

$$\deg A_2(\zeta) = \ell + \nu + \sigma - 1.$$

Wenn jedoch $G(s) = g_0$ und die Störung $x_\theta(t)$ (diskretes) weißes Rauschen ist, dann gilt

$$\deg A_2(\zeta) = \nu.$$

Folglich läßt sich die Faktorisierung der Funktion $A(\zeta)$ in (16.71) ausführen, wodurch man

$$
\begin{aligned}
K(\zeta) &= \frac{A_1(\zeta)A_2(\zeta)}{P_{FGR_n R_\theta}(\zeta)} \\[2ex]
K(\zeta^{-1}) &= \frac{A_3(\zeta)}{Q_{FGR_n R_\theta}(\zeta)}
\end{aligned}
\tag{16.87}
$$

erhält, wobei das Polynom $A_3(\zeta)$ durch

$$A_3(\zeta) = \zeta^{n+\ell+\nu+\sigma} A_1(\zeta^{-1}) A_2(\zeta^{-1})$$

festgelegt ist. Wegen der speziellen Konstruktion besitzt das Polynom $A_3(\zeta)$ keine Nullstellen außerhalb des Einheitskreises.
Nun soll die Funktion

$$B(\zeta^{-1}) = \left[\frac{1}{T}\mathcal{D}_{F_1 G \underline{H} R_n M}(T, s, 0)\right]\big|_{e^{sT}=\zeta^{-1}}$$

berechnet werden. Wenn vorausgesetzt wird, daß das Produkt

$$U(s) \stackrel{\text{def}}{=} F(s)G(s)H_0(-s)R_n(s)$$

nicht kürzbar ist, seine Pole einfach sind und die Bedingungen für nichtpathologisches Verhalten (9.161), (9.162) befriedigen, dann erhält man bei Ausnutzung von (16.80) und (9.99)

$$
\begin{aligned}
\frac{1}{T}\mathcal{D}_{FG\underline{H}R_n M}(T, s, 0) &= \frac{1}{T}\mathcal{D}_{FG\underline{H_0}R_n M}(T, s, \delta T)e^{-msT} \\[2ex]
&= \Bigg[\sum_{i=1}^{n} \frac{a_i}{e^{sT} - e^{f_i T}} + \sum_{j=1}^{\ell} \frac{b_j}{e^{sT} - e^{g_j T}} + \sum_{k=1}^{p} \frac{c_k}{e^{sT} - e^{-h_k T}} + \\[2ex]
&\quad + \sum_{\rho=1}^{\nu} \frac{d_\rho}{e^{sT} - e^{r_\rho T}} + \sum_{\rho=1}^{\nu} \frac{l_\rho}{e^{sT} - e^{r_\rho T}} + \gamma \Bigg] e^{-msT}
\end{aligned}
\tag{16.88}
$$

mit

$$\gamma = \int_0^{\delta T} h_U(\delta T - \tau)\mu(\tau)\,d\tau,$$

wobei $h_U(t)$ das Original zum Bild $U(s)$ in der rechten Halbebene ist und a_i, b_j, c_k, d_ρ, l_ρ bekannte Konstanten sind. Aus den Ausdrücken (16.88) und (16.82) läßt sich

$$B(\zeta^{-1}) = \frac{A_4(\zeta)\zeta^{-(m+q)}}{Q_{FGR_n}(\zeta)P_{H_0R_n}(\zeta)} \tag{16.89}$$

mit einem Polynom $A_4(\zeta)$ vom Grad $n+\ell+2\nu+p$ ablesen. Aus (16.87) und (16.89) kann man

$$u(\zeta) = \frac{A_4(\zeta)Q_{R_\theta}(\zeta)\zeta^{-(m+q)}}{A_3(\zeta)P_{H_0R_n}(\zeta)}$$

gewinnen. Als die Pole von $u(\zeta)$, die außerhalb des Einheitskreises liegen, erweisen sich die Wurzeln des Polynoms $P_{H_0R_n}(\zeta)$. Deshalb liefert die Zerlegung (16.29), (16.30)

$$u_+(\zeta) = \frac{u_1(\zeta)}{P_{H_0R_n}(\zeta)} \tag{16.90}$$

mit einem Polynom $u_1(\zeta)$, dessen Grad von der Größe der Totzeit (der Zahl m) und von der Zahl q abhängt, die in (16.82) zugewiesen wurde. Aus (16.90) und (16.87) findet man das CMV-optimalen Steuerprogramm

$$W_{CMV}(\zeta) = \frac{u_+(\zeta)}{K(\zeta)} = \frac{u_1(\zeta)P_{FGR_\theta}(\zeta)}{P_{H_0}(\zeta)A_1(\zeta)A_2(\zeta)}. \tag{16.91}$$

Der Ausdruck (16.91) läßt folgende Schlüsse zu.

1. Die hergeleitete Konstruktionsvorschrift liefert bei Gültigkeit der Faktorisierung (16.27) stets ein stabiles CMV-optimales Steuerprogramm (16.91).

2. Die Pole der Übertragungsfunktion der CMV-optimalen Steuerung sind die Zahlen $\zeta_k = e^{-h_k T}$, wo h_k die Pole der Übertragungsfunktion des idealen Operators sind, sowie diejenigen Nullstellen der Funktion $A(\zeta)$, die außerhalb des Einheitskreises liegen.

3. Unter den Nullstellen der Übertragungsfunktion des CMV-optimalen Steuerprogramms befinden sich jedenfalls die Zahlen $e^{-f_i T}$, $e^{-g_j T}$, $e^{-r_\rho T}$, die durch die Pole der Übertragungsfunktionen $F(s)$, $G(s)$ und die spektrale Leistungsdichte des Nutzsignals $R_n(s)$ festgelegt sind.

4. Der Grad des Zählers der Übertragungsfunktion (16.91) kann größer als der Grad des Nenners werden, zum Beispiel bei der Lösung des optimalen Glättungsproblems, das heißt, die Funktion $W_{CMV}(\zeta)$ muß nicht limitiert sein.

Analog zum oben gesagten, kann das Problem der MV-Optimierung behandelt werden. Dabei können die oben ausgeführten Schritte wiederholt werden, wonach man

$$A(\zeta) = \left[\mathcal{D}_{FM}(T,s,\delta T)\mathcal{D}_{FM}(T,-s,\delta T)\mathcal{D}_{G\underline{G}(R_n+R_\theta)}(T,-s,0) \right]\Big|_{e^{-sT}=\zeta}$$

$$B(\zeta) = \left[\mathcal{D}_{FM}(T,s,\delta T)\mathcal{D}_{G\underline{H_0}R_n}(T,s,0)e^{-(m+q)sT} \right]\Big|_{e^{-sT}=\zeta} \tag{16.92}$$

erhält.

Beispiel 16.6 Es soll der Einfluß der Totzeit τ auf die Kennwerte der optimalen Systeme untersucht werden. Dazu wird das System nach Abbildung 16.11 hergenommen, in dem $T = 0.1$, $0 < \tau < T$ und

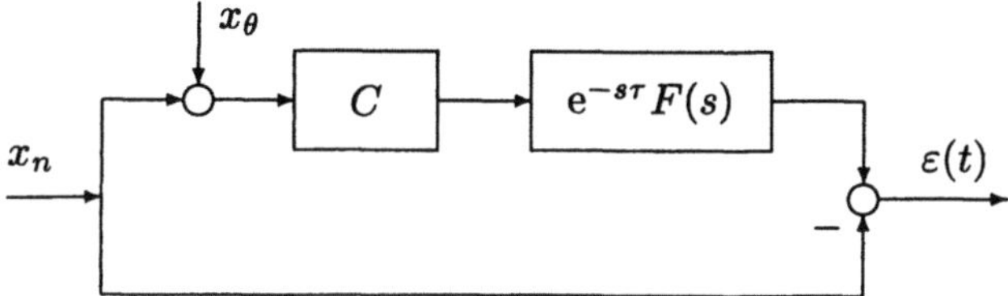

Abbildung 16.11: Einfaches gemischtes Filter mit Totzeit

$$F(s) = \frac{1}{s+1}\,, \quad G(s) = H(s) = 1\,, \quad M(s) = \frac{1-e^{-sT}}{s}$$

$$R_n(s) = \frac{4}{4-s^2}\,, \quad \mathcal{D}_{R_\theta}(T,s,0) = 1 \tag{16.93}$$

gewählt wurden. Abbildung 16.12 zeigt die mittlere Varianz $\overline{d}_\varepsilon$ in Abhängigkeit von der Totzeit für die CMV-optimale und die MV-optimale Steuerung. Aus Abbildung (16.12) ist ersichtlich, daß für gewisse Werte der Totzeit τ die MV-optimale Steuerung zu Systemen mit unzulässig großen mittleren quadratischen Abweichungen führt. Die Ursache für diese Erscheinung liegt darin, daß die Funktion

$$\mathcal{D}^o_{FM}(T,\zeta,\delta T) \stackrel{\text{def}}{=} \mathcal{D}_{FM}(T,s,\delta T)\Big|_{e^{-sT}=\zeta}$$

für gewisse Werte des Parameters δ Nullstellen in der Nähe der Stabilitätsgrenze besitzt, Hara et al. (1989). Das soll unter den Bedingungen des aktuellen Beispiels demonstriert werden. Aus (16.93) folgt, daß im gegebenen Fall

$$\mathcal{D}^o_{FM}(T,\zeta,\delta T) = \frac{1-e^{-aT}}{a}\frac{e^{\delta T}}{1-e^{aT}\zeta} + \frac{e^{a(\delta T-T)}-1}{a}$$

wird, woraus unmittelbar ablesbar ist, daß die Gleichung

$$\mathcal{D}^o_{FM}(T,\zeta,\delta T) = 0$$

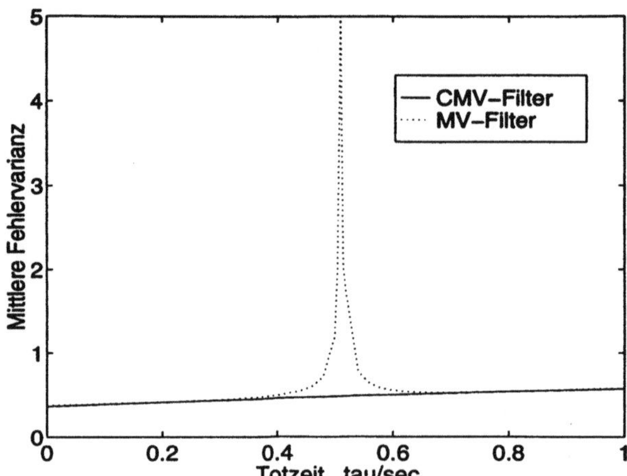

Abbildung 16.12: Kennwerte optimaler Filter über der Totzeit

die Wurzel

$$\zeta_0 = \frac{1 - e^{a\delta T}}{e^{aT} - e^{a\delta T}}$$

besitzt. Diese Wurzel kann sowohl außerhalb als auch innerhalb des Einheitskreises liegen. Wenn $|\zeta_0| > 1$ ist, dann wird ζ_0 ein Pol des MV-optimalen Steuerprogramms, wenn jedoch $|\zeta_0| < 1$ ist, dann besitzt die Steuerung einen Pol im Punkt $\zeta = \zeta_0^{-1}$. Wenn deshalb $\zeta_0 \to -1$ strebt, dann besitzt die MV-optimale Steuerung einen Pol in der Nähe der Stabilitätsgrenze und die mittlere Varianz des Fehlers wächst stark an, obwohl die Größe $d_\varepsilon(0)$ klein bleibt. Wenn die Gleichung

$$2e^{a\delta T} = 1 + e^{aT} \tag{16.94}$$

erfüllt ist, dann wird $\zeta_0 = -1$ und die MV-Optimierungsaufgabe besitzt keine Lösung, da die Faktorisierung nicht möglich ist. Wird die Beziehung (16.94) als Gleichung für die Variable δ angesehen, dann stellt man unschwer fest, daß diese Gleichung immer eine eindeutige Wurzel bei $\delta = \delta_0$, $0 < \delta_0 < 1$ hat, das heißt, die beobachtete Erscheinung tritt für beliebige $a < 0$ und T auf. Für $T \to 0$ ergibt sich

$$\lim_{T \to 0} \delta_0 = \frac{1}{2},$$

das bedeutet, für kleine Abtastperioden tritt der gefährliche Nulldurchgang bei Totzeiten auf, die in der Nähe der halben Abtastzeit liegen. Gleichzeitig existiert der Grenzwert

$$\lim_{T \to \infty} \delta_0 T = \frac{\ln 0.5}{a} = -\frac{0.693}{a}.$$

In Abbildung 16.13 ist die Varianz $d_\varepsilon(t)$ bei Zugrundelegung von (16.93), $T = 0.1$ und $\tau = 0.051$ aufgezeichnet. Der ausgewählte Wert der Totzeit liegt dicht beim

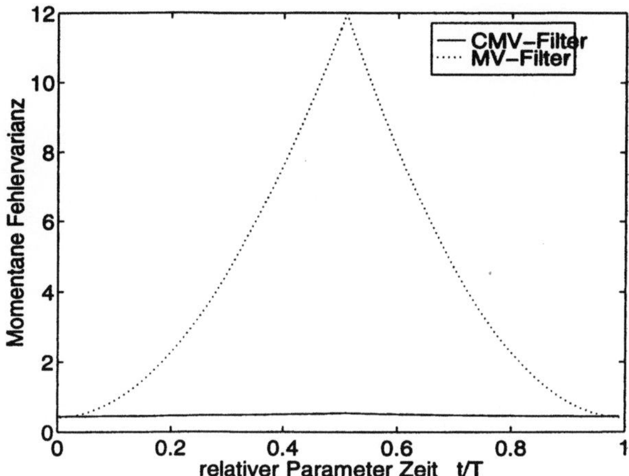

Abbildung 16.13: Zeitabhängige Varianzen optimaler Filterungen

kritischen Wert, für den $\zeta_0 = -1$ wird. Bei MV-optimaler Steuerung wird der Wert $d_\varepsilon(0)$ minimal, doch bläht sich die Varianz $d_\varepsilon(t)$ innerhalb des Abtastintervalls beträchtlich auf, was das heftige Anwachsen der mittleren Varianz bewirkt.   □

Kapitel 17

Direkter Entwurf geschlossener Abtastsysteme

17.1   Problemstellung des LQ-Entwurfs

Möge das in Abbildung 17.1 dargestellte geschlossene Abtastsystem gegeben sein, wobei alle Voraussetzungen und Bezeichnungen der Abschnitte 11.1 – 11.5 wieder

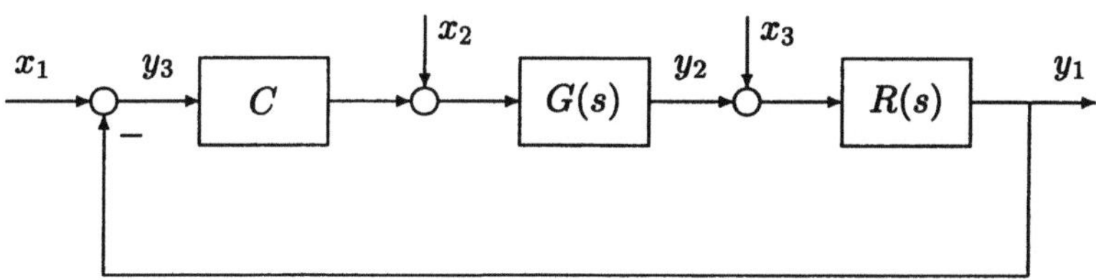

Abbildung 17.1: Geschlossenes Abtastsystem

gelten sollen. Insbesondere wird

$$W_d(s) = \frac{b(s)}{a(s)}, \quad \mathcal{D}_{FM}(T,s,0) = \frac{\mathrm{e}^{-sT}\chi(s)}{\alpha(s)} \tag{17.1}$$

mit $F(s) = G(s)R(s)$ angenommen. In die Betrachtungen werden die rational periodischen Funktionen

$$\tilde{W}_d(s) \stackrel{\mathrm{def}}{=} \frac{W_d(s)}{1 + W_d(s)\mathcal{D}_{FM}(T,s,0)} \tag{17.2}$$

$$\hat{W}_d(s) \stackrel{\mathrm{def}}{=} \frac{1}{1 + W_d(s)\mathcal{D}_{FM}(T,s,0)} \tag{17.3}$$

eingeführt. Durch

$$x(t) \stackrel{\text{def}}{=} \begin{bmatrix} x_1(t) \\ x_2(t) \\ x_3(t) \end{bmatrix} , \quad y(t) \stackrel{\text{def}}{=} \begin{bmatrix} y_1(t) \\ y_2(t) \\ y_3(t) \end{bmatrix} \tag{17.4}$$

werden die Eingänge- und Ausgänge des betrachteten Mehrgrößensystems bezeichnet, die für $t < 0$ verschwinden sollen und deren Laplace-Transformationen die Bezeichnung

$$x(s) \stackrel{\text{def}}{=} \begin{bmatrix} x_1(s) \\ x_2(s) \\ x_3(s) \end{bmatrix} , \quad y(s) \stackrel{\text{def}}{=} \begin{bmatrix} y_1(s) \\ y_2(s) \\ y_3(s) \end{bmatrix}$$

erhalten. Weiterhin wird vorausgesetzt, daß die Anfangswerte des Regelalgorithmus null sind. Die Einsichten des Kapitels 11 nutzend, kann man bei beliebigen Anfangsbedingungen der kontinuierlichen Elemente zu den Ausdrücken

$$y(s) = u_1(s)\tilde{W}_d(s) + u_2(s)\hat{W}_d(s) + u_3(s) \tag{17.5}$$

mit den 3×1 Vektoren $u_i(s)$, $(i = 1, 2, 3)$ gelangen, die in bekannter Weise von den äußeren Anregungen und den Anfangsbedingungen der kontinuierlichen Glieder abhängen. Wenn man zusätzlich berücksichtigt, daß

$$\hat{W}_d(s) = 1 - \tilde{W}_d(s)\mathcal{D}_{FM}(T, s, 0)$$

gilt, dann erhält man aus (17.5)

$$y(s) = u(s)\tilde{W}_d(s) + v(s) \tag{17.6}$$

mit Vektoren $u(s), v(s)$, die ebenfalls in bekannter Weise vom Vektor $x(s)$ und den Anfangsbedingungen der kontinuierlichen Elemente abhängen. Außerdem wird vorausgesetzt, daß ein Vektor von Bildfunktionen $y_r(s)$ gegeben ist, der den Referenzausgängen des Systems entspricht. Dann definiert der Vektor

$$e(s) \stackrel{\text{def}}{=} y(s) - y_r(s) \tag{17.7}$$

das Bild der Abweichung des tatsächlichen Ausgangs $y(t)$ vom gewünschten Ausgang $y_r(t)$. Wird vorausgesetzt, daß die Norm des Fehlervektors $e(t)$ einer Abschätzung

$$\|e(t)\| < Ce^{-\lambda t} \tag{17.8}$$

mit positiven Konstanten C, λ genügt, dann kann die Güte der Nachbildung des Referenzsystems mittels des projektierten Systems durch das Funktional

$$I_c \stackrel{\text{def}}{=} \int_0^\infty \left[k_1^2 e_1^2(t) + k_2^2 e_2^2(t) + k_3^2(t)e_3^2(t) \right] \, \mathrm{d}t \tag{17.9}$$

charakterisiert werden, wobei $e_i(t)$ die Komponenten des Fehlervektors $e(t)$ und k_i^2 nichtnegative Konstanten sind. Indem man die Parsevalsche Gleichung (1.68) anwendet, kann man das Funktional (17.9) in der Gestalt

$$I_c = \frac{1}{2\pi \mathrm{j}} \int_{-\mathrm{j}\infty}^{\mathrm{j}\infty} \left[k_1^2 e_1(s)e_1(-s) + k_2^2 e_2(s)e_2(-s) + k_3^2(t)e_3(s)e_3(-s) \right] \mathrm{d}s \qquad (17.10)$$

mit

$$e_i(s) = \int_0^\infty e_i(t)\mathrm{e}^{-st}\,\mathrm{d}t\,, \quad \mathrm{Re}\ s \ge 0$$

hinschreiben. Wenn in die Betrachtungen die Diagonalmatrix

$$\boldsymbol{K} \overset{\mathrm{def}}{=} \begin{bmatrix} k_1^2 & 0 & 0 \\ 0 & k_2^2 & 0 \\ 0 & 0 & k_3^2 \end{bmatrix} = \mathrm{diag}\{k_1^2 \quad k_2^2 \quad k_3^2\} \qquad (17.11)$$

eingeführt wird, dann läßt sich (17.10) als Spur einer erweiterten Matrix, nämlich durch

$$I_c = \frac{1}{2\pi \mathrm{j}} \int_{-\mathrm{j}\infty}^{\mathrm{j}\infty} \mathrm{tr}\ [\boldsymbol{K}e(s)e'(-s)]\,\mathrm{d}s$$

ausdrücken. Wenn dort (17.11) und (17.7) eingesetzt wird, findet man

$$I_c = \frac{1}{2\pi \mathrm{j}} \int_{-\mathrm{j}\infty}^{\mathrm{j}\infty} \left[\hat{A}(s)\tilde{W}_d(s)\tilde{W}_d(-s) - \hat{B}(s)\tilde{W}_d(s) - \hat{B}(-s)\tilde{W}_d(-s) + \hat{C}(s) \right] \mathrm{d}s$$

$$(17.12)$$

mit

$$\hat{A}(s) = \mathrm{tr}\ [\boldsymbol{K}u(s)u'(-s)]\,, \qquad \hat{B}(s) = \mathrm{tr}\ [\boldsymbol{K}u(s)\tilde{v}'(-s)]$$
$$\hat{C}(s) = \mathrm{tr}\ [\boldsymbol{K}\tilde{v}(s)\tilde{v}'(-s)]\,, \qquad \tilde{v}(s) = v(s) - y_r(s)\,.$$

Wird vorausgesetzt, daß im Integral (17.12) die Operation der Diskretisierung zulässig ist, dann erhält man

$$I_c = \frac{T}{2\pi \mathrm{j}} \int_{c-\mathrm{j}\omega/2}^{c+\mathrm{j}\omega/2} \left[\tilde{A}(s)\tilde{W}_d(s)\tilde{W}_d(-s) - \tilde{B}(s)\tilde{W}_d(s) - \tilde{B}(-s)\tilde{W}_d(-s) + \tilde{C}(s) \right] \mathrm{d}s$$

$$(17.13)$$

mit den bekannten Funktionen

$$\tilde{A}(s) = \mathcal{D}_{\hat{A}}(T,s,0) = \frac{1}{T} \sum_{k=-\infty}^{\infty} \hat{A}(s + k\mathrm{j}\omega)$$

$$\tilde{B}(s) = \mathcal{D}_{\hat{B}}(T,s,0) = \frac{1}{T} \sum_{k=-\infty}^{\infty} \hat{B}(s + k\mathrm{j}\omega) \qquad (17.14)$$

$$\tilde{C}(s) = \mathcal{D}_{\hat{C}}(T,s,0) = \frac{1}{T} \sum_{k=-\infty}^{\infty} \hat{C}(s + k\mathrm{j}\omega)\,,$$

die von den Eingangssignalen und den Anfangsbedingungen der kontinuierlichen Übertragungsglieder abhängen. Im weiteren wird stets vorausgesetzt, daß alle Funktionen (17.14) rational periodisch sind. Dann gelangt man nach Substitution der Variablen s gegen $\zeta = \mathrm{e}^{-sT}$ in (17.13) zum Integral

$$I_c = \frac{1}{2\pi\mathrm{j}} \oint \left[A(\zeta)\tilde{W}_d(\zeta)\tilde{W}_d(\zeta^{-1}) - B(\zeta)\tilde{W}_d(\zeta) - B(\zeta^{-1})\tilde{W}_d(\zeta^{-1}) + C(\zeta) \right] \frac{\mathrm{d}\zeta}{\zeta},$$
$$\tag{17.15}$$

mit dem in positiver Richtung zu durchlaufenen Einheitskreis als Integrationsweg. Außerdem sind in (17.15)

$$A(\zeta) \stackrel{\text{def}}{=} \tilde{A}(s)\big|_{\mathrm{e}^{-sT}=\zeta}, \quad B(\zeta) \stackrel{\text{def}}{=} \tilde{B}(s)\big|_{\mathrm{e}^{-sT}=\zeta}, \quad C(\zeta) \stackrel{\text{def}}{=} \tilde{C}(s)\big|_{\mathrm{e}^{-sT}=\zeta} \tag{17.16}$$

bekannte gebrochen rationale Funktionen und

$$\tilde{W}_d(\zeta) \stackrel{\text{def}}{=} \frac{W_d(\zeta)}{1 + W_d(\zeta)\mathcal{D}^o_{FM}(T,\zeta,0)}, \tag{17.17}$$

wobei die Bezeichnungen

$$W_d(\zeta) \stackrel{\text{def}}{=} W_d(s)\big|_{\mathrm{e}^{-sT}=\zeta}, \quad \mathcal{D}^o_{FM}(T,\zeta,0) \stackrel{\text{def}}{=} \mathcal{D}_{FM}(T,s,0)\big|_{\mathrm{e}^{-sT}=\zeta} \tag{17.18}$$

verwendet wurden. Aus (17.17) und (17.18) folgt, daß das Integral I_c als über der Menge der gebrochen rationalen Funktionen $W_d(\zeta)$ definiertes Funktional angesehen werden kann.

Ausgehend von den dargelegten Beziehungen kann die Aufgabe der optimalen Regelung auf dem Intervall $0 \leq t < \infty$ wie folgt formuliert werden:

> **LQ-Problem** $(0 \leq t < \infty)$. Ausgehend von den gegebenen und in (17.16) definierten Koeffizienten, ist diejenige gebrochen rationale Funktion $W_{d0}(\zeta)$ zu finden, die die Stabilität des geschlossenen Systems gewährleistet und den minimalen Wert des Funktionals (17.15) liefert.

Bemerkung 1. Es wird daran erinnert, daß die vorliegende Aufgabe unterstellt, daß die Anfangsbedingungen des Regelalgorithmus gleich null sind.

Bemerkung 2. Die notwendige Forderung nach der Kausalität des gesuchten optimalen Reglers $W_{d0}(\zeta)$ muß nicht erhoben werden, weil, wie in Abschnitt 14.5 bewiesen wurde, unter den getroffenen Voraussetzungen alle stabilisierenden Übertragungsfunktionen kausal sind.

Bemerkung 3. Den Überlegungen des Abschnitts 16.1 folgend, kann auch für geschlossene Systeme ein allgemeineres Funktional des Typs (16.4) konstruiert werden, das auch die Form (17.15) besitzt.

Bemerkung 4. Prinzipiell lassen sich bei der Aufstellung konkreter Optimierungsaufgaben die Dimensionen der ausgewählten Eingangs- und Ausgangsvektoren verringern. Die Vorgehensweise zur Konstruktion des Gütefunktionals muß dazu nicht verändert werden.

17.2 Quadratische Optimierung auf dem Intervall $-\infty < t < \infty$ ($\mathcal{H}_2$–Problem)

Die Relation zwischen den Vektoren der ausgewählten Eingänge $x(t)$ und Ausgänge $y(t)$ des betrachteten Systems läßt sich als vektorielle Operatorgleichung

$$y = W(s,t)x \tag{17.19}$$

mit der parametrischen Übertragungsmatrix (PTM) $W(s,t)$ aus (11.77) beschreiben. Es wird angenommen, daß neben dem zu projektierenden System das Referenzsystem mit gleicher Periode durch

$$y_r = W_r(s,t)x_r \tag{17.20}$$

gegeben ist, wobei $W_r(s,t)$ die PTM des Referenzsystems ist. Die Aufgabe besteht darin, den Ausgang $y(t)$ so gut wie möglich, auf dem Intervall $-\infty < t < \infty$ an den gewünschten Ausgang $y_r(t)$ anzupassen (Abbildung 17.2), was äquivalent zur

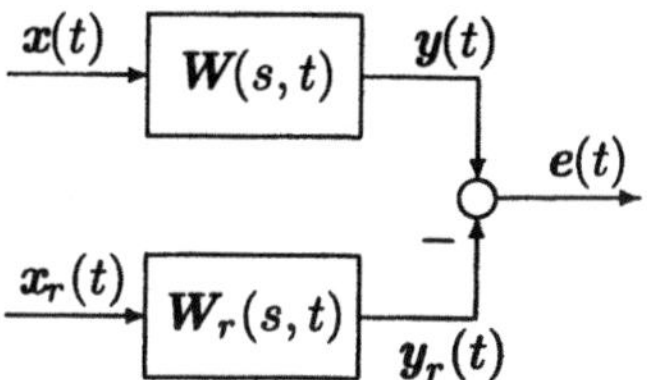

Abbildung 17.2: Allgemeine Struktur zur Definition des Fehlers

Minimierung einer gewissen Norm des Fehlervektors

$$e(t) = y(t) - y_r(t)$$

ist. Wenn in die Betrachtungen die PTM des Systems nach Abbildung 17.2

$$W_a(s,t) \stackrel{\text{def}}{=} \left[\ W(s,t)\ \ -W_r(s,t)\ \right] \tag{17.21}$$

und der erweiterte Vektor

$$\tilde{x}(t) \stackrel{\text{def}}{=} \left[\begin{array}{c} x(t) \\ x_r(t) \end{array}\right]$$

eingeführt werden, dann läßt sich die Operatorengleichung des Fehlers in der Form

$$e = W_a(s,t)\tilde{x} \tag{17.22}$$

aufschreiben. Im weiteren wird vorausgesetzt, daß die zu vergleichenden Systeme stabil sind und die Elemente der PTM (17.21) den Bedingungen des Satzes 6.1 genügen. Dann sind die Konvergenzbedingungen für das Integral

$$H_e(t,\tau) = \frac{1}{2\pi\mathrm{j}} \int_{-\mathrm{j}\infty}^{\mathrm{j}\infty} W_a(s,t)\mathrm{e}^{s(t-\tau)}\,\mathrm{d}s$$

erfüllt und dem System (17.22) entspricht der kausale und e-dichotomische Operator

$$e(t) \stackrel{\text{def}}{=} \mathsf{U}_e[\tilde{x}(t)] = \int_{-\infty}^{t} \boldsymbol{H}_e(t,\tau)\tilde{x}(\tau)\,d\tau\,. \tag{17.23}$$

Möge $\tilde{x}(t)$ ein zentrierter quasistationärer Zufallsvektor sein, dann wird die Reaktion des Operators (17.23) auf den Eingang $\tilde{x}(t)$ der *quasistationäre Fehler* des Systems genannt. Die Varianz des stationären Fehlers $d_e(t)$ wird wegen (8.97) durch die Formel

$$d_e(t) = \frac{1}{2\pi\mathrm{j}} \int_{-\mathrm{j}\infty}^{\mathrm{j}\infty} \mathrm{tr}\,\left[\boldsymbol{W}_a(-s,t)\boldsymbol{R}_{\tilde{x}\tilde{x}}(s)\boldsymbol{W}'_a(s,t)\right]\,ds$$

mit der Matrix $\boldsymbol{R}_{\tilde{x}\tilde{x}}$ der spektralen Leistungsdichten des Vektors $\tilde{x}$ festgelegt. Die mittlere Fehlervarianz wird damit vermöge (8.100) durch

$$\overline{d}_e = \frac{1}{2\pi\mathrm{j}} \int_{-\mathrm{j}\infty}^{\mathrm{j}\infty} \mathrm{tr}\,\left[\boldsymbol{B}_0(s)\boldsymbol{R}_{\tilde{x}\tilde{x}}(s)\right]\,ds = \frac{1}{2\pi\mathrm{j}} \int_{-\mathrm{j}\infty}^{\mathrm{j}\infty} \mathrm{tr}\,\left[\boldsymbol{R}_{\tilde{x}\tilde{x}}(s)\boldsymbol{B}_0(s)\right]\,ds \tag{17.24}$$

mit

$$\boldsymbol{B}_0(s) = \frac{1}{T} \int_0^T \boldsymbol{W}'_a(s,t)\boldsymbol{W}_a(-s,t)\,dt \tag{17.25}$$

bestimmt. Wenn speziell $\boldsymbol{R}_{\tilde{x}\tilde{x}}(s)$ eine Einheitsmatrix ist, dann gilt

$$\overline{d}_e = \overline{r}_e = \|\mathsf{U}_e\|_2^2 = \frac{1}{2\pi\mathrm{j}} \int_{-\mathrm{j}\infty}^{\mathrm{j}\infty} \mathrm{tr}\,\boldsymbol{B}_0(s)\,ds\,. \tag{17.26}$$

Die Verwendung der Größe $\overline{r}_e$ als Gütemaß für das zu entwerfende System führt auf die folgende Optimierungsaufgabe.

$\mathcal{H}_2$−**Problem** $(-\infty < t < \infty)$. Gegeben seien alle Charakteristika der zu vergleichenden Systeme mit Ausnahme des Regelalgorithmus $W_d(s)$. Es soll diejenige rational periodische Funktion $W_{d0}(s)$ gefunden werden, die die Stabilität des geschlossenen Systems gewährleistet und den minimalen Wert der Größe $\overline{r}_e$ liefert.

Bemerkung 1. Durch Einführung eines entsprechenden Formfilters läßt sich das allgemeine Minimierungsproblem für das Funktional (17.24) auf die Formulierung eines $\mathcal{H}_2$−Problems reduzieren.

Bemerkung 2. Im Prinzip müssen bei der Formulierung des $\mathcal{H}_2$−Problems nicht alle Komponenten der Vektoren $\tilde{x}(t)$ und $e(t)$ berücksichtigt werden. Gegebenenfalls würde sich die Dimension der in (17.25) auftretenden Matrizen verkleinern.

Bemerkung 3. In gewissen Fällen kann sich herausstellen, daß der dem System nach Abbildung 17.2 zugeordnete Operator kein Integraloperator ist. Dann behält jedoch alles gesagte seine Gültigkeit, wenn nur das Integral in (17.26) absolut konvergiert.

Es wird gezeigt, daß sich das formulierte Optimierungsproblem auf das betrachtete quadratische Funktional der Form (17.15) zurückführen läßt. Dazu bemerkt man, daß aus den Formeln der Abschnitte 11.2 und 11.3 folgt, daß die PTM (11.77) in der Gestalt

$$W(s,t) = U(s,t)\tilde{W}_d(s,t) + V(s,t) \tag{17.27}$$

mit bekannten 3×3–Matrizen $U(s,t)$, $V(s,t)$ darstellbar ist. Den hergeleiteten Beziehungen entnimmt man

$$\begin{aligned}
\tilde{B}(s,t) &\stackrel{\text{def}}{=} \operatorname{tr}\left[W'_a(s,t)W_a(-s,t)\right] = \\
&= \operatorname{tr}\left[W'(s,t)W(-s,t)\right] + \operatorname{tr}\left[W'_r(s,t)W_r(-s,t)\right] .
\end{aligned}$$

Wird hierin (17.27) eingesetzt, findet man

$$\tilde{B}(s,t) = A(s,t)\tilde{W}_d(s)\tilde{W}_d(-s) - B(s,t)\tilde{W}_d(s) - B(-s,t)\tilde{W}_d(-s) + C(s,t) \tag{17.28}$$

mit den bekannten skalaren Funktionen $A(s,t)$, $B(s,t)$, $C(s,t)$. Indem man (17.25) und (17.28) in (17.26) einsetzt, gelangt man nach Mittelung zu einem Integral der Form

$$\bar{r}_e = \frac{1}{2\pi \mathrm{j}} \int_{-\mathrm{j}\infty}^{\mathrm{j}\infty} \left[\hat{A}(s)\tilde{W}_d(s)\tilde{W}_d(-s) - \hat{B}(s)\tilde{W}_d(s) - \hat{B}(-s)\tilde{W}_d(-s) + \hat{C}(s)\right] \mathrm{d}s \tag{17.29}$$

mit den bekannten Funktionen

$$\hat{A}(s) \stackrel{\text{def}}{=} \frac{1}{T}\int_0^T A(s,t)\,\mathrm{d}t, \quad \hat{B}(s) \stackrel{\text{def}}{=} \frac{1}{T}\int_0^T B(s,t)\,\mathrm{d}t$$

$$\hat{C}(s) \stackrel{\text{def}}{=} \frac{1}{T}\int_0^T C(s,t)\,\mathrm{d}t .$$

Nach Diskretisierung des Integrals (17.29) und Übergang zur Variablen $\zeta = \mathrm{e}^{-sT}$ erhält man den zu (17.15) analogen Ausdruck

$$\bar{r}_e = \frac{1}{2\pi \mathrm{j}} \oint \left[A(\zeta)\tilde{W}_d(\zeta)\tilde{W}_d(\zeta^{-1}) - B(\zeta)\tilde{W}_d(\zeta) - B(\zeta^{-1})\tilde{W}_d(\zeta^{-1}) + C(\zeta)\right] \frac{\mathrm{d}\zeta}{\zeta} \tag{17.30}$$

mit den bekannten gebrochen rationalen Funktionen

$$A(\zeta) \stackrel{\text{def}}{=} \mathcal{D}_{\hat{A}}(T,s,0)\big|_{\mathrm{e}^{-sT}=\zeta}, \quad B(\zeta) \stackrel{\text{def}}{=} \mathcal{D}_{\hat{B}}(T,s,0)\big|_{\mathrm{e}^{-sT}=\zeta}$$

$$C(\zeta) \stackrel{\text{def}}{=} \mathcal{D}_{\hat{C}}(T,s,0)\big|_{\mathrm{e}^{-sT}=\zeta} . \tag{17.31}$$

Für die folgenden Darlegungen wird angenommen, daß die PTM $W_r(s,t)$ so vorgegeben wird, daß alle Koeffizienten von (17.31) gebrochen rationale Funktionen werden.

Bemerkung 4. Die formulierte Aufgabe ist analog zum CMV-Problem für offene Systeme, das in Abschnitt 16:3 behandelt worden ist. Wenn nun als Gütekriterium die Größe

$$d_e(0) = \frac{1}{2\pi\mathrm{j}} \int_{-\mathrm{j}\infty}^{\mathrm{j}\infty} \mathrm{tr}\ \left[\boldsymbol{W}_a'(s,0)\boldsymbol{W}_a(-s,0)\right] \mathrm{d}s \tag{17.32}$$

genommen wird, dann gelangt man zum entsprechenden MV-Problem für geschlossene Systeme, das mit Hilfe der beschriebenen Vorgehensweise erneut auf ein Funktional der Form (17.30) hinausläuft.

Beispiel 17.1 Es wird die Aufgabe der CMV-Optimierung des in Abbildung 17.3 gezeigten Systems betrachtet. Die PTF $W_{yx}(s,t)$ vom Eingang $x(t)$ zum Ausgang

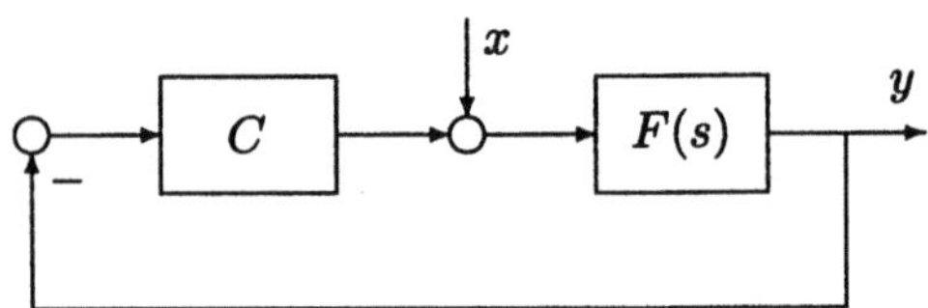

Abbildung 17.3: Einfacher digitaler Regelkreis

$y(t)$ ergibt sich zu

$$W_{yx}(s,t) = F(s) - F(s)\varphi_{FM}(T,s,t)\tilde{W}_d(s) \tag{17.33}$$

mit

$$\tilde{W}_d(s) = \frac{W_d(s)}{1 + W_d(s)\mathcal{D}_{FM}(T,s,0)}. \tag{17.34}$$

Bei den gewählten Ein- und Ausgängen wird die $\mathcal{H}_2-$Norm des Systems durch die Formel

$$\|\mathsf{U}_y\|_2^2 = \bar{r}_y = \frac{1}{2\pi\mathrm{j}} \int_{-\mathrm{j}\infty}^{\mathrm{j}\infty} B_0(s)\,\mathrm{d}s$$

mit

$$B_0(s) = \frac{1}{T}\int_0^T W_{yx}(s,t)W_{yx}(-s,t)\,\mathrm{d}t$$

bestimmt. Wird hierin (17.33) eingesetzt, findet man

$$B_0(s) = F(s)F(-s) - \frac{1}{T}F^2(s)F(-s)M(s)\tilde{W}_d(s) - \frac{1}{T}F^2(-s)F(s)M(-s)\tilde{W}_d(-s) +$$

$$+ \frac{1}{T}\mathcal{D}_{F\underline{F}M\underline{M}}(T,s,0)F(s)F(-s)\tilde{W}_d(s)\tilde{W}_d(-s).$$

Nach einigen Umformungen läßt sich die Größe $\bar{r}_y$ in der Gestalt (17.30) mit

$$A(\zeta) = \frac{1}{T}\left[\mathcal{D}_{F\underline{F}M\underline{M}}(T,s,0)\mathcal{D}_{F\underline{F}}(T,s,0)\right]\big|_{e^{-sT}=\zeta}$$

$$B(\zeta) = \frac{1}{T}\mathcal{D}_{F^2\underline{F}M}(T,s,0)\big|_{e^{-sT}=\zeta}$$

$$C(\zeta) = \frac{1}{T}\mathcal{D}_{F\underline{F}}(T,s,0)\big|_{e^{-sT}=\zeta}$$

aufschreiben. $\qquad\qquad\qquad\qquad\qquad\qquad\qquad\qquad\qquad\qquad\qquad\square$

17.3 Besonderheiten der Lösung des Entwurfsproblems für geschlossene Systeme

In den bisherigen Darlegungen hat sich herauskristallisiert, daß die Suche nach einem optimalen Regelalgorithmus beim LQ- und $\mathcal{H}_2$−Problem auf die Minimierung eines Integrals der Form

$$\tilde{I} \stackrel{\text{def}}{=} \frac{1}{2\pi\mathrm{j}} \oint \left[A(\zeta)\tilde{W}_d(\zeta)\tilde{W}_d(\zeta^{-1}) - B(\zeta)\tilde{W}_d(\zeta) - B(\zeta^{-1})\tilde{W}_d(\zeta^{-1}) + C(\zeta)\right]\frac{\mathrm{d}\zeta}{\zeta}$$

$$(17.35)$$

mit

$$\tilde{W}_d(\zeta) = \frac{W_d(\zeta)}{1 + W_d(\zeta)\mathcal{D}^o_{FM}(T,\zeta,0)} \qquad\qquad (17.36)$$

hinausläuft, wobei die Bezeichnungen

$$W_d(\zeta) = \frac{b(\zeta)}{a(\zeta)}, \quad \mathcal{D}^o_{FM}(T,\zeta,0) = \mathcal{D}_{FM}(T,s,0)\big|_{e^{-sT}=\zeta} = \frac{\zeta\chi^o(\zeta)}{\alpha^o(\zeta)} \qquad (17.37)$$

benutzt werden. In (17.35)–(17.37) sind $b(\zeta)$, $a(\zeta)$, $\chi^0(\zeta)$, $\alpha^o(\zeta)$ Polynome, von denen die letzten beiden bekannt sind, $A(\zeta)$, $B(\zeta)$, $C(\zeta)$ bekannte gebrochen rationale Funktionen und $W_d(\zeta)$ eine gebrochen rationale Funktion, die durch die Bedingung nach dem Minimum des Integrals (17.35) festzulegen ist. Dabei muß sich das charakteristische Polynom des geschlossenen Systems

$$\Delta^o(\zeta) = \alpha^o(\zeta)a(\zeta) + \zeta\chi^o(\zeta)b(\zeta)$$

als stabil erweisen.

Lemma 17.1 *Wenn das Polynom $\Delta^o(\zeta)$ stabil ist, dann ist auch die Funktion $\tilde{W}_d(\zeta)$ stabil.*

Beweis: Aus (17.36), (17.37) bekommt man

$$\tilde{W}_d(\zeta) = \frac{b(\zeta)\alpha^o(\zeta)}{\Delta^o(\zeta)}$$

und deshalb besitzt auch $\tilde{W}_d(\zeta)$ keine Pole im Innern des Einheitskreises oder auf dessen Rand.   ∎

Durch Ausnutzung des Lemmas 17.1 eröffnet sich folgender Lösungsweg für das Optimierungsproblem. Geht man davon aus, daß es gelingt, mit Hilfe der in Abschnitt 16.2 dargelegten Lösungsschritte eine stabile gebrochen rationale Funktion $\tilde{W}_{d0}(\zeta)$ zu konstruieren, die das Integral (17.35) minimiert, dann läßt sich der entsprechende optimale Regelalgorithmus $W_{d0}(\zeta)$ durch die Gleichung

$$\tilde{W}_{d0}(\zeta) = \frac{W_{d0}(\zeta)}{1 + \zeta W_{d0}(\zeta)\frac{\chi^o(\zeta)}{\alpha^o(\zeta)}}$$

gewinnen, die auf die Beziehung

$$W_{d0}(\zeta) = \frac{\tilde{W}_{d0}(\zeta)}{1 - \zeta \tilde{W}_{d0}(\zeta)\frac{\chi^o(\zeta)}{\alpha^o(\zeta)}} \tag{17.38}$$

führt. Es muß darauf hingewiesen werden, daß die Formel (17.38) nicht immer die Lösung der Entwurfsaufgabe liefert. In der Tat, möge

$$W_{d0}(\zeta) = \frac{q(\zeta)}{r(\zeta)}$$

mit nicht kürzbaren Polynomen $q(\zeta)$, $r(\zeta)$ sein, dann findet man aus (17.38)

$$W_{d0}(\zeta) = \frac{q(\zeta)\alpha^o(\zeta)}{r(\zeta)\alpha^o(\zeta) - \zeta q(\zeta)\chi^o(\zeta)}\,. \tag{17.39}$$

Nennt man

$$\tilde{a}(\zeta) \stackrel{\text{def}}{=} r(\zeta)\alpha^o(\zeta) - \zeta q(\zeta)\chi^o(\zeta)\,, \quad \tilde{b}(\zeta) \stackrel{\text{def}}{=} q(\zeta)\alpha^o(\zeta)\,,$$

dann besitzt das charakteristische Polynom des geschlossenen Systems mit dem Regler (17.38) die Gestalt

$$\Delta^o(\zeta) = \alpha^o(\zeta)\tilde{a}(\zeta) + \zeta\chi^o(\zeta)\tilde{b}(\zeta) = [\alpha^o(\zeta)]^2 r(\zeta)\,.$$

Hieraus sieht man sofort, daß $\Delta^o(\zeta)$ nicht stabil sein kann, wenn das Polynom $\alpha^o(\zeta)$ instabil ist. Nun folgt aus (9.151), daß das Polynom $\alpha^o(\zeta)$ dann und nur dann stabil ist, wenn alle kontinuierlichen Elemente des zu projektierenden Systems stabil sind. Wenn also alle kontinuierlichen Glieder des Systems stabil sind, dann bestimmt die

Formel (17.38) den gesuchten optimalen Regelalgorithmus. Wenn jedoch eine der Übertragungsfunktionen $G(s)$, $R(s)$ Pole besitzt, die in der rechten Halbebene oder auf der imaginären Achse liegen, dann gibt Formel (17.38) nicht die Lösung der Aufgabe an, weil in diesem Falle die Übertragungsfunktion $W_{d0}(\zeta)$ nicht stabilisiert. Für die Lösung der Aufgabe muß deshalb im allgemeinen Fall ein anderer Zugang gewählt werden.

Die Idee für einen solchen Zugang wird aus der Parametrisierung der Menge der stabilisierenden Regler geboren, die in Abschnitt 14.5 betrachtet wurde. Sei $\{\tilde{a}^o(\zeta), \tilde{b}^o(\zeta)\}$ ein gewisses Basispaar stabilisierender Polynome, dann ist die Menge aller stabilisierenden Regler durch die Formeln (14.91), (14.92)

$$W_d(\zeta) = \frac{\tilde{b}^o(\zeta) + \phi(\zeta)\alpha^o(\zeta)}{\tilde{a}^o(\zeta) - \zeta\phi(\zeta)\chi^o(\zeta)} \tag{17.40}$$

definiert, wobei $\phi(\zeta)$ eine beliebige nicht kürzbare stabile gebrochen rationale Funktion ist. Indem man (17.40) in (17.36) einsetzt, findet man

$$\tilde{W}_d(\zeta) = [\alpha^o(\zeta)]^2\phi(\zeta) + \alpha^o(\zeta)\tilde{b}^o(\zeta)\,. \tag{17.41}$$

Wird (17.41) in (17.35) eingesetzt, gelangt man zur Aufgabe, das Funktional

$$\tilde{I}_1 \stackrel{\text{def}}{=} \frac{1}{2\pi\mathrm{j}} \oint [A_1(\zeta)\phi(\zeta)\phi(\zeta^{-1}) - B_1(\zeta)\phi(\zeta) - B_1(\zeta^{-1})\phi(\zeta^{-1}) + C_1(\zeta)] \frac{\mathrm{d}\zeta}{\zeta} \tag{17.42}$$

mit

$$A_1(\zeta) = A(\zeta)[\alpha^o(\zeta)]^2[\alpha^o(\zeta^{-1})]^2$$
$$B_1(\zeta) = A(\zeta)[\alpha^o(\zeta)]^2 - A(\zeta)[\alpha^o(\zeta)]^2\alpha^o(\zeta^{-1})\tilde{b}^o(\zeta^{-1}) \tag{17.43}$$
$$C_1(\zeta) = A(\zeta)\alpha^o(\zeta)\alpha^o(\zeta^{-1}) - B(\zeta)\alpha^o(\zeta)\tilde{b}^o(\zeta) - B(\zeta^{-1})\alpha^o(\zeta^{-1})\tilde{b}^o(\zeta^{-1})$$

über der Menge aller stabilen gebrochen rationalen Funktionen $\phi(\zeta)$ zu minimieren. Möge

$$\phi_0(\zeta) = \frac{c_0(\zeta)}{\Delta_0(\zeta)}$$

eine das Funktional (17.42) minimierende stabile gebrochen rationale Funktion sein, dann erhält die gesuchte Übertragungsfunktion des optimalen Reglers das Aussehen

$$W_{d0}(\zeta) = \frac{\tilde{b}^o(\zeta)\Delta_0(\zeta) + c_0(\zeta)\alpha^o(\zeta)}{\tilde{a}^o(\zeta)\Delta_0(\zeta) - \zeta c_0(\zeta)\chi^o(\zeta)}\,. \tag{17.44}$$

Die Übertragungsfunktion (17.44) stabilisiert, da sie genau mit diesem Ziel konstruiert worden ist. Dabei ist das charakteristische Polynom des geschlossenen Systems durch die Gleichung

$$\Delta^o(\zeta) = \Delta_0(\zeta)$$

bestimmt.

Bemerkung. Es wird darauf hingewiesen, daß bei Verwendung der Parametrisierung (14.103) alles gesagte auf Systeme mit Totzeit übertragbar ist.

Wie aus Abschnitt 16.2 folgt, existiert die optimale Funktion $\phi_0(\zeta)$ und ist eindeutig, wenn die Funktion $A_1(\zeta)$ keine Nullstellen oder Pole auf der Peripherie des Einheitskreises besitzt und die Funktion $B_1(\zeta)$ dort keine Pole hat. Es sollen einige ergänzende Überlegungen angestellt werden, die bei der Überprüfung dieser Bedingungen hilfreich sein können. Dazu wird in (17.41) von $\zeta = \mathrm{e}^{-sT}$ Gebrauch gemacht, wodurch man

$$\tilde{W}_d(s) = \alpha^2(s)\phi(s) + \alpha(s)\tilde{b}(s) \tag{17.45}$$

ermittelt. Hierin sind $\alpha(s)$, $\tilde{b}(s)$ Quasipolynome in $\zeta = \mathrm{e}^{-sT}$ und $\phi(s)$ eine stabile rational periodische Funktion. Es wird das System nach Abbildung 17.1 bei Abwesenheit von äußeren Anregungen betrachtet. Wird dann (17.45) in (17.6) eingesetzt, so findet man

$$y(s) = u_1(s)\phi(s) + v_1(s) \tag{17.46}$$

mit den bekannten Vektorfunktionen

$$u_1(s) \overset{\text{def}}{=} u(s)\alpha^2(s), \quad v_1(s) \overset{\text{def}}{=} v(s) + \alpha(s)\tilde{b}(s)u(s),$$

die von den Anfangsbedingungen der kontinuierlichen Elemente abhängen.

Satz 17.1 *Die Vektorfunktionen $u_1(s)$, $v_1(s)$ sind ganze Funktionen, das heißt, sie besitzen keine Pole in beliebigen endlichen Gebieten der komplexen Ebene.*

Beweis: Sei die Funktion $\phi(s)$ als Quasipolynom in $\zeta = \mathrm{e}^{-sT}$ gewählt worden, dann artet das charakteristische Quasipolynom (11.73) in eine Konstante aus und die Eigenschwingungen erlöschen nach endlicher Übergangszeit. Dieses kann nur in dem Falle auftreten, wenn das Bild $y(s)$ (17.46) keine Pole für beliebige Quasipolynome $\phi(s)$ hat, das heißt, die Vektoren $u_1(s)$, $v_1(s)$ ganze Funktionen sind. ∎

Möge jetzt $W(s,t)$ die durch (11.77) bestimmte PTM des zu entwerfenden Systems sein. Wie aus den Abschnitten 11.2 und 11.3 folgt, erlaubt die Matrix $W(s,t)$ die Darstellung

$$W(s,t) = Q(s,t)\tilde{W}_d(s) + P(s,t)$$

mit bekannten 3×3 −Matrizen $Q(s,t)$, $P(s,t)$. Setzt man hier (17.45) ein, findet man

$$W(s,t) = Q_1(s,t)\phi(s) + P_1(s,t) \tag{17.47}$$

mit

$$Q_1(s,t) \overset{\text{def}}{=} Q(s,t)\alpha^2(s), \quad P_1(s,t) \overset{\text{def}}{=} Q(s,t)\alpha(s)\tilde{b}(s) + P(s,t). \tag{17.48}$$

Satz 17.2 *Die Matrizen $Q_1(s,t)$, $P_1(s,t)$ sind für beliebige t ganze Funktionen des Arguments s.*

Beweis: Wenn $\phi(s)$ ein beliebiges Quasipolynom ist, dann wird das charakteristische Quasipolynom (11.73)

$$\Delta(s) = \Delta^o(\zeta)\big|_{\zeta=e^{-sT}} = \text{const.}$$

und wegen der Beziehung (11.77) erweist sich die Matrix $W(s,t)$ dann als ganze Funktion des Arguments s. Wenn aber die Matrix (17.47) für beliebige Quasipolynome $\phi(s)$ eine ganze Funktion ist, so gelingt das nur, wenn auch die Matrizen (17.48) ganze Funktionen in s sind. ∎

Beispiel 17.2 Es wird wieder das System nach Abbildung 17.3 mit der PTF (17.33) untersucht. In dem Fall wird

$$Q(s,t) = -F(s)\varphi_{FM}(T,s,t)\,, \quad P(s,t) = F(s)$$

und deshalb unter Berücksichtigung von (17.47)

$$Q_1(s,t) = -[\varphi_{FM}(T,s,t)F(s)]\alpha^2(s)$$
$$P_1(s,t) = F(s) - \varphi_{FM}(T,s,t)\alpha(s)\tilde{b}(s)F(s)\,.$$

Die Funktion $Q_1(s,t)$ ist ganz, so daß die Pole des Ausdrucks in den quadratischen Klammern sich gegen die Nullstellen des Quasipolynoms $\alpha^2(s) = \left(1 - e^{aT}e^{-sT}\right)^2$ herauskürzen. Es wird gezeigt, daß die Funktion $P_1(s,t)$ ebenfalls ganz ist. Dazu berücksichtige man, daß

$$\alpha(s)\tilde{a}(s) + e^{-sT}\chi(s)\tilde{b}(s) = 1$$

ist, woraus man

$$P_1(s,t) = F(s)\alpha(s)\tilde{a}(s) + \alpha(s)\tilde{b}(s)F(s)\left[\varphi_{FM}(T,s,0) - \varphi_{FM}(T,s,t)\right]$$

ermittelt. Der rechte Teil dieser Gleichung ist eine ganze Funktion, was aus dem Beweis zu Satz 11.1 folgt. □

Bemerkung. Wenn der kontinuierliche Teil des zu projektierenden Systems stabil ist, dann kann für die Lösung des Optimierungsproblems die Parametrisierung (14.99) benutzt werden, was den Ausdruck

$$\tilde{W}_d(\zeta) = \alpha^o(\zeta)\tilde{\phi}(\zeta) \tag{17.49}$$

mit einer beliebigen stabilen gebrochen rationalen Funktion $\tilde{\phi}(\zeta)$ ergibt. Es ist leicht einzusehen, Rosenwasser (1994c), daß die Verwendung der Parametrisierung (17.49) zur Lösung (17.38) führt.

Am Schluß dieses Abschnitts wird gezeigt, daß ausgehend vom Funktional (17.42) eine noch allgemeinere Optimierungsaufgabe formuliert werden kann. Dazu wird (17.42) in der Gestalt

$$\tilde{I}_1 = \frac{1}{2\pi \mathrm{j}} \oint X(\zeta) \, \frac{\mathrm{d}\zeta}{\zeta} \tag{17.50}$$

mit dem mehrgliedrigen quadratischen vom Parameter ϕ abhängigen Ausdruck

$$X(\zeta) = A_1(\zeta)\phi(\zeta)\phi(\zeta^{-1}) - B_1(\zeta)\phi(\zeta) - B_1(\zeta^{-1})\phi(\zeta^{-1}) + C_1(\zeta)$$

aufgeschrieben. Der Ausdruck (17.50) kann formal als $\mathcal{H}_2$−Norm eines gewissen äquivalenten diskreten Systems aufgefaßt werden. Entsprechend läßt sich, wie in Grimble (1995) ausgeführt wurde, die Größe

$$I_\infty \overset{\mathrm{def}}{=} \sup_{|\zeta|=1} X(\zeta) \tag{17.51}$$

als Kriterium für die Optimierung der Robustheit dieses äquivalenten Systems ansehen. Damit läßt sich das folgende robuste Optimierungsproblem formulieren:

> $\mathcal{H}_\infty$−**Problem.** Gegeben seien alle Parameter des gesuchten Abtastsystems, die die Koeffizienten von (17.43) festlegen. Dann ist diejenige stabile gebrochen rationale Funktion $\phi_{r0}(\zeta)$ mit $I_\infty \to$ min zu finden.

Wenn eine solche Funktion ϕ_{r0} bestimmt worden ist, dann kann man mit Hilfe von (17.44) einen entsprechenden optimalen robusten Regler erzeugen. Die Berechnungsmethoden zur Lösung des robusten Optimierungsproblems werden auf der Grundlage von Polynomialgleichungen in Anhang B dargelegt.

17.4 LQ-Redesign für Systeme mit Totzeit

Gegeben sei das stabile kontinuierliche System nach Abbildung 17.4, wobei $W(s)$, $K(s)$, $L(s)$, $N(s)$ gebrochen rationale Funktionen sind, Rosenwasser et al. (1997a). Das Glied mit der Übertragungsfunktion $W(s)$ soll durch ein digitales Element

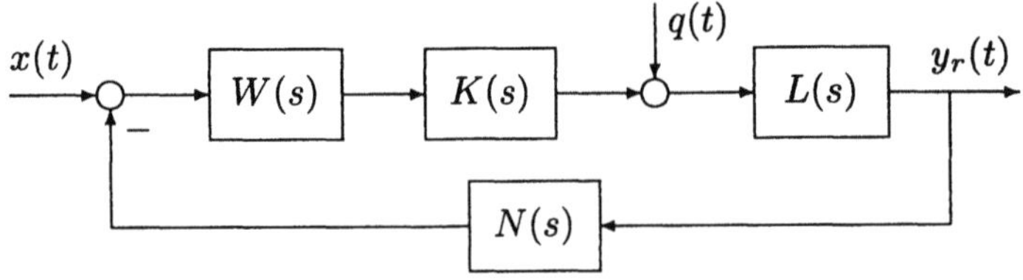

Abbildung 17.4: Kontinuierliches Referenzsystem

ersetzt werden, wodurch man insgesamt das in Abbildung 17.5 dargestellte Abtastsystem erhält. Dabei sollen die Glieder $K(s)$, $L(s)$, $N(s)$ dieselben wie in Abbildung

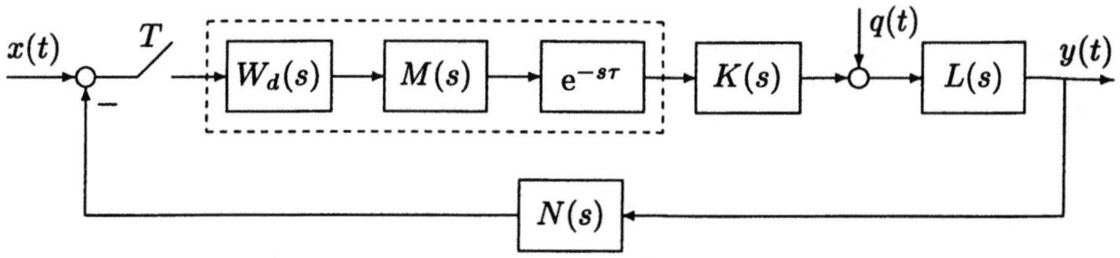

Abbildung 17.5: Anzupassendes Abtastsystem

17.4 sein. Außerdem ist in Abbildung 17.5

$$M(s) = \frac{1 - e^{-sT}}{s}$$

und die Größe τ modelliert näherungsweise die Rechentotzeit. Die Eingangssignale beider Systeme sollen identisch sein und für Re $s > 0$ die Bilder

$$X(s) = \frac{1}{s}, \quad Q(s) = \frac{1}{s}$$

haben, das heißt $x(t)$ und $q(t)$ sind Einheitssprünge (1.42). Die Anfangsbedingungen werden für alle Elemente der abzugleichenden Systeme als null angenommen. Als Gütekriterium für das Redesign wird die integrierte quadratische Abweichung zwischen den Übergangsvorgängen der beiden Systemen, nämlich

$$I_c = \int_0^\infty [y(t) - y_r(t)]^2 \, \mathrm{d}t \tag{17.52}$$

gewählt. Unter den getroffenen Vorkehrungen kann das Problem des LQ–Redesign wie folgt formuliert werden.

LQ–Redesign-Problem ($0 \le t < \infty$). Zu gegebenen $L(s)$, $K(s)$, $N(s)$, $W(s)$, $M(s)$, T und τ finde man diejenige gebrochen rationale Übertragungsfunktion des Reglers $W_d(\zeta)$, die die Stabilität des redesignierten Systems sichert sowie die Konvergenz und den minimalen Wert des Integrals (17.52) gewährleistet.

Wird vorausgesetzt, daß das zu projektierende System stabil ist und der Fehler

$$\varepsilon(t) = y(t) - y_r(t)$$

einer Abschätzung der Form (17.18) genügt, dann konvergiert das Integral (17.52) und vermöge der Parsevalschen Gleichung erhält man

$$I_c = \frac{1}{2\pi\mathrm{j}} \int_{-\mathrm{j}\infty}^{\mathrm{j}\infty} [Y(s) - Y_r(s)][Y(-s) - Y_r(-s)] \, \mathrm{d}s, \tag{17.53}$$

wobei $Y(s)$, $Y_r(s)$ die Laplace-Transformierten der Ausgänge $y(t)$, $y_r(t)$ sind. Es werden nun die Laplace-Transformationen in (17.53) für die beiden Fälle

1. Fall $x(t) = \mathbf{1}(t)$, $q(t) = 0$

2. Fall $x(t) = 0$, $q(t) = \mathbf{1}(t)$

berechnet.

Im 1. Fall ist die Übertragungsfunktion des kontinuierlichen Referenzsystems vom Eingang $x(t)$ zum Ausgang $y(t)$ gleich

$$W_{yx}(s) = \frac{W(s)K(s)L(s)}{1 + W(s)K(s)L(s)N(s)} \tag{17.54}$$

und das Bild des Ausgangs $Y_{r1}(s)$ hat die Gestalt

$$Y_{r1}(s) = \frac{W(s)K(s)L(s)}{1 + W(s)K(s)L(s)N(s)} \frac{1}{s}. \tag{17.55}$$

Für die Berechnung der Laplace-Transformation des Ausgangs vom Abtastsystem $Y_1(s)$ wird

$$G(s) \overset{\text{def}}{=} K(s)L(s)\mathrm{e}^{-s\tau}, \quad R(s) \overset{\text{def}}{=} N(s)$$

vereinbart. Die Anwendung der Formeln des Abschnitts 11.7 liefert dann

$$Y_1(s) = K(s)L(s)M(s)\mathrm{e}^{-s\tau}\tilde{W}_d(s)\mathcal{D}_x(T,s,+0) \tag{17.56}$$

mit

$$\tilde{W}_d(s) = \frac{W_d(s)}{1 + W_d(s)\mathcal{D}_{KLNM}(T,s,-\tau)}$$

und dank (4.49) weiß man

$$\mathcal{D}_x(T,s,t) = \frac{1}{1 - \mathrm{e}^{-sT}}.$$

Im 2. Fall ist das Bild des Ausgangs vom Referenzsystem $Y_{r2}(s)$ durch

$$Y_{r2}(s) = W_{yq}(s)\frac{1}{s} \tag{17.57}$$

mit

$$W_{yq}(s) = \frac{L(s)}{1 + W(s)K(s)L(s)N(s)} \tag{17.58}$$

und das Bild des Ausgangs vom Abtastsystem durch

$$Y_2(s) = L(s)Q(s) - L(s)K(s)M(s)\mathrm{e}^{-s\tau}\tilde{W}_d(s)\mathcal{D}_{LNQ}(T,s,0) \tag{17.59}$$

festgelegt.

Indem man (17.55) und (17.56) in (17.53) einsetzt, erhält man nach Umformung ein Integral der Gestalt (17.35), in dem

$$A(\zeta) = \left[\mathcal{D}_{K\underline{K}L\underline{L}M\underline{M}}(T,s,0)\mathcal{D}_x(T,s,+0)\mathcal{D}_x(T,-s,+0)\right]\big|_{e^{-sT}=\zeta}$$

$$B(\zeta) = \left[\mathcal{D}_{KL\underline{Y}_{r1}M}(T,s,-\tau)\mathcal{D}_x(T,s,+0)\right]\big|_{e^{-sT}=\zeta} . \tag{17.60}$$

zugeordnet wird.

Im 2. Fall gelangt man auf analoge Weise, indem (17.57) und (17.59) ausgenutzt werden, zu einem Integral der Form (17.35) mit

$$A(\zeta) = \left[\mathcal{D}_{K\underline{K}L\underline{L}M\underline{M}}(T,s,0)\mathcal{D}_{LNQ}(T,s,0)\mathcal{D}_{LNQ}(T,-s,0)\right]\big|_{e^{-sT}=\zeta}$$

$$B(\zeta) = \left[\mathcal{D}_{KL\underline{Y}_{r2}M}(T,s,-\tau)\mathcal{D}_{LNQ}(T,s,0)\right]\big|_{e^{-sT}=\zeta} . \tag{17.61}$$

Für die Lösung der Optimierungsaufgabe wird jetzt die Konstruktion der Menge von zulässigen Reglern bewerkstelligt. Die gebrochen rationale Funktion

$$F(s) \overset{\text{def}}{=} K(s)L(s)N(s)$$

sei nicht kürzbar und ihre Pole mögen die Zahlen $s_1, \ldots, s_\ell$ sein und diese mögen die Bedingungen erfüllen, unter denen pathologisches Verhalten nicht auftritt, was unter den aktuellen Gegebenheiten

$$e^{s_m T} \neq e^{s_k T}, \quad (k \neq m, \quad k,m = 1, \ldots, \ell) \tag{17.62}$$

bedeutet. Bei Erfüllung von (17.62) erhält man unter Ausnutzung von (9.149), (9.197)

$$\mathcal{D}_{KLNM}(T,s,-\tau)\big|_{e^{-sT}=\zeta} = \mathcal{D}_{FM}(T,s,-\tau)\big|_{e^{-sT}=\zeta} = \frac{\zeta^m \beta^o(\zeta, \delta T)}{\alpha^o(\zeta)}$$

mit einem nicht kürzbaren Bruch auf der rechten Seite. Dabei läßt sich die Menge aller stabilisierenden Regler in der Form (14.103)

$$W_d(\zeta) = \frac{\tilde{b}^o(\zeta) + \phi(\zeta)\alpha^o(\zeta)}{\tilde{a}^o(\zeta) - \zeta^m \phi(\zeta)\beta^o(\zeta, \delta T)} \tag{17.63}$$

darstellen, wobei $\{\tilde{a}^o(\zeta), \tilde{b}^o(\zeta)\}$ ein beliebiges Basispaar ist, das die Gleichung (14.100) befriedigt. Allerdings genügen nicht alle Regler (17.63) den in der Aufgabe gestellten Forderungen. Tatsächlich ist für die Konvergenz des Integrals (17.52) noch notwendig, daß die zur Abschätzung (17.8) gleichstarke Bedingung

$$\lim_{t \to \infty} [y(t) - y_r(t)] = 0$$

erfüllt wird. Im Laplace-Bereich wird diese Bedingung äquivalent durch

$$\lim_{s \to 0} s[Y(s) - Y_r(s)] = 0 \tag{17.64}$$

ausgedrückt. Die Bedingung (17.64) fordert die Gleichheit des stationären Verhaltens der anzupassenden Systeme. Im gegebenen Fall ist also die Minimierung
des Funktionals (17.52) nur auf einer Untermenge der Menge der stabilisierenden
Regler (17.63) vorzunehmen, die zusätzlich die Bedingung (17.64) befriedigen. Es
werde durch $\mathcal{W}_d$ die Menge aller stabilisierenden Regler bezeichnet und durch $\mathcal{W}_d^0$
diejenige Teilmenge daraus, die außerdem der Bedingung (17.64) genügt.
Bevor der Satz zur Bestimmung der Untermenge $\mathcal{W}_d^0$ formuliert werden kann, wird
als Bezeichnung vereinbart, daß ein beliebiger rationaler Bruch $A(s)$ in der Form

$$A(s) = \frac{m_A(s)}{d_A(s)} \tag{17.65}$$

mit nicht kürzbaren Polynomen $m_A(s)$, $d_A(s)$ notiert wird.

Satz 17.3 *Möge der 1. Fall vorliegen. Wenn dann*

$$d_N(0)d_K(0)d_L(0)m_K(0)m_L(0) = 0 \tag{17.66}$$

*ist, so stimmen die Menge $\mathcal{W}_d$ und $\mathcal{W}_d^0$ überein. Wenn aber (17.66) nicht gilt, so
ist für die Erfüllung von (17.64) notwendig und hinreichend, daß in (17.63) der
Parameter $\phi(\zeta)$ die Beziehung*

$$\phi(\zeta) = k_\phi + (1 - \zeta)\phi_1(\zeta) \tag{17.67}$$

mit einer stabilen gebrochen rationalen Funktion $\phi(\zeta)$ und

$$k_\phi = \frac{m_W(0)\tilde{a}^o(1) - d_W(0)\tilde{b}^o(1)}{m_W(0)\beta^o(1,\delta T) + d_W(0)\alpha^o(1)} \tag{17.68}$$

erfüllt. Die Größe k_ϕ ist immer endlich.

Analog stimmen im 2. Fall die Mengen $\mathcal{W}_d$ und $\mathcal{W}_d^0$ überein, wenn

$$d_N(0)d_K(0)m_K(0)m_L(0)m_N(0) = 0 \tag{17.69}$$

*ist. Wenn jedoch die letzte Bedingung falsch ist, dann ist für die Gültigkeit von
(17.64) notwendig und hinreichend, daß (17.67), (17.68) erfüllt wird.*

Beweis: Es wird zuerst der 1. Fall betrachtet. Unter den getroffenen Voraussetzungen existiert der endliche Grenzwert

$$y_{r\infty} \stackrel{\text{def}}{=} \lim_{s\to 0} sY_{r1}(s) = \frac{W(0)K(0)L(0)}{1 + W(0)K(0)L(0)N(0)}$$

oder unter Berücksichtigung von (17.65)

$$y_{r\infty} = \frac{d_N(0)m_W(0)m_K(0)m_L(0)}{d_W(0)d_K(0)d_L(0)d_N(0) + m_W(0)m_K(0)m_L(0)m_N(0)}.$$

Andererseits existiert der Grenzwert

$$y_\infty \overset{\text{def}}{=} \lim_{s \to 0} s Y_1(s) = \frac{W_d(0)K(0)L(0)}{1 + W_d(0)K(0)L(0)N(0)},$$

was auch mit Hilfe von (14.39) einzusehen ist. Wenn man

$$W_d(s) = \frac{b(s)}{a(s)} \tag{17.70}$$

mit nicht kürzbaren Quasipolynomen $b(s)$, $a(s)$ ansetzt, so kann man

$$y_\infty = \frac{d_N(0)b(0)m_K(0)m_L(0)}{a(0)d_K(0)d_L(0)d_N(0) + b(0)m_K(0)m_L(0)m_N(0)}$$

hinschreiben. Schließlich führt die Bedingung (17.64) zu der Gleichung

$$\frac{d_N(0)m_W(0)m_K(0)m_L(0)}{d_W(0)d_K(0)d_L(0)d_N(0) + m_W(0)m_K(0)m_L(0)m_N(0)} =$$

$$= \frac{d_N(0)b(0)m_K(0)m_L(0)}{a(0)d_K(0)d_L(0)d_N(0) + b(0)m_K(0)m_L(0)m_N(0)}. \tag{17.71}$$

Wenn die Beziehung

$$\gamma \overset{\text{def}}{=} d_N(0)m_K(0)m_L(0) = 0$$

erfüllt ist, dann wird (17.71) für alle $W(s)$ und $W_d(s)$ befriedigt. Dabei wird $y_\infty = y_{r\infty} = 0$ und die Mengen $\mathcal{W}_d$ und $\mathcal{W}_d^0$ stimmen überein. Möge jetzt

$$\gamma = d_N(0)m_K(0)m_L(0) \neq 0$$

sein, dann erhält man aus (17.71)

$$\frac{m_W(0)}{d_W(0)d_K(0)d_L(0)d_N(0) + m_W(0)m_K(0)m_L(0)m_N(0)} =$$

$$= \frac{b(0)}{a(0)d_K(0)d_L(0)d_N(0) + b(0)m_K(0)m_L(0)m_N(0)}.$$

Die Nenner der beiden Seiten der letzten Gleichung sind nicht null, deshalb gewinnt man

$$d_K(0)d_L(0)d_N(0)[m_W(0)a(0) - d_W(0)b(0)] = 0. \tag{17.72}$$

Wenn

$$\rho \overset{\text{def}}{=} d_K(0)d_L(0) = 0$$

ist, dann wird die Gleichung (17.72) von allen $W(s)$ und $W_d(s)$ befriedigt und man hat

$$y_\infty = y_{r\infty} = \frac{d_N(0)}{m_N(0)}.$$

Falls $\rho \neq 0$ ist, findet man aus (17.72)

$$m_W(0)a(0) - d_W(0)b(0) = 0\,. \tag{17.73}$$

Betrachtet werden nun die sich daraus ergebenden Möglichkeiten. Wenn

$$m_W(0) \neq 0\,, \quad d_W(0) \neq 0$$

gilt, dann muß wegen der Nichtkürzbarkeit der Brüche (17.70)

$$a(0) \neq 0\,, \quad b(0) \neq 0$$

richtig sein und die Gleichung

$$W_d(0) = W(0) \overset{\text{def}}{=} k_d \tag{17.74}$$

erfüllt sein. Wenn

$$m_W(0) = 0\,, \quad d_W(0) \neq 0$$

ist, dann findet man aus (17.73)

$$b(0) = 0\,, \quad a(0) \neq 0\,. \tag{17.75}$$

Schließlich folgt aus

$$m_W(0) \neq 0\,, \quad d_W(0) = 0$$

wegen (17.73)

$$b(0) \neq 0\,, \quad a(0) = 0\,. \tag{17.76}$$

Indem nun (17.73) ausgenutzt wird, bekommt man

$$W_d(0) = W_d(\zeta)\,|_{\zeta=1} = \frac{\tilde{b}^o(1) + \phi(1)\alpha^o(1)}{\tilde{a}^o(1) - \phi(1)\beta^o(1,\delta T)}$$

worin der Zähler und der Nenner nicht gleichzeitig zu null werden. Im Fall (17.74) muß

$$\frac{\tilde{b}^o(1) + \phi(1)\alpha^o(1)}{\tilde{a}^o(1) - \phi(1)\beta^o(1,\delta T)} = \frac{m_W(0)}{d_W(0)} = k_d \tag{17.77}$$

sein, woraus

$$\phi(1) = \frac{k_d\tilde{a}^o(1) - \tilde{b}(1)}{k_d\beta^o(1,\delta T) + \alpha^o(1)} = k_\phi$$

folgt. Wie bereits bei der Analyse der Formel (14.124) läßt sich auch hier zeigen, daß der Wert von k_ϕ endlich ist, das heißt, der Nenner des letzten Ausdrucks nicht gleich null wird. Im Falle (17.75) folgt aus (17.77)

$$\tilde{b}^o(1) + \phi(1)\alpha^o(1) = 0\,.$$

Es sei bemerkt, daß in diesem Fall $\alpha^o(1) \neq 0$ ist, weil andernfalls die charakteristische Gleichung des Abtastsystems die Wurzel $\zeta = 1$ besitzen würde, was der Voraussetzung über die Stabilität widerspricht. Deshalb gilt

$$\phi(1) = -\frac{\tilde{b}^o(1)}{\alpha^o(1)} = k_\phi \,,$$

wobei der Wert von k_ϕ begrenzt ist.
Im Fall (17.76) gelangt man zur Gleichung

$$\tilde{a}^o(1) - \phi(1)\beta^o(1,\delta T) = 0\,.$$

Analog zur oberen Argumentation läßt sich zeigen, daß $\beta^o(1,\delta T) \neq 0$ ist und somit

$$\phi(1) = \frac{\tilde{a}^o(1)}{\beta^o(1,\delta T)} = k_\phi$$

folgt.
Es läßt sich direkt nachprüfen, daß alle betrachteten Einzelfälle in Formel (17.68) aufgehoben sind. Für den 1. Fall ist der Satz damit bewiesen. Für den 2. Fall kann der Beweis analog geführt werden. ∎

Wenn (17.67) erfüllt ist, erhält man aus (17.41)

$$\tilde{W}_d(s) = \left(1 - \mathrm{e}^{-sT}\right)\alpha^2(s)\phi_1(s) + \alpha^2(s)k_\phi + \alpha(s)\tilde{b}(s)\,. \qquad (17.78)$$

Indem die Parametrisierung (17.78) benutzt und zur Variablen $\zeta = \mathrm{e}^{-sT}$ gewechselt wird, gelangt man zu einem Funktional der Form (17.42), das vom stabilen Parameter $\phi_1(\zeta)$ abhängt. Wenn dabei der optimale Parameter $\phi_{10}(\zeta)$ gefunden wurde, dann ist die optimale Funktion $\phi_0(\zeta)$ durch

$$\phi_0(\zeta) = k_\phi + (1 - \zeta)\phi_{10}(\zeta)$$

gegeben und der optimale Regelalgorithmus ergibt sich aus der Beziehung (17.40).

Beispiel 17.3 Im kontinuierlichen Referenzsystem seien

$$L(s) = \frac{1}{s-1}\,, \quad K(s) = N(s) = 1\,, \quad W(s) = \frac{s+2}{s+1}\,, \quad Q(s) = 0$$

gegeben, was dem 1. Fall entspricht. Es soll das Redesign auf der Basis eines Prozeßrechners mit der Abtastperiode $T = 0.5$ und der Totzeit $\tau = 0.2$ vorgenommen werden. Als Gütekriterium soll der Wert des Integrals (17.52) minmiert werden. Im vorliegenden Fall ergibt sich die Übertragungsfunktion (17.54) zu

$$W_{yx}(s) = \frac{s+2}{s^2+s+1}\,.$$

Es werden nun die gebrochen rationalen Funktionen bestimmt, die in das Funktional (17.35) eingehen. Werden dazu die Formeln der Abschnitte 4.7 und 4.9 herangezogen, so ermittelt man im vorliegenden Beispiel

$$\mathcal{D}_{LM}(T, s, -\tau)\big|_{e^{-sT}=\zeta} = \frac{-\zeta(-0.181\zeta + 0.212)}{\zeta - 0.607}$$

$$\mathcal{D}_{x}(T, s, 0)\big|_{e^{-sT}=\zeta} = \frac{1}{1-\zeta}$$

$$\mathcal{D}_{L\underline{L}M\underline{M}}(T, s, 0)\big|_{e^{-sT}=\zeta} = \frac{0.00919(\zeta + 3.786)(\zeta^{-1} + 3.786)}{(\zeta - 1.649)(\zeta^{-1} - 1.649)}$$

$$\mathcal{D}_{L\underline{Y}_{r1}M}(T, s, -\tau)\big|_{e^{-sT}=\zeta} = \frac{10^{-2}(-0.133\zeta^4 - 4.948\zeta^3 - 4.579\zeta^2 + 1.915\zeta + 0.164)}{(\zeta - 1)(\zeta - 0.607)(\zeta^2 - 1.414\zeta + 0.607)} \; .$$

Die Minimierung des Funktionals (17.35) mit Hilfe der Polynomialgleichungsmethode, die in Anhang B erläutert wird, liefert für diese Parameter den optimalen digitalen Regler

$$W_{do}(\zeta) = \frac{2.893 - 5.230\zeta + 3.599\zeta^2 - 0.974\zeta^3}{1 - 1.120\zeta + 0.0467\zeta^2 + 0.398\zeta^3 - 0.177\zeta^4} \; .$$

Zum Vergleich soll die Anpassung des diskreten Systems an das Referenzverhalten mit Hilfe der Tustin-Formel

$$s = \frac{2}{T}\frac{1-\zeta}{1+\zeta}$$

vorgenommen werden, die zu einem Abtastsystem mit dem zeitdiskreten Regler

$$W_T(\zeta) = \frac{1.2 - 0.4\zeta}{1 - 0.6\zeta} \tag{17.79}$$

führt, was äquivalent zu

$$W_T(s) = \frac{1.2 - 0.4e^{-sT}}{1 - 0.6e^{-sT}}$$

ist. In Abbildung 17.6 sind die charakteristischen Übergangsvorgänge des kontinuierlichen und des anzupassenden Abtastsystems dargestellt. Aus Abbildung 17.6 ist ersichtlich, daß die dargelegte Methode einen Regler liefert, der die Stabilität des geschlossenen Abtastsystems sichert und mit dem erreicht wird, daß die charakteristischen Übergangsvorgänge des Referenzsystems und des anzupassenden Abtastsystems nahe beieinander verlaufen. Gleichzeitig wird das Abtastsystem mit dem Regler (17.79) instabil. □

Beispiel 17.4 (2. Fall)   Es wird das kontinuierliche System mit den Übertragungsfunktionen der kontinuierlichen Glieder

$$L(s) = \frac{1}{s(s-1)}, \quad K(s) = N(s) = 1, \quad W(s) = \frac{5s+1}{s+3}$$

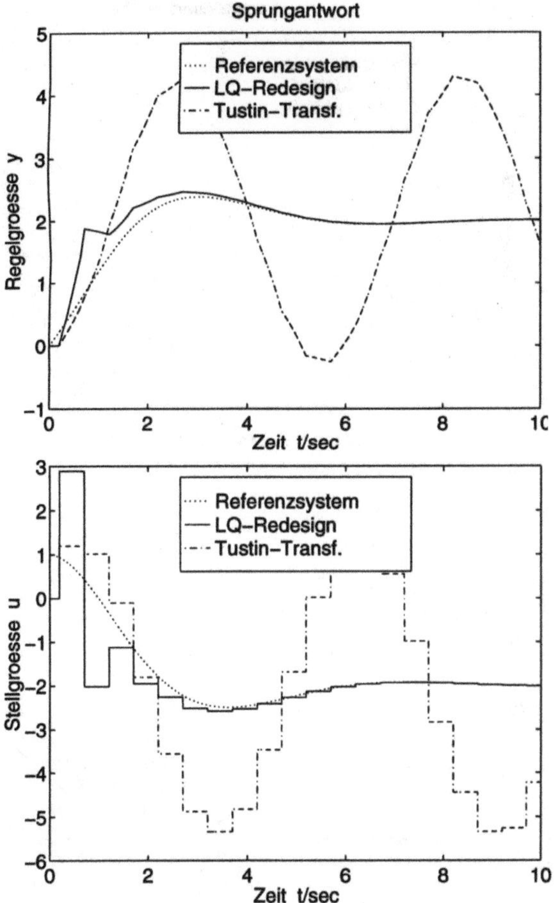

Abbildung 17.6: Übergangsvorgänge zu Beispiel 17.3

betrachtet, bei dem der Regler $W(s)$ durch einen Prozeßrechner mit Halteglied 0. Ordnung, einer Abtastzeit von $T = 0.5$ und einer Totzeit von $\tau = 0.2$ äquivalent ersetzt werden soll. Bei Verwendung von Formel (17.61) und einer entsprechenden Berechnungsmethode gewinnt man den optimalen Regler

$$W_{do}(\zeta) = \frac{14.321 - 31.566\zeta + 34.318\zeta^2 - 23.697\zeta^3 + 8.560\zeta^4 - 1.293\zeta^5}{1 + 1.231\zeta - 1.083\zeta^2 + 1.373\zeta^3 - 0.688\zeta^4 + 0.070\zeta^5 + 0.024\zeta^6} \cdot \quad (17.80)$$

Die Tustin-Transformation des kontinuierlichen Reglers liefert in diesem Falle

$$W_T(\zeta) = \frac{3 - 2.714\zeta}{1 - 0.143\zeta} \cdot \quad (17.81)$$

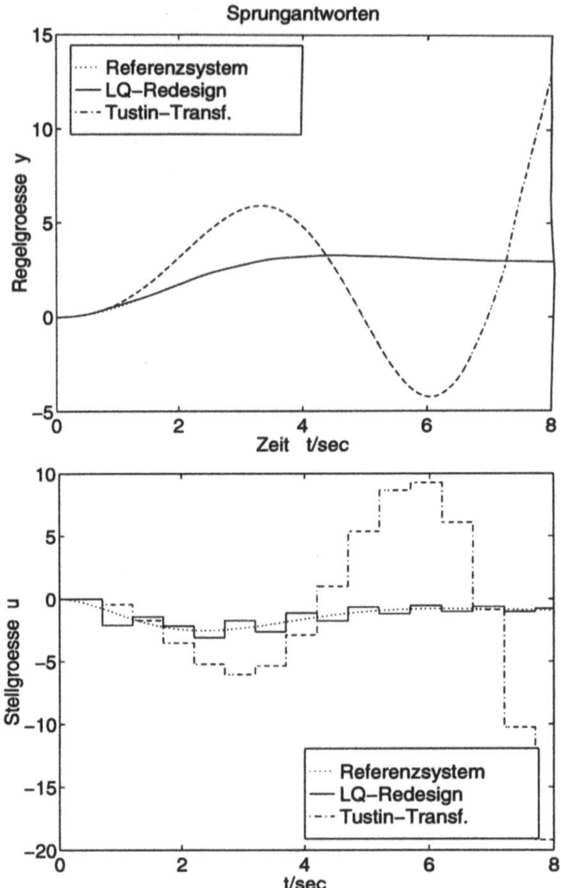

Abbildung 17.7: Übergangsvorgänge zu Beispiel 17.4

In Abbildung 17.7 sind die charakteristischen Übergangsvorgänge des Referenzsystems sowie der Systeme mit den Reglern (17.80) und (17.81) aufgezeichnet. Wie man der Abbildung 17.7 entnimmt, ist das geschlossene Abtastsystem mit dem Tustin-Regler (17.81) instabil, während gleichzeitig der optimale Regler (17.80) die Stabilität des angepaßten Systems sichert und dafür sorgt, daß das Ersatzsystem praktisch dieselben Übergangsvorgänge wie das kontinuierliche Referenzsystem aufweist.   □

17.5 $\mathcal{H}_2$-optimale Folgesysteme mit Totzeit

Das geschlossene System nach Abbildung 17.8 soll untersucht werden, Rosenwasser et al. (1997b), wobei alle äußeren Signale, die Referenz $r(t)$, das Meßrauschen $\theta(t)$ und die Störung $q(t)$ zentrierte stationäre Zufallsprozesse sind. In den kontinuier-

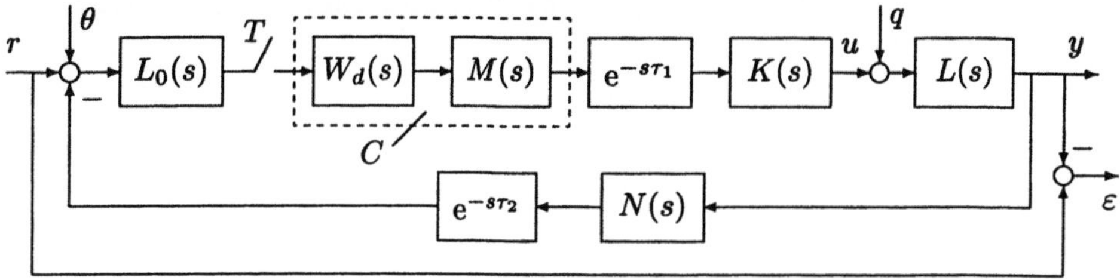

Abbildung 17.8: Komplexes Folgesystem mit stochastischen Anregungen

lichen Teil des Systems gehen der zu regelnde Prozeß $L(s)$, das Stellglied $K(s)$, das Vorfilter $L_0(s)$ und die dynamische Rückführung $N(s)$ sowie einige Totzeitelemente ein. Im weiteren wird vorausgesetzt, daß $L_0(s)$, $K(s)$, $N(s)$ gebrochen rationale Funktionen und proper sind, während $L(s)$ streng proper sein soll. Das zu entwerfende System soll mit maximaler Genauigkeit dem Führungssignal $r(t)$ bei angemessenem Aufwand für die Stellgröße $u(t)$ folgen. Das Folgeverhalten des Prozesses wird an Hand der Abweichung

$$\varepsilon(t) = r(t) - y(t)$$

beurteilt. Wenn das geschlossene System stabil ist, dann sind im eingeschwungenen Zustand die Ausgänge $\varepsilon(t)$ und $u(t)$ periodisch instationäre Zufallsprozesse und für die Varianzen $d_\varepsilon(t)$ und $d_u(t)$ gilt

$$d_\varepsilon(t) = d_\varepsilon(t+T), \quad d_u(t) = d_u(t+T),$$

wobei T die Abtastperiode ist. Die gewichtete Summe dieser Varianzen, die das Funktionieren des Systems charakterisiert, hat die Gestalt

$$d(t) \stackrel{\text{def}}{=} d_\varepsilon(t) + \lambda^2 d_u(t) \tag{17.82}$$

mit einer nichtnegativen Konstanten λ^2 und $d(t) = d(t+T)$. Die Funktion (17.82) kann im Prinzip für jedes beliebige feste t, zum Beispiel für $t = 0$, minimiert werden. Allerdings wird dann $d(t)$ für die übrigen Werte von t nicht berücksichtigt, was zu gravierenden Fehlentwürfen führen kann. Aus dieser Erkenntnis heraus wird als Gütekriterium die gemittelte Größe

$$\overline{d} \stackrel{\text{def}}{=} \overline{d}_\varepsilon + \lambda^2 \overline{d}_u \tag{17.83}$$

mit den zugehörigen mittleren Varianzen

$$\overline{d}_\varepsilon = \frac{1}{T}\int_0^T d_\varepsilon(t)\,\mathrm{dt}\,, \quad \overline{d}_u = \frac{1}{T}\int_0^T d_u(t)\,\mathrm{dt}$$

verwendet. Auf der Basis der vorangegangenen Erläuterungen läßt sich das folgende Optimierungsproblem formulieren.

$\mathcal{H}_2$**-Folgeproblem** $(-\infty < t < \infty)$.   Gegeben sind die Abtastperiode T, die Übertragungsfunktionen der kontinuierlichen Systemelemente und des Formierungselements sowie die spektralen Leistungsdichten der Eingangssignale. Gesucht ist diejenige Übertragungsfunktion des digitalen Reglers $W_d(s)$, die das System stabilisiert und das Kriterium (17.83) minimiert.

Zum Vergleich wird auch die Aufgabe betrachtet, unter sonst gleichen Bedingungen die Funktion $d(t)$ für $t = 0$, das heißt, die Größe $d(0)$ zu minimieren. In Übereinstimmung mit den oben benutzten Begriffen wird der Regler, der $\overline{d}$ minimiert, CMV-Regler genannt, und der $d(0)$ minimierende Regler soll MV-Regler heißen. Wendet man sich der Konstruktion einer Integraldarstellung des Gütefunktionals (17.83) zu, dann sind die Erkenntnisse des Abschnitts 17.2 von Nutzen. Zuerst sollen die PTF des betrachteten Systems von den Eingängen $x_1(t) = r(t)$, $x_2(t) = \theta(t)$, $x_3(t) = q(t)$ zu den Ausgängen $y_1(t) = \varepsilon(t)$ und $y_2(t) = u(t)$ gefunden werden. Wird die Berechnungsmethode der Abschnitte 11.2 – 11.4 angewendet, dann kann man

$$\begin{aligned}
W_{11}(s,t) &= 1 - \tilde{W}_d(s)L_0(s)\varphi_{LK_1 M}(T,s,t)\\
W_{12}(s,t) &= -\tilde{W}_d(s)L_0(s)\varphi_{LK_1 M}(T,s,t)\\
W_{13}(s,t) &= \tilde{W}_d(s)L_0(s)L(s)N_1(s)\varphi_{LK_1 M}(T,s,t) - L(s)\\
W_{21}(s,t) &= W_{22}(s,t) = \tilde{W}_d(s)L_0(s)\varphi_{K_1 M}(T,s,t)\\
W_{23}(s,t) &= -\tilde{W}_d(s)L_0(s)L(s)N_1(s)\varphi_{K_1 M}(T,s,t)
\end{aligned}$$

(17.84)

aufstellen, wobei die Abkürzungen

$$\begin{aligned}
K_1(s) &= K(s)\mathrm{e}^{-s\tau_1}\,, \quad N_1(s) = N(s)\mathrm{e}^{-s\tau_2}\\
\tilde{W}_d(s) &= \frac{W_d(s)}{1 + W_d(s)\mathcal{D}_{L_0 L K_1 N_1 M}(T,s,0)}
\end{aligned}$$

eingeführt wurden und $W_{ik}(s,t)$ die PTF vom k-ten Eingang zum i-ten Ausgang bezeichnet. Insgesamt lassen sich die PTFs (17.84) kompakt als parametrische Übertragungsmatrix (PTM)

$$W(s,t) = \begin{bmatrix} W_{11}(s,t) & W_{12}(s,t) & W_{13}(s,t)\\ W_{21}(s,t) & W_{22}(s,t) & W_{23}(s,t) \end{bmatrix}$$

schreiben. Im weiteren wird vorausgesetzt, daß alle Eingangssignale statistisch unabhängig sind und die Matrix der spektralen Leistungsdichten des Vektors $x = [\, x_1 \; x_2 \; x_3 \,]'$ die Gestalt

$$R_{xx}(s) = \mathrm{diag} \; \{R_r(s) \;\; R_\theta(s) \;\; R_q(s)\}$$

hat. Dann bestimmen die Diagonalelemente der Matrix

$$K_{yy}(t) = \frac{1}{2\pi \mathrm{j}} \int_{-\mathrm{j}\infty}^{\mathrm{j}\infty} W(-s,t) R_{xx}(s) W'(s,t) \, \mathrm{d}s$$

die Varianz der Ausgänge $\varepsilon(t)$ und $u(t)$. Durch Ausrechnen dieser Varianzen findet man

$$
\begin{aligned}
d_\varepsilon(t) &= \frac{1}{2\pi \mathrm{j}} \int_{-\mathrm{j}\infty}^{\mathrm{j}\infty} \big[W_{11}(s,t) W_{11}(-s,t) R_r(s) + W_{12}(s,t) W_{12}(-s,t) R_\theta(s) + \\
&\qquad\qquad + W_{13}(s,t) W_{13}(-s,t) R_q(s) \big] \, \mathrm{d}s \\
d_u(t) &= \frac{1}{2\pi \mathrm{j}} \int_{-\mathrm{j}\infty}^{\mathrm{j}\infty} \big[W_{21}(s,t) W_{21}(-s,t) \big(R_r(s) + R_\theta(s) \big) + \\
&\qquad\qquad + W_{23}(s,t) W_{23}(-s,t) R_q(s) \big] \, \mathrm{d}s \, .
\end{aligned}
\tag{17.85}
$$

Wenn man (17.85) in (17.82) einsetzt und zu endlichen Integrationsgrenzen wechselt, kann die Funktion $d(t)$ in der Form

$$d(t) = d_0 + d_1(t)$$

mit

$$
\begin{aligned}
d_0 &= \frac{1}{2\pi \mathrm{j}} \int_{-\mathrm{j}\infty}^{\mathrm{j}\infty} \big[R_r(s) + L(s) L(-s) R_q(s) \big] \, \mathrm{d}s \\
d_1(t) &= \frac{T}{2\pi \mathrm{j}} \int_{-\mathrm{j}\omega/2}^{\mathrm{j}\omega/2} \big[A(s,t) \tilde{W}_d(s) \tilde{W}_d(-s) - B(s,t) \tilde{W}_d(s) - B(-s,t) \tilde{W}_d(-s) \big] \, \mathrm{d}s
\end{aligned}
\tag{17.86}
$$

geschrieben werden. In (17.86) wurden die Bezeichnungen

$$
\begin{aligned}
A(s,t) &= \big[\mathcal{D}_{LK_1M}(T,s,t) \mathcal{D}_{LK_1M}(T,-s,t) + \\
&\qquad + \lambda^2 \mathcal{D}_{K_1M}(T,s,t) \mathcal{D}_{K_1M}(T,-s,t) \big] \mathcal{D}_U(T,s,0) \\
B(s,t) &= \mathcal{D}_{\underline{V}}(T,-s,t) \mathcal{D}_{LK_1M}(T,s,t) \\
U(s) &= L_0(s) L_0(-s) \big[R_r(s) + R_\theta(s) + L(s) L(-s) N(s) N(-s) R_q(s) \big] \\
V(s) &= L_0(s) \big[R_r(s) + L(s) L(-s) N_1(s) R_q(s) \big]
\end{aligned}
\tag{17.87}
$$

verwendet. Wenn (17.87) in (17.86) eingesetzt und über die Zeit gemittelt wird, findet man

$$\overline{d}_1 \stackrel{\text{def}}{=} \frac{1}{T} \int_0^T d_1(t)\, \mathrm{d}t$$

$$= \frac{T}{2\pi\mathrm{j}} \int_{-\mathrm{j}\omega/2}^{\mathrm{j}\omega/2} \left[\tilde{A}(s)\tilde{W}_d(s)\tilde{W}_d(-s) - \tilde{B}(s)\tilde{W}_d(s) - \tilde{B}(-s)\tilde{W}_d(-s) \right] \mathrm{d}s \tag{17.88}$$

mit

$$\tilde{A}(s) = \frac{1}{T}\left[\mathcal{D}_{L\underline{L}K\underline{K}M\underline{M}}(T,s,0) + \lambda^2 \mathcal{D}_{K\underline{K}M\underline{M}}(T,s,0) \right] \mathcal{D}_U(T,s,0)$$

$$\tilde{B}(s) = \frac{1}{T}\mathcal{D}_{LK_1VM}(T,s,0)\,.$$

Wechselt man in (17.88) zur Variablen $\zeta = \mathrm{e}^{-sT}$ über, dann entsteht ein Integral der Gestalt (17.35) mit

$$A(\zeta) = \tilde{A}(s)\big|_{\mathrm{e}^{sT}=\zeta}\,,\quad B(\zeta) = \tilde{B}(s)\big|_{\mathrm{e}^{sT}=\zeta}\,.$$

Die Minimierung des entsprechenden Funktionals (17.35) kann vorteilhaft mit Hilfe der in Anhang B dargelegten Polynomialgleichungsmethode bewerkstelligt werden. Dabei wird von der Darstellung

$$\mathcal{D}_{L_0LK_1N_1M}(T,s,0)\big|_{\mathrm{e}^{sT}=\zeta} = \frac{\zeta^m \beta^o(\zeta,\delta T)}{\alpha^o(\zeta)} \tag{17.89}$$

Gebrauch gemacht, wobei die Zahlen m und δ durch (11.59) festgelegt sind.

Beispiel 17.5 Betrachtet wird das System nach Abbildung 17.9, das ein Spezialfall

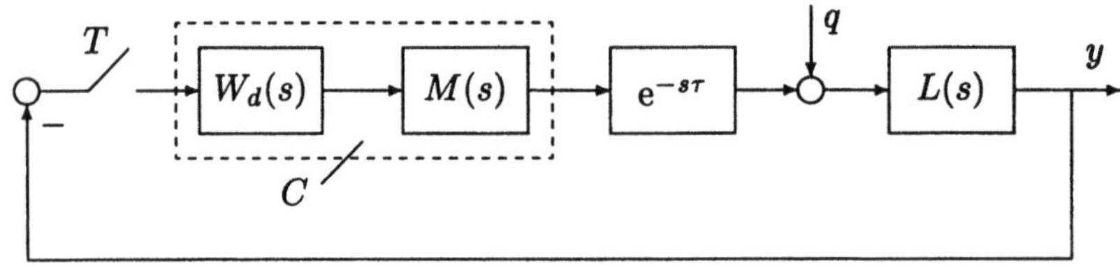

Abbildung 17.9: Abtastregelkreis mit Totzeit

des Systems von Abbildung 17.8 mit

$$L_0(s) = K(s) = N(s) = 1\,,\quad r(t) = \theta(t) = 0\,,\quad \tau_2 = 0$$

ist. Es wird $T = 0.2$, $\tau = 0.093$

$$L(s) = \frac{s+0.5}{s^2 - s}\,,\quad M(s) = \frac{1 - \mathrm{e}^{-sT}}{s}\,,\quad R_q(s) = \frac{4}{4 - s^2}$$

genommen. Im gewählten Beispiel hat die Übertragungsfunktion des Prozesses einen instabilen und einen neutralen Pol, und als Formierungselement wird ein Halteglied 0. Ordnung verwendet. Das Ziel der Regelung besteht in der Minimierung der mittleren Varianz $\overline{d}_y$ des Ausgangssignals ohne Berücksichtigung der Stellgröße, was dem Wert $\lambda^2 = 0$ im Funktional (17.83) entspricht. Die Berechnung unter den gegebenen Bedingungen ergibt

$$\zeta^m \beta^o(\zeta, \delta T) = \quad -0.0867\zeta^3 + 0.00994\zeta^2 + 0.0949\zeta$$
$$\alpha^o(\zeta) = \quad \zeta^2 - 1.819\zeta + 0.819$$

$$\frac{1}{T}\mathcal{D}_{LLMM}(T, s, 0)\big|_{e^{sT}=\zeta} =$$

$$= \frac{-0.00667(\zeta + 0.267)(\zeta - 0.905)(\zeta + 3.739)(\zeta - 1.105)}{(\zeta - 1)^2(\zeta - 0.819)(\zeta - 1.221)}$$

$$\mathcal{D}_U(T, s, 0)\big|_{e^{sT}=\zeta} = \frac{-0.0538\zeta(\zeta + 0.265)(\zeta - 0.905)(\zeta + 3.773)(\zeta - 1.105)}{(\zeta - 1)^2(\zeta - 0.819)(\zeta - 0.670)(\zeta - 1.221)(\zeta - 1.492)}.$$

Außerdem wird

$$\mathcal{D}_{FK_1VM}(T, s, 0)\big|_{e^{sT}=\zeta} = \frac{\beta_1(\zeta)}{\alpha_1(\zeta)}$$

mit

$$\beta_1(\zeta) = 10^{-3}\Big(0.0240\zeta^8 + 0.473\zeta^7 + 1.945\zeta^6 - 5.090\zeta^5 - 0.171\zeta^4 +$$
$$+ 4.957\zeta^3 - 1.723\zeta^2 - 0.400\zeta - 0.00138\Big)$$
$$\alpha_1(\zeta) = (\zeta - 1)^3(\zeta - 1.221)^2(\zeta - 0.819)(\zeta - 1.492)(\zeta - 0.670).$$

Nach der Faktorisierung (16.27) erhält man

$$K(\zeta) = \frac{0.00144(\zeta - 1.105)^2(\zeta + 3.739)(\zeta + 3.773)}{\zeta - 1.492}.$$

Indem Satz 17.2 herangezogen wird, kann hierbei gezeigt werden, daß die Pole $\zeta = 1$ und $\zeta = 0.819$ nicht im Separationsprozeß erscheinen. Beachtet man diesen Umstand, dann ermittelt man die Übertragungsfunktion des CMV-Reglers zu

$$W_{CMV}(\zeta) = \frac{14.198 - 19.551\zeta + 6.008\zeta^2}{1 - 0.701\zeta - 0.760\zeta^2 + 0.521\zeta^3}. \tag{17.90}$$

Damit wird eine mittlere Varianz des Ausgangssignals von $\overline{d}_\epsilon = \overline{d}_y = 0.0348$ erzielt. Die Varianz in den Abtastzeitpunkten beträgt beim Regler (17.90) $d_\epsilon(0) = d_y(0) = 0.0256$. Der unter gleichen Bedingungen MV-optimale Regler für das betrachtete System lautet

$$W_{MV}(\zeta) = \frac{19.294 - 25.304\zeta + 7.038\zeta^2}{1 - 0.569\zeta - 0.978\zeta^2 + 0.610\zeta^3}. \tag{17.91}$$

Das System mit MV-Regler erreicht einen Werte von $\overline{d}_y = 0.8551$ und $d_y(0) = 0.0181$. Die Verringerung der Varianz in den Abtastpunkten um 27 Prozent wird also mit einer Erhöhung der mittleren Varianz auf das 24.6-fache erkauft. In Abbildung 17.10 und 17.11 sind die charakteristischen Übergangsvorgänge der Systeme mit den Reglern (17.90) und (17.91) aufgezeichnet, wenn an den Eingang $q(t)$ ein Einheitssprung gelegt wird. Wie aus den Abbildungen 17.10 und 17.11 ersichtlich

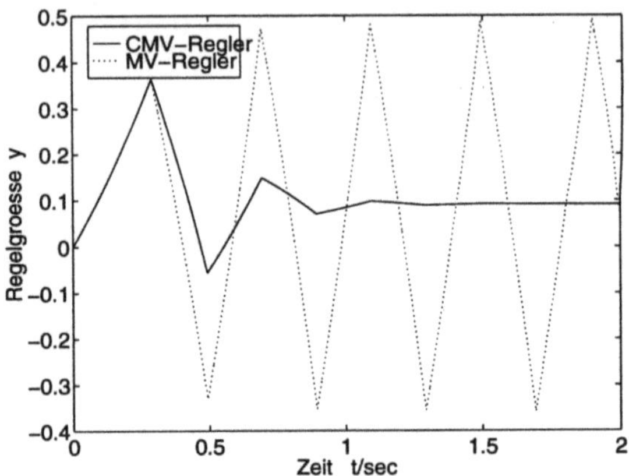

Abbildung 17.10: Verlauf der Regelgröße zu Beispiel 17.5

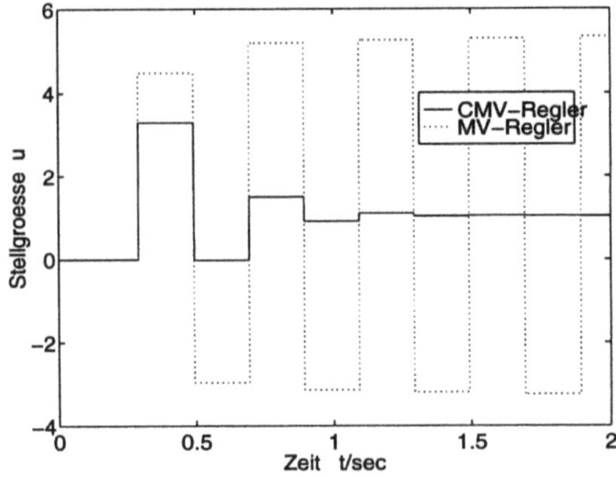

Abbildung 17.11: Verlauf der Stellgröße zu Beispiel 17.5

ist, schwingt die Regelgröße bei Verwendung des MV-Reglers heftig über und das System beruhigt sich nur sehr zögerlich. Gleichzeitig klingt der Übergangsvorgang mit dem CMV-Regler wesentlich schneller ab und die Stabilitätsreserve ist hoch.
Es wird nun der Einfluß der Totzeit $0 < \tau_1 < T$ auf die Kennwerte der optimalen Systeme untersucht. In Abbildung 17.12 ist die Abhängigkeit der mittleren Va-

rianz $\overline{d}_y$ vom Wert der Totzeit τ_1 bei Verwendung von CMV- und MV-Regelung

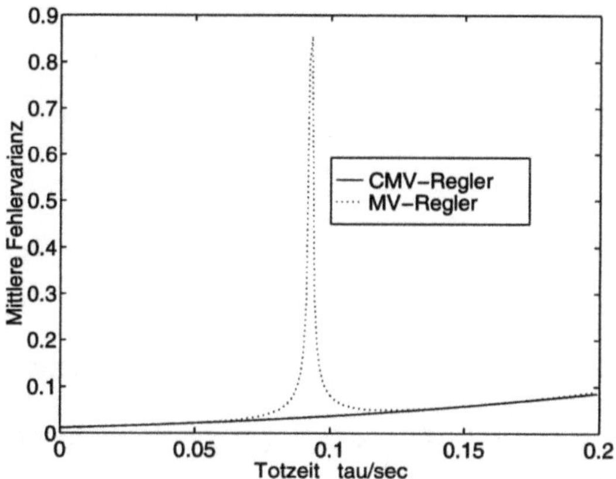

Abbildung 17.12: Einfluß der Totzeit auf die Regelgüte

dargestellt. Für bestimmte Werte von τ_1 werden Systeme entworfen, die eine inakzeptabel große Varianz des Ausgangssignals aufweisen, was praktisch den Ausfall des Systems bedeutet. Die Ursache dafür liegt darin, daß in der Funktion (17.89) für gewisse τ_1 Nullstellen in der Nähe der 'schwingenden' Stabilitätsgrenze ($\zeta = -1$) auftreten, und diese Nullstellen Bestandteil der charakteristischen Gleichung des MV-optimalen Systems werden, das damit nur schwach stabil ist. Diese Erscheinung ist analog zum in Beispiel 16.6 beobachteten Effekt. $\qquad\square$

Der Entwurf eines digitalen Schiffskursreglers ist in Rosenwasser et al. (1996b) ausgeführt worden.

17.6 $\mathcal{H}_2$-Optimierung von Mehrgrößensystemen

Die oben hergeleitete Optimierungsmethode läßt sich auf Mehrgrößensysteme erweitern. Im vorliegenden Abschnitt wird in Anlehnung an Lampe und Rosenwasser (1996) beispielhaft das $\mathcal{H}_2$-Optimierungsproblem für eine allgemeine Klasse von Abtastsystemen behandelt, Anderson (1993). Dabei werden die grundlegenden Ergebnisse ohne Beweis angegeben. Die Struktur des betrachteten Systems ist in Abbildung 17.13 zu sehen. In Abbildung 17.13 sind $L(s)$, $G(s)$, $F(s)$, $Q(s)$ gebrochen rationale Matrizen passender Dimension. Der gestrichelte Block in Abbildung 17.13 steht für den Prozeßrechner, der durch das lineare Mehrgrößenmodell aus Abschnitt 10.9 beschrieben wird. In Übereinstimmung damit ist in Abbildung 17.13 $W_d(s)$ die Übertragungsmatrix des zeitdiskreten Reglers (10.111) und $M(s)$ die Übertragungsfunktion des skalaren Formierungselements. Das zu betrachtende System ist ein Spezialfall des in Abbildung 11.10 gezeigten Standardsystems. Die PTM

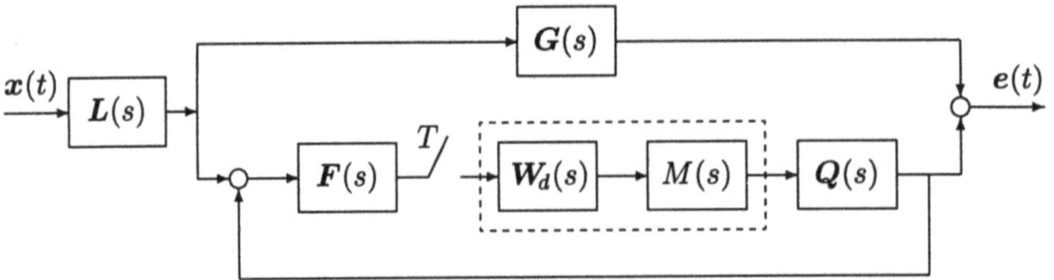

Abbildung 17.13: Gemischtes Mehrgrößensystem mit digitalem Regler

$W(s,t)$ des aktuellen Systems vom Eingang $x(t)$ zum Ausgang $e(t)$ hat die Form

$$W(s,t) = G(s)L(s) + \varphi_{QM}(T,s,t)\tilde{W}_d(s)F(s)L(s) \tag{17.92}$$

mit

$$\tilde{W}_d(s) \stackrel{\text{def}}{=} W_d(s)\left[I - \varphi_{FQM}(T,s,0)W_d(s)\right]^{-1} . \tag{17.93}$$

Vergleicht man die gewonnene Beziehung mit den Formeln (11.132), (11.133), so erkennt man, daß sich das zu betrachtende System als Standardsystem nach Abbildung 11.10 schreiben läßt, wobei die Matrix $P(s)$ die Form

$$P(s) = \left[\begin{array}{cc} G(s)L(s) & Q(s) \\ F(s)L(s) & F(s)Q(s) \end{array} \right]$$

annimmt. Weiterhin wird vorausgesetzt, daß die Systeme $L(s)$ und $G(s)$ sowie der geschlossene Regelkreis in Abbildung 17.13 stabil sind. Dann ist die $\mathcal{H}_2$−Norm des zu entwerfenden Systems vom Eingang $x(t)$ zum Ausgang $e(t)$ durch die Formel

$$\|U\|_2^2 = \overline{r_e} = \frac{T}{2\pi \mathrm{j}} \int_{-\mathrm{j}\omega/2}^{\mathrm{j}\omega/2} \mathrm{tr}\,[\mathcal{D}_{B0}(T,s,0)]\,\mathrm{d}s \tag{17.94}$$

mit

$$B_0(s) = \frac{1}{T}\int_0^T W'(s,t)W(-s,t)\,\mathrm{d}t$$

bestimmt. Im gegebenen Fall gewinnt man unter Ausnutzung von (17.92) und (15.101)

$$\mathrm{tr}\,\mathcal{D}_{B0}(T,s,0) = \frac{1}{T}\mathrm{tr}\,\left[\mathcal{D}_{Q'QM\underline{M}}(T,s,0)\tilde{W}_d(-s)\mathcal{D}_{\underline{FLL'}F'}(T,s,0)\tilde{W}'_d(s) + \right. \tag{17.95}$$

$$\left. + \mathcal{D}_{Q'\underline{GLL'}F'M}(T,s,0)\tilde{W}'_d(s) + \tilde{W}_d(-s)\mathcal{D}_{\underline{FLL'}G'\underline{Q}M}(T,s,0)\right] +$$

$$+ \mathrm{tr}\,\mathcal{D}_{L'G'\underline{GL}}(T,s,0) .$$

Wenn man (17.95) in (17.94) einsetzt und zur Variablen $\zeta = e^{-sT}$ wechselt, stellt sich die Aufgabe, das Integral

$$I_2 \overset{\text{def}}{=} \frac{1}{2\pi j} \oint \text{tr} \left[A(\zeta)\tilde{W}_d(\zeta^{-1})C(\zeta)\tilde{W}'_d(\zeta) + B(\zeta)\tilde{W}'_d(\zeta) + \tilde{W}_d(\zeta^{-1})B'(\zeta^{-1}) \right] \frac{d\zeta}{\zeta}$$
(17.96)

zu minimieren, wobei die Zuordnungen

$$A(\zeta) = \frac{1}{T}\mathcal{D}_{Q'QM\underline{M}}(T,s,0)\big|_{e^{-sT}=\zeta}$$

$$C(\zeta) = \mathcal{D}_{\underline{FL}L'F'}(T,s,0)\big|_{e^{-sT}=\zeta}$$

$$B(\zeta) = \mathcal{D}_{Q'\underline{GL}L'F'M}(T,s,0)\big|_{e^{-sT}=\zeta}$$

getroffen wurden. Der letzte Summand wurde weggelassen, da er nicht vom Regler abhängt. Außerdem wurde in (17.96)

$$\tilde{W}_d(\zeta) \overset{\text{def}}{=} \left\{ W_d(s)\left[I - \mathcal{D}_{FQM}(T,s,0)W_d(s)\right]^{-1} \right\}\big|_{e^{-sT}=\zeta}$$

vereinbart. Die Minimierung des Integrals (17.96) muß über der Menge derjenigen Regler $W_d(s)$ genommen werden, die die Stabilität des geschlossenen Regelkreises in Abbildung 17.13 gewährleisten. Für eine wirkungsvolle Lösung dieser Aufgabe kann man von der Parametrisierung der Menge der stabilisierenden Regler, analog zu (14.91) Gebrauch machen. Die Verfahrensweise zur Konstruktion solcher Parametrisierungen vereinfacht sich beträchtlich, wenn man, wie in Lampe und Rosenwasser (1996) geschehen, von gewissen hinreichenden Voraussetzungen ausgeht, die für Anwendungen nicht wesentlich einschränkend sind.

Es möge $\Gamma(\lambda)$ eine polynomiale quadratische $n \times n$ Matrix sein und

$$\det \Gamma(\lambda) \overset{\text{def}}{=} d_\Gamma(\lambda) = K(\lambda - \lambda_1)^{\nu_1} \cdots (\lambda - \lambda_q)^{\nu_q}, \quad K = \text{const.}$$

ihre Determinante. Die Matrix $\Gamma(\lambda)$ wird *einfach* genannt, wenn

$$\text{rank}\,\Gamma(\lambda_i) = n - 1, \quad (i = 1,\ldots,q)$$

richtig ist. Eine beliebige gebrochen rationale Matrix $P(s)$ kann in Form des nicht kürzbaren Bruchs

$$P(s) = \frac{M_P(s)}{d_P(s)}$$

mit der polynomialen Matrix $M_P(s)$ und dem skalaren Polynom $d_P(s)$ aufgeschrieben werden. Insbesondere kann man also

$$F(s) = \frac{M_F(s)}{d_F(s)}, \quad Q(s) = \frac{M_Q(s)}{d_Q(s)}$$

annehmen. Weiterhin wird vorausgesetzt, daß das Produkt

$$R(s) \overset{\text{def}}{=} F(s)Q(s) = \frac{M_F(s)M_Q(s)}{d_F(s)d_Q(s)} = \frac{M_R(s)}{d_R(s)}$$

eine nicht kürzbare gebrochen rationale Matrix ist, die außerdem streng proper sein soll. Außerdem sollen die koprimen linksseitigen MFD (matrix fraction description), Kailath (1980)

$$F(s) = a_F^{-1}(s)b_F(s), \quad Q(s) = a_Q^{-1}(s)b_Q(s)$$

$$\text{mit} \quad \det a_F(s) = d_F(s), \quad \det a_Q(s) = d_Q(s)$$

(17.97)

möglich sein. Wie in Rosenwasser (1994a) gezeigt wurde, sind beim Erfülltsein von (17.97) die Matrizen $a_F(s)$, $a_Q(s)$ ganzheitlich. Möge

$$d_R(s) = (s - \tilde{s}_1)^{\mu_1} \cdots (s - \tilde{s}_\rho)^{\mu_\rho}, \quad \sum_{i=1}^{\rho} \mu_i = \sigma$$

sein, und die Zahlen $\tilde{s}_i$ $(i = 1, \ldots, \rho)$ mögen den Bedingungen (9.161), (9.162) für nichtpathologisches Verhalten genügen, dann läßt sich analog zum skalaren Fall beweisen, daß die Darstellung

$$\mathcal{D}_{FQM}(T, s, 0)\big|_{e^{-sT}=\zeta} = \frac{\zeta \chi^o(\zeta)}{\alpha^o(\zeta)}$$

(17.98)

möglich ist, wobei $\chi^o(\zeta)$ eine polynomiale Matrix mit $\deg \chi^o(\zeta) \leq \sigma - 1$ und $\alpha^o(\zeta)$ das skalare Polynom

$$\alpha^o(\zeta) = \left(1 - e^{\tilde{s}_1 T}\zeta\right)^{\mu_1} \cdots \left(1 - e^{\tilde{s}_\rho T}\zeta\right)^{\mu_\rho}$$

ist. Dabei ist der rationale Bruch auf der rechten Seite von (17.98) nicht kürzbar, das bedeutet, es gilt

$$\chi^o(e^{-\tilde{s}_i T}) \neq 0,$$

wobei auf der rechten Seite die Nullmatrix passender Dimension steht. Darüber hinaus existiert die koprime linke MFD

$$\mathcal{D}_{FQM}(T, s, 0)\big|_{e^{-sT}=\zeta} = \zeta \alpha^{-1}(\zeta)\chi(\zeta)$$

(17.99)

mit einer ganzheitlichen Matrix $\alpha(\zeta)$, für die

$$\det \alpha(\zeta) = \alpha^o(\zeta)$$

gilt. Für den digitalen Regler $W_d(\zeta)$ möge die koprime linke MFD

$$W_d(\zeta) \overset{\text{def}}{=} W_d(s)\big|_{e^{-sT}=\zeta} = a^{-1}(\zeta)b(\zeta)$$

(17.100)

bestehen, die man aus (10.111) für $e^{-sT} = \zeta$ gewinnt.

Satz 17.4 *Unter den getroffenen Voraussetzungen ist der geschlossene Regelkreis nach Abbildung 17.13 dann und nur dann stabil im Sinne von Abschnitt 14.5, wenn die Matrix*

$$V(\zeta, a, b) \overset{\text{def}}{=} \begin{bmatrix} \alpha(\zeta) & -\zeta\chi(\zeta) \\ -b(\zeta) & a(\zeta) \end{bmatrix}$$

keine Eigenwerte innerhalb des Einheitskreises oder auf dessen Rand besitzt. ∎

Satz 17.5 *Mögen die Voraussetzungen des Satzes 17.4 erfüllt sein, dann existieren Matrizenpolynome $a_*(\zeta)$, $b_*(\zeta)$, so daß*

$$\det V(\zeta, a_*, b_*) = 1 \qquad (17.101)$$

gilt. Dabei wird die Menge aller stabilisierenden Regler durch

$$W_d(\zeta) = [a_*(\zeta) - \zeta\phi(\zeta)\chi(\zeta)]^{-1} [b_*(\zeta) - \phi(\zeta)\alpha(\zeta)] \qquad (17.102)$$

dargestellt, wobei $\phi(\zeta)$ eine beliebige gebrochen rationale Matrix ist, die keine Pole im Einheitskreis oder auf dessen Rand besitzt. (Insbesondere kann $\phi(\zeta)$ eine beliebige Polynommatrix passender Dimension sein.) Wenn hierbei die koprime linke MFD

$$\phi(\zeta) = a_\phi^{-1}(\zeta)b_\phi(\zeta)$$

angesetzt wird, dann ist das charakteristische Polynom des geschlossenen Systems durch $\det a_\phi(\zeta)$ bestimmt. ∎

Satz 17.6 *Die Beziehungen (17.99), (17.100) mögen erfüllt sein und $a_*(\zeta)$, $b_*(\zeta)$ ein Matrizenpaar sein, das der Bedingung (17.101) genügt. Bezeichnet man mit*

$$V^{-1}(\zeta, a_*, b_*) = \begin{bmatrix} v_{11}(\zeta) & v_{12}(\zeta) \\ v_{21}(\zeta) & v_{22}(\zeta) \end{bmatrix},$$

worin die Matrix $v_{22}(\zeta)$ dieselbe Dimension wie $a(\zeta)$ hat, dann lassen sich die Matrizen

$$\hat{W}_d(\zeta) = \left[I - \zeta\alpha^{-1}(\zeta)\chi(\zeta)W_d(\zeta)\right]^{-1}$$

$$\tilde{W}_d(\zeta) = W_d(\zeta)\left[I - \zeta\alpha^{-1}(\zeta)\chi(\zeta)W_d(\zeta)\right]^{-1}$$

in der Form

$$\hat{W}_d(\zeta) = [v_{11}(\zeta) - v_{12}(\zeta)\phi(\zeta)]\, a(\zeta) \qquad (17.103)$$

$$\tilde{W}_d(\zeta) = [v_{21}(\zeta) - v_{22}(\zeta)\phi(\zeta)]\, a(\zeta) \qquad (17.104)$$

darstellen. ∎

Indem man (17.104) in (17.96) einsetzt und die nicht von der Steuerung abhängigen Glieder fortläßt, gelangt man zu einem Funktional der Gestalt

$$\tilde{I}_2 = \frac{1}{2\pi j} \oint \operatorname{tr}\, \left[A_1(\zeta)\phi(\zeta^{-1})C_1(\zeta)\phi'(\zeta) + B_1(\zeta)\phi'(\zeta) + \phi(\zeta^{-1})B'_1(\zeta^{-1})\right] \frac{d\zeta}{\zeta}$$
$$(17.105)$$

mit bekannten gebrochen rationalen Matrizen $A_1(\zeta)$, $B_1(\zeta)$, $C_1(\zeta)$, wobei $A_1(\zeta^{-1}) = A'_1(\zeta)$, $C_1(\zeta^{-1}) = C'_1(\zeta)$ gilt. Das Funktional (17.105) ist über der Menge aller stabilen gebrochen rationalen Matrizen ϕ zu minimieren. Methoden zur Lösung solcher Aufgaben sind in Kučera (1979), Grimble (1995) angegeben.

Wenn die optimale Matrix ϕ_0 gefunden worden ist, dann können mit Hilfe von
(17.103), (17.104) die optimalen Funktionen

$$\hat{W}_{d0}(\zeta) = [v_{11}(\zeta) - v_{12}(\zeta)\phi_0(\zeta)]\,a(\zeta)$$

$$\tilde{W}_{d0}(\zeta) = [v_{21}(\zeta) - v_{22}(\zeta)\phi_0(\zeta)]\,a(\zeta) \tag{17.106}$$

gebildet werden, aus denen der optimale Regler $W_{d0}(\zeta)$ mittels

$$W_{d0}(\zeta) = \tilde{W}_{d0}\hat{W}_{d0}^{-1}(\zeta) \tag{17.107}$$

aufgebaut werden kann.

17.7 $\mathcal{L}_2$–Optimierung von Abtastsystemen

In diesem Abschnitt werden mehrdimensionale Abtastsysteme nach Abbil-
dung 17.14 betrachtet, wobei $x(t)$, $y(t)$ Vektoren der Dimension $\ell \times 1$, $n \times 1$ sind.

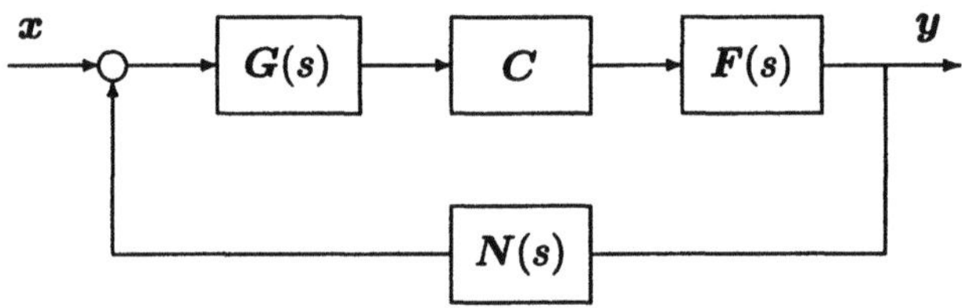

Abbildung 17.14: Mehrgrößen-Abtastregelung zu Abschnitt 17.7

$F(s)$, $G(s)$, $N(s)$ sind gebrochen rationale Matrizen, von denen die ersten beiden
streng proper und die letzte proper sein sollen. Außerdem steht C in Abbildung
17.14 für einen solchen Prozeßrechner wie er auch in Abbildung 17.13 verwendet
wurde.

Die PTM des Systems vom Eingang $x(t)$ zum Ausgang $y(t)$ hat die Form

$$W_{yx}(s,t) = \varphi_{FM}(T,s,t)\tilde{W}_d(s)G(s) \tag{17.108}$$

mit

$$\tilde{W}_d(s) = W_d(s)\left[I - \varphi_{GNFM}(T,s,0)W_d(s)\right]^{-1}. \tag{17.109}$$

Möge das System nach Abbildung 17.14 stabil sein im Sinne von Abschnitt 14.5,
dann definiert bei den vereinbarten Voraussetzungen das Integral

$$H_0(t,\tau) = \frac{1}{2\pi\mathrm{j}} \int_{-\mathrm{j}\infty}^{\mathrm{j}\infty} W_{xy}(s,t)\mathrm{e}^{s(t-\tau)}\,\mathrm{d}s$$

die Greensche Funktion des kausalen e-dichotomischen Operators

$$y = \mathsf{U}_0[x] = \int_{-\infty}^{t} H_0(t,\tau)x(\tau)\,\mathrm{d}\tau. \tag{17.110}$$

Bevor der grundlegende Satz dieses Abschnitts formuliert wird, soll eine Reihe allgemeiner Begriffe eingeführt werden. Sei $f(t)$ ein komplexwertiger Vektor, der für $-\infty < t < \infty$ definiert ist und

$$f^*(t) \stackrel{\text{def}}{=} \overline{f}\,'(t)$$

der Hermitesche konjungierte Vektor, dann bezeichnet $\mathcal{L}_{2m}(-\infty,\infty)$ den Raum der $m \times 1 -$ Vektoren $f(t)$ mit der Norm

$$\|f\|_{\mathcal{L}_2} \stackrel{\text{def}}{=} \sqrt{\int_{-\infty}^{\infty} f^*(t)f(t)\,\mathrm{d}t}\,.$$

Im vorliegenden Abschnitt wird festgestellt, daß der lineare Operator (17.110), der aus dem Raum $\mathcal{L}_{2\ell}(-\infty,\infty)$ in den Raum $\mathcal{L}_{2n}(-\infty,\infty)$ abbildet, beschränkt ist. Dabei wird sich zeigen, daß die zugehörige Norm des Operators U_0 gleich der $\mathcal{H}_\infty$–Norm einer gewissen endlichdimensionalen Matrix ist, für die sich geschlossene Ausdrücke finden lassen.
Es sollen einige Hilfsbetrachtungen angestellt werden. Zunächst wird

$$Q_G(s) \stackrel{\text{def}}{=} \mathcal{D}_{G\underline{G}'}(T,s,0) = \frac{1}{T} \sum_{k=-\infty}^{\infty} G(s+kj\omega)G'(-s-kj\omega) \qquad (17.111)$$

definiert. Wie aus den Darlegungen des Abschnitts 4.7 folgt, ist die Matrix $Q_G(s)$ rational periodisch, weshalb die Matrix

$$Q_G^{\mathrm{o}}(\zeta) = Q_G(s)\big|_{\mathrm{e}^{-st}=\zeta} \qquad (17.112)$$

gebrochen rational ist. Aus (17.111) ist unmittelbar

$$Q_G(s) = Q_G'(-s)$$

ablesbar, weshalb man mittels (17.112)

$$Q_G^{\mathrm{o}}(\zeta) = Q_G^{\mathrm{o}}(\zeta^{-1})$$

einsieht. Für $s = j\nu$, wo ν ein reeller Parameter ist, wird die Matrix $Q_G(s)$ nichtnegativ, was direkt aus (17.111) folgt. Damit wird die Matrix $Q_G^{\mathrm{o}}(\zeta)$ auf dem Rand des Einheitskreises $|\zeta| = 1$ nichtnegativ, woraus wiederum auf die Existenz der Faktorisierung

$$Q_G^{\mathrm{o}}(\zeta) = B(\zeta)B'(\zeta^{-1}) \qquad (17.113)$$

mit einer gebrochen rationalen Matrix $B(\zeta)$ geschlossen werden kann, die reellwertig für reelle Argumente ist. Desweiteren werden die Bezeichnungen

$$R_{FM}(s) \stackrel{\text{def}}{=} \int_0^T \varphi_{F'M}(T,-s,t)\varphi_{FM}(T,s,t)\,\mathrm{d}t = \mathcal{D}_{\underline{F}'FM\underline{M}}(T,s,0)$$

und

$$R^o{}_{FM}(\zeta) = R_{FM}(s)\,\big|_{e^{-st}=\zeta} = \mathcal{D}^o{}_{\underline{FF'}\,\underline{MM}}(T,\zeta,0)$$

eingeführt. Aus dem vorangegangenen folgt, daß die Matrix $R^o{}_{FM}(\zeta)$ gebrochen rational ist, wobei

$$R^o{}_{FM}(\zeta) = R^{o\,\prime}{}_{FM}(\zeta^{-1})$$

gilt. Darüber hinaus ist die Matrix $R^o{}_{FM}(\zeta)$ für $|\zeta| = 1$ nichtnegativ, weshalb in Analogie zu (17.113) die Existenz der Faktorisierung

$$R^o{}_{FM}(\zeta) = A'(\zeta^{-1})A(\zeta) \tag{17.114}$$

gesichert ist, wobei $A(\zeta)$ eine gebrochen rationale Matrix ist, die nur reelle Werte annimmt, wenn das Argument reell ist. Jetzt kann der folgende Satz formuliert werden.

Satz 17.7 *Die Matrizen $F(s)$, $G(s)$ mögen streng proper, die Matrix $N(s)$ proper und die Matrix $G(s)N(s)F(s)$ nicht kürzbar sein und eine zu (17.99) analoge Bedingung erfüllen. Außerdem sei das geschlossene System stabil und die Matrix $G(s)$ möge keine Pole auf der imaginären Achse haben, dann bildet der Operator $\mathsf{U}_0[x]$ den Raum $\mathcal{L}_{2\ell}(-\infty,\infty)$ in den Raum $\mathcal{L}_{2n}(-\infty,\infty)$ ab und ist beschränkt. Die zugehörige Norm $\|\mathsf{U}_0\|_{\mathcal{L}_2}$ des Operators U_0 ist durch die Beziehung*

$$\|\mathsf{U}_0\|_{\mathcal{L}_2} = \sup_{|\zeta|=1}\ \sigma_{\max}[\Gamma(\zeta)] \tag{17.115}$$

bestimmt, wobei $\Gamma(\zeta)$ die gebrochen rationale Matrix

$$\Gamma(\zeta) = A(\zeta)\tilde{W}^{\,o}_d(\zeta)B(\zeta)$$

mit

$$\tilde{W}^{\,o}_d(\zeta) = \tilde{W}_d(s)\,\big|_{e^{-st}=\zeta}$$

ist. In (17.115) bedeutet $\sigma_{\max}$ den größten singulären Wert der Matrix.

Die singulären Werte einer beliebigen Matrix A sind die Quadratwurzeln der Eigenwerte von der kleineren der beiden Matrizen A^*A oder AA^*, Stengel (1986). Der Beweis des Satzes 17.7 wird in Rosenwasser (1995c, 1996a,b) geführt. ■

Bemerkung 1. Formel (17.115) kann in der Form

$$\|\mathsf{U}_0\|_{\mathcal{L}_2} = \|\Gamma(\zeta)\|_\infty \tag{17.116}$$

präsentiert werden, wobei die rechte Seite die $\mathcal{H}_\infty$−Norm der gebrochen rationalen Matrix $\Gamma(\zeta)$ bezüglich des Einheitskreises bedeutet.

Bemerkung 2. Eine Verallgemeinerung des Satzes 17.7 ist in Lampe und Rosenwasser (1997b) vorgenommen worden.

Durch Verwendung der Größe $\|\mathsf{U}_0\|_{\mathcal{L}_2}$ als Gütekriterium für den Reglerentwurf kann die folgende Optimierungsaufgabe formuliert werden.

> **$\mathcal{L}_2$−Problem** $(-\infty < t < \infty)$. Gegeben seien alle Kennwerte des zu entwerfenden Systems, die zur Bestimmung der Koeffizienten $A(\zeta)$, $B(\zeta)$, $\mathcal{D}^o{}_{GNFM}(T,\zeta,0)$ erforderlich sind. Gesucht ist diejenige Übertragungsmatrix des zeitdiskreten Reglers $W_d(\zeta)$, die die Stabilität des geschlossenen Systems gewährleistet und die Größe $\|\mathbf{\Gamma}(\zeta)\|_\infty$ minimiert.

Aus der Bemerkung zu Satz 17.7 folgt, daß das $\mathcal{L}_2$−Problem im betrachteten Fall auf eine $\mathcal{H}_\infty$−Aufgabe für ein gewisses äquivalentes zeitdiskretes System verlagert werden kann.

Diese Frage soll etwas genauer analysiert werden. Möge die linke koprime MFD

$$\mathcal{D}^o{}_{GNFM}(T,\zeta,0) = \mathcal{D}_{GNFM}(T,s,0)\,\big|_{\mathrm{e}^{-st}=\zeta} = \zeta a^{-1}(\zeta)b(\zeta)$$

vorliegen, wobei eine zu (17.103), (17.104) analoge Beziehung mit entsprechenden Matrizen $v_{ik}(\zeta)$ gelten soll, die mittels der Formeln des Abschnitts 17.6 zu berechnen sind. Damit gewinnt man aus (17.115) und (17.104)

$$\|\mathsf{U}_0\|_{\mathcal{L}_2} = \|A(\zeta)v_{21}(\zeta)a(\zeta)B(\zeta) - A(\zeta)v_{22}(\zeta)\phi(\zeta)a(\zeta)B(\zeta)\|_\infty . \tag{17.117}$$

Setzt man voraus, daß es gelungen ist, eine stabile gebrochen rationale Funktion $\phi_0(\zeta)$ zu finden, für die die Größe $\|\mathsf{U}_0\|_{\mathcal{L}_2}$ minimal ist, dann kann über die optimalen Funktionen (17.106) aus der Formel (17.107) die Übertragungsmatrix $W_{d0}(\zeta)$ des $\mathcal{L}_2$−optimalen zeitdiskreten Reglers ermittelt werden.

Bemerkung. Wenn alle kontinuierlichen Elemente des Systems stabil sind, dann besitzt die formulierte $\mathcal{L}_2$−Optimierungsaufgabe die triviale Lösung $W_{d0}(\zeta) = 0$, weil in dieser Regler dann stabilisierend wirkt. Wenn sich jedoch unter den kontinuierlichen Elementen mindestens ein instabiles befindet, dann führt die Minimierung des Kriteriums (17.117) zu nichttrivialen optimalen Reglern.

Beispiel 17.6 Betrachtet wird das skalare System nach Abbildung (17.14), für das

$$G(s) = \frac{1}{s-a}, \quad F(s) = \frac{1}{s-c}, \quad N(s) = -1$$

angenommen wird. Zusätzlich soll $a \neq 0$, $a \neq c$ und außerdem $c \neq 0$ vorausgesetzt werden, obwohl das Endergebnis nicht von der letzten Annahme abhängt. Die Form der Steuerimpulse soll wieder beliebig sein. Da

$$G(s)G(-s) = \frac{1}{2a}\left(\frac{1}{s+a} - \frac{1}{s-a}\right)$$

wird, erzeugt man aus (4.44) und (17.111)

$$Q_G(s) = \frac{\mathrm{e}^{aT}\sinh aT}{a}\,\frac{1}{(1-\mathrm{e}^{aT}\mathrm{e}^{-sT})(1-\mathrm{e}^{aT}\mathrm{e}^{sT})} . \tag{17.118}$$

Vergleicht man (17.118) mit (17.113), dann erhält man

$$B(\zeta) = \frac{K_1}{1 - e^{aT}\zeta}$$

mit einer bekannten Konstanten K_1. Außerdem entnimmt man den Ergebnissen des Beispiels 16.1

$$\mathcal{D}^o_{F\underline{F}M\underline{M}}(T,\zeta,0) = N^2\,\frac{(1-\mu\zeta)(1-\mu\zeta^{-1})}{(1-e^{cT}\zeta)(1-e^{cT}\zeta^{-1})}$$

und schließlich gewinnt man

$$A(\zeta) = \frac{N(1-\mu\zeta)}{1 - e^{cT}\zeta}\,.$$

Verwendet man noch (9.160) und (9.151) so findet man

$$\mathcal{D}^o_{FGM}(T,\zeta,0) = \frac{\zeta\chi^o(\zeta)}{\alpha^o(\zeta)}$$

mit

$$\alpha^o(\zeta) = (1 - e^{aT}\zeta)(1 - e^{cT}\zeta)\,,$$

worin $\chi^o(\zeta)$ eine Polynom mit $\deg\chi^o(\zeta) \leq 1$ ist. Die Pole $s = a$ und $s = c$ mögen die Bedingungen (9.161), (9.162) für nichtpathologisches Verhalten erfüllen. Wenn nun $\tilde{a}^o(\zeta)$, $\tilde{b}^o(\zeta)$ irgendeine Lösung der Diophantischen Gleichung (14.86) ist, dann gewinnt man aus (17.41), daß die Menge der stabilisierenden Regler durch

$$\tilde{W}^o_d(\zeta) = [\alpha^o(\zeta)]^2\phi(\zeta) + \alpha^o(\zeta)\tilde{b}^o(\zeta)$$

gebildet wird, wobei $\phi(\zeta)$ irgendeine stabile gebrochen rationale Funktion ist. Mit dieser Beziehung findet man

$$\Gamma(\zeta) = K_1 N(1-\mu\zeta)[\alpha^o(\zeta)\phi(\zeta) + \tilde{b}^o(\zeta)]\,.$$

Damit nimmt der Ausdruck für die $\mathcal{L}_2$−Norm des betrachteten Systems die Gestalt

$$\|\mathsf{U}_0\|_{\mathcal{L}_2} = K_1 N \sup_{|\zeta|=1} \left|(1-\mu\zeta)[\alpha^o(\zeta)\phi(\zeta) + \tilde{b}^o(\zeta)]\right| \tag{17.119}$$

an. Die formulierte $\mathcal{L}_2$−Optimierungsaufgabe führt also auf die Suche nach einer stabilen gebrochen rationalen Funktion $\phi(\zeta)$, die das Minimum der Norm (17.119) gewährleistet. Man beachte, daß der Ausdruck (17.119) auch für $c = 0$ definiert ist. Das hängt damit zusammen, daß für $a \neq 0$ der Operator U_0 in (17.110) kausal ist, unabhängig davon, welchen Wert c hat.　　　　　　　　　　　　　　　　$\square$

Anhang A

Rational periodische Funktionen

A.1 Grundlegende Definitionen

Es sei die nicht kürzbare gebrochen rationale Funktion

$$f_o(z) \stackrel{\text{def}}{=} \frac{q_o(z)}{r_o(z)} \tag{A.1}$$

mit den Polynomen

$$\begin{aligned}
q_o(z) &= q_0 z^m + q_1 z^{m-1} + \ldots + q_m \\
r_o(z) &= r_0 z^m + r_1 z^{m-1} + \ldots + r_m ,
\end{aligned} \tag{A.2}$$

gegeben, wobei die q_i, r_i Konstanten sind, von denen einige verschwinden dürfen, solange $\max\{|q_0|, |r_0|\} > 0$ gewährleistet ist. Wenn man in (A.1) die unabhängige Variable gegen

$$z = \mathrm{e}^{sT} \tag{A.3}$$

austauscht, erhält man die Funktion

$$f(s) \stackrel{\text{def}}{=} f_o(z)\,|_{z=\mathrm{e}^{sT}} = \frac{q(s)}{r(s)} . \tag{A.4}$$

In (A.4) sind $q(s)$, $r(s)$ die Quasipolynome

$$\begin{aligned}
q(s) &= q_0 \mathrm{e}^{msT} + q_1 \mathrm{e}^{(m-1)sT} + \ldots + q_m \\
r(s) &= r_0 \mathrm{e}^{msT} + r_1 \mathrm{e}^{(m-1)sT} + \ldots + r_m .
\end{aligned} \tag{A.5}$$

In den weiteren Ausführungen werden Funktionen der Form (A.4) *rational periodische Funktionen* genannt. Wenn man in (A.1)

$$\zeta = z^{-1} \tag{A.6}$$

annimmt, bekommt man eine gebrochen rationale Funktion

$$f^o(\zeta) \overset{\text{def}}{=} f_o(z)\big|_{z=\zeta^{-1}} \,. \tag{A.7}$$

Die Funktion $f^o(\zeta)$ erlaubt die Darstellung

$$f^o(\zeta) = \frac{q^o(\zeta)}{r^o(\zeta)} \tag{A.8}$$

wobei $q^o(\zeta)$, $r^o(\zeta)$ nicht kürzbare Polynome der Variablen ζ sind. Im weiteren wird die Funktion (A.8) *invers* in Bezug auf $f_o(z)$ genannt. Offensichtlich ist die Bildung der Inversen umkehrbar, so daß

$$f_o(z) = f^o(\zeta)\big|_{\zeta=z^{-1}} \tag{A.9}$$

gilt. Wenn man in (A.8)

$$\zeta = \mathrm{e}^{-sT} \tag{A.10}$$

annimmt, dann erhält man eine andere Darstellung der rational periodischen Funktion

$$f(s) = \frac{q^o(\zeta)}{r^o(\zeta)}\bigg|_{\zeta=\mathrm{e}^{-sT}} \tag{A.11}$$

mit den Polynomen in der Variablen $\zeta = \mathrm{e}^{-sT}$

$$\begin{aligned}
q^o(\zeta) &= q_0 + q_1\zeta + \ldots + q_m\zeta^m \\
r^o(\zeta) &= r_0 + r_1\zeta + \ldots + r_m\zeta^m \,.
\end{aligned} \tag{A.12}$$

Wenn man von der rational periodischen Funktion $f(s)$ ausgeht, dann läßt sich daraus durch die Substitution (A.3) eine gebrochen rationale Funktion $f^o(\zeta)$ erzeugen. In den weiteren Darlegungen werden die Funktionen $f_o(z)$ und $f^o(\zeta)$ die *rationalen Darstellungen* der rational periodischen Funktion $f(s)$ genannt.

Beispiel A.1 Es sei die rational periodische Funktion

$$f(s) = \frac{5\mathrm{e}^{3sT} + 2\mathrm{e}^{2sT} + 7}{\mathrm{e}^{4sT} + 3\mathrm{e}^{sT}} \tag{A.13}$$

gegeben. Indem mittels (A.3) zur Veränderlichen z übergegangen wird, findet man die rationale Darstellung

$$f_o(z) = \frac{5z^3 + 2z^2 + 7}{z^4 + 3z} \,. \tag{A.14}$$

Aus (A.14) gewinnt man mit Hilfe von (A.6) die Inverse in Bezug auf (A.14)

$$f^o(\zeta) = \frac{5\zeta + 2\zeta^2 + 7\zeta^4}{1 + 3\zeta^3} \,. \tag{A.15}$$

Mit der Substitution (A.10) erhält man aus (A.15) eine Darstellung der Form (A.11)

$$f(s) = \frac{e^{-sT}\left(5 + 2e^{-sT} + 7e^{-3sT}\right)}{1 + 3e^{-3sT}}\,.$$

Im vorliegenden Beispiel wird

$$q_o(z) = 5z^3 + 2z^2 + 7\,, \quad r_o(z) = z^4 + 3z$$

und außerdem

$$q^o(\zeta) = 5\zeta + 2\zeta^2 + 7\zeta^4\,, \quad r^o(\zeta) = 1 + 3\zeta^3\,. \qquad \square$$

A.2　Kausale und limitierte rational periodische Funktionen

Die rational periodische Funktion $f(s)$ wird *kausal* genannt, wenn ihr endlicher Grenzwert

$$\ell^+[f(s)] \stackrel{\text{def}}{=} \lim_{\substack{\text{Re } s \to \infty}} f(s) < \infty \tag{A.16}$$

existiert. Es kann gezeigt werden, daß für kausale rational periodische Funktionen der Grenzübergang in (A.16) gleichmäßig bezüglich Im s erfolgt. Aus (A.1) und (A.8) leitet man unter Berücksichtigung von (A.3), (A.10)

$$\ell^+[f(s)] = \lim_{z \to \infty} f_o(z) \tag{A.17}$$

$$\ell^+[f(s)] = \lim_{\zeta \to 0} f^o(\zeta) \tag{A.18}$$

ab. Aus (A.17) und (A.18) ergeben sich die folgenden Behauptungen.

1. Für die Kausalität der rational periodischen Funktion $f(s)$ ist notwendig und hinreichend, daß die Polynome (A.2) der Bedingung

$$\deg r_o(z) \geq \deg q_o(z) \tag{A.19}$$

genügen.

2. Für die Kausalität der rational periodischen Funktion $f(s)$ ist notwendig und hinreichend, daß die Funktion $f^o(\zeta)$ im Ursprung $\zeta = 0$ analytisch ist. Da der Bruch (A.8) als nicht kürzbar vorausgesetzt wurde, ist die letzte Bedingung gleichwertig zu

$$r^o(0) \neq 0\,, \tag{A.20}$$

das heißt, das Polynom $r^o(\zeta)$ darf die Null nicht als Wurzel besitzen. Im weiteren werden bei Erfüllung der Bedingung (A.16) die Funktionen $f_o(z)$ und $f^o(\zeta)$ *kausal* genannt.

Beispiel A.2 Die rational periodische Funktion (A.13) ist kausal, weil $\ell^+[f(s)] = 0$ ist. $\square$

Beispiel A.3 Die rational periodische Funktion

$$f(s) = \frac{1 - e^{-sT} + 3e^{-2sT}}{e^{-sT} - e^{-2sT}}$$

ist nicht kausal, weil $\ell^+[f(s)] = \infty$ ist. $\square$

Die kausale rational periodische Funktion $f(s)$ heißt *limitiert*, wenn ihr endlicher Grenzwert

$$\ell^-[f(s)] \stackrel{\text{def}}{=} \lim_{\substack{\text{Re } s \to -\infty}} f(s) < \infty \tag{A.21}$$

existiert. Man kann zeigen, daß für die limitierte rational periodische Funktion $f(s)$ der Grenzübergang in (A.21) gleichmäßig bezüglich Im s passiert. Aus dem vorher gesagten folgt

$$\ell^-[f(s)] = \lim_{z \to 0} f_o(z) \tag{A.22}$$

$$\ell^-[f(s)] = \lim_{\zeta \to \infty} f^o(\zeta). \tag{A.23}$$

Indem die Beziehungen (A.17), (A.18), (A.22), (A.23) zusammengefügt werden, gelangt man zu der folgenden Behauptung: Dafür, daß die rational periodische Funktion $f(s)$ limitiert ist, ist notwendig und hinreichend, daß in ihren rationalen Darstellungen $f_o(z)$ und $f^o(\zeta)$ der Grad des Zählerpolynoms nicht den Grad des Nennerpolynoms übersteigt und beide Funktionen analytisch im Ursprung sind. Bei Erfüllung der geforderten Bedingungen werden die Funktionen $f_o(z)$ und $f^o(\zeta)$ ebenfalls *limitiert* genannt.

Kausale rational periodische Funktionen, die nicht limitiert sind, werden *retardierend* genannt. Wenn die rational periodische Funktion $f(s)$ retardierend ist, dann besitzt die zugehörige Funktion $f^o(\zeta)$ die Gestalt

$$f^o(\zeta) = \frac{q_0 + q_1\zeta + \ldots + q_{p+\kappa}\zeta^{p+\kappa}}{r_0 + r_1\zeta + \ldots + r_p\zeta^p} \tag{A.24}$$

mit Konstanten q_i, r_i, $\kappa > 0$, $r_0 \neq 0$, $q_{p+\kappa} \neq 0$, $r_p \neq 0$. Wenn in (A.24) der Zähler durch den Nenner geteilt wird, ergibt sich

$$f^o(\zeta) = l_\kappa\zeta^\kappa + l_{\kappa-1}\zeta^{\kappa-1} + \ldots + l_1\zeta + f_1^o(\zeta) \tag{A.25}$$

mit der limitierten Funktion

$$f_1^o(\zeta) = \frac{\tilde{q}_0 + \tilde{q}_1\zeta + \ldots + \tilde{q}_p\zeta^p}{r_0 + r_1\zeta + \ldots + r_p\zeta^p} \tag{A.26}$$

und Konstanten l_i $(i = 1, \ldots, \kappa)$. Kehrt man in (A.25) zur Variablen s mit Hilfe von (A.10) zurück, dann erhält man

$$f(s) = l_\kappa e^{-\kappa sT} + l_{\kappa-1}e^{-(\kappa-1)sT} + \ldots + l_1 e^{-sT} + f_1(s) \tag{A.27}$$

mit der limitierten Funktion

$$f_1(s) = \frac{\tilde{q}_0 + \tilde{q}_1 \mathrm{e}^{-sT} + \ldots + \tilde{q}_p \mathrm{e}^{-psT}}{r_0 + r_1 \mathrm{e}^{-sT} + \ldots + r_p \mathrm{e}^{-psT}} \, . \tag{A.28}$$

Auf diese Weise läßt sich jede retardierende rational periodische Funktion in die Summe aus einer limitierten rational periodischen Funktion und einem Quasipolynom in Potenzen der Veränderlichen $\zeta = \mathrm{e}^{-sT}$ zerlegen. Insbesondere erhält man im Falle von $f_1(s) = 0$ das Quasipolynom

$$f(s) = l_\kappa \mathrm{e}^{-\kappa sT} + l_{\kappa-1} \mathrm{e}^{-(\kappa-1)sT} + \ldots + l_1 \mathrm{e}^{-sT} \, . \tag{A.29}$$

Beispiel A.4 Unter den Bedingungen des Beispiels A.1 ist in der Darstellung (A.15) der Grad des Zählers höher als der Grad des Nenners. Deshalb ist die rational periodische Funktion (A.13) retardierend. Dividiert man in (A.15) den Zähler durch den Nenner, dann gewinnt man

$$f^o(\zeta) = \frac{7}{3}\,\zeta + \frac{\frac{8}{3}\,\zeta + 2\zeta^2}{1 + 3\zeta^3} \, . \tag{A.30}$$

Aus (A.30) ergibt sich für $f(s)$ die Darstellung der Form (A.27) als

$$f(s) = \frac{7}{3}\,\mathrm{e}^{-sT} + \frac{\mathrm{e}^{-sT}\left(\frac{8}{3} + 2\mathrm{e}^{-sT}\right)}{1 + 3\mathrm{e}^{-3sT}} \, . \qquad \square$$

Beispiel A.5 Die rational periodische Funktion

$$f(s) = \frac{3\mathrm{e}^{sT} + 2}{2\mathrm{e}^{sT} - 1} = \frac{3 + 2\mathrm{e}^{-sT}}{2 - \mathrm{e}^{-sT}}$$

ist limitiert, weil im gegebenen Fall

$$\ell^+[f(s)] = \frac{3}{2} \, , \quad \ell^-[f(s)] = -2$$

ist. Dazu gehören die rationalen Darstellungen

$$f_o(z) = \frac{3z + 2}{2z - 1} \, , \quad f^o(\zeta) = \frac{3 + 2\zeta}{2 - \zeta} \, . \qquad \square$$

Wenn man die oben gedachten Überlegungen weiterführt, kann man allgemeine Darstellungen für beliebige rational periodische Funktionen $f(s)$ erklären, die nicht kausal sind. Im akausalen Fall hat die rationale Darstellung die Form

$$f^o(\zeta) = \frac{q^o(\zeta)}{\zeta^\lambda \, \tilde{r}^o(\zeta)} \, , \tag{A.31}$$

wo $q^o(\zeta)$, $\tilde{r}^o(\zeta)$ Polynome mit $\tilde{r}^o(0) \neq 0$ sind und λ eine positive ganze Zahl ist. Mit Hilfe der Partialbruchzerlegung kann der Ausdruck (A.31) in die Form

$$f^o(\zeta) = \frac{l_{-\lambda}}{\zeta^\lambda} + \ldots + \frac{l_{-1}}{\zeta} + \tilde{f}^o(\zeta) \tag{A.32}$$

gebracht werden mit Konstanten l_{-i} und der kausalen Funktion $\tilde{f}^o(\zeta)$. Wenn man für $\tilde{f}^o(\zeta)$ die Darstellung (A.25) verwendet, ergibt sich

$$f^o(\zeta) = \frac{l_{-\lambda}}{\zeta^\lambda} + \ldots + \frac{l_{-1}}{\zeta} + \tilde{f}_1^o(\zeta) + l_\kappa \zeta^\kappa + \ldots + l_1 \zeta \tag{A.33}$$

mit der limitierten gebrochen rationalen Funktion $\tilde{f}_1^o(\zeta)$. Durch den Übergang in (A.33) zur Variablen s erhält man

$$f(s) = l_{-\lambda} e^{\lambda s T} + \ldots + l_{-1} e^{sT} + \tilde{f}_1(s) + l_1 e^{-sT} + \ldots + l_\kappa e^{-\kappa s T} \tag{A.34}$$

mit der limitierten rational periodischen Funktion $\tilde{f}_1(s)$.

Beispiel A.6 Die rational periodische Funktion

$$f(s) = \frac{1 + 3e^{-sT} + 2e^{-2sT}}{e^{-sT} - 2e^{-2sT}}$$

ist akausal. Ihre Darstellung der Form (A.34) hat das Aussehen

$$f(s) = e^{sT} + \frac{5 + 2e^{-sT}}{1 - 2e^{-sT}} \; . \qquad\qquad\qquad \square$$

A.3   Nullstellen und Pole rational periodischer Funktionen

Da die Exponentialfunktion des komplexen Arguments eindeutig ist, folgt aus (A.34), daß in einem beliebigen endlichen Gebiet der komplexen Ebene als singuläre Punkte der rational periodischen Funktion $f(s)$ nur die Pole der limitierten Funktion $\tilde{f}_1(s)$ in Frage kommen. Daraus folgt, daß die rational periodische Funktion $f(s)$ eine meromorphe Funktion des Arguments s ist. In diesem Abschnitt werden allgemeine Eigenschaften der Nullstellen und Pole willkürlicher rational periodischer Funktionen zusammengestellt, die für die weiteren Untersuchungen benötigt werden.

1.

Lemma A.1 *Es sei das Quasipolynom*

$$r(s) = r_0 + r_1 e^{-sT} + \ldots + r_p e^{-psT} \tag{A.35}$$

mit Konstanten r_i und $r_p \neq 0$ gegeben, und das Polynom $r^o(\zeta)$ sei gleich

$$r^o(\zeta) = r_0 + r_1\zeta + \ldots + r_p\zeta^p \,. \tag{A.36}$$

Wenn dann $\tilde{s}$ eine Wurzel der Gleichung

$$r(s) = r_0 + r_1 \mathrm{e}^{-sT} + \ldots + r_p \mathrm{e}^{-psT} = 0 \tag{A.37}$$

mit der Vielfachheit ν ist, so ist die Zahl $\tilde{\zeta} = \mathrm{e}^{-\tilde{s}T}$ eine Wurzel des Polynoms $r^o(\zeta)$ mit der Vielfachheit ν. Die Umkehrung ist auch wahr: Wenn $\tilde{\zeta}$ eine Wurzel des Polynoms $r^o(\zeta)$ mit der Vielfachheit ν ist, dann ist jede beliebige Zahl $\tilde{s}$, die $\mathrm{e}^{-\tilde{s}T} = \tilde{\zeta}$ erfüllt, eine Wurzel der Gleichung (A.37) mit der Vielfachheit ν.

Beweis: Ohne Verlust an Allgemeinheit kann man $r_p = 1$ annehmen. Möge das Polynom $r^o(\zeta)$ die Nullstellen $\zeta_1,\ldots,\zeta_m$ mit den Vielfachheiten $\nu_1,\ldots,\nu_m$ haben, dann gilt

$$r^o(\zeta) = (\zeta - \zeta_1)^{\nu_1} \cdots (\zeta - \zeta_m)^{\nu_m} \,. \tag{A.38}$$

Verwendet man in (A.38) $\zeta = \mathrm{e}^{-sT}$, dann erhält man

$$r(s) = \left(\mathrm{e}^{-sT} - \zeta_1\right)^{\nu_1} \cdots \left(\mathrm{e}^{-sT} - \zeta_m\right)^{\nu_m} \,. \tag{A.39}$$

Es wird

$$r_\nu(s,a) \overset{\mathrm{def}}{=} \left(\mathrm{e}^{-sT} - a\right)^{\nu} \tag{A.40}$$

vereinbart, wobei $\nu > 0$ eine ganze Zahl ist. Es ist unmittelbar einzusehen, daß alle Wurzeln der Gleichung

$$r_1(s,a) = \mathrm{e}^{-sT} - a = 0$$

einfach sind, da

$$\frac{\partial r_1(s,a)}{\partial s} = -T\mathrm{e}^{-sT} \neq 0$$

ist. Darum besitzen alle Nullstellen der Gleichung

$$r_\nu(s,a) = 0$$

die Vielfachheit ν. Bei Beachtung dieser Feststellung führt die Gegenüberstellung der Zerlegungen (A.38) und (A.39) auf die Behauptungen des Lemmas. ∎

Indem Lemma A.1 verwendet wird, lassen sich allgemeine Pläne für die Lage der Nullstellen der Funktion $r(s)$ (A.35) in der komplexen Ebene aufstellen. Da

$$r(s) = r(s + \mathrm{j}\omega)\,, \quad \omega = 2\pi/T$$

gilt, sind mit einer Wurzel s der Gleichung (A.37) auch alle Zahlen $s_k = s + k\mathrm{j}\omega$ für beliebige ganze k Wurzeln dieser Gleichung. Mögen jetzt die Zerlegung (A.39) gegeben sein und für jedes i sei die Zahl $\tilde{s}_i$ so gewählt worden, daß

$$\tilde{s}_i = -\frac{1}{T}\ln\zeta_i$$

mit einem gewissen Wert des Logarithmus gilt, dann folgt aus Lemma A.1, daß in jedem der Punkte

$$\tilde{s}_{ik} = \tilde{s}_i + kj\omega \tag{A.41}$$

die Funktion $r(s)$ eine Nullstelle der Vielfachheit ν besitzt. Die Gesamtheit der Zahlen (A.41) definiert die komplette Menge der Nullstellen von $r(s)$. Unter den Zahlen (A.41) gibt es für jedes i ein $\tilde{s}_{i0}$, für das $-\omega/2 \leq \mathrm{Im}\ \tilde{s}_{i0} < \omega/2$ zutrifft. Die Zahl $\tilde{s}_{i0}$ wird die *Hauptwurzel* der Funktion $r(s)$ zum entsprechenden i genannt. Aus den Erläuterungen folgt, daß im Falle der Gültigkeit der Zerlegung (A.39) die Funktion $r(s)$ genau m Hauptwurzeln $\tilde{s}_{i0}$ besitzt, von denen jede die Vielfachheit ν_i hat. Dabei kann die Gesamtheit der Wurzeln (A.41) in der Form

$$\tilde{s}_{ik} = \tilde{s}_{i0} + kj\omega \tag{A.42}$$

mit einer beliebigen ganzen Zahl k geschrieben werden. Da die Anzahl der Hauptwurzeln endlich ist, liegen alle Wurzeln der Funktion $r(s)$ auf den endlich vielen vertikalen Geraden $\mathrm{Re}\ s = \mathrm{Re}\ \tilde{s}_{i0}$ ($i = 1, \ldots, m$).

2. Es sei die rational periodische Funktion

$$f(s) = \frac{q_0 + q_1 \mathrm{e}^{-sT} + \ldots + q_p \mathrm{e}^{-psT}}{r_0 + r_1 \mathrm{e}^{-sT} + \ldots + r_p \mathrm{e}^{-psT}} = \frac{q(s)}{r(s)} \tag{A.43}$$

und die ihr zugeordnete rationale Darstellung

$$f^o(\zeta) = \frac{q_0 + q_1\zeta + \ldots + q_p\zeta^p}{r_0 + r_1\zeta + \ldots + r_p\zeta^p} = \frac{q^o(\zeta)}{r^o(\zeta)} \tag{A.44}$$

gegeben. Die Funktion (A.43) heißt *kürzbar*, wenn ein Wert des Arguments $s = \tilde{s}$ existiert, für den gleichzeitig

$$q(\tilde{s}) = 0\,, \quad r(\tilde{s}) = 0 \tag{A.45}$$

gilt. Wenn keine solche Zahl existiert, die (A.45) erfüllt, dann heißt die Funktion $f(s)$ *nicht kürzbar*.

Lemma A.2 *Die Funktion (A.43) ist dann und nur dann kürzbar, wenn die gebrochen rationale Funktion (A.44) kürzbar ist.*

Beweis: Möge $f(s)$ kürzbar sein, und für $s = \tilde{s}$ gelte die Gleichung (A.45), dann ist wegen Lemma A.1 die Zahl $\tilde{\zeta} = \mathrm{e}^{-\tilde{s}T}$ gleichzeitig eine Wurzel von $q^o(\zeta)$ und von $r^o(\zeta)$, das heißt, der Bruch $f^o(\zeta)$ ist kürzbar. Wenn umgekehrt der Bruch (A.44) kürzbar ist, das heißt sein Zähler und Nenner eine gemeinsame Nullstelle $\tilde{\zeta}$ besitzen, dann genügt wegen Lemma A.1 jede beliebige Zahl $\tilde{s}$, die $\mathrm{e}^{-\tilde{s}T} = \tilde{\zeta}$ erfüllt, auch gleichzeitig den Bedingungen (A.45), das heißt, die rational periodische Funktion (A.43) ist kürzbar.   ∎

3. Möge die rational periodische Funktion $f(s)$ (A.43) nicht kürzbar sein, dann stimmt die Menge ihrer Polstellen mit der Menge der Wurzeln ihres Nenners $r(s)$ überein. Seien die Zahlen $\tilde{s}_{i0}$ $(i = 1, \ldots, m)$ die Hauptwurzeln der Gleichung (A.37), dann ist die Menge der Pole von $f(s)$ durch die Beziehung (A.42) bestimmt. Dabei wird $\tilde{s}_{i0}$ als *Hauptpol* bezeichnet. Daraus folgt, daß alle Pole von $f(s)$ in der komplexen Ebene auf einer endlichen Anzahl von vertikalen Geraden plaziert sind, die durch die Hauptpole $\tilde{s}_{i0}$ verlaufen (siehe Abbildung A.1).

Wenn man durch μ_i $(i = 1, \ldots, r)$ die unterschiedlichen Realteile der Hauptpole s_{i0}

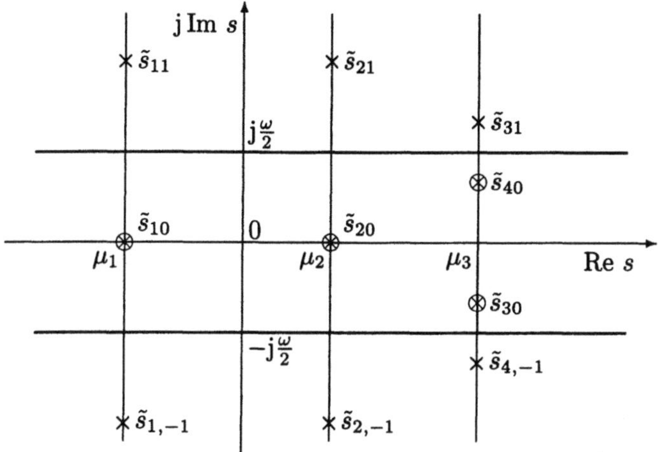

Abbildung A.1: Lage der Pole einer rational periodischen Funktion

bezeichnet und diese so ordnet, daß $\mu_i < \mu_{i+1}$ gilt, dann zerfällt die ganze komplexe Ebene in eine endliche Anzahl von Streifen begrenzter Breite und in eine linke und rechte Halbebene, in denen die Funktion $f(s)$ analytisch ist, möglicherweise mit Ausnahme des unendlich fernen Punktes. Wenn dabei $\mu_0 = -\infty$, $\mu_{r+1} = \infty$ vereinbart wird, dann werden die Intervalle $S_i : (\mu_i, \mu_{i+1})$ die *Regularitätsintervalle* der Funktion $f(s)$ genannt. Die Zahlen μ_i heißen die *charakteristischen Indizes* der rational periodischen Funktion $f(s)$.

A.4 Partialbruchzerlegung limitierter rational periodischer Funktionen

Die Festlegung in Abschnitt A.2 verallgemeinernd wird eine beliebige Funktion $f(s)$ eines komplexen Arguments limitiert genannt, wenn ihre endlichen Grenzwerte

$$\ell^{\pm}[f(s)] = \lim_{\text{Re } s \to \pm\infty} f(s) \overset{\text{def}}{=} \ell^{\pm} \tag{A.46}$$

existieren, wobei der Grenzübergang gleichmäßig bezüglich Im s, $-\omega/2 \leq$ Im $s \leq$ $\omega/2$ passiert. In diesem Buch spielen die im folgenden Satz bewiesenen Eigenschaften der limitierten Funktionen eine fundamentale Rolle.

Satz A.1 *Es sei $f(s)$ eine periodische Funktion von s, die überall analytisch ist mit Ausnahme einer gewissen Menge von Polen. Die Funktion $f(s)$ möge eine rein imaginäre Periode*

$$f(s) = f(s + \mathrm{j}\omega) \tag{A.47}$$

mit einer reellen Zahl ω besitzen. Es wird vorausgesetzt, daß die Grenzwerte (A.46) gleichmäßig für $-\omega/2 \leq$ Im $s < \omega/2$ existieren. Weiterhin möge die Funktion $f(s)$ im Streifen $-\omega/2 \leq$ Im $s < \omega/2$, der Hauptstreifen genannt wird, nur eine endliche Anzahl von Polen $s_1, \ldots, s_\rho$ mit der Vielfachheit $\nu_1, \ldots, \nu_\rho$ haben. Diese Pole werden im weiteren Hauptpole genannt. Dann gelten die folgenden Identitäten:

$$f(s) = \frac{T}{2} \sum_{i=1}^{\rho} \operatorname*{Res}_{q=s_i} \left[f(q) \coth \frac{(s-q)T}{2} \right] + \frac{\ell^+ + \ell^-}{2} \tag{A.48}$$

$$f(s) = T \sum_{i=1}^{\rho} \operatorname*{Res}_{q=s_i} \left[f(q) \frac{1}{\mathrm{e}^{(s-q)T} - 1} \right] + \ell^+ \tag{A.49}$$

$$f(s) = T \sum_{i=1}^{\rho} \operatorname*{Res}_{q=s_i} \left[f(q) \frac{1}{1 - \mathrm{e}^{(p-s)T}} \right] + \ell^- \tag{A.50}$$

mit $T = 2\pi/\omega$.

Beweis: Es wird zuerst die Identität (A.48) unter der Voraussetzung nachgewiesen, daß keiner der Hauptpole s_i auf dem Rand des Hauptstreifens $-\omega/2 \leq$ Im $s <$ $\omega/2$ liegen soll. Betrachtet man das Kurvenintegral

$$J(s) = \frac{1}{2\pi\mathrm{j}} \oint_{ABCD} f(q) \coth \frac{(q-s)T}{2} \, \mathrm{d}q \tag{A.51}$$

entlang der Begrenzung des Rechtecks ABCD (Abbildung A.2), in dessem Innern alle Hauptpole s_i liegen, wobei s mit keinem der Pole zusammenfällt, dann besitzt die Funktion

$$b(q) \overset{\text{def}}{=} f(q) \coth \frac{(q-s)T}{2} \tag{A.52}$$

Hauptpole der Vielfachheit ν_i in den Punkten s_i und einen einfachen Pol bei $q = s$ mit dem Residuum

$$\operatorname*{Res}_{q=s} b(q) = \frac{2}{T} f(s). \tag{A.53}$$

Indem man auf das Integral (A.51) den Residuensatz anwendet und (A.53) beachtet, gewinnt man

$$J(s) = \frac{1}{2\pi\mathrm{j}} \left[\int_A^B b(q) \, \mathrm{d}q + \int_B^C b(q) \, \mathrm{d}q + \int_C^D b(q) \, \mathrm{d}q + \int_D^A b(q) \, \mathrm{d}q \right] =$$

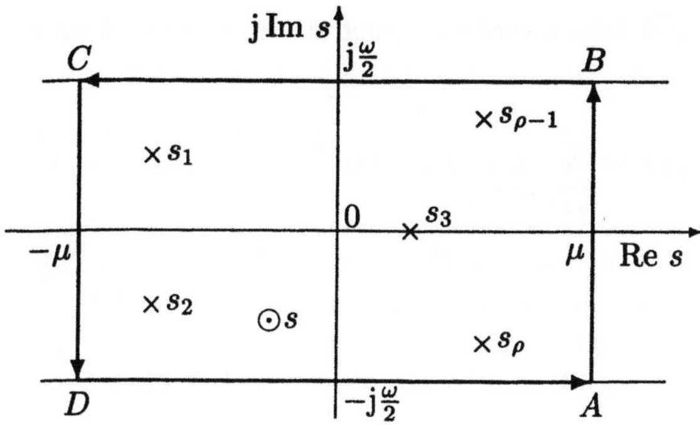

Abbildung A.2: Integrationsweg zur Erzeugung von $f(s)$

$$= \sum_{i=1}^{\rho} \operatorname*{Res}_{q=s_i} \left[f(q) \coth \frac{(q-s)T}{2} \right] + \frac{2}{T} f(s) \, . \tag{A.54}$$

Das zweite und das vierte Integral in den eckigen Klammern heben sich wegen (A.47) gegenseitig auf, da sie bei gleichem Integranden in umgekehrter Richtung durchlaufen werden. Deshalb kann (A.54) in die Form

$$\frac{2}{T} f(s) + \sum_{i=1}^{\rho} \operatorname*{Res}_{q=s_i} \left[f(q) \coth \frac{(q-s)T}{2} \right] =$$

$$= \frac{1}{2\pi \mathrm{j}} \int\limits_{\mu-\mathrm{j}\omega/2}^{\mu+\mathrm{j}\omega/2} f(q) \coth \frac{(q-s)T}{2} \, \mathrm{d}q + \frac{1}{2\pi \mathrm{j}} \int\limits_{-\mu+\mathrm{j}\omega/2}^{-\mu-\mathrm{j}\omega/2} f(q) \coth \frac{(q-s)T}{2} \, \mathrm{d}q \tag{A.55}$$

gebracht werden. Die Identität (A.55) ist für alle hinreichend großen $\mu > 0$ richtig. Wegen

$$\coth \frac{(q-s)T}{2} = \frac{\mathrm{e}^{qT} + \mathrm{e}^{sT}}{\mathrm{e}^{qT} - \mathrm{e}^{sT}}$$

gilt

$$\lim_{\operatorname{Re} q \to \infty} \coth \frac{(q-s)T}{2} = 1 \, , \qquad \lim_{\operatorname{Re} q \to -\infty} \coth \frac{(q-s)T}{2} = -1 \, . \tag{A.56}$$

Indem man (A.56) unter Berücksichtigung von (A.46) ausnutzt, erhält man

$$\lim_{\mu \to \infty} \frac{1}{2\pi \mathrm{j}} \int_{\mu-\mathrm{j}\omega/2}^{\mu+\mathrm{j}\omega/2} f(q) \coth \frac{(q-s)T}{2} \, \mathrm{d}q = \frac{\ell^+}{T}$$

$$\lim_{\mu \to \infty} \frac{1}{2\pi \mathrm{j}} \int_{-\mu-\mathrm{j}\omega/2}^{-\mu+\mathrm{j}\omega/2} f(q) \coth \frac{(q-s)T}{2} \, \mathrm{d}q = \frac{\ell^-}{T} \, . \tag{A.57}$$

Wenn man in (A.55) den Grenzübergang $\mu \to \infty$ macht und (A.57) beachtet, gewinnt man

$$\frac{2}{T}\,f(s) + \sum_{i=1}^{\rho} \operatorname*{Res}_{q=s_i}\left[f(q)\coth\frac{(q-s)T}{2}\right] = \frac{\ell^+ + \ell^-}{T}\,,$$

was gleichwertig zu (A.48) ist. Die Formel (A.48) ist für den Fall bewiesen worden, wo $f(s)$ keine Pole auf dem Rand des Hauptstreifens besitzt. Wenn jedoch solche Pole existieren, dann wird der Beweis mit der etwas vertikal verschobenen Kontur geführt. Die Formeln (A.49) und (A.50) werden auf analoge Weise bewiesen, wobei man

$$\lim_{\operatorname{Re} q \to \infty} \frac{1}{e^{(q-s)T}-1} = 0\,, \qquad \lim_{\operatorname{Re} q \to -\infty} \frac{1}{e^{(q-s)T}-1} = -1$$

$$\lim_{\operatorname{Re} q \to \infty} \frac{1}{1-e^{(s-q)T}} = 1\,, \qquad \lim_{\operatorname{Re} q \to -\infty} \frac{1}{1-e^{(s-q)T}} = 0$$

zu berücksichtigen hat.   ■

Folgerung 1. [Whittaker und Watson (1927)]   Wenn unter den Bedingungen von Satz A.1 alle Pole s_i einfach und ihre Residuen gleich f_i sind, dann erhält man die äquivalenten Darstellungen

$$f(s) = \frac{T}{2}\sum_{i=1}^{\rho} f_i \coth\frac{(s-s_i)T}{2} + \frac{\ell^+ + \ell^-}{2} \tag{A.58}$$

$$f(s) = T\sum_{i=1}^{\rho} \frac{f_i}{e^{(s-s_i)T}-1} + \ell^+ \tag{A.59}$$

$$f(s) = T\sum_{i=1}^{\rho} \frac{f_i}{1-e^{(s_i-s)T}} + \ell^-\,. \tag{A.60}$$

Beweis: Wenn s_i ein einfacher Pol mit dem Residuum f_i ist, dann gilt

$$\operatorname*{Res}_{q=s_i}\left[f(q)\coth\frac{(s-q)T}{2}\right] = f_i \coth\frac{(s-s_i)T}{2}\,,$$

was bei Hinzunahme von (A.48) die Behauptung (A.58) liefert. Die Relationen (A.59), (A.60) beweist man analog.   ■

Folgerung 2. Bei Erfüllung der Bedingungen des Satzes A.1 erweist sich die Funktion $f(s)$ als rational periodische Funktion, Rosenwasser (1994c).

Beispiel A.7 Es wird die rational periodische Funktion

$$F(s,a) \overset{\text{def}}{=} \frac{1}{e^{-sT}-a} \tag{A.61}$$

mit der Konstanten $a \neq 0$ betrachtet. In diesem Falle gilt

$$\ell^+[F(s,a)] = -\frac{1}{a}\,, \quad \ell^-[F(s,a)] = 0\,, \tag{A.62}$$

das heißt, die Funktion $F(s,a)$ ist limitiert. Die Funktion $F(s,a)$ hat einfache Pole in den Punkten, die Wurzeln der Gleichung

$$\mathrm{e}^{-sT} - a = 0$$

sind. Sei $\tilde{s}$ die Hauptwurzel dieser Gleichung, dann ist das Residuum der Funktion $F(s,a)$ im Punkt $\tilde{s}$ gleich

$$\operatorname*{Res}_{s=\tilde{s}} F(s,a) = -\frac{1}{T\mathrm{e}^{-\tilde{s}T}} = -\frac{1}{Ta}\,. \tag{A.63}$$

Indem man (A.62) und (A.63) in (A.58) einsetzt, findet man

$$F(s,a) = -\frac{1}{2a}\left[1 + \coth\frac{(s-\tilde{s})T}{2}\right]\,. \tag{A.64}$$

Die Korrektheit der Gleichung (A.64) kann direkt nachgeprüft werden, weil

$$\coth\frac{(s-\tilde{s})T}{2} = \frac{a\mathrm{e}^{sT}+1}{a\mathrm{e}^{sT}-1}$$

gilt. $\qquad\qquad\square$

A.5 Beschränktheit von rational periodischen Funktionen

In diesem Abschnitt werden allgemeine Aussagen präsentiert, die mit der Beschränktheit von rational periodischen Funktionen in gewissen Gebieten der komplexen Ebene zusammenhängen. Vorerst wird die rational periodische Funktion

$$\tilde{f}(s) \stackrel{\text{def}}{=} \coth\frac{(s-a)T}{2} = \frac{\mathrm{e}^{sT}+\mathrm{e}^{aT}}{\mathrm{e}^{sT}-\mathrm{e}^{aT}} \tag{A.65}$$

betrachtet. Diese Funktion ist wegen der Gleichung (A.56) limitiert. Deshalb ist die Funktion auf der gesamten komplexen Ebene mit Ausnahme der Punkte $a_k = a + kj\omega$, $\omega = 2\pi/T$ analytisch (Abbildung A.3). Um jeden Pol a_k wird ein Kreis R_k

$$|s - a_k| \leq \epsilon \tag{A.66}$$

gelegt, wobei $\epsilon > 0$ hinreichend klein sein möge, damit sich im Innern oder auf dem Rand des Kreises keine weiteren der Pole a_k befinden. Mit C_ϵ wird die komplexe Ebene bezeichnet, aus der alle R_k herausgeschnitten wurden (siehe Abbildung A.3). Es gilt

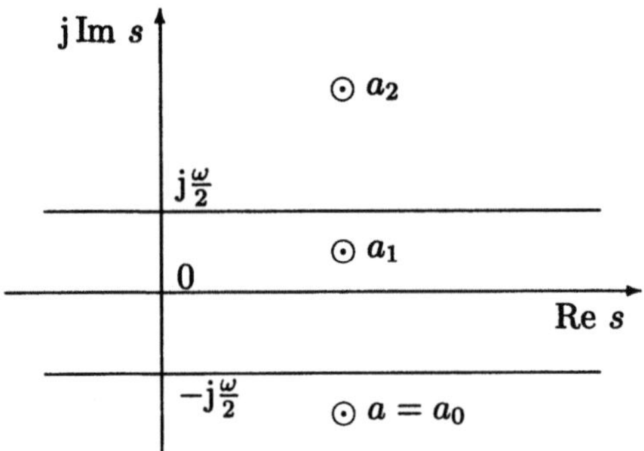

Abbildung A.3: Polstellen von $\tilde{f}(s)$

Lemma A.3 *Die Funktion (A.65) ist im Gebiet C_ϵ gleichmäßig beschränkt, das heißt, es gilt die Abschätzung*

$$|\tilde{f}(s)| < K = \text{const.}, \quad s \in C_\epsilon\,. \tag{A.67}$$

Der Beweis des Lemmas A.3 wird in Priwalow (1967) gegeben. ∎

Das Ergebnis von Lemma A.3 kann auf beliebige limitierte rational periodische Funktionen übertragen werden. Sei $f(s)$ eine nicht kürzbare limitierte rational periodische Funktion, die Hauptpole in den Punkten $\tilde{s}_{i0}$ ($i = 1,\ldots,m$) besitzen möge, dann wird die Gesamtheit der Pole durch (A.42) beschrieben. Um jeden Pol wird eine abgeschlossene Kreisscheibe R_{ik} mit dem Radius ϵ gelegt, das hinreichend klein gewählt wird, damit sich in keinem Kreis ein weiterer Pol $\tilde{s}_{ik}$ befindet. Durch $\tilde{C}_\epsilon$ wird die komplexe Ebene, aus der die Kreise R_{ik} entfernt wurden, bezeichnet.

Satz A.2 *Die limitierte rational periodische Funktion $f(s)$ ist gleichmäßig beschränkt im Gebiet $\tilde{C}_\epsilon$, das heißt, es gilt*

$$|f(s)| < K = \text{const.}, \quad s \in \tilde{C}_\epsilon\,. \tag{A.68}$$

Beweis: Wegen der Voraussetzung über die Limitiertheit sind in der Darstellung (A.27) für $f(s)$ die Konstanten $l_j = 0$ ($j = 1,\ldots,\kappa$). Deshalb erhält man vermöge (A.26)

$$f^o(\zeta) = l_0 + \frac{\lambda_0 + \lambda_1\zeta + \ldots + \lambda_{p-1}\zeta^{p-1}}{r_0 + r_1\zeta + \ldots + r_p\zeta^p}\,, \tag{A.69}$$

mit bestimmten Konstanten l_0, λ_i, r_i. Dabei gilt die Partialbruchzerlegung

$$f^o(\zeta) = l_0 + \sum_{i=1}^{m}\sum_{k=1}^{\nu_i} \frac{f_{ik}}{(\zeta - \zeta_i)^k} \tag{A.70}$$

wobei die f_{ik} bekannte Konstanten sind und sich unter den Zahlen ζ_i nicht die Null befindet. Wenn man in (A.70) mit Hilfe von (A.10) zum Argument s wechselt, dann findet man

$$f(s) = l_0 + \sum_{i=1}^{m} \sum_{k=1}^{\nu_i} \frac{f_{ik}}{(\mathrm{e}^{-sT} - \zeta_i)^k}\,.$$

Indem man (A.64) verwendet, kann die letzte Darstellung in die Form

$$f(s) = l_0 + \sum_{i=1}^{m} \sum_{k=1}^{\nu_i} (-1)^k \frac{f_{ik}}{(2\zeta_i)^k} \left[1 + \coth \frac{(s - \tilde{s}_{i0})T}{2} \right]^k$$

gebracht werden. Jede der Funktionen in den eckigen Klammern ist dank Lemma A.3 im Gebiet $\tilde{C}_\epsilon$ gleichmäßig beschränkt. Diese Eigenschaft gilt mithin auch für die Funktion $f(s)$. ∎

Folgerung 1. Eine beliebige rational periodische Funktion $f(s)$ ist in jedem beliebigen Streifen $\alpha \leq \operatorname{Re} s \leq \beta$ endlicher Breite gleichmäßig beschränkt, in dem sie analytisch ist.

Folgerung 2. Möge die rational periodische Funktion $f(s)$ kausal und $\mu_1 \ldots, \mu_r$ die Menge ihrer charakteristischen Indizes sein, dann ist die Funktion $f(s)$ für hinreichend kleines $\epsilon > 0$ in jedem beliebigen Streifen $\mu_i + \epsilon \leq \operatorname{Re} s \leq \mu_{i+1} - \epsilon$ gleichmäßig beschränkt und ebenso in der Halbebene $\operatorname{Re} s \geq \mu_r + \epsilon$.

A.6 Berechnung von Integralen rational periodischer Funktionen

In diesem Abschnitt werden Möglichkeiten zur Berechnung von Integralen der Gestalt

$$I(c) \stackrel{\text{def}}{=} \frac{T}{2\pi\mathrm{j}} \int_{c-\mathrm{j}\omega/2}^{c+\mathrm{j}\omega/2} f(s)\,\mathrm{d}s \tag{A.71}$$

gesucht, wobei $f(s)$ eine rational periodische Funktion der Periode $\mathrm{j}\omega$ ist und die Größe c als Parameter angesehen wird. Die Funktion $f(s)$ möge im Hauptstreifen $-\omega/2 \leq \operatorname{Im} s < \omega/2$ die m Hauptpole $\tilde{s}_{10}, \ldots, \tilde{s}_{m0}$ besitzen, wobei

$$\begin{aligned} \operatorname{Re} \tilde{s}_{i0} &< c \quad (i = 1, \ldots, q) \\ \operatorname{Re} \tilde{s}_{i0} &> c \quad (i = q+1, \ldots, m) \end{aligned} \tag{A.72}$$

gelte.

Satz A.3 *Möge der Grenzwert*

$$\ell^-[f(s)] = \ell^- = \lim_{\operatorname{Re} s \to -\infty} f(s) \tag{A.73}$$

existieren, dann ist das Integral (A.71) durch den Ausdruck

$$I(c) = T \sum_{i=1}^{q} \operatorname*{Res}_{\tilde{s}_{i0}} f(s) + \ell^{-} \tag{A.74}$$

bestimmt. Wenn der Grenzwert

$$\ell^{+}[f(s)] = \ell^{+} = \lim_{\operatorname{Re} s \to \infty} f(s) \tag{A.75}$$

existiert, dann ist das Integral (A.71) gleich

$$I(c) = -T \sum_{i=q+1}^{m} \operatorname*{Res}_{\tilde{s}_{i0}} f(s) + \ell^{+} . \tag{A.76}$$

Wenn beide Grenzwerte ℓ^{+}, ℓ^{-} existieren, so daß die Funktion $f(s)$ limitiert ist, gelten die Formeln (A.74) und (A.76) gleichzeitig.

Beweis: Für den Nachweis der Formel (A.74) wird das Kurvenintegral

$$I_k \stackrel{\text{def}}{=} \frac{T}{2\pi \mathrm{j}} \oint_{ABCD} f(s)\,\mathrm{d}s \tag{A.77}$$

mit dem rechteckigen Integrationsweg nach Abbildung A.4 betrachtet, wobei ange-

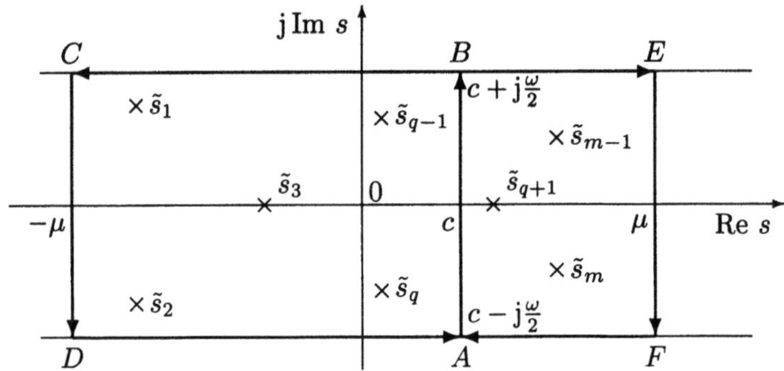

Abbildung A.4: Integrationsweg zur Berechnung von I_k

nommen wird, daß die Pole $\tilde{s}_{10}, \ldots, \tilde{s}_{q0}$ im Innern der Kontur liegen. Nach dem Residuensatz gilt

$$I_k = T \sum_{i=1}^{q} \operatorname*{Res}_{\tilde{s}_{i0}} f(s) . \tag{A.78}$$

Andererseits ist

$$I_k = \frac{T}{2\pi \mathrm{j}} \left[\int_{A}^{B} f(s)\,\mathrm{d}s + \int_{B}^{C} f(s)\,\mathrm{d}s + \int_{C}^{D} f(s)\,\mathrm{d}s + \int_{D}^{A} f(s)\,\mathrm{d}s \right] . \tag{A.79}$$

Die Integrale über die Wege BC und DA heben sich auf, weil sie in umgekehrter Richtung genommen werden und der Integrand wegen der Periodizität von $f(s)$ gleich ist. Das Integral über den Weg CD kann in der Form

$$\frac{T}{2\pi\mathrm{j}} \int_C^D f(s)\,\mathrm{d}s = \frac{T}{2\pi\mathrm{j}} \int_{-\mu+\mathrm{j}\omega/2}^{-\mu-\mathrm{j}\omega/2} f(s)\,\mathrm{d}s \tag{A.80}$$

notiert werden, wobei μ eine hinreichend große positive Zahl ist. Für $\mu \to \infty$ erhält man unter Berücksichtigung von (A.73)

$$\lim_{\mu\to\infty} \frac{T}{2\pi\mathrm{j}} \int_{-\mu+\mathrm{j}\omega/2}^{-\mu-\mathrm{j}\omega/2} f(s)\,\mathrm{d}s = -\ell^- \,, \tag{A.81}$$

weshalb sich für $\mu \to \infty$ aus (A.78) und (A.79)

$$-\ell^- + \frac{T}{2\pi\mathrm{j}} \int_{c-\mathrm{j}\omega/2}^{c+\mathrm{j}\omega/2} f(s)\,\mathrm{d}s = T \sum_{i=1}^{q} \operatorname*{Res}_{\tilde{s}_{i0}} f(s)$$

ergibt, was zu (A.74) gleichwertig ist. Die Formel (A.76) zeigt man auf analogem Wege durch Integration längs des Rechtecks $ABEF$ (siehe Abbildung A.4). ∎

Bemerkung. Wenn $f(s)$ Pole auf dem Rand des Hauptstreifens besitzt, dann kann die Richtigkeit der Behauptung des Satzes bewiesen werden, indem der Integrationsweg ein kleines bißchen vertikal verschoben wird.

Folgerung 1. Wenn $c > \operatorname{Re} \tilde{s}_{i0}$ $(i = 1,\dots,m)$, das heißt, die Funktion $f(s)$ analytisch für $\operatorname{Re} s \geq c$ ist und der Grenzwert ℓ^+ existiert, dann folgt aus (A.76)

$$I(c) = \ell^+ \,. \tag{A.82}$$

Folgerung 2. Wenn $\ell^- = 0$ ist, dann erhält man aus (A.74)

$$I(c) = T \sum_{i=1}^{q} \operatorname*{Res}_{\tilde{s}_{i0}} f(s) \,, \tag{A.83}$$

wogegen man für $\ell^+ = 0$ aus (A.76)

$$I(c) = -T \sum_{i=q+1}^{m} \operatorname*{Res}_{\tilde{s}_{i0}} f(s) \tag{A.84}$$

entnimmt. Erwähnenswert ist, daß der Residuensatz für die Berechnung der Integrale des Typs (A.71) bloß in den Fällen anwendbar ist, wenn die entsprechenden Grenzwerte ℓ^+, ℓ^- verschwinden.

Beispiel A.8 Das Integral (A.71) mit

$$f(s) = \frac{e^{2sT} + 1}{(e^{sT} - 0.5)(e^{sT} - 2)} = \frac{1 + e^{-2sT}}{(1 - 0.5e^{-sT})(1 - 2e^{-sT})}$$

ist zu berechnen. Im vorliegenden Fall ist $\ell^+ = 1$, $\ell^- = 1$, die Funktion $f(s)$ ist also limitiert. Die Funktion $f(s)$ hat den Hauptpol $\tilde{s}_{20} = T^{-1}\ln 2$, der in der rechten Halbebene liegt, und den Hauptpol $\tilde{s}_{10} = T^{-1}\ln 0.5 = -\tilde{s}_{20}$, der sich in der linken Halbebene befindet. Dabei bekommt man

$$\operatorname*{Res}_{\tilde{s}_{10}} f(s) = -\frac{5}{3T}, \quad \operatorname*{Res}_{\tilde{s}_{20}} f(s) = \frac{5}{3T}.$$

Für $c > \tilde{s}_{20}$ folgt aus (A.82) $I(c) = \ell^+ = 1$. Für $\tilde{s}_{10} < c < \tilde{s}_{20}$ kann der Wert des Integrals aus irgendeiner der Formeln (A.74), (A.76) gewonnen werden, wodurch man $I(c) = -\frac{2}{3}$ erhält. Schließlich liefert für $c < \tilde{s}_{10}$ die Anwendung von (A.74) den Wert $I(c) = \ell^- = 1$. $\square$

Beispiel A.9 Es wird das Integral

$$I = \frac{T}{2\pi j} \int_{-j\omega/2}^{j\omega/2} \frac{e^{3sT} + 1}{(e^{sT} - 0.1)(e^{sT} - 0.2)} \, ds \tag{A.85}$$

betrachtet. In diesem Beispiel existiert der Grenzwert ℓ^+ nicht, während $\ell^- = 50$ ist. Die Anwendung der Formel (A.74) liefert mit Hilfe des Vorgehens in Beispiel A.8 den Wert $I = 0.3$. Das Integral (A.85) kann auch auf andere Weise berechnet werden. Dazu geht man von

$$\frac{e^{3sT} + 1}{(e^{sT} - 0.1)(e^{sT} - 0.2)} = e^{sT} + \frac{0.3e^{2sT} - 0.02e^{sT} + 1}{(e^{sT} - 0.1)(e^{sT} - 0.2)}$$

aus und gelangt zu

$$I = \frac{T}{2\pi j} \int_{-j\omega/2}^{j\omega/2} \frac{0.3e^{2sT} - 0.2e^{sT} + 1}{(e^{sT} - 0.1)(e^{sT} - 0.02)} \, ds . \tag{A.86}$$

Der Integrand in (A.86) ist eine limitierte rational periodische Funktion, deren Pole links von der imaginären Achse liegen. Beachtet man, daß in diesem Falle $\ell^+ = 0.3$ ist und nutzt (A.82) aus, erhält man wiederum $I = 0.3$. $\square$

A.7   Integration des Produkts von rational periodischen Funktionen

In diesem Abschnitt sollen einigen Besonderheiten bei der Berechnung von Integralen der Form

$$J \overset{\text{def}}{=} \frac{T}{2\pi j} \int_{-j\omega/2}^{j\omega/2} d(s)r(s) \, ds \tag{A.87}$$

ins Blickfeld gerückt werden, wobei $d(s)$, $r(s)$ gerade und limitierte rational periodische Funktionen sind, das bedeutet, daß die Beziehungen

$$d(s) = d(s + \mathrm{j}\omega)\,, \quad r(s) = r(s + \mathrm{j}\omega)\,, \quad \omega = 2\pi/T \tag{A.88}$$

und

$$d(s) = d(-s)\,, \quad r(s) = r(-s) \tag{A.89}$$

gelten. Dabei existieren wegen der Limitiertheit und der Geradheit die Grenzwerte

$$\ell_d \stackrel{\mathrm{def}}{=} \lim_{\mathrm{Re}\ s \to \pm\infty} d(s)\,, \quad \ell_r \stackrel{\mathrm{def}}{=} \lim_{\mathrm{Re}\ s \to \pm\infty} r(s)\,. \tag{A.90}$$

Satz A.4 *Die Funktionen $d(s)$ und $r(s)$ mögen keine Pole auf der imaginären Achse oder auf den Grenzen des Hauptstreifens $-\omega/2 \leq \mathrm{Im}\ s < \omega/2$ haben. Weiterhin mögen in der Halbebene $\mathrm{Re}\ s < 0$ die Funktion $d(s)$ die einfachen Hauptpole $d_1, \ldots, d_n$ und $r(s)$ die einfachen Hauptpole $r_1, \ldots, r_m$ besitzen, die paarweise verschieden seien. Bezeichnet man durch a_i die Residuen in den Polen d_i und durch b_l die Residuen in den Polen r_l, dann gilt die Formel*

$$J = \ell_d\ell_r + T\ell_r \sum_{i=1}^{n} a_i + T\ell_d \sum_{l=1}^{m} b_l - T^2 \sum_{i=1}^{n} \sum_{l=1}^{m} a_i b_l \coth \frac{(d_i + r_l)T}{2}\,. \tag{A.91}$$

Beweis: Es wird

$$d(s)r(s) = f(s) \tag{A.92}$$

bezeichnet. Bei den getroffenen Voraussetzungen ist die rational periodische Funktion $f(s)$ gerade und limitiert, weshalb unter Berücksichtigung von (A.90)

$$\ell^+[f(s)] = \ell^-[f(s)] = \ell_d\ell_r \tag{A.93}$$

gilt. Dabei hat $f(s)$ im Halbstreifen $\mathrm{Re}\ s < 0$, $-\omega/2 \leq \mathrm{Im}\ s < \omega/2$ die $n + m$ einfachen Pole d_i $(i = 1, \ldots, n)$ und r_l $(l = 1, \ldots, m)$. Die Residuen in diesen Polen sind

$$\operatorname*{Res}_{d_i} f(s) = a_i r(d_i)\,, \quad \operatorname*{Res}_{r_l} f(s) = b_l d(r_l)\,. \tag{A.94}$$

Die Formel (A.74) ergibt

$$J = \ell_d\ell_r + T \sum_{i=1}^{n} \operatorname*{Res}_{d_i} f(s) + T \sum_{l=1}^{m} \operatorname*{Res}_{r_l} f(s)\,, \tag{A.95}$$

was unter Beachtung von (A.94)

$$J = \ell_d\ell_r + T \sum_{i=1}^{n} a_i r(d_i) + T \sum_{l=1}^{m} b_l d(r_l) \tag{A.96}$$

liefert. Für die weiteren Umformungen wird darauf hingewiesen, daß die Funktion $d(s)$ im Hauptstreifen außer den Polen $d_1, \ldots, d_n$ noch die Pole $d_{n+1} = -d_1, \ldots, d_{2n} = -d_n$ besitzt, die im rechten Halbstreifen liegen. Mögen a_i ($i = n+1, \ldots, 2n$) die Residuen von $d(s)$ in diesen Polen sein, dann kann man unter Ausnutzung der Partialbruchzerlegung

$$d(s) = \ell_d + \frac{T}{2} \sum_{i=1}^{n} a_i \coth \frac{(s - d_i)T}{2} + \frac{T}{2} \sum_{i=1}^{n} a_{i+n} \coth \frac{(s + d_i)T}{2} \qquad \text{(A.97)}$$

schreiben. Indem hier s gegen $-s$ ausgetauscht wird, erhält man wegen (A.89)

$$d(s) = \ell_d - \frac{T}{2} \sum_{i=1}^{n} a_i \coth \frac{(s + d_i)T}{2} - \frac{T}{2} \sum_{i=1}^{n} a_{i+n} \coth \frac{(s - d_i)T}{2} . \qquad \text{(A.98)}$$

Durch Vergleich der Zerlegungen (A.97) und (A.98) findet man $a_{i+n} = -a_i$ heraus, so daß die Zerlegung (A.97) die Gestalt

$$d(s) = \ell_d + \frac{T}{2} \sum_{i=1}^{n} a_i \left[\coth \frac{(s - d_i)T}{2} - \coth \frac{(s + d_i)T}{2} \right] \qquad \text{(A.99)}$$

annimmt. Auf analoge Weise zeigt man die Gültigkeit von

$$r(s) = \ell_r + \frac{T}{2} \sum_{l=1}^{m} b_l \left[\coth \frac{(s - r_l)T}{2} - \coth \frac{(s + r_l)T}{2} \right] . \qquad \text{(A.100)}$$

Aus (A.99) und (A.100) zieht man

$$d(r_l) = \ell_d + \frac{T}{2} \sum_{i=1}^{n} a_i \left[\coth \frac{(r_l - d_i)T}{2} - \coth \frac{(r_l + d_i)T}{2} \right]$$

$$r(d_i) = \ell_r + \frac{T}{2} \sum_{l=1}^{m} b_l \left[\coth \frac{(d_i - r_l)T}{2} - \coth \frac{(d_i + r_l)T}{2} \right] \qquad \text{(A.101)}$$

heraus. Indem (A.101) in (A.96) eingesetzt wird, erhält man

$$J = \ell_d \ell_r + T \sum_{i=1}^{n} a_i \left[\ell_r + \frac{T}{2} \sum_{l=1}^{m} b_l \left[\coth \frac{(d_i - r_l)T}{2} - \coth \frac{(d_i + r_l)T}{2} \right] \right] +$$

$$+ T \sum_{l=1}^{m} b_l \left[\ell_d + \frac{T}{2} \sum_{i=1}^{n} a_i \left[\coth \frac{(r_l - d_i)T}{2} - \coth \frac{(r_l + d_i)T}{2} \right] \right] . \qquad \text{(A.102)}$$

Durch Auflösen der Klammern in (A.102) folgt (A.91).   ■

A.8 Berechnung von Parameterintegralen

Im vorliegenden Buch werden für die Untersuchung von Prozessen in Abtastsystemen, die in kontinuierlicher Zeit ablaufen, systematisch Integrale der Form

$$y(t) = \frac{T}{2\pi \mathrm{j}} \int_{c-\mathrm{j}\omega/2}^{c+\mathrm{j}\omega/2} f(s,t)\,\mathrm{d}s \tag{A.103}$$

angewendet, wobei c eine reelle Konstante und $f(s,t)$ die diskrete Laplace-Transformation einer gewissen Funktion ist, die folgende Bedingungen erfüllt.

i) Für jedes t ist die Funktion $f(s,t)$ eine rational-periodische Funktion und befriedigt die Bedingung

$$f(s,t+T) = f(s,t)\mathrm{e}^{sT}\,. \tag{A.104}$$

ii) Die Pole der Funktion $f(s,t)$ hängen nicht von t ab und genügen der Bedingung

$$\mathrm{Re}\ s_i < c\,. \tag{A.105}$$

iii) Für $0 < t = \varepsilon < T$ ist die Funktion $f(s,t)$ kausal, das heißt, es existiert der endliche Grenzwert

$$\ell^+[f(s,\varepsilon)] = \lim_{\mathrm{Re}\ s\to\infty} f(s,\varepsilon) \stackrel{\mathrm{def}}{=} \ell_f^+(\varepsilon)\,. \tag{A.106}$$

Es wird das allgemeine Vorgehen zur Berechnung des Integrals (A.103) bei Beachtung der aufgezählten Einschränkungen betrachtet. Aus Gründen der Einfachheit wird angenommen, daß $f(s,t)$ keine Pole auf den horizontalen Geraden Im $s = \pm \mathrm{j}\omega/2$ besitzt. Das Endergebnis wird von dieser Annahme nicht berührt. Aus der Voraussetzung über die Kausalität von $f(s,\varepsilon)$ folgt vermöge (A.27)

$$f(s,\varepsilon) = f_0(s,\varepsilon) + \tilde{f}_1(s,\varepsilon) \tag{A.107}$$

mit

$$f_0(s,\varepsilon) = q_\kappa(\varepsilon)\mathrm{e}^{-\kappa sT} + q_{\kappa-1}(\varepsilon)\mathrm{e}^{-(\kappa-1)sT} + \ldots + q_0(\varepsilon)\,. \tag{A.108}$$

In (A.108) sind die $q_i(\varepsilon)$ bekannte Funktionen, und für die Funktion $\tilde{f}_1(\varepsilon)$ gilt

$$\ell^-[\tilde{f}_1(s,\varepsilon)] = \lim_{\mathrm{Re}\ s\to-\infty} \tilde{f}_1(s,\varepsilon) = 0\,. \tag{A.109}$$

Weiterhin sollen die Bezeichnungen

$$\begin{aligned}
f_0(s,t) &\stackrel{\mathrm{def}}{=} f_0(s,t-mT)\mathrm{e}^{msT}\,, & mT < t < (m+1)T \\[2mm]
\tilde{f}_1(s,t) &\stackrel{\mathrm{def}}{=} \tilde{f}_1(s,t-mT)\mathrm{e}^{msT}\,, & mT < t < (m+1)T
\end{aligned} \tag{A.110}$$

verwendet werden. Mit Hilfe von (A.110) ergibt sich

$$y(t) = y_0(t) + y_1(t) \tag{A.111}$$

mit

$$y_0(t) = \frac{T}{2\pi \mathrm{j}} \int_{c-\mathrm{j}\omega/2}^{c+\mathrm{j}\omega/2} f_0(s,t)\,\mathrm{d}s\,, \quad y_1(t) = \frac{T}{2\pi \mathrm{j}} \int_{c-\mathrm{j}\omega/2}^{c+\mathrm{j}\omega/2} \tilde{f}_1(s,t)\,\mathrm{d}s\,. \tag{A.112}$$

Aus (4.19), (4.20) entnimmt man, daß die Funktion $y_0(t)$ finit ist, so daß der entsprechende Prozeß in endlicher Zeit erloschen ist. Dabei findet man

$$y_0(t) = \begin{cases} 0 & t > (\kappa + 1)T \\ q_m(t - mT) & mT < t < (m+1)T, \quad (m = 0,\ldots,\kappa) \\ 0 & t < 0\,. \end{cases} \tag{A.113}$$

Für die Berechnung der Funktion $y_1(t)$ kann der Satz A.3 mit seinen Folgerungen herangezogen werden. Indem (A.104) und (A.109) ausgenutzt werden, findet man

$$\ell^+[\tilde{f}_1(s,t)] = 0\,, \quad t < 0\,,$$

woraus man unter Berücksichtigung von (A.103) und (A.82)

$$y_1(t) = 0\,, \quad t < 0 \tag{A.114}$$

gewinnt. Für $t > 0$ liefern (A.104) und (A.109)

$$\ell^-[\tilde{f}_1(s,t)] = \lim_{\mathrm{Re}\ s \to -\infty} f(s,t) = 0\,,$$

weshalb man unter Beachtung von (A.83)

$$y_1(t) = T \sum_i \operatorname*{Res}_{\tilde{s}_i} \tilde{f}_1(s,t)\,, \quad t > 0 \tag{A.115}$$

ermittelt, wobei die Residuen über alle Hauptpole der Funktion $\tilde{f}_1(s,t)$ genommen werden, die mit den Hauptpolen der Funktion $f(s,t)$ übereinstimmen. In der Tat folgt aus (A.108) und (A.109), daß die Funktion $f_0(s,t)$ für alle t analytisch in s ist. Da also

$$\operatorname*{Res}_{\tilde{s}_i} \tilde{f}_1(s,t) = \operatorname*{Res}_{\tilde{s}_i} f(s,t)$$

richtig ist, findet man aus (A.115)

$$y_1(t) = \begin{cases} T \sum_i \operatorname*{Res}_{\tilde{s}_i} f(s,t) & t > 0 \\ 0 & t < 0\,. \end{cases}$$

Nachdem die Beziehungen (A.113) und (A.115) zusammengefügt wurden, gewinnt man den allgemeinen Ausdruck für das Integral (A.103)

$$y(t) = \begin{cases} T \sum_i \operatorname*{Res}_{\tilde{s}_i} f(s,t) & t > (\kappa + 1)T \\[2ex] q_m(t - mT) + T \sum_i \operatorname*{Res}_{\tilde{s}_i} f(s,t) & \begin{array}{l} mT < t < (m+1)T \\ (m = 0, \ldots, \kappa) \end{array} \\[2ex] 0 & t < 0. \end{cases} \qquad (A.116)$$

Aus (A.116) ist ersichtlich, daß unter den oben angegebenen Einschränkungen für hinreichend große $t > 0$ die Auswertung des Integrals (A.103) mit Hilfe der Residuensätze geleistet werden kann.

Beispiel A.10 Es soll das Integral der Form (A.103) mit

$$f(s,\varepsilon) = \frac{f_0(\varepsilon) + f_1(\varepsilon)e^{-sT} + f_2(\varepsilon)e^{-2sT}}{1 - ae^{-sT}}$$

ausgewertet werden, wobei $|a| < 1$, $c > 0$ und (A.104) erfüllt sein sollen. Offenbar nimmt (A.107) die Form

$$f(s,\varepsilon) = q_1(\varepsilon)e^{-sT} + q_0(\varepsilon) + \tilde{f}_1(s,\varepsilon)$$

mit

$$q_1(\varepsilon) = -\frac{F_2(\varepsilon)}{a}, \quad q_0(\varepsilon) = -\frac{f_1(\varepsilon)}{a} - \frac{f_2(\varepsilon)}{a^2}$$

$$\tilde{f}_1(s,\varepsilon) = \frac{f_0(\varepsilon) + \frac{f_1(\varepsilon)}{a} + \frac{f_2(\varepsilon)}{a^2}}{1 - ae^{-sT}}$$

an. Im vorliegenden Fall besitzt die Funktion $f(s,\varepsilon)$ einen Hauptpol $\tilde{s}$ mit dem Residuum

$$\operatorname*{Res}_{\tilde{s}} f(s, t - mT) = \frac{1}{T}\left[f_0(t - mT) + \frac{f_1(t - mT)}{a} + \frac{f_2(t - mT)}{a^2} \right] a^m$$

$$mT < t < (m+1)T.$$

Insgesamt liefert die allgemeine Formel (A.116) somit

$$y(t) = \begin{cases} \begin{array}{l} f_0(t - mT)a^m + f_1(t - mT)a^{m-1} + \\ \quad + f_2(t - mT)a^{m-2} \end{array} & \begin{array}{l} mT < t < (m+1)T \\ m \geq 2 \end{array} \\[2ex] f_0(t - T)a + f_1(t - T) & T < t < 2T \\[1ex] f_0(t) & 0 < t < T \\[1ex] 0 & t < 0. \end{cases}$$

□

Anhang B

Direkter Entwurf mit Polynomverfahren

B.1   Einführung

Die unmittelbare Anwendung der Formeln des Kapitels 17 zum direkten Entwurf von geschlossenen Abtastsystemen stößt auf rechentechnische Schwierigkeiten. Diese werden dadurch hervorgerufen, daß die Koeffizienten des zu minimierenden Funktionals bei einem geschlossenen System von der Wahl des stabilisierenden Paars $\{a^0(\zeta), b^0(\zeta)\}$ abhängen. Obwohl das Endergebnis der Optimierung aus theoretischen Überlegungen heraus nicht von der speziellen Wahl des Paars abhängen darf, besitzt diese Auswahl dennoch eine große Bedeutung für die praktische Berechnung, da in vielen Fällen die Polynome a^0 und b^0 eine schlecht konditionierte Lösung des Entwurfsproblems liefern. Deshalb sollte ein praktisch anwendbares Optimierungverfahren diese Schwierigkeit umgehen, indem das Polynompaar aus den bestimmenden Gleichungen substituiert wird. Für die Bestimmung des optimalen Reglers mittels der Beziehungen des Kapitels 17 wird dann das Paar a^0, b^0 oder die Funktion $\phi(\zeta)$ nicht mehr benötigt. Verschiedene Verfahren zur Lösung dieses Problems werden zum Beispiel in Rosenwasser et al. (1996b), Rosenwasser (1995b) angegeben.

Im vorliegenden Kapitel wird ein neues direktes Verfahren für diesen Schritt im Entwurfsprozeß vorgestellt, das die Verwendung des Polynompaars a^0, b^0 oder der Funktion $\phi(\zeta)$ beim Entwurf des optimalen Reglers umgeht. Es basiert auf der Anwendung der Diophantischen Polynomgleichung. Diese Methode ist wesentlich allgemeiner und kann als Basis für eine robuste Optimierung von Abtastsystemen dienen. Die Benutzung der Polynomgleichungen für das quadratische Optimierungsproblem bei Abtastsystemen führt auf die Lösung eines Paars von Diophantischen Gleichungen, die unmittelbar den Zähler und Nenner der Übertragungsfunktion des optimalen Reglers bestimmen. Dabei wird während des Entwurfs in keinem

Rechenschritt der Basisregler benutzt, was es erlaubt, die Ordnung des Zählers und des Nenners der Übertragungsfunktion des optimalen Reglers unmittelbar aus den vorliegenden Daten zu ermitteln.

Der polynomiale Zugang wurde schon früher von verschiedenen Autoren zur Lösung von $\mathcal{H}_2-$ und $\mathcal{H}_\infty-$optimalen Regelungen von zeitinvarianten kontinuierlichen und zeitdiskreten Systemen benutzt, Kučera (1979); Kwakernaak (1985, 1990); Grimble (1995). Die in diesem Kapitel dargelegten Methoden dehnen den polynomialen Zugang auf die Lösung der direkten Entwurfsaufgabe für Abtastsysteme aus.

Im folgenden wird wegen einer kürzeren Schreibweise eine Reihe neuer Bezeichnungen eingeführt.

Der Nennergrad einer beliebigen nicht kürzbaren gebrochen rationalen Funktion $F(s)$ wird durch δ_F bezeichnet. Wenn dabei die Funktion $F(s)$ keine Pole auf der imaginären Achse besitzt, dann gilt $\delta_F = \delta_F^+ + \delta_F^-$, wobei δ_F^+ und δ_F^- die Anzahl der stabilen beziehungsweise instabilen Pole von $F(s)$ sind.

Durch $d_F(\zeta)$ soll der Nenner der gebrochen rationalen Funktion

$$\mathcal{D}_F(T,\zeta,t) \stackrel{\text{def}}{=} \mathcal{D}_F(T,s,t)|_{e^{-sT}=\zeta} = \frac{m_F(\zeta)}{d_F(\zeta)}$$

bezeichnet werden.

Für eine Funktion der Veränderlichen s, die faktisch von $\zeta = e^{-sT}$ abhängt, wird

$$F(\zeta) \stackrel{\text{def}}{=} F(s)|_{e^{-sT}=\zeta}$$

geschrieben.

Das Stern * bei Funktionen der Veränderlichen ζ bedeutet den Austausch von ζ gegen ζ^{-1}, das heißt $F^*(\zeta) = F(\zeta^{-1})$.

Für beliebige Polynome $f(\zeta)$, die keine Wurzeln auf der Peripherie des Einheitskreises haben, werden die stabilen und die instabilen Faktoren (deren Wurzeln außerhalb beziehungsweise innerhalb des Einheitskreises liegen) durch $f^+(\zeta)$ und $f^-(\zeta)$ bezeichnet, so daß $f = f^+ f^-$ gilt. Hier und im folgenden wird der Einfachheit halber das Argument der Funktion fortgelassen, wenn eine Verwechslung nicht zu befürchten ist.

Die Tilde ~ bedeutet das umgekehrte Polynom, das entsteht, indem die Reihenfolge der Koeffizienten umgekehrt wird:

$$\tilde{f} = f^* \zeta^{\deg f}.$$

Im folgenden wird die offenbar gültige Gleichheit

$$ff^* = \tilde{f}\tilde{f}^*, \qquad \frac{f^*}{\tilde{f}^*} = \frac{\tilde{f}}{f} \tag{B.1}$$

benutzt.

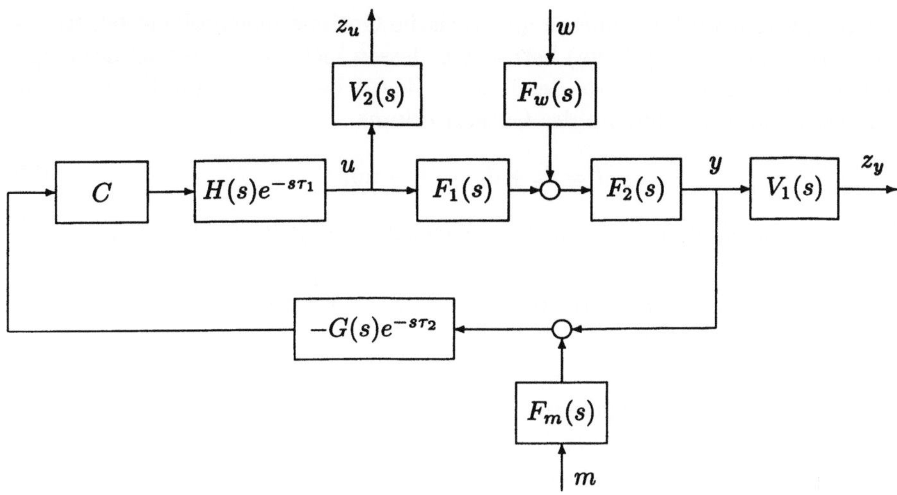

Abbildung B.1: Struktur des betrachteten Abtastregelsystems

B.2 Lösung des $\mathcal{H}_2$–Optimierungsproblems

Es wird die Abtastregelung nach Abbildung B.1 betrachtet. In den Bestand der Regelungsstruktur geht der zweigliedrige Prozeß mit den Übertragungsfunktionen $F_1(s)$ und $F_2(s)$, das Stellglied $H(s)$, die dynamische Rückführung $G(s)$ und der durch (10.1)–(10.3) beschriebene digitale Regler C ein. Das System wird durch die äußere Störung $w(t)$ und die Meßstörung $m(t)$ angeregt, die über die stabilen Formfilter $F_w(s)$ beziehungsweise $F_m(s)$ einwirken. Die Glieder e^{-sT_1} und e^{-sT_2} modellieren Totzeiten in den kontinuierlichen Elementen und die Rechenzeit des Computers. Die Übertragungsfunktionen $V_1(s)$ und $V_2(s)$ werden als frequenzabhängige Gewichtungen zur Bewertung des Fehlers und des Stellaufwands benutzt. Es werden die folgenden Voraussetzungen gemacht:

i) Die Funktion $F_1 F_2 HG$ ist nicht kürzbar und streng proper.

ii) Das System nach Abbildung B.1 ist nichtpathologisch, das heißt, für die Pole der Funktion $F_1 F_2 HG$ sind die Bedingungen (9.161) und (9.162) erfüllt.

iii) Die Funktion $F_1 HG$ besitzt keine Pole auf der imaginären Achse.

iv) Die Funktionen $\tilde{A}_1(s) = (F_w \underline{F_w} F_2 \underline{F_2} + F_m \underline{F_m}) G \underline{G}$,
$\tilde{B}_2(s) = F_w \underline{F_w} F_2 \underline{F_2} G \underline{V_1} F_1 F_2 H V_1$ und $\tilde{C}_2(s) = F_w F_2 V_1$ sind streng proper.

v) Die Übertragungsfunktionen $F_w(s)$ und $F_m(s)$ sind asymptotisch stabil.

vi) Die Signale $w(t)$ und $m(t)$ werden durch unabhängige weiße Rauschprozesse beschrieben.

Für dieses System wird das lineare quadratische Optimierungsproblem bei stochastischer Erregung ($\mathcal{H}_2$-Problem) betrachtet, dessen Ziel in der Auswahl derjenigen diskreten Übertragungsfunktion des Reglers $W_d(\zeta)$ besteht, die die Stabilität des Regelkreises und das Minimum des Gütekriteriums

$$I = \bar{d}_y + \bar{d}_u \qquad \rightarrow \min \tag{B.2}$$

garantiert, wobei $\bar{d}_y$ und $\bar{d}_u$ die mittlere Varianz der Signale $z_y(t)$ und $z_u(t)$

$$\bar{d}_y = \int_0^T d_y(t)\, dt\,, \qquad\qquad \bar{d}_u = \int_0^T d_u(t)\, dt$$

bedeuten.

Die Lösung der Entwurfsaufgabe für den bezüglich des Kriteriums (B.2) optimalen Regler erfordert demnach, solchen Regler $W_d(\zeta)$ für das System nach Abbildung B.1 zu finden, der das System stabilisiert und I minimiert.

Wie oben gezeigt wurde, führt diese Aufgabe auf die $\mathcal{H}_2$-Optimierung eines gewissen äquivalenten zeitdiskreten Systems. Indem man die in Kapitel 17 dargelegten Methoden verwendet, kann man das Kriterium (B.2) in der Form (17.35)

$$I = \frac{1}{2\pi j}\oint_\Gamma X(\zeta)\,\frac{d\zeta}{\zeta} = \frac{1}{2\pi j}\oint_\Gamma \left[A\tilde{W}_d\tilde{W}_d^* - B\tilde{W}_d - B^*\tilde{W}_d^* + C\right]\frac{d\zeta}{\zeta} \tag{B.3}$$

mit

$$A(\zeta) = \mathcal{D}_{\tilde{A}_1}(T,s,0)\,\mathcal{D}_{\tilde{A}_2}(T,s,0)\,\big|_{\mathrm{e}^{-sT}=\zeta} \tag{B.4}$$

$$B(\zeta) = \mathcal{D}_{\tilde{B}_1}(T,s,-(\tau_1+\tau_2))\,\big|_{\mathrm{e}^{-sT}=\zeta} \tag{B.5}$$

$$C(\zeta) = \mathcal{D}_{\tilde{C}_1}(T,s,0)\,\big|_{\mathrm{e}^{-sT}=\zeta} \tag{B.6}$$

als den diskreten Laplace-Transformierten der Funktionen

$$\tilde{A}_1(s) = (F_w\underline{F_w}F_2\underline{F_2} + F_m\underline{F_m})G\underline{G} \tag{B.7}$$

$$\tilde{A}_2(s) = \frac{1}{T}\left(F_1\underline{F_1}F_2\underline{F_2}V_1\underline{V_1} + V_2\underline{V_2}\right)H\underline{H}M\underline{M} \tag{B.8}$$

$$\tilde{B}_1(s) = \frac{1}{T}F_w\underline{F_w}F_2\underline{F_2}G\underline{V_1}F_1F_2HV_1M \tag{B.9}$$

$$\tilde{C}_1(s) = F_w\underline{F_w}F_2\underline{F_2}V_1\underline{V_1} \tag{B.10}$$

und

$$\tilde{W}_d(\zeta) = \frac{W_d}{1 + W_d\mathcal{D}_{F_1F_2HGM}(T,\zeta,-(\tau_1+\tau_2))}$$

darstellen. Zur Konstruktion der Menge der stabilisierenden Regler wird die Funktion

$$\mathcal{D}_{F_1F_2HGM}(T,\zeta,-(\tau_1+\tau_2)) = \frac{\zeta\chi_\tau}{\alpha} \tag{B.11}$$

berechnet, wobei $\chi_\tau(\zeta)$ und $\alpha(\zeta)$ Polynome sind mit $\alpha(\zeta) = d_{F_1 F_2 HG}(\zeta)$. Dabei gilt, wie in Abschnitt 17.3 gezeigt wurde,

$$\tilde{W}_d(\zeta) = \alpha(\alpha\phi + \tilde{b}^0) \tag{B.12}$$

wobei ϕ eine stabile gebrochen rationale Funktion und $\tilde{b}^0$ ein Polynom ist, das der Diophantischen Gleichung

$$\tilde{b}^0 \zeta \chi_\tau + \tilde{a}^0 \alpha = 1 \tag{B.13}$$

genügt. Nach Einsetzen von (B.12) nimmt der Ausdruck unter dem Integral in (B.3) die Gestalt

$$X = A_1 \phi\phi^* - B_1 \phi - B_1^* \phi^* + C_1 \tag{B.14}$$

mit

$$A_1(\zeta) = (\alpha\alpha^*)^2 A \tag{B.15}$$

$$B_1(\zeta) = \alpha^2 (B - (\tilde{b}^0)^* \alpha^* A) \tag{B.16}$$

$$C_1(\zeta) = C + \tilde{b}^0 (\tilde{b}^0)^* \alpha\alpha^* A - \tilde{b}^0 \alpha B - (\tilde{b}^0)^* \alpha^* B^* \tag{B.17}$$

an.

Satz B.1 ($\mathcal{H}_2$−Problem) *Wenn die Voraussetzungen i)–vi) erfüllt sind, dann wird der optimale stabilisierende Regler, der das Kriterium (B.3) minimiert, für das betrachtete System durch die folgenden Rechenschritte gefunden.*

1. Finde die Polynome $\chi_\tau(\zeta)$ und $\alpha(\zeta)$ in (B.11).

2. Berechne die diskreten Laplace-Transformierten

$$\mathcal{D}_{\tilde{A}_1}(T, \zeta, 0) = \frac{\alpha_1}{d_{F_w F_m F_2 G} d^*_{F_w F_m F_2 G}} \tag{B.18}$$

$$\mathcal{D}_{\tilde{A}_2}(T, \zeta, 0) = \frac{\alpha_2}{d_{F_1 F_2 H V_1 V_2} d^*_{F_1 F_2 H V_1 V_2}} \tag{B.19}$$

$$\mathcal{D}_{\tilde{B}_1}(T, \zeta, -(\tau_1 + \tau_2)) = \frac{\beta}{d_{F_w F_1 F_2 F_2 HGV_1} d^*_{F_w F_2 V_1}} \tag{B.20}$$

für die Funktionen (B.7), (B.8) und (B.9).

3. Finde das stabile Polynom $g(\zeta)$ als Ergebnis der Faktorisierung

$$gg^* = \alpha_1 \alpha_2 \tag{B.21}$$

4. Berechne das Polynom

$$\omega(\zeta) = \frac{(gg^* - \beta^* \zeta \chi_\tau d_{F_m V_2} d^*_{F_m V_2}) \zeta^\rho}{d_{F_2}} \tag{B.22}$$

wobei ρ diejenige minimale nichtnegative Zahl ist , mit der

$$\eta_1(\zeta) = \beta^* d^*_{F_m V_2} \zeta^\rho \qquad \eta_2(\zeta) = g^* \zeta^\rho \tag{B.23}$$

Polynome in ζ werden.

5. *Finde die Polynome $N(\zeta)$, $D(\zeta)$ und $\pi(\zeta)$ als Lösungen des Gleichungssystems*

$$g^* \zeta^\rho N + \pi d_{F_w F_2 V_1} = \beta^* \tilde{d}_1^- d^*_{F_m V_2} \zeta^\rho \qquad (B.24)$$

$$g^* \zeta^\rho d_1^- D - \pi \zeta \chi_T d_{F_w F_m V_1 V_2} = \tilde{d}_1^- \omega \qquad (B.25)$$

mit

$$d_1(\zeta) = \frac{\alpha}{d_{F_2}} = d_{F_1 HG}$$

wobei das Polynom $\pi(\zeta)$ den minimal möglichen Grad haben soll (diese Lösung wird im weiteren minimal bezüglich π genannt).

6. *Die Übertragungsfunktion des optimalen Reglers hat die Form*

$$W_d(\zeta) = \frac{d_1^+ d_{F_m V_2} N}{D} \qquad (B.26)$$

7. *Das charakteristische Polynom des geschlossenen Systems ist $\Delta = g d_1^+ \tilde{d}_1^-$.*

Beweis: Für die Minimierung des Funktionals (B.3) mit der quadratischen Form (B.14) über der Menge der stabilen gebrochen rationalen Funktionen ϕ wird der in Abschnitt 16.2 angegebene Algorithmus benutzt. Unter Berücksichtigung der in Abschnitt B.1 eingeführten Bezeichnungen können die Funktionen $\mathcal{D}_{\tilde{A}_1}(T, \zeta, 0)$, $\mathcal{D}_{\tilde{A}_2}(T, \zeta, 0)$ und $\mathcal{D}_{\tilde{B}_1}(T, \zeta, 0)$ in der Gestalt (B.18), (B.19) und (B.20) geschrieben werden, wobei die Funktionen $\alpha_1(\zeta)$, $\alpha_2(\zeta)$ und $\beta(\zeta)$ Quasipolynome sind, das heißt, die Form

$$a_n \zeta^n + a_{n-1} \zeta^{n-1} + \cdots + a_1 \zeta + a_0 + a_{-1} \zeta^{-1} + \cdots + a_{-m+1} \zeta^{-m+1} + a_{-m} \zeta^{-m}$$

besitzen, wobei wegen der Hermiteschen Selbstkonjungiertheit der Funktionen $\tilde{A}_1(s)$ und $\tilde{A}_2(s)$

$$\alpha_1(\zeta) = \alpha_1(\zeta^{-1}), \qquad \alpha_2(\zeta) = \alpha_2(\zeta^{-1})$$

gilt. Durch Faktorisierung des Ausdrucks (B.15) erhält man mit Hilfe von (B.4), (B.18) und (B.19)

$$K(\zeta) = \frac{g d_1^+ \tilde{d}_1^-}{d_{F_w F_m V_1 V_2}} \qquad (B.27)$$

wobei sich das stabile Polynom $g(\zeta)$ als Ergebnis der Faktorisierung (B.21) ergibt. Indem (B.5) und (B.4) in die Formel (B.16) für die Berechnung von $\tilde{B}$ eingesetzt und (B.27) für $K(\zeta)$ benutzt wird, erhält man in Übereinstimmung mit (16.28) nach Kürzen unter Berücksichtigung von (B.1) die Funktion $u(\zeta)$ aus (16.28) in der Gestalt

$$u(\zeta) = \frac{\tilde{d}_1^- (\beta^* d_{F_m V_2} d^*_{F_m V_2} - \tilde{b}^0 g g^*) \zeta^\rho}{d_{F_w F_m F_2 V_1 V_2} \tilde{d}_1^- g^* \zeta^\rho} \qquad (B.28)$$

wobei die nichtnegative ganze Zahl ρ so ausgewählt wurde, daß die Funktionen (B.23) Polynome sind. Dabei sind der Zähler und Nenner der Funktion $u(\zeta)$ ebenfalls Polynome.

Aus Satz 17.2 folgt, daß der Klammerausdruck im Zähler von (B.28) vollständig den Faktor d_{F_2} enthält und die Wurzeln von d_{F_2} damit keine Pole der Funktion $u(\zeta)$ sind. Bei Beachtung dieser Separation ergibt sich $u(\zeta)$ zu

$$u(\zeta) = \{u\}_+ + \{u\}_- = \frac{\vartheta}{d_{F_w}F_m V_1 V_2} + \frac{\pi}{d_1^- g^* \zeta^\rho}\,. \tag{B.29}$$

Die optimale Funktion ϕ_0 hat die Form

$$\phi_0(\zeta) = \frac{\{u\}_+}{K} = \frac{\vartheta}{g d_1^+ \tilde{d}_1^-}\,.$$

Ihr Nenner $\Delta(\zeta) = g d_1^+ \tilde{d}_1^-$ stellt sich als charakteristisches Polynom des optimalen geschlossenen Systems heraus.

In Übereinstimmung mit (17.40) ermittelt man die Übertragungsfunktion des optimalen Reglers als Verhältnis der Funktionen $W_1(\zeta)$ und $W_2(\zeta)$:

$$W_1(\zeta) = \tilde{b}^0 + \alpha\phi = \frac{\tilde{b}^0 g d_1^+ \tilde{d}_1^- + \alpha\vartheta}{\Delta} = \frac{d_1^+ \left(\tilde{b}^0 g \tilde{d}_1^- + d_1^- d_{F_2}\vartheta\right)}{\Delta} \tag{B.30}$$

$$W_2(\zeta) = \tilde{a}^0 - \zeta\chi_\tau\phi = \frac{\tilde{a}^0 g d_1^+ \tilde{d}_1^- - \zeta\chi_\tau\vartheta}{\Delta}\,. \tag{B.31}$$

Aus (B.30) und (B.31) folgt, daß der Regler als Verhältnis von zwei Polynomen $W_d(\zeta) = b/a$ geschrieben werden kann mit

$$b(\zeta) = d_1^+ \left(\tilde{b}^0 g \tilde{d}_1^- + d_1^- d_{F_2}\vartheta\right) \tag{B.32}$$

$$a(\zeta) = \tilde{a}^0 g d_1^+ \tilde{d}_1^- - \zeta\chi_\tau\vartheta\,. \tag{B.33}$$

Man bemerkt, daß der Zähler des optimalen Reglers den Faktor d_1^+ enthält, so daß $b(\zeta) = d_1^+ N_0$ mit

$$N_0(\zeta) = \tilde{b}^0 g \tilde{d}_1^- + d_1^- d_{F_2}\vartheta$$

gilt.

Jetzt läßt sich die Polynomgleichung gewinnen, die es gestattet, die Polynome b und a direkt zu ermitteln, ohne die Funktion ϕ berechnen zu müssen. Durch Kombination von (B.28) und (B.29), läßt sich die Diophantische Gleichung

$$\tilde{d}_1^- \left(\beta^* d_{F_m V_2} d_{F_m V_2}^* - \tilde{b}^0 g g^*\right)\zeta^\rho = \vartheta d_{F_2} d_1^- g^* \zeta^\rho + \pi d_{F_w}F_m F_2 V_1 V_2 \tag{B.34}$$

aufschreiben, die der Separation entspricht. Wegen der Separation muß die Funktion $\{u\}_-$ streng proper sein, deshalb ist die Lösung dieser Gleichung in Abhängigkeit von den unbekannten Polynomen ϑ und π zu suchen, wobei sie minimal bezüglich π sein muß.

Durch Umgruppierung der Summanden auf der linken und rechten Seite und Ausnutzung von (B.32) und (B.33), gelangt man zur Gleichung für N_0:

$$g^* \zeta^\rho N_0 + \pi d_{F_w F_m F_2 V_1 V_2} = \beta^* \tilde{d}_1^- d_{F_m V_2} d^*_{F_m V_2} \zeta^\rho \,. \tag{B.35}$$

Der zweite Summand auf der linken Seite und der rechte Teil der Gleichung (B.35) besitzen den Faktor $d_{F_m V_2}$, weshalb der erste Summand ebenfalls diesen Faktor enthält und damit das Polynom N_0 ganz durch $d_{F_m V_2}$ teilbar sein muß, das bedeutet, $b = d_1^+ d_{F_m V_2} N$ mit einem Polynom $N(\zeta)$. Aus (B.35) kann man als Gleichung zur Bestimmung von N

$$g^* \zeta^\rho N + \pi d_{F_w F_2 V_1} = \beta^* \tilde{d}_1^- d^*_{F_m V_2} \zeta^\rho$$

gewinnen. Da sich das charakteristische Polynom des geschlossenen Systems alternativ durch

$$\Delta = \zeta \chi_\tau b + \alpha a = g d_1^+ \tilde{d}_1^-$$

mit $b(\zeta) = d_1^+ N_0$ beschreiben läßt, kann aus der letzten Gleichung d_1^+ entfernt werden, wodurch man leicht den Zusammenhang zwischen den Polynomen N_0 und $D = a$ gemäß

$$\zeta \chi_\tau N_0 + d_1^- d_{F_2} D = g \tilde{d}_1^- \tag{B.36}$$

herstellt. Durch Multiplizieren der Gleichung (B.35) mit $\zeta \chi_\tau$ und dem wegen (B.36) zulässigen Ersatz von $\zeta \chi_\tau N_0$ durch $g \tilde{d}_1^- - d_1^- d_{F_2} D$ erhält man nach Umgruppierung der Summanden und Division durch d_{F_2}

$$g^* \zeta^\rho d_1^- D - \pi \zeta \chi_\tau d_{F_w F_m V_1 V_2} = \tilde{d}_1^- \omega$$

wobei $\omega(\zeta)$ durch (B.22) festgelegt ist. Durch Ausnutzung von Satz 17.2 läßt sich leicht zeigen, daß es sich bei der Funktion $\omega(\zeta)$ (B.22) um ein Polynom handelt. ∎

Die Gleichungen (B.24) und (B.25) erlauben die Bestimmung der Ordnung der Polynome b und a.

Satz B.2 *Bei Erfüllung der Voraussetzungen* i)–vi) *sind die Grade von Zähler und Nenner der Übertragungsfunktion des optimalen Reglers durch die Formeln*

$$\deg b = \delta_{F_w F_m F_1 F_2 H G V_1 V_2} - 1 \tag{B.37}$$

$$\deg a = \delta_{F_w F_m F_1 F_2 H G V_1 V_2} + N_\tau - 1 \tag{B.38}$$

bestimmt, wobei die ganze Zahl N_τ durch

$$\tau_1 + \tau_2 = N_\tau T - \delta T, \qquad 0 \le \delta < 1$$

festgelegt ist.

Den Beweis findet man in Rosenwasser und Polyakov (1996). ■

Beispiel B.1 Es ist der optimale digitale Regler des Systems nach Abbildung B.1 bezüglich des Kriteriums (B.2) für

$$F_1(s) = H(s) = G(s) = 1, \qquad F_2(s) = \frac{1}{s-1}$$

$$F_w(s) = 1, \quad F_m(s) = 0, \qquad V_1(s) = 1, \quad V_2(s) = 0$$

$$T = 1, \qquad \tau_1 = \tau_2 = 0, \qquad M(s) = \frac{1 - e^{-sT}}{s}$$

zu bestimmen, was dem Blockbild nach Abbildung 17.3 entspricht. Unter diesen Gegebenheiten gilt

$$\mathcal{D}_{F_2 M}(T, \zeta, 0) = \frac{-0.6321\zeta}{\zeta - 0.3679}$$

$$\mathcal{D}_{\tilde{A}_1}(T, \zeta, 0) = D_{F_2 \underline{F_2}}(T, \zeta, 0) = \frac{0.4323}{(\zeta - 0.3679)(\zeta^{-1} - 0.3679)}$$

$$\mathcal{D}_{\tilde{A}_2}(T, \zeta, 0) = \frac{1}{T}\mathcal{D}_{F_2 \underline{F_2} M \underline{M}}(T, \zeta, 0) = \frac{0.0163(\zeta + 3.9461)(\zeta^{-1} + 3.9461)}{(\zeta - 0.3679)(\zeta^{-1} - 0.3679)}$$

$$\mathcal{D}_{\tilde{B}_1}(T, \zeta, -(\tau_1 + \tau_2)) = \frac{1}{T}\mathcal{D}_{F_2 F_2 \underline{F_2} M}(T, \zeta, 0) = \frac{-0.0513\zeta^2 - 0.1704\zeta - 0.0309}{(\zeta - 0.3679)^2(\zeta^{-1} - 0.3679)}.$$

Vergleicht man diese Ausdrücke mit (B.18)–(B.20), gewinnt man

$$\alpha_1 = 0.4323, \qquad \alpha_2 = 0.0163(\zeta + 3.9461)(\zeta^{-1} + 3.9461)$$

$$\beta = -0.0513\zeta^2 - 0.1704\zeta - 0.0309i\,,$$

(B.39)

woraus wegen (B.21)

$$g = 0.0840\zeta + 0.3316 \tag{B.40}$$

folgt. Damit die Funktion (B.23) ein Polynom wird, muß $\rho = 2$ angenommen werden. Nach Formel (B.22) findet man

$$\omega(\zeta) = 0.0083\zeta^2 + 0.0124\zeta\,.$$

Unter Berücksichtigung dieser Gleichung nehmen (B.24)–(B.25) die Gestalt

$$(0.3316\zeta^2 + 0.0840\zeta)N + (\zeta - 0.3679)\pi = -0.0309\zeta^2 - 0.1704\zeta - 0.0513 \tag{B.41}$$

$$(0.3316\zeta^2 + 0.0840\zeta)D - 0.6321\zeta\pi = 0.0083\zeta^2 + 0.0124\zeta \tag{B.42}$$

an. Durch Vergleich der Polynomgrade ist nach Kürzen aller Glieder in (B.42) durch ζ ersichtlich, daß eine bezüglich π minimale Lösung des Gleichungssystems mit $\deg \pi = 1$, $\deg N = 0$ und $\deg D = 0$ existiert. Die so gewonnene Lösung lautet $\pi = 0.4860\zeta + 0.1394$, $N = -1.5589$ und $D = -0.9014$, was wegen der Vereinbarung (B.26) $W_d(\zeta) = 1.7295$ liefert. Dabei nimmt das Verlustfunktional (B.2) den Wert 2.3105 an. Im gegebenen Fall ist der optimale Regler ein einfacher Verstärker, was auch aus (B.37)–(B.38) folgt. □

B.3   Entwurf optimaler Folgesysteme

Es wird das Folgesystem mit einem digitalen Regler und der in Abbildung B.2
gezeigten Struktur untersucht. Die Aufgabe des Systems besteht in der möglichst

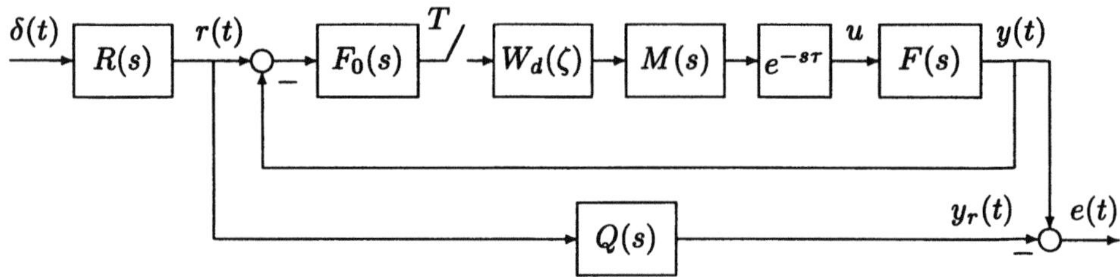

Abbildung B.2: Strukturbild des betrachteten Folgesystems

genauen Nachführung des Referenzsignals $r(t)$, das man sich als durch das Filter
$R(s)$ verformte Diracfunktion $\delta(t)$ vorstellt. Das ideale Folgeverhalten wird durch
die Übertragungsfunktion $Q(s)$ beschrieben. Im Regelkreis wirken der Prozeß mit
der Übertragungsfunktion $F(s)$ und das vor dem Steuerrechner sitzende Vorfilter
mit der Übertragungsfunktion $F_0(s)$. Die Rechenzeit des Steuerrechners und die
Totzeit des kontinuierlichen Prozesses seien im Glied $e^{-s\tau}$ modelliert worden.
Die folgenden Bedingungen mögen erfüllt sein:

i) Die Funktionen F, $F_0 F$, $F Q \underline{R}$ und $F_0 R$ sind nicht kürzbar und streng proper.

ii) Das System nach Abbildung B.2 ist nichtpathologisch, das heißt, für die Pole
der Funktion $F_0 F$ sind die Bedingungen (9.161) und (9.162) erfüllt.

iii) Die Funktion F_0 besitzt keine Pole auf der imaginären Achse und die Funktion
F besitzt nicht mehr als einen neutralen Pol.

iv) Das Bild der Referenz $R(s)$ ist proper und von der Gestalt

$$R(s) = \frac{1}{s} R_1(s), \qquad (B.43)$$

wobei $R_1(s)$ asymptotisch stabil ist.

v) Die Übertragungsfunktion des idealen Folgeverhaltens $Q(s)$ ist asymptotisch
stabil.

vi) Es wird ein Halteglied 0. Ordnung verwendet, das heißt, es gilt

$$M(s) = \frac{1 - e^{-sT}}{s}.$$

Als Gütekriterium wird die integrierte quadratische Abweichung zwischen dem Ausgang $y(t)$ des realen Systems und dem idealen Ausgang $y_r(t)$

$$I_c = \int_0^\infty e^2(t)\,\mathrm{d}t = \int_0^\infty [y(t) - y_r(t)]^2\,\mathrm{d}t \qquad (B.44)$$

gewählt. Das Entwurfsproblem für das quadratisch optimale Folgesystem besteht in der Konstruktion desjenigen stabilisierenden Reglers, der $I_c \to$ min gewährleistet.

Wie in Abschnitt 17.4 gezeigt wurde, kann das Kriterium (B.44) in der Form

$$I_c = \int_{-j\infty}^{j\infty} (Y - Y_r)(\underline{Y} - \underline{Y_r})\,\mathrm{d}s$$

aufgeschrieben werden, wobei $Y(s)$ und $Y_r(s)$ die Laplace-Transformierten der Signale $y(t)$ und $y_r(t)$ sind. Den in Abschnitt 17.4 dargelegten Methoden folgend, kann man dem oben stehenden Kriterium das Aussehen

$$I_c = \frac{1}{2\pi j} \oint_\Gamma \left[A\tilde{W}_d\tilde{W}_d^* - B\tilde{W}_d - B^*\tilde{W}_d^* + C \right] \frac{d\zeta}{\zeta} \qquad (B.45)$$

mit

$$A(\zeta) = \mathcal{D}_{\tilde{A}_1}(T,\zeta,0)\mathcal{D}_{\tilde{A}_2}(T,\zeta,+0)\mathcal{D}_{\tilde{A}_2}(T,\zeta^{-1},+0) \qquad (B.46)$$
$$B(\zeta) = \mathcal{D}_{\tilde{B}_1}(T,\zeta,-\tau)\mathcal{D}_{\tilde{A}_2}(T,\zeta,+0) \qquad (B.47)$$
$$C(\zeta) = \mathcal{D}_{\tilde{C}_1}(T,\zeta,0) \qquad (B.48)$$
$$\tilde{A}_1(s) = F\underline{F}M\underline{M} \qquad (B.49)$$
$$\tilde{A}_2(s) = F_0 R \qquad (B.50)$$
$$\tilde{B}_1(s) = F\underline{Q}RM \qquad (B.51)$$
$$\tilde{C}_1(s) = Q\underline{Q}R\underline{R} \qquad (B.52)$$

geben.
Damit die Stabilität des geschlossenen Regelkreises gewährleistet ist, wird die Menge der stabilisierenden Regler (17.40) verwendet, was das Ersetzen von (B.12) anstelle von $\tilde{W}_d$ bedeutet.
Wie in Abschnitt 17.4 gezeigt wurde, ist für die Konvergenz des Kriteriums (B.44) notwendig und hinreichend, daß die Gleichanteile der Ausgänge beider Systeme übereinstimmen

$$\lim_{s\to 0} s\,[Y(s) - Y_r(s)] = 0\,. \qquad (B.53)$$

Damit die Bedingung (B.53) erfüllt wird, darf nicht über der ganzen Menge der stabilisierenden Regler optimiert werden, sondern man muß sich auf eine gewisse Teilmenge beschränken. Dabei erhält man

$$\phi = k_\phi + \theta\phi_1 \qquad (B.54)$$

mit einer bekannten Konstanten k_ϕ, $\theta = \zeta - 1$ und der beliebigen stabilen gebrochen rationalen Funktion $\phi_1(\zeta)$. Indem man (B.12) in (B.45) einsetzt und (B.54) beachtet, findet man

$$I_c = \frac{1}{2\pi j} \oint_\Gamma [A_1 \phi_1 \phi_1^* - B_1 \phi_1 - B_1^* \phi_1^* + C_1] \, \frac{d\zeta}{\zeta}$$

mit

$$A_1(\zeta) = (\alpha\alpha^*)^2 \theta\theta^* A \tag{B.55}$$

$$B_1(\zeta) = \alpha^2 \theta (B - a_1^* \alpha^* A) \tag{B.56}$$

$$C_1(\zeta) = C + b_1 a_1^* \alpha\alpha^* A - b_1 \alpha B - a_1^* \alpha^* B^*$$

$$b_1(\zeta) = \tilde{b}^0 + k_\phi \alpha .$$

Das grundlegende Ergebnis dieses Abschnitts ist in dem unten stehenden Satz formuliert.

Satz B.3 *Bei Erfüllung der Bedingungen* i)–vi) *ist der optimale stabilisierende Regler, der das Kriterium (B.45) minimiert, für das betrachtete Folgesystem durch die folgenden Schritte zu berechnen.*

1. Finde die Polynome $\chi_\tau(\zeta)$ *und* $\alpha(\zeta)$ *der bestimmenden Funktion*

$$\mathcal{D}_{FF_0M}(T, s, -\tau) = \frac{\zeta\chi_\tau}{\alpha}$$

2. Berechne die diskreten Übertragungsfunktionen

$$\mathcal{D}_{\tilde{A}_1}(T, \zeta, 0) = \frac{\alpha_1}{d_F d_F^*} \tag{B.57}$$

$$\mathcal{D}_{\tilde{A}_2}(T, \zeta, 0) = \frac{\alpha_2}{d_{F_0} R} \tag{B.58}$$

$$\mathcal{D}_{\tilde{B}_1}(T, \zeta, -\tau) = \frac{\beta}{d_F d_{QR}^*} \tag{B.59}$$

für die Funktionen (B.49)–(B.51).

3. Bestimme das stabile Polynom $g(\zeta)$ *aus der Faktorisierung*

$$gg^* = \alpha_1 \alpha_2 \alpha_2^* \tag{B.60}$$

4. Berechne das Polynom

$$\omega(\zeta) = (gg^* d_Q - \beta^* \alpha_2^* \zeta \chi_\tau)\zeta^\rho \tag{B.61}$$

wobei ρ *die kleinste nichtnegative ganze Zahl ist, mit der*

$$\eta_1(\zeta) = \beta^* \alpha_2^* \zeta^\rho \qquad und \qquad \eta_2(\zeta) = g^* \zeta^\rho \tag{B.62}$$

zu Polynomen werden.

5. *Finde die Polynome $N(\zeta)$, $D(\zeta)$ und $\pi(\zeta)$, die als bezüglich π minimale Lösung des Gleichungssystems*

$$g^*\zeta^\rho N + \pi d_{QR} = \beta^* \alpha_2^* \tilde{\alpha}^- \zeta^\rho \tag{B.63}$$

$$g^*\zeta^\rho \alpha^- D - \pi \zeta \chi_T d_{QR} = \tilde{\alpha}^- \omega \tag{B.64}$$

bestimmt sind.

6. *Die Übertragungsfunktion des optimalen Reglers hat die Form*

$$W_d(\zeta) = \frac{\alpha^+ N}{D} \tag{B.65}$$

7. *Das charakteristische Polynom des geschlossenen Regelsystems lautet* $\Delta = g\alpha^+ \tilde{\alpha}^- d_Q$.

Beweis: Indem man die entsprechenden diskreten Laplace-Transformationen (B.57)–(B.59) ausrechnet, können die Funktionen $A(\zeta)$ und $B(\zeta)$ in der Form

$$A(\zeta) = \frac{\alpha_1}{d_F d_F^*} \cdot \frac{\alpha_2}{d_{F_0 R}} \cdot \frac{\alpha_2^*}{d_{F_0 R}^*} \tag{B.66}$$

$$B(\zeta) = \frac{\beta}{d_F d_{QR}^*} \cdot \frac{\alpha_2}{d_{F_0 R}} \tag{B.67}$$

aufgeschrieben werden, wobei die Funktionen $\alpha_1(\zeta)$, $\alpha_2(\zeta)$ und $\beta(\zeta)$ Quasipolynome sind und wegen der Hermiteschen Selbstkonjugiertheit der Funktion $\tilde{A}_1(s)$ die Beziehung $\alpha_1(\zeta) = \alpha_1(\zeta^{-1})$ gilt. Unter Berücksichtigung von (B.66) kann der Ausdruck (B.55) nach Kürzen in der Form

$$A_1(\zeta) = \alpha\alpha^* gg^* \frac{\theta\theta^*}{d_R d_R^*} \tag{B.68}$$

geschrieben werden, wobei das stabile Polynom $g(\zeta)$ als Ergebnis der Faktorisierung (B.60) gewonnen wird. Da in Übereinstimmung mit (B.43) in $R(s)$ ein Integrator eingeführt wird, bekommt man

$$d_R = \theta d_{R_1} \tag{B.69}$$

(die erneute Faktorisierung des Ausdrucks (B.68) würde nicht nötig sein) und folglich hat das Resultat der Faktorisierung (B.55) die Gestalt

$$K(\zeta) = \frac{g\alpha^+ \tilde{\alpha}^-}{d_{R_1}} \tag{B.70}$$

Indem (B.67) und (B.66) in Formel (B.56) für die Berechnung von $\tilde{B}$ eingesetzt und (B.70) für $K(\zeta)$ ausgenutzt wird, erhält man nach Kürzen mit Hilfe von (B.1) die Funktion $u(\zeta)$ nach (16.28) in der Form

$$u(\zeta) = \frac{\tilde{\alpha}^- (\beta^* \alpha_2^* - b_1 d_Q gg^*)\zeta^\rho}{d_{QR_1}\theta\alpha^- g^* \zeta^\rho} \tag{B.71}$$

wobei die nichtnegative ganze Zahl ρ so gewählt wurde, daß der Zähler und Nenner der Funktion $u(\zeta)$ Polynome sind.

Jetzt muß die Funktion u in ihren stabilen und ihren instabilen Anteil zerlegt werden. Diese Separation ist nur dann möglich, wenn u keine Pole auf dem Rand des Einheitskreises besitzt. Das bedeutet, der Zähler der Funktion u muß durch θ teilbar sein, was wiederum heißt, daß man den Koeffizienten k_ϕ so auswählen muß, daß die Bedingung

$$\lim_{\zeta \to 1}(B^* - b_1 \alpha A) = 0 \qquad (\text{B.72})$$

erfüllt ist. Bei Ausnutzung von (B.46) und (B.47) läßt sich zeigen, daß die Bedingung (B.72) in der äquivalenten Form

$$\lim_{\zeta \to 1} \zeta \chi_\tau (\tilde{b}^0 + k_\phi \alpha) = \lim_{s \to 0} Q(s) \qquad (\text{B.73})$$

geschrieben werden kann. Wenn man beachtet, daß $\zeta = 1$ kein Pol der Funktion $u(\zeta)$ ist, gelangt man zu

$$u(\zeta) = \{u\}_+ + \{u\}_- = \frac{\vartheta}{d_{QR_1}} + \frac{\pi}{\alpha^- g^* \zeta^\rho} \ . \qquad (\text{B.74})$$

Die optimale Funktion ϕ_1 hat die Gestalt

$$\phi_1(\zeta) = \frac{\{u\}_+}{K} = \frac{\vartheta}{g\alpha^+ \tilde{\alpha}^- d_Q} \ .$$

Ihr Nenner $\Delta(\zeta) = g\alpha^+ \tilde{\alpha}^- d_Q$ stellt das charakteristische Polynom des optimalen geschlossenen Systems dar.

Unter Berücksichtigung von (B.54), kann die Übertragungsfunktion des optimalen Reglers im Einklang mit (17.40) in Abhängigkeit von den Funktionen $W_1(\zeta)$ und $W_2(\zeta)$ durch

$$W_1(\zeta) = \tilde{b}^0 + \alpha\varphi = \frac{b_1 g\alpha^+ \tilde{\alpha}^- d_Q + \alpha\theta\vartheta}{\Delta} = \frac{\alpha^+ (b_1 g\tilde{\alpha}^- d_Q + \alpha^- \theta\vartheta)}{\Delta} \qquad (\text{B.75})$$

$$W_2(\zeta) = \tilde{a}^0 - \zeta\chi_\tau\phi = \frac{(\tilde{a}^0 - \zeta\chi_\tau k_\phi)g\alpha^+ \tilde{\alpha}^- d_Q - \zeta\chi_\tau \theta\vartheta}{\Delta} \qquad (\text{B.76})$$

dargestellt werden. Wie aus (B.75) und (B.76) ersichtlich ist, kann der Regler in Abhängigkeit von den beiden Polynomen $W_d(\zeta) = b/a$ mit

$$b(\zeta) = \alpha^+ \left(b_1 g\tilde{\alpha}^- d_Q + \alpha^- \theta\vartheta\right) \qquad (\text{B.77})$$

$$a(\zeta) = (\tilde{a}^0 - \zeta\chi_\tau k_\phi)g\alpha^+ \tilde{\alpha}^- d_Q - \zeta\chi_\tau \theta\vartheta \qquad (\text{B.78})$$

notiert werden. Man bemerkt, daß der Zähler des optimalen Reglers (B.77) den Faktor α^+ enthält, so daß $b(\zeta) = \alpha^+ N$ mit $N(\zeta) = b_1 g\tilde{\alpha}^- d_Q + \alpha^- \theta\vartheta$ wird.

Jetzt soll eine Diophantische Polynomgleichung gefunden werden, die es erlaubt, direkt die Polynome b und a zu ermitteln, ohne die optimale Funktion ϕ_1 berechnen zu müssen. Kombiniert man (B.71) und (B.74), läßt sich die Polynomgleichung

$$\tilde{\alpha}^- \left(\beta^* \alpha_2^* - b_1 d_Q g g^* \right) \zeta^\rho = \vartheta \theta \alpha^- g^* \zeta^\rho + \pi \theta d_{QR_1} \tag{B.79}$$

aufschreiben, die die Separation bestimmt. Wegen der angenommenen Art der Zerlegung muß die Funktion $\{u\}_-$ streng proper sein, weshalb man die Lösung dieser Gleichung in Abhängigkeit von den unbekannten Polynomen ϑ und π und minimal bezüglich π zu suchen hat. Nach Vertauschen der Summanden im linken und im rechten Teil und bei Ausnutzung von (B.77), (B.78) und (B.69), gelangt man zu der N bestimmenden Gleichung

$$g^* \zeta^\rho N + \pi d_{QR} = \beta^* \alpha_2^* \tilde{\alpha}^- \zeta^\rho \,. \tag{B.80}$$

Daher läßt sich das charakteristische Polynom des geschlossenen Systems alternativ in der Gestalt

$$\Delta = \zeta \chi_\tau b + \alpha a = g \alpha^+ \tilde{\alpha}^- d_Q$$

schreiben, wobei $b(\zeta) = \alpha^+ N$ ist. Indem die letzte Gleichung durch α^+ geteilt wird, stellt man leicht den Zusammenhang zwischen den Polynomen N und $D = a$ her:

$$\zeta \chi_\tau N + \alpha^- D = g \tilde{\alpha}^- d_Q \,. \tag{B.81}$$

Nach Multiplikation von (B.80) mit $\zeta \chi_\tau$ und Ersetzen gemäß (B.81) von $\zeta \chi_\tau N$ durch $g \tilde{\alpha}^- d_Q - \alpha^- D$, erhält man nach Umstellung der Glieder

$$g^* \zeta^\rho \alpha^- D - \pi \zeta \chi_\tau d_{QR} = \tilde{\alpha}^- \omega$$

mit $\omega(\zeta) = (g g^* d_Q - \beta^* \alpha_2^* \zeta \chi_\tau) \zeta^\rho$, das mit (B.64) übereinstimmt. ∎

Bemerkung. Man kann zeigen, daß mit (B.73) automatisch auch (B.53) erfüllt. Deshalb ist bei Erfüllung von Satz B.3 die Berechnung von k_ϕ nicht erforderlich. Außerdem stimmen die Gleichungen (B.63) und (B.64) mit den analogen Gleichungen für den optimalen Reglerentwurf über der Menge aller stabilisierenden Regler (17.40) für beliebige stabile $R(s)$ überein.

Die Gleichungen (B.63) und (B.64) erlauben es, die Grade der Polynome b und a zu bestimmen.

Satz B.4 a) *Wenn bei Erfüllung der Voraussetzungen i)–vi) die Übertragungsfunktion $F(s)$ keine Pole auf der imaginären Achse besitzt, dann sind die Ordnungen des Zählers und des Nenners der Übertragungsfunktion des optimalen Reglers durch die Formeln*

$$\deg b = \delta_{F_0 F Q R} - 1$$
$$\deg a = \delta_{F_0 F Q R} + N_\tau - 1$$

bestimmt, wobei die ganze Zahl N_τ durch die Beziehung

$$\tau = N_\tau T - \delta T, \qquad 0 \le \delta < 1$$

festgelegt ist.
b) *Wenn $F(s)$ einen einfachen Pol bei $s = 0$ besitzt, dann hat das Polynom D als Lösung von (B.64) die Wurzel $\zeta = 1$, weshalb*

$$\deg b = \delta_{F_0 FQR} - 2$$
$$\deg a = \delta_{F_0 FQR} + N_\tau - 2$$

gilt.

Der Beweis des Satzes wird in Rosenwasser und Polyakov (1996) geführt.   ∎

Beispiel B.2 Es soll der bezüglich des Kriteriums (B.44) optimale digitale Regler für das in Abbildung B.2 dargestellte System mit

$$F(s) = \frac{1}{s}, \quad F_0(s) = 1, \quad R(s) = \frac{1}{s}, \quad Q(s) = \frac{1}{s+1}$$
$$T = 1, \qquad \tau = 0$$

konstruiert werden. Unter diesen Gegebenheiten wird

$$\mathcal{D}_{FM}(T, \zeta, 0) = \frac{-\zeta}{\zeta - 1}$$

$$\mathcal{D}_{\tilde{A}_1}(T, \zeta, 0) = \mathcal{D}_{F\underline{F}M\underline{M}}(T, \zeta, 0) = \frac{0.1667\zeta + 0.6667 + 0.1667\zeta^{-1}}{(\zeta - 1)(\zeta^{-1} - 1)}$$

$$\mathcal{D}_{\tilde{A}_2}(T, \zeta, 0) = \mathcal{D}_R(T, \zeta, 0) = \frac{-1}{\zeta - 1}$$

$$\mathcal{D}_{\tilde{B}_1}(T, \zeta, -\tau) = \mathcal{D}_{F\underline{Q}\underline{R}M}(T, \zeta, 0) = \frac{-0.3591\zeta - 1.1408 - 0.2183\zeta^{-1}}{(\zeta - 1)(\zeta^{-1} - 2.7183)(\zeta^{-1} - 1)}.$$

Durch Vergleich dieser Terme mit (B.57–B.59), gewinnt man

$$\alpha_1 = 0.1667\zeta + 0.6667 + 0.1667\zeta^{-1}, \qquad \alpha_2 = -1$$
$$\beta = -0.3591\zeta - 1.1408 - 0.2183\zeta^{-1}$$

woraus wegen (B.60) $g = 0.2113\zeta + 0.7887$ folgt. Damit die Funktion (B.62) ein Polynom wird, muß $\rho = 1$ genommen werden. Nach Formel (B.61) findet man

$$\omega(\zeta) = 0.3849\zeta^3 + 1.3545\zeta^2 - 1.2864\zeta - 0.4530.$$

Unter Beachtung dieser Gleichung nimmt (B.63), (B.64) die Gestalt

$$(0.7887\zeta + 0.2113)N + (\zeta - 1)(\zeta - 2.7182)\pi = 0.2183\zeta^2 + 1.1408\zeta + 0.3591$$

$$(0.7887\zeta + 0.2113)D - (\zeta - 1)(\zeta - 2.7182)\pi = 0.3849\zeta^3 + 1.3545\zeta^2 - 1.2864\zeta - 0.4530$$

an. Wenn man die Polynomgrade vergelicht, wird deutlich, daß eine bezüglich π minimale Lösung dieses Gleichungssystems existiert mit $\deg \pi = 0$, $\deg N = 1$ und $\deg D = 2$. Diese Lösung lautet $\pi = 0.01825$, $N = 0.2536\zeta + 1.4646$ und $D = 0.4649\zeta^2 + 1.6789\zeta - 2.1438$, was in (B.65) eingesetzt und nach Kürzen durch den gemeinsamen Faktor $\zeta - 1$ des Zählers und des Nenners

$$W_d(\zeta) = \frac{0.6832 + 0.1183\zeta}{1 + 0.2169\zeta}$$

ergibt. Für diesen Regler wird ein Wert des Verlustfunktionals (B.44) von 0.001856 erreicht. In Abbildung B.3 sind die Übergangsprozesse im optimal geregelten System im Vergleich zum Referenzverlauf dargestellt.

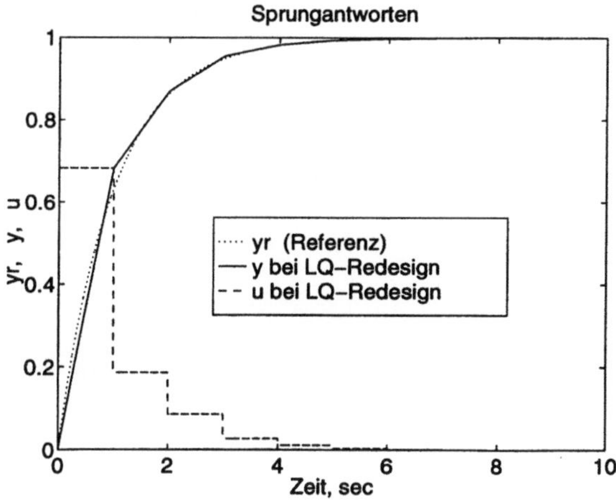

Abbildung B.3: Übergangsprozeß bei optimaler Folgeregelung

B.4 Robuste Optimierung

Es wird wieder das in Abbildung B.1 gezeigte System untersucht. Bei praktischen Problemen sind die Modelle der zu steuernden Anlage und der äußeren Anregungen nur Näherungen des tatsächlichen Verhaltens. Um die Unbestimmtheiten in den Vorgaben zu berücksichtigen, wird die Methode der *robusten Optimierung* angewendet, die "das beste System im schlechtesten Fall" liefert. Als Gütekriterium für die robuste Optimierung wird üblicherweise eine gewichtete Summe der Spektren der Übertragungsfunktionen des Systems verwendet, die Empfindlichkeit und die erweiterte Empfindlichkeit des Systems, Kwakernaak (1985, 1990).

Im vorliegenden Abschnitt wird für die robuste Optimierung des Systems nach Abbildung B.1 als Gütemaß die in Abschnitt 17.3 eingeführte $\mathcal{H}_\infty$–Norm des Ausdrucks unter dem Integral in (B.3), nämlich

$$I_\infty = \sup_{|\zeta|=1} |X(\zeta)| = \sup_{|\zeta|=1} \left| A\tilde{W}_d\tilde{W}_d^* - B\tilde{W}_d - B^*\tilde{W}_d^* + C \right| \to \min \qquad \text{(B.82)}$$

benutzt, wobei die Funktionen A, B und C nach den Formeln (B.4), (B.5) und (B.6) berechnet werden. Dieser Zugang basiert auf der in Grimble (1995) dargestellten Methode, in der ein enger Zusammenhang zwischen dem $\mathcal{H}_\infty$–Optimierungsproblem und dem LQG-Problem (LQG = L̲ineares System, Q̲uadratisches Gütefunktional, G̲außsches Rauschen) durch das folgende Lemma formuliert ist.

Lemma B.1 (Grimble (1995)) *Es wird die Teilaufgabe der Minimierung des Funktionals*

$$I_{aux} = \frac{1}{2\pi j} \oint_\Gamma X(\zeta)\Sigma(\zeta)\,\frac{d\zeta}{\zeta}, \qquad \text{(B.83)}$$

mit

$$\Sigma(\zeta) = \Sigma(\zeta^{-1}) > 0 \qquad \text{(B.84)}$$

betrachtet. Es wird vorausgesetzt, daß für eine gewisse Funktion $\Sigma(\zeta)$ das Kriterium (B.83) mit einem gewissen zulässigen Regler minimiert wird, bei dem die quadratische Form $X(\zeta) = X(\zeta^{-1})$ derart ist, daß

$$X(\zeta) = \lambda^2 = const \qquad \text{(B.85)}$$

auf dem Rand des Einheitskreises $|\zeta| = 1$ gilt. Dann minimiert dieser Regler auch $\sup_{|\zeta|=1} |X(\zeta)|$.

Der Beweis des Lemmas B.1 wird in Grimble (1995) geführt.

Dieses Lemma eröffnet den folgenden Zugang zur Lösung des robusten Optimierungsproblems: Man finde jene gebrochen rationale Funktion Σ und ein solches λ, daß das Minimum des Integrals (B.83) für den Regler erreicht wird, der (B.85) erfüllt.

Es wird das gewichtete quadratische Minimierungsproblem bezüglich des Kriteriums

$$I_{aux} = \frac{1}{2\pi j} \oint_\Gamma X(\zeta)\Sigma(\zeta)\,\frac{d\zeta}{\zeta} \qquad \text{(B.86)}$$

betrachtet, das wegen Lemma B.1 grundlegend für den robusten Entwurf des Optimalreglers ist.

In diesem Fall nimmt der Ausdruck unter dem Integral in (B.86) die Form

$$X\Sigma = A_2\phi\phi^* - B_2\phi - B_2^*\phi^* + C_2$$

an, wobei

$$A_2(\zeta) = (\alpha\alpha^*)^2 A\Sigma$$
$$B_2(\zeta) = \alpha^2(B - (\tilde{b}^0)^*\alpha^* A)\Sigma$$
$$C_2(\zeta) = (C + \tilde{b}^0(\tilde{b}^0)^*\alpha\alpha^* A - \tilde{b}^0\alpha B - (\tilde{b}^0)^*\alpha^* B^*)\Sigma$$

ist. Da die Funktion $\Sigma(\zeta)$ über die Eigenschaft (B.84) verfügt, kann sie in faktorisierter Form

$$\Sigma(\zeta) = \frac{n_\sigma n_\sigma^*}{d_\sigma d_\sigma^*}$$

mit den stabilen Polynomen $n_\sigma(\zeta)$ und $d_\sigma(\zeta)$ dargestellt werden. Die Aufgabe dieses Punktes ist die Konstruktion des optimalen Reglers zu bekannten n_σ und d_σ.

Indem man die in Abschnitt B.2 dargelegten Ausführungen wiederholt, erhält man mit der Gewichtsfunktion Σ den folgenden Algorithmus zur Minimierung des Kriteriums (B.86).

Satz B.5 *Unter den Voraussetzungen i)–vi) des Abschnitts B.2 kann der optimale stabilisierende Regler, der das Kriterium (B.83) für das betrachtete System minimiert, auf folgende Weise berechnet werden.*

1. *Finde das Polynom $\chi_\tau(\zeta)$ und $\alpha(\zeta)$ aus (B.11).*

2. *Berechne die diskreten Laplace-Transformationen (B.18), (B.19) und (B.20).*

3. *Finde das stabile Polynom $g(\zeta)$ durch Faktorisierung (B.21).*

4. *Berechne das Polynom $\omega(\zeta)$ nach Formel (B.22).*

5. *Finde die Polynome $N(\zeta)$, $D(\zeta)$ und $\pi(\zeta)$, die durch die bezüglich π minimale Lösung des Gleichungssystems*

$$g^*\zeta^\rho N + \pi d_\sigma F_w F_2 V_1 = \beta^* n_\sigma \tilde{d}_1^- d_{F_m V_2}^* \zeta^\rho \tag{B.87}$$
$$g^*\zeta^\rho d_1^- D - \pi\zeta\chi_\tau d_\sigma F_w F_m V_1 V_2 = n_\sigma \tilde{d}_1^- \omega \tag{B.88}$$

bestimmt sind.

6. *Die Übertragungsfunktion des optimalen Reglers hat die Form*

$$W_d(\zeta) = \frac{d_1^+ d_{F_m V_2} N}{D} . \tag{B.89}$$

7. *Das charakteristische Polynom des geschlossenen Systems lautet* $\Delta = n_\sigma g d_1^+ \tilde{d}_1^-$.

Jetzt wird zur Lösung der grundlegenden Aufgabe der robusten Optimierung nach dem Kriterium (B.82) übergegangen. Das fundamentale Ergebnis wird als Satz formuliert.

Satz B.6 (Regler vollständiger Ordnung) *Die Voraussetzungen i)–vi) des Abschnitts B.2 seien erfüllt. Dann kann für das betrachtete System zu gegebenem hinreichend großen λ^2 der stabilisierende Regler, der das Kriterium (B.83) minimiert und die Einhaltung von (B.85) gewährleistet, auf folgende Weise berechnet werden.*

1. Finde die Polynome $\chi_\tau(\zeta)$ und $\alpha(\zeta)$ in Übereinstimmung mit (B.11).

2. Berechne die diskreten Laplace-Transformationen

$$\mathcal{D}_{\tilde{A}_1}(T,\zeta,0) = \frac{\alpha_1}{d_{F_w F_m F_2 G} d^*_{F_w F_m F_2 G}} \tag{B.90}$$

$$\mathcal{D}_{\tilde{A}_2}(T,\zeta,0) = \frac{\alpha_2}{d_{F_1 F_2 H V_1 V_2} d^*_{F_1 F_2 H V_1 V_2}} \tag{B.91}$$

$$\mathcal{D}_{\tilde{B}_1}(T,\zeta,0) = \frac{\beta}{d_{F_w F_1 F_2 F_2 H G V_1} d^*_{F_w F_2 V_1}} \tag{B.92}$$

$$\mathcal{D}_{\tilde{C}_1}(T,\zeta,0) = \frac{\gamma}{d_{F_w F_2 V_1} d^*_{F_w F_2 V_1}} \tag{B.93}$$

für die Funktionen (B.7), (B.8), (B.9) und (B.10).

3. Finde das stabile Polynom $g(\zeta)$ durch die Faktorisierung (B.21).

4. Berechne das Polynom $\omega(\zeta)$ nach (B.22).

5. Finde das stabile Polynom $\sigma(\zeta)$ aus der Faktorisierung

$$\sigma\sigma^* = \lambda^2 gg^* d_{F_w V_1} d^*_{F_w V_1} - \psi \tag{B.94}$$

wobei sich das Quasipolynom $\psi(\zeta)$ nach der Formel

$$\psi(\zeta) = \frac{\gamma gg^* - \beta\beta^* d_{F_m V_2} d^*_{F_m V_2}}{d_{F_2} d^*_{F_2}} \tag{B.95}$$

ergibt.

6. Finde die Polynome $N(\zeta)$, $D(\zeta)$ und $f(\zeta)$, die als minimale Lösung bezüglich $f(\zeta)$ des Gleichungssystems

$$gg^* \zeta^\rho N + f\sigma d_{F_2} = \tilde{f}\beta^* d^*_{F_m V_2} \zeta^\rho \tag{B.96}$$

$$gg^* \zeta^\rho d_1^- D - f\sigma\zeta\chi_\tau d_{F_m V_2} = \tilde{f}\omega \tag{B.97}$$

festgelegt sind, wobei das Polynom $f(\zeta)$ streng instabil ist (alle seine Wurzeln liegen im Innern des Einheitskreises der $\zeta-$Ebene). Dafür, daß die letzte Bedingung erfüllt wird, ist es notwendig, ein solches λ auszuwählen, das $\lambda^2 > \lambda_0^2 = \|X(\zeta)\|_\infty$ erfüllt.

7. Die Übertragungsfunktion des optimalen Reglers hat die Gestalt

$$W_d(\zeta) = \frac{d_1^+ d_{F_m V_2} N}{D}.$$
(B.98)

8. Das charakteristische Polynom des geschlossenen Systems lautet $\Delta = \tilde{f} d_1^+$.

Beweis. Es kann gezeigt werden, daß für Systeme mit optimalem Regler (B.89), der nach Satz B.5 gefundene Ausdruck unter dem Integral in (B.86) gleich

$$X\Sigma = \{u\}_- \{u\}_-^* + \left(C - \frac{BB^*}{A}\right)\Sigma$$
(B.99)

ist mit einer Funktion $\{u\}_-$, die streng proper ist und aus der Zerlegung (B.29) gewonnen wird. Gemäß Lemma B.1 ist der nach dem Kriterium (B.82) optimale Regler konstant, das heißt $X(\zeta) = \lambda^2$. Berücksichtigt man das, läßt sich aus (B.99) die Funktion $\Sigma(\zeta)$ in der Form

$$\Sigma = \frac{\{u\}_- \{u\}_-^*}{\lambda^2 - \left(C - \frac{BB^*}{A}\right)}$$
(B.100)

herausziehen. Im gegebenen Fall ergibt sich

$$\{u\}_- = \frac{\pi}{d_1^- g^* \zeta^\rho}$$

$$A(\zeta) = \frac{gg^*}{d_{F_w F_m F_1 F_2 F_2 HGV_1 V_2} d_{F_w F_m F_1 F_2 F_2 HGV_1 V_2}^*}$$

$$B(\zeta) = \frac{\beta}{d_{F_w F_1 F_2 F_2 HGV_1} d_{F_w F_2 V_1}^*}$$
(B.101)

$$C(\zeta) = \frac{\gamma}{d_{F_w F_2 V_1} d_{F_w F_2 V_1}^*}.$$

Der Nenner der Funktion Σ aus (B.100) berechnet sich zu

$$\lambda^2 - \left(C - \frac{BB^*}{A}\right) = \lambda^2 - \frac{\gamma gg^* - \beta\beta^* d_{F_m V_2} d_{F_m V_2}^*}{gg^* d_{F_w F_2 V_1} d_{F_w F_2 V_1}^*} = \frac{\lambda^2 gg^* d_{F_w V_1} d_{F_w V_1}^* - \psi}{gg^* d_{F_w V_1} d_{F_w V_1}^*}$$

mit

$$\psi(\zeta) = \frac{\gamma gg^* - \beta\beta^* d_{F_m V_2} d_{F_m V_2}^*}{d_{F_2} d_{F_2}^*}.$$
(B.102)

Auf der Basis von Satz 17.2 kann bewiesen werden, daß die Funktion $\psi(\zeta)$ in (B.102) ein Quasipolynom ist, das bedeutet, sie hat keine Pole in den Nullstellen von $d_{F_2} d_{F_2}^*$. Deshalb hat die Funktion Σ die Gestalt

$$\Sigma = \frac{n_\sigma n_\sigma^*}{d_\sigma d_\sigma^*} = \frac{\pi\pi^* d_{F_w V_1} d_{F_w V_1}^*}{d_1^- (d_1^-)^* (\lambda^2 gg^* d_{F_w V_1} d_{F_w V_1}^* - \psi)}.$$
(B.103)

Das Polynom $\pi(\zeta)$ wird in der Form $\pi(\zeta) = \pi^+\pi^-$ dargestellt, wo $\pi^+(\zeta)$ und $\pi^-(\zeta)$ den stabilen beziehungsweise den instabilen Teil von $\pi(\zeta)$ bedeuten. Die Faktorisierung des Ausdrucks (B.103) ergibt bei Beachtung der oben eingeführten Bezeichnungen

$$n_\sigma = \pi^+ \tilde{f} d_{F_w V_1}\,, \qquad d_\sigma = \tilde{d}_1^- \sigma \qquad\qquad \text{(B.104)}$$

mit $f(\zeta) = \pi^-(\zeta)$ und dem stabilen Polynom $\sigma(\zeta)$ aus der Faktorisierung

$$\sigma\sigma^* = \lambda^2 gg^* d_{F_w V_1} d^*_{F_w V_1} - \psi\,.$$

Wenn man (B.104) in die Gleichungen (B.87) und (B.88) einsetzt und die Gleichheit $\pi = \pi^+ f$ ausnutzt, gelangt man zu

$$g^*\zeta^\rho N + \pi^+ f\sigma\tilde{d}_1^- d_{F_w F_2 V_1} = \pi^+ \tilde{f}\tilde{d}_1^- d_{F_w V_1}\beta^* d^*_{F_m V_2}\zeta^\rho \qquad\qquad \text{(B.105)}$$

$$g^*\zeta^\rho d_1^- D - \pi^+ f\sigma\zeta\chi_\tau\tilde{d}_1^- d_{F_w F_m V_1 V_2} = \pi^+ \tilde{f}\tilde{d}_1^- d_{F_w V_1}\omega\,. \qquad\qquad \text{(B.106)}$$

Aus den Gleichungen (B.105) und (B.106) folgt, daß die Polynome N und D durch $\pi^+ \tilde{d}_1^- d_{F_w V_1}$ teilbar sind, das heißt

$$N = \pi^+ \tilde{d}_1^- d_{F_w V_1} N_1\,, \qquad D = \pi^+ \tilde{d}_1^- d_{F_w V_1} D_1$$

gilt. Die Polynome $N_1(\zeta)$ und $D_1(\zeta)$ bestimmen sich aus

$$g^*\zeta^\rho N_1 + f\sigma d_{F_2} = \tilde{f}\beta^* d^*_{F_m V_2}\zeta^\rho \qquad\qquad \text{(B.107)}$$

$$g^*\zeta^\rho d_1^- D_1 - f\sigma\zeta\chi_\tau d_{F_m V_2} = \tilde{f}\omega\,. \qquad\qquad \text{(B.108)}$$

Wie in Rosenwasser und Polyakov (1996) gezeigt wurde, sind die Polynome $N_1(\zeta)$ und $D_1(\zeta)$ durch das Polynom $g(\zeta)$ vollständig teilbar, das bedeutet

$$N_1(\zeta) = gN_2(\zeta)\,, \qquad D_1(\zeta) = gD_2(\zeta)\,.$$

Wenn diese Tatsache in (B.107) und (B.108) ausgenutzt und der Index '2' bei den Polynomen N_2 und D_2 weggelassen wird, so gewinnt man (B.96) und (B.97). Diese Gleichungen sind analog zu den entsprechenden Gleichungen für stationäre diskrete Systeme, die in Grimble (1995) aufgeführt sind.   ■

Für die praktische Berechnung erweist es sich oft als günstiger, wenn die Gleichungen (B.96), (B.97) in anderer Form notiert werden, die im weiteren betrachtet wird.

Substituiert man aus den Gleichungen (B.96), (B.97) zunächst $f(\zeta)$ und danach $\tilde{f}(\zeta)$, dann gelangt man nach Umstellung der Summanden unter Ausnutzung von (B.22) zu der folgenden Behauptung.

Folgerung 1. Die in Satz B.6 zugeordneten Polynome $N(\zeta)$, $D(\zeta)$ und $f(\zeta)$ können als Lösung des Gleichungssystems

$$\tilde{f} = \zeta \chi_\tau d_{F_m V_2} N + d_1^- d_{F_2} D \tag{B.109}$$

$$f\sigma = -\omega N + \beta^* d_1^- d_{F_m V_2}^* \zeta^\rho D \tag{B.110}$$

gefunden werden.

Wenn man aus (B.109) und (B.110) das Polynom σ substituiert, kann man eine der Form nach analoge Gleichung zur robusten Optimierung von stationären kontinuierlichen Systemen ableiten, die in Kwakernaak (1985) enthalten sind, in die in anschaulicher Weise der Parameter λ eingeht. Jede der Gleichungen (B.109), (B.110) wird mit dem Produkt

$$ff^* = \chi_\tau \chi_\tau^* d_{F_m V_2} d_{F_m V_2}^* N N^* + d_1^- (d_1^-)^* d_{F_2} d_{F_2}^* D D^* +$$

$$+ \zeta \chi_\tau d_{F_m V_2} (d_1^-)^* d_{F_2}^* N D^* + \zeta^{-1} \chi_\tau^* d_{F_m V_2}^* d_1^- d_{F_2} N^* D \tag{B.111}$$

$$ff^* \sigma \sigma^* = \omega \omega^* N N^* + d_1^- (d_1^-)^* \beta \beta^* d_{F_m V_2} d_{F_m V_2}^* D D^* -$$

$$- \omega \beta (d_1^-)^* d_{F_m V_2} \zeta^{-\rho} N D^* - \omega^* \beta^* d_1^- d_{F_m V_2}^* \zeta^\rho N^* D \tag{B.112}$$

multipliziert. Bei Verwendung von (B.94) kann die rechte Seite der letzten Gleichung in der Form

$$ff^* \sigma \sigma^* = ff^* (\lambda^2 g g^* d_{F_w V_1} d_{F_w V_1}^* - \psi)$$

geschrieben werden, woraus

$$ff^* \lambda^2 g g^* d_{F_w V_1} d_{F_w V_1}^* = ff^* \psi + ff^* \sigma \sigma^*$$

folgt. Indem (B.111) für den ersten Summanden der rechten Seite und (B.112) für den zweiten verwendet wird, erhält man nach Kürzen

$$\alpha_f ff^* \lambda^2 g g^* = g g^* \alpha_N N N^* + g g^* \alpha_D D D^* + g g^* \alpha_{ND} N D^* + g g^* \alpha_{ND}^* N^* D$$

mit

$$\alpha_f = d_{F_w V_1} d_{F_w V_1}^* \tag{B.113}$$

$$\alpha_N = \frac{g g^* + d_{F_m V_2} d_{F_m V_2}^* (\gamma \chi_\tau \chi_\tau^* - \beta \zeta^{-1} \chi_\tau^* - \beta^* \zeta \chi_\tau)}{d_{F_2} d_{F_2}^*} \tag{B.114}$$

$$\alpha_D = d_1^- (d_1^-)^* \gamma \tag{B.115}$$

$$\alpha_{ND} = \frac{(d_1^-)^* d_{F_m V_2} (\gamma \zeta \chi_\tau - \beta)}{d_{F_2}}. \tag{B.116}$$

Nach Kürzen beider Teile durch $g g^*$ gewinnt man das folgende Resultat.

Folgerung 2. Die entsprechend Satz B.6 zugeordneten Polynome $N(\zeta)$, $D(\zeta)$ und $f(\zeta)$ können als Lösung des Gleichungssystems

$$\tilde{f} = \zeta \chi_\tau d_{F_m V_2} N + d_1^- d_{F_2} D \tag{B.117}$$

$$\alpha_f \lambda^2 f f^* = \alpha_N N N^* + \alpha_D D D^* + \alpha_{ND} N D^* + \alpha_{ND}^* N^* D \tag{B.118}$$

gefunden werden, wobei die Quasipolynome α_f, α_N, α_D und α_{ND} im Einklang mit den Beziehungen (B.113)–(B.116) festgelegt sind.

Die Gleichungen (B.117), (B.118) erlauben es, die Ordnung des optimalen Reglers zu bestimmen. Dazu werden die Bezeichnungen

$$x = \delta_{F_w F_2 V_1} + \delta_{F_1 HG}^-$$
$$y = \delta_{F_w F_m F_1 F_2 HGV_1 V_2} + N_\tau$$
$$z = \delta_{F_w F_m F_1 F_2 F_2 HGV_1 V_2} + \delta_{F_1 HG}^- + N_\tau$$

eingeführt, wobei die ganze Zahl N_τ durch die Gleichheit

$$\tau_1 + \tau_2 = N_\tau T - \delta T, \qquad 0 \le \delta < 1$$

bestimmt ist.

Satz B.7 (Rosenwasser und Polyakov (1996)) *Bei Erfüllung der Bedingungen i)–vi) des Abschnitts B.2 besitzen für hinreichend großes λ die Gleichungen (B.96) und (B.97) eine Lösung $\{N, D, f\}$, so daß*

$$\deg N = x, \qquad \deg D = y, \qquad \deg f = z \tag{B.119}$$

ist und das Polynom $f(\zeta)$ streng instabil ist. Dabei sind die Grade des Zählers und des Nenners der Übertragungsfunktion des robusten Reglers reduzierter Ordnung zu gegebenem λ durch die Formeln

$$\deg b = \delta_{F_w F_m F_1 F_2 HGV_1 V_2}$$
$$\deg a = \delta_{F_w F_m F_1 F_2 HGV_1 V_2} + N_\tau$$

bestimmt.   ■

Um den optimalen Regler zu finden, das heißt, das minimale λ zu bestimmen, für das das Polynom f streng instabil (und deshalb das geschlossene System stabil) ist, lassen sich zahlreiche Methoden anwenden.

Durch λ_0 wird der erste Wert von λ bezeichnet, für den der rechte Teil des Ausdrucks

$$\sigma \sigma^* = \lambda^2 g g^* d_{F_w V_1} d_{F_w V_1}^* - \psi \tag{B.120}$$

eine Wurzel auf dem Einheitskreis erwirbt, wenn λ von ∞ her verkleinert wird. Wenn die Faktorisierung (B.21) so möglich ist, daß $g g^* d_{F_w V_1} d_{F_w V_1}^* > 0$ für $|\zeta| = 1$ und deshalb $\lambda_0 < \infty$ ist, dann wird die optimale Lösung bezüglich des Kriteriums (B.82) durch den folgenden Satz bestimmt.

Satz B.8 (Rosenwasser und Polyakov (1996)) a) Generischer Fall. *Wenn das Polynom f_{λ_0}, das die Lösung der Gleichungen (B.96) und (B.97) (oder (B.123)) für $\lambda = \lambda_0$ ist, Wurzeln außerhalb des Einheitskreises besitzt (stabile), dann existiert ein $\lambda > \lambda_0$, für das die Lösung der Gleichungen (B.96) und (B.97) die reduzierte Ordnung*

$$\deg N = x - 1, \qquad \deg D = y - 1, \qquad \deg f = z - 1$$

hat, und das Polynom $f(\zeta)$ ist streng instabil. Dabei sind die Grade des Zählers und des Nenners der Übertragungsfunktion des optimalen robusten Reglers durch die Formeln

$$\deg b = \delta_{F_w F_m F_1 F_2 H G V_1 V_2} - 1$$
$$\deg a = \delta_{F_w F_m F_1 F_2 H G V_1 V_2} + \delta_\tau - 1$$

bestimmt.

b) Nichtgenerischer Fall. *Wenn das Polynom f_{λ_0} streng instabil ist, dann existieren zwei optimale Lösungen (entsprechend den beiden Faktorisierungen (B.120) mit verschiedenen Vorzeichen). Die Grade der Polynome N, D und f sind in diesem Fall durch (B.119) festgelegt.*

In Analogie zum kontinuierlichen Fall, Kwakernaak (1985), ist es notwendig, im generischen Fall für daß Auffinden eines optimalen Reglers, der den minimal möglichen Wert der Norm $\|X\|_\infty$ gewährleistet, die Lösung reduzierter Ordnung zu suchen, das heißt, jenes λ zu finden, bei dem eine der Wurzeln von $f(\zeta)$ vom Instabilitätsgebiet in das Stabilitätsgebiet wechselt. In dem Fall besitzen die Polynome $f(\zeta)$, $N(\zeta)$ und $D(\zeta)$ einen gemeinsamen Faktor an der Stabilitätsgrenze, der gekürzt werden kann. Für die Lösung der robusten Optimierungsgleichungen auf der Basis von Satz B.6 und den Folgerungen 1. und 2. lassen sich verschiedene Methoden anwenden, die in den Arbeiten Brown et al. (1987); Saeki (1989) behandelt werden.

Bei der numerischen Lösung des robusten Optimierungsproblems empfiehlt es sich oft, eine geeignete Kombination von Methoden zu benutzen. Einerseits verwendet man den Basisregler a^0, b^0 und den Funktionenparameter $\phi(\zeta)$ und andererseits die Methode der Polynomgleichungen. Dabei ist es wichtig, daß die Ordnungen des Zählers und des Nenners des optimalen Reglers bekannt und mit Hilfe des Satzes B.8 ermittelbar sind.
Der Vorzug dieses Zugangs besteht darin, daß bei bekanntem λ^2 die Aufgabe auf die Lösung einer einzigen Diophantischen Gleichung hinausläuft. Das erlaubt es, die Methode der binären Suche anzuwenden, um ein solches λ zu finden, für das das Polynom f instabil bleibt bei Verminderung von λ von ∞ her. Um die optimale Funktion ϕ zu erhalten, muß W_d aus der Menge der stabilisierenden Regler (17.40) genommen werden, indem beachtet wird, daß die Grade des Zählers und des Nenners des optimalen Reglers bekannt sind und nach Satz B.8 ermittelt werden können.

Satz B.9 *Wenn die Voraussetzungen i)–vi) des Abschnitts B.2 erfüllt sind, dann wird zu gegebenem hinreichend großen λ^2 ein robuster stabilisierender Regler, der das Kriterium (B.83) minimiert und die Erfüllung von (B.85) für das betrachtete System gewährleistet, durch folgende Schritte berechnet.*

1. *Finde die Polynome $\chi_\tau(\zeta)$ und $\alpha(\zeta)$ in Übereinstimmung mit (B.11).*

2. *Finde die Polynome $\tilde{b}^0$ und $\tilde{a}^0$ als minimale Lösung der Polynomgleichung (B.13).*

3. *Berechne die diskreten Laplace-Transformationen (B.90), (B.91), (B.92) und (B.93).*

4. *Finde das stabile Polynom $g(\zeta)$ durch die Faktorisierung (B.21).*

5. *Berechne das Polynom $\omega_1(\zeta)$*

$$\omega_1(\zeta) = \frac{\left(\beta^* d_{F_m V_2} d^*_{F_m V_2} - \tilde{b}^0 g g^*\right)\zeta^\rho}{d_{F_2}} \qquad (B.121)$$

wobei ρ die kleinste nichtnegative ganze Zahl ist, so daß

$$\eta_1(\zeta) = \beta^* d^*_{F_m V_2}\zeta^\rho \qquad\qquad \eta_2(\zeta) = g^*\zeta^\rho \qquad (B.122)$$

Polynome der Variablen ζ werden.

6. *Finde das stabile Polynom $\sigma(\zeta)$ als Ergebnis der Faktorisierung (B.103).*

7. *Finde das Polynom $\vartheta(\zeta)$, das die minimale Lösung bezüglich $f(\zeta)$ der Gleichung*

$$d_1^- g g^* \zeta^\rho \vartheta + f\sigma d_{F_m V_2} = \tilde{f}\omega_1 \qquad (B.123)$$

darstellt, wobei das Polynom $f(\zeta)$ streng instabil ist (alle seine Wurzeln liegen im Innern des Einheitskreises der $\zeta-$Ebene).

8. *Die Übertragungsfunktion des optimalen Reglers hat die Form*

$$W_d(\zeta) = \frac{\tilde{b}^0 \tilde{f} d_1^+ + \alpha\vartheta}{\tilde{a}^0 \tilde{f} d_1^+ - \zeta\chi_\tau\vartheta} \,. \qquad (B.124)$$

9. *Das charakteristische Polynom des geschlossenen Systems lautet $\Delta = \tilde{f}d_1^+$.*

Beweis. Wie oben gezeigt wurde, hat die Funktion ϕ, die die Lösung der gewichteten quadratischen Optimierungsaufgabe ist, das Aussehen

$$\phi(\zeta) = \frac{\vartheta}{n_\sigma g d_1^+ \tilde{d}_1^-} \; .$$

Ihr Zähler, das Polynom ϑ, läßt sich durch die Separation (B.29) als minimale Lösung bezüglich π der Polynomgleichung (B.34) finden, die nach Division beider Teile durch d_{F_2} in der Gestalt

$$d_1^- g^* \zeta^\rho \vartheta + \pi d_{\sigma F_w F_m V_1 V_2} = n_\sigma \tilde{d}_1^- \omega_1 \qquad (B.125)$$

aufgeschrieben werden kann, wobei $\omega_1(\zeta)$ über (B.121) ermittelt wird. Auf der Basis von Satz 17.2 läßt sich beweisen, daß die Funktion $\omega_1(\zeta)$ in (B.121) ein Polynom ist.

Um eine Lösung des robusten Entwurfsproblems zu finden, wird in (B.125) der Term (B.104)

$$n_\sigma = \pi^+ \tilde{f} d_{F_w V_1} \qquad d_\sigma = \tilde{d}_1^- \sigma \qquad (B.126)$$

eingesetzt. Berücksichtigt man dabei, daß $\pi = \pi^+ f$ ist, gewinnt man

$$d_1^- g^* \zeta^\rho \vartheta + \pi^+ f \tilde{d}_1^- \sigma d_{F_w F_m V_1 V_2} = \pi^+ \tilde{f} d_{F_w V_1} \tilde{d}_1^- \omega_1 \; .$$

Man bemerkt, daß der zweite Summand auf der linken und die rechte Seite der Gleichung vollständig durch $\pi^+ \tilde{d}_1^- d_{F_w V_1}$ teilbar sind. Deshalb muß auch der erste Summand oder genauer das Polnom ϑ auch diesen Faktor haben. Auf diese Weise gilt

$$\vartheta = \pi^+ \tilde{d}_1^- d_{F_w V_1} \vartheta_1 \qquad (B.127)$$

mit einem Polynom $\vartheta_1(\zeta)$, das als minimale Lösung bezüglich f der Polynomgleichung

$$d_1^- g^* \zeta^\rho \vartheta_1 + f \sigma d_{F_m V_2} = \tilde{f} \omega_1$$

gefunden werden kann. Dabei hat die beim robusten Reglerentwurf auftretende optimale Funktion ϕ wegen (B.127) und (B.126) die Gestalt

$$\phi = \frac{\vartheta_1}{\tilde{f} g d_1^+} \; .$$

Weil der Nenner der Funktion ϕ das charakteristische Polynom des optimalen geschlossenen Systems präsentiert, der wie oben gezeigt wurde, sich zu $\Delta = \tilde{f} d_1^+$ ergibt, ist das Polynom ϑ_1 durch g teilbar. Deshalb kann $\vartheta_1 = g \vartheta_2$ mit dem Polynom $\vartheta_2(\zeta)$ geschrieben werden, das die Lösung der Gleichung

$$d_1^- g g^* \zeta^\rho \vartheta_2 + f \sigma d_{F_m V_2} = \tilde{f} \omega_1$$

ist, was mit (B.123) übereinstimmt, wenn der Index '2' beim Polynom ϑ_2 fortgelassen wird. ∎

Beispiel B.3 Es wird der optimale robuste digitale Regler für das in Beispiel B.1 betrachtete System konstruiert. Die minimale Lösung der Polynomgleichung (B.13) ist $\tilde{b}^0 = -4.3003$ und $\tilde{a}^0 = -2.7183$. Der Ausdruck (B.93) erhält im gegebenen Fall die Gestalt

$$D_{C_1}(T, \zeta, 0) = D_{F_2 \underline{F_2}}(T, \zeta, 0) = \frac{0.4323}{(\zeta - 0.3679)(\zeta^{-1} - 0.3679)}$$

woraus $\gamma = 0.4323$ folgt. Benutzt man (B.40) und (B.39), so findet man aus (B.95) und (B.121) entsprechend

$$\psi = 0.0043\zeta + 0.0186 + 0.043\zeta^{-1} \tag{B.128}$$
$$\omega_1 = 0.1198\zeta^2 + 0.5164\zeta + 0.1394. \tag{B.129}$$

Unter diesen Gegebenheiten erhält man $\lambda_0 = 0.3972$ und das zugehörige Polynom $f = \zeta^2 + 4.4958\zeta + 1.0657$, welches sich als diejenige Lösung der Gleichungen (B.94) und (B.123) herausstellt, die eine stabile Wurzel, nämlich $\zeta = -3.9832$ aufweist, weshalb man es mit dem **generischen Fall** zu tun hat. Durch numerische Auswertung findet man heraus, daß das Polynom f streng instabil für $\lambda = 1.5208$ wird. Dabei hat die Lösung reduzierter Ordnung das Aussehen

$$f = (\zeta + 0.2865)(\zeta + 1), \qquad \vartheta = 1.2322(\zeta + 1). \tag{B.130}$$

Beide Polynome besitzen den gemeinsamen Faktor $(\zeta + 1)$ an der Stabilitätsgrenze, der gekürzt werden kann. Das Ergebnis reduzierter Ordnung ergibt sich zu

$$f = \zeta + 0.2865, \qquad \vartheta = 1.2322, \tag{B.131}$$

was nach Einsetzen in (B.124) den optimalen Regler $W_d(\zeta) = 1.7487$ liefert, der, wie schon beim LQ-Problem, ein einfacher Verstärker ist. $\square$

Literaturverzeichnis

J. Ackermann: *Sampled-Data Control Systems: Analysis and Synthesis, Robust System Design.* Springer-Verlag, Berlin, 1985.

J. Ackermann: *Abtastregelung.* Springer-Verlag, Berlin, 3. Aufl., 1988.

F. A. Alijew, V. B. Laurin, K. I. Naumenko, V. I. Supujew: *Abtastregelung.* Naunova, Kiev, 1978. (in Russisch).

B. D. O. Anderson: Controller design: Moving from theory to practice. *IEEE Control Systems*, 13(4): 16–24, 1993.

B. D. O. Anderson, J. B. Moore: *Optimal Filtering.* Prentice-Hall, Englewood Cliffs, NJ, 1979.

M. Araki, T. Hagiwara, Y. Ito: Frequency response of sampled-data systems II. Closed-loop considerations. *Proc. 12th IFAC World Congr.*, Bd. 7, S. 293–296. Sydney, 1993.

M. Araki, Y. Ito: Frequency response of sampled-data systems I. Open-loop considerations. *Proc. 12th IFAC World Congr.*, Bd. 7, S. 289–292. Sydney, 1993.

K. J. Åström: *Introduction to stochastic control theory.* Academic Press, NY, 1970.

K. J. Åström, P. Hagender, J. Sternby: Zeros of sampled-data systems. *Automatica*, 20(4): 31–38, 1984.

K. J. Åström, B. Wittenmark: *Computer controlled systems: Theory and design.* Prentice-Hall, Englewood Cliffs, 1984.

B. A. Bamieh, J. B. Pearson: A general framework for linear periodic systems with applications to $\mathcal{H}_\infty$ sampled-data control. *IEEE Trans. Autom. Contr.*, AC-37(4): 418–435, 1992a.

B. A. Bamieh, J. B. Pearson: The H_2 problem for sampled-data systems. *Syst. Contr. Lett.*, 19(1): 1–12, 1992b.

B. A. Bamieh, J. B. Pearson, B. A. Francis, A. Tannenbaum: A lifting technique for linear periodic systems with applications to sampled-data control systems. *Syst. Contr. Lett.*, 17: 79–88, 1991.

Ch. Blanch: Sur les equation differentielles lineares a coefficients lentement variable. *Bull. technique de la Suisse romande*, 74: 182–189, 1948.

S. Bochner: *Lectures on Fourier Integrals*. University Press, Princeton, NJ, 1959.

G. D. Brown, M. G. Grimble, D. Biss: A simple efficient $\mathcal{H}_\infty$ controller algorithm. *Proc. 26th IEEE Conf. Decision Contr.*. Los Angeles, 1987.

S. S. L. Chang: *Synthesis of optimum control systems*. McGraw Hill, New York, Toronto, London, 1961.

T. Chen, B. A. Francis: *Optimal sampled-data control systems*. Springer-Verlag, Berlin Heidelberg New York, 1995.

T. A. C. M. Claasen, W. F. G. Mecklenbräuker: On stationary linear time varying systems. *IEEE Trans. Circuits and Systems*, CAS-29(2): 169–184, 1982.

R. E. Crochiere, L. R. Rabiner: *Multirate digital signal processing*. Prentice-Hall, Englewood Cliffs, NJ, 1983.

J. A. Daletskii, M. G. Krein: *Stabilität der Lösungen von Differentialgleichungen im Banach-Raum*. Nauka, Moskau, 1970. (in Russisch).

C. E. de Souza, G. C. Goodwin: Intersample variance in discrete minimum variance control. *IEEE Trans. Autom. Contr.*, AC-29: 759–761, 1984.

G. Doetsch: *Anleitung zum praktischen Gebrauch der Laplace Transformation und z-Transformation*. Oldenbourg, München, Wien, 1967.

J. C. Doyle: Guaranteed margins for LQG regulators. *IEEE Trans. Autom. Contr.*, AC-23(8): 756–757, 1978.

A. Feuer, G. C. Goodwin: Generalised sample and hold functions - frequency domain analysis of robustness, sensitivity and intersampling difficulties. *IEEE Trans. Autom. Contr.*, AC-39(5): 1042–1047, 1994.

N. Fliege: *Multiraten-Signalverarbeitung*. Teubner Verlag, Stuttgart, 1993.

G. F. Franklin, J.D. Powell, H. L. Workman: *Digital control of dynamic systems*. Addison Wesley, New York, 1990.

G. F. Franklin, J. R. Ragazzini: *Sampled-data control systems*. McGraw-Hill, Reading, MA, 1958.

F. R. Gantmacher: *Matrizenrechnung*. Akademieverlag, Berlin, 1959.

G. C. Goodwin, M. Salgado: Frequency domain sensitivity functions for continuous-time systems under sampled-data control. *Automatica*, 30(8): 1263–1270, 1994.

M. J. Grimble: *Robust Industrial Control*. Prentice-Hall, UK, 1995.

M. Günther: *Zeitdiskrete Steuerungssysteme*. Verlag Technik, Berlin, 1986.

M. Günther: *Kontinuierliche und zeitdiskrete Regelungen*. Teubner, Stuttgart, 1997.

T. Hagiwara, M. Araki: FR-operator approach to the $\mathcal{H}_2$-analysis and synthesis of sampled-data systems. *IEEE Trans. Autom. Contr.*, AC-40(8): 1411–1421, 1995.

S. Hal: Comments on two methods for designing a digital equivalent to a continuous control system. *IEEE Trans. Autom. Contr.*, AC-39: 420–421, 1994.

S. Hara, H. Fujioka, P. T. Kabamba: A hybrid state-space approach to sampled-data feedback control. *Linear Algebra and Its Applications*, Bd. 205-206, S. 675–712. 1994.

S. Hara, R. Kondo, H. Katori: Properties of zeros in digital control systems with computational time-delay. *Int. J. Control*, 49: 493–511, 1989.

R. Isermann: *Digitale Regelungssysteme. Band I: Grundlagen, deterministische Regelungen. Band II: Stochastische Regelungen, Mehrgrößenregelungen Adaptive Regelungen, Anwendungen.* Springer-Verlag, Berlin, 2. Aufl., 1987.

M. A. Jevgrafov: *Analytische Funktionen*. Nauka, Moskau, 1965. (in Russisch).

G. Jorke, B. Lampe, N. Wengel: *Arithmetische Algorithmen der Mikrorechentechnik*. Verlag Technik, Berlin, 1989.

E. I. Jury: *Sampled-data control systems*. John Wiley, New York, 1958.

P. T. Kabamba, S. Hara: Worst-case analysis and design of sampled-data control systems. *IEEE Trans. Autom. Contr.*, AC-38(9): 1337–1357, 1993.

T. Kailath: *Linear Systems*. Prentice Hall, Englewood Cliffs, NJ, 1980.

R. Kalman, J. E. Bertram: A unified approach to the theory of sampling systems. *J. Franklin Inst.*, (267): 405–436, 1959.

S. Karlin: *A first course in stochastic processes*. Academic Press, New York, 1966.

V. J. Katkovnik, R. A. Polnektov: *Diskrete Mehrgrößenregelung*. Nauka, Moskau, 1966. (in Russisch).

J. P. Keller, B. D. O. Anderson: H_∞-Optimierung abgetasteter Regelsysteme. *Automatisierungstechnik*, 40(4): 114–123, 1993.

P. T. Khargonekar, N. Sivarshankar: $\mathcal{H}_2$-optimal control for sampled-data systems. *Systems & Control Letters*, 18: 627–631, 1992.

V. Kučera: *Discrete Linear Control*. Academic Press, Prag, 1979.

B. C. Kuo, D. W. Peterson: Optimal discretization of continuous-data control systems. *Automatica*, 9(1): 125–129, 1973.

H. Kwakernaak: Minimax frequency domain performance and robustness optimisation of linear feedback systems. *IEEE Trans. Autom. Contr.*, AC-30(10): 994–1004, 1985.

H. Kwakernaak: The polynomial approach to $\mathcal{H}_\infty$ regulation. *Lecture Notes in Mathematics, $\mathcal{H}_\infty$ control theory*, Bd. 1496, S. 141–221. Springer-Verlag, London, 1990.

B. Lampe, G. Jorke, N. Wengel: *Algorithmen der Mikrorechentechnik*. Verlag Technik, Berlin, 1984.

B. P. Lampe, U. Richter: Digital controller design by parametric transfer functions - comparison with other methods. *Proc. 3. Int. Symp. Methods Models Autom. Robotics*, Nr. 1, S. 325–328. Miedzyzdroje, Poland, 1996.

B. P. Lampe, U. Richter: Experimental investigation of parametric frequency response. *Proc. 4. Int. Symp. Methods Models Autom. Robotics*. Miedzyzdroje, Poland, 1997. (accepted).

B. P. Lampe, Y. N. Rosenwasser: Design of hybrid analog-digital systems by parametric transfer functions. *Proc. 32nd CDC*, S. 3897–3898. San Antonio, TX, 1993.

B. P. Lampe, Y. N. Rosenwasser: Application of parametric frequency response to identification of sampled-data systems. *Proc. 2. Int. Symp. Methods Models Autom. Robotics*, Bd. 1, S. 295–298. Miedzyzdroje, Poland, 1995.

B. P. Lampe, Y. N. Rosenwasser: Best digital approximation of continuous controllers and filters in $\mathcal{H}_2$. *Proc. 41st KoREMA*, Nr. 2, S. 65–69. Opatija, Croatia, 1996.

B. P. Lampe, Y. N. Rosenwasser: Parametric transfer functions for sampled-data systems with time-delayed controllers. *Proc. 36th IEEE Conf. Decision Contr.*. San Diego, CA, 1997a. (accepted).

B. P. Lampe, Y. N. Rosenwasser: Sampled-data systems: the L_2-induced operator norm. *Proc. 4. Int. Symp. Methods Models Autom. Robotics*. Miedzyzdroje, Poland, 1997b. (accepted).

F. H. Lange: *Signale und Systeme*, Bd. 1–3. Verlag Technik, Berlin, 1971.

B. Lennartson, T. Söderström: Investigation of the intersample variance in sampled-data control. *Int. J. Control*, 50: 1587–1602, 1990.

B. Lennartson, T. Söderström, Sun Zeng-Qi: Intersample behavior as measured by continuous-time quadratic criteria. *Int. J. Control*, 49: 2077–2083, 1989.

O. Lingärde, B. Lennartson: Frequency analysis for continuous-time systems under multirate sampled-data control. *Proc. 13th IFAC World Congr.*, Bd. 2a-10 5, S. 349–354. San Francisco, USA, 1996.

A.G. Madievski, B.D.O. Anderson: A lifting technique for sampled-data controller reduction for closed-loop transfer function consideration. *Proc. 32nd IEEE Conf. Decision Contr.*, S. 2929–2930. San Antonio, TX, 1993.

S. G. Michlin: *Vorlesungen über lineare Integralgleichungen*. GIFML, Moskau, 1953. (in Russisch).

T. P. Perry, G. M. H. Leung, B. A. Francis: Performance analysis of sampled-data control systems. *Automatica*, 27(4): 699–704, 1991.

U. Petersohn, H. Unger, Wardenga W.: Beschreibung von Multirate-Systemen mittels Matrixkalkül. *AEÜ*, 48(1): 34–41, 1994.

J. P. Petrov: *Synthese optimaler Regelsysteme bei unvollständig bekannten Eingangsstörungen*. Universitätsverlag, Leningrad, 1987. (in Russisch).

I. I. Priwalow: *Einführung in die Funktionentheorie*. 3. Aufl., Teubner Verlag, Leipzig, 1967.

J. R. Ragazzini, G. F. Franklin: *Sampled-data control systems*. McGraw-Hill, New York, 1958.

J. R. Ragazzini, L. A. Zadeh: The analysis of sampled-data systems. *AIEE Trans.*, 71: 225–234, 1952.

K. Rattan: Digitalization of existing control systems. *IEEE Trans. Autom. Contr.*, AC-29: 282–285, 1984.

K. Rattan: Compensating for computational delay in digital equivalent of continuous control systems. *IEEE Trans. Autom. Contr.*, AC-34: 895–899, 1989.

Y. N. Rosenwasser: *Schwingungen in nichtlinearen Systemen. Integralgleichungsmethoden*. Nauka, Moskau, 1969. (in Russisch).

Y. N. Rosenwasser: *Periodisch instationäre Regelungssysteme*. Nauka, Moskau, 1973. (in Russisch).

Y. N. Rosenwasser: *Lyapunov-Indizes in der linearen Regelungstheorie*. Nauka, Moskau, 1977. (in Russisch).

Y. N. Rosenwasser: Discrete stabilisation of linear continuous-time plants. I. Algebraic theory of complete linear plants. *Automation and Remote Control*, 55(7, Part 1): 974–987, 1994a.

Y. N. Rosenwasser: Diskrete Stabilisierung kontinuierlicher linearer Prozesse - II. Konstruktion der Menge aller stabilisierenden Regelalgorithmen. *Avtomatika i Telemechanika*, (8): 80–94, 1994b. (in Russisch).

Y. N. Rosenwasser: *Lineare Theorie der digitalen Regelung in kontinuierlicher Zeit*. Nauka, Moskau, 1994c. (in Russisch).

Y. N. Rosenwasser: Mathematical description and analysis of multivariable sampled-data systems in continuous-time - I. Parametric transfer functions and weight functions of multivariable sampled-data systems. *Automation and Remote Control*, 56(4, Part 1): 526–540, 1995a.

Y. N. Rosenwasser: Minimierung einer Klasse von Funktionalen mit Anwendungen auf Abtastsysteme. *Dokl. Russ. Akad. Nauk*, 342(3): 326–329, 1995b. (in Russisch).

Y. N. Rosenwasser: Optimal design of sampled-data systems in L_2-space. *Proc. 2-nd Russian-Swedish Control Conf.*, S. 73–77. Saint Petersburg, Russia, 1995c.

Y. N. Rosenwasser: Operator models and L_2-norms of continuous-discrete system. Part I: Linear periodic sampled-data and continuous-digital operators. *Avtomatika i Telemechanika*, (10): 120–141, 1996a. (in Russian).

Y. N. Rosenwasser: Operatorenmodelle und L_2-Normen kontinuierlich-diskreter Systeme. Teil II: Lineare periodische Abtastsysteme und kontinuierlich-diskrete Systeme. *Avtomatika i Telemechanika*, (11): 52–73, 1996b. (in Russian).

Y. N. Rosenwasser: Synthese linearer Mehrgrößensysteme mit vorgegebenem characteristischen Polynom. *Avtomatika i Telemechanika*, (8): 35–54, 1996c. (in Russisch).

Y. N. Rosenwasser: Frequenzanalyse und $\mathcal{H}_2$-Norm linearer periodischer Operatoren. *Avtomatika i Telemechanika*, (9), 1997. (im Druck, in Russisch).

Y. N. Rosenwasser, B. P. Lampe: *Digitale Regelung in kontinuierlicher Zeit - Analyse und Entwurf im Frequenzbereich*. Teubner Verlag, Stuttgart, 1997.

Y. N. Rosenwasser, K. Y. Polyakov: Optimale digitale Regelung von Eingrößensystemen bei zufälligen Störungen (in Russisch). Techn. Ber. A-440, Meerestechn. Univ., St. Petersburg, Rußland, 1996.

Y. N. Rosenwasser, K. Y. Polyakov, B. P. Lampe: Design of optimal digital filters for sampled-data systems with time delay. *Int. J. Contr. Sign. Proc.*, 1996a. (subm.).

Y. N. Rosenwasser, K. Y. Polyakov, B. P. Lampe: Entwurf optimaler Kursregler mit Hilfe von Parametrischen Übertragungsfunktionen. *Automatisierungstechnik*, 44(10): 487–495, 1996b.

Y. N. Rosenwasser, K. Y. Polyakov, B. P. Lampe: Application of Laplace transform for digital redesign of continuous control systems. *IEEE Tr. AC*, 1997a. (subm.).

Y. N. Rosenwasser, K. Y. Polyakov, B. P. Lampe: Frequency domain method for $\mathcal{H}_2$-optimiz. of time-delayed sampled-data systems. *Automatica*, 1997b. (acc.).

M. Saeki: Method of solving a polynomial equation for an $\mathcal{H}_\infty$ optimal control problem. *IEEE Trans. Autom. Contr.*, AC-34: 166–168, 1989.

L. Schwartz: *Methodes mathematiques pour les sciences physiques*. Hermann 115, Paris VI, Boul. Saint-Germain, 1961.

H. Schwarz: *Optimale Regelung und Filterung - Zeitdiskrete Regelungssysteme*. Akademie-Verlag, Berlin, 1981.

L. S. Shieh, B. B. Decrocqi, J. L. Zhang: Optimal digital redesign of cascaded analogue controllers. *Optimal Control Appl. Methods*, Bd. 12, S. 205–219. 1991.

L. S. Shieh, J. L. Zhang, J. W. Sunkel: A new approach to the digital redesign of continuous-time controllers. *Control Theory Adv. Techn.*, Bd. 8, S. 37–57. 1992.

V.B. Sommer, B. P. Lampe, Y. N. Rosenwasser: Experimental investigations of analog-digital control systems by frequency methods. *Automation and Remote Control*, 55(Part 2): 912–920, 1994.

A. Spring, H. Unger: Schnelles Identifikationsverfahren für rekursive Multirate-Systeme. *FREQUENZ*, 48(3–4): 72–78, 1994.

D. S. Stearns: *Digitale Verarbeitung analoger Signale*. R. Oldenbourg Verlag, München, 1988.

R. F. Stengel: *Stochastic optimal control. Theory and application*. J. Wiley & Sons, Inc., New York, 1986.

I. Z. Stokalo: Verallgemeinerung der symbolischen Lösungsmethode auf lineare Differentialgleichungen mit variablen Koeffizienten. *Dokl. Akad. Nauk SSR*, (2): 9–10, 1945. (in Russisch).

E. C. Titchmarsh: *The theory of functions*. Oxford, 1932.

H. T. Toivonen: Sampled-data control of continuous-time systems with an $\mathcal{H}_\infty$-optimality criterion. *Automatica*, 28(1): 45–54, 1992.

H. T. Toivonen: Worst-case sampling for sampled-data h_∞ design. *Proc. 32nd IEEE Conf. Decision Contr.*, S. 337–342. San Antonio, TX, 1993.

J. Tou: *Digital and Sampled-Data Control Systems*. McGraw-Hill, New York, 1959.

H. L. Trentelmann, A. A. Stoorvogel: Sampled-data and discrete-time $\mathcal{H}_2$-optimal control. *Proc. 32nd Conf. Dec. Contr.*, S. 331–336. San Antonio, TX, 1993.

J. S. Tsypkin: *Sampling systems theory*. Pergamon Press, New York, 1964.

H. Unger, U. Petersohn, S. Lindow: Zur Beschreibung hybrider Multiraten-Systeme mittels Matrixkalküls. *FREQUENZ*, 1997. (einger.).

K. G. Valejew: Anwendung der Laplace Transformation zur Untersuchung linearer Systeme. *Proc. Intern. Konf. über nichtlin. Schwingungen*, Nr. I, S. 126–132. Kiev, 1970. (in Russisch).

B. van der Pol, H. Bremmer: *Operational calculus based on the two-sided Laplace integral*. University Press, Cambridge, 1959.

L. N. Volgin: *Optimale diskrete Steuerung dynamischer Systeme*. Nauka, Moskau, 1986. (in Russisch).

S. Volovodov, B. P. Lampe, Y. N. Rosenwasser: Application of method of integral equations for analysis of complex periodic behaviors in Chua's circuits. *Int. Conf. Control of Oscillations and Chaos*. St. Petersburg, Russia, 1997. (accepted).

S. K. Volovodov, Y. N. Rosenwasser, Smolnikov A. V.: Vorrichtung für die Bestimmung des Frequenzgangs von Abtastsystemen der automatischen Steuerung. *Russisches Patent*, (71620993), 1991. Offenlegung und Anmeldung.

E. T. Whittaker, G. N. Watson: *A course of modern analysis*. University Press, Cambridge, 4. Aufl., 1927.

R. A. Yackel, B. C. Kuo, G. Singh: Digital redesign of continuous systems by matching of states at multiple sampling periods. *Automatica*, 10: 105–111, 1974.

Y. Yamamoto: A function space approach to sampled-data systems and tracking problems. *IEEE Trans. Autom. Contr.*, AC-39(4): 703–713, 1994.

Y. Yamamoto, P. Khargonekar: Frequency response of sampled-data systems. *IEEE Trans. Autom. Contr.*, AC-41(2): 161–176, 1996.

D.C. Youla, H. A. Jabr, Bongiorno J. J. (Jr.): Modern Wiener-Hopf design of optimal controllers. Part II - The multivariable case. *IEEE Trans. Autom. Contr.*, AC-21: 319–338, 1976.

L. A. Zadeh: Circuit analysis of linear varying-parameter networks. *J. Appl. Phys.*, 21(6): 1171–1177, 1950.

L. A. Zadeh: On stability of linear varying-parameter systems. *J. Appl. Phys.*, 22(4): 202–204, 1951.

Index